"十二五"国家重点图书出版规划项目

典型生态脆弱区退化生态系统恢复技术与模式丛书

半干旱黄土丘陵区退化生态系统恢复技术与模式

李生宝 蒋 齐 赵世伟 蔡进军 等 著

科学出版社

北 京

内 容 简 介

　　本书在恢复生态学、景观生态学等理论的基础上，全面论述了半干旱黄土丘陵区退化生态系统的土地利用格局优化、水资源高效利用、生态恢复技术模式、林草植被保育、生态产业开发，以及半干旱黄土丘陵区退化生态系统的管理、生态恢复技术的推广、生态恢复综合效益评价等内容。

　　本书可供生态学、农学、林学、水土保持与荒漠化防治、农林经济管理领域的研究人员、管理工作者以及有关高校师生参考。

图书在版编目(CIP)数据

半干旱黄土丘陵区退化生态系统恢复技术与模式／李生宝等著. —北京：科学出版社，2011

（典型生态脆弱区退化生态系统恢复技术与模式丛书）

"十二五"国家重点图书出版规划项目

ISBN 978-7-03-030982-2

Ⅰ. 半… Ⅱ. 李… Ⅲ. 半干旱－黄土区－丘陵地－生态系统－研究 Ⅳ. X171.4

中国版本图书馆 CIP 数据核字（2011）第 081061 号

责任编辑：李　敏　张　菊　李娅婷／责任校对：包志虹
责任印制：徐晓晨／封面设计：王　浩

科 学 出 版 社 出版
北京东黄城根北街 16 号
邮政编码：100717
http://www.sciencep.com

北京京华虎彩印刷有限公司 印刷
科学出版社发行　各地新华书店经销
*
2011 年 6 月第　一　版　　开本：787×1092 1/16
2017 年 4 月第二次印刷　　印张：27

定价：150.00 元
如有印装质量问题，我社负责调换

总　　序

　　我国是世界上生态环境比较脆弱的国家之一，由于气候、地貌等地理条件的影响，形成了西北干旱荒漠区、青藏高原高寒区、黄土高原区、西南岩溶区、西南山地区、西南干热河谷区、北方农牧交错区等不同类型的生态脆弱区。在长期高强度的人类活动影响下，这些区域的生态系统破坏和退化十分严重，导致水土流失、草地沙化、石漠化、泥石流等一系列生态问题，人与自然的矛盾非常突出，许多地区形成了生态退化与经济贫困化的恶性循环，严重制约了区域经济和社会发展，威胁国家生态安全与社会和谐发展。因此，在对我国生态脆弱区基本特征以及生态系统退化机理进行研究的基础上，系统研发生态脆弱区退化生态系统恢复与重建及生态综合治理技术和模式，不仅是我国目前正在实施的天然林保护、退耕还林还草、退牧还草、京津风沙源治理、三江源区综合整治以及石漠化地区综合整治等重大生态工程的需要，更是保障我国广大生态脆弱地区社会经济发展和全国生态安全的迫切需要。

　　面向国家重大战略需求，科学技术部自"十五"以来组织有关科研单位和高校科研人员，开展了我国典型生态脆弱区退化生态系统恢复重建及生态综合治理研究，开发了生态脆弱区退化生态系统恢复重建与生态综合治理的关键技术和模式，筛选集成了典型退化生态系统类型综合整治技术体系和生态系统可持续管理方法，建立了我国生态脆弱区退化生态系统综合整治的技术应用和推广机制，旨在为促进区域经济开发与生态环境保护的协调发展、提高退化生态系统综合整治成效、推进退化生态系统的恢复和生态脆弱区的生态综合治理提供系统的技术支撑和科学基础。

　　在过去10年中，参与项目的科研人员针对我国青藏高寒区、西南岩溶地区、黄土高原区、干旱荒漠区、干热河谷区、西南山地区、北方沙化草地区、典型海岸带区等生态脆弱区退化生态系统恢复和生态综合治理的关键技术、整治模式与产业化机制，开展试验示范，重点开展了以下三个方面的研究。

　　一是退化生态系统恢复的关键技术与示范。重点针对我国典型生态脆弱区的退化生态系统，开展退化生态系统恢复重建的关键技术研究。主要包括：耐寒/耐高温、耐旱、耐盐、耐瘠薄植物资源调查、引进、评价、培育和改良技术，极端环境条件下植被恢复关键技术，低效人工林改造技术、外来入侵物种防治技术、虫鼠害及毒杂草生物防治技术，多层次立体植被种植技术和林农果木等多形式配置经营模式、坡地农林复合经营技术，以及受损生态系统的自然修复和人工加速恢复技术。

二是典型生态脆弱区的生态综合治理集成技术与示范。在广泛收集现有生态综合治理技术、进行筛选评价的基础上，针对不同生态脆弱区退化生态系统特征和恢复重建目标以及存在的区域生态问题，研究典型脆弱区的生态综合治理技术集成与模式，并开展试验示范。主要包括：黄土高原地区水土流失防治集成技术，干旱半干旱地区沙漠化防治集成技术，石漠化综合治理集成技术，东北盐碱地综合改良技术，内陆河流域水资源调控机制和水资源高效综合利用技术等。

三是生态脆弱区生态系统管理模式与示范。生态环境脆弱、经济社会发展落后、管理方法不合理是造成我国生态脆弱区生态系统退化的根本原因，生态系统管理方法不当已经或正在导致脆弱生态系统的持续退化。根据生态系统演化规律，结合不同地区社会经济发展特点，开展了生态脆弱区典型生态系统综合管理模式研究与示范。主要包括：高寒草地和典型草原可持续管理模式，可持续农—林—牧系统调控模式，新农村建设与农村生态环境管理模式，生态重建与扶贫式开发模式，全民参与退化生态系统综合整治模式，生态移民与生态环境保护模式。

围绕上述研究目标与内容，在"十五"和"十一五"期间，典型生态脆弱区的生态综合治理和退化生态系统恢复重建研究项目分别设置了 11 个和 15 个研究课题，项目研究单位 81 个，参加研究人员 463 人。经过科研人员 10 年的努力，项目取得了一系列原创性成果：开发了一系列关键技术、技术体系和模式；揭示了我国生态脆弱区的空间格局与形成机制，完成了全国生态脆弱区区划，分析了不同生态脆弱区面临的生态环境问题，提出了生态恢复的目标与策略；评价了具有应用潜力的植物物种 500 多种，开发关键技术数百项，集成了生态恢复技术体系 100 多项，试验和示范了生态恢复模式近百个，建立了 39 个典型退化生态系统恢复与综合整治试验示范区。同时，通过本项目的实施，培养和锻炼了一大批生态环境治理的科技人员，建立了一批生态恢复研究试验示范基地。

为了系统总结项目研究成果，服务于国家与地方生态恢复技术需求，项目专家组组织编撰了《典型生态脆弱区退化生态系统恢复技术与模式丛书》。本丛书共 16 卷，包括《中国生态脆弱特征及生态恢复对策》、《中国生态区划研究》、《三江源区退化草地生态系统恢复与可持续管理》、《中国半干旱草原的恢复治理与可持续利用》、《半干旱黄土丘陵区退化生态系统恢复技术与模式》、《黄土丘陵沟壑区生态综合整治技术与模式》、《贵州喀斯特高原山区土地变化研究》、《喀斯特高原石漠化综合治理模式与技术集成》、《广西岩溶山区石漠化及其综合治理研究》、《重庆岩溶环境与石漠化综合治理研究》、《西南山地退化生态系统评估与恢复重建技术》、《干热河谷退化生态系统典型恢复模式的生态响应与评价》、《基于生态承载力的空间决策支持系统开发与应用：上海市崇明岛案例》、《黄河三角洲退化湿地生态恢复——理论、方法与实践》、《青藏高原土地退化整治技术与模式》、《世界自然遗产地——九寨与黄龙的生态环境与可持续发展》。内容涵盖了我国三江源地区、黄土高原区、青藏高寒区、西南岩溶石漠化区、内蒙古退化草原区、黄河河口退化湿地等典型生态脆弱区退化生态系统的特征、变化趋势、生态恢复目标、关键技术和模式。我们希望通过本丛书的出版全面反映我国在退化生态系统恢复与重建及生态综合治理技术和模式方面的最新成果与进展。

典型生态脆弱区的生态综合治理和典型脆弱区退化生态系统恢复重建研究得到“十五”和“十一五”国家科技支撑计划重点项目的支持。科学技术部中国 21 世纪议程管理中心负责项目的组织和管理，对本项目的顺利执行和一系列创新成果的取得发挥了重要作用。在项目组织和执行过程中，中国科学院资源环境科学与技术局、青海、新疆、宁夏、甘肃、四川、广西、贵州、云南、上海、重庆、山东、内蒙古、黑龙江、西藏等省、自治区和直辖市科技厅做了大量卓有成效的协调工作。在本丛书出版之际，一并表示衷心的感谢。

科学出版社李敏、张菊编辑在本丛书的组织、编辑等方面做了大量工作，对本丛书的顺利出版发挥了关键作用，借此表示衷心的感谢。

由于本丛书涉及范围广、专业技术领域多，难免存在问题和错误，希望读者不吝指教，以共同促进我国的生态恢复与科技创新。

丛书编委会

2011 年 5 月

序

人口、资源、环境和发展是当今世界面临的重大问题。近几十年来，随着全球经济快速发展和人口急剧膨胀，资源和环境危机日益严峻。在全球生态危机中，因人为活动而导致的区域生态系统退化已成为当前生态领域的中心问题之一。

中国是世界上生态类型最为丰富的国家之一，基本囊括了地球上全部陆地生态系统类型，这些生态系统是我国社会经济持续发展的重要基础。随着国民经济的快速发展，各类生态系统退化形势不容乐观，严重威胁着国家和区域生态安全以及社会经济的可持续发展。

举世瞩目的黄土高原，横跨我国青海、甘肃、宁夏、内蒙古、陕西、山西、河南 7 个省（自治区），历史上曾经分布着以森林草原和草原生态系统为主的原生植被，孕育了灿烂辉煌的华夏文明。但是，长期以来因人口压力和经济活动频繁造成的资源不合理利用与掠夺性开发，导致其生态系统遭受严重破坏，水土流失加剧，从而造成了今天黄土高原沟壑纵横、梁峁起伏的破碎景观。严重退化的生态系统不仅影响着该地区广大农民的生存环境和生活水平，而且制约着区域农业生产力的提高和社会的可持续发展，并进一步对黄河流域中下游地区的发展带来一定的影响。因此，该区域的生态环境及社会发展问题一直受到中央及地方各方面的关注。长期以来，国家在治理黄土高原水土流失和生态建设上投入了大量的人力、物力与财力，老一辈科学家与众多科技工作者也开展了深入、系统和卓有成效的科学研究，为认识、研究与治理黄土高原奠定了坚实的科学理论基础和积累了丰富的实践经验。但是，应清醒地看到，黄土高原的水土流失依然很严重，生态环境依旧脆弱，仍有 80% 以上的地区生态系统还处在退化阶段，治理任务任重而道远。开展黄土高原的退化生态系统恢复的理论与实践创新，提出受损生态系统的恢复技术与模式，是今后更长一段时间内的重要任务，也是科技工作者的历史使命。

《半干旱黄土丘陵区退化生态系统恢复技术与模式》是宁夏农林科学院李生宝研究员和他的研究团队在"十一五"国家科技支撑计划课题研究所取得的资料与成果的基础上编写而成的。该书以恢复生态学为理论指导，通过大量的第一手实测资料，结合本领域的最新科学进展，创新性地提出了具有区域特色的半干旱黄土丘陵区退化生态系统恢复理论与方法。以流域为基本单元，从生态系统的健康诊断入手，从土地结构的优化、水土资源的高效配置、林草植被的快速恢复、庭院生态农业建设及生态产业培育等方面着手，集成总结了一系列以流域为单元的退化生态系统恢复技术与模式，并论证了这些技术措施的实践效果。该书是一部理论与实践紧密结合的学术专著。它不仅为黄土高原的生态建设提供了理论基础和技术模式，而且为黄土高原区域发展的可持续管理提供了科学决策依据，具有很强的可操作性。对于黄土高原广大科技工作者来说，这是一本不可多得的应用基础研究的资料，具有很高的学习和参考价值，对于促进和推动黄土高原的相关研究有重要作用。我相信这本著作会受到相关学科科技同仁及各级政府的欢迎和好评。

黄土高原的生态环境和区域发展问题，尤其是该区域的退化生态系统对农业、农村经济发展和人民生活水平的影响，一直受到科技工作者的重视。该书作者及其科研团队在多年的努力下为我们提供了区域生态建设和农村经济发展的范式，使我们增强了对该地区未来发展前景的信心。值此著作出版之际，我谨表示衷心的祝贺，并期望社会各界人士继续关注黄土高原的生态保护和建设以及区域经济的发展。我深信，在广大科技工作者、各级政府和社会各界的共同努力下，定能将黄土高原建设成山川秀美、生态环境和社会经济持续发展的和谐统一区域。

中国工程院院士

2011 年 1 月 27 日

前　　言

如何保护好现有健康生态系统、恢复和重建退化生态系统，已成为当今世界各国关注的重点，也是生态学领域研究的热点问题之一。据联合国环境规划署调查，人类干扰已导致全球 50 亿 hm² 以上的土地退化，使 43% 的陆地植被生态系统的服务功能受到影响，大面积的土地被退化生态系统所覆盖。因此，人类面临着如何合理恢复、保护、开发利用资源的严峻挑战。

目前我国各类生态系统的退化现象非常严重，退化生态系统约占国土总面积的 40%，黄土高原则是其中的典型代表。作为我国土壤侵蚀最严重的地区，黄土高原水土流失面积为 $3.4 \times 10^5 km^2$，多年平均输入黄河的泥沙量达 16 亿 t，使黄河下游河道平均每年淤高10cm。严重的水土流失极大地阻碍了区域社会经济的可持续发展。因此，以恢复生态学理论为指导，开展黄土高原退化生态系统恢复和重建，对于改善黄土高原生态环境、实现经济社会全面协调可持续发展具有重要意义。

自 20 世纪 50 年代开始，国家在提出根治黄河的同时，逐步开始推进七大流域的水土流失治理，半干旱黄土丘陵区退化生态系统恢复工作开始得到重视。特别是 80 年代以来，在半干旱黄土丘陵区退化生态系统恢复方面，坚持以小流域为单元，山、水、田、林、路统一规划，综合治理，逐步形成了重点地区治理和规模化治理相结合，工程措施、生物措施、农艺措施相结合，生态恢复与产业开发相结合，生态效益与经济效益相结合的生态恢复实践体系。近年来，随着我国经济实力的进一步增强，国家加大了生态恢复的投入力度，提出生态建设是西部大开发的切入点和基础，把黄河中上游水土流失的治理和生态建设列为重点，有力地促进了半干旱黄土丘陵区退化生态系统的恢复进程。

本书是宁夏农林科学院和中国科学院水土保持研究所在"十一五"国家科技支撑计划课题"半干旱黄土丘陵区退化生态系统恢复技术研究"（2006BAC01A07）支持下完成的主要科研成果，是作者及其研究团队在知识创新思想指导下，立足于半干旱黄土丘陵区退化生态系统恢复的需求，经过长期研究实践总结而得的学术专著。本书在撰写过程中注意了各章节的逻辑关系和模式与技术的从属关系，注重了研究成果的科学性和实用性。全书共分为 12 章，从系统诊断入手，在摸清生态系统退化原因及特点的基础上，以土地结构的优化、有限水资源的高效利用、退化生态系统恢复技术与模式实践、基于水分平衡的防护林配置、人工草地的建设与高效利用、生态产业开发及生态系统综合管理与运行为重点，以生态恢复为主线，总结了人为活动对退化生态系统的影响，并论证了退化生态系统恢复、可持续发展的对策和关键性科学问题，最终形成了半干旱黄土丘陵区退化生态系统恢复的理论思想与技术指导体系，实现了理论与实践的有机结合，可为半干旱黄土丘陵区生态建设和资源高效利用提供科学指导。

本书由李生宝、蒋齐策划并制订撰写大纲，具体分工为：第1章，李生宝、董立国、蔡进军、马璠；第2章，王月玲、蔡进军、许浩、赵世伟、刘德林；第3章，李壁成、刘德林、陈其春、安韶山；第4章，王月玲、赵世伟、蔡进军、赵勇钢；第5章，潘占兵、董立国、蔡进军、李娜；第6章，许浩、张源润、李娜、余峰；第7章，侯庆春、税军峰、赵勇钢、华娟、张扬；第8章，潘占兵、税军峰、温淑红、李娜；第9章，季波、蒋齐、许畴、温淑红；第10章，蔡进军、赵世伟、安韶山、余峰；第11章，董立国、张源润、潘占兵、赵世伟、李壁成；第12章，董立国、蒋齐、杨永辉，赵世伟。最后由李生宝、蔡进军统稿，李生宝审阅定稿。

在本项成果的研究过程中，宁夏回族自治区科学技术厅、宁夏彭阳县政府、原州区政府、中国21世纪议程中心、中国科学院生态环境研究中心、西北农林科技大学等单位给予了大力支持；高生珠、火勇、杜玉斌、马玉富、王川、黄肖勇、岳彩娟、陈宏亮、艾琦、杜社妮、杨晓洁、王劲松等先后参加了本项成果的研究工作。在本书撰写过程中，还得到了傅伯杰、欧阳志云、刘国华、刘荣光、张新君、张儒等专家和领导的热情指导和帮助，在此，特向他们表示最衷心的感谢！

限于作者的知识面和水平，全面反映我国半干旱黄土丘陵区退化生态系统恢复技术的区域性及广度和深度尚存在一定的局限性，疏漏及不足之处实难避免，敬请读者批评指正。

著　者

2011年1月

目　　录

第1章　绪　　论

1.1　生态学及生态系统

1.1.1　生态学及其基本原理

德国动物学家赫克尔（E. Haeckel）在1866年首次给出了生态学（ecology）的定义，即生态学是研究生物与环境之间相互关系的科学。美国生态学家奥德姆（E. P. Odum）将生态学定义为"生态学是研究生态系统的结构和功能的科学"。然而这个定义在逻辑上不够完备，因为"生态系统"是基于"生态学"的概念和理念才提出的新概念。我国著名生态学家马世骏认为："生态学是研究生命系统和环境系统相互关系的科学"，该定义与赫克尔的定义较为接近，且更为全面和合理。目前，学界较为通行的生态学定义是"生态学是研究生物与环境之间相互关系的科学，其实质是研究生命系统与非生命系统之间的物质循环、能量流动和信息传递的规律与调控机制"。

生态学以生物个体、种群、群落、生态系统直至生物圈等不同的系统层次为研究对象，分别为从个体生态学到生态系统生态学等不同层次，然而不论研究的系统层次高低，生态学都遵循着一些最基本的原理。生态学的基本原理可认为是物质、能量、信息等要素通过生物，在时空格局上的最优配置的原理，也可以认为是生物与环境之间为达到最为有序的状态而产生和遵循的一系列原则关系，生态学的基本原理大致有以下四个方面。

（1）生物与环境的相互作用关系

生物为了生存与繁衍，一方面从环境中摄取物质与能量，另一方面通过生理代谢过程和死后残体分解，使环境物质得到补充。环境和生物相互影响：环境影响和限制着生物的生存、繁衍和进化，反之生物又强有力地改造着环境，亿万年来使地球表面发生了显著变化。生物是环境的产物、占有者和主导者，又是环境的一个组成部分，两者处于不断地相互影响和相互协调的过程中，正是这种相互影响、改造的过程造就了地球上种类繁多的生物以及绚丽多彩的自然生态景观。

（2）生物之间的食物营养关系

自然界同时存在着多种生物，它们之间存在着极为复杂的关系，但生物之间最主要的关系是食与被食的关系，正是通过直接的食物营养关系，物质和能量才在生态系统中循环和流动。从植物到顶级食肉动物一环扣一环构成食物链，食物链之间相互交织连接形成食物网。食物链上任何一个环节发生变化，都必然影响到相邻的环节，甚至牵动整个食物网。生物之间的这种食物营养关系还包含一定的数量与能量的比例关系，从植物的数量逐级上升到顶级肉食动物的数量，近似一个基底大、顶端小的金字塔结构，这就是生态学中的"生态金字塔"规律。

（3）物质和能量的代谢关系

绿色植物吸收水、二氧化碳及其他营养元素，通过光合作用，将太阳能转化为有机物中的化学能，供自身生长和动物食用，在其生长发育过程中，还不断释放代谢气体，其凋落物直接返回土壤；动物采食植物，有机物和化学能的一小部分用于其生长发育，其余大部分代谢物与能量返回环境；微生物对动植物归还的代谢产物进行分解，分解后的简单物质供植物再度吸收利用。这种周而复始的物质能量代谢，使自然生态系统成为具有自动调节功能的动态系统。这种由生产者、消费者和分解者所组成的生产—消费—分解的代谢过程，是生态系统的基本功能，也是生态学的基本原理之一。

（4）系统的自组织协调关系

生物和环境之间，生物与生物之间经过长期的相互作用，系统产生突变，在远离热力学平衡态的位置建立了相对稳定的自组织结构，即达到生态平衡。平衡的生态系统是更为宏大的生命机体，是物质世界进化的高级形态，也是人类生存繁衍的必要条件，然而生态平衡是动态的、相对的、有条件的，不同的植物、动物、微生物之间存在着纷繁复杂的竞争、共生、寄生、采食、捕食等关系，生物与环境之间也存在着复杂的物质、能量、信息动态过程，系统中某些组分的改变具有牵一发而动全身的后果。

1.1.2　生态系统及其特征

生态系统（ecosystem）是指一定尺度区域内的生物以及生物与周围无机环境之间通过物质、能量以及信息的循环流动而构成的统一整体。无机环境主要包括阳光、空气、水、岩石等生物体的物质基础和能量来源；生物则包括以绿色植物为主的生产者、以各种动物为主的消费者，还有以各种微生物为主的分解者构成的不同群落。生态系统的规模和范围差异巨大，一段倒朽的枯木可以构成一个生态系统，而整片森林也构成一个生态系统；一片池塘是一个生态系统，整个大洋也是一个生态系统；不同大小和类型的生态系统往往相互交织镶嵌，构成多样的景观。生态系统是开放的动态系统，无时无刻不在与外界进行着物质和能量的交换和循环，在这种运动过程进行的同时，生态系统拥有了一定的结构和功能。生态系统具备耗散结构特征，系统内的要素通过非线性的相互作用使系统在远离热力学平衡态的状态下达到宏观上有序的动态稳定，即生态平衡。处于平衡和健康状态的生态系统一般拥有较为丰富的生物多样性、发达的物质和能量循环功能，以及较高的生产力，系统的各种服务功能对于人类的生存和发展有重要意义。

地球上每一个生态系统都有一定的生物群落与其生境相结合，进行着物质、能量和物种的循环和交流。在一定条件下，系统内各要素的结构与功能处于动态的稳定状态。就生态系统具有的特征，蔡晓明（2000）作了较全面的总结，生态系统都具有下列共同特征。

（1）以生物为主体的整体性特征

生态系统都与一定空间范围相联系，并且以生物为主体。生物多样性与生命支持系统的物理状况有关。一般而言，一个具有复杂垂直结构的环境能维持更多的物种，如森林生态系统比草原生态系统包含了更多的物种，同样，热带生态系统要比温带或寒带生态系统展示出更大的多样性。系统各要素动态稳定的联系保证了系统的整体性。

（2）复杂而有序的层级系统性特征

自然界中生物的多样性和相互关系的复杂性，决定了生态系统是一个极为复杂的、多要素、多变量构成的层级系统。从个体、种群、群落、生态系统，再到景观、生物圈，生态系统的层级结构依次展现。较低级系统的循环运动过程速度较快，而较高的层级系统以大尺度、低频率和缓慢速度为特征，它们被更大系统、更缓慢作用所控制。

（3）开放的、远离平衡态的热力学系统性特征

任何一个自然生态系统都是开放的，有输入和输出，输入的变化总会引起输出的变化；反过来，输出结果又作为新的输入对系统产生作用，这称之为反馈。反馈有正负之分，正、负反馈作用的共同存在使生态系统发展并在一定范围内保持稳定。任何一个相对稳定的生态系统都是远离热力学平衡态的有序结构。当生态系统变得更大更复杂时，就需要更多的可用能量去维持，经历着无序—有序—新的无序—新的有序的发展过程。

（4）具有明确功能服务性的特征

生态系统中所有的生物和无机环境不是杂乱无章存在的，而是形成了有规律的结构和功能，这是生态系统的普遍特征。结构是功能的基础，功能是结构的表现；结构是内在的、相对稳定的，功能是外在的、多变的。生态系统功能的另一重要特征是为人类提供生态系统服务。所有生态系统都在不断地进行能量流动和物质循环，在此过程中生态系统直接或间接地为人类生产生活提供了有价值的有形或无形产品，即生态系统服务功能。

（5）具有自我维持与自我调控功能的特征

自然生态系统中的生物与其环境条件经过长期进化，逐渐建立了相互协调的关系。生态系统自动调控机能主要表现在同种生物内部、异种生物之间以及生物与环境之间三方面。生物不断地从生境中摄取所需的物质，生境亦需要对其输出进行及时的补偿。生态系统对于一定强度阈值之下的周期性或随机性的干扰具有抵抗和恢复能力。生态系统调控功能主要依靠负反馈作用，通过正、负反馈相互作用和转化，保证系统达到一定的稳态。

（6）具有动态性的特征

生态系统也和自然界许多事物一样，具有发生、形成和发展的演替过程。生态系统可分为幼期、成长期和成熟期，表现出鲜明的历史性特点，生态系统具有自身特有的整体演化规律。任何一个自然生态系统都是经过长期发展形成的。生态系统这一特性为预测未来提供了重要的科学依据。

（7）具有健康和可持续发展的特性

自然生态系统在数十亿年发展中支持着全球的生命系统，也为人类提供了经济发展的物质基础和良好的生存环境。然而长期以来掠夺式的开采方式给生态系统健康造成极大的威胁。可持续发展观要求人们转变思想，对生态系统加强管理，保持生态系统健康和可持续发展特性。

1.1.3 退化生态系统

生态系统处于平衡状态是相对的、有条件的，而或多或少地偏离平衡状态才是绝对的。除系统的随机涨落外，使生态系统偏离平衡状态的主要原因是外界的干扰。如洪水、台风、火灾、病虫害等干扰会改变系统的某些组成部分，破坏系统原有结构，进而使系统状态朝远离平衡状态的方向发生偏移。当干扰强度在生态系统能够承受的阈值之下，系统自身具有的抗干扰和恢复能力将发挥作用，使系统重新回归平衡状态附近；当然，新的系统平衡状态与原有的平衡状态是有所不同的。当干扰强度超过阈值，生态系统的结构遭到极大破坏之后，系统的物质和能量循环运动受阻，系统会朝物种和群落较少、结构和功能简单、生产力低下的状态发展，成为退化的生态系统。生态系统一旦发生退化，很难在短时期内通过自身的调节能力恢复到原有平衡状态附近。生态系统的退化不仅使其对人类的服务功能降低，而且往往对人类的生产生活造成严重影响。引起生态系统退化的干扰因素包含自然的和人为的两大类，而人为干扰是居于首位的驱动力，人类所具有的技术能力可以使人类有意识或无意识地对生态系统产生颠覆性的干扰和破坏。例如，对森林的过度砍伐、对草原的过度放牧而造成的各种类型的土地荒漠化，因水体污染和富营养化而造成的湖泊湿地生态系统的解体等。

1.1.3.1 生态系统退化的原因

生态系统发生退化的原因是多方面的，但总结起来，无非是系统原有的结构遭到破坏，致使系统功能失衡。不同类型的生态系统在不同的自然历史背景中，其遭受的结构破坏是不尽相同的，系统的某一组分可能比其他部分更容易遭受破坏，有的生态系统首先是无机环境遭到破坏，有的则是生物组分最先受到影响。不同的退化过程和退化历史形成了各种状态的退化生态系统，也形成了各种恢复需求及与之相关的恢复方法。下面就一些生态系统发生退化的原因举例作简要介绍。

（1）生态系统由于无机环境的破坏而退化

一个地区的大气、阳光等环境要素一般是稳定的，无机环境的破坏主要发生在水土资源方面。例如，一些荒漠中的绿洲生态系统由于人口膨胀，用水量急剧增加，导致水资源枯竭，进而引发绿洲生态系统的退化。北非、西亚、中亚等地的这类绿洲退化一直从历史上延续到今天。又如黄土高原由于水土流失而损失了肥沃的表土和雨水资源，使植被生长的条件遭到破坏，引起植被和生态系统的退化。

就水生生态系统而言，无机环境的破坏最值得关注的是水体富营养化的问题。农业化学物质的流失和城市污水的排放造成下游水体氮、磷元素含量增加，激发藻类疯长，消耗水中氧气，使鱼虾等水生生物缺氧而死，水生生态系统崩溃。

（2）生态系统由于生物组分的破坏而退化

植物群落的结构极大地制约着生态系统的结构，从而直接影响着系统的功能，并影响和限制着动物、微生物群落等功能群的生存与发展。因此，植物及其相关生物多样性的不良变化是陆地生态系统退化的关键。陆地植被被破坏的原因之一是乱砍滥伐，这是对植被最为直接的破坏；另外，外来物种入侵也是植被破坏的重要原因。外来物种在本地如果没有遇到与其相克的物种，就会迅速繁殖蔓延，挤占本土物种的生存空间。

动物种群的丧失也是生态系统退化的基本原因。一个生态系统如果没有消费者功能群，物质的循环和能量流动就会十分缓慢，最终造成系统结构的简单化。如果一个生态系统内不同营养级的消费者的数量结构失衡，对生态系统造成的影响就会尤为显著。例如，缺乏高级食肉动物的系统，食草动物的数量就得不到有效控制，植被群落就会被过度啃食，最后导致整个生态系统退化。

1.1.3.2 退化生态系统的表现特征

退化生态系统的特征主要表现在自然景观、结构特征、功能过程（包括能量流动、物质循环、水分平衡等生态过程）、生物的生理生态学特征等方面。以下几点是生态系统退化后较为明显的表现特征。

（1）生物量和生产力下降

生态系统退化，其结构的破坏是主要的原因。植被的破坏、动物的捕杀，会使系统内生物数量减少。植被的减少，对太阳能的利用减弱，对营养物质的吸收降低，净初级生产力下降；生产者数量和结构的不良变化导致次级生产力降低，即动物的数量大大减少。退化生态系统的生物量会显著降低，这是退化生态系统最鲜明的特征之一。

（2）生物多样性降低

生物多样性降低是生态系统发生退化之后又一显著特征。生态系统的退化，使生物种类大大减少，部分物种有灭绝的危险，多样性的降低又会促进生态系统的进一步退化。就群落层次而言，生物多样性的降低主要表现为物种种类减少，如植被层次单一化，动物（尤其是高级食肉动物）种群数量下降。在景观层次方面，生物多样性的降低主要从景观格局的变化中表现出来，如景观异质性的降低或者景观破碎化程度增加。

（3）食物链结构简单化

某个物种的减少或缺失，会使食物链缩短，甚至断裂，食物网结构变得简单、破碎，系统会越来越不稳定。由于食物链简单化，物质和能量循环的周转时间变短，周转率降低，导致系统的物质循环减弱、能量流动受阻。

1.1.4 生态系统恢复概念及方法

1.1.4.1 生态恢复的定义及目标

生态系统发生退化之后，为了使生态系统重新回到平衡和健康状态，消除生态系统退化对人类生存和发展的限制与危害，生态系统恢复的思想应运而生。人们希望通过一定的手段，消除造成生态系统退化的因素，并重构系统中的生物群落结构，恢复系统中各要素之间的物质和能量循环流动功能，从而使生态系统重新成为具有复杂结构、稳定功能、对人类有较高服务水平的良性循环的系统。目前，国际生态恢复协会（Society for Ecological Restoration International，SER）对生态恢复（ecological restoration）的定义可以归纳为：为了启动或者促进退化的、受损害的，或者被破坏的生态系统恢复其健康、完整性和可持续性而采取的有目的的行动。这样的定义言简意赅，包含了生态恢复的基本内涵和核心思想。首先，生态恢复是人为的生态实践活动，在这个过程中或多或少都有人类的参与，否则不能称之为生态恢复。例如，森林在雷击起火后自发地回复到原有状态的过程就不是生态恢复，而仅仅是自然演替过程中的干扰与抗干扰现象；但如果人工进行了迹地整理并栽植苗木，促进了恢复进程，则可以视之为生态恢复。又如某地采取封育措施，依靠自然力恢复植被，虽然看起来是自然过程，但人类施加的封育措施实质上是对退化生态系统施加了管理，所以这也是生态恢复。由于"ecological restoration"这一概念明确包含人为作用，所以最近张新时（2010）等学者建议将其翻译为"生态重建"，而没有人为直接干预的"recovery"才应翻译为"生态恢复"，以免造成词义混淆。其次，恢复生态系统的健康、完整性和可持续性是生态恢复的目的，不仅要将系统引导至生态平衡状态，而且要使系统在现有环境条件下长期自我维持下去。上述定义中对生态恢复目的的表述既是明确的，但也隐含有更深层次的内容，即生态恢复目标的确定。目的和目标两个词语的意义极为接近，但仍然有所区别。生态恢复目的一词相对具有更多形而上的意味，任何生态恢复项目的目的都可用定义中的那几个词语来叙述；而生态恢复目标则相对形而下且具体，不同的恢复项目的目标不尽相同，且几乎都能看得见、摸得着、能被测量。依据具体问题具体分析的原则，在进行每一项生态恢复实践时，都必然面临着确定具体恢复目标的问题，这是生态恢复的首要问题。

在理论上，生态恢复目标的确定涉及生态系统状态在一个多维空间里随时间发展的路径，也就是所谓的生态轨迹（ecological trajectory）的问题（图1-1）。任何生态系统在发生退化之前都沿着一定的历史轨迹发展，生态恢复实质上就是要将生态系统引导至其历史轨迹上，然后任其自我维持。生态恢复的目标在理论上可以是历史轨迹上的任何一点，但由于生态系统显然是复杂的非线性系统，任何微小的状态初始值的变化都可能导致以后的发展轨迹发生显著改变，所以恢复的生态系统不可能完全回到原来的历史轨迹上，只能尽量接近。当然，生态恢复的目标并不一定是系统自然演替过程中的某一阶段的状态。在人类掌握了足够的生态学、系统论等知识以及丰富的恢复实践经验后，甚至可以完全改变原有生态系统的面貌，建设一个全新的、符合人类更高的物质以及精神需求的生态系统。

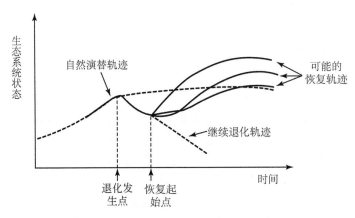

图1-1　生态系统退化及恢复轨迹示意图

在实践中，恢复目标的确定实际上就是确立一个参照生态系统（reference ecosystem），这可以是一个真实的生态系统，也可以是一个描述出来的、含有一定的恢复信息的生态系统状态集合，简单地说就是一个理想的生态系统模型，生态恢复过程即以此为参照而进行。参照生态系统包含的状态描述信息越丰富，其对生态恢复实践的指导意义越大。参照生态系统至少应该包括无机环境的某些典型特征以及物种组成和群落结构等有关生物多样性的重要信息，且应尽量还原受损前的生态系统的各种属性。描述参照生态系统的信息来源多种多样，例如，恢复地域原有气候、地质、水文和生物种类的书面记录、馆藏标本、照片、当地居民的记忆、相似条件下未受损的真实生态系统的状态等。

1.1.4.2　生态恢复的方法

在确定了生态恢复的目标之后，就可以按照目标中的参照生态系统的结构和特征进行恢复工作。然而生态系统是复杂的、动态的有机系统，其恢复过程绝不等同于按照设计图纸盖房子的简单物理过程，系统的各个组分并不是简单地组装在同一个地域之内就能形成生态结构和功能。在恢复的过程中必须考虑无机环境、生物群落的动态过程。例如，要恢复某地的近似顶级的森林群落，不一定在恢复工作开始时就按照顶级的森林群落的物种组成而栽植林木，因为退化之后的土壤环境、水体环境、小气候条件不一定能支持顶级群落的发展。在恢复之初一般都要先恢复地力、改善水文和小气候条件，这一阶段的工作主要是由先锋植物来完成的，在先锋植物改造了环境之后，后续的植物种才能成功定居。也就是说，生态恢复要遵循群落演替的规律。

据任海等（2008）总结，在不同的恢复阶段，系统会呈现不同的动态特征，工作的侧重点和所需的技术也不尽相同。例如，在一般陆地生态系统恢复中，如果退化程度较深，首先要进行的是土壤环境的改造，这包括土壤结构、水分条件、肥力等状态的恢复，需要如水土保持、盐碱化改造、土壤培肥、造林整地等技术措施体系。实施土壤环境改良是为了营造必需的植物定居条件，使演替进程得以朝设计的方向启动和推进。在土壤改造的同时，如有必要，也要进行水环境和大气环境的改善，主要是清除污染物。在无机环境得到初步改造之后，就要进行生物群落的恢复，这包括先锋植物种的选择、育苗、栽植、抚育，植物群落结构的设计和物种搭配，群落演替进程的调控等。在植物群落得以重建的同时，要注意动物栖息地的建立和保护，吸引或者人工引入消费者，使生态系统的物质能量流动速率加快，食物网结构复杂化和稳定化。

退化生态系统的恢复需要在景观（landscape）的尺度和层次上进行，这样才能综合地对生态系统的外部环境和内部过程进行监测和调控。肖笃宁等（2003）认为，景观是居于生态系统之上、大地理区域之下的中间尺度的组织层次。景观的内涵不仅仅是表现于外部的由基质、斑块和廊道三大部分镶嵌而成的地理实体，更重要的，景观是系统自组织过程的表现形式，其空间格局暗含了其下各生态系统的生态要素和物种的分布、流动状态。由于生态系统是处于景观之中的，随时都要与周围景观部分进行物质能量交流，时刻受外部景观影响，所以生态系统的恢复不能局限于系统内部，而是要在景观尺度上通盘考虑，协调进行。兼顾了景观中不同生态系统的特点和相互关系，能够在更大尺度和更高水平上综合调控生态过程，促进恢复的进程和提高恢复的效益。

1.2　半干旱黄土丘陵区退化生态系统恢复的目的和意义

我国是当今世界生态环境较为脆弱的国家之一，而在西北黄土高原地区尤为严重，黄土高原以其独特的地形地貌、脆弱恶化的生态环境和贫穷落后的经济水平，成为世界瞩目的焦点，也是国家生态治理的重点，更是广大科技工作者关注的热点地区。地处黄土高原腹地的宁夏半干旱黄土丘陵区，更是我国黄土高原乃至全国生态环境最为脆弱的地区之一，同时，也是我国人民生活最为贫穷的地区之一，"西海固"穷甲天下，举世瞩目。该地区长期以来，由于恶劣的自然环境、严重的水土流失，生态环境极为脆弱，生态系统逐渐退化，严重制约了区域经济的可持续发展。严峻的生态问题突出表现在：一是水土流失严重，荒漠化土地面积大；二是水资源缺乏，生产生态用水矛盾突出；三是土壤贫瘠退化，土地生产力低下；四是植被覆盖率低，生物多样性差；五是农牧业生产粗放，资源利用不合理；六是人口增长过快，生态系统容量不堪负重。由于自然条件恶劣以及资源不合理开发利用，生态平衡严重失调。不断恶化的生态环境给经济发展和社会稳定带来较大影响，已成为当地社会发展与实施可持续发展战略的主要障碍。多年来，尽管通过植树造林、小流域治理等多项工程致力于生态建设，特别是西部大开发退耕还林还草工程的实施，使宁夏半干旱黄土丘陵区生态环境有了较大的改善，国民经济也步入快速发展的阶段，在生态恢复实践上取得了许多卓有成效的成绩，但是仍缺乏系统的、适合当地情况的生态恢复与产业培育及开发相结合的理论支撑和关键技术。因此，用生产实践与理论创新、技术集成创新相结合的方式有效保护现有自然生态系统、综合整治已恢复的生态系统，已成为宁夏半干旱黄土丘陵区面临的紧迫问题，也是当前整个黄土高原半干旱黄土丘陵区急需解决的问题。

针对上述现状，选择中国西部黄土高原具有典型代表性的宁夏半干旱黄土丘陵区，开展以区域可持续发展为目标，以生态农业建设为中心，以现有技术的集成创新为手段，开发水土保持、脆弱生态系统恢复、高效生态农业建设、生态产业开发、脆弱生态系统综合管理等关键配套技术和生态综合治理模式，结合地方工程的配套实施，形成试验区—示范区—辐射区推广技术体系与机制，在同类地区大面积、规范化推广应用。对于改善当地的生态环境，提高人民生活水平，实现半干旱黄土丘陵区生态良性循环、社会经济可持续发展具有重要的现实意义；对于国家实施西部脆弱生态区退化生态系统的恢复和生态建设，提供科学技术支撑和综合生态系统管理的示范样板与模式具有重要的指导意义。

1.3 国内外退化生态系统恢复研究现状

1.3.1 国内外现状综述

1.3.1.1 恢复生态学的发展简史

生态恢复的研究和实践事实上起源较早，只不过起初没有"生态恢复"这个名词而已。大约于20世纪初开始出现的水土保持、森林再植理论和方法至今仍在恢复生态学中沿用；30年代，美国遭遇"黑风暴"后大力植树种草结合保护性耕作的实施，都是早期生态恢复理论和实践的发端。到了50~60年代，欧洲、北美和中国开始对矿山、水体和水土流失地区开展环境恢复工程，取得了一些成效；70年代，学术界开始对受损或退化的生态系统的恢复进行较为系统的研究；至 80 年代初，生态恢复的研究取得了较快的发展，恢复生态学的主要问题、基本学科构架、关键方法理论均已出现，一系列的学术著作和会议相继出版和召开，学科建立的基础已基本奠定。至 1985 年，恢复生态学（restoration ecology）这一术语问世，国际恢复生态学会成立，标志着恢复生态学作为一门学科的正式确立。任海等（2008）认为，目前，欧洲、北美及澳大利亚、中国在恢复生态学理论或实践方面走在世界前列，因各国面临的生态系统退化问题不尽相同而在恢复中有所侧重，恢复的对象包括草原、水体、废弃矿地、森林和农田等。

据任海等（2008）、赵晓英和孙成权（1998）总结，中国的生态恢复实践和研究开始于 20 世纪 50 年代末，当时在广东沿海侵蚀台地上进行了植被恢复。此后，对不同类型的退化生态系统展开了恢复研究，涉及沿海滩涂的侵蚀控制、沙漠的治理、黄土高原水土流失综合治理、湖泊生态系统恢复、高原退化草甸的恢复、岷江上游植被恢复、红壤恢复与利用、红树林的恢复重建、废弃矿地和垃圾场恢复等领域。中国的生态恢复研究起初是以如水土流失、草地沙化、土地盐碱化等土地退化和土壤退化问题为主的，力图恢复土地生产力，强调综合治理，治理和利用并举。近年来，在生态环境恶化问题日益突出的背景下，国家对生态恢复的研究和实践愈加重视，实施了一大批生态恢复研究项目和建设工程。在这些项目和工程的带动下，恢复生态学的研究不断深入发展，目前已在生态系统退化的原因、机理、诊断以及退化生态系统恢复机理、模式和技术方面作了大量的研究。一系列恢复生态学的专著出版，总结提出了适合中国国情的生态恢复理论和技术体系。中国幅员辽阔，生态系统类型及生态系统退化问题多种多样，使得中国恢复生态学研究舞台广阔，所取得的研究成果在某些方面已经达到世界领先水平，在国际学术界也产生了一定的影响，一些成熟的生态恢复技术也已经输出到广大的亚非拉国家，成为中国对外援助的重要组成部分。

1.3.1.2　恢复生态学研究的领域和内容

恢复生态学发展到今天，已经成为一门内容庞杂、研究领域广阔的学科，其基本特点是具有极强的实践性。在各种不同类型的生态系统退化发生后，恢复生态学便产生出不同的应对策略和恢复手段。恢复生态学的研究领域实际上可以用它所涉及的退化生态系统的不同类型来划分，一些典型的退化生态系统类型不仅在我国存在，在世界范围内也广泛存在。以下是一些退化生态系统恢复的研究领域。

（1）退化农田生态系统的恢复

农田生态系统是人工控制手段为主导的生态系统，结构简单、功能单一是其特点。农田生态系统的退化主要是指土壤环境的退化，不合理的农业生产手段可能使土壤的理化性质发生严重恶化。如土壤盐碱化、风蚀、水蚀、养分失衡、重金属污染等一系列因素均可造成农田土壤的退化。农田生态系统的恢复以土壤改良为基础，包括调整种植结构、合理耕种、合理轮作，以维持和提高土地生产力。

（2）退化森林生态系统的恢复

引起森林生态系统退化的原因是多方面的，如不合理采伐、外来物种入侵、森林经营水平低下等导致的森林植被群落结构的破坏。此外，森林作为生产力水平较高的生态系统，还包含了数量众多的野生动物，但由于捕杀过度，许多地区的森林中缺少顶级消费者，初级消费者得益于此而可能有泛滥的趋势，进而破坏来之不易的森林恢复成果。

（3）退化草地生态系统的恢复

草原地区一般属于牧区，传统的逐水草而居的游牧生产生活方式适应这里生态系统的特点。但由于长期的超载放牧、采挖药材，加之气候干旱，共同造成了草地的沙化。由于生态系统的退化和人类的捕猎，草原鼠兔类动物的天敌数量大幅减少，造成鼠害肆虐；草原地上千疮百孔，地下鼠洞纵横，不仅造成草原退化，也形成鼠疫疫源地，威胁人民生命和健康。针对草地生态系统退化的原因和特点，主要应采取减轻放牧压力的措施，并在已沙化地区恢复植被，在鼠害严重的地区引入鼠类天敌。

（4）退化荒漠生态系统的恢复

荒漠生态系统是极其脆弱的一类生态系统，一旦受到破坏就很容易发生退化，而且退化多是不可逆的。荒漠生态系统退化的结果是面积广大的沙漠，甚至是流动沙漠，这对附近的城市、乡村、交通设施都构成严重威胁。由于荒漠生态系统的极端脆弱性，其承载力很低，恢复的工作就不能只着眼于生态系统本身，而是要从社会经济方面入手，通过经济和政策的手段，迁出荒漠地区的一部分居民，也就是进行"生态移民"。移民的生活条件得到改善，留下的居民在绿洲地带发展高效的沙产业，避免对荒漠生态系统造成过度的干扰，这样方能启动和维持荒漠地区退化生态系统的恢复工作。

（5）废弃矿地的生态恢复

废弃矿地的恢复是恢复生态学产生的实践来源之一，至今仍有大量的生态恢复工程的直接目的就是矿区的生态系统重建。矿产的开采使得地表的植被和土壤几乎完全移除，废弃矿地相当于又回到了土壤形成之前的地质历史时期。人们显然不能由地衣风化岩石开始生态系统的恢复，所以土壤的恢复是废弃矿地恢复的第一步。将原有土壤逐步复位，必要时外运客土，然后改良土壤，再建植被。废弃矿地的一个严重问题是有害元素污染，必须通过化学方法减轻污染，并选择抗性植物种。矿地恢复的目标一般都是近自然生态系统，恢复当地原有野生动物的栖息地，防止矿区的污染物质流失扩散。

（6）退化湿地生态系统的恢复

湿地能提供多种生态功能，如生物的栖息地、调控洪水、调节气候、容蓄和分解污染物等，是生物多样性最丰富、生产力最高的生态系统类型之一，被喻为"地球之肾"。但很多湿地生态系统由于排水造田、围湖造地、滩涂开发而消失，从而丧失了其独特的生态功能。湿地的恢复要通过生态工程措施，扩大沼泽、湖泊等环境的水体容量，移除沉积的富营养物质和有毒物质，增加水生生物的产量，控制有害动植物种类的侵入，最后恢复湿地优良的物质循环功能和优美的外在景观。

（7）退化水体生态系统的恢复

水体生态系统的退化与环境污染的关系最为密切，也和外来的水生动植物入侵相关。水体生态系统的流动性较强，水生生物的调查和监测不及陆生生态系统那样清晰和易操作，这给其生态恢复造成了一定的难度。水体生态系统的恢复是全流域的系统工程，必须在流域尺度上，通过减少工业、农业、城镇生活所产生的污水和垃圾，进行污水和垃圾的处理，并减少向水体的排放。要加强水质以及水生生物的动态监测，适时人工干预种群数量和结构。

纵观国内外几十年来生态恢复实践以及恢复生态学的发展，尽管恢复生态学成为生态学的一个重要分支学科，并取得了巨大的成就，但这毕竟是一门相对年轻的学科，其理论构架还不完善，甚至在一些基本的概念上仍存在争议。当然，矛盾双方的对立运动是事物发展的动力，争议的存在表示该门学科处于生机正盛的蓬勃发展时期。

1.3.2　黄土丘陵区生态恢复研究现状综述

1.3.2.1　黄土高原概况

中国的黄土高原是世界最大的黄土堆积地貌区域。位于中国中部偏北，黄河中上游，包括太行山以西、秦岭以北、乌鞘岭以东、长城以南的广大地区。跨山西、陕西、甘肃、青海、宁夏、内蒙古及河南等省（自治区），面积约 48 万 km^2，海拔 1500～2000 m。除少数石质山地外，高原上覆盖着普遍认为由风力堆积而成的深厚黄土层，黄土厚度为 50～80 m，最厚达 150～180 m。黄土颗粒细，土质松软，含有丰富的矿物质养分，利于耕作。盆地和河谷农垦历史悠久，但由于缺乏植被保护，加之夏雨集中，且多暴雨，在长期水力侵蚀下地面被分割得非常破碎，形成沟壑交错其间的塬、梁、峁等地貌。黄土高原属半干旱大陆性季风气候区，冬季为较强的西伯利亚高压冷气团控制，西北风盛行，气候寒冷，雨雪稀少。夏季受太平洋和印度洋低压槽的影响，盛行东南、西南季风，雨水增多。受纬度和区域地形及环境的影响，黄土高原降水量地区差异很大，多年平均降水量从西北向东南呈递增趋势，降水量的年际变化一般较大。黄土高原地区按自然条件和水土流失特征可分为风沙区、丘陵沟壑区和高原沟壑区三大类型区。黄土丘陵沟壑区跨山西、陕西、宁夏、甘肃四省（自治区）的部分县市。该区由于气候干旱，降水不均且夏季多侵蚀性暴雨，加上长期的土地不合理利用，致使地面千沟万壑，已几乎不存在残存的塬面，水土流失极其严重，土地生产力低下，经济发展比较落后。

1.3.2.2　主要的生态问题及原因

黄土高原半干旱丘陵区是生态较为脆弱的地区，长期以来，都存在着几个主要的生态问题。这些生态问题有的是自然因素形成的，有的则与人为活动相关。自然的或是人为的因素在不同的情况下所产生的影响力度是不一样的，造成生态问题的严重性也是不同的。这一地区主要的生态问题有以下几个方面。

第一，干旱缺水，这是该地区最主要、最关键的生态问题。干旱气候决定了基本的植被类型和演替动态，决定了生态系统较为低下的初级生产力，也决定了这一地区发展农牧业生产的艰巨性。干旱的气候也意味着这里的植被一旦被破坏，恢复的难度较大。

第二，水土流失，这是该地区最严重、最具地域特点的生态问题。水土流失和干旱缺水是该地区难以拆解的一对孪生儿，降水的年内、年际的不均匀分配同时造成了这两种现象，而这两种现象又相互促进，形成恶性循环的演变趋势。水土流失导致水资源无法在流域内高效存蓄，加重干旱，而干旱的加深造成植被退化，又加重了水土流失。

第三，植被稀疏，这是上述两点自然因素外加人为因素造成的该地区的主要生态问题之一。这里说的植被稀疏，不仅指植被数量减少，而且还包含了植被种类的减少，另外包括了质量的下降，表现出生长状态和生态效益都较差的生态景观。

第四，不合理的农牧业生产活动，这是人为因素的最主要方面。该地区气候干旱，然而这里的干旱环境不似荒漠地区那样不适合农业生产，而是可以进行旱作农业生产，所以历史上就陆续有民众定居于此，使这里的人口数量不断增长。当人口数量超过了现有技术条件下资源的承载能力，在生存的压力下，人类必然过度开垦、放牧、樵采，对自然资源进行掠夺式经营，破坏生态系统。

针对半干旱黄土丘陵区的生态问题，人们展开了长期的治理工作，但是到目前为止，很多地方的生态退化问题仍比较严重。究其原因，主要是在半干旱黄土丘陵区的生态恢复实践中还存在着以下几个方面的问题。

第一，农业生产力受干旱影响仍处于较低水平，致使生态环境压力巨大。在黄土丘陵沟壑区，人类社会的生产发展需求与自然生态系统低下的承载力之间是一对矛盾所在，流域的植被破坏、水土流失、生态失衡等问题皆源于这对矛盾。而解决这对矛盾的主要途径是人类的生产发展，要毫不动摇地坚持以发展生产为主，切实消除人类过度干扰自然生态系统的驱动力，才能从根本上解决矛盾。如果将自然生态系统的恢复作为解决矛盾的主要途径，而没有切实提高流域的生产能力和经济产出，表面上看来是实现了生态环境的恢复，本质上则是将生态恢复的社会经济基础虚弱化，恢复的成果很容易在人类的生存发展压力下付诸东流。半干旱黄土丘陵区的农牧业生产目前仍然受制于降水年内、年际的分配不均，农田单产低而不稳，生产力水平无法提高，脆弱生态系统面临的人为压力一直没有从根本上消除。

第二，尚未完全遵循从景观尺度上进行生态恢复的原则。只有从景观尺度上统筹规划和实施小流域内的生态恢复工程，才能保证各类生态系统之间的物质和能量的正常、有序流动。但是，以景观生态学为基础理论的生态恢复方法与实践还没有在黄土丘陵沟壑区得以建立和推行，小流域内各组分的恢复工作依然在线性思维的指导下进行规划、建设和评估。在小流域治理之初，不以景观生态学的范式进行恢复或许也能产生显著的治理效益，但随着恢复工作的进行，旧的范式所具有的潜力将挖掘殆尽，必须在更高的层面上统筹考虑，才能打破恢复工作所遭遇的瓶颈。

第三，该地区生态环境建设的主体是植被建设，但在实际工作中植被建设违背植被地带性规律和因地制宜的原则，造成植被存活率、保存率低。黄土高原自南向北由暖温带森林地带过渡到荒漠草原地带，而黄土丘陵沟壑区主要属于半干旱草原地带，在景观上应该表现为稀树草原。受水分限制，该地区不适宜营造以乔木为主的森林植被，若不采取特殊的工程措施，则乔木只能生长在阴坡或沟谷等局部山地。而实际工作中很多时候违背了这些规律。一方面，大量营造的乔木林在种植几年后就逐渐衰亡或成为"小老头树"；另一方面，如果没有建成乔、灌、草有机结合的植被结构，就无法形成能够有效抵抗土壤侵蚀和其他外部干扰的植被群落。此外，造林树种单一，既有育苗技术方面的原因，也有苗木市场供给、造林组织管理等方面的问题。

1.3.2.3　主要研究领域、方向及成果

黄土高原的人民，以战天斗地的英雄气概，与恶劣的自然环境作着不懈的斗争，在曲

折的道路上不断总结经验，吸取教训，在治理上所取得的成绩是举世瞩目的。黄土高原地区的主要生态问题是严重的植被退化和水土流失，该地区的生态恢复是以水土保持为中心任务，以植被建设和基本农田建设为主要途径展开的。黄土高原生态恢复的研究和实践历来都是和水土保持密切相关的，可以说在黄土高原搞生态恢复就是搞水土保持，搞水土保持也就是搞生态恢复。长期以来，为了综合治理黄土高原的小流域，研究工作在各个方面展开，归结起来有三个主要的研究领域和方向：①水土保持工程；②植被恢复；③水土保持生态农业。这三个主要的研究领域事实上与水土保持的三大措施（工程措施、林草措施、农业技术措施）是相对应的，但是内涵要更加丰富。

水土保持工程是我国人民几千年来与水土流失作斗争的有力武器，梯田、谷坊、淤地坝等水土保持工程是由劳动人民创造的，具有悠久历史的水土流失防治手段。现代的水土保持工作中继续沿用这些有效的措施，并且在工程设计、施工、空间布局、效益分析等方面进行了深入研究，应用现代科技使这些古老的工程措施发挥出更大的作用。水土保持工程是黄土地质条件下不可或缺的生态恢复手段，其主要作用是拦蓄径流和泥沙，使生态系统的基础——水土资源得以保存在流域内，工程措施是黄土地区小流域进行生态恢复的先行措施和最后保障。水土保持工程也为流域的农业发展奠定了坚实的土地资源基础。水土保持工程的研究与实践基本上不存在理论难点，技术已经相当成熟，在实际工作中要因害设防、因地制宜，各种工程应注意合理布局和配合。

植被恢复是黄土高原地区生态恢复的主要工作，投入的人力、物力、财力都是巨大的，取得了显著的成绩，但也走了一些弯路。总结植被恢复工作中正反两个方面的经验，植被恢复必须遵循植被的地理分布规律，不可主观地决定植被的类型；要合理选择植物种，重视乡土植物种在恢复中的重要作用；要重视流域不同区域植被的类型、物种配置、栽植密度、栽植方法、整地方式等要素；要充分发挥生态系统自我修复的能力。在半干旱黄土丘陵区利用生态系统自身的修复能力进行植被恢复可以收到良好的效果，这已被实践充分证明。自然恢复的生态效益较好，节省成本，但恢复方向难以控制，经济产出难以预测，有必要进行一定程度的人为干预。

水土保持生态农业是水土保持耕作措施的扩展。原来针对坡耕地土壤侵蚀防治所采取的等高耕作、沟垄种植、带状种植、轮作等措施在实践中逐渐发展，已经超越了水土保持的单纯目的，扩展为以农业生态系统优化为核心的水土保持生态农业生产模式。在保持水土的基础上，培肥改土、地膜覆盖、集雨节灌、农林复合等技术和模式的推广应用，在一定程度上改善了黄土高原地区的农业生产条件，使这里的农业更加注重整合水、土、光、热等无机资源以及同整个景观系统协同发展。发展水土保持生态农业是黄土高原地区生态恢复的必由之路。

在与自然的长期斗争中，黄土高原地区的干部群众与科技人员逐步发展和总结了一些经过实践证明比较成功的治理模式和经验，在这里简要介绍一些黄土丘陵沟壑区的实践范例。

1) 以坝系建设为中心的陕北绥德韭园沟及其支沟王茂沟综合治理模式。该小流域为典型的黄土丘陵沟壑区，经多年治理，形成了以坝系建设为中心的三道防线综合防治模式。三道防线指梁峁坡防线、沟谷坡防线和沟道防线。韭园沟模式是以沟道水土保持工程为中心的，各级淤地坝承担着全小流域水土流失的拦蓄任务，并且淤成大面积的生产力水平较高的坝地，为粮食增产创造条件。但是这种模式没有沟坡兼顾，没有经受住 1977 年 8 月无定河流域发生的特大暴雨，73% 的坝库被冲毁，可以说是没有把握好治沟与治坡的辩证关系。

2）沟坡兼治、治坡为主的陕北米脂高西沟综合治理模式。高西沟也是无定河的二级支沟，属于峁状丘陵区，自 20 世纪 50 年代后期开始水土保持生态环境治理，通过在缓坡修筑梯田，陡坡耕地和沟谷陡坡平整造林种草，沟道内建设淤地坝和埝窝等措施，至 70 年代末，沟坡均已基本得到治理，并且经受住了 1977 年特大暴雨的考验。高西沟以治坡为主、沟坡兼治的模式较好地处理了沟坡两类侵蚀系统产流产沙在流域内的发生、运移和沉积关系。

3）以基本农田建设为重点的宁夏西吉黄家二岔小流域治理模式。黄家二岔是滥泥河上游的一条支沟，20 世纪 80 年代初期，黄家二岔小流域开始作为综合治理试验点。经过多年的努力，昔日穷山恶水的黄家二岔农业生态步入良性循环，全面实现了坡耕地梯田化、荒山林草化、资源开发利用合理化。通过大力调整土地利用结构，农业生产条件明显改善，水土流失现象从根本上得以遏制。多项高产高效的农业实用技术应用研究获得成功，逐渐形成了农、林、牧发展的高效稳定的农业复合生态系统和旱作农业高效丰产栽培技术体系，形成了高效稳定的生态经济林防护体系和农、林、牧三结合的优化发展模式。

4）以水土保持生态农业建设为中心的陕北安塞纸坊沟综合治理模式。纸坊沟小流域属典型的梁峁状黄土丘陵沟壑区，是延河支流杏子河下游的一级支沟。从 20 世纪 80 年代起，连续作为国家科技攻关项目示范区，经过 20 多年的研究和建设，示范区成功恢复了退化生态系统，提出了水土保持型生态农业的理论和技术体系。即以强化降水就地入渗防治水土流失为中心，以土地和水资源合理利用为前提，建立了以恢复植被、建设基本农田、发展经济林和养殖业为主导的水土保持型生态农业的指导思想和模式；提出了建设水土保持型生态农业三阶段的实践和理论，即生态系统起始恢复阶段、生态系统稳定恢复阶段和生态系统良性循环发展阶段。水土保持型生态农业建设使整个生态系统初级生产力、生态稳定性、生物多样性均大大改善。

5）生态建设和农果牧业并重、相互促进的宁夏固原上黄模式。上黄村位于固原河川乡，茹河上游官府台河河段，经过治理，昔日水土流失严重的穷乡僻壤被改造成为生态环境良好的新农村。据郝仕龙和李志萍（2007）总结，试区植被覆盖度从治理前的 1.9% 增长到"十五"期间的 55.7%，土壤侵蚀模数从 6000t/（km²·a）降到"十五"期间的 1000t/（km²·a），生态环境得到根本改善。生态建设的成果依赖于经济建设的不断发展，到"九五"期间，人均年粮食达到 685 kg，人均年纯收入增长到 2000 元以上，乱砍滥伐的现象基本消除。上黄村所代表的发展方向是以控制水土流失和生态环境治理为前提，以农田基本建设为主导，以发展畜牧业、林果业为主体的畜牧产业链和林果产业链，形成生态适宜型农村经济发展模式。

6）坚持水土保持与农业综合开发相结合的宁夏彭阳经验。彭阳在 1983 年建县之初，水土流失面积占全县总面积 92%，土壤侵蚀模数高达 4500~10 000t/（km²·a），经济文化落后，群众生活贫困。为改变落后面貌，彭阳县确立了水土保持立县、生态立县的方针，制定了全县水土流失综合治理规划，坚持水土保持与农业经济综合开发相结合，以小流域为单元，实行山、水、田、林、草、路综合治理，狠抓梯田建设、造林治荒和水资源开发补给三大工程。据卜崇德等（2007）总结，截至 20 世纪末，累计治理小流域 72 条，治理水土流失面积约 1200 km²，治理度达 50% 以上，森林覆盖率提高到 14.6%，全县粮食产量增加到 10 万 t 以上，整体经济发展在宁南山区 8 县中是最快的，实现了生态、经济、社会效益三统一。

综合以上黄土丘陵沟壑区几个典型小流域及更大尺度区域的治理模式和成果，可以看出，起初在治理中并未引入生态恢复的理念，水土保持一直是小流域综合治理的中心工作。水土保持、乔灌草植被、梯田和坝地等基本农田的建设是治理的主要内容。以小流域生态恢复为治理的指导理念是在长期的水土保持实践以及国内外恢复生态学理论迅速发展的背景下逐步引入黄土丘陵沟壑区的。韭园沟、王茂沟和高西沟等治理老典型，治理工作开始得很早，那时恢复生态学的理论还没有形成，自然谈不上以生态恢复为治理的指导理念；而黄家二岔、纸坊沟、上黄村、彭阳县等较新的治理典型，在治理之初就引入水土保持生态农业和生态恢复的指导思想，在治理过程中遵循了生态（经济）学原理和方法，重视大农业开发，强调生态建设与农业经济发展的相互促进。然而，不论有没有在治理中有意识地引入生态恢复的理念，上述治理典型实际上都进行了恢复生态的工作，只是起初没有被冠以生态恢复的名称或是治理者没有意识到那是生态恢复而已。当然，如果不是在进行治理规划的时候就以生态恢复理论为指导，则实际的治理实践一般达不到应有的恢复效果，在以往和目前进行的黄土高原小流域治理中，或多或少地存在着一些问题，而这些问题的出现几乎都是违背生态（经济）学以及恢复生态学原理的结果。

1.4　生态恢复研究与实践的发展趋势

1.4.1　理论研究的发展趋势

就全球恢复生态学的发展趋势，可以从最近几年的国际生态恢复协会召开的年会主题中看出一些端倪。2001 年第 13 届年会主题是"跨越边界的生态恢复"，2002 年第 14 届年会的主题是"了解和恢复生态系统"，2003 年第 15 届年会的主题是"生态恢复、设计与景观生态学"，2004 年第 16 届年会的主题是"边缘的生态恢复"，2005 年第 17 届年会的主题是"生态恢复的全球性挑战"，2007 年第 18 届年会的主题是"变化世界中的生态恢复"，2009 年第 19 届年会的主题是"在变化的世界中作出改变"，将于 2011 年召开的第 20 届年会的主题被定为"重建自然和文化之间的联系"。可以大致看出，在近几年全球气候变化被各界热议的大背景下，恢复生态学也不可避免地与气候变化这一世界性议题发生共鸣，并且学科的发展正在向大的地理尺度（包括景观、区域乃至全球）上的综合研究积极地推进，力求在气候变化、生物多样性减少、可持续发展等问题上提出基于恢复生态学的解决途径。另外也可以看出，这些年会的主题也体现出国际恢复生态学界没有孤立地进行生态恢复研究。学者们意识到生态恢复不是单单源于生态系统的需要，生态恢复也不只是生态学家们的工作，生态恢复的利益不仅在于再现青山绿水，恢复生态学还要着眼于自然环境和人类文化的和谐发展，采取与其他学科交叉融合的策略谋求本学科的进一步发展。

1.4.2　黄土丘陵区生态恢复实践的发展趋势

在恢复生态学迅速发展的今天，黄土丘陵区的生态环境治理以及以生态安全为基础的社会经济发展具有更加坚实的理论基础。黄土丘陵区的生态恢复不同于矿区、林地、水体等恢复项目，后面这些恢复项目的目标主要是重建自然生态系统，经济产出目标不甚突出，而黄土丘陵区的生态恢复是以农业生产为主导的生态经济系统的结构功能优化。该地区的恢复工作要在水资源比较匮乏的情况下谋求农业经济和生态环境的双重效益，并使二者协调发展，这要比单纯的生态系统恢复难度大得多。正因为如此，黄土丘陵区的生态恢复需要更加综合的恢复生态学和生态经济学理论的支撑，相反，该地区的生态恢复实践的蓬勃发展也将促进理论的不断完善，即如何在关键资源缺乏的条件下整合生态环境和经济发展两方面的诉求。在半干旱黄土区获得的生态恢复理论的进步可以对其他水土资源缺乏或配置不良但人类生存压力较大的地区的恢复实践起到积极的借鉴作用。

半干旱黄土丘陵区的生态恢复将在农业生产技术逐步发展和农业产出进一步提高的基础上稳步推进。半干旱黄土丘陵区人均耕地面积较大，人—地矛盾并不突出，突出的是人—水和农—水矛盾，即人均水资源量不足，且降水季节与作物生长季节往往严重错位。就该类地区 400 mm 的年均降水量而言，如果通过一定的工程措施使得降水时空配置得当，并调整种植制度和改进农艺措施，单季作物单产达到灌区的水平是完全有可能的。如果上述目标得以实现，由于该地区人均耕地面积大，粮食总产量和人均产量将充分满足流域居民生活需要，就能够有足够的土地空间进行种植结构调整，增加经济作物种植面积，进一步增加农民收入。届时，半干旱黄土丘陵区的农业生产面貌将彻底改观，一旦农业生产水平有了较大的提高，人类对自然生态系统的压力基本得以消除，生态恢复将较为顺利地进行。由此看来，现在和今后较长时期内，在半干旱黄土丘陵区的恢复实践中，开发和采用以提高可利用水资源量和水分利用效率为核心的农业工程技术，是工作的一个极重要方面。

生态恢复不应当只被生态学家所关注和运作，说到底进行生态恢复是为了生产力的发展，为了人类的福祉。在一个地域进行生态系统结构和功能恢复的同时，生产力水平和社会文化发展也得到长足的进步，自然生态系统和人类社会和谐共存、共同繁荣，这无疑是更高层次的生态恢复。我国黄土高原地区几十年来所进行的综合治理，其治理理念和实践操作的实质就是谋求生态环境改善和社会经济发展双重目标的实现，黄土高原的生态恢复从来就不是单纯的自然生态系统重建，而是积极的生态农业开发利用。今后，半干旱黄土丘陵区的生态恢复仍然要和经济发展紧密结合起来，以农业生产水平的提高为重点，以生产发展促进生态环境改善，以生态环境改善保障生产生活条件。在具体的恢复实践中，充分借鉴全国乃至全世界其他地区生态恢复的成功经验，以小流域景观系统为单元进行规划和实施，充分调动流域居民的积极性，促进生态文明和本土文化的有机结合，在半干旱黄土丘陵区构建富裕、文明、优美的小流域生态经济系统。

第2章　半干旱黄土丘陵区生态系统分析及诊断

2.1　生态环境状况

2.1.1　地理环境

黄土是中纬度温带大陆性气候区常见的一种沉积层，一般认为由风力搬运堆积而成，我国华北、西北与西北地区东部黄河中游地区黄土分布面积多达约 30 万 km²（朱显谟等，1985），是世界三大黄土区之一，分布着地球上最为深厚的黄土沉积层，黄土厚度达数十米至数百米，这一片被黄土覆盖的地区习惯上被称为黄土高原。

黄土高原有狭义与广义两个概念，狭义的黄土高原地区东起太行山，西迄青海东北，南达秦岭，北至长城沿线与毛乌素沙地相交，包括黄土覆盖区与被黄土覆盖区包围的山地，总面积大约 53 万 km²；广义的黄土高原除包括狭义的黄土高原外，还包括黄土分布区以北的鄂尔多斯风沙草原与河套平原，北抵阴山山脉，涉及青海、甘肃、宁夏、内蒙古、陕西、山西、河南 7 个省（自治区），50 个地（盟、州、市），317 个县（旗、市、区），全区总面积达 64 万 km²，土壤侵蚀模数大于 1000t/（km²·a），水土流失面积 45.4 万 km²（水蚀面积 33.7 万 km²，风蚀面积 11.7 万 km²），大于 1.5 万 t/（km²·a）以上的剧烈水蚀面积占全国同类面积的 89%，多沙粗沙区面积 7.86 万 km²。黄土高原地区年均入黄河泥沙 16 亿 t，是我国乃至世界上水土流失最严重、生态环境最脆弱的地区。

黄土丘陵为我国黄土高原的一部分。黄土丘陵沟壑区分为 5 个不同的副区，其中第一、第二与第五副区主要集中在黄土高原西北部干旱、半干旱地带，这些丘陵连同其中或其周边的山地、河谷、滩地构成了半干旱黄土丘陵区。第一副区为黄土梁峁丘陵，位于晋西、陕北的黄河中游，是黄河最主要的多沙粗沙区，第二副区为黄土残塬丘陵，位于汾河与延河、北洛河、泾河上游，包括山西、陕西、甘肃三省部分县市，土壤侵蚀的严重程度仅次于第一副区；第三副区主要为梁状丘陵，位于黄土高原南部，包括陕西、甘肃、宁夏三省（自治区）渭河流域以及晋南、豫西等处的丘陵；第四副区位于黄土高原西部，气候寒冷湿润，包括青海、甘肃两省的一些县市；第五副区位于黄土高原西北部，气候干燥，包括陕北白于山两麓，甘肃庆阳、定西、白银、兰州等市，以及宁夏。黄土高原主体部分的构造基底是中朝古地台的西半部分即鄂尔多斯褶皱，西南部为元古代海西与加里东运动形成的祁连褶皱带，鄂尔多斯褶皱东部隔山西背斜隆起与中朝古地台的东半部分——华北凹陷带毗邻。

研究区位于我国黄土高原西部的宁夏半干旱黄土丘陵区。包括海原黄土丘陵区

（4357 km²）、西吉黄土丘陵区（5130 km²）、清水河东黄土丘陵区（11 127 km²），总面积达 20 614 km²，占宁夏全区总面积的 31.04%。该区地处黄河中上游，是一个以六盘山为主体的侵蚀—堆积的黄土丘陵山区。本研究以固原市为主要研究地区，该地区地处东经 105°9′~106°58′，北纬 34°14′~37°04′。北邻中卫、同心两县，东、南、西分别与甘肃省庆阳、平凉地区及白银市接壤。南北长 212.5 km，东西宽 135 km。区内沟壑纵横，地面切割破碎，黄土丘陵、黄土塬、谷地、山地、近山丘陵相间分布，是我国黄土高原半干旱黄土丘陵区的典型代表与缩影。其中葫芦河流域属"陇中山地与黄土丘陵区"，黄土堆积在古近系或新近系红岩丘陵之上。清水河流域和泾河流域属"陇东黄土丘陵区"的西缘，黄土堆积适于中更新世。黄土堆积之前古地形比较复杂，如清水河以西地区为丘陵，以东地区为山地，彭阳境内的泾河流域为台地或准平原。现今黄土地貌继承了古地形的基本特征，彭阳县是宁夏黄土塬最多的地区。

宁夏半干旱黄土丘陵区干旱少雨、水土流失严重、土壤退化、生态系统功能失调是其农业与社会经济持续发展的严重制约因素，区内农、林、牧业布局错综复杂，因而历来是国家确定的重点生态建设区。选择该区域建立研究区，开展黄土丘陵半干旱退化山区生态系统恢复与管理技术研究，不仅具有极强的典型性和代表性，而且还具有辐射、带动和指导西部半干旱黄土高原丘陵区退化生态系统恢复的重大现实意义。

该地区生态环境具有明显的垂直带和过渡性特征。由南向北，海拔逐渐降低，温度逐渐升高，而降水量逐渐减少。黄土丘陵区沟谷发育，土壤侵蚀强烈，一般侵蚀模数达 5000~8000t/（km²·a），海拔 1500~2000 m。植被由南部的森林草原过渡到中北部的干草原地带，局部呈现荒漠草原景观。

2.1.2 气候环境及气象灾害

气候要素是小流域生态系统的动力因素。气候是包括水、热因素的全部气候要素相互综合影响关联的结果，它们在小流域生态系统的组织过程中都直接或间接地起到动力作用。水热气候要素在地球表层质与量的组合结构，直接影响甚至制约小流域生态系统中其他一切要素。地表植被及其生产是小流域生态系统功能的主要表现。

就整个黄土高原地区来说，属欧亚大陆东部季风大陆性气候区，气温和雨量季节变化明显，并由于纬度、据海远近的不同和地貌的变化，引起了气候的地带性和地区性分异。该地区夏秋温暖多雨，冬春寒冷干旱。年平均气温变化为 3.6~14.3℃，极端低温为 -13.9~-38.2℃；大于等于 10℃的积温为 771~4800℃，太阳总辐射能量为 5.0×10^9~6.0×10^9 J/m²。年平均降水量为 184.8~750 mm，大多数地区为 300~600 mm，年际变率大（20%~50%），季节分配不均（7~9 月降水量约占全年的 70%），常以暴雨形式出现，温度和雨量呈现出由东南向西北递减的趋势。由于降水的季节性分配不均，无效降水次数多，导致干旱发生频繁，季节性干旱时有发生。据统计，陕北杏子河流域下游 1971~1980 年的 10 年间春旱、伏旱和秋旱的发生频率分别为 35%、30% 和 35%，其中重旱发生次数（大于 10.0 mm 的降水间隔时间大于 3 d）约占总干旱次数的 75%。

以宁夏半干旱黄土丘陵区为例，该区所处的地理环境在气候方面呈现出以下特点。

2.1.2.1 光能资源丰富

根据全国气候区划，宁夏半干旱黄土丘陵区为南温带半湿润区至中温带半干旱区，但由于受六盘山地势影响，热量与降水明显降低，因此，这一地区为温凉干旱的中温带气候类型。该区海拔较高，日照充足，太阳辐射强，光能资源比较丰富。该地区全年日照时数为 2200 ~ 2900 h，年太阳辐射为 5001 ~ 5656 MJ/m²，年总辐射量与华北平原接近，在黄土高原居中间。在时间分布上，春夏两季多，秋冬两季少，5、6 月达到最高值，11 月出现最低值。在地理分布上，北多南少，最多的是海原县，最少的是隆德县。但由于水热肥等条件的限制，光能资源的利用率低，根据宁夏平均粮食亩产推算，宁夏半干旱黄土丘陵区的光能利用率为 0.09% ~ 0.23%，低于全国平均水平。

2.1.2.2 热量资源利用率低

如表 2-1 所示，宁夏半干旱黄土丘陵区大于等于 0℃ 的积温 2567.3 ~ 3096.2℃，大于等于 5℃ 的积温 2387 ~ 2895.3℃，大于等于 10℃ 的积温 1903 ~ 2389.3℃，大于等于 15℃ 的积温 803.7 ~ 1466.4℃，无霜期 135 ~ 154 d。

表 2-1 宁夏半干旱黄土丘陵区主要农业气象要素

县名	积温				无霜期（d）
	≥0℃	≥5℃	≥10℃	≥15℃	
海原	3096.2	2895.3	2389.8	1466.4	146
固原	2931.2	2733.7	2262.9	1357.7	154
西吉	2698.5	2512.4	2059.0	1143.0	135
隆德	2567.3	2387.0	1903.0	803.7	139

由于受纬度和地形的影响，该地区的年平均气温的地理分布呈东暖西凉、南冷北热之势，同时具有冬季北冷南暖、夏季南凉北热的特点。热量条件北部优于南部，东部优于西部，低海拔地区优于高海拔地区，具有垂直分异的特点。

该区光热资源丰富，对多数植物来说，均能够达到其完成生长过程所需的光照与温度要求。虽然降水量较少，但 80% 主要集中在 4 ~ 9 月，大于等于 10℃ 积温期间的降水量占年总降水的 60% ~ 80%，雨热同步，有利于植物特别是秋播植物的生长。但就种植作物来说，光能利用率和综合气候生产潜力实现率很低。

2.1.2.3 水资源总量不足

黄土高原是典型的水土流失半干旱地区。降水量为 300 ~ 600 mm，可为农业利用的降水量不到 30%；由于黄土的基质条件与地形特点，水的地表径流和渗流严重，因而表现出比相同降水量地区更加干旱，且时空分配极不均衡。水成为黄土高原农林牧业生产和人民生活的限制性因素，也是黄土高原生态治理的最关键的要素。黄土高原的土地很难有灌溉条件，只有在河流谷地、川地等河流附近或有大河引水工程时才有少量的灌溉地区，而大面积的黄土高原典型地区，由于梁峁沟壑的破碎地貌与高亢的地势，水利工程难度大、成本高，很难建设大型水利工程。地下水一般埋藏深度大，多在 100 m 以下，主要以降水补给为主。

2.1.2.4 气象灾害频繁

影响该区的主要自然灾害有干旱、霜冻、大风和冰雹等。

冬季降水只占 2%～5%，有的地区（尤其是北部）和有的年份一冬甚至滴雨不下。入春后，在大陆干燥气团的控制下，气温回升很快，风速大，蒸发力强，降水只有 30～120 mm，不及同期蒸发量的 1/5，甚至几十分之一，常常引起春旱；入夏后，气温迅速升高，雨季来临延迟至夏季后期，常引起春夏连旱。干旱是造成宁夏半干旱黄土丘陵区危害最重、范围最广、次数最多的灾害。据 1950～2000 年的气象资料表明，平均每 4.8 年就有一次大旱，每年平均受灾面积 5.13 万 hm²。降水多集中在 7～9 月，降水量占全年降水量的 55%～60%，且多暴雨，有时 24 h 暴雨量可达年降水量的 50%，甚至 1～5 倍。此种情况在北部特别突出，如呼和浩特年降水量 400 mm 左右，而一次最大雨量竟达 193.2 mm，占年降水量的 50%。由于该区地势起伏不平，植被稀少，一旦暴雨出现，短时即可有大量泥沙倾泻，形成暴涨的洪水，其势迅猛难挡，轻则摧毁农田作物，重则摧毁大量坝库，甚至形成更大的洪水灾害。如 1977 年陕西省绥德县一次暴雨达 118.3 mm，韭园沟内 20 多年修建的坝库体系即被洪水冲毁，延河两岸川地被毁 2 万余亩[1]，损失巨大。在宁夏半干旱黄土丘陵区，据资料统计，暴雨集中在 7～9 月，其中 8 月占 60%，多两年一遇。暴雨不仅对该地区人民生命财产带来严重威胁，而且造成严重的水土流失，冲沟延伸，塬面破坏，使地形支离破碎。

霜冻是影响热量资源充分利用和对作物生长极为不利的有害因子。该地区霜冻多发生在海陆季风交替、冷暖气流进退频繁的春秋季节。此期气温的波动很大，很不稳定，每遇冷空气入侵，降温常达 7～8℃，有时多达 10℃ 以上，常常造成低温冻害。一般早霜多于晚霜，北部多于南部，尤其是丘陵地区以北，几乎年年均有发生。晚霜最迟发生在 5 月初前后，早霜最早发生在 9 月上中旬，霜冻一旦出现，影响面积很大，农谚称为"雹打一条线，霜打一大片"。在宁夏半干旱黄土丘陵区，春季 4～5 月和秋季 9～10 月是该地区农业生产的关键季节，而两季发生的霜冻直接影响夏秋作物收成，若干年份在 5 月底还有冷空气活动。

大风多发生在冬春季节，以 4～5 月最多。黄土高原全年大风日数 5～10 次，西北部 20～25 次。在北部和西北部大风出现时，常伴以风沙发生，而且由于高原北部面临沙漠，当地又多滥牧滥垦，风力不及大风，也易引起风沙现象，故风沙日数往往比大风日数为多。大风多不仅易使作物干枯，根部暴露，使放牧时间缩短，家畜乱跑空转，而且对土地也是严重破坏，是造成沙漠南侵和沙化的重要因素。

冰暴多在中高山区和丘陵地区发生，这与地形起伏，地面植物稀少，受热不均，空气对流强盛有关。总体来说冰雹次数不如大风霜冻次数多，但其发生时期正是作物成熟时期，危害十分严重。一旦发生，轻则撕叶拆穗，重则如碌碡碾场，颗粒无收。在宁夏半干旱

---

[1] 1 亩≈667 m²，后同。

黄土丘陵区，冰雹是该地区仅次于干旱的主要气象灾害，年年都有发生。据统计，宁夏全区平均每年受雹灾的面积约 1.87 万 hm²。降雹时间 3 ~ 10 月都会出现，4 ~ 8 月为多发生时段，而成灾大都为 6 ~ 8 月。

2.1.3　地质与地貌环境

地质地貌是小流域生态系统物质构成与空间形态的基础。地貌特征对其组织过程和结构格局有明显的控制作用，地质和地貌是小流域生态系统主要的空间分异因素。在小流域生态系统中，地貌是一种状态函数，表现其空间形态。从物质和能量角度看，地貌主要是通过"分配效应"而起作用的，主要是利用其形态骨架改变各种要素过程及其空间分异，进而影响控制景观生态系统的组织过程。坡度能直接影响坡面上物质运动速度和物质能量的储存能力。坡度大，重力分量大，物质运移速率快，对降水、太阳辐射等接受能力变小。坡向不同，对光热的吸收条件就不同，能形成不同的水热气候特征。凹形坡面，对物、能的聚集作用强，能形成较高能级的生态系统。

2.1.3.1　地质构造特征

黄土高原侵蚀地貌的格局及其区域分异，取决于内外营力的对比关系，但大地形骨架及区域分布特征主要是取决于内动力，即地质构造。

黄土高原跨华北陆台和秦岭—祁连地槽两个大地构造单元。二者大致以六盘山为界，以西属秦岭—祁连地槽区，以东为华北陆台的一部分。六盘山位于华北陆台的西缘，构造上呈一巨型的复背斜。下古生代时是一个长期拗陷带，碳酸盐建造发育。该区缺失上古生代早期沉积，在石炭纪沉积了一套含煤的海陆交互地层，无二叠纪地层。中生代三叠纪、侏罗纪时期为碎屑建造。白垩纪的下白垩统称为六盘山群，为一套厚达 2000 m 以上的砾岩、砂岩、页岩等碎屑盐类。新生代的第三系为红色砂岩、泥岩类石膏层，最厚达 2700 m，强烈的燕山运动使全区发生褶皱、断裂隆起成山。进入第四纪，六盘山仍在继续上升。

六盘山以西的黄土高原部分在海西构造运动以后，则以内陆断陷盆地发育为构造特点，统称陇西盆地。陇西盆地实际上是由一系列小盆地组合而成的，其中较大的有民和—永登盆地，临洮—陇西（县）盆地和靖远—会宁盆地等。该区在侏罗纪—白垩纪为山间盆地沉积，燕山运动末期，六盘山区中生代地层褶皱隆起成山以后，盆地的东界明显。燕山运动也使盆地内局部地区发生了褶皱（如兰州西南部的七道梁），但大部分地区的地层仍然保持平缓产状。喜马拉雅运动继承了前期的构造特征；但老第三纪盆地沉积的范围扩大，沉积了红、暗红色的砾岩、砂岩、泥岩。到上新世甘肃中部强烈上升，伴随着上升周围正地形遭受剥蚀，盆地内部堆积，并形成波状起伏的剥夷面。

六盘山以东属华北陆台西部的鄂尔多斯台向斜和山西台背斜，中间是保德、吴堡、吉县连线的断裂带，即黄河晋陕峡谷所在。鄂尔多斯台向斜和山西台背斜在地质构造上是一个未经褶皱变动的、标准的前震旦纪陆台。鄂尔多斯台向斜中生代时期发展成为一个大型的内陆盆地，并堆积了数千米厚的陆相碎屑岩，东部沉积较薄，西缘沉积厚度较大。西北的中生代地层厚1500 m，地层的层序完整，盆地的东南则微微上升，处在剥蚀环境下。白垩纪末期鄂尔多斯台向斜抬升，并在边缘发生断陷，形成了西南部和北部边缘上的一系列地堑式断陷盆地。第三纪早中期鄂尔多斯台向斜缓慢抬升，并遭受剥蚀夷平成为准平原地形。到了上新世，鄂尔多斯台向斜的北部普遍地接受三趾马红土堆积。喜马拉雅运动使鄂尔多斯台向斜再次上升，其边缘拗陷和断陷盆地扩大，沉积加厚。山西台背斜大致包括太行山以西、吕梁山以东的整个地区。五台山为台背斜的最古老的山系；并以它为顶点将这个台背斜分为东西两部分；东部为太行山，西部为吕梁山，二者之间夹以向斜下凹部分。上古生代以来该向斜下凹部分堆积了巨厚的陆相碎屑物质，受断裂构造影响，向斜下凹部分的局部地区以断块式隆起成山，如太岳山、稷王山等，有的部分又断陷为谷。最著名的是晋中大断谷，它和鄂尔多斯南缘渭河断陷连为一体，合称为汾渭断陷。

宁夏半干旱黄土丘陵区地层小区属祁连—终南山小区的北半部区带，相当于河西走廊带的东延部分。出露最老地层为下奥陶统海相碳酸盐岩、碎屑岩，仅零星地分布于贺兰山南端。奥陶纪地层发育较全，主要为碳酸盐岩巨厚清变质的碎屑岩夹薄层灰岩的米钵山组，以不纯碳酸盐岩为主的银川组及巨厚清变质的碎屑岩、硅质岩等为主。志留纪地层为海相碳酸盐、碎屑岩。泥盆纪为中—晚世的陆相碎屑沉积。石炭纪出露齐全，为海陆交互沉积。二叠纪至中、新生代，均属陆相沉积，发育较全，缺失早侏罗纪、晚白垩世—古新世和上新世沉积。

该区的断裂构造十分发育，除太行山东侧的太行深大断裂和六盘—贺兰深大断裂、秦岭断裂外，六盘山以东还有南北向的韩城—临猗大断裂，关中盆地北侧的断裂，晋西的雁行断裂等。六盘山以西有多组西北—东南向断裂，断裂上升成为黄土高原中的中山或有薄层覆盖的低山，在两断裂之间形成盆地。

2.1.3.2 新构造运动特征

黄土高原新构造运动的总趋势是高原内部为间歇性的、大面积的整体抬升，周围的拗陷或地堑不断下沉。高原内部的构造抬升特点又有区域差异；六盘山是第四纪抬升中心，其抬升速度较快，据近期精密水准测量资料，抬升速度每年20 mm左右。六盘山地区也是近代地震最活跃的地区，据统计1700年以内6级以上的地震超过10次，1920年8.5级的海原大地震发生在这里，6级以下地震发生的次数更多。

六盘山以东广大地区的新构造运动性质是比较复杂的，自早更新世至全新世，高原内部始终处于间歇抬升状态，断裂拗陷区不断下沉。第四纪以来抬升区的地面高程普遍地达到海拔1000 m以上。黄河谷地里发育了五级阶地。抬升强度较大的地区在长城沿线的白于山至内蒙古格尔旗一带。保德附近的抬升量也较大，每年平均为3 mm。

2.1.3.3 地形地貌特点

半干旱黄土丘陵区沟壑纵横，地形破碎、起伏大，基本以大小不同的流域组成，是黄土丘陵区整体特征的缩影。复杂的地形地貌导致立地条件多样，其中川地约占总土地面积的10%，以大量的梁、峁、坡等组成的山坡地约占80%。立地条件的不同使植物生长所需的水分、养分及环境条件呈现出复杂的状态，导致不同立地条件下植物的生产力和水分利用效率相差几倍甚至十几倍。

研究区宁夏半干旱黄土丘陵区大部分为深厚的黄土所覆盖,地势平缓,耕性良好。其植被分布以海原西华山、南华山经固原须弥山至炭山一线为界,以南为温带森林草原,以北为温带干草原。这实际上就是全新世晚期的近 3000 年来的天然植被分布状况。据考古研究,距今 5000～6000 年的全新世中期,这一地区的自然环境要比现在优越,具有暖温带植被特点,森林分布较今日广泛,林草植被更为茂密,因此才会有众多先民在这里繁衍生息,发现的大量新石器时代遗址即是证据。早在中生代以前,现在的清水河谷、葫芦河谷、红茹河谷已基本形成槽状谷地,后经喜马拉雅运动,河谷地堑式断陷最后定型,形成侵蚀堆积平原。在山地附近和其他广大区域范围内,也在喜马拉雅运动中,受六盘山隆起的牵连,形成大面积的侵蚀构造丘陵,从而形成目前地貌的最初轮廓。自中生代以来,地面经过多次隆起、沉陷与剥蚀,形成了侵蚀构造山地地貌。各期黄土则是在上述基础上堆积起来的,而后,主要受流水侵蚀、冲积、洪积等作用的影响,形成了现今的石质中山、土石质低山和丘陵、黄土丘陵以及河谷平原等各种地貌类型。

该地区的地貌类型,按成因可分为三大类,即构造山地地貌、堆积侵蚀黄土丘陵地貌和侵蚀堆积河(沟)谷地貌。按形态可分为九个亚类,即侵蚀构造中山地貌、剥蚀构造低山地貌、黄土残塬地貌、黄土梁状地貌、黄土梁峁状地貌、山前洪积扇(带)地貌、河谷冲积平原地貌、沟谷川台地貌和山间洼地地貌。长时期的流水切割、侵蚀和风化侵蚀,致使该地区沟壑纵横,地形支离破碎。

2.2　自然资源状况

2.2.1　土地资源及土地利用

土地是在自然与人为因素综合影响下形成的,主要由土壤、地表物质和地表形态等要素组成的自然综合体。土地类型的划分主要反映土地这个自然综合体在不同条件下的变异。半干旱黄土丘陵区土地资源相对丰富,东部为雁北宽谷低丘,属于海河支流永定河的上游,存在着水土流失、土壤沙化、盐碱化、污染等问题;中部为晋陕蒙接壤长城沿线覆沙丘陵、峁状丘陵和白于山南麓丘陵区,农业生产以种植业为主,水资源紧缺,水土流失、土地荒漠化严重,是黄土高原主要的多沙、粗沙区。六盘山以西的两西(西海固、定西)干旱丘陵区,资源贫乏,人口密度大(100～150 人/km²),水土流失严重,是黄土高原生态建设和扶贫开发的重点和难点区,该区适宜发展农、牧(肉羊、绒山羊)业。本节以宁夏半干旱黄土丘陵区为对象,就宁夏半干旱黄土丘陵区土地资源的特点作一详细的分析。

2.2.1.1　土地资源类型

宁夏半干旱黄土丘陵区土地类型包括川地、黄土丘陵地、土石丘陵地、山地四个土地类,川地、河滩地、沟阶地、坝地、塬地、洪积扇、黄土丘陵地、土石丘陵地、山地九个亚类,详见表2-2。

表 2-2　宁夏半干旱黄土丘陵区主要土地类型　　　　　（单位：hm²）

土地类型	西吉	海原	固原	隆德	彭阳	合计
川地	12 826.4	55 827.67	66 658.66	9 256.6	13 674.33	158 243.7
河滩地	1 543.73	2 761.53	3 034.28	185.53	23.33	7 548.4
沟阶地	17 012.53	23 188.07	6 553.86	2 676.2	7 232.47	56 663.13
坝地	447.4	5 725.87	213.13	0	51	6 437.4
塬地	—	30 026.67	11 485.46	1 169.93	6 855.27	49 537.33
洪积扇	—	858.93	164.14	1 023.07	—	—
黄土丘陵区	225 148.5	363 873.1	203 544.6	45 701.2	192 494.6	1 030 762
土石丘陵地	0	8 827.2	22 597.93	17 144.67	3 259.93	51 829.73
山地	32 848.2	39 353.73	49 849.66	13 043.8	12 872.27	147 967.7
其他	24 558.53	21 202.8	24 301.47	10 596	16 011.8	96 670.6
合计	314 385.3	551 645.6	388 403.2	99 736.53	252 475	1 606 646

2.2.1.2　土地利用

　　土地结构是指在某个区域内由于地貌和土壤母质等成土因素的影响形成具有一定的发生联系、格局特点、在空间上毗连分布的土地个体群。这种个体群，不仅具有一定的细分构成，而且具有一定的数量和空间结构。数量结构是指同一级土地类型之间在数量方面的对比关系，空间结构是指土地类型在空间上的分布。我们依据土地结构的特点，通过对中庄示范区水土流失及土地质量的实地调查，从土地类型结构、土地资源结构、土地空间结构和土地利用现状结构入手，对土地结构进行分析研究，结果为：严重水土流失面积达 443 hm²，重度水土流失面积达 508 hm²，中度水土流失面积为 117 hm²，轻度水土流失占 582 hm²。

　　在土地利用方面，据土地详查资料记载，2000 年年底，如表 2-3 所示，该区域土地总面积为 1 601 861 hm²，占宁夏全区土地面积的 30.83%。其中，耕地 628 328.9 hm²，占 39.22%；园地 4182.2 hm²，占 0.26%；林地 149 814.3 hm²，占 9.35%；牧草地 492 836.1 hm²，占 30.77%；城乡居民及工矿用地 48 742 hm²，占 3.04%；交通用地 12 457.5 hm²，占 0.78%；水域 21 973.3 hm²，占 0.98%；未利用地 243 526.7 hm²，占 15.20%。

表 2-3　宁夏半干旱黄土丘陵区主要土地利用面积　　　　　（单位：hm²）

土地利用类型	西吉	海原	固原	隆德	彭阳	合计
耕地	122 399.1	184 564.0	166 489.2	42 665.5	112 211.1	628 328.9
园地	74.6	333.1	635.3	122.0	3 017.2	4 182.2
林地	62 156.5	13 525.4	27 248.5	21 671.7	25 212.2	149 814.3
牧草地	73 367.3	262 143.5	104 475.7	9 069.9	43 779.7	492 836.1
居民点及工矿用地	9 947.8	11 203.2	13 084.6	3 920.6	10 585.8	48 742.0
交通用电	2 266.7	2 905.1	4 159.2	973.5	2 153.0	12 457.5
水域	6 204.5	6 288.0	5 582.5	1 329.7	2 568.0	21 973.3
未利用地	36 583.2	67 938.2	66 329.7	19 338.6	53 337.0	243 526.7
合计	312 999.7	548 900.5	388 004.7	99 091.5	252 864.6	1 601 861.0

2.2.2　土壤资源及土地生产力

2.2.2.1　土壤资源

土壤是地球表层各种地理过程最为活跃的场所,是无机物与有机物彼此关联又可以互相转化的场所,也是小流域生态系统三种主要能量输入的集中作用场所。其具有小流域生态系统各种过程功能的调节枢纽作用。

黄土高原土壤受地貌及生物气候条件与人为活动的影响,具有明显的地带性和非地带性特征。地带性土壤自东南向西北依次有褐土、黑垆土、栗钙土、灰钙土和灰漠土。山地土壤包括山地棕壤、山地灰褐土、草毡土等。同时由于地形和局部环境的影响,以及农业历史悠久和水土流失严重,也出现了非地带性土壤和耕作土,包括黄绵土、娄土、潮土、灌淤土及北部成土过程很弱的风沙土。

根据宁夏回族自治区第二次土壤普查资料,宁夏半干旱黄土丘陵区土地总面积为128.83 万 hm^2,占自治区土地总面积的 76.5%。主要土壤有 4 类,包括黑垆土、黄绵土、新积土、灰褐土。详见表 2-4。

表 2-4　宁夏半干旱黄土丘陵区主要土壤类型　　　（单位：万 hm^2）

土壤类型	合计	西吉	海原	固原	彭阳	隆德
土壤总面积	128.83	28.46	42.6	25.28	8.76	23.73
黑垆土	26.05	6.34	6.95	6.05	2.21	4.5
黄绵土	84.49	18.9	26.82	17.59	3.59	17.59
新积土	6.36	0.16	5.79	0.15	0.11	0.15
灰褐土	11.93	3.06	3.04	1.49	2.85	1.49

2.2.2.2　土地生产力

黄土高原是典型的水土流失半干旱地区。自古以来我国的社会学家、政治家、农学家就以水资源的利用及其效率研究为切入点,结合肥料的施用、种子的改良及其他农业技术工程,提高农业生态经济系统生产力问题研究,一直是中国政府解决农民生存与农村经济社会发展问题的重要内容。

20 世纪 80 年代以来,甘肃省开展了雨水集流、节水补灌、雨养旱田的探索实践,初步形成了以集雨节灌为核心的集雨农业技术发展思路,为我国广大半干旱地区农业摆脱干旱缺水、实现经济增长和可持续发展,提供了一种实用的战略途径。

20 世纪 90 年代以后,我国半干旱地区农业发展的一个主要方法是通过遗传改良、发挥生理潜势,以寻求新的调控技术,其比较现实的办法有两条:一是广泛推行覆膜技术,二是通过人工雨水集流技术,发展集水农业——有限灌溉农业。我国黄土高原特色的旱区农业技术体系,为旱地农业发展起到了积极的推进作用,促进了土地生产力的提高。但整体而言,黄土高原半干旱地区的农业生态系统仍未能摆脱生产力低、系统不稳定、投入效益差等问题的困扰，特别是在严重干旱面前显得尤为突出。进入 21 世纪以来，我国半干旱地区土地生产力的研究在集雨覆膜技术基础上，与当地农村生态社会系统的生态经济效益研究相结合，正在探讨农业生态经济系统建设的新模式。

总之，半干旱黄土丘陵区的土地生产力直接关系到当地人民的民生问题，了解半干旱地区土地生产力发展趋势，将为研究提高该区土地生产力、增加农业收入、改善人民生活有着重要的借鉴意义，为进一步探索农村社会经济发展新模式提供有效例证。

在宁夏半干旱黄土丘陵区，灾害问题一直是困扰和阻滞该地区农业经济发展的自然因素，最突出且亟待解决的是干旱和水土流失问题。该区域水资源贫乏且分布不均，农业用水主要来源于天然降水，成为雨养型的旱作农业区；而年均降水仅 300 ~ 500 mm，且降水量的分配不均及较大的变化率，导致了干旱加剧，作物常因缺水受旱而使农业减产，减产幅度一般都在 30% ~ 50%，特别干旱年份甚至绝产绝收。

近年来，科技工作者先后在半干旱黄土丘陵区开展了许多水分利用及土壤水动态、作物抗旱机理、旱地保墒技术等方面的研究和推广工作，如窖窑灌溉、节水灌溉、大垄沟技术、地膜覆盖技术等，对半干旱黄土丘陵区水分的高效利用和农业生产力的提高起到了很大推动作用，取得了明显的效益。但长期以来，半干旱黄土丘陵旱作农业区经济处于封闭半封闭状态，资金短缺、人们对新技术缺乏认识等原因，财力、物力投入少，旱作农业现代化技术的推广应用举步维艰，旱作农业的发展，特别是生产力的提高和水资源的高效利用，仍有很长一段路要走。

研究区经过近 10 年的时间，把昔日水土流失严重的穷乡僻壤改造成为生态环境良好的新农村，项目在"十五"、"十一五"实施期间，通过大力发展舍饲养殖业及牧业，调整优化土地利用结构，土地生产力大幅度提高，试验区人均生产粮食从治理前 2000 年的 197.4 kg 增长到 2009 年的 616 kg；农民的生态环境意识和科技致富能力显著提高，85% 的农户掌握了 2 或 3 门科技致富技术，人均年纯收入也从研究初期（2000 年）的 650 元增长到现在（2009 年）的 2932 元，提高了 4.5 倍，生活水平提高的同时也保障了试区生态建设的成果，滥砍滥伐的现象基本消除。

2.2.3 水资源及利用

水是维持生态系统正常运转所必需的基本要素，在绿色生态系统的重建与环境改善中起决定性的作用，是其他任何物质也无法替代的。水资源一般是指能够循环恢复使用的动态水量，包括降水资源、地表水资源和地下水资源，其中降水资源直接影响到地表水和地下水资源存在的数量，也是植物直接生长最能直接利用的水资源，在黄土高原干旱半干旱地区甚至是植物正常生长赖以生存的唯一水资源。

黄土高原地区土地资源丰富，但水资源相对贫乏，供需矛盾比较尖锐。该区土地面积占全国土地面积的 6.9%，耕地面积占 12.2%，而水资源量仅占全国的 2.2%。黄土高原地区年降水总量约为 2757 亿 m^3，平均降水深度 442.7 mm，区内降水量具有变幅大、年际、年内分布不均的特点。大部分地区年蒸发量 1500 ~ 2000 mm，为年降水量的 2 ~ 8 倍。东南部汾渭盆地和晋南、豫西黄土丘陵区，年降水量 600 ~ 750 mm，是区内降水量较充沛的地带，西部、西北部的青海、宁夏、内蒙古黄河沿岸和鄂尔多斯草原西部、甘肃靖远—景泰—永登一线，年降水量仅为 150~250 mm。当地多年平均径流量 654 亿 m^3，地下水资源量 336 亿 m^3（可开采量约为 204 亿 m^3），扣除地表水与地下水重复水量 224 亿 m^3，水资源总量为 766 亿 m^3。单位耕地面积平均水量 3780 m^3/hm^2，人均水量 634 m^3，分别占全国平均水量的 14% 和 26%。

对宁夏半干旱黄土丘陵区而言，无外来径流入境，水资源主要来自天然降水。由于大气降水少，且时空分布不匀，地下水又主要靠降水补给，因而造成水资源贫乏。降水地区分布极不平衡，绝大部分分布在南部，而北部水源奇缺，地表水水量少，泥沙大，地下水埋藏深，水质差，难于开采利用。详见表 2-5 和表 2-6。

表 2-5　宁夏半干旱黄土丘陵区主要流域分区水资源总量

流域分区	面积（km^2）	年均降水量（mm）	年均地表水资源量（亿 m^3）	年均地下水资源量（亿 m^3）	重复计算量（亿 m^3）	水资源总量（亿 m^3）	多年平均产水模数（亿 m^3/km^2）
清水河	13 511	335	1.886	0.796	0.780	1.902	1.408
泾河	1 050	650	1.999	1.290	1.290	1.999	19.038
葫芦河	3 281	457	1.532	0.677	0.677	1.532	4.669
祖历河	597	391	0.098	0.025	0.025	0.098	1.642

表 2-6　宁夏半干旱黄土丘陵区各主要县水资源总量

县名	面积（km^2）	年均降水量（亿 m^3）	年均地表水资源量（亿 m^3）	年均地下水资源量（亿 m^3）	重复计算量（亿 m^3）	水资源总量（亿 m^3）	多年平均产水模数（$\times 10^5 m^3/km^2$）
西吉	3144	13.211	0.812	0.292	0.292	0.812	2.583
海原	5026	17.844	0.683	0.295	0.295	0.683	1.36
原州区	2850	13.044	1.206	0.41	0.41	1.206	4.23
隆德	985	5.192	0.721	0.423	0.423	0.721	7.320
彭阳	2491	11.842	0.892	0.382	0.382	0.892	3.581

由表 2-5 和表 2-6 可以看出，宁夏半干旱黄土丘陵区各主要县水资源总量为 4.314 亿 m^3，平均产水模数 3.81 万 m^3/km^2，占宁夏全区水资源总量（11.633 亿 m^3）的 37.08%，其中地表水资源 4.314 亿 m^3，地下水资源 1.802 亿 m^3，重复计算量 1.802 亿 m^3，各流域、县分区水资源总量的分布极为不均。

研究区所在的彭阳县是全国的水土保持先进县，近些年的水土保持工作成效非常显著。水土保持综合治理措施主要有机修水平梯田、人工梯田、退耕还林还草、沟道治理工程等，这些工程有效提高了当地水资源的利用率。目前，研究区汇水范围 16.5 km^2，共有水平梯田、川台地及壕掌地 6.186 km^2，占总土地面积的 37.50%，占农地面积的

95.08%；林地 6.43 km²，占总土地面积的 38.97%，人工草地 2.33 km²，占总土地面积的 14.14%，水土保持综合治理程度达到 90% 以上。

2.2.4 生物资源及利用

黄土高原地区森林资源不仅少，而且分布极为不均匀，天然次生林占全区有林地的 53.42%，主要分布于突出山体，形成了集中分布的几大林区：山西省的吕梁山、太岳山、太行山，陕西省的秦岭、黄龙山、陕甘交界处的关山、子午岭，甘肃省的小隆山、西秦岭，宁夏的六盘山、贺兰山等处。森林覆盖率较高，一般都在 30% 以上，高的可达 50% 以上，成为黄土高原的绿岛。而其余的广大黄土丘陵区和风沙区森林覆盖率很低，很少有超过 10% 的。这种分布不均匀状况使得森林资源的不足与需求之间矛盾更加突出。

宁夏半干旱黄土丘陵区天然森林已全部遭到破坏，灌木呈零星分布，草地退化严重。天然植物资源丰富，在整体上呈地带性分布特征，受人为干扰等影响，地带性植被遭到严重破坏。

2.2.4.1 草场资源

宁夏以长芒草草原分布最广，其他如菱蒿草原等。除少数高山及河湖滩地外，乔木多散生，难以成林，主要有油松、青海云杉、杜松、白桦等。灌丛植物中沙棘、枸杞、人工柠条、酸枣、小叶锦鸡儿较多。覆沙黄土丘陵上，锦鸡儿和油蒿群落占优势，主要牧草有大针茅、早熟禾、紫花苜蓿、红豆草、沙打旺、无芒雀麦、冰草等。宁夏半干旱黄土丘陵区草原植被占优，如表 2-7、表 2-8、表 2-9 所示，天然草场面积为 66.198 万 hm²，占该区域土地总面积 160.32 万 hm² 的 41.29%，其中可利用草场面积为 48.67 万 hm²。主要包括以下四种类型：草甸草原类草场面积 4.71 万 hm²，占草场总面积的 8.63%，草群平均盖度 75% ~85%，每公顷可产鲜草 1748.25 ~7116.25 kg；干草原类草场面积 44.35 万 hm²，占草场总面积的 81.24%，草群低矮，牧草干物质多，每公顷可产鲜草 535.5 ~3071.25 kg；山地草甸草场面积 4.41 万 hm²，占草场总面积的 8.08%，植物种类丰富，中生杂类草较多，覆盖度 85% ~95%，每公顷可产鲜草 3635.25 kg；灌丛草原类草场面积 1.12 万 hm²，建群种多为灌木，灌木下层生长草本植物。

表 2-7　宁夏半干旱黄土丘陵区各县天然草场分布面积　　（单位：万 hm²）

县名	总土地	天然草场	退化草场	有毒草场	缺水草场	人工种草	草地围栏
西吉	31.44	5.96	5.97	5.85	0.28	0.94	0.04
海原	54.89	29.98	29.98	14.03	8.82	0.63	—
固原	64.14	28.198	27.35	24.69	2.66	1.88	—
隆德	9.85	2.06	2.05	1.23	85.63	0.32	—
合计	160.32	66.198	65.35	45.8	97.39	3.77	0.04

注：固原含彭阳县

表 2-8　宁夏半干旱黄土丘陵区天然草场主要类型面积及载畜量

草场类型	天然草场（万 hm²）				平均每公顷产利用鲜草（kg）	理论载畜量（万个羊单位）	载畜能力（hm²/绵羊单位）
	毛面积	占总面积比例（%）	可利用面积	可利用折筱面积			
草甸草原类	4.71	8.63	4.48	4.52	2505	15.95	81.00
干草原类	44.35	81.24	39.46	42.58	1327.5	55.02	184.50
山地草甸类	4.41	8.08	3.92	4.29	3430.5	20.91	64.50
灌丛草原类	1.12	2.05	0.81	1.05	—	—	—
总计	54.59	100.00	48.67	52.44	1603.5	101.19	142.50

表 2-9　宁夏半干旱黄土丘陵研究区植物经济类群

经济类群	禾本科草类	豆科草类	菊科草类	藜科草类	杂类草	合计
种数	5	11	13	3	36	68
占总种数比例（%）	7.35	16.18	19.12	4.41	52.94	100

2.2.4.2　动植物资源

宁夏半干旱黄土丘陵区林地面积为 44.51 万 hm²，灌木林地 5.45 万 hm²，占 12.24%；未成林林地 22.77 万 hm²，占 51.15%，另有四旁树折合面积 2.93 万 hm²。其中，天然林 6.45 万 hm²，占 35.44%；人工林地 11.75 万 hm²，占 64.56%。林地中，用材林 0.15 万 hm²，占 1.24%；防护林 6.23 万 hm²，占 51.62%；薪炭林 0.01 万 hm²，占 0.02%；经济林 2.339 万 hm²，占 19.50%；特种用途林 8.06 hm²，占 0.01%。全地区活立木蓄积 535.4 万 m³，其中天然林活立木蓄积 249.1 万 m³，占总活立木蓄积的 46.5%；人工林活立木蓄积 286.3 万 m³，占活立木蓄积的 53.5%。

另外该区具有经济价值的野生植物有 12 类，包括饲用植物、果树砧木和野生果树、编织植物、造纸植物、调味植物、蜜源植物、芳香植物、淀粉植物、药用植物、花卉和园林观赏植物等；有各类脊椎动物 24 目 57 科 200 多种，昆虫有 10 目 64 科 438 种；有害动物有 2 目 7 科 34 种。

2.2.5　矿产资源

宁夏煤炭资源分布较广，同时也是我国煤炭储量最大、品质最好、煤种最全的地区之一。半干旱黄土丘陵区矿产资源主要集中在屈吴山—六盘山以东的东中部地区，以煤炭、石油、天然气等化工能源为主，另外还有铝土、湖盐、岩盐等。分布在固原市的主要矿产资源有盐化、石油和煤炭资源。

2.3 社会经济状况

2.3.1 概况

　　黄土高原是我国一个特殊的地理单元。据史料记载，历史上这一地区战乱、天灾频繁，民不聊生。尤其明、清以来过度的垦辟，广种薄收，使植被遭受破坏，水土流失、土地沙化愈演愈烈。新中国成立后由于人口失控以及农业生产发展十分缓慢，过速增长的人口使生产力极其低下的农业经济结构失调，资源遭受破坏，人民生活十分贫困、生态环境恶化等问题日趋严重。新中国成立以来，党中央、国务院十分重视该地区经济和各项社会事业的发展。1982年以来，在党中央、国务院的关怀下，在"三西"农业建设、以工代赈等专项资金的扶持下，自治区历届党委、政府制定和出台了一系列优惠政策，加强农业基础建设，努力改善生态、生产条件；积极发展区域经济，培育发展支柱产业；强化科技服务体系，建立移民吊庄基地，组织移民异地开发；拓宽劳务输出渠道；控制人口增长；开展社会扶贫，搞好东西合作，等等。1999年召开的中央经济工作会议，分开提出要不失时机实施西部大开发战略，对西北地区来说，是个百年不遇、千载难逢的机遇。特别是2000年国家实施退耕还林还草工程以来，加快了农村剩余劳动力的转移，扩大了农村就业，增加了农民收入。当地政府坚持以科学发展观为统领，不断夯实生态综合治理、基础设施建设，推进农业产业化、工业化、城镇化建设进程，着力提升草畜、马铃薯、劳务、旅游四大产业，调整优化产业布局，使全市国民经济和社会各项事业保持良好发展势头，取得了良好的生态效益、社会效益、经济效益，实现生态环境持续好转和农民生活水平的进一步提高，人均地区生产总值逐年提高，详见表2-10。

表2-10　固原地区2001～2009年国内生产总值构成比较

年份	总计（亿元）	第一产业（亿元）	第二产业（亿元）	第三产业（亿元）	人均地区生产总值（元）
2001	22.04	6.57	4.49	10.98	1282.9
2007	61.84	17.38	12.49	31.97	4054.0
2008	75.79	21.22	15.92	38.65	5056.0
2009	87.93	24.14	20.07	43.71	5891.0

2.3.2 主要产业

2.3.2.1 农业

黄土高原半干旱区生态系统、环境治理和农业发展的关键是一个水字，主要是依靠自然降水，即水的充分保持和高效利用。只有把自然降水充分、有效利用好了，黄土高原发展才有希望。改革开放以来，在国家和自治区政府的大力扶持下，当地政府始终把改善生态环境、加快生态建设作为固原市经济社会发展的一项重要战略措施来抓，遵循自然、经济规律，把生态建设与区域经济发展和脱贫紧密结合起来，采取了一系列行之有效的措施，有效地遏制了生态环境恶化趋势，取得了很大的成绩。从当地的自然条件和实际情况出发，积极调整产业结构，压夏增秋，大力种树种草，发展养殖业；积极推广秋覆膜、早春覆膜等各项农艺节水措施，农业生产条件逐步得到改善，农民依靠科技支撑、技术服务等措施，着力发展后续产业，初步形成了退得下、还得上、稳得住、不反弹，农民收入不减少，先绿后富的良好局面。2009 年实现农林牧渔业总产值 49.29 亿元，详见表 2-11 和图 2-1，其中，农业产值 28.14 亿元，林业产值 2.91 亿元，牧业产值 15.42 亿元，渔业产值 0.01 亿元。农民人均劳务纯收入 1280.0 元。

表 2-11　固原市近几年农业总产值构成比较

年份	总产值 （亿元）	农业 （亿元）	林业 （亿元）	牧业 （亿元）	渔业 （亿元）	人均劳务纯收入 （元/人）
2004	23.58	14.71	2.68	5.24	0.27	—
2007	37.11	22.48	1.98	11.22	0.04	850.15
2008	45.29	25.4	2.57	14.75	0.01	1075.25
2009	49.29	28.14	2.91	15.42	0.01	1280.0

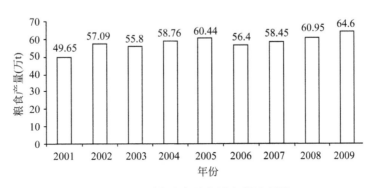

图 2-1　固原市粮食总产量变化示意图

2.3.2.2　工业

固原市是一个工业欠发达的地区，2009 年全市完成工业总产值 32.12 亿元，实现工业增加值 10.57 亿元。其中，规模以上工业完成产值 11.42 亿元；规模以下工业完成产值 20.7 亿元。规模以上工业中，轻工业完成产值 4.47 亿元；重工业完成产值 6.93 亿元（表 2-12）。

表 2-12　固原市 2005~2009 年工业总产值构成比较

年份	总产值（亿元）	工业增加值（亿元）	重工业完成产值（亿元）	轻工业完成产值（亿元）	工业销售产值（亿元）	产品销售率（%）
2005	14.12	4.75	1.37	1.77	3.15	100.3
2008	26.37	9.52	4.17	—	—	—
2009	32.12	10.57	6.93	4.47	—	—

2.3.2.3　人民生活

党的十六届五中全会通过的《关于制定国民经济和社会发展第十一个五年规划的建议》明确提出了建设社会主义新农村的基本思路和根本要求，以及取消农业税、实行农业直接补贴、退耕还林还草、免除农村义务教育学杂费、建立新型农村合作医疗制度和农村最低生活保障制度等各项政策的实施，充分发挥了亿万农民建设新农村的主体作用。这些年来，在自治区党委和政府的正确领导下，固原市按照"远谋近施，发挥优势，突出特点，调整结构，改善环境，东西合作，开发突破"的思路，战胜了连年干旱带来的严重困难，国民经济得到长足的发展，社会各项事业不断进步；取得了国内生产总值、农民收入、工业产值三个快速增长；基础设施建设、生态环境两个差距显著改善；农业生产化取得突破性进展，迈上了新的台阶，城乡面貌发生了显著变化；积极调整产业结构，大力发展农村生产力，粮食自给率基本稳定，人民生活宽裕，农村物质和文化生活水平与质量逐步提高；农村教育、文化、医疗、社会保障等社会事业有相应发展，城乡差距逐渐缩小，农民享受到新农村带来的成果；加快了农业和农村发展。

固原市 2009 年总人口 150.14 万人（表 2-13），其中，农业人口 128.62 万人，回族人口 67.96 万人，占总人口的 45.3%。人口出生率 17‰，自然增长率 11.58‰。

表 2-13　固原地区 10 年人口变化情况

年份	总计（万人）	农业人口（万人）	回族人口（万人）	人口出生率（‰）	自然增长率（‰）
2000	150.43	135.27	62.58	—	—
2005	148.68	131.02	63.69	18.97	13.98
2009	150.14	128.62	67.96	17.00	11.58

2.4　退化生态系统的演变趋势

半干旱黄土丘陵区严重的生态退化与脆弱的生态环境有关，但主要是人类不合理的经济活动，其中包括过度放牧、过度农垦及水资源利用不当等。从生态学的角度来看，在脆弱的生态与环境中，自然植被破坏后就难以自然恢复，而且会进一步引起风蚀、水蚀，导致土壤质量退化，使得长期植被丧失，导致生态恶化。反之，侵蚀生态与环境的逆转即恢复的过程，就是针对具体的成因，采取各种人为措施恢复植被、改善生态与环境，使土地生产力恢复，经济可持续发展的过程。

2.4.1 水分的演变

水分是黄土高原地区生态系统中最活跃的因素,并与各种生态系统的形成与演变有着密切的联系。侵蚀生态与环境的形成、发展与逆转过程也不例外,水分在其中起着决定作用。农业生态系统水分循环与水分运行在国际重大研究计划中受到了极大关注。黄土高原地区生态与环境建设离不开相适应的水资源环境,良好的水分环境是生态建设的前提和基础。

黄土高原地区经过了 200 多万年,形成了现在相对封闭的生态与环境。据张宗祜等(1999)对黄土高原晚更新世时期气候演化规律研究,距今 13 万 ~7.5 万年为湿暖气区,7.5 万 ~6 万年为干冷气候区,但其 6 万 ~3 万年间有一次相对温湿的气候环境,全新世时期距今 9000 ~6000 年期间为最佳暖期,此后距今 5000 ~3000 年期间,气候转冷,气温降低 2 ~3℃,降水量减少 200 mm。所以,黄土高原气候呈现出明显的干燥化趋势。据预测由于全球变暖,2030 年温度将增高 0.8℃,2070 年增加 2.001℃,2100 年将增加 3 ~4℃,届时西部冰川面积将分别减少 12%、28% 和 45%~60%。同时,将会导致土壤水分加速消失,干旱化趋势显著,草原退化更加明显,荒漠化会更加严重。杨文治等(1998)从现代黄土性土壤的水分能量状态和土壤水分物理特征两个方面对黄土高原环境的旱化与黄土的水分关系进行了探讨,认为黄土深层水分储量由西北向东南渐趋提高,且蒸发强度明显减弱,植被的供水条件愈益优越,进而说明黄土高原环境由西北向东南,旱化和草原化程度逐渐弱化,即黄土高原环境的旱化在强度上存在着明显的方向性变化。

人类社会出现后,人类活动破坏了大量的植被,使地面裸露,从而使地面蒸发明显加强,引起了土壤中储水量下降,因而有可能将地下盐分带到地表,导致土壤盐渍化。同时裸露的地面,由土壤风蚀导致沙化或由于水蚀导致水平径流量增大,进一步降低土壤中储水量,土壤退化,植被进一步减少,生物多样性降低,生态系统被破坏,形成恶性循环,最终导致生态环境严重退化。一般来说,森林破坏后或农田撂荒,天然植被是以草—灌—乔的顺序演替的。天然植被的演替过程比较缓慢,土壤水分基本维持平衡或略趋干燥化。然而,许多研究表明,在黄土高原半干旱地区或半湿润的森林地带,种植草灌后一般生长较天然草灌茂密,大量消耗了深土层储水,5 ~6 年后 3 ~8 m 土层水分严重亏缺,接近凋萎湿度,形成难以恢复的干层(2 ~3 m 以上土层水分依靠每年降水得到不同程度补偿)。显然在这样的土壤水分条件下,后续乔木林的生长是不可能的。

研究区水源奇缺,在降水、地表水和地下水这“三盆水”中,地表水和地下水潜力有限,而且地下水埋藏很深,仅靠开发地表水和地下水资源解决干旱问题,不仅在技术上难以实现,经济上也难以承受。因此,雨水资源的利用是解决或缓解干旱状况的最重要途径。充分利用宝贵的天然降水,提高水利化程度和抗灾能力,是宁夏半干旱黄土丘陵区脆弱的生态环境及农业得以维持和发展的必要条件。

针对该区域降水时空分布不均、季节波动性大、雨水资源收集量有限、利用效率低等特点,在生态与环境建设中开发出坡地改造集雨蓄水雨水资源化工程技术,以水土资源的高效利用为指导,为加快以水土保持为中心的小流域综合治理,改善生态环境,增加农民收入，在分析了研究区坡地雨水资源量和资源潜力的基础上，利用各种措施控制降水就地入渗，增加地下水补给。在研究中有针对性地提出几种坡地雨水就地拦蓄的工程技术，通过修筑水平梯田、"88542"水平沟、水平阶、鱼鳞坑、淤地坝等，对地面进行较大的工程处理，以改变原有的地形特征，使降水就地集中拦蓄入渗，提高水分利用效率。

2.4.2 土壤的演变

土壤是生态系统的载体，是陆地上动植物生长和生活的物质基础，而且它也是环境生态系统中物质循环和能量交换的主要场所。土壤具有支撑、肥力、环境三大基本功能。土壤退化是指在各种自然，特别是人为因素影响下所发生的导致土壤的农业生产能力或土地利用和环境调控潜力，即土壤质量及其可持续性下降（包括暂时性的和永久性的）甚至完全丧失物理的、化学的和生物学特征的过程，包括过去的、现在的和将来的退化过程，是土地退化的核心部分。土壤质量则是指土壤的生产力状态或健康状况，特别是维持生态系统的生产力和持续土地利用及环境管理、促进动植物健康的能力。土壤质量的核心是土壤生产力，其基础是土壤肥力。土壤肥力是土壤维持植物生长的自然能力，它一方面是五大自然成土因素，即成土母质、气候、生物、地形和时间因素长期相互作用的结果，带有明显的物理、化学和生物学特性；另一方面，人类活动也深刻影响着自然成土过程，改变着土壤肥力及土壤质量的变化方向。因此，土壤质量的下降或土壤退化往往是一个自然和人为因素综合作用的动态过程。

在半干旱黄土丘陵区，水土流失面积达 22 897 km²，土壤侵蚀模数 1000～10 000 t／(km²·a)，土壤侵蚀极其严重，这不仅导致了土壤生产力的降低，同时也导致了土壤的退化。为了进一步研究宁夏半干旱黄土丘陵区土壤退化的机理，促进该区域的经济发展，提供综合治理依据，在国家"十五"、"十一五"科技攻关支撑项目的研究中，课题组在定位监测、室内分析及野外调查的基础上，从土壤物理、化学、微生物、土壤水库以及土地生产潜力等方面对土壤的退化特征进行了分析。

宁夏半干旱黄土丘陵区土壤退化主要表现在土壤剖面构造形态退化、土壤化学组成退化、土壤质地类型和土壤结构体退化，以及土壤干燥趋势增大 4 个方面。

2.4.2.1 土壤剖面构造形态退化

宁夏半干旱黄土丘陵区由于严重的土壤侵蚀和原生地带性植被的破坏，土壤质量已严重退化，土壤熟化过程受到限制，剖面土体构型单一，土层变薄，土壤发生层次不明显，与原生植被相伴的黑垆土几乎丧失殆尽，现存的是大面积新发育的黄绵土，根据资料显示，该区域土壤总面积为 158.3 万 hm²，占土地总面积的 94%，有土类 10 个，亚类 20 个。黄绵土广泛分布于黄土丘陵区，是区域内的一种主要耕种土壤，土壤有机质含量低，坡地土壤侵蚀严重，面积为 89.4 万 hm²，占土壤总面积 56.5%。

2.4.2.2 土壤化学组成退化

土壤化学组成退化主要是指土壤中有机质、氮、磷等养分的流失。受土壤侵蚀与长期过度开垦影响，宁夏半干旱黄土丘陵区土壤存在着不同程度的肥力退化现象，主要表现为表层 0 ~ 20 cm 土壤养分含量降低，部分土壤表层已消失殆尽。土壤中细颗粒物质的流失是造成养分流失的主要原因。由表 2-14 和表 2-15 中 0 ~ 40 cm 不同立地类型土壤养分流失变化比较分析可以看出，不同坡度（27°、20°）的自然坡面养分含量，在表土层 0 ~ 20 cm，随着坡度增大和侵蚀强度的增强逐渐降低，其中速效钾含量降低最快，降低了 46.80%，其次是有机质降低了 42.86%，全氮降低了 39.02%，速效磷降低了 36.54%，全磷降低了 17.74%，碱解氮降低了 10.92%，全钾含量变化不大；在地表下层 20 ~ 40 cm，养分含量随着坡度增大和侵蚀强度的增强，碱解氮和全氮含量降低最快，分别降低了 71.30%、70.10%，其次是有机质降低了 68.13%、速效磷降低了 37.50%、全磷降低了 24.19%、速效钾变化不大，全磷稍有增加。总体说明，在 0 ~ 40 cm 土层，随着坡度的增大，土壤养分的退化程度增大。

表 2-14　不同立地类型土壤 0 ~ 20 cm 土层养分变化比较

立地类型	全氮（g/kg）	全磷（g/kg）	全钾（g/kg）	有机质（g/kg）	碱解氮（mg/kg）	速效磷（mg/kg）	速效钾（mg/kg）
阳坡自然坡面 27°	0.75	0.51	18.8	11.6	41.6	3.3	94.7
阳坡自然坡面 20°	1.23	0.62	18	20.3	46.7	5.2	178
截流水平沟林地	0.28	0.49	20	4.5	15.6	2.1	88.2
2002 年刺槐林	0.35	0.53	20.4	4.98	13.9	7.6	153
侵蚀沟阴坡坡面	0.45	0.6	20.1	6.67	23.6	6	225
侵蚀沟阳坡自然坡面	0.46	0.55	20.4	6.92	32.1	2.8	100
侵蚀沟沟底	0.24	0.57	20.2	10.4	11.5	11.2	148
2001 年水平梯田	0.56	0.62	18.4	8.71	29.4	8.1	98.7
1996 年水平梯田	0.47	0.57	19.00	7.75	33.15	7.70	87.25
坡耕地	1.03	0.7	19.8	12.4	67	6	101
1983 年苜蓿地	0.49	0.58	18.4	6.72	26.4	2.2	58.8
2002 年苜蓿地	0.6	0.58	18.8	8.48	37.9	3.5	97.5
长坡上部隔坡	1.36	0.62	17.6	22.6	59.6	6.3	183
长坡中部隔坡	1.48	0.58	18.4	23.3	79.8	5.5	139
长坡下部隔坡	1.58	0.56	19.2	25.2	93	5	171

表 2-15　不同立地类型土壤 20 ~ 40 cm 土层养分变化比较

立地类型	全氮（g/kg）	全磷（g/kg）	全钾（g/kg）	有机质（g/kg）	碱解氮（mg/kg）	速效磷（mg/kg）	速效钾（mg/kg）
阳坡自然坡面 27°	0.29	0.47	19	4.27	13.2	3	78.9
阳坡自然坡面 20°	0.97	0.62	17.6	13.4	46	4.8	79.2
截流水平沟林地	0.18	0.49	19	9.21	11.1	1.9	80.7
2002 年刺槐林	0.2	0.56	20.4	3.02	12.8	7.5	104
侵蚀沟阴坡坡面	0.63	0.64	20.4	10.2	34.1	5.3	418

续表

立地类型	全氮 （g/kg）	全磷 （g/kg）	全钾 （g/kg）	有机质 （g/kg）	碱解氮 （mg/kg）	速效磷 （mg/kg）	速效钾 （mg/kg）
侵蚀沟阳坡自然坡面	0.29	0.54	20.6	4.66	11.5	3.7	113
侵蚀沟沟底	0.29	0.55	19.8	4.32	11.8	12.5	121
2001 年水平梯田	0.54	0.59	19.2	7.65	20.6	1.5	84.1
1996 年水平梯田	0.70	0.58	18.80	10.35	49.55	11.20	106.05
坡耕地	0.88	0.62	20.2	9.86	63	2.3	68
1983 年苜蓿地	0.33	0.52	18.2	4.32	15.2	1.5	54.1
2002 年苜蓿地	0.36	0.54	19.4	5.86	21.6	4	80.7
长坡上部隔坡	1.21	0.62	16.8	17.5	58.1	4.9	71.3
长坡中部隔坡	1.3	0.63	17.2	19.4	70.6	5.2	75.9
长坡下部隔坡	1.2	0.57	18	17.8	68	4.8	73.1

阳坡自然坡面（27°）与人工干扰的截流水平沟林地比较，由于人为干扰强度大，在表土层 0~20 cm，截流水平沟林地土壤养分流失严重，其中，土壤全氮降低了 62.67%，其次是碱解氮降低了 62.50%，有机质降低了 61.21%，速效磷降低了 36.36%，速效钾降低了 6.86%，全磷降低了 3.92%，全钾含量升高了 6.38%，变化不是很大。在地表下层 20~40 cm，全氮下降了 37.93%，碱解氮下降了 15.91%，有机质增加了 115.7%，速效磷下降了 36.67%，全磷略有升高，全钾和速效钾变化不是很大。总体上，在 0~40 cm 土层，由于人为干扰强度大，土壤退化还是比较严重。

侵蚀沟坝坡刺槐林、坝底、阴坡坡面、阳坡坡面土壤养分含量相比较，在表土层 0~20 cm，全氮含量阳坡坡面＞阴坡坡面＞刺槐林＞沟底，全磷含量阴坡坡面＞沟底＞阳坡坡面＞刺槐林，全钾含量变化差异不是很显著，有机质含量阴坡与阳坡坡面差异不大，沟底与坝沿差异非常显著，沟底比坝沿有机质含量增加了 108.84%，沟底比阴坡增加了 55.92%，比阳坡增加了 50.29%，碱解氮含量阳坡坡面＞阴坡坡面＞刺槐林＞沟底，速效磷含量沟底＞刺槐林＞阴坡坡面＞阳坡坡面，速效钾含量阴坡坡面＞刺槐林＞沟底＞阳坡坡面；在表下层 20~40 cm，阴坡全氮、全磷、有机质、碱解氮、速效钾含量都比刺槐林、阳坡、沟底高，且这三个在全磷、全钾、有机质、速效钾含量上变化不是很大，差异性不是很显著，造成这一变化主要与水土流失的程度、植被的破坏和植物的蒸腾有关，尤其表现在有机质方面，在 0~40 cm 差异性极为显著，坝沿退化严重。

不同年限的水平梯田与坡耕地养分含量相比较：在表土层 0~20 cm，全氮、全磷、有机质、速效钾含量坡耕地＞2001 年梯田＞1996 年梯田，全钾、碱解氮含量坡耕地＞1996 年梯田＞2001 年梯田，速效磷含量 2001 年梯田＞1996 年梯田＞坡耕地；在表下层 20~40 cm，全氮坡耕地＞年梯田 1996＞2001 年梯田，全磷、全钾含量坡耕地＞2001 年梯田＞1996 年梯田，有机质、碱解氮、速效磷含量 1996 年梯田＞坡耕地＞2001 年梯田，全钾含量 1996 年梯田＞2001 年梯田＞坡耕地，总体来说，在 0~40 cm 土层，坡耕地在人为干扰强度下，全氮、全磷、全钾养分有衰退趋势，且随着年限的延伸，由于土壤养分的消耗，退化程度增大，所以在该区域实行坡改梯后，采取合理的人为施肥措施培肥土壤就显得非常重要。

不同年限的人工草地养分比较：0 ~ 40 cm 土层随着种植年限的增加，土壤养分含量明显下降，其中速效磷含量下降最快，下降了 50.67%，其次是速效钾下降了 36.64%，碱解氮下降了 30.08%，有机质下降了 23.01%，全氮下降了 14.58%，就不同深度养分变化分析，表土层 0 ~ 20 cm 的养分含量大于表下层 20 ~ 40 cm，且碱解氮和有机质养分含量下降快，1996 年分别下降了 421.42%、35.71%，2003 年分别下降了 43.01%、30.90%。这种变化充分说明，随着退耕年限的增加，土壤养分退化严重，主要是由于退耕还林还草初期，地上植被生长旺盛，根系活动强，消耗土壤养分多，所以到了退耕末期，土壤养分含量亏损严重，另外随着年限的延伸，人工草地也开始衰退，土壤腐殖质含量也随之减少，但是土壤的退化比地上植被的退化要缓慢。

荒山坡面不同坡位的养分比较：在表土层 0 ~ 20 cm，全氮、全钾、有机质、碱解氮含量都表现为下部 > 中部 > 上部，全磷、速效磷、速效钾含量上部 > 中部 > 下部，全钾含量下部 > 中部 > 上部，在表下层 20 ~ 40 cm，总体上是中部的养分含量居高，下部养分高于上部，这主要与水土流失以及隔坡长有关，在 0 ~ 40 cm 土层，由上到下也表现出土壤养分衰退的趋势。

通过上述对 0 ~ 40 cm 土层不同立地类型土壤养分的分析表明，土壤养分在荒山、林地、人工草地、侵蚀沟、农田都发生了不同程度的养分衰退。

2.4.2.3　土壤质地退化

土壤质地类型退化主要是土壤质地发生"粗化"过程，半干旱黄土丘陵区土壤质地变化主要受控于水土流失、人为干扰因素等，土壤表现出粗骨化趋势，以表层（0 ~ 20 cm）最明显。

通过数据调查表明，不同立地类型土壤的机械组成差异显著，由表 2-16 可知，在表土层 0 ~ 20 cm，各立地类型的砂粒（2.0 ~ 0.002 mm）与黏粒（< 0.002 mm）含量进行比较分析可以看出：人为干扰强度下的截流水平沟林地与隔坡荒山自然坡面砂粒含量截流水平沟林地（79.74%）< 隔坡荒山自然坡面（80.63%），黏粒含量截流水平沟林地（20.26%）> 隔坡荒山自然坡面（19.37%）；荒山坡面长坡不同坡位砂粒含量上部（83.96%）> 下部（81.11%）> 中部（80%），黏粒含量上部（16.04%）< 下部（18.89%）< 中部（20.26%），这种变化与水土流失挟带颗粒完全一致，表明长期水土流失，使土壤中 < 0.002 mm 以下颗粒不断迁出，土壤逐渐集聚以 2.0 ~ 0.002 mm 颗粒为主，质地发生"粗化"；农田不同年限梯田砂粒含量 1996 年梯田（81.66%）> 2001 年梯田（79.28%）> 2003 年梯田（78.11%），黏粒含量 2003 年梯田（21.89%）> 2001 年梯田（20.72%）> 1996 年梯田（18.34%），说明随着年限的延伸，农田开始退化，土壤颗粒发生"粗化"；侵蚀沟道砂粒含量：阴坡坡面（83.12%）> 沟底（79.58%），黏粒含量沟底（20.42%）> 阴坡坡面（16.88%），这种变化也主要是水土流失造成的土壤质地发生"粗化"；人工草地不同年限苜蓿地砂粒含量 2002 年苜蓿地（81.6%）> 1983 年苜蓿地（80.26%），黏粒含量 1983 年苜蓿地（19.74%）> 2002 年苜蓿地（18.40%），说明退耕初期，土壤质地较粗，随着年限的延伸，土壤质地变得紧实，通气透水性变差。

表 2-16　不同立地类型土壤 0～20 cm 土层机械组成的变化

样地	颗粒组成（%）（粒径 mm）			
	粗砂粒 2.0～0.2	细砂粒 0.2～0.02	粉砂粒 0.02～0.002	黏粒 <0.002
荒山自然坡面	0	47.25	33.38	19.37
截流水平沟林地	0	47.56	32.18	20.26
长坡上部隔坡	0.33	49.59	34.04	16.04
长坡中部隔坡	0.21	45.42	34.37	20
长坡下部隔坡	0.26	46.85	34	18.89
2001 年梯田	0	42.85	36.43	20.72
2003 年梯田	0.26	41.48	36.37	21.89
1996 年梯田	0	49.06	32.60	18.34
侵蚀沟沟底	0	44.88	34.70	20.42
侵蚀沟阴坡坡面	0	47.18	35.94	16.88
1983 年苜蓿地	0	47.89	32.37	19.74
2002 年苜蓿地	0	51.46	30.14	18.40

综上所述，在研究区监测的土地类型：荒山自然坡面、退耕还林地、坡改梯的农田地、侵蚀沟道、人工草地中，砂粒含量最高的是长坡上部隔坡（83.96%），其次是侵蚀沟阴坡坡面（83.12%）、1996 年梯田（81.66%）、2002 年苜蓿地（81.6%），最小的是截流水平沟林地（79.74%），黏粒含量恰好相反，林地最高（20.26%），其次是 2002 年苜蓿地（18.40%）、1996 年梯田（18.34%）、侵蚀沟阴坡坡面（16.88%），最小的是长坡上部隔坡（16.04%），充分说明退化荒坡的土壤质量的粗化程度较大。

2.4.2.4　土壤结构退化

黄土地区水蚀风蚀严重、生态环境非常脆弱，土壤结构状况是影响自然降水入渗，产生地面径流，引起土壤水蚀的根本问题；土壤表层团聚性差，分散性强，是易产生沙尘暴的主要原因。所以，土壤表层结构性状对土壤抗蚀性起着重要的影响与作用。土壤的结构性能是评价土壤质量高低和诊断土地退化程度的重要指标之一，土壤结构退化主要表现于土壤容重、孔隙度、团聚体含量等方面。

（1）土壤容重分析

土壤容重是土壤紧实度的指标之一，它与许多土壤物理性能如孔隙度、渗透率、持水性、导热性能等密切相关，容重的大小主要受土壤有机质含量、土壤结构等影响。水土流失影响土壤颗粒组成和养分含量，并随坡度增大而加剧，这种变化必然导致土壤结构状况发生变化。土壤容重、孔隙度、团聚体含量作为土壤结构的重要指标，同样随水土流失强弱的不同作规律性变化。

经测定由表2-17土壤容重变化可以发现：不同坡度相比较，在0～100 cm土层土壤容重随坡度增大而增大，表土层0～20 cm增加了14.29%，表下层增加了14.41%；截流沟林地与隔坡自然坡面相比，在0～100 cm土层土壤容重减少，主要是人为干扰，通过整地，破坏了土壤结构，使土壤变得疏松，容重降低；侵蚀沟林地、阴坡、阳坡、沟底相比，沟底容重明显高于其他三者，其次是刺槐林、阳坡，阴坡土壤容重最低，造成这一变化主要与沟底的淤地，水分的饱和、土壤夯实和阴坡土壤的水分、湿度、植被覆盖有关，充分说明沟沿和阳坡坡面土壤的严重退化。不同年限梯田土壤容重比较分析：在0～40 cm土层，梯田土壤容重要小于坡耕地，且随着年限的延伸，梯田的容重有增大趋势，这说明土壤耕作及种植作物有关，在40～100 cm土层，坡耕地的土壤容重明显的大于梯田，表现出明显的退化，另外随着年限的延伸，梯田土壤容重开始减少。对于不同年限人工草地土壤容重比较，随着年限的延伸，土壤容重在0～100 cm土层都减少，这主要与草地随着年限退化、土壤退化缓慢有关。长坡不同坡位土壤容重比较，在表土层0～20 cm，上部（1.21 g/cm³）＞下部（1.17 g/cm³）＝中部（1.17 g/cm³）。

表2-17　不同立地类型土壤容重变化　　　　　　（单位：g/cm³）

立地类型	土壤容重				
	0～20cm	20～40cm	40～60cm	60～80cm	80～100cm
荒山阳坡自然坡面27°	1.28	1.27	1.33	1.31	1.34
荒山阳坡自然坡面20°	1.12	1.11	1.21	1.22	1.25
截流水平沟林地	1.22	1.19	1.24	1.22	1.20
侵蚀沟阴坡坡面	1.18	1.12	1.16	1.14	1.16
侵蚀沟阳坡自然坡面	1.09	1.18	1.38	1.3	1.23
侵蚀沟沟底	1.4	1.36	1.39	1.47	1.4
刺槐林	1.29	1.30	1.28	1.36	1.23
阴坡坡耕地	1.15	1.28	1.31	1.4	1.37
2001年水平梯田	1.15	1.25	1.22	1.27	1.24
2003年水平梯田	1.4	1.34	1.31	1.29	1.34
1996年水平梯田	1.32	1.34	1.16	1.31	1.19
2002年种苜蓿地	1.40	1.36	1.38	1.43	1.42
1994年苜蓿地	1.27	1.25	1.32	1.35	1.34
长坡上部隔坡	1.17	1.24	1.25	1.29	1.27
长坡中部隔坡	1.17	1.15	1.23	1.18	1.22
长坡下部隔坡	1.21	1.14	1.2	1.19	1.21

（2）土壤团聚体分析

土壤团聚体是土壤结构性能的一个重要指标，粒径＞0.25 mm的团聚体是土壤的重要组成部分，与土壤的许多物理化学性质有着重要的联系，团粒结构影响着土壤的孔隙性、持水性、通透性和抗蚀性，土壤团聚体的数量结构、质量及其水稳性，在很大程度上决定着土壤的保水保肥性能。由表2-18、表2-19中0～40 cm土层不同立地类型土壤团聚体分析可以看出：不同坡度的团聚体含量，随着坡度的增加，粒径＞0.25 mm的团聚体含量降低，表土层 0～20 cm 降低了 20.59%，表下层 20～40 cm 降低了 36.35%；截流水平沟林地与隔坡自然坡面相比，表土层 >0.25 mm 的团聚体含量下降了 16.37%，表下层升高了 20.87%，主要是由于表土层人为干扰强度大，破坏了土壤的团粒结构。表下层反映出荒山的退化；侵蚀沟表土层 >0.25 mm 的团聚体含量阴坡（46.25%）>沟底（36.92%）>刺槐林（30.96%）>阳坡（29.44%），表下层阴坡（50.85%）>刺槐林（34.45%）>沟底（25.87%）>阳坡（24.66%），充分反映出阳坡、沟沿刺槐林土壤结构退化程度大；不同年限梯田 >0.25 mm 的团聚体含量在 0～40 cm 土层，都表现为 2003 年梯田高于 1996 梯田，表土层 2003 年梯田比 1996 年梯田高 51.74%，表下层高 103.97%。说明随着年限的延伸，梯田的结构退化；不同年限人工草地 >0.25 mm 的团聚体含量在表土层 1983 年苜蓿地（36.2%）>2002 年苜蓿地（33.27%），表下层 1983 年苜蓿地（20.05%）< 2002 年苜蓿地（20.6%）。

表 2-18　不同立地类型土壤 0～20 cm 土层团聚体变化比较

| 立地类型 | 各级团聚体百分含量（%）（粒径：mm） | | | | | | 合计 |
	10～7	7～5	5～3	3～1	1～0.5	0.5～0.25	总含量（%）
阳坡自然坡面 27°	5.59	5.08	6	6.38	5.29	3.36	31.7
阳坡自然坡面 20°	6.42	6.86	10.26	7.55	5.28	3.55	39.92
截流水平沟林地	3.77	4.09	5.55	6.96	4.02	2.12	26.51
刺槐林	5.62	4.91	7.11	6.98	3.95	2.39	30.96
侵蚀沟阴坡面 33°	6.02	6.4	8.44	7.82	9.67	7.9	46.25
侵蚀沟阳坡自然坡面 40°	5.01	4.03	6.48	5.32	5.12	3.48	29.44
侵蚀沟沟底	7.34	6.69	8.97	7.27	4.49	2.16	36.92
2003 年水平梯田	7.68	5.59	6.97	9.25	6.82	3.87	40.18
1996 年水平梯田	5.36	3.68	5.44	5.195	3.985	2.82	26.48
1983 年苜蓿地	7.15	4.51	6.34	7.46	6.57	4.17	36.2
2002 年苜蓿地	6.29	5.28	5.53	6.59	5.53	4.05	33.27

表 2-19　不同立地类型 20～40 cm 土壤团聚体变化比较

| 立地类型 | 各级团聚体百分含量（%）（粒径：mm） | | | | | | 合计 |
	10～7	7～5	5～3	3～1	1～0.5	0.5～0.25	总含量（%）
阳坡自然坡面 27°	4.47	3.8	4.5	4.98	2.96	1.76	22.47
阳坡自然坡面 20°	5.88	7.03	8.7	6.64	4.18	2.87	35.3
截流水平沟林地	4.69	4.46	5.80	6.68	3.79	1.74	27.16
刺槐林	7.67	6.67	7.53	6.48	4.07	2.03	34.45
侵蚀沟阴坡面 33°	8.04	8	12.6	9.97	8.28	3.96	50.85
侵蚀沟阳坡自然坡面 40°	5.14	4.64	5.2	4.78	2.99	1.91	24.66
侵蚀沟沟底	7.13	4.92	5.72	4.51	2.45	1.14	25.87
2003 年水平梯田	4.12	6.27	6.58	7.45	5.87	3.65	33.94
1996 年水平梯田	2.68	3.36	3.04	3.52	2.45	1.6	16.64
1983 年苜蓿地	4.21	3.46	4.38	3.98	2.56	1.46	20.05
2002 年苜蓿地	3.37	3.49	3.9	4.93	3.08	1.83	20.6

（3）土壤持水量及孔隙度等分析

土壤持水量、土壤孔隙度及土壤透气度反映了土壤的保水能力及土壤透气性。从土壤保水性能来看，毛管孔隙中的水可长时间保存在土壤中，主要用于植物根系吸收和土壤蒸发，而非毛管孔隙中的水可以及时排空，更有利于水分的下渗。由表 2-20 和表 2-21 可知，0～40 cm 土层不同立地类型的土壤物理性状测定结果分析：截流水平沟林地与阳坡自然坡面相比，最大持水量、毛管持水量、最小持水量，毛管孔隙、总孔隙度、透气度均降低。

表 2-20　不同立地类型 0～20 cm 土壤持水量及孔隙度变化

立地类型	最大持水量（mm）	毛管持水量（mm）	最小持水量（mm）	非毛管孔隙（%）	毛管孔隙（%）	总孔隙度（%）	透气度（%）
阳坡自然坡面	106.71	100.29	63.14	3.21	50.15	53.36	43.22
截流水平沟林地	105.16	94.78	58.71	5.19	47.26	52.45	36.53
2002 年刺槐林	104.02	82.70	68.20	10.66	41.35	52.01	31.23
侵蚀沟阴坡坡面	113.93	89.88	67.18	12.03	44.94	56.96	36.36
侵蚀沟阳坡自然坡面	112.87	99.29	71.95	6.79	51.77	58.56	49.31
侵蚀沟沟底	111.48	101.93	84.21	4.78	50.96	55.74	14.88
2003 年水平梯田	98.23	82.05	64.05	8.09	41.03	49.11	22.52
2001 年水平梯田	91.15	71.61	53.55	9.77	35.80	45.57	27.68
1996 年水平梯田	102.30	83.82	65.66	9.24	41.91	51.15	23.00
坡耕地	86.80	71.07	54.76	7.87	35.53	43.40	15.86
1983 年苜蓿地	99.37	79.67	59.28	9.85	39.83	49.68	35.07
2002 年苜蓿地	95.91	90.16	58.60	2.88	45.01	47.89	34.49
长坡上部隔坡	101.58	80.00	58.93	10.79	40.00	50.79	27.84
长坡中部隔坡	112.60	79.40	43.34	16.60	36.69	53.29	27.62
长坡下部隔坡	118.45	82.15	45.81	18.15	41.08	59.23	35.06

表 2-21　不同立地类型 20～40 cm 土壤持水量及孔隙度变化

立地类型	最大持水量（mm）	毛管持水量（mm）	最小持水量（mm）	非毛管孔隙（%）	毛管孔隙（%）	总孔隙度（%）	透气度（%）
阳坡自然坡面	113.76	104.01	56.05	4.87	52.00	56.87	42.41
截流水平沟林地	100.87	93.77	56.82	3.55	46.97	50.52	38.92
2002 年刺槐林	111.64	90.40	77.82	10.62	45.20	55.82	39.79
侵蚀沟阴坡坡面	115.03	95.50	70.92	9.77	47.75	57.52	41.85
侵蚀沟阳坡自然坡面	102.09	91.80	61.90	5.15	46.80	51.95	39.06
侵蚀沟沟底	104.05	91.63	62.07	6.21	45.81	52.03	26.20
2003 年水平梯田	108.26	87.20	63.26	10.53	43.60	54.13	23.34
2001 年水平梯田	104.10	82.93	64.99	10.58	41.47	52.05	25.39
1996 年水平梯田	105.30	84.45	63.23	10.43	42.23	52.66	28.17

续表

立地类型	最大持水量（mm）	毛管持水量（mm）	最小持水量（mm）	非毛管孔隙（%）	毛管孔隙（%）	总孔隙度（%）	透气度（%）
坡耕地	101.88	85.27	63.44	8.30	42.63	50.94	38.26
1983年苜蓿地	105.48	96.91	61.05	4.29	48.45	52.74	43.14
2002年苜蓿地	111.49	99.77	90.54	5.86	49.89	55.74	20.62
长坡上部隔坡	110.33	83.66	61.12	13.33	41.83	55.16	33.64
长坡中部隔坡	115.57	89.01	45.10	13.28	44.51	57.79	39.33
长坡下部隔坡	111.01	79.27	37.56	15.87	39.64	55.51	36.40

2.4.2.5 土壤酶活性流失

土壤酶作为土壤的组成成分，在土壤颗粒、植物根系和微生物细胞表面发生，与土壤有机质、无机成分结合在一起，参与土壤的生物化学反应。因此，水土流失会直接导致土壤酶随泥沙一起流出，使土壤酶活性降低。土壤酶活性的降低是土壤退化的重要标志之一。由表2-22中0～40 cm不同立地类型土壤酶活性比较分析可以看出：表土层截流水平沟林地尿酶、蔗糖酶、过氧化氢酶、蛋白酶都高于阳坡自然坡面，这种变化原因有待于进一步研究。

表2-22　不同立地类型土壤酶活性比较

土壤深度（cm）	样地	尿酶（mg/g）	蔗糖酶（mg/g）	多酚氧化酶（mg/g）	过氧化氢酶（mg/g）	蛋白酶（mg/g）
0～20	荒山阳坡自然坡面	0.004	10.0	0.018	1.71	0.06
	截流水平沟林地	0.005	11.2	0.018	1.89	0.10
	刺槐林	0.010	2.4	0.009	1.42	0.05
	2002年苜蓿地	0.087	63.6	0.012	2.25	0.10
	1996年水平梯田	0.044	11.6	0.018	2.22	0.045
20～40	荒山阳坡自然坡面	0.004	6.0	0.018	1.64	0.06
	截流水平沟	0.003	7.2	0.012	1.83	0.05
	刺槐林	0.004	1.2	0.009	1.52	0.04
	2002年苜蓿地	0.009	19.2	0.009	1.72	0.14
	1996年水平梯田	0.008	1	0.018	2.365	0.035

2.4.2.6 土壤干燥趋势增大

由于降水较少，土壤干燥趋势增大，土壤水分处于大气降水和植被蒸发的简单动态平衡之中，参与这种水分循环过程的绝对水量小，当种植耗水量相对较大的作物时，植物蒸腾耗水使土壤水分收支失去平衡，而使土壤朝干燥化方向发展，这是半干旱黄土丘陵区土壤退化的一种重要形式。

　　研究区近年来降水量有减少的趋势，气候趋向于干旱，土壤水分趋向于干燥化。现有的研究资料表明（图 2-2），宁夏半干旱黄土丘陵区大部分地区的人工林地，如刺槐林地、人工草灌、紫花苜蓿和沙棘林地等，都可使土壤水分趋于减少，并形成干层。由于降水少，一旦干层形成，土壤水分很难恢复，生产力下降。这必将影响半干旱黄土丘陵区退化生态系统的恢复与生态农业的建设。

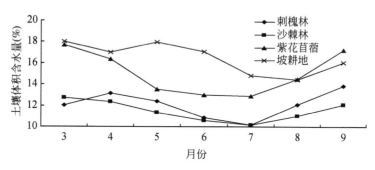

图 2-2　不同植被恢复土壤水分的季节变化

2.4.3　植被的演变

　　植被是陆地生态系统的重要组成部分，是生态系统中物质循环与能量流动的中枢。人类不合理的经济活动是导致地面植被的破坏的主要原因，与人类活动相比，植被的自然变迁显然要缓慢得多。植被破坏往往对环境产生一定的负面影响，并且随着植被破坏规模的扩大，可能会造成灾难性的环境变化。近几十年来，由于人类活动的影响，植被大规模地消失，导致了一系列的环境失调问题。全球生物多样性在不断丧失，生态系统在逐渐退化，局部退化已相当严重，人类生存和发展的自然基础受到了极大威胁。人类活动对环境的影响以及退化生态系统的恢复和重建已成为现代生态学研究最引人注目的趋势之一。

　　根据现代生物—气候特征，黄土高原的自然植被类型自南向北依次为森林、森林草原、典型草原、荒漠草原和草原化荒漠五个地带。只是在近 2000 多年以来由于人口增加与气候演变，植被才受到严重破坏。在半干旱黄土丘陵区，植被退化主要表现在植被数量、组成与结构、生产力与功能等几个方面。表征植被数量的指标有植被覆盖率、裸地化面积等，表征植被组成与结构的指标包括植物种类、丰富度、优势度、密度、均匀度和物种多样性指数等；表征植被生产力与功能的指标有生物量。

2.4.3.1　种类组成

　　宁夏半干旱黄土丘陵区地带性植被为草原和灌丛化草原，主要植被类型有丛生禾草草原、禾草—杂类草草原。通过对研究区天然封育植被和荒山整地后的植被群落空间变化的调查结果显示分析来看，总种数有了明显变化，由天然封育的 23 种减少到 19 种，减少了 17.39%，种类组成中的杂草类和禾本科减少较快，分别减少了 20%、42.86%，这种变化充分反映出了该区域地带性植被退化严重，而且在调查中也会看到这种现象，即使在夏季，很多地方仍然黄土裸露，形成以黄色为主色调的丘陵沟壑景观（表 2-23）。

表 2-23　草地植物群落种类组成

种类组成		荒山整地	天然封育
灌木		0	0
半灌木		3	3
多年生草本	禾本科草类	4	5
	豆科草类	2	3
	菊科草类	3	2
	杂类草	4	7
一年生草本		3	3
总种数		19	23

2.4.3.2　主要牧草种类重要值

由表 2-24 可以看出,荒山整地后,除了长芒草多年生丛生下繁草、矮小的多年生草本二裂委陵菜、多年生草本赖草、一年生草本天蓝苜蓿的重要值升高外,其他草种的重要值都明显下降,多年生草本阿尔泰狗娃花下降最快,降低了 99.51%,其次是一年或二年生草本猪毛蒿、矮小半灌木百里香、多年生草本白羊草、小半灌木冷蒿、草本状小半灌木达乌里胡枝子、多年生草本西山委陵菜,分别下降了 90.24%、79.39%、65.86%、49.15%、27.49%、11.32%,多年生矮草本糙隐子草整地后重要值变化不大,比较接近。

表 2-24　植物群落主要牧草种类重要值的变化

植物种名	荒山整地	天然封育草地
白羊草	0.54	2.62
百里香	7.44	21.79
糙隐子草	5.03	5.04
长芒草	17.24	9.87
达乌里胡枝子	9.10	12.55
二裂委陵菜	13.68	5.05
赖草	14.51	6.69
冷蒿	2.10	4.13
天蓝苜蓿	1.27	0.02
西山委陵菜	4.78	5.39
阿尔泰狗娃花	0.04	8.10
猪毛蒿	0.04	0.41

2.4.3.3　群落的多样性

群落的多样性主要表现在丰富度、均匀度、生态优势度和生物量等方面,植物种的丰富度是决定物种多样性的主要因子,均匀度表示物种在群落内分布的均匀程度,即群落内物种个体数越接近，均匀度越大，反之则越小。生态优势度的变化趋势与多样性的变化趋势相反，即物种多样性较低的群落表现出较高的生态优势度，而多样性较高的群落，其生态优势度偏低。较高的生态优势度反映群落内建群种或优势种较突出，个体数明显高于一般种；较低的生态优势度则反映群落内物种间竞争较弱，配置趋于均匀。由表 2-25 可以看出，荒山整地后物种的丰富度由 Margalef 指数计算降低了 18.21%，由 Menhinick 指数计算降低了 17.03%；均匀度通过 Pielou 指数计算降低了 6.71%，通过 Sheldon 指数计算降低了 18.18%，生态优势度提高了 3.70%；土地生产力地上植被生物量鲜重降低了 39.23%，干重降低了 25.45%。其充分反映出由于土壤侵蚀及人为干扰强度，荒山植被退化严重。

在我国半干旱黄土丘陵地区，由于各种因素的影响，植被稀疏，水土流失严重，生态环境逐步恶化，并且不断向东推进。这些现状不仅影响着生态与经济的可持续发展，而且对黄河流域乃至全国的生态安全构成严重威胁。以往黄土高原生态建设工作成效巨大，但仍达不到治理的要求。国家及时启动的退耕还林还草工程正在全面展开，但其中存在的问题也不少，其中对黄土丘陵区的退耕还草是西部开发中生态治理的重要内容。

表 2-25　植物群落多样性的变化

多样性指标	群落	荒山整地	天然封育
丰富度	Margalef 指数	3.907	4.777
	Menhinick 指数	1.90	2.29
均匀度	Pielou 均匀度指数（J）	0.848	0.909
	Sheldon 指数	0.639	0.781
Simpson 优势度指数（D）		0.084	0.081
生物量	鲜重（g）	158.44	223.89
	干重（g）	92.73	124.38

针对宁夏半干旱黄土丘陵区日益退化的生态环境，人们经过多年的实践和探索，采取了一系列工程与生物措施对当地的植被进行恢复和重建。其中"88542"水平沟与鱼鳞坑的整地措施对天然降水的汇集起到了很好的作用，同时提高了苗木的成活率，减少了降水对地表的冲刷及对沟道的进一步侵蚀。课题通过对研究区不同整地方式下草地植物群落特征的研究，探讨不同整地方式下草地植物群落的恢复状况，期望为宁夏半干旱黄土丘陵区植被恢复和建设提供理论依据。

根据《中国植被》和《宁夏植被》中通用的植物群落分类系统与单位，结合对研究地区群落样方的调查情况，按照植物群落学—生态学原则，以植物群落种类组成和结构特征为主要依据，建立植物群落分类系统。本研究建立的分类系统由 1 个植被型、1 个植被亚型、2 个群系和 9 个群丛组成（表 2-26）。不同类型的植物群落均有特定的建群种、优势种和伴生种，在覆盖率、生境条件、地理分布及利用程度上具有显著特点。

表 2-26　研究区主要植物群落类型

植被型	植被亚型	群系组	群系	群丛
草原	干草原	丛生小禾草干草原	长芒草草原	长芒草+猪毛蒿
				长芒草+星毛委陵菜
				长芒草+赖草
				长芒草+达乌里胡枝子
				长芒草+冷蒿
				长芒草+百里香
		小半灌木干草原	百里香草原	百里香+长芒草
				百里香+达乌里胡枝子
				百里香+星毛委陵菜

2.5　生态系统健康评价

对于宁夏半干旱黄土丘陵区，生态系统及其与人类社会相耦合而形成的生态经济系统的要素、结构以及功能呈现出一种简单化的现象。自然条件致使这里的生态系统没有较为丰富的植物种，动物种尤其是高级消费者种类稀少甚至缺失，整个生态系统的食物网结构简单，营养级少，这是系统简单的表现。由于自然生态系统生产力低下，人类生产活动在耦合进原有生态系统的过程中又不可避免地对自然产生破坏，整个生态经济系统最后也呈现出简单化的现象，主要表现是农业产业结构单一、产业链短、产品种类和数量少。该地区生态系统的简单化不仅表现在其本身结构功能的简单，甚至引起这种简单化的原因也是相对简单的，少数几个因素就决定了系统的简单化趋势。在分析该地区生态系统健康状况的时候，可以考虑到系统的这种简单化的特点，将目前所发生的健康状况退化大致归为几个方面，分别加以分析。这样做，一方面是系统结构较为简单，易于划分退化发生的方面，另一方面也是为了较为明晰地理清该地区生态系统退化的原因以及发展过程脉络，有利于在恢复实践中把握住主要问题进行重点突破。在进行生态恢复时，又要综合考虑各个方面的退化原因和现状，整合现有资源进行综合规划和实施恢复项目。

2.5.1　植被退化与生物多样性丧失

植被是陆地生态系统的基础，植被结构功能的变化显示着生态系统的演化趋势。植被退化直接导致动物栖息地的缩小乃至丧失，消费者的缺失又将阻碍生态系统的物质和能量的循环和流动，进一步促使植被的退化。植被退化本身就是生物多样性丧失的表现，更是整个生态系统生物多样性进一步丧失的原因。黄土高原地区的植被退化还加速了土壤侵蚀，使植被自身赖以生存的水土资源条件持续恶化。总之，植被退化所引发的对生态系统的负面效应在各种类型的陆地生态系统中是很普遍的，在宁夏半干旱黄土丘陵区尤为严重。

据《宁夏通志·地理环境卷》记载，宁夏半干旱黄土丘陵区年降水量为 300 ~ 500 mm，原生植被类型主要为干草原，建群种为中旱生或广旱生植物组成，以丛生禾草为主。

群落组成上以丛生禾草层片占最大优势，有时以小半灌木的植物为建群种，可伴生一定数量的中旱生杂类草以及旱生根茎苔草，或混生旱生灌木或小半灌木。干草原群落组成的植物种类相对丰富，据调查有 208 种植物，其中，豆科植物占 19.5%、菊科占 15.9%、禾本科占 14.2%。主要的植物种有禾本科的长芒草、短花针茅、糙隐子草、大针茅，半灌木的茭蒿，小半灌木的百里香、牛枝子、冷蒿，旱生杂类草有漠蒿、阿尔泰狗娃花、星毛委陵菜等。然而研究区域在治理项目实施以前，据野外调查，草灌植物种类只有三十余种，这还是小流域尺度（千米级）上得出的总数，包括梁峁坡面、侵蚀沟等不同生境，在较小的生境尺度下（百米或十米级）植物种类就更少了。事实上，宁夏半干旱黄土丘陵区早在战国中、后期至西汉中前期时，就是宁夏最早的以农耕为主的区域，原生植被就已经开始遭到破坏了。人工栽培植被大面积地取代了原生植被，极大地推动了农业生产力的发展，但造成了生物物种的丧失和水土流失的严重生态后果。

农业垦殖活动在原有景观生态系统中镶嵌进了农田、果园、居民点、道路等新的景观单元，使原有景观出现破碎化的趋势，原有景观基底演变为面积不一的小的斑块。相同面积的连续斑块与破碎化斑块相比较，前者的物种多样性一般要高于后者，景观的破碎化过程就是物种减少的过程。人为的景观单元里的植物种主要是少数几种农作物、果树，与本地原有生态系统相差较大，基本不与自然景观单元进行植物物种交流。人为的和自然的各景观单元之间的物质、能量、物种等要素的交流在破碎化的、没有良好规划的流域景观格局中是不顺畅的，这影响了植被的发育和恢复。

良好的原生植被群落是经过长期的演替过程才达到的动态平衡状态，在这一过程中，先锋物种以及后续物种依次主导植物群落，每个演替阶段的建群植物种对生境的改变都为下一阶段的建群种创造了生存条件，而自身却退居于次要地位。植被群落就在这样否定之否定的发展过程中形成了不同物种以不同的种群数量、分布格局、层次搭配而存在的动态平衡状态。各个植物种之间的相生相克的关系是很复杂的，群落结构的较大变动，某一种或几种物种的缺失都可能引起群落的退化。在宁夏半干旱黄土丘陵区，植物种定居的水土条件本来就不是很理想，生长繁殖经常受干旱、霜冻等不利气象灾害的胁迫，加之该地区动物种类稀少，也不利于植物种的授粉、种子传播，故种群的扩展速度较低，种群受损以后不容易在短时间内恢复。

野生动物多样性的缺失，特别是高营养级的食肉动物的缺失表明生态系统的初级生产力较低，食物网结构简单。据调查，研究区域鼠类和兔类有一定的种群数量，但还不足以支撑大型猫科或犬科肉食动物的生存，啮齿类动物的消费者主要是家猫、小型猛禽等，人类也作为特殊的顶级消费者而存在。但是对于高等野生动物这一类消费者，在生态恢复的过程中不可也无需强求其通过人工手段恢复，因为野生动物的能动性极强，选择生境的自由度较大，如果生境恢复到适宜其生存的状态，动物会自主迁徙而来。宁夏半干旱黄土丘陵区的生态系统初级生产力较低，即使不发生退化，动物种类也不是太多；这一区域的动物多样性的源泉在六盘山林区，保护好六盘山自然保护区，就不必担心该地区野生动物种类的缺失。恢复宁夏半干旱黄土丘陵区的生态系统需要做好的工作，还是以恢复植被、恢复各物种的生境为主。

2.5.2　水土流失与土壤侵蚀

据《宁夏通志·地理环境卷》记载，《汉书·沟洫志》中提到西汉时泾河下游"泾水一石，其泥数斗，且溉且粪，长我禾黍"的歌谣就是反映了今天的宁夏彭阳至甘肃环县一带黄土开垦，生态长期未见恢复，甚至不断恶化的历史。后经宋、金、明、清四朝对干草原区的乱砍滥伐、乱垦滥牧等违反自然规律的活动，使这一区域的原生植被遭到严重破坏，造成严重的水土流失。在宁夏半干旱黄土丘陵区，地形以中低山丘陵为主，沟壑、川台、梁峁、残塬相间分布，沟壑密度 2.5~3.0 km/km^2，植被覆盖率为 5.2%~18.6%，土壤侵蚀模数 2500~15 000t/(km^2·a)。轻度以上水土流失面积 15 590.6 km^2，占该地区面积的 91.5%；强度和极强度以上［侵蚀模数在 5000t/(km^2·a) 以上］的面积 6538 km^2，占该地区面积的 38.38%。

宁夏半干旱黄土丘陵区的严重水土流失主要是地形地质条件、气候条件以及人为因素三者共同造成的。该地区梁峁和沟谷纵横相间、松散黄土物质覆盖深厚，是水土流失最基本的物质条件；该地区的降水侵蚀力主要集中在夏秋季 6~9 月，多为暴雨形式出现，降水侵蚀力较强，所以全年的土壤侵蚀量集中在少数几场暴雨中产生。这样的水土流失往往以山洪的形式出现，坡面及沟道的土壤侵蚀防治难度相当大。人为因素被认为是造成现代加速侵蚀的原因。不合理的垦殖活动破坏了原生植被，使地表裸露，而且坡耕地的生产活动没有引入一定的水土保持措施。事实上，人类活动对黄土地区自然生态环境施加改变之后，并不一定会产生严重的水土流失，关键是看人类能否按照客观规律，在发展生产的同时，搞好流域内的水土保持规划和治理。

水土流失对生态系统健康和演变的影响在一个流域内并不是均一的，这种影响在不同的尺度上显示出较强的异质性特征，这种异质性特征在宁夏半干旱黄土丘陵区表现得尤为突出。该地区的梁、峁、沟、坡等地形单元纵横相间分布，各个地形单元在土壤侵蚀的动力系统过程中所发生的土壤物质剥离、冲刷、搬运和沉积过程是各不相同的，雨水在不同地段发生的汇集、存蓄和下泄过程也是各有差异。生态系统最重要的物质基础就是水土资源，该地区水土资源在土壤侵蚀过程中发生的复杂变化必然会导致生态系统状态呈现出空间异质性。一般来说，梁峁顶部地势高燥，水分差，表层土壤剥离严重，植被生长条件相对恶劣，以草类、小灌木为主组成植被，群落结构简单，对地表的保护作用有限；沟道系统内，地势低矮，上部坡面的径流和泥沙汇集于此造成了局部的水土资源良好状态，植被状况比流域上部要好。在一些较为宽大的沟谷底部，形成了乔、灌、草层级配合良好的植被群落，是流域内植物种类较为丰富的区域。沟道内的良好植被为沟道的侵蚀控制发挥了良好的作用，然而沟岸的重力侵蚀时常破坏着这些植被。流域内不同景观部位的生态系统是相互联系的，沟道内良好的植被状况是否对流域其他部位的生态系统起着正面促进作用，流域上部的水土流失对沟道内生态系统的影响程度和方式如何，这些问题都是值得深入探讨的。

就目前的情况来看，水土流失对于宁夏半干旱黄土丘陵区生态系统健康的破坏主要体现在农业生态系统方面。正如前文所述，农田的开垦导致原生植被丧失，而农田作物植被的覆盖度在一年之内剧烈变化，地表没有稳定的保护，土壤侵蚀伴随暴雨事件发生是很自然的。由于农业生态系统被人类赋予了明确的价值期望，其产出的降低将立刻直接影响社会经济系统，所以水土流失造成的农业生态系统生产力降低在生态经济系统退化中所占的权重较大。随农田水土流失而发生的还有化肥、农药等农业化学物质的流失，使农田成为重要的非点源污染源，造成下游水体污染。尤其是在施肥方式不当，如过量施肥、表面撒施的情况下，营养物质随表土流失的可能性更大。农业生态系统不仅容易发生水土流失，而且发生水土流失后对水环境的影响较为严重。不过任何事情都有两面，如果发生侵蚀的田块距离河道较远，农田营养物质流失没有进入有长流水的沟道，而是在流域下部某些地段沉积，则可能不会对下游环境造成严重危害，反而使沉积地段的土壤养分和水分条件同时提高，有利于这些地点生态系统的发展，如在坝地、埝窝地都可能发生上述情况。所以，水土流失的防治要因势利导，变害为利，把不利因素积极地朝有利的方向转化。

2.5.3　干旱与水资源不合理利用

宁夏半干旱黄土丘陵区年降水量为 300～500 mm，多年平均降水量在 430 mm 左右。这一地区从降水量的总量上来说，并不是绝对的干旱，故称之为半干旱区，然而由于降水的年际间及季节间分配不均，可利用水资源量不足。但是，这一地区的干旱缺水并不能简单地概括为资源型缺水，而在一定程度上属于因为没有合理地对水资源进行利用或者是缺少能够高效利用水资源的技术而造成的相对缺水，而不是绝对缺水。

相对干旱缺水主要是在农业生产中出现的问题，也是当地农业生态系统的发展中面临的主要问题。宁夏半干旱黄土丘陵区的种植结构中，夏收作物的播种面积较大，占到70%，秋收作物只占30%，问题就出在这里，夏收作物的生长季与这里的主要降水季节恰好错开了。夏收作物以冬小麦为主，小麦原产西亚，是地中海式气候条件下进化和选育出来的作物，适应的是夏季干热、冬季温暖多雨的气候类型，并不适合黄土高原半干旱地区的气候。中国能够进行较高产量水平小麦生产的地区无不是灌溉条件发达的地区，在雨养农业地区，在理论上不适合种植冬小麦，在实践上也不是很成功。小麦要完成生育期，并取得较满意的产量，大约 400 mm 的耗水量（作物蒸腾量和棵间土面蒸发量之和）是不可或缺的条件，而且在开花、灌浆等关键时期不能发生干旱胁迫，否则会极大地影响产量。不巧的是，宁夏半干旱黄土丘陵区往往发生春旱甚至春夏连旱，对处于关键需水期的小麦造成的影响是很严重的。该地区的 6～9 月是雨热同期的季节，最适合谷子、高粱、玉米等秋收作物的种植。但是，正如前文所述，该地区夏秋季的降水多以暴雨形式出现，容易产生地表径流和水土流失，能蓄渗至土壤中的雨水只有一部分，再加之全年约 1/4 的降水不是出现在 6～9 月的生长期，所以在现阶段，能供秋收作物有效利用的降水量也是不能满足较高产量生产的，但终究要比夏收作物的用水形势好一些。种植制度的不合理直接导致水资源利用效率的低下，这是相对缺水的一个方面。相对缺水在农业生产中的另一方面，在于目前缺乏适用于田间的雨水高效利用技术。目前在宁夏半干旱黄土丘陵区大面积应用的雨水利用技术主要是覆膜技术，地膜的使用对保墒增产有相当大的作用；还有就是利用水窖蓄水在干旱发生时进行一定程度的补灌，也就是浇"救命水"，保住一定的产量。上述技术虽然在一定程度上减轻了干旱对农业的影响，但效果是有限的，因为这些技术都不能满足单季作物的用水需求。此外，地膜残留对土壤环境的影响是不容忽视的，目前技术条件下浇"救命水"所耗费的劳动量也是很大的，影响了这些技术的应用。节水灌溉技术，如滴灌、渗灌等技术目前在技术上已经非常成熟，但还没有大规模应用于宁夏半干旱黄土丘陵区。一方面这些先进技术投资较高，回报周期较长，农民难以单独承受；另一方面，节水技术对水质要求较高，这里灌溉水源缺乏，雨水集蓄技术和节水技术的衔接和配套又无重大进展，形成了技术上的瓶颈。如果能在集雨节灌技术上有所突破，并大力调整种植制度，能充分利用好该地区400 mm 左右的年降水量，就能使农业生产面貌发生根本改观。

生态建设上所面临的干旱问题没有农业上那么突出和急迫。宁夏半干旱黄土丘陵区属于干草原地带，这是长期的生命进化史所形成的地域特色，不宜轻易改变。适宜半干旱气候的本土草、灌植物种能够在这一地区形成较为稳定和繁茂的植被群落，历史上这是有记载的。从各地通过封育措施达到较为理想的植被恢复的实践来看，也可以说明半干旱黄土地区的自然生态系统对干旱的适应能力是比较强的。目前存在的问题，是一些地方忽略了所处区域的地带性特点，盲目追求林木植被的建设，却不考虑水分的平衡，造成土壤干层，林木的保存率也较低。实际上，生态建设不等于植被建设，植被建设也不等于植树造林。在宁夏半干旱黄土丘陵区，需要林木的地点主要是沟道系统，主要目的是配合治沟工程防止沟道扩张，而沟道内较为优越的土壤水分条件也适合林木生长。地势高燥的梁峁坡面，还是应该以草灌植被为主。

总之，宁夏半干旱黄土丘陵区的干旱问题不是难以解决的绝对干旱，而是缺少雨水高效利用技术和模式的相对干旱。农业生态系统因为要谋求较高的经济收益，面临的干旱问题相对严重，目前面临一些技术和经济上的制约因素，一旦突破，该地区农业生产的面貌将极大改观。生态建设所面临的干旱问题主要与不合理的规划相关，要在遵循生态学原理的基础上，合理调整植被群落结构。

2.5.4 土地不合理利用及其危害

土地利用现状格局是长期以来人类依据土地景观自然特性，在一定社会经济条件和技术水平下，对土地进行有目的改造利用活动的结果。土地利用现状格局可以理解为各地类面积数量比例和空间组合关系，包括数量结构和空间格局两个方面。各地类的数量比例关系是土地利用现状的一个方面，其在数学上的表达是平面的、线性的。在农村的景观中，各地类的数量结构不仅由其本身的面积来表现，更重要的是通过各地类的物质和经济产出而表现出来。例如，耕地、草地、林地等不同地类的面积比例关系是一方面，粮食、草料、木材等产品的价值比例关系是更为重要的一个方面。土地利用的另一个重要内涵是各地类的空间格局，即各种类型的土地在二维或三维空间中的相对位置关系，这在景观生态学的研究范式下显得尤为重要。各地类的空间格局往往不是线性的数学关系能够准确表达的，尤其是在三维的空间背景下。在宁夏半干旱黄土丘陵区，土地的利用现状在各地类的数量结构上存在一些问题，如农地中以坡耕地面积较大，坡耕地的开垦的确会加大水土流失的危险。尽管如此，土地利用的数量结构还不是问题的主要方面，因为耕地，甚至是坡耕地不会必然产生严重的土壤侵蚀，侵蚀是在侵蚀营力（降水）和侵蚀对象（土壤）在时空中恰好相遇才会发生。在田块尺度上，降水必须与裸露土壤接触才会产生侵蚀，在小流域尺度上，降水必须与连续贯通的坡沟侵蚀系统接触才会产生侵蚀系统泥沙输出。如果在坡沟侵蚀系统中加入缓冲区域，则可以打破土壤侵蚀过程的连续性，从而抑制侵蚀的发生，一切水保措施实质上都是在侵蚀系统中建立的缓冲机制。缓冲区域可以是点状（如谷坊）的、线状（如水平沟）的，或面状（如林草带）的；点状或线状的缓冲区域在土地利用的数量结构里几乎反映不出来，但是其对水土流失的控制作用却有"四两拨千斤"之效；面状的缓冲区域布置在耕地下方就比布置在上方更能起到水土保持的效果，即使二者数量关系保持不变。因此可以看出，土地利用的数量结构特征并不能充分反映宁夏半干旱黄土丘陵区土地利用与生态环境及水土保持相关问题之间的内在规律。

相对于土地利用的数量结构，空间格局的不合理是宁夏半干旱黄土丘陵区土地利用现状的主要问题所在，不合理的土地利用空间格局不仅影响水土保持工作的开展，也影响着景观生态系统的健康发展。小流域内沟壑密集，梁、峁广泛分布，已几乎没有残存的塬面，地形以支离破碎为特点。在一个比较典型的小流域内，可以依据地形的显著差异，大致划分出三种类型的区域。

第一类区域是梁、峁顶部及比较陡峭的梁、峁上部坡地，这一区域是集水区上部，属于侵蚀沟道形成的汇水区域，这一区域的水土保持对于有效控制侵蚀沟的发育，特别是沟头的溯源侵蚀有重要意义。区域内水土条件差，也不适宜修筑梯田，故不适宜发展种植业和养殖业。这一区域应主要作为小流域的水土保持生态屏障而进行规划、建设和管理，侧重生态效益。

第二类区域是坡度较小的梁、峁中下部坡面以及川台地和坝地，土壤侵蚀危险性总体上不高，但在土地利用不当的情况下，仍会成为面蚀乃至沟蚀发育的活跃区域。这一区域内应该大面积修筑梯田，是小流域内主要的种植业和养殖业区域，因地形因素使然和水保工程的实施，区域内水土条件较好，存在的主要问题是粗放型的农业生产经营方式与土地所具有的生产潜力不匹配，种植业、养殖业、林果业等产业组分的搭配比例和空间配置不合理，造成土地水肥资源失调，生产力下降。这一区域作为小流域主要的经济产出地，应该充分利用以梯田为主的水保工程建设成果，精心布局各产业组分，合理调配水肥资源，建立高效的循环生态农业系统。

第三类区域是小流域的底部，也就是纵横交错的侵蚀沟道，水力侵蚀和重力侵蚀都十分活跃，是全流域坡面水沙的汇集处，也是防止泥沙从小流域流失的最后防线。沟道的治理主要依赖谷坊和淤地坝等工程措施拦蓄水沙，抬高侵蚀基点，并结合林草措施进行沟头和沟缘的防护固定以及沟底的防冲治理。沟道在治理之前是立地条件最差的区域，然而经过治理，要么水分条件好的坝地面积逐年扩大，是生产潜力很大的良田；要么沟道内会形成生物多样性较为丰富的人工林，成为下游地区的水土保持生态屏障。

在上述三个大致的土地利用区域布局的基础上，还要注意缓冲区域的设置，有时候这是很细微并且容易被忽略的工作。须知在各种土地利用类型之间的界面上是防治土壤侵蚀、改善生态条件的重要部位。例如，在道路和梯田之间的衔接部位，多是由梯田过渡到道路的一小块斜坡，这便于农机进出梯田。但是这块斜坡往往也被耕种，所以很容易造成土壤侵蚀，而且这块斜坡产生的径流会加重道路的侵蚀。这一块斜坡应该是作为缓冲区域，常年保持草被覆盖和稳定的土壤结构，以防侵蚀。类似梯田和道路这种不同土地利用类型之间的界面上的微小尺度土壤侵蚀防治措施在实际中多数时候被忽略了。

小流域的土地利用空间格局应该按上述规划原则因地制宜地安排，如果违背了这些原则，则会造成水土流失和生态退化的严重后果。

2.5.5 经济条件与生态退化

历史发展到今天，自然环境已经被深深地打上了人类活动的烙印，社会经济已经和自然生态系统高度结合，形成了统一的生态经济系统。生态环境是人类经济活动的承载空间，人类经济活动所需的大部分资源来源于生态系统，尤其是农业在经济中占较大比例的地区。生态系统服务的概念提出以后，使生态系统对人类的贡献更加明确，生态系统不仅为人类提供实物资源，还提供规模巨大的无形服务，人类须臾离不开这种服务，而且只有生态系统能提供这种服务。生态系统的资源供给和服务提供能力如果受损，人类经济活动必然遭到不同程度的阻碍，甚至停滞，人类历史上因生态环境变迁而致使文明断绝或远徙的例子不胜枚举。生态环境的破坏有的是因为大规模的自然灾害或大时空尺度的环境改变，与人类活动关系不大；有的则是在相对稳定的环境条件下，因人口膨胀、无序开发而导致的。一个地区的经济发展水平，对当地生态环境的影响是比较复杂的，并不存在普适的规律，大致上可以有以下几种情况。第一种情况，社会发展极为落后并且与外界联系较少的地区，生态环境一般受影响较为轻微。如非洲、南美洲的原始部落地区，尚未进入农业社会，对生态系统不进行大规模开发和破坏。第二种情况，社会经济高度发达，工业化已经完成的地区，生态环境在遭受破坏之后又得到了良好的恢复。如世界上少数发达国家和地区，这些国家和地区凭借其工业实力和竞争优势，可以将其经济发展的环境成本"外部化"，使其自身的自然环境压力减小，再加之其科技水平、居民文化程度较高，所以使其早期发展过程中遭到破坏的生态环境得到了相当程度的恢复。但这种"先破坏后治理"的老路不值得借鉴，在当今世界这种发展道路也是行不通的。第三种情况，就是介于上述两种情况之间，社会经济已有相当程度的发展，但尚未完成工业化和城市化的地区。在这些地区，一方面工业开发对生态环境的影响是不言而喻的，另一方面工业化未完成，农业得不到工业的有力支持，生产方式依然落后，产量水平低下。人口生存压力在农业生产水平较低的情况下不可避免地传至自然生态系统，致使自然生态系统过度开发。工农业开发的过程往往较为迅速，而治理和研究的步伐跟不上破坏的速度。

宁夏半干旱黄土丘陵区的经济发展水平总体上即处于上述第三种情况。农业在经济中所占比例还比较大，农业生产技术尚未发生根本性变革，土地产出量少，只能基本满足温饱，剩余产品很少且价值低；工业发展受地理位置、资源状况限制，相对落后。工业经济的落后使大量的农业人口滞留在土地上，依赖农业生活，然而农业生产力水平又比较落后，不论单位人口还是单位土地面积的产出都是相当低的，农民的收入难以提高；农业产出低，使当地以农产品为原料的轻工业和贸易没有大的发展，重工业又很少布局于此。因此，农业和工业不能互相支撑，而是相互制约，是这一地区经济发展的困局之一。

要解决这一困局，要立足于当地实际，以农业发展为突破口。但是，在农业生产技术暂时没有突破的情况下，农民采用广种薄收的策略，增加土地开垦面积和放牧区域的做法是自然的选择。如没有足够的饲料作物产出，就存在漫山遍野滥牧的驱动力，虽然推行禁牧政策取得了一定的成效，但仍然不能根除滥牧。这一方面是农民千百年来的生产习惯所致，另一方面也是农业技术发展低下所致。再如，若农田单产水平不提高，补贴的年限到期后，退耕还林草工程的实施就会遇到阻力，毕竟民以食为天，"退林还耕"也是自然的选择。生态退化问题来源于不合理的开发，来源于人类生存的压力，生态退化的治理也在一定程度上受到人类生存压力的阻碍。人类经济活动的开展使自然生态系统发生了退化，经济条件的限制又阻碍着生态系统的恢复，这是宁夏半干旱黄土丘陵区生态建设的困局。综合分析，可以看出这一地区要解决生态建设和经济发展的困局的途径就是千方百计革新农业生产技术，发展农业生产。这里的农业生产力水平较为低下，也就是说发展潜力还比较巨大，不应该受制于现有的技术条件来规划农业的发展，而要动员各种力量，自力更生地变革农业生产技术，力求农业生产力水平在现有基础上有明显提高。农业生产力水平一旦发生突破性进展，这一地区的生态建设和整体经济发展就有望进入充满活力的良性发展轨道。

2.6　生态系统退化的驱动力分析

生态系统是一种动态系统，它和自然界的任何事物一样，永远处于不断运动和变化之中。生态系统在这种随时间而发展变化的过程中，系统结构和功能变化是多方面的。生态系统退化实际上是一个系统在超载干扰下逆向演替的生态过程。在这一过程中，系统通过响应（结构和功能的不良变化），表达出丰富的内在的退化信息。揭示这一退化过程及其特点，是进行退化生态系统恢复重建的必要条件。透过生态系统退化的表象，揭示生态系统退化的过程、特点及其机制，是当前生态系统退化深入研究的关键和核心（包维楷等，1995）。

生态系统的退化变化是复杂的，既有系统本身的自然属性决定的内在原因，更重要的是人为的外部干扰体系的驱动。而退化过程因外部干扰体系展现出多元化，退化的关键是系统中的能动因子生物及其多样性的不良变化或丧失，其本质是系统的结构被破坏后失衡，导致功能衰弱。必须首先诊断其退化的过程及其退化程度，合理判定当前退化状态在该系统正向演替中的地位和阶段，才可能顺应自然正向演替规律进行有救的退化生态系统的恢复重建（包维楷等，1995）。

黄土丘陵区是以温带草原植被为主的脆弱生态系统，由于生态系统的脆弱性，其更加容易受到外界干扰而发生退化。在过去的几十年中，水土流失、土壤肥力下降、植被盖度下降等生态退化现象越来越明显，分析生态系统退化的过程可以看出，该区域生态系统退化主要是由自然因素和人为因素的共同作用所导致的。

2.6.1　生态系统退化的自然驱动力

2.6.1.1　生态系统脆弱

就陆地生态系统而言，健康的生态系统表现出群落结构复杂、生物多样性程度高、植被盖度大等特点。健康的生态系统具有较高的抗干扰能力和恢复能力，具有较强的稳定性，不容易发生生态系统退化。但是，处于半干旱黄土丘陵区的以温带草原为主的生态系统地处内陆，年降水量 300～500 mm，主要的植被类型是以干草原植被为主的旱生植物群落，群落结构简单，物种多样性程度低，植被盖度和生态系统生产力低。这样一个脆弱的生态系统对外来干扰比较敏感，更容易受到扰动，扰动后生态恢复比较困难。整个脆弱的生态系统特性就决定了其容易受到外来干扰，更加容易发生生态退化。

2.6.1.2 气候因素

气候条件对植被分布和生态系统生产力具有决定性影响。气温与降水状况是决定植被分布的主要因素，在水热条件较好的地区，生物种类繁多、生物多样性程度高、群落结构复杂，其系统稳定性强，具有较强的弹性和恢复能力，生态系统稳定。而水热条件差的区域，生物种类少、多样性程度低、群落结构简单，生态系统脆弱，更容易受到外界干扰而退化。随着全球变化的加剧，地处内陆的半干旱黄土丘陵区降水不断减少、气温缓慢升高，气候更加干旱而不利于植物生长。因此，气候因素是该区域生态系统退化的一个主要驱动因素。

近 100 年来，黄土高原气温总体上升，自 19 世纪中期至 20 世纪 10 年代，为气候偏冷期。1920～1940 年是近百年的温暖期，平均温度上升了 0.6～0.7℃。50～70 年代前期气温有所下降，70 年代后期，气温呈现持续上升的趋势。从 1985 年以来，气温急剧升高，5 年中增温 0.3℃左右，自 1990 年气温开始进一步升高。与气温变化不同，黄土高原降水呈下降趋势。据统计，1950～2000 年，黄土高原年均降水量从 700～250 mm 降低至 600～150 mm，平均降水量减少了 100 mm 左右。黄土高原地区气候变干变暖，降水量明显减少。降水量的减少引起土壤水分来源减少；温度升高导致蒸发以及植物蒸腾作用的加强，促使土壤水分减少，引起土壤的干化，不利于植物生长。在黄土高原，年降水量大于 550 mm 的半湿润地带，植被主要为落叶阔叶林，属暖温带森林区；年降水量 350～550 mm 的半干旱地带，植被主要为草、灌及一些适于半干旱气候的乔木，属暖温带森林草原区；降水量小于 350 mm 的干旱地带，植被主要为草、灌，属暖温带典型草原区（周晓红和赵景波，2005）。降水量减少使该区域适生植被向旱生草类和灌木类过渡，植被盖度减小、土壤侵蚀加重，物种多样性降低、生物量减小。因此气候变化导致植被退化，是生态系统退化的重要驱动因素之一。

2.6.2 生态系统退化的社会经济驱动力

2.6.2.1 人口增长

人口是社会的主体。人既是生产者又是消费者，随着社会的发展和人口的增加，一方面使人类利用和改造自然的程度不断扩大和加深；另一方面要维持其生活的消费品也在增加。在人类社会进入以农为主时期，主要依靠开垦土地种植农作物，依靠天然植被放牧和樵采解决能源来维持生活。当人口数量少时，需要的农产品不多，因而不必开垦大量土地，对自然资源消耗低。人口不断增长，需要的农产品增多，客观上也要求增加耕地扩大绿洲，对自然资源的消耗也就越大，因此就需要开垦更多的土地，这对生态环境造成了巨大的破坏（樊自立等，2005）。

　　黄土高原地处中国腹地，是中国政治经济文化中心之一，该区域人口增长速度很快。人口增长就需要消耗更多的资源，尤其是土地资源，因此垦荒、砍伐、放牧等人类活动严重地影响了生态系统平衡。以彭阳县为例，过去50年内人口增加了174%，如图2-3所示。人口的增加一方面影响农产品需求量的变化，间接地影响土地利用及空间布局的变化；另一方面还会在一定程度上对土地利用变化产生直接的影响，如人口数量的增加会产生对居住用地及基础设施用地等需求的增长，进而导致整个土地利用类型结构及其空间分布的变化（余新晓等，2009）。这使得耕地面积不断增加，天然林草地面积不断下降，生态系统生态服务功能减弱、水土流失加重。此外，大量的人类活动对天然植被的破坏也日益加重，使得天然植被盖度下降、生物量减小，生态系统发生退化。人口增加是区域生态系统退化的重要因素之一。

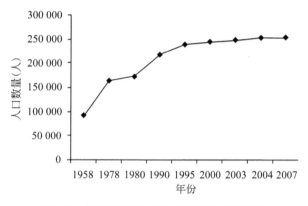

图2-3　彭阳县过去50年主要年份人口数量

2.6.2.2　不合理土地利用方式

　　从生态系统的退化过程来看，生物多样性下降和水土流失的一个重要因素就是不合理的土地利用方式所导致的。在过去的几十年中，随着人口的增长，越来越多的草地和林地被开垦为农田，耕地面积不断增加，林草地面积不断下降。而且被开垦的耕地都是地形和水分条件较好、植被生长良好的区域，这些区域的开垦就导致了植被盖度下降和水土流失的加重。以彭阳县为例，耕地面积从1994年的8.77万 hm^2 增加到2002年的9.78万 hm^2，耕地增加了11.5%，相应的林草地面积减少。2003年实施退耕还林还草后，林草地所占比例逐渐增加，耕地面积减小，截至2007年，耕地面积减少到8.12万 hm^2。根据监测，退耕还林还草工程实施后，项目区植被盖度由2000年的17%提高到了52.4%，土壤侵蚀模数也由6700$t/(km^2 \cdot a)$ 下降到了1780$t/(km^2 \cdot a)$。可见，土地利用方式的改变对于生态系统具有十分重要的意义，不合理土地利用方式导致生态系统功能丧失、植被退化，是生态系统退化的一个重要驱动因素。

2.6.2.3　种植方式

　　种植方式对水土流失具有十分重要的影响，在过去，黄土丘陵区主要耕地都是坡地，均采用原始的种植方式，坡地耕作后地表疏松，降水后径流冲刷十分严重。坡耕地经工程整地转化为梯田后，这种坡面冲刷减弱，水土流失量大大减小。在一些无法改造为梯田的坡面，采取水土保持耕作方法，如免耕、秸秆覆盖等措施后，水土流失也得到了一定的遏制。可见，在农田开垦过程中，不合理的种植方式导致的水土流失加剧，是生态系统退化的一个重要驱动因素。同时，在农业种植中，林地和草地的土壤侵蚀量小、植被盖度高，生态效益好；而冬小麦、玉米、马铃薯等传统农业种植方式土壤侵蚀量大、水土流失较为严重。林草地开垦后，常伴随着严重的生态退化。因此，不合理的种植方式也是生态系统退化的一个关键因素。

2.6.2.4　生态意识

人为因素导致的生态系统退化，常常是生态退化的主要因素。当每一个人都意识到生态破坏的危害和保护生态环境的重要性时，那么破坏生态系统的行为也就不会发生，相反会有很多保护生态的相关行动。因此，淡薄的生态意识也是生态系统退化的一个重要因素。值得庆幸的是，随着近几年人们受教育程度的提升和环境保护的相关宣传，人们的生态意识日渐增强，生态环境保护的主动性大大增强，这对生态建设和环境改善具积极的意义。

2.6.2.5　社会发展与政策因素

在不同的社会发展阶段，人们对自然环境的依赖性是不同的。在人口较少的时期，很少的自然资源即可支撑社会的发展，随着人口的增加，人们对自然资源的开采强度也不断加强，开垦、樵采、放牧等行为造成了严重的生态退化。随着我国经济的快速发展，城市化进程不断加快，大量的农村人口进入城市谋求发展，人口集中到了城市，农村地区人口数量锐减，对生态环境的压力减小，使得生态系统能够得以恢复。

国家政策因素对生态系统的发展也有明显的影响，例如，在20世纪五六十年代，开荒种粮等政策导致了大片山林被砍伐、草地被开垦，造成了严重的生态退化。近几年国家退耕还林还草工程的实施和生态环境保护相关法律法规的实施，使大面积低产农田转化为耕地，森林和湿地得到有效保护，生态系统得以恢复。由此可见，政策因素是人为因素的一个主要方面，是退化生态系统得以恢复的一个主要驱动因素。

第3章 退化生态系统土地利用格局优化及适宜性评价

在陆地生态系统中，土地是人类和一切生命体赖以生存与发展的最基本、最重要的基础，是决定生态系统类型及其构成的要素，亦是能量输入与输出、物质交换与转移的平台。从生命生境角度讲，土地为生物栖息与生存、生长与繁殖、竞争与进化提供了空间和物质基础；从生态环境角度讲，土地为生物可持续发展提供了能量与物质循环、环境净化与修复以及生态环境变迁的历史记录与演变过程等时空环境。随着经济、社会的发展，人类对土地资源的开发利用强度日益加大，"土地生态学"已成为如何利用有限土地资源、保障区域社会经济协调发展和食物安全、维护生态环境和可持续发展的主要学科。按照土地生态学等理论，本章针对宁夏半干旱黄土丘陵区，以区域生态与经济功能定位为研究基础，以坡面—小流域—生态类型区为单元，对土地类型禀赋、土地资源适宜性、土地利用结构与功能进行评价，分析土地利用现状及存在问题，开展水土保持和农村经济发展相协调的土地利用格局试验研究。

3.1 黄土高原小流域土地类型分类

土地类型分类是开展土地资源评价、土地承载力研究、土地利用规划和管理等工作的基础，为清查土地资源的数量、质量及其空间分布规律，合理配置土地资源与可持续利用提供科学依据。依据主导性、综合性和实用性分类原则，以固原市河川示范区为研究对象，拟定了黄土高原小流域尺度上的土地类型分类系统，并基于Arcview/arcinfo等地理信息系统软件进行土地类型制图与建立空间数据库。考虑到黄土高原的特殊地貌和垂直带生态景观是土地类型划分的主要因素，综合土壤、水文、气候影响和土地利用经营的实际需求，采用三级土地分类系统（土地类—土地型—土地组）进行土地分类与制图、建库，以期为河川示范区水土流失治理与土地资源的合理配置奠定工作基础，并为相同生态景观类型和小流域土地类型分类研究提供科学依据与经验。

3.1.1 土地类型分类原则与分类系统

3.1.1.1 分类原则

科学的分类原则是土地类型分类合理性的重要前提。在对黄土高原小流域进行土地类型分类时主要遵循综合性、主导性和实用性三大原则。主导性原则要求在综合分析的基础上突出土地分异的主导因素，主导因素的选取必须是研究区域和研究尺度的重要自然因子。河川示范区地处黄土高原西部宽谷丘陵沟壑区，属温带半干旱气候区。但由于试区范围较小（仅 8.06 km²），土壤类型单一，上述地带性因素只能作为土地分异的控制性背景，对土地分异起主导作用的因素主要是地貌类型、坡度、坡向等局地因素。综合性原则要求依据土地的相似性和差异性进行土地类型划分时，不仅要明确单要素对土地类型分异的影响，更要全面考虑各因素共同作用下所表现出的综合特征。实用性原则就是在不违背综合性原则的前提下，土地类型分类依据尤其是分类指标的选取应尽量考虑到其服务的对象和目标。

3.1.1.2 分类依据和指标

土地分类是摸清土地资源特征、分布规律和数量、质量评价和合理利用的基础工作。土地分类主要依据地形地貌和土壤等自然地理要素来划分。试区的土壤比较单一，主要为黄绵土，其次为黑垆土，并且分别集中分布在梁峁坡和台地上，对土地分类影响不大，因此我们基本按照地貌类型及其垂直分布的层状结构来划分。在梁峁坡地和沟谷坡地中，坡位、坡向、坡度等各因素的不同，使水热和土壤肥力等环境条件产生明显差异，不同程度地制约着土地利用方向和适宜性。因此，我们将坡位和坡向及坡度分别作为二级（土地型）和三级（土地组）的分类依据。在梁峁起伏、沟壑纵横、水土流失严重区则将地貌类型及其垂直结构作为土地分异的主导因素；根据实用性原则，同时也考虑了坡度、坡向等影响水热和土壤肥力的因子。基于上述分析，我们选取地貌类型、坡度和坡向作为试区土地类型划分的依据，并吸收了当地群众中的一些习惯做法。

3.1.1.3 分类系统

根据上述分类原则和依据，同时考虑到人类活动和高程对土地分异的影响，我们采用三级土地分类制，将河川示范区分为 3 个土地类、15 个土地型和 25 个土地组，分类系统及各土地类型指标特征见表 3-1。

表 3-1 河川示范区土地类型分类系统

土地类	土地型	土地组	面积（hm²）	占总面积比例（%）
I 梁峁坡地	I₁梁峁盖地	I₁梁峁盖地	20.86	2.59
	I₂梁峁缓地	I₂₁阴坡梁峁缓地	25.99	3.22
		I₂₂阳坡梁峁缓地	29.47	3.65
	I₃梁峁陡地	I₃₁阴坡梁峁陡地	101.27	12.56
		I₃₂阳坡梁峁陡地	100.12	12.42
	I₄梁峁凹地	I₄₁阴坡梁峁凹地	9.84	1.22
		I₄₂阳坡梁峁凹地	73.66	9.13
		I₄₃切割梁峁凹地	10.41	1.29
	I₅壕掌地	I₅壕掌地	12.37	1.53
	I₆塬台地	I₆₁陡坡塬台地	29.14	3.61
		I₆₂缓坡塬台地	15.43	1.91
	I₇水平梯田	I₇₁阴坡水平梯田	16.05	1.99
		I₇₂阳坡水平梯田	26.00	3.22
	I₈坡式梯田	I₈₁阴坡坡式梯田	84.68	10.50
		I₈₂阳坡坡式梯田	23.50	2.91

续表

土地类	土地型	土地组	面积（hm²）	占总面积比例（%）
II 沟 谷 坡 地	II₁ 沟坡缓地	II₁₁ 阴坡沟坡缓地	17.06	2.12
		II₁₂ 阳坡沟坡缓地	0.00	0.00
	II₂ 沟坡陡地	II₂₁ 阴坡沟坡陡地	37.08	4.60
		II₂₂ 阳坡沟坡陡地	20.68	2.56
	II₃ 沟坡凹地	II₃₁ 阴坡沟坡凹地	51.44	6.38
		II₃₂ 阳坡沟坡凹地	34.48	4.28
III 河 （沟） 台 地	III₁ 川台地	III₁ 川台地	43.15	5.35
	III₂ 河台地	III₂ 河台地	11.02	1.37
	III₃ 河滩地	III₃ 河滩地	9.40	1.17
	III₄ 河床、水域	III₄ 河床、水域	3.34	0.41

3.1.2　土地类型特征与利用方向

3.1.2.1　梁峁坡地

此类土地地势较高，海拔为 1650～1800 m，相对高差 100～150 m，坡向、坡度变化大，类型较为复杂。梁峁坡地是试区土地的主体，面积 578.79 hm²，占总面积的 71.77%，共包括 8 个土地型和 15 个土地组。土壤大部分为黄绵土，约占黄绵土总面积的 80%，坡面中阴坡缓坡地土壤侵蚀比较轻微，土层深厚；阳坡及陡坡地土壤侵蚀强烈，造成地形破碎，肥力低下，治理难度很大。在梁峁坡地中，平缓坡（＜15°）面积较大，占梁峁坡地 44%，其次为陡坡（15°～25°）占梁峁坡地 39.6%，＞25°的极陡坡占 16.4%；坡向以阳坡面积最大，占 49.3%，阴坡占 39.3%，平缓地占 11.4%（表 3-2）。

表 3-2　固原河川示范区梁峁坡地坡向、坡度分析

坡向				坡度							
阴坡		阳坡		平缓地		平缓坡		陡坡		极陡坡	
面积 （hm²）	比例 （%）	面积 （hm²）	比例 （%）	面积 （hm²）	比例 （%）	面积 （hm²）	比例 （%）	面积 （hm²）	比例 （%）	面积 （hm²）	比例 （%）
212.9	39.3	267.4	49.3	62.1	11.4	238.9	44.0	215.0	39.6	88.5	16.4

3.1.2.2　沟谷坡地

沟谷坡地面积 160.74 hm²，占总面积的 19.93%。这类土地上部多为黄绵土，中下部已切割到硬黄土和红土，局部已露出白垩纪砂岩和泥页岩。坡面坡度一般大于 25°，沟壁大于 45°，沟头溯源侵蚀和沟壁扩张，不断蚕食道路和土地，是试区治理的重点和难点。随着梁峁坡地梯田化、沟道重力侵蚀明显趋缓，部分沟道边缘已建成果园。

3.1.2.3 河（沟）台地

面积 66.91 hm²，占总面积的 8.3%，共包括 4 个土地型和 4 个土地组。此类土地平坦而又有灌溉条件，土壤主要为黑垆土，约占 69.7%，土壤肥力水平高于其他土地类型，是发展高效农业的基地。其中川台地是试区的"白菜心"，面积 43.15 hm²，人均 0.08 hm²，目前已初步建成果树优良品种及优化栽培模式试验示范基地。

3.2 半干旱黄土丘陵区小流域土地资源评价

3.2.1 土地质量评价

土地资源评价就是对土地的数量和质量，以及对土地利用的适宜程度与限制因素，进行科学全面的分级与评价。其目的为建立土地合理利用的最佳模式，获取最大的生态、经济和社会效益，提供科学依据。我们应用固原河川"数字流域"系统平台，对试区土地资源质量进行了分析评价研究。应用主成分分析，选择 8 个样本进行质量等级评价，并对主成分的综合得分利用聚类分析划分土地等级。

3.2.1.1 土地质量评价方法

（1）建立评价因子体系

根据因子筛选的基本原则，针对研究区小流域的基本情况，并参考以往土地评价经验，初步选择坡度、高程、土壤水分、土壤质地、土层厚度、有机质、速效磷、速效钾 8 个因子为初步评价因子。根据该因子体系和划分的评价单元，验证所拥有资料的完整性和充分性，补充调查收集资料（表 3-3）。

表 3-3 评价因子及评价标准

指标	评价标准			
	1	2	3	4
坡度（°）	0 ~ 5	5 ~ 8	8 ~ 15	>15
高程（m）	<1579	1579 ~ 1679	1679 ~ 1729	>1729
土壤水分（%）	>15	12 ~ 15	8 ~ 12	<8
土壤质地	中壤	轻壤	砂壤	黏土沙、土砾石
土层厚度（m）	>200	200 ~ 100	100 ~ 80	<80
有机质（%）	1.6 ~ 2.0	1.0 ~ 1.6	0.5 ~ 1.0	<0.5
速效磷（mg/kg）	10 ~ 20	5 ~ 10	3 ~ 5	<3
速效钾（mg/kg）	>200	150 ~ 200	100 ~ 150	<100

（2）建立单元属性库

在 MAPGIS 系统中，调入 unit. mpj 工程文件，修改区属性结构，增加评价因子字段，输入单元（区）属性资料。

（3）定性因子定量化和标准化

建立定性因子定量化标准，根据该标准在图形编辑子系统中增加相应因子字段，在"根据参数赋属性"命令中，设定查找条件，输入增加字段的定量数值。然后对原始数据进行标准化。

（4）因子筛选与权重计算

根据主成分选择的基本要求，选择累积贡献率 >85% 时的主成分，作为最终参评因子，包括土壤水分、有机质、土地侵蚀程度（表 3-4）。

表 3-4　特征根、贡献率及累积贡献率

序号	特征根 λ	贡献率 B（%）	累计贡献率 $\sum b_i$（%）
1	4.9877	62.3	62.3
2	1.2777	16.0	78.3
3	0.7004	8.8	87.1
4	0.3919	4.9	92.0
5	0.2680	3.4	95.3
6	0.2042	2.6	97.9
7	0.1321	1.7	99.5
8	0.0381	0.5	100.0

（5）权重计算

根据主成分计算分式，可得这 3 个主成分与原 8 项指标的线性组合：

$$Z_1 = -0.393X_1 - 0.145X_2 - 0.381X_3 - 0.246X_4 - 0.338X_5 - 0.414X_6 - 0.414X_7 - 0.404X_8 \tag{3-1}$$

$$Z_2 = 0.025X_1 + 0.677X_2 + 0.198X_3 - 0.612X_4 - 0.323X_5 + 0.113X_6 + 0.096X_7 - 0.025X_8 \tag{3-2}$$

$$Z_3 = -0.226X_1 + 0.644X_2 + 0.111X_3 + 0.444X_4 + 0.384X_5 - 0.290X_6 - 0.278X_7 - 0.125X_8 \tag{3-3}$$

3.2.1.2　因子值的等级分值计算

利用主成分分析结果，根据式（3-4）求得各样本综合得分 F。

$$F = \sum b_j Z_j = b_1 Z_1 + b_2 Z_2 + b_3 Z_3 \tag{3-4}$$

以各单元等级分值为基础，采用"最小距离法"进行聚类分析；根据聚类间距和聚类图的样本次序，确定聚类中心值，从而确定不同等级下的等级分值区间。根据综合得分 F 聚类的结果并与土地类型相比较，可将土地等级分为五个等级（表 3-5）。

表3-5 土地等级分级

土地等级	土地类型
Ⅰ	川台地、河台地、滩地→ {2.004，3.2519}
Ⅱ	塬台地、梯田、缓坡塬台地、缓坡湾掌地→ {1.5669，2.004}
Ⅲ	梁峁缓坡地、梁峁缓冲地、沟坡缓坡地→ {0.9161，1.5669}
Ⅳ	梁峁盖地、梁峁陡坡地、沟坡陡坡地、滩地→ {-0.4089，0.9161}
Ⅴ	土瓜地、沟坡陡坡地→ {-2.5925，-0.4089}

3.2.1.3 土地评价图的生成

（1）图形参数

将 unit. wp、unit. wl 和 unit. wt 换名存文件为 evalu. wp、evalu. wl 和 evalu. wt 等；参照有关制图规程，设计评价等级的图例；打开 evalu. wp，根据图元等级属性，"统改区参数"。

（2）区属性整理

将全部区属性库导出为 evalu. dbf，清除区属性库中除 ID 号和不可编辑字段的全部属性字段，将外部数据有选择地连接到区属性库中。

（3）编辑成图

将 evalu. wt、evalu. wl 和 evalu. wp 组建成工程文件 evalu. mpj，根据土地等级的表示方法，为各等级单元加名称注释。对点、线、区文件作最后修辞和修正，保存工程文件，完成土地评价分级图（图3-1）。

3.2.1.4 空间属性分析

在空间属性分析子系统中，以面积为统计属性，以等级为分类属性，通过单点分类、累计方式进行双属性分类统计可得到流域各等级质量地的总面积及在流域总面积中占的百分比（图3-2）。土地质量等级的单元个数、面积及占总面积的百分比统计见表3-6。

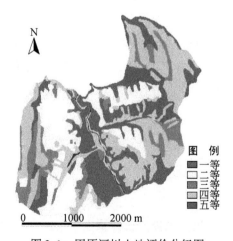

图3-1 固原河川土地评价分级图

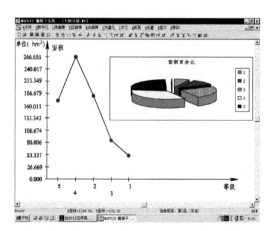

图3-2 土地质量等级分类统计图

由表 3-6 可见，流域梁峁坡地占总面积的 70% 以上，地形地貌并不十分破碎，但区内质量较高的土地面积并不大，一等土地在五个等级中面积最小，只占试区总面积的 6.84%，四等地所占面积最大，占试区总面积的 35.04%；四、五两个等级地占总面积的 57.58%，面积达 438.1838 hm²，因此试区大部分土地制约因素多，质量较低。

表 3-6　不同级的单元类别及个数

土地等级	单元个数	面积（hm²）	占总面积比例（%）
一	10	52.0372	6.84
二	13	84.9885	11.17
三	20	182.2529	23.95
四	27	266.6544	35.04
五	13	171.5294	22.54

3.2.2　土地适宜性评价

土地适宜性是指土地在一定条件下，对不同用途的适宜程度。土地适宜性评价的目的是根据预定土地用途选定相应的土地评价因子并确定其评价标准，将其与土地评价单元相比较，从而进行土地适宜性等级评定工作。土地适宜性评价的任务主要包括区域资源环境状况和经济社会条件调查；阐明土地适宜性评价的原理、方法和研究进程；诊断土地属性；评价土地适宜性；提出土地开发、利用和保护的对策建议。土地适宜性评价的核心是分析土地利用需求和鉴定土地质量，并将两者进行比较。这种评价要考虑土地的自然属性及其社会背景和需求，进行一定程度的经济分析与核算。

3.2.2.1　小流域土地适宜性评价原则

根据联合国粮食及农业组织（FAO）1976 年《土地评价纲要》结合研究区的实际情况，我们在对河川小流域进行土地适宜性评价时遵照以下原则进行。

（1）综合性和主导性相结合的原则

土地是在特定时空条件下，由地貌、土壤、气候、水文和生物等要素组成的自然综合体，同时受人类活动的影响。其性质取决于这些因素的综合作用。针对不同的土地用途或利用方式，各个因素的作用强度是不等同的。因此，在综合分析的基础上进行土地适宜性评价时，抓住主要限制因素和主导因素进行分析评价。

（2）因地制宜原则

自然条件和经济水平的不同造成不同区域的土地适宜性的差异很大。因此，进行土地适宜性评价时应密切结合本地的实际情况，科学的确定关键性评价因子及指标等级，做到因地制宜。

（3）稳定性与独立性原则

评价因子应尽量选择属性稳定，不易改变的因素。只有稳定的因子才能体现土地的自然属性，评价出土地适宜性。同时，所选指标应相互独立且能够反映土地的主要属性。

（4）针对性原则

不同的土地用途或利用方式对土地的性质有不同的要求，故参评因子的选择及指标分级应针对不同土地用途区别对待。

（5）定量与定性相结合的原则

尽量把定性的、经验性的分析进行量化，以定量为主，以减少主观成分对评价结果的影响，提高精度。同时，所选指标的数据、属性资料应易于获取。

（6）可持续利用原则

对某种土地用途进行评价时，应同时考虑当前利益与长远利益，既要合理利用，充分挖掘其生产潜力，又要积极保护、避免非理智的短期行为而导致土地退化、生态环境恶化，保证土地的永续利用。

3.2.2.2 小流域土地适宜性评价指标体系

土地适宜性指标是指影响和构成土地生产力的各种因素，是衡量土地质量的指标。根据上述原则，结合研究区实际情况，通过对河川小流域自然、社会经济条件等各方面的综合调查，选取影响该区土地生产力的 5 个方面 14 个因子建立预选指标集（图 3-3）。考虑到数据资料的可获得性及小流域的具体情况，通过专家评议，从 14 个因子中选取地貌部位、坡度、坡向、侵蚀强度、土壤有机质和灌溉条件为土地适宜性评价指标。

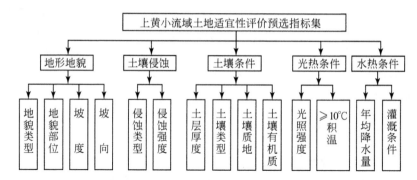

图 3-3 土地适宜性评价预选指标体系

3.2.2.3 评价单元确定及评价指标量化分级

（1）土地适宜性评价基础单元确定

为了科学地进行土地利用规划，实现规划成果落实到实处，我们以地块作为土地适宜性评价的基本单元。根据河川小流域地貌类型、坡度和坡向等自然属性状况，将流域划分为 185 个地块，调查计算每一地块单元的 6 个指标数据，建立各地块的属性数据库。

（2）指标体系量化分级

参考联合国粮食及农业组织的《土地评价纲要》中所提出的土地适宜性评价原则和方法，根据试区实际情况，评价结果采取数量化的方法，对每一指标赋予一定的分值，然后采用加权法得到每一地块的适宜性综合得分。对于评价指标中的定性指标（如坡向），现转化为定量指标，然后再用分值定量表示。土地适宜性等级采用 4 级划分，即高度适宜、中度适宜、勉强适宜和不适宜。对每一适宜等级以 4、3、2、1 分别打分，然后评价每地块的适宜性，得出农、林、牧的适宜等级。本研究采用专家打分法确定小流域各评价指标的量化分级（表 3-7）。

表 3-7　上黄小流域土地适宜性评价指标量化分级表

评价指标及等级		量化值			评价指标及等级		量化值		
		农业	林业	牧业			农业	林业	牧业
坡度（°）	0～5	4	4	4	坡向	阴坡	1	3	3
	5～15	3	4	4		半阴坡	2	3	4
	15～25	2	3	4		半阳坡	3	3	4
	>25	1	2	2		阳坡	4	3	3
土壤有机质（%）	1.5～2	4	4	4	土壤侵蚀强度	微度	4	4	4
	1.0～1.5	3	4	4		轻度	3	4	4
	0.6～1.0	2	3	3		中度	2	3	3
	<0.6	1	2	3		强度	1	2	3
						极强度	1	1	2
地貌部位	河（沟）台地	4	4	4	水源条件	水窖补灌	4	4	4
	梁峁坡底	3	4	4		梯田拦蓄	4	1	1
	沟谷坡地	4	3	4		水平沟拦蓄	1	3	3
	梯田	4	1	1		旱地	2	3	3

（3）指标权重确定

指标权重是指各指标在评价指标体系中的相对重要程度，即对土地评价结果的影响程度，其合理性对评价的结果至关重要。我们采用专家评分法分别确定各指标宜农、宜林及宜牧的相对权重。根据 15 位专家的评分情况，各评价指标权重列于表 3-8。

表 3-8　土地适宜性各评价指标的指标权重分配表

	地貌部位	坡度	坡向	侵蚀强度	土壤有机质	水源条件
宜农权重	0.16	0.25	0.20	0.16	0.08	0.15
宜林权重	0.25	0.23	0.13	0.15	0.05	0.19
宜牧权重	0.15	0.21	0.18	0.16	0.05	0.25

（4）流域土地适宜性确定

根据小流域的实际情况和土地用途的要求，我们采用综合指数法对土地适宜性进行评价。综合指数模型可用式（3-5）表示：

$$G = \sum_{i=1}^{m} W_i C_{ij} \tag{3-5}$$

式中，G 为每一评价单元（地块）的适宜性得分；W_i 为第 i 个评价指标的权重值；m 为评价指标的个数；C_{ij} 为第 i 个评价指标第 j 个等级的专家评分值。

土地资源具有多宜性，宜农地同时也是宜林和宜牧用地，宜林用地也适宜牧业用地。因此，在土地评价单元的评价过程中，我们首先采用单宜性评价方法，评价每一地块的宜农、宜林及宜牧程度，依次对每一地块逐一评价，得出地块的农林牧适宜程度。对河川示范区185个地块的土地适宜性评价结果见表3-9和图3-4。

表3-9　河川小流域土地资源适宜性评价结果

	高度宜农	中度宜农	宜林地	宜牧地	宜林牧	小计
面积（hm²）	115.57	79.78	46.81	419.04	139.86	801.06
比例（%）	14.43	9.96	5.84	52.31	17.46	100
地块数	23	16	20	93	33	185

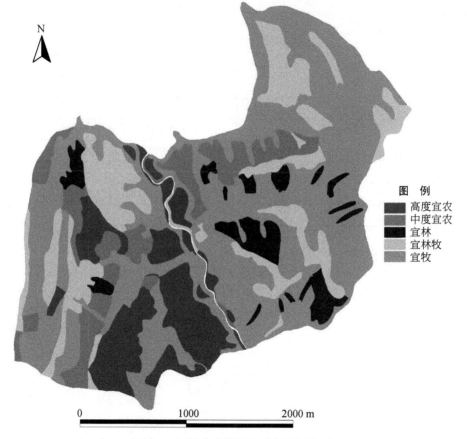

图3-4　河川小流域土地适宜性评价图

3.2.2.4　土地适宜性评价分析

(1) 宜农地

高度宜农地的土地面积为115.57 hm²，占到全流域土地总面积的14.43%（表3-9）。这一部分土地主要为流域内的河沟台地和部分梯田，其主要土地类型为川台地及部分台地，该类土地地势平坦，水源条件相对较好，其利用基本不受限制，是流域内稳产高产地段；中度宜农地土地面积为79.78 hm²，占全流域面积的9.96%，主要土地类型为人工改造的梯田地,经过改造,该类土地侵蚀强度变弱,土地生产力较大,其利用主要受水资源条件的限制,是流域内粮食生产的潜力所在;勉强宜农地面积为 121.11 hm²,占流域土地总面积的 29%,土地质量稍差,中度侵蚀,且水资源条件不好,通过一定的水土保持措施,可开垦为该区域的后备耕地资源。

(2) 宜林地

宜林地土地面积为 46.8 hm²,只占流域总面积的 5.84%。该类土地主要位于峁顶和峁坡,坡度较缓,侵蚀中度,土地质量较好,是发展经济林的主要用地。

(3) 宜牧地

宜牧地面积为 419.04 hm²,占到流域总面积的一半以上,所占比例较大。这类土地主要集中在坡度较大的土地上,立地条件差,土壤侵蚀较为强烈,不适宜农林业的发展,但可以种植人工柠条等灌木,可以开发成为牧用地。

(4) 宜林牧地

宜林牧地的面积为 139.86 hm²,所占面积接近流域总面积的 1/5。该类土地资源属中度宜林和高度宜牧区,可根据小流域内的实际情况和发展需求,确定林牧种植面积的比例。

3.3 小流域土地利用时空格局演变

小流域是黄土高原水土流失治理的基本单元,研究黄土高原小流域尺度上的土地利用(覆被)格局变化具有重要的理论和现实意义。有关土地利用(覆被)格局变化研究的方法有很多,其中,景观指数法被证明是一种比较有效的方法且被广泛应用。然而,由于景观指数种类繁多且受粒度、尺度、幅度、比例尺及土地利用分类系统等多种因素影响,在进行实际研究时,不同的区域及分类系统对指标的选取要求会有所不同,这就给我们在利用景观指数法研究土地利用(覆被)格局变化带来了一定的困难。鉴于上述情况,我们以宁南黄土丘陵区的河川小流域为例,借助相关分析和主成分分析方法,选取适合黄土高原区小流域尺度下的景观格局指标体系;利用所选指标体系,研究河川小流域尺度下的土地利用(覆被)格局变化,并对其社会 - 经济驱动因素进行了分析。以期为河川小流域的土地利用格局优化及生态建设提供数据基础并为黄土高原小流域尺度土地利用(覆被)格局变化研究提供科学依据。

3.3.1 信息源及研究方法

3.3.1.1 信息源及处理

信息源主要包括:1982 年 1:10 000 地形图,1987 年和 1990 年 1:10 000 彩红外航片,1995 年 1:10 000 正摄影像图,2008 年 Spot5 影像图以及在上述图件基础上调查的 2002 年土地利用/覆被数据。数据处理以 1982 年地形图为空间基础,在 Arc/Info8.3 软件终将上述图件转化成具有统一投影和地理坐标系图件(考虑到区域面积较小,投影时面积变化不大，我们采用高斯－克吕格3分带投影和1954北京地理坐标系统）；其次，采用人机交互方式从地形图、采红外航片、图正摄影像图及Sopt影像图提取试区土地利用数据库。同时，将2002年实地调查的土地利用状况输入计算机，生成2002年土地利用矢量图。最后，将所有的矢量图转化成5 m分辨率的栅格数据用以计算景观指数。此外，所用数据还包括该地区的1∶10 000数字高程图及相关的社会经济调查数据。根据研究目的和试区实际情况，采用土地利用一级分类体系，将河川示范区的土地利用（覆被）划分为7种类型：耕地、园地、林地、草地、建设用地、水域、难利用土地（图3-5）。

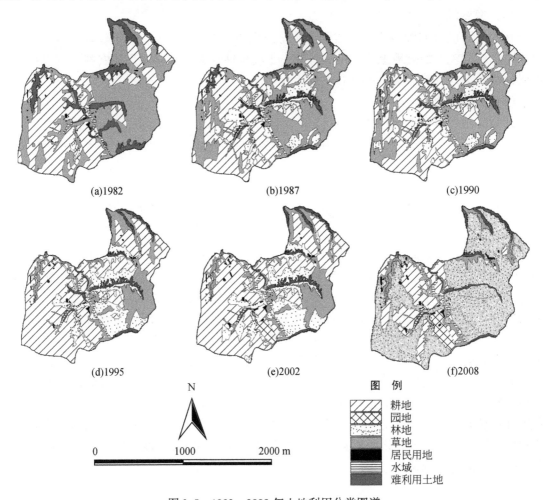

图3-5　1982～2008年土地利用分类图谱

3.3.1.2　研究方法

（1）转移概率矩阵

在Erdas Imagine 8.7中，通过对不同时期的土地利用图进行空间叠加运算，求出各时期土地利用类型的转移矩阵，并据此分析引起土地利用变化的原因。为分析土地利用动态变化的强度，在利用转移矩阵的基础上，建立转移概率模型式（3-6）：

$$D_{ij} = \frac{S_{ij}}{\sum\limits_{i=1}^{n}\sum\limits_{j=1}^{n}S_{ij}} \qquad (3\text{-}6)$$

式中，D_{ij} 为土地覆盖类型 i 转变为土地覆盖类型 j 的转移概率；S_{ij} 为土地覆盖类型 i 转变为土地覆盖类型 j 的面积；n 为土地覆盖类型的数量。

（2）景观格局指数选取

先利用 ARC/INFO 的 gridtools 模块分别将 6 期土地利用图转为栅格格式，然后用美国俄勒冈州立大学森林科学系开发的 FRAGSTATS3.3 软件进行景观指标计算。考虑到众多指标之间具有高度相关性，我们采用相关分析及主成分分析法选择了能够反映示范区大于 82.5% 景观格局特征的 7 个指数（表 3-10）作为黄土高原小流域尺度土地利用/覆被格局分析的指标体系。

表 3-10　景观尺度上各格局指数特征值和累积贡献率

基本指数				形状指数				结构指数			
主成分	PC1	PC2	PC3	主成分	PC1	PC2	PC3	主成分	PC1	PC2	PC3
特征值	3.58	2.30	1.02	特征值	4.55	2.47	1.37	特征值	3.62	2.04	0.32
累积贡献率（%）	51.09	83.92	98.43	累积贡献率（%）	55.41	84.80	92.51	累积贡献率（%）	60.30	94.22	99.59
主成分载荷				主成分载荷				主成分载荷			
NP	−0.98	−0.16	0.11	SHAPE_AM	0.98	−0.01	−0.11	DIVISION	−0.98	0.07	0.18
LPI	0.04	0.99	0.01	FRAC_MN	−0.05	0.97	0.07	IJI	0.35	0.92	−0.14
GYRATE_RA	0.63	−0.10	0.76	PAFR_AC	0.40	−0.03	0.87	AI	0.77	−0.54	−0.34
TA	−0.53	0.66	0.53	LSI	0.83	0.52	0.07	COHESION	0.68	−0.70	0.22
ED	−0.55	−0.81	0.15	SHAPE_MN	0.76	0.41	0.42	ENN_RA	0.79	0.60	0.05
AREA_MN	0.96	0.13	−0.23	FRAC_AM	0.79	−0.53	−0.23	ENN_SD	0.93	0.18	0.33
AREA_MD	0.84	−0.42	0.26	PARA_RA	−0.90	0.15	0.27				
				SHAPE_RA	0.64	0.48	−0.50				
				FRAC_MD	−0.55	0.75	−0.23				

1）斑块个数（NP）。

$$NP = n \qquad (3\text{-}7)$$

单位：无。范围：NP≥1。公式中 NP 为景观中所有的斑块总数。NP 反映景观的空间格局，经常被用来描述整个景观的异质性，其值的大小与景观的破碎度也有很好的正相关性，一般规律是 NP 大，破碎度高；NP 小，破碎度低。

2）最大斑块所占景观面积的比例（LPI）。

$$LPI = \frac{\max\limits_{j=1}^{n}(a_{ij})}{A} \times 100 \qquad (3\text{-}8)$$

单位：百分比。范围：0 < LPI≤100。公式中 LPI 等于某一斑块类型中的最大斑块占据整个景观面积的比例。LPI 有助于确定景观的基质或优势类型等。其值的大小决定着景

观中的优势种、内部种的丰度等生态特征。

3）面积加权的平均形状因子（SHAPE_AM）。

$$\text{SHAPE\_AM} = \sum_{i=1}^{m}\sum_{j=1}^{n}\left[\left(\frac{0.25p_{ij}}{\sqrt{a_{ij}}}\right)\left(\frac{a_{ij}}{A}\right)\right] \tag{3-9}$$

单位：无。范围：SHAPE_AM≥1。公式中 SHAPE_AM 等于某斑块类型中各个斑块的周长与面积比乘以各自的面积权重之后的和；SHAPE_AM 是度量景观空间格局复杂性的重要指标之一，并对许多生态过程都有影响。

4）平均斑块分维数（FRAC_MN）。

$$\text{FRAC\_MN} = \frac{\sum_{i=1}^{m}\sum_{j=1}^{n}\left[\dfrac{2\ln(0.25P_{ij})}{\ln(a_{ij})}\right]}{N} \tag{3-10}$$

单位：无。范围：1≤FRAC_MN≤2。公式中 FRAC_MN 为 2 乘以景观中每一斑块的周长的对数，对所有斑块加和，再除以斑块总数。FRAC_MN 可反映景观格局的破碎程度及人类活动对它的影响程度，值越大说明越破碎，人类活动对它的影响越大。

5）散布与并列指数（IJI）。

$$\text{IJI} = \frac{-\sum_{i=1}^{m'}\sum_{k=i+1}^{m'}\left[\left(\dfrac{e_{ik}}{E}\right)\ln\left(\dfrac{e_{ik}}{E}\right)\right]}{\ln\dfrac{1}{2}m(m-1)} \times 100 \tag{3-11}$$

单位：百分比。范围：0 < IJI≤100。IJI 在斑块类型级别上等于与某斑块类型 i 相邻的各斑块类型的邻接边长除以斑块 i 的总边长再乘以该值的自然对数之后的和的负值，除以斑块类型数减 1 的自然对数，最后乘以 100 是为了转化为百分比的形式；IJI 在景观级别上计算各个斑块类型间的总体散布与并列状况。IJI 是描述景观空间格局最重要的指标之一。

6）Simpson 优势度指数（D）。

$$D = 1 - \sum_{i=1}^{n}P_{\text{k}}^{2} \tag{3-12}$$

单位：无。范围：0 < D≤1。式中，P_{k} 为斑块类型 k 在景观中出现的概率（通常用该类型占有的像元数占景观栅格细胞总数的比例来估算），n 为景观斑块类型总数。Simpson 优势度指数可反映景观结构的复杂程度，即多样性指数越大，复杂程度越高，系统稳定性也越强。

3.3.2　土地利用时空动态变化

由图 3-6 和表 3-11 可以看出，河川小流域土地利用类型在 1982～2008 年近 30 年来发生了剧烈的变化。第一阶段（1982～1990 年）：草地和耕地是主要景观类型，且草地为景观基质。耕地较稳定，约占总面积的 40%，林地每年以 43.81% 的速度锐减，草地和难利用地分别以每年 1.79% 和 6.66% 的速度减少；第二阶段（1990～2002 年）：耕地迅速增加，并且成为景观基质。草地每年以 6.43% 的速率减少，果园每年以 27.50% 的速率增长，第三阶段（2002～2008 年）：林地持续增长，成为该期的景观基质。林地和果园在这一时期内每年分别以 6.96% 和 3.95% 的速率增加。从整个研究时段来看（1982～2008年），草地、林地每年分别以 6.96% 和 3.95% 的速率递减，而林地、居民用地和果园则每年分别以 19.45%、3.22% 和 7.08% 的速率增加。1982～2008 年的耕地变化可以划分为 3 种类型，即相对稳定期（1982～1990 年和 1995～2002 年）、快速扩张期（1990～1995 年）和急速下降期（2002～2008 年）。

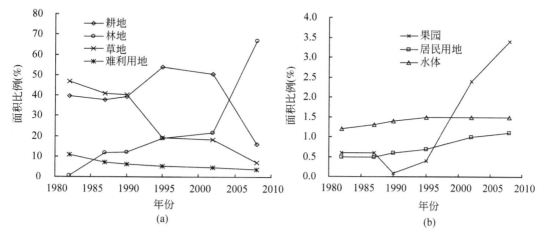

图 3-6 河川示范区 1982～2008 年各土地利用类型变化曲线

表 3-11 河川示范区 1982～2008 年土地利用面积变化

年份	土地利用类型						
	耕地	果园	林地	草地	居民用地	水域	难利用地
1982	320.11	4.68	5.31	376.33	3.86	9.28	86.80
1990	316.61	1.05	97.13	325.78	4.57	11.23	49.99
	（-0.14）	（-17.04）	（43.81）	（-1.79）	（2.13）	（2.41）	（-6.66）
2002	407.61	19.38	174.50	146.81	7.75	12.14	38.19
	（2.13）	（27.50）	（5.00）	（-6.43）	（4.50）	（0.65）	（-2.22）
2008	130.35	27.68	539.22	57.73	8.79	12.14	30.48
	（-17.31）	（6.12）	（20.69）	（-14.41）	（2.12）	（0.00）	（-3.69）

注：括号外数据为各土地利用类型面积（hm²），括号内数据为其年变化率（%/a）

从试区不同时期各土地利用类型之间的转移矩阵和概率转移矩阵（表 3-12）可以看出 1982～2008 年各土地利用类型之间发生了较大的相互转换。1982～1990 年：这一时期土地利用类型的转变主要以林地速增、果园锐减及耕地和草地的相互转化为主。大约有 58.62 hm² 的草地转化为林地；大部分果园转化为耕地和林地；15.51% 的草地转化为耕地，而 15.80% 的耕地转化为草地。此外，约有 42.60%（36.75 hm²）的难利用地被开垦为草地。1990～2002 年：耕地、林地和果园面积迅速扩张和草地急剧减少是这一时期的主要转化特征。耕地和林地的增加主要来源于草地，有 36.00% 和 23.41% 的草地分别转化成耕地和林地。同时，有 5.34% 的耕地转化为果园，难利用地继续被林草地替代。2002～

2008 年：耕地和草地快速减少，林地和果园持续在增加。这一阶段内，大面积的耕地被退还为林地，同时受环境气候影响，草地也大面积的被林地代替。由于耕地面积的减少和地区经济发展的需求，水肥条件较好的耕地都改成了果园。在整个研究时间段内，难利用地持续减少，转变为草地和林地。

表 3-12　河川示范区不同时期内土地利用类型转移矩阵和转移概率矩阵

1982 年	1990 年												
	耕地		园地		林地		草地		建设用地		水域		难利用地
耕地	251.68	*78.63*	0.14	*0.04*	17.27	*5.40*	50.58	*15.80*	0.37	*0.11*	0.00	*0.00*	0.03	*0.01*
园地	3.02	*64.46*	0.00	*0.00*	1.67	*35.54*	0.00	*0.00*	0.00	*0.00*	0.00	*0.00*	0.00	*0.00*
林地	1.78	*33.69*	0.08	*1.60*	3.27	*62.03*	0.14	*2.67*	0.00	*0.00*	0.00	*0.00*	0.00	*0.00*
草地	58.40	*15.51*	0.87	*0.23*	58.62	*15.57*	238.30	*63.28*	0.48	*0.13*	1.16	*0.31*	18.77	*4.98*
建设用地	0.00	*0.00*	0.00	*0.00*	0.23	*5.97*	0.03	*0.75*	3.53	*93.28*	0.00	*0.00*	0.00	*0.00*
水域	0.00	*0.00*	0.00	*0.00*	0.00	*0.00*	0.00	*0.00*	0.00	*0.00*	9.23	*100.00*	0.00	*0.00*
难利用地	2.20	*2.55*	0.00	*0.00*	15.58	*18.06*	36.75	*42.60*	0.08	*0.10*	0.79	*0.92*	30.85	*35.77*

1990 年	2002 年												
	耕地		园地		林地		草地		建设用地		水域		难利用地
耕地	275.72	*86.96*	16.93	*5.34*	18.46	*5.82*	4.46	*1.41*	1.50	*0.47*	0.00	*0.00*	0.00	*0.00*
园地	0.00	*0.00*	0.71	*64.10*	0.40	*35.90*	0.00	*0.00*	0.00	*0.00*	0.00	*0.00*	0.00	*0.00*
林地	14.03	*14.52*	0.82	*0.85*	73.10	*75.64*	6.49	*6.72*	1.16	*1.20*	0.00	*0.00*	1.04	*1.08*
草地	117.30	*36.00*	0.76	*0.23*	76.26	*23.41*	129.86	*39.86*	0.56	*0.17*	0.85	*0.26*	0.20	*0.06*
建设用地	0.00	*0.00*	0.00	*0.00*	0.20	*4.43*	0.00	*0.00*	4.26	*95.57*	0.00	*0.00*	0.00	*0.00*
水域	0.00	*0.00*	0.00	*0.00*	0.00	*0.00*	0.00	*0.00*	0.00	*0.00*	11.18	*100.00*	0.00	*0.00*
难利用地	0.17	*0.34*	0.00	*0.00*	6.46	*13.01*	6.18	*12.44*	0.00	*0.00*	0.00	*0.00*	36.86	*74.20*

2002 年	2008 年												
	耕地		园地		林地		草地		建设用地		水域		难利用地
耕地	129.92	*31.87*	8.13	*1.99*	268.95	*65.98*	0.17	*0.04*	0.45	*0.11*	0.00	*0.00*	0.00	*0.00*
园地	0.00	*0.00*	19.22	*100.00*	0.00	*0.00*	0.00	*0.00*	0.00	*0.00*	0.00	*0.00*	0.00	*0.00*
林地	0.51	*0.29*	0.23	*0.13*	166.89	*95.43*	6.44	*3.68*	0.73	*0.42*	0.00	*0.00*	0.08	*0.05*
草地	0.17	*0.12*	0.00	*0.00*	95.74	*65.13*	50.95	*34.66*	0.14	*0.10*	0.00	*0.00*	0.00	*0.00*
建设用地	0.00	*0.00*	0.00	*0.00*	0.03	*0.37*	0.03	*0.37*	7.48	*99.25*	0.00	*0.00*	0.00	*0.00*
水域	0.03	*0.23*	0.00	*0.00*	0.00	*0.00*	0.00	*0.00*	0.00	*0.00*	12.00	*99.77*	0.00	*0.00*
难利用地	0.00	*0.00*	0.00	*0.00*	8.04	*21.11*	0.03	*0.07*	0.00	*0.00*	0.00	*0.00*	30.03	*78.81*

注：斜体数字为不同时期各土地利用类型之间的概率转移矩阵

从上面几个时期的土地利用变化情况来看，建设用地持续增加，难利用地不断减少，这主要与人口增长和人类活动强度有关。在 20 世纪 80 年代初期，由于试区人口较少加之人类技术水平有限，建设用地较少而难利用地占有较大的比例。其中，建设用地不到试区面积的 1%，而难利用超过试区总面积的 10%。此后，随着人口增长和技术水平的发展，建设用地增加，难利用地减少。到 2008 年，试区的建筑面积比原来增加了 1.27 倍，占到试区总面积的 1.09%，而难利用地下降到原来的 35.12%。

20 世纪 90 年代以前，耕地面积变化不大，1990~1995 年，耕地面积剧增，到 2002 年略有下降；2008 年锐减，仅占 1982 年的 40.72%。出现上述变化的原因如下：90 年代以前，人口较少，技术较低，故耕地数量基本维持原来不变。1990~2002 年，人地矛盾增加，加上人类改造自然的能力增强，很多林草地被开垦为农田，而 2002 年之后的耕地数量锐减，则主要是因为人类生态意识的增强和政府调控的原因。近年来，黄土高原水土流失加重，致使生态环境恶化，政府为了控制水土的进一步流失，保护生态环境，于 2000 年左右在全国范围内实施退耕还林还草的政策，而河川示范区的退耕还林还草计划从 2002 年开始，到 2006 年左右结束。

园地面积从 2002 年剧增，其主要原因是，政府实行退耕还林还草政策后，农民为了增加经济收入，而将原来水肥条件比较好的台耕地用来种植苹果、早酥梨等经济树种。

草地减少，林地增加。减少的草地一方面转换为农地，另一方面由于该地气候条件，而转换为灌木林地。而 2002 年以前，林地的增加主要来自于草地，国家实施退耕还林还草政策后，林地的增加主要是来源于坡度大于 15° 的退耕地。

从耕地内部的变化来看，退耕政策之前，台耕地基本保持不变。之后，有 23.98 hm² （27.05%）的台耕地转为果园。

3.3.3　土地利用景观格局

景观指数通常用于景观结构的量化研究并能为土地利用变化监测提供辅助性信息，这些指数可用软件 Fragstats 3.3 计算（表 3-13）。

表 3-13　河川示范区 1982~2008 年景观尺度上格局指数值

年份	NP	LPI	SHAPE_AM	FRAC_MN	IJI	D
1982	90	32.317	4.098	1.114	57.157	1.102
1987	131	27.372	4.546	1.120	69.455	1.285
1990	157	22.612	4.315	1.132	67.804	1.258
1995	158	31.274	3.776	1.134	74.480	1.243
2002	157	29.323	3.874	1.133	74.918	1.328
2008	142	43.026	3.901	1.131	79.738	1.104

由表 3-13 可以看出，1982~2008 年河川示范区土地利用景观斑块数目呈现先增后减的变化趋势，即斑块的平均面积先减少后增加。这主要是因为 1995 年以前，大面积的草地被开垦为农地，同时居民用地增加等原因致使斑块数增加，斑块平均面积减少，而从 2002 年开始，政府实行退耕还林还草政策，被开垦的土地又被还原到以前的状态。2008 年斑块数远大于 1982 年的原因主要是居民点增加引起的。这一点从 2008 年和 1982 年的 LPI 值可以看出。散布与并列指数（IJI）增大，说明景观中斑块类型在空间上的分布出现均衡化，景观中的某一类或某几类元素的优势度增高且更具有连通性。Simpson 优势度指数先增加后减少，表明景观异质程度的变化趋势也是先增加后减少，景观类型在 2002 年

多元化程度最高，而由于政府政策的原因，2008 年，景观多样性减少。平均分形指数先增大后减小，表示斑块的形状由简单趋向复杂又趋向简单，人类在本地区的开发活动先减小，后增加。河川示范区景观总体特征的这些变化显然是人类对景观干扰不断加强的结果，特别是景观的破碎化与斑块形状的简单化，因为在短短的近 30 年间，自然条件的变化是比较微小的。

3.3.4　生态环境与土地利用格局动态变化的驱动力

研究区的生态环境与土地利用变化，在近 30 年分四个阶段：①广种薄收，粗放经营（1982 年前）阶段。由于农业基本生产条件差，气候干旱，生产力低下，在维系温饱求生存的压力驱动下，滥垦滥牧，广种薄收，造成愈穷愈垦，愈垦愈穷的恶性循环。②调整土地利用结构，改善生态环境（1982～1990 年）阶段。1982 年建立科研试验示范基点后，在科学试验的驱动下，从调整土地利用结构入手，草灌先行，大力种草种树，生态环境和农业生产条件得到改善。同时推广旱作农业技术，基本解决温饱问题。③"三化两提高"（1991～2002 年）阶段。为了从根本上改变水土流失严重、生态环境恶化和掠夺式农业生产方式，在科学试验示范效应的驱动下，推行了"三化两提高"模式，即坡地梯田化、宜林荒山绿化、平川地高效集约化，农民的科学文化素质不断提高、生态经济效益不断提高。大力应用集水型农业技术，使水土资源得到高效利用。生态环境和农业生产步入良性循环。④退耕还林还草整体推进（2002 年以后）阶段。在国家退耕还林还草政策驱动下，在总结和提高试验示范经验的基础上，基本建成了本地区生态环境保护与生态农业示范区样板。并在固原地区大面积推广应用。

3.3.5　景观格局动态模拟与预测

应用马尔可夫过程的关键是要确定转移概率。以 26 年为步长，把河川示范区的土地利用变化分为一系列离散的过程，根据 1982～2008 年土地利用类型转移矩阵，预测河川示范区未来的景观格局。把耕地景观转化为其他景观的转移概率作为第一行，园地景观转化为其他景观类型的转移概率作为第二行，依此类推，建立初始转移概率矩阵。根据马尔可夫随机过程理论，可以利用初始状态概率矩阵（表 3-14）模拟出某一初始年后若干年乃至稳定时期的各土地类型所占的面积比例。马尔可夫第二期的转移概率计算公式为

$$P_{ij} = \sum_{k=0}^{n-1} P_{ik} \times P_{kj}^{n-1} = \sum_{k=0}^{n-1} P_{ij}^{n-1} P_{kj} \tag{3-13}$$

式中，j 为转移概率矩阵的行列数，而任意第 n 分期的转移概率矩阵 P_{ij} 等于第 1 分期的转移概率矩阵的 n 次方。根据初始面积百分比矩阵 $A_{(0)}$ 和第 n 分期的转移概率 P_{ij}，又可计算出第 2 分期末的面积百分比矩阵 $A_{(n)}$，即

$$A_{(n)} = A_{(n-1)} \times P_1 = A_{(0)} \times P_n \tag{3-14}$$

初始状态矩阵 $A_{(0)} = 0$，以 1982 年各种类型所占面积百分比表示：$A_{(0)} = 0 = [$耕地、园地、林地、草地、建设用地、水域、难利用地$] = [0.396\,977、0.005\,804、0.006\,585、$

0.466 696、0.004 787、0.011 508、0.107 643]^T。利用 DPS7.55 数据处理软件,计算出各个时期的转移概率和对应的百分比矩阵,然后再根据公式计算出 2034 年、2050 年、2076 年和平稳期各土地类型所占的面积百分比。

表3-14　初始状态下各景观类型转移概率矩阵 ($n=1$)

2008 年	1982 年						
	耕地	园地	林地	草地	建设用地	水域	难利用地
耕地	0.338 60	0.082 70	0.562 90	0.008 60	0.007 20	0.000 00	0.000 00
园地	0.000 00	0.000 00	1.000 00	0.000 00	0.000 00	0.000 00	0.000 00
林地	0.013 20	0.058 20	0.922 00	0.000 00	0.006 60	0.000 00	0.000 00
草地	0.053 80	0.002 40	0.836 70	0.067 60	0.006 60	0.005 30	0.027 50
建设用地	0.000 00	0.000 60	0.006 50	0.002 60	0.990 30	0.000 00	0.000 00
水域	0.000 50	0.000 00	0.000 00	0.000 00	0.000 00	0.999 20	0.000 30
难利用地	0.019 30	0.000 00	0.398 00	0.340 70	0.001 20	0.009 90	0.230 90

表3-15 显示,2034～2076 年,河川村耕地、草地和难利用地面积持续减少,建设用地、林地逐年增加,水域和园地基本没有变化。经若干年到达平稳期后,除建设用地持续增加外,其他用地均呈减少趋势。

表3-15　研究区土地类型马尔可夫过程预测结果　(单位:%)

预测时间(年)	耕地	园地	林地	草地	建设用地	水域	难利用地
2034	6.820	5.250	81.690	1.910	1.690	1.580	1.070
2050	3.510	5.320	86.440	0.560	2.280	1.600	0.300
2076	2.370	5.320	87.590	0.180	2.850	1.600	0.080
平稳期	1.122	3.359	55.707	0.120	38.820	0.866	0.005

3.4　黄土丘陵区土地利用的竞争模式

根据河川示范区 22 年定位试验和统计数据,对土地利用竞争模式进行了分析研究,通过分析人口增长及其社会经济发展变化,对形成的新的土地利用格局模式进行了研究。这种竞争模式结果表明:政策因素是生态环境响应的主要驱动力,在控制土地利用的方向上起主导作用;科技因素是关键驱动力,是制定政策的依据和保障,对于提高生产力和改善生态环境,缓解一定时期人地矛盾与土地利用的竞争压力,改变土地利用的竞争格局,深刻影响土地变化,具有无可替代的作用;以科技进步为支撑的现代生态农业是黄土丘陵区土地利用的发展方向。

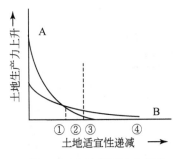

图 3-7　土地利用竞争模式
①：高适宜性；②：中适宜性；
③：低适宜性；④：不适宜性

3.4.1　土地竞争力模式的特征

用途的转移和集约度的变化构成土地利用变化的两种基本类型。土地利用变化来源于土地使用者对于土地利用类型间边际效用的比较，土地资源的有限性、使用方式的多样特征和特定的土地政策，就必然导致某种土地利用方式（或若干方式的组合）是以放弃作为其他土地利用方式（或多种不冲突的方式组合）所产生的收益为代价的，而土地使用者根据土地的多宜性、体制因素（法律、政策、文化、习俗）对用途的限制及相互竞争的各种用途的投入产出的比较构成了某一区域土地利用的竞争格局（图3-7）。

3.4.1.1　土地利用变化

由土地利用竞争模式（图3-7）可以看出，在一定的生产、技术及管理等水平下，土地利用类型A在土地适宜性高的条件下其生产力相对比类型B高，所以土地适宜性高的土地首先满足的是A类用途，当土地适宜性下降时，A类用途的生产力以指数的形式下降，当土地适宜性下降超过①点时，用途B的生产力超过A，土地利用类型将发生变化，用途B将替代用途A。在A向B的转移带，土地利用变化也许是一个缓慢的过程，这取决于当地人们土地利用的风俗、价值取向等。

3.4.1.2　土地利用平衡

对于任何一块土地，当所带来的边际效益都相等时，不同的土地利用方式达到一个平衡状态，此时土地利用总收益达到最大。区域土地利用方式也达到一个均衡状态，它是不同利用主体的土地利用平衡的总和。但这种平衡状态往往是短暂的，因为土地利用受诸多因素的影响，如市场、技术、管理等。土地使用者就会相应地调整土地利用结构，直至达到新的平衡。

3.4.1.3　土地利用控制

黄土丘陵区土地利用竞争模式并不完全与土地利用竞争模式（图3-7）类似。长期以来，黄土丘陵区农民对土地利用所追求的往往不是经济效益的最大化，而是维持家庭生活稳定，仅仅是一种生存需要。但这并不与上述的土地利用竞争模式相矛盾，主要是当地群众对市场风险的考虑较多，这是农户在土地利用决策时的一个重要的因素，在家庭生活没有一定的保障时，农户往往会从生活的基本需求出发来安排土地利用的方式，因为农户往往无法承担市场变化对经济的影响这一风险。在长期自然经济条件下，农户有一种本能的规避风险的意识，在经济落后的地方更是如此，粮食生产仍是主要的土地利用方式。

在长期没有政策控制的情况下，由于人口的增长，为了生存，当地人们不断扩大粮食作物耕种面积，这样必然形成滥垦、滥伐的经营方式和广种薄收的农业生产传统。黄土高原的综合治理迫切需要一个统一的理论指导，制定出科学的技术路线和稳定的政策，通过对土地利用的竞争模式的研究将有助于合理利用开发当地的土地资源，实现区域经济、生态和社会效益的稳定协调发展。

3.4.2 实例研究

3.4.2.1 研究范围、方法及资料来源

（1）研究区范围

原州区河川示范区（图3-8）位于宁夏半干旱黄土丘陵区原州区河川乡河川村，地处黄土高原西部宽谷丘陵沟壑区，地理位置在东经106°26′～106°30′，北纬35°59′～36°02′，总土地面积7.61 km²，属暖温带半干旱区，海拔1534.3～1822 m，年平均降水415.1 mm。

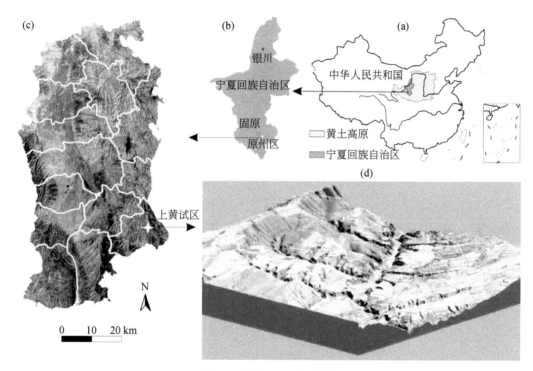

图3-8 研究地区地理位置

（2）土地利用数据信息来源

根据1982年由宁夏测绘局绘制的1：1万地形图，1982年土地利用图，1987年和1990年进行的彩红外摄影和编制的土地利用图等专题图件，"八五"进行的地面补充调查，编制的试区土地利用图件，"九五"利用1995年彩红外航空摄影像片为信息源，采用4D技术，编制的试区彩红外正射影像图，2004年在"九五"的基础上，对土地利用进行了全面的调查，掌握了土地利用动态变化情况。

（3）土地利用分类系统

根据有关土地利用制图规范和河川示范区的实际情况，将土地利用类型划分为：耕地、园地、林地、牧草地、居民用地、交通用地、水域和未利用地共 8 个一级类型。

3.4.2.2　土地利用现状

河川示范区 1982~2004 年土地利用变化如表 3-16 所示，22 年间土地利用变化显著，耕地及未利用地表现为负增长，其他土地类型则表现为正增长。耕地及林地变化最显著，22 年平均土地利用年变化率分别达到 -9.1% 和 10.4%。

表 3-16　1982~2004 年河川示范区土地利用变化　（单位：hm²）

土地利用类型	1982 年	1987 年	1990 年	1995 年	2000 年	2004 年	总计	平均
耕地	279.7	218.7	234.3	230.8	224	79.4	-200.3	-9.1
园地	0.4	0.5	1.5	4.8	9.2	11.1	10.7	0.5
林地	9.3	67.5	68.6	135.4	158.3	238.3	229	10.4
牧草地	374.6	355.7	341.3	270	275.3	336.1	-38.5	-1.8
居民用地	3.9	7.6	8.2	8.9	9.2	9.6	5.7	0.3
交通用地	10.1	11.7	14.5	19.2	20.3	31.5	21.4	1
水域	5.6	5.6	12.6	12.6	12.6	12.6	7	0.3
未利用地	77.4	93.7	80	79.3	52.1	42.8	-35	-1.6
总面积	761	761	761	761	761	761	—	—

3.4.2.3　结果与分析

（1）人口压力

人口增长是土地利用最直接压力，耕地及园地是黄土丘陵区主要的生产资料，是农业用地中主要的土地资源。人口增长对土地的压力将直接作用于耕地、园地、林地、草地及未利用地等，但林地及草地受政策因素的宏观面控制，土地利用的伸缩性不大，未利用地因其土地适宜性低，又难以利用，因此耕地及园地将承担人口增长压力，其压力指标可通过下式计算表示：

$$F = \frac{P}{l_a + l_b} \tag{3-15}$$

式中，F 为人口对土地的压力；P 为某一时段的人口数量；l_a 为某一时段耕地的面积；l_b 为某一时段园地的面积。

河川示范区 23 年（1982~2004 年）人口增长较快（图 3-9），1982 年人口为 363 人，2004 年人口为 534 人，23 年间人口增长 171 人，年增长率为 17.7‰，人口增长对土地利用的压力（图 3-10）表明 1982~2002 年人口对土地的压力增加较为平缓，各期压力指标分别为 1.3 人/hm²、2.0 人/hm²、1.9 人/hm²、2.1 人/hm²、2.3 人/hm²、2.7 人/hm²；2004 年大面积的退耕还林还草，使人口对土地的压力迅速增长，达到 14.8 人/hm²，土地利用竞争加剧，土地利用将面临新的挑战。

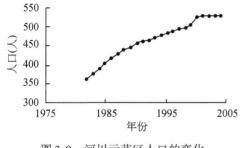

图 3-9　河川示范区人口的变化
（1982～2004 年）

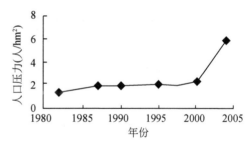

图 3-10　人口对土地利用的压力
（1982～2004 年）

（2）数量变化

河川示范区土地利用数量变化特征主要表现为：耕地变化明显，2002 年、2003 年因政策因素有 140.8 hm² 的耕地退耕还林还草；园地变化，1982 年仅有园地 0.4 hm²，2004 年园地面积达到 11.1 hm²，增长了近 28 倍；林地变化，1982 年林地面积为 9.3 hm²，2004 年林地面积达到 238.3 hm²，22 年共增加 229 hm²；牧草地、交通用地、水域及居民用地也都有所增加，分别从 1982 年的 374.6 hm²、10.1 hm²、5.6 hm² 和 3.9 hm² 增加到 2004 年的 336.1 hm²、31.5 hm²、12.6 hm² 和 9.6 hm²；未利用地有所减少，从 1982 年的 77.4 hm² 减少到 2004 年的 42.4 hm²。

在各土地利用类型数量变化过程中，园地、居民用地、交通用地及水域面积表现为稳步提高，其他用地类型在研究期间内有增有减。通过对该试区 22 年土地利用数量变化进行分析，耕地的减少，林地及草地的增加说明政策性因素对土地利用的控制较严，说明政府对环境效益的重视，而园地、交通用地、水域的增加及未利用地的减少说明土地利用程度有所提高，土地利用竞争的结果表现为土地利用整体效益的提高。

（3）分布特征

河川示范区的土地类型主要为河台地、川台地、塬台地、梁峁坡地等。河台地分布在河漫滩较为平坦的台地上，水分条件较好，但常常遭受洪水冲淹，土地利用率较低，其种植着零星的玉米等；川台地地形平坦，土层深厚、土质较好，并离河道和水库较近，有灌溉条件，因此是优良的农耕地，在多年与园地的竞争过程中，基本上被园地所替代，因此这一带的分布主要是以经济效益高的园地为主；塬台地，地形较为平坦，地势较高，其分布主要以旱作农业为主，主要种植小麦、玉米等；梁峁坡地（<15°）及改造修成的水平梯田，其分布主要以耐旱的谷子、大豆及玉米等；梁峁坡地（>15°）由于其土地的适宜性较差，土地利用又受到政策的控制，其分布主要以林地及草地为主。河台地、梁峁坡地（>15°）由于其土地的适宜性较差，土地利用类型较为单一；川台地由于其土地的适宜性较高，土地利用竞争性强，土地利用也表现为品种单一；塬台地及梁峁坡地（<15°）及改造修成的水平梯田由于其土地的适宜性中等，在这一带土地利用表现品种繁多，土地利用变化也较频繁，比较符合土地利用的竞争模式。

3.4.3 土地利用变化的启示

通过对黄土丘陵区土地利用竞争模式的研究，为黄土丘陵区的土地利用提供理论指导，将有助于合理开发利用当地的土地资源，提高土地利用的生态、经济及社会效益。通过分析河川示范区 23 年土地利用的变化，得出以下几点启示：①控制人口的增长。黄土丘陵区是生态环境的脆弱区，主要原因是土地利用长期受人口增长的压力导致土地利用无序竞争，长期掠夺式开发导致耕地退化，造成耕地面积的扩展和质量的下降。因此必须控制人口的增长，减轻人口增长对土地利用竞争压力。②加强对土地利用宏观控制的能力。黄土丘陵区由于其经济不发达、投入水平低，为了缓解人口增长对土地的压力，掠夺开发土地资源是必然的趋势，河川示范区在 1982 年前，能利用的土地基本上已经利用，包括对坡地的利用。1987 年后政策因素的影响基本控制了人们对陡坡地的开垦，2002 年及 2004 年的退耕还林还草基本上解决了坡地开垦的问题，使生态环境逐步得到改善。因此政策因素必须从宏观上控制区域土地利用的竞争模式，使土地利用向高效型、生态型及集约型发展。③提高土地生产力。技术进步可以缓解人口增长对土地的竞争压力，河川示范区经过科技工作者多年潜心研究，于 1995 年成功引进新的果树品种，在当时果菜套种在该试区表现为一种全新的土地利用方式，由于其经济效益显著，对土地适宜性要求也高，几年内在全区有条件的地方基本上都进行了种植。④发展特色农业。传统特色农业及以新技术为基础的特色农业是黄土丘陵区农业发展的方向，土地利用竞争要求土地利用发挥其比较优势，特色农业是比较优势的基础，只有这样才能提高土地利用的经济效益及农产品的市场竞争力与竞争优势，实现资源优势向经济优势的转化，使土地利用能够承担由于人口增长、生活水平不断提高及退耕的多重压力。

3.5 土地利用景观格局优化与生态功能区规划

土地景观格局优化，是依据系统工程与景观生态学原理，基于 3S 技术对土地资源优化配置和合理利用的问题。随着土地生态学的建立与发展，土地景观格局优化成为土地利用规划的重要方法。传统的土地利用优化方法，如线性规划、灰色系统规划等，主要是通过数理模型对土地资源禀赋和经营函数的定量计算分析，结合实践经验，确定目标函数，优化土地利用结构，提高土地整体功能，提出合理利用土地的优化方案，具有一定的理论意义和实用价值，但由于缺乏空间定位的处理功能，难以直观精确地反映土地利用的时空动态变化场景。随着遥感、GIS 和 GPS 的开发应用，土地景观格局的三维可视化和精确定位、量算，为土地景观格局优化提供了高科技平台。

3.5.1 土地生态景观格局分析

根据土地生态景观功能区目标和格局优化原理，在 ARCVIEW、ARC/INFO 等 GIS 软件支持下，统计分析土地利用景观类型的空间数据及计算景观格局指数。具体处理过程如下：首先在图形方式下选择土地利用类型图斑，查辨其内部标识码 ID；其次，依据图斑内部标识码 ID，在属性数据管理下，通过 Edit – Add Field 菜单，增加数字型字段——面积（Area），通过在 Field Calculator 菜单下输入［Shape］. returnarea 命令，获取土地利用现状数据（表3-17）。最后，将数据转换为 ArcGrid 栅格形式，在景观格局指数软件 FRAG-STATS 中计算研究中不同分区所需的土地利用空间格局景观指数（表3-18）。

表 3-17 研究区河川土地利用现状

分区	项目	耕地	园地	灌木林地	草地	居民用地	水域/河滩地	难利用地	总计
东山生态环境保护区	面积（hm²）	11.95	1.41	346.92	26.87	2.07	0.66	28.17	418.05
	占总面积的比例（%）	2.86	0.34	82.99	6.43	0.50	0.16	6.74	100.00
	斑块数	3	2	2	5	12	1	6	31
平川高效生态农业区	面积	58.72	26.27	15.01	11.20	2.85	8.21	0.00	122.26
	占总面积的比例（%）	48.03	21.49	12.28	9.16	2.33	6.72	0.00	100.00
	斑块数	12	2	5	6	19	16	0	60
西山旱作农业区	面积（hm²）	56.67	0.00	183.68	16.45	3.70	3.27	2.31	266.07
	占总面积的比例（%）	21.30	0.00	69.03	6.18	1.39	1.23	0.87	100.00
	斑块数	10	0	9	10	29	3	2	63
全区	面积（hm²）	127.34	27.68	545.61	54.51	8.62	12.14	30.48	806.38
	占总面积的比例（%）	15.79	3.43	67.66	6.76	1.07	1.51	3.78	100.00
	斑块数	25	4	16	21	60	20	8	154

表 3-18 研究区不同土地生态景观类型区生态特征比较

土地景观类型	多样性指数	蔓延度指数	破碎度指数	人类干扰指数
东山区	0.30	81.03	0.074	0.005
西山区	0.57	71.47	0.237	0.014
平川区	0.72	59.27	0.491	0.023
全区平均值	0.56	69.87	0.191	0.011

由表3-17和表3-19可以看出，东山保护区面积最大，为 418.0 hm²，占全区总面积的 51.84%，地形比较破碎，>15°以上陡坡占 60% 以上（表3-19），面蚀和沟蚀都很强烈。在土地利用方面，灌木林地面积最大，占 82.99%；其次为难利用地和草地，分别占该区总面积的 6.74% 和 6.43%；其他土地利用类型面积很小。西山旱作农业区面积为 266.07 hm²，占全区总面积的 33%。坡面较为平缓，<15°的缓坡占 50% 以上，为中度土壤侵蚀（表3-19），处于 302 国道和乡级公路一侧，交通比较方便。在土地利用方面，主要是以灌木林地和耕地为主。平川高效生态农业区面积约为 122.26 hm²，占全区总面积的 15.16%，这是研究区的"白菜心"，土地平整，土层深厚，土壤肥力较高，是乡村聚落区。

表 3-19 研究区不同土地生态景观类型区坡度分级

土地景观类型	0°~3°		3°~5°		5°~10°		10°~15°		15°~25°		≥25°	
	面积(hm²)	比例(%)	面积(hm²)	比例(%)	面积(hm²)	比例(%)	面积(hm²)	比例(%)	面积(hm²)	比例(%)	面积(hm²)	比例(%)
东山区	19.5	4.7	8.0	1.9	42.7	10.2	73.2	17.5	136.3	32.6	138.3	33.1
西山区	17.2	6.5	8.6	3.2	45.3	17.0	67.3	25.3	94.9	35.7	32.8	12.3
平川区	53.9	44.1	12.2	10.0	15.1	12.3	7.1	5.8	12.2	10.0	21.8	17.8
全 区	90.6	11.2	28.8	3.6	103.1	12.8	147.6	18.3	243.4	30.2	192.9	23.9

比较上述分区的景观特征可以看出，各分区之间存在明显的差异。从分区景观基质来看，东山保护区的灌木林地面积大，约占东山保护区总面积的 82.99%，连接度较好，是明显的基质。耕地、园地和草地在灌木林地背景中零星分布；西山旱作农业区景观基质虽然也为灌木林地，但面积比例相对较小，只有总面积的 69.03%，耕地面积占一定比例；平川高效生态农业区景观基质为耕地，约占该区总面积的 48.03%，加之该区交通便利、水肥条件较好，更有利于发展高效、集约农业。上述差异是它们不同的景观特征的具体表现，从多样性指数、蔓延度指数、破碎度指数及人类干扰指数等景观特征值更能定量表现出各分区之间的明显差异。

景观多样性可根据 Simpson 优势度指数计算，其计算公式见式（3-12）。

破碎度指数反映土地被利用分割程度，值越大，说明破碎度程度越大。如果在一个景观系统中，土地利用越丰富，破碎度越高，其优势度指数值也就越高。由表 3-18 可知，西山区和平川区优势度指数均高于全区平均值且以平川区最大，东山区小于全区平均值，仅为 0.30。

蔓延度指数是景观格局研究中最重要的指数之一，可用来描述景观中不同斑块类型的团聚程度或延展趋势。一般来说，高蔓延值说明景观中的某种优势斑块类型形成了良好的连接性；反之则表明景观是具有多种要素的密集格局，景观的破碎化程度较高。东山区蔓延度指数值最大，西山区次之，平川区最小（表 3-18）。这说明东山区的灌木林地已形成了良好的连接性，而平川区破碎化程度较高，为多种土地利用方式相结合的密集格局，这与表 3-18 中的破碎度指数相对应。

人类干扰指数可以更直观的反映人为活动对景观格局的影响程度，可用研究区建筑面积与总面积的比值表示。表 3-18 中各分区人类干扰指数值可以看出，人类活动最活跃的地区为平川区，其次为西山区，东山区受人类活动干扰较小。此结果与表 3-18 中的其他景观格局指标所获得的结果一致。

上述景观特征值都表明，平川区的景观破碎化程度最高，土地利用的强度最大，人类活动干扰剧烈，其次为西山区，东山区最小。因此，东山区、西山区和平川区可以看作不同的景观小区。如果将林草地作为自然生态稳定度的表现因子，将耕地作为人类开发利用强度的表现因子，那么就能够看出东山区自然生态条件相对较好，西山区和平川区的农业开发强度相对较强。上述三区景观生态模式的差异，为确定两个片区土地整理的重点指明了方向。研究区景观格局与生态条件具有以下特点。

（1）景观斑块较破碎，土壤侵蚀强烈

研究区土地面积 80% 为山地，其中 >10° 坡地占总面积的 72.4%，其中东山区更是高达 83.2%，≥25° 坡地达 33.1%。景观破碎度指数（C）反映土地利用被分割破碎程度。土地利用景观均匀度指数（E）描述土地利用不同类型分配的均匀程度，低山区 E 最低为 43.49，丘陵区最大为 66.41；低山区 C 最小为 0.0111，丘陵区最大为 0.0819。这是由于低山区人类活动干扰少，自然景观相对单一；平原区人类活动最强，人类活动使自然景观变成相对单一的人文景观，均匀度低，其破碎度也低；丘陵区由于人类活动及自然地貌地形、水分、利用条件差异、土地利用景观类型多样，土地利用景观破碎度大。廊道密度（P）反映了土地利用景观连通性和景观之间物质运移能力。在山海关区丘陵、平原区 $P > 0.0083$，北部低山区 $P < 0.0027$，因此丘陵、平原区斑块之间及其与外界物质交换与运输较快；而北部低山区今后应加强道路建设，改善山区与外界物质交换能力，提高土地利用效益。

（2）植被较单一，以人工灌木和草地为主

土地利用 Simpson 优势度指数（D）反映土地利用类型的多少及各类型所占比例的变化，景观优势度指数（D_0）用于测度土地利用类型中一种或几种类型支配整个土地利用的程度。

优势度指数越大，则表明偏离程度越大，即组成景观格局的各景观类型或组成景观的各要素所占比例差异大，或说某一种或少数景观类型占优势；优势度小则表明偏离程度小，即组成景观的各种景观要素所占比例大体相当；优势度为 0，表明景观各种要素所占比例相，景观完全匀质，而由一种景观类型组成。景观优势度指数可根据公式 3-16 计算得出：

$$D_0 = D_{max} + \sum_{k=1}^{m} P_k \cdot \ln(P_k)$$
$$D_{max} = -\ln(1/m) \tag{3-16}$$

式中，D_{max} 为多样性指数的最大值，P_k 为斑块类型 k 在景观中出现的概率，m 为景观中斑块类型的总数（李瑞等，2006）

低山区 H 最小，为 1.6961，丘陵区 H 最大，为 2.6758；而在低山区 D_0 最大，为 1.1112，丘陵区 D_0 最小，为 0.6461。通过分析土地利用空间格局可以发现，北部低山区，人类对自然景观的影响度很小，故土地利用景观的复杂性小，主要为林地、荒草地和未利用土地，这几种景观类型的优势较明显；中部丘陵区，由于地形变化较大、人类活动加强，景观类型多而复杂。该区域土地利用景观主要由旱地、林地、居民用地、建设用地、荒草地组成；南部平原区，土地平坦，人类活动强，耕地和建设用地已经占绝对优势。

3.5.2　土地生态景观格局结构优化调整与功能区划分

3.5.2.1　土地生态景观格局结构优化调整

20 世纪 80 年代以来，依据生态经济学的原理和系统工程的方法，对农林牧用地结构进行优化调整，通过旱作农业增产体系为重点的配套技术的综合应用，不仅在较短时期内使严重失调的生态环境得到根本改善，向良性循环转化，而且大幅度提高了土地生产力和经济收入，为固原县以及黄土高原西部半干旱易旱区的农业生态建设和持续发展，提供了理论依据和实践经验（表3-20）。

表3-20　河川示范区1982~2008年土地利用面积与结构变化

年份	土地利用类型					
	耕地	果园	林地	荒草地	耕地:果园:林地:草地	林地覆盖率（%）
1982	320.11	4.68	5.31	376.33	1:0.015:0.017:1.175	1.23
1990	316.61	1.05	97.13	325.78	1:0.003:0.307:1.029	12.18
2008	130.35	27.68	539.22	57.73	1:0.212:4.137:0.443	70.3

为了从根本上研究解决河川示范区生态失调和低产贫困问题，为宁南以至黄土高原土地合理利用提供理论依据和实践经验，"六五"期间试区科技人员就设计了土地利用优化模型，并提出了"大力造林种草，改善生态环境，有效保持水土，满足'三料'需要，提高旱作单产，实现粮食自给，建立高效稳定的农业生态系统的理论、途径与配套综合技术"的总目标。经过"七五"至"十一五"25年的实践证明这一模型的理论和方法，不仅对河川示范区恢复生态平衡和脱贫致富发挥了重要指导作用，而且为黄土高原的土地合理利用起到了示范作用。21世纪以来，特别是2004年实施国家退耕还林还草政策以后，坚持"生态优先，整体推进，调整优化农业结构，发展城郊型高效生态农业"的思路，初步实现了生态环境步入良性循环，农村经济稳步发展的道路。

研究区土地利用优化模型从1983年建立算起至2008年已26年了，通过5期遥感制图和实地调查，我们对运行态势进行了动态监测。监测结果表明，有以下三大特点。

第一，林草地面积大幅度增长，生态环境步入良性循环。1982年河川示范区仅有林地5.31 hm²，林地覆盖率仅1.23%，一片荒山秃岭，满目荒凉。"六五"以后大力种草，1987年人工草地面积曾达到135 hm²，林草覆盖率一下上升到24.5%，引起了各级领导的重视，展现了绿化黄土高原的光明前景。"七五"后期由于气候干旱，加之社会经济等复杂原因，人工草地衰败后，再未能恢复，但53.3 hm²的人工灌木林已旺盛生长起来，成为稳定的放牧基地。"八五"又新造人工柠条灌木林66.7 hm²，使林地覆盖率达到18.4%，加上人工草地和改良场面积，林草覆盖率达43%。"九五"林草覆盖率达58.18%，为发展高效农业创造了良好的生态环境。到2008年林地和果园面积达到566.9 hm²，林地覆盖率达到70.3%，荒山已全部绿化，水土流失面积已全部治理，基本建立起高效生态农业模式。

第二，坡地面积减少，基本农田面积扩大，农业集约化程度逐步提高。1982年耕地中基本农田很少，坡地面积占70.14%，1987年退耕60 hm²陡坡地造林种草，加之坡改梯等治理措施，坡地仅占农地的21.8%。1995年基本农田达到144.8 hm²，人均0.3 hm²。2000年基本农田达到211.7 hm²，从根本上改变了农业生产的基本条件，这为提高粮食单产和抗御干旱等自然灾害，保证农业持续发展，奠定了坚实的基础。

第三，果园面积逐年扩大，经济效益成倍增长，有成为支柱产业的潜力。过去宁夏半干旱黄土丘陵区不仅果园少，而且品种差、经营管理不善、缺乏科学技术、果树长期不挂果或生长畸形果、商品价值低，曾被视为果树的发展禁区。"七五"期间试区科技人员经过试验研究，引选出了一批适应宁南较高海拔和温凉干旱山区的良种，示范果园达到了早实丰产抗逆性强的目标，每公顷收入达 15 000 ~ 45 000 元，是同等农地的 6 ~ 20 倍。不仅试区面积扩大，经济收益成倍增长，而且在固原地区大面积推广，因而受到当地领导和群众的欢迎，逐步形成当地的支柱产业之一。

3.5.2.2　土地生态经济功能区划分

根据土地资源质量与利用适宜性评价结果，结合国家生态建设规划与宁夏回族自治区大六盘生态经济圈规划，河川示范区共划分为 3 个生态经济功能区，即东山生态环境保护功能区、西山旱作农业功能区和平川高效生态农业功能区（表 3-21、图 3-11）。

表 3-21　研究区生态经济功能区

生态经济功能区	面积（hm²）	景观生态特征	主体功能	主体模式	主要目标
东山生态环境保护功能区	418.05	坡陡、强度土壤侵蚀、斑块破碎、干旱、灌丛草地、人工柠条林为主	恢复植被、保持水土、涵养水源	草、灌宽窄行水平带状植被	植被覆盖率>85% 土壤侵蚀模数 < 1000 t/km²
西山旱作农业功能区	266.07	坡缓、中度土壤侵蚀、斑块较破碎、干旱、旱作农田、一年一熟制	建设旱作基本农田，保障粮食生产	宽台水平梯田层层拦蓄入渗	粮食亩产 150 ~ 250kg 土壤侵蚀模数 < 1000 t/km² 人均基本农田 >2 亩
平川高效生态农业功能区	122.26	阶地、轻度土壤侵蚀、斑块完整；干旱、园地和农地、果菜畜牧生产	城郊型生态农业	"农、畜、果、沼" 联户生态家园农业技术服务	亩产值 >2000 元 劳产值 >5000 元 每户 1 或 2 个水窖 蓄水 >100 m² 每户 1 个沼气池

（1）东山生态环境保护功能区

面积 418.05 hm²，占总面积的 51.84%。坡面为 3 条支沟所切割，地形比较破碎，大于 15°陡坡占 60% 以上，面蚀和沟蚀都很强烈，治理前年均土壤侵蚀模数为 5000 t/km²，是水土流失重点防治区。主体功能为恢复植被，保持水土，涵养水源。现已全面退耕还林还草，植被覆盖率已达 89.75%，年均土壤侵蚀模数小于 1000 t/km²。

（2）西山旱作农业功能区

面积 266.07 hm²，占总面积的 33%。坡面较为平缓，50% 以上土地小于 15°，为中度土壤侵蚀，处于 302 国道和乡级公路一侧，交通比较方便。主体功能为：建设旱作基本农田，保障粮食生产。现已兴修水平梯田 166.6 hm²，多年来已示范推广了旱作农业技术体系，为旱作农业的发展提供了理论依据和样板。

（3）平川高效生态农业功能区

面积 122.26 hm²，占总面积的 15.16%，这是研究区的 "白菜心"，土地平整，土层深厚，土壤肥力较高，是乡村聚落区。主体模式为城郊型高效生态农业。依据 "多用光、巧用水、重有机、防污染、保生态、求发展" 的指导原则，发展 "农、畜、果、沼" 联

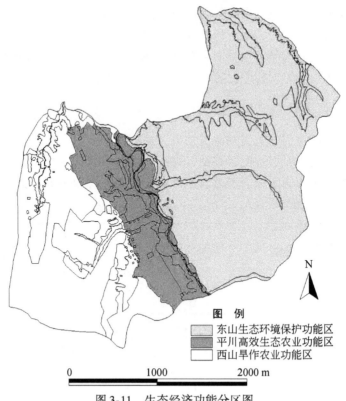

图 例
东山生态环境保护功能区
平川高效生态农业功能区
西山旱作农业功能区

0   1000   2000 m

图 3-11　生态经济功能分区图

户生态家园模式，建成生态环境良好的新农村。

3.6　固原市原州区土地利用格局变化分析

　　原州区地处黄土高原西北部的宁夏半干旱黄土丘陵区，为西海固地区的一个县级行政单位。长期以来，随着人口的不断增长，人们为了满足粮食和生存需要，对土地资源采取了滥垦滥伐等一系列不合理利用方式，进而导致水土流失加剧。因此，人类驱动下的土地利用格局变化过程直接影响着该区域水土流失形成和演变。随着西部大开发战略层层深入，在 2000 年，原州区被列为全国退耕还林还草试点示范县，第一轮退耕时段确定为 2000 ~ 2006 年。在此背景下，从动态层面，及时分析与总结原州区土地利用格局变化特征，将具有十分重要的现实意义。

3.6.1　研究方法

3.6.1.1　数据来源及处理方法

　　本节利用遥感解译的 1990 年、2000 年和 2006 年（分别代表第一轮退耕前、开始和结束）土地利用图形数据，在 GIS 技术支持下，从数量和空间格局两方面选取相关模型指数，通过退耕前的 1990 ~ 2000 年与退耕期的 2000 ~ 2006 年两个时段土地利用格局变化特征对比分析，全面深入地揭示土地利用格局变化特征和态势，进而为退耕结束后原州区土地资源合理利用方向提供科学依据。

3.6.1.2　土地利用格局变化指数

（1）土地利用类型转移速率

土地利用类型转移速率为

$$S = (A_i - \mathrm{UA}_i)/A_i/(T_2 - T_1) \times 100\% \tag{3-17}$$

式中，S 为第 i 种土地利用类型在监测时期 $T_1 \sim T_2$ 期间的转移速率；$A_i - \mathrm{UA}_i$ 为在监测期间转移部分面积，即第 i 种土地利用类型转化为其他非 i 类土地利用类型的面积总和，A_i 为检测初期第 i 种土地利用类型面积，UA_i 为监测期间第 i 种土地利用类型未变化部分面积，该模型反映一段时间内某类土地利用类型的转移量。

（2）土地利用动态度

土地利用动态度模型为

$$S' = \left[\sum_{ij}^{n} (\Delta S_{i-j}/S_i) \right] \times 100 \times (1/t) \times 100\% \tag{3-18}$$

式中，S_i 为第 i 类土地利用类型的面积；ΔS_{i-j} 为监测期间第 i 类土地利用类型转化为其他类型的总和；t 为时间段（a）；S 为 t 时段土地利用变化速率。土地利用动态度可反映不同区域土地利用变化的总体及综合活跃程度。为研究方便，将其扩大 100 倍。

（3）土地利用程度综合指数

土地利用程度综合指数：

$$L = 100 \times \sum_{i=1}^{n} (B_i \times C_i) \tag{3-19}$$

土地利用程度变化指数：

$$\Delta L_{b-a} = L_b - L_a \tag{3-20}$$

式中，L 为某区域土地利用程度综合指数，为 100 ～ 400；B_i 和 C_i 分别为区域内第 i 级土地利用程度分级指数及面积百分比；n 为土地利用程度分级数；ΔL_{b-a} 为土地利用程度变化；L_b、L_a 分别是 b 时间和 a 时间区域土地利用程度综合指数。ΔL_{b-a} 为正值，表明该区域土地利用处于发展期；为负值，表明处于衰退期。上述指数反映土地利用的广度和深度，即土地利用程度变化。

（4）土地分类变化指数

为了考察土地利用类型变化情况，可定义各类土地利用指数，如垦殖指数、林地指数、草地指数、水域指数等，通过每类指数变化，可定量表达该区某一类型土地利用速度与变化趋势，如垦殖指数可反映区域耕地变化情况。土地各个分类指数定义为

$$I = \sum_{i=1}^{n} (a_i/A) \times 100 \quad \left(\sum_{i=1}^{n} a_i \leq A \right) \tag{3-21}$$

式中，I 为分析区域的土地利用分类指数；a_i 为分析区域内 i 类型土地利用所占的土地面积大小；A 为分析区域土地总面积；n 为土地利用分类数目。根据各分类指数，可以定义土地分类指数变化模型为

$$\Delta I_{b-a} = I_b - I_a = \left(\frac{\sum\limits_{i=1}^{n} a_{ib} - \sum\limits_{i=1}^{n} a_{ia}}{A} \right) \times 100 \qquad (3\text{-}22)$$

$$dI_{b-a} = \Delta I_{b-a} \times (1/t) \times 100\% \qquad (3\text{-}23)$$

式中，I_a、I_b 分别为 a 时间和 b 时间的一定区域的土地利用分类指数；ΔI_{b-a} 为在时间段 a 与 b 之间的土地分类指数变化量；dI_{b-a} 为与 t 时间段对应的土地分类指数变化率；t 为时间段 $b-a$。

（5）景观空间格局变化指数

为了便于研究景观空间格局特征，建立格局与生态过程之间的联系，人们提出了一些能够量化的指标，进而借助景观指数可描述景观空间格局。考虑到本章研究目的，结合区域实际情况，在土地利用空间格局变化特征分析中，选取形状、分维数、Simpson 优势度、破碎度等景观指数，如表 3-22 所示。

表 3-22 景观空间格局特征指标及其生态意义

名称	概念内涵	生态意义
面积加权的平均形状因子（SHAPE_ AM）	在斑块级别上等于某斑块类型中各个斑块的周长与面积比乘以各自的面积权重后的和	度量景观空间格局复杂性的重要指标之一，值增大时说明斑块形状变得越复杂，越不规则
面积加权的平均斑块分形指数（FRAC_ MN）	描述景观中斑块形状复杂程度	值越接近于 1，表明形状越简单；越接近于 2，表明形状越复杂
Simpson 优势度指数（D）	描述景观中不同景观类型的分配均匀程度	值越大，景观各组成成分分配越均匀，多样性也越大
破碎度（C）	描述景观被分割的破碎程度	值越大，表示破碎程度越高

3.6.2 土地利用变化基本特征

由表 3-23 可以看出，在退耕前期的 1990~2000 年，原州区耕地面积增加较多，面积和比例分别由 1990 年的 154 059.46 hm² 和 43.93% 增至 2000 年的 162 654.9 hm² 和 46.38%，面积和比例增加为 8595.44 hm² 和 2.45%，主要是农户为了扩大粮食种植面积和盲目追求短期经济利益，对耕地旁边的荒山草地、坡地进行滥垦，这种不合理的土地利用方式加剧了该区域水土流失，而退耕期间的 2000~2006 年，耕地减少幅度较大，面积和比例分别减少 16 358.77 hm² 和 4.67%，是退耕前期的 1.90 倍。林地在 1990~2006 年一直增长并呈阶段性差异，其中，1990~2000 年增长缓慢，这表明处于退耕前期的政策调整期间，原州区"三北"防护林工程等生态环境建设一定程度上增强了人们的森林保护意识，而 2000~2006 年增长较快，林地面积和比例分别增加 15 258.19 hm² 和 4.35%，是退耕前期的 6.2 倍，从林地和耕地互为消长关系来看，进一步说明退耕还林还草政策的影响力度。草地数量变化在 1990~2006 年阶段性差异也很明显，其中，1990~2000 年共减少 11 453.51 hm²，面积比例达 3.26%，大量草地变为耕地，而 2000~2006 年草地增长很少，面积和比例增加仅为 210.14 hm² 和 0.06%，但从草地二级地类变化来看，2000~2006 年，高覆盖度草地面积减少了 54.04 hm²，略有减少，中覆盖度草地减少 2230.38 hm²，减幅较大，低覆盖度草地增加 2494.57 hm²，增幅较大，这说明草地质量变差，这与该地区近几年来严重干旱密切联系。城乡建设用地在 1990~2006 年呈增加趋势且较为缓慢，面积和比例增幅仅为 1509.84 hm² 和 0.43%，这说明随着原州区社会经济不断发展，城乡建设用地需求量有所增加，但原州区处于经济发展水平较低阶段，城乡建设用地需求量较小。此外，水域和未利用地面积比例较小，1990~2006 年变化量也很少，水域减少为 213.78 hm²，未利用地增加 2.95 hm²，这与该地区干旱少雨和垦殖程度高的区域背景相吻合。

表 3-23　1990~2006 年原州区土地利用总量变化表

土地利用类型	1990 年		2000 年		2006 年		1990~2000 年		2000~2006 年	
	面积（hm²）	比例（%）	面积（hm²）	比例（%）	面积（hm²）	比例（%）	面积变化（hm²）	比例变化（%）	面积变化（hm²）	比例变化（%）
耕地	154 059.46	43.93	162 654.9	46.38	146 296.13	41.71	8595.44	2.45	-16 358.77	-4.67
林地	20 950.94	5.97	23 405.13	6.67	38 663.32	11.02	2454.19	0.70	15 258.19	4.35
草地	164 498.83	46.90	153 045.32	43.64	153 255.46	43.70	-11 453.51	-3.26	210.14	0.06
水域	4 006.62	1.14	3 751.50	1.07	3 792.84	1.08	-255.12	-0.07	41.34	0.01
城乡建设用地	6 883.72	1.96	7 518.78	2.14	8 393.56	2.39	635.06	0.18	874.78	0.25
未利用地	310.95	0.09	334.91	0.10	313.90	0.09	23.96	0.01	-22.01	-0.01

总之，1990~2000 年，耕地增加较多，林地增长缓慢，草地大量减少，而 2000~2006 年耕地减少显著，林地增长较快，受退耕影响较大，草地数量变化很小，但草地质量变差。在 1990~2006 年，原州区建设用地量小，处于经济发展较低阶段，水域和未利用地变化也很小。

3.6.3　土地利用数量结构变化

由原州区 1990~2000 年和 2000~2006 年两个时段土地利用转移矩阵（表 3-24 和表 3-25）可进一步揭示 1990~2006 年土地利用类型转移特征。

表 3-24　1990~2000 年原州区土地利用转移矩阵

1990 年	2000 年						
	耕地	林地	草地	水域	建设用地	未利用地	合计
耕地（hm²）	151 545.69	1 361.43	428.22	98.55	617.76	23.76	154 075.41
比例（%）	98.36	0.88	0.28	0.06	0.40	0.02	100.00
林地（hm²）	161.91	20 711.79	68.49	0.00	0.00	0.00	20 942.19
比例（%）	0.77	98.90	0.33	0.00	0.00	0.00	100.00
草地（hm²）	10 720.26	1307.34	152 414.10	31.95	21.24	0.00	164 494.89
比例（%）	6.52	0.79	92.66	0.02	0.01	0.00	100.00

续表

1990 年	2000 年						
	耕地	林地	草地	水域	建设用地	未利用地	合计
水域（hm²）	242.01	13.05	130.32	3 621.33	0.00	0.00	4 006.71
比例（%）	6.04	0.33	3.25	90.38	0.00	0.00	100.00
建设用地（hm²）	0.00	0.00	0.00	0.00	6 877.89	0.00	6 877.89
比例（%）	0.00	0.00	0.00	0.00	100.00	0.00	100.00
未利用地（hm²）	0.00	0.00	0.00	0.00	0.00	310.77	310.77
比例（%）	0.00	0.00	0.00	0.00	0.00	100.00	100.00

表3-25　2000～2006 年原州区土地利用转移矩阵

2000 年	2006 年						
	耕地	林地	草地	水域	建设用地	未利用地	合计
耕地（hm²）	146 132.55	14 527.62	1161.36	82.08	765.09	0.00	162 668.70
比例（%）	89.83	8.93	0.71	0.05	0.47	0.00	100.00
林地（hm²）	47.61	23 174.46	171.45	0.00	00.00	0.00	23 393.52
比例（%）	0.20	99.07	0.73	0.00	0.00	0.00	100.00
草地（hm²）	32.58	1 010.79	151 893.72	5.76	92.97	0.00	153 035.82
比例（%）	0.02	0.66	99.25	0.00	0.06	0.00	100.00
水域（hm²）	38.61	5.85	4.14	3 696.84	6.39	0.00	3 751.83
比例（%）	1.03	0.16	0.11	98.53	0.17	0.00	100.00
建设用地（hm²）	00.00	00.00	0.00	0.00	7 516.89	0.00	7 516.89
比例（%）	0.00	0.00	0.00	0.00	100.00	0.00	100.00
未利用地（hm²）	0.00	8.82	12.33	0.00	0.00	313.38	334.53
比例（%）	0.00	2.64	3.69	0.00	0.00	93.68	100.00

3.6.3.1　土地利用类型转移特征

从表3-24 可以看出，1990～2000 年，耕地减少较少，共减少 2529.72 hm²，而耕地增加较多，共增加 11 124.18 hm²，其中草地占 96.37%，所以耕地总量增加且主要由开垦草地而来，反映草地滥垦十分严重。林地面积有少量增加，主要由耕地和草地转化而来，分别为 1361.43hm² 和 1307.34 hm²。草地减少较多，其中转为耕地最多，为 10 720.26 hm²，转为林地 1307.34 hm²，主要在耕地和草地之间转换。水域减少接近 10%，其中有 6.04% 转化为耕地，这是因为在干旱年份与季节，人们把河流阶地、河漫滩等开垦为耕地，使水域面积减少。城乡建设用地增加仅为 639 hm²，该区以农贸为主的城镇经济，辐射带动功能很弱，一般集镇辐射半径不到 10 km。

从表3-25可知，在2000～2006年，耕地减少较多，共减少16 536.15 hm²，其中主要转为林地，面积和比例为14 527.62 hm²和8.93%，其余小部分以草地和城乡建设用地为主，草地面积为1161.36 hm²，城乡建设用地面积为765.09 hm²，这段时间受国家退耕政策影响较大，并且随着社会经济发展，城乡建设用地需求量也有所增长。再从林地转入来看，主要为耕地和草地，分别占2006年增加量的93.41%和4.50%。水域和未利用地变化量很小，其中有21.15 hm²未利用地变为林地和草地。

总之，在1990～2000年，耕地增加较多，主要由草地转化而来，林地有少量增加，主要来自于耕地和草地，水域减少，主要转化为耕地，未利用地变化较小，而在2000～2006年，耕地转化为林地最为显著，其次转化为草地，同时草地转为林地，草地面积总量变化较小，水域、未利用地变化也较小。在1990～2006年，城乡建设用地有所增加，主要来自耕地。

3.6.3.2　土地利用类型转移速率

根据转移速率模型，计算出原州区各乡镇在1990～2006年土地利用类型转移速率（表3-26和表3-27）。

表3-26　1990～2000年原州区各乡镇土地利用类型转移速率及动态度

（转移速率单位:%/a）

乡镇名	耕地	林地	草地	水域	城乡建设用地	未利用地	动态度
七营镇	0.42	1.55	0.63	0.42	0.00	0.00	302
黑城镇	0.02	0.00	0.34	3.95	0.00	0.00	431
三营镇	0.13	0.53	1.16	0.00	0.00	0.00	182
头营镇	0.20	0.03	0.51	1.00	0.00	0.00	174
彭堡镇	0.12	0.00	0.36	0.75	0.00	0.00	123
中河乡	0.22	0.28	0.55	0.28	0.00	0.00	133
张易镇	0.00	0.00	1.58	2.57	0.00	0.00	415
开城镇	0.01	0.00	0.84	0.00	0.00	0.00	85
清河镇	0.31	0.00	0.18	0.00	0.00	0.00	49
河川乡	0.05	0.00	0.08	0.00	0.00	0.00	13
官厅乡	0.07	0.00	0.35	0.00	0.00	0.00	42
寨科乡	0.04	0.00	0.48	2.81	0.00	0.00	333
炭山乡	0.22	0.00	0.43	0.00	0.00	0.00	65
甘城乡	0.16	0.00	1.59	0.00	0.00	0.00	174
原州区	0.16	0.11	0.73	0.96	0.00	0.00	196

表 3-27　2000~2006 年原州区各乡镇土地利用类型转移速率及动态度

（转移速率单位：%/a）

乡镇名	耕地	林地	草地	水域	城乡建设用地	未利用地	动态度
七营镇	2.66	0.14	0.05	1.42	0.00	0.00	427
黑城镇	1.79	0.53	0.22	0.00	0.00	0.00	254
三营镇	1.58	0.17	0.25	0.00	0.00	0.00	200
头营镇	1.78	0.92	0.21	0.00	0.00	0.00	291
彭堡镇	0.14	0.04	0.97	0.44	0.00	0.00	159
中河乡	0.84	0.10	0.09	0.00	0.00	0.00	103
张易镇	1.59	0.00	0.13	0.00	0.00	0.00	172
开城镇	0.52	0.00	0.09	0.22	0.00	3.80	463
清河镇	1.82	0.00	0.02	0.00	0.00	0.00	184
河川乡	3.16	0.00	0.00	0.00	0.00	0.00	316
官厅乡	4.23	2.17	0.02	0.00	0.00	0.00	642
寨科乡	1.24	0.05	0.12	0.00	0.00	0.00	141
炭山乡	2.28	0.02	0.00	0.00	0.00	0.00	230
甘城乡	1.24	0.00	0.04	0.00	0.00	0.00	128
原州区	1.69	0.22	0.12	0.24	0.00	1.05	332

由表 3-26 可知，在 1990~2000 年，就原州区整体而言，水域转移速率最快，平均每年为 0.96%，其次为草地（0.73%），而耕地（0.16%）和林地（0.11%）较慢。再从各乡镇来看，水域转移速率黑城镇、寨科乡、张易镇和头营镇较大，但由于各乡镇水域面积小，所以影响不大；草地变化速率甘城乡、张易镇和三营镇位居前三，依次分别为1.59%、1.58%、1.16%，并且各乡镇总体上较为活跃，草地主要转为耕地，盲目开垦严重；耕地转移速率除了七营镇、头营镇、中河乡、清河镇以及炭山乡稍大以外，其他乡镇皆低于原州区平均水平，总体上耕地转化为别的地类较慢、较少；林地转移速率除了七营镇、三营镇和中河乡较大以外，其他乡镇非常小，基本上为零，总体上转为别的地类也较慢、较少。此外，尽管 1990~2000 年城乡建设用地和未利用地面积有所增加，但是没有转化为别的地类。

由表 3-27 可知，在 2000~2006 年，原州区耕地转移速率最大，平均每年为 1.69%，是 1990~2000 年的 10.56 倍，其次为未利用地（1.05%），而水域（0.24%）、林地（0.22%）、草地（0.12%）较小，依次分别是 1990~2000 年的 0.25 倍、2 倍、0.16 倍。再从各乡镇来看，除了彭堡镇、中河乡和开城镇稍小以外，耕地转移速率各乡镇为1.20%~3.2%，总体上最为活跃，主要转为林地，受退耕影响显著（表 3-27）；水域转移速率除七营镇、彭堡镇以外，基本上为零，加上水域面积小，所以也没有多大影响；林地转移速率除官厅乡、头营镇和黑城镇较大，分别为 2.17%、0.92% 和 0.53%，其他乡镇较小，所以林地转移较慢、较少。草地除了彭堡镇以外，总体上较小，转变为别的地类也较慢。

总之，在 1990～2000 年，原州区草地转移影响较大，耕地和林地次之，而 2000～2006 年，受退耕影响，耕地转移显著，转移速率为 1990～2000 年的 10.56 倍，林地和草地次之。在 1990～2006 年，水域和未利用地，由于地类面积较小，影响也很小，城乡建设用地转移速率为零，但其面积有所增加。

3.6.3.3 土地利用综合动态度

由表 3-26 可知，在 1990～2000 年，除了因受水域转移速率影响较大的黑城镇、张易镇和寨科乡以外，各乡镇土地利用综合动态度存在着一定的地域分异性。具体体现在：中部清水河平原各乡镇综合动态度总体较大，七营镇最大，为 302，三营镇为 182，头营镇为 174，中河乡为 133，彭堡镇为 123，而东部黄土丘陵区各乡镇以及南部开城镇总体较小，河川乡为 13、官厅乡为 42、炭山乡为 65、开城镇为 85，是各乡镇耕地、林地和草地转移速率大小的综合反映。

2000～2006 年各乡镇均存在着不同程度的加快（表 3-27）。具体体现在：除了因受水域和未利用地转移速率影响较大的七营镇和开城镇以外，中部清水河平原三营、头营、彭堡等乡镇土地加快不明显，土地综合动态度增幅分别仅为 18、117 和 36，而东部河川、官厅、炭山各乡镇明显变快，土地综合动态度增幅分别为 313、600 和 225。总之，2000～2006 年土地综合动态度变大，与耕地转移速率变大保持一致，主要受退耕政策影响，土地利用结构趋于相对合理。

3.6.3.4 土地利用程度变化

由表 3-29 可以看出，在 1990～2006 年，原州区中部平原区各乡镇土地利用程度综合指数稍高于平均水平，而东部黄土丘陵区和南部山区乡镇稍低，各乡镇之间相差不大，这说明原州区土地利用程度和深度受自然条件制约明显，但从短期变化来看，由于受社会经济和政策的影响，也表现出一定的阶段性差异。1990～2000 年原州区土地利用程度整体增加，平均增幅为 2.82，而 2000～2006 年整体减少，平均减幅为 −4.18，是前期的 1.48 倍。具体体现在：1990～2000 年甘城乡、张易镇、三营镇、开城镇和官厅乡增幅较大，分别为 8.60、8.26、5.11、2.46 和 2.18，与此相对应，3 级草地减少，2 级耕地增加较明显，甘城乡分别为 −9.39 和 8.56，张易镇分别为 −8.12 和 8.24，三营镇分别为 −4.60 和 4.29，开城镇分别为 −4.46 和 2.38，官厅乡分别为 −2.38 和 2.16（表3-29）。因此，土地利用程度综合指数增大，同时也表明开垦草地较严重，生态环境遭到破坏，水土流失加剧，这与广大农户盲目扩大粮食种植面积和追求短期经济利益有着密切联系。

由表 3-29 可知，2000～2006 年土地利用程度综合指数除了彭堡镇略微增加，为 0.01，开城镇和中河乡减少很小，分别为 −0.60 和 −1.50 以外，其余乡镇减幅显著，为 −2.30～−8.15，与此相对应，2 级耕地减少，3 级林地增加明显，各乡镇耕地减幅为 −0.42～−8.71，林地增幅为 0.88～8.07（表 3-29）。因此，土地利用程度综合指数变小，同时也表明受退耕影响，原州区土地利用活动逐渐趋于有序化，生态环境有所恢复。

表 3-28　原州区 1990～2006 年土地利用程度综合指数及其变化

乡镇名	土地利用程度			土地利用程度变化	
	1990 年	2000 年	2006 年	1990～2000 年	2000～2006 年
七营镇	259.89	261.00	252.99	1.11	-8.01
黑城镇	271.55	272.38	266.71	0.83	-5.67
三营镇	256.15	261.26	256.71	5.11	-4.55
头营镇	252.88	254.00	249.05	1.12	-4.95
彭堡镇	258.29	258.90	258.91	0.61	0.01
中河乡	248.09	249.81	248.31	1.72	-1.50
张易镇	240.46	248.72	244.49	8.26	-4.23
开城镇	237.11	239.57	238.97	2.46	-0.60
清河镇	258.29	259.08	256.10	0.79	-2.98
河川乡	243.50	243.69	235.54	0.19	-8.15
官厅乡	229.73	231.91	224.31	2.18	-7.60
寨科乡	232.99	234.96	232.66	1.97	-2.30
炭山乡	247.16	248.41	242.24	1.25	-6.17
甘城乡	236.40	245.00	241.88	8.60	-3.12
原州区	247.74	250.56	246.38	2.82	-4.18

表 3-29　原州区 1990～2006 年各乡镇地类面积比例变化量　　　（单位：%）

1990～2000 年	耕地	林地	草地	水域	城乡建设用地	未利用地
七营镇	0.01	0.75	-1.23	-0.08	0.55	0.00
黑城镇	0.33	0.75	-0.63	-0.72	0.26	0.00
三营镇	4.29	-0.08	-4.60	0.00	0.40	0.00
头营镇	0.80	1.04	-1.74	-0.24	0.15	0.00
彭堡镇	0.38	0.19	-0.80	-0.10	0.19	0.13
中河乡	1.36	0.54	-2.17	0.07	0.19	0.00
张易镇	8.24	0.02	-8.12	-0.13	0.00	0.00
开城镇	2.38	2.06	-4.46	0.00	0.03	0.00
清河镇	-0.87	0.45	-0.71	0.32	0.82	0.00
河川乡	0.19	0.22	-0.41	0.00	0.00	0.00
官厅乡	2.16	0.23	-2.38	0.00	0.00	0.00
寨科乡	1.97	1.01	-2.95	-0.03	0.00	0.00
炭山乡	1.15	1.00	-2.22	0.00	0.06	0.00
甘城乡	8.56	0.79	-9.39	0.00	0.03	0.00
原州区	2.45	0.70	-3.26	-0.07	0.18	0.01

续表

2000~2006 年	耕地	林地	草地	水域	城乡建设用地	未利用地
七营镇	-8.71	8.07	0.37	-0.12	0.37	0.00
黑城镇	-7.15	6.56	-0.29	0.14	0.74	0.00
三营镇	-4.99	5.26	-0.52	0.01	0.23	0.00
头营镇	-5.07	5.03	-0.07	0.05	0.06	0.00
彭堡镇	-0.42	1.89	-1.54	-0.06	0.19	-0.07
中河乡	-2.20	1.96	-0.20	0.07	0.36	0.00
张易镇	-4.29	4.39	-0.19	0.02	0.05	0.00
开城镇	-1.07	0.88	-0.03	-0.01	0.24	-0.03
清河镇	-5.14	4.09	-0.05	0.02	1.08	0.00
河川乡	-8.19	7.92	0.25	0.00	0.02	0.00
官厅乡	-7.66	7.71	-0.10	0.00	0.04	0.00
寨科乡	-2.60	2.79	-0.32	0.00	0.14	0.00
炭山乡	-6.53	3.52	2.87	0.00	0.16	0.00
甘城乡	-3.30	3.10	0.13	0.00	0.08	0.00
原州区	-4.67	4.35	0.06	0.01	0.25	-0.01

3.6.3.5 土地利用分类指数变化

根据分类指数模型，计算出 1990~2006 年原州区各乡镇地类指数变化速率（表3-30），可以定向了解各地类变化快慢程度。

在 1990~2000 年，甘城乡、张易镇、三营镇、开城镇和官厅乡草地指数和耕地指数变化速率相对较大，甘城乡分别为 -93.90% 和 85.60%，张易镇分别为 -81.20% 和 82.40%，三营镇分别为 -46.00% 和 42.90%，开城镇分别为 -44.60% 和 23.80%。

表 3-30 原州区 1990~2006 年各乡镇土地分类指数动态变化率 （单位:%/a）

1990~2000 年	耕地	林地	草地	水域	建设用地	未利用地
七营镇	0.10	7.50	-12.30	-0.80	5.50	0.00
黑城镇	3.30	7.50	-6.30	-7.20	2.60	0.00
三营镇	42.90	-0.80	-46.00	0.00	4.00	0.00
头营镇	8.00	10.40	-17.40	-2.40	1.50	0.00
彭堡镇	3.80	1.90	-8.00	-1.00	1.90	1.30
中河乡	13.60	5.40	-21.70	0.70	1.90	0.00
张易镇	82.40	0.20	-81.20	-1.30	0.00	0.00
开城镇	23.80	20.60	-44.60	0.00	0.30	0.00
清河镇	-8.70	4.50	-7.10	3.20	8.20	0.00
河川乡	1.90	2.20	-4.10	0.00	0.00	0.00
官厅乡	21.60	2.30	-23.80	0.00	0.00	0.00

续表

1990～2000 年	耕地	林地	草地	水域	建设用地	未利用地
寨科乡	19.70	10.10	−29.50	−0.30	0.00	0.00
炭山乡	11.50	10.00	−22.20	0.00	0.60	0.00
甘城乡	85.60	7.90	−93.90	0.00	0.30	0.00
原州区	24.50	7.00	−32.60	−0.70	1.80	0.10
2000～2006 年	耕地	林地	草地	水域	建设用地	未利用地
七营镇	−145.20	134.53	6.17	−2.00	6.17	0.00
黑城镇	−119.19	109.36	−4.83	2.33	12.34	0.00
三营镇	−83.18	87.68	−8.67	0.17	3.83	0.00
头营镇	−84.52	83.85	−1.17	0.83	1.00	0.00
彭堡镇	−7.00	31.51	−25.67	−1.00	3.17	−1.17
中河乡	−36.67	32.67	−3.33	1.17	6.00	0.00
张易镇	−71.51	73.18	−3.17	0.33	0.83	0.00
开城镇	−17.84	14.67	−0.50	−0.17	4.00	−0.50
清河镇	−85.68	68.18	−0.83	0.33	18.00	0.00
河川乡	−136.53	132.03	4.17	0.00	0.33	0.00
官厅乡	−127.69	128.53	−1.67	0.00	0.67	0.00
寨科乡	−43.34	46.51	−5.33	0.00	2.33	0.00
炭山乡	−108.86	58.68	47.84	0.00	2.67	0.00
甘城乡	−55.01	51.68	2.17	0.00	1.33	0.00
原州区	−77.85	72.51	1.00	0.17	4.17	−0.17

与 1990～2000 年相比较，2000～2006 年，除了彭堡镇、开城镇和中河乡外，耕地指数减少速率和林地指数增加速率明显，各乡镇耕地指数减少速率为 −43.00% ～ −146.00%，林地指数增加速率为 46.00%～135.00%。因此，垦殖指数、林地和草地指数变化速率分析结果与土地利用程度综合指数分析结果是一致的，但前者能够更好地理解地类变化的快慢程度。可见，两者分析起着互为补充的作用。此外，原州区建设用地指数变化速率有所加快，由 1990～2000 年的 1.80% 增加到 2000～2006 年的 4.17%，未利用地和水域指数在 1990～2006 年变化速率一直很小。

3.6.4　土地利用空间格局变化

从表 3-31 可以看出，原州区土地景观斑块数由 1990 年的 3170 块增加到 2000 年的 3362 块，同时斑块平均面积由 1990 年的 110.63 hm² 减小到 2000 年的 104.32 hm²；景观多样性和均匀度指数分别由 1990 年的 1.0194、0.5689 增加到 2000 年的 1.0365、0.5785，而优势度指数由 1990 年的 0.4311 减少到 2000 年的 0.4215；景观破碎度指数也有所增加，由 1990 年的 0.90 块/km² 增至 2000 年的 0.96 块/km²。这些景观总体变化表明人为活动与干扰使得原州区 1990～2000 年土地利用空间格局异质性加强，景观多样性和均匀性增加、优势度减小、破碎度增加，进而具体体现在各景观类型斑块数、斑块平均面积以及面积比例变化方面。

表 3-31　原州区 1990～2006 年土地利用空间格局总体变化特征

空间格局变化特征值	1990 年	2000 年	2006 年
景观斑块数	3170	3362	3337
景观斑块平均面积（hm²）	110.63	104.32	105.09
景观破碎度（块/km²）	0.90	0.96	0.95
景观均匀度	0.5689	0.5785	0.6219
景观多样性	1.0194	1.0365	1.1142
景观优势度	0.4311	0.4215	0.3781

由表 3-32 可知，在 1990～2000 年，原州区耕地斑块从 1990 年的 1602 块增加到 2000 年的 1792 块，耕地斑块平均面积减少较少，耕地面积比例由 1990 年的 43.93% 增加到 46.39%；林地从 1990 年的 714 块增加到 2000 年的 784 块，但林斑面积小，林地所占面积比例仅增加 0.70%，这与原州区此前所实施的生态建设工程有关；草地斑块平均面积尽管由 1990 年的 489.49 hm² 增加到 2000 年的 554.38 hm²，但草地斑块减少 60 块，且多为大斑块，所以草地所占面积比例迅速减少到 43.63%；此外，建设用地斑块仅增加 6 块，斑块平均面积也最小，而且增加很少，所占面积比例小，略有增加，这说明原州区 1990～2000 年社会经济发展缓慢，建设用地需求小；水域和未利用地斑块数较少，斑块平均面积较小，所占面积比例少有变化，并没有对原州土地景观格局变化产生较大影响。

表 3-32　原州区 1990～2006 年土地景观斑块变化特征

年份	土地景观类型	斑块个数	平均斑块面积（hm²）	类型面积（hm²）	类型面积比例（%）	斑块形状指数	斑块分维数
1990	耕地	1 602	96.18	154 072.98	43.93	10.55	1.23
	林地	714	29.35	20 959.29	5.98	2.33	1.12
	草地	336	489.49	164 467.17	46.9	60.22	1.38
	水域	54	74.24	4 008.78	1.14	5.63	1.22
	建设用地	457	15.07	6 888.51	1.96	1.49	1.06
	未利用地	7	44.36	310.5	0.09	2.89	1.15
2000	耕地	1 792	90.78	162 675.5	46.39	10.59	1.23
	林地	784	29.86	23 410.17	6.68	2.4	1.12
	草地	276	554.38	153 009.8	43.63	64.4	1.39
	水域	41	91.59	3 755.16	1.07	5.92	1.23
	建设用地	463	16.25	7 522.02	2.14	1.49	1.06
	未利用地	6	55.76	334.53	0.1	2.43	1.13

年份	土地景观类型	斑块个数	平均斑块面积（hm²）	类型面积（hm²）	类型面积比例（%）	斑块形状指数	斑块分维数
2006	耕地	1 654	88.46	146 313.09	41.72	10.27	1.23
	林地	890	43.45	38 666.97	11.03	2.7	1.13
	草地	262	584.8	153 216.63	43.69	63.61	1.39
	水域	47	80.75	3 795.39	1.08	5.97	1.23
	建设用地	477	17.6	8 395.74	2.39	1.62	1.07
	未利用地	7	44.85	313.92	0.09	2.27	1.12

1990~2000 年，土地景观格局多样性和破碎度增加主要是耕地、草地和林地变化综合作用的结果，其中耕地和草地变化居于主导地位，具体体现为耕地人为小斑块大量增加以及自然地带性草地大斑块减少，所以这段时间内景观格局多样性和破碎度的增加极具不合理性，是在黄土高原特殊的地形地貌和自然地理条件下，乱垦等造成地带性草地资源破坏严重，进而加剧区域水土地流失。

与 1990~2000 年相比较，2000~2006 年，研究区土地景观斑块数稍有减少，仅减少 25 块，同时斑块平均面积和景观破碎度指数变化也很小，但是景观多样性和均匀度指数变化较为明显，分别由 2000 年的 1.0365、0.5785 增加到 2006 年的 1.1142、0.6219，而优势度指数由 2000 年的 0.4215 减少到 2006 年的 0.3781，也较为明显。由此可见，原州区 2000~2006 年土地利用空间格局景观多样性、均匀度增加幅度较大，优势度减小幅度较大，土地景观总体格局较为稳定，进而具体体现在各景观类型斑块数、斑块平均面积以及面积比例变化方面。2000~2006 年，耕地斑块减少 138 块，斑块平均面积稍有减小，耕地面积比例减幅较大（4.67%）；林地增加 106 块，林斑平均面积由 2000 年的 29.86 hm² 增至 2006 年的 43.45 hm²，林地所占面积比例增加到 11.03%；草地斑块数减少较少，斑块平均面积由 2000 年的 554.38 hm² 增加到 2006 年的 584.80 hm²，所以草地所占面积比例较为稳定。这说明，随着社会经济发展，研究区建设用地需求量增长较前期加快；水域和未利用地景观类型斑块数少，加之斑块面积小未对土地景观格局变化产生较大影响。

总之，2000~2006 年，土地景观格局多样性进一步增加而且较为稳定，主要是耕地和林地斑块变化综合作用的结果，与前期相比，受退耕影响较为明显，耕地斑块数和面积比例减少较多，林地斑块、斑块平均面积以及所占面积比例增加较为明显，草地景观基质较为稳定。同时建设用地量增长较快，这反映出人为活动对景观格局影响进一步加大，并且土地利用格局总体趋于相对稳定和合理。

最后，从斑块形状指数和分维数变化来看，由表 3-32 可知，在 1990~2000 年草地斑块由于过度地被开垦为耕地，草地斑块分割破碎极为严重，形状最为复杂，所以草地形状指数变化最为显著，增幅为 4.18，而建设用地受人类社会经济活动影响最大，所以形状最规则，形状指数一直最小，只是近年来有所增加。除此之外，在 1990~2006 年原州区土地景观类型斑块转化过程中，由于耕地、林地、草地、水域斑块类型受自然条件制约明显，形状指数变化幅度很小，分维数稳定少变，这表明人类土地利用活动必须从自然条件出发才能合理地调整土地景观格局。

第4章　退化生态系统水资源优化配置与高效利用

水资源是生态系统的"血液"，水文是小流域生态系统的过程脉络。小流域生态系统中，水是最为活跃的物质，具有能量的储存、转换及输运功能，且活动范围广、交换速率高，是小流域生态系统中最重要的组成成分之一。

黄土高原是我国特有的地质景观，其地形地貌、地质特性、气候特征、水资源特点以及经济社会等，都有其独特性，区域经济发展及生态建设对水资源的依赖性较强。而在宁夏半干旱黄土丘陵区，水资源严重地制约着该区工农业生产的可持续发展，严重地影响着生态环境的平衡和恢复。水资源是能够循环使用的特殊资源，水资源主要有三个方面：地表水资源、地下水资源和降水资源。黄土高原地区，地表水和地下水资源贫乏，而且地下水埋藏很深，仅靠开发地表水和地下水资源解决干旱问题，不仅在技术上难以实现，经济上也难以承受。降水资源的利用是解决或缓解干旱状况的最重要途径。黄土高原多数地区地形崎岖不平，难以进行大规模的水利建设和从外地跨流域调水，只能就近利用当地降水和径流。因此，以宁夏半干旱黄土丘陵区为例，开展水资源优化配置，对于防止水土流失、开发当地水资源、提高水资源的利用效率、促进区域经济的持续快速发展和生态环境改善，具有至关重要的作用。

4.1　雨水资源潜力分析

半干旱黄土丘陵区气候干旱，蒸发强烈，水土流失严重，生态环境恶化，水资源危机已成为人们普遍关注的问题，水资源利用水平随之成为这一区域能否持续发展的重要考核指标之一。该区域是一个严重的资源型缺水地区，由于地表水和地下水资源贫乏，加之地下水埋藏深，仅靠开发地表水和地下水资源解决干旱问题，不仅在技术上难以实现，经济上也难以承受，而降水资源是最能被植物直接吸收利用的水资源，因此，降水资源的利用是解决或缓解该区域干旱状况的重要途径。

4.1.1　雨水资源的利用方式

半干旱黄土丘陵区的雨水利用主要通过实施旱作农业（水平梯田、隔坡梯田）、径流林业（"88542"水平沟、鱼鳞坑等整地造林）、雨水集流（如通过修建集流场，将雨水蓄集在修建的蓄水设施中供异地利用等）和人工降水四项措施实现的。该区域地形复杂，水源条件不好，发展灌溉农业有一定困难，但土壤保墒能力强，有发展旱作农业的良好条件。旱作农业对某些水利条件差的地区脱贫、解决温饱问题是十分有效的。旱作农业在降水利用方面主要就是通过地表微形改变，即坡改梯，实现降水就地利用的目的。径流林业，就是通过微地形改变，改变雨水在地表上的分配变化，以及地表径流汇集方式，延长地表径流汇集时间，实现雨水的叠加利用，提高造林的成活率和保存率。雨水集流，就是通过水窖将雨水汇集以解决人畜饮水及小面积灌溉问题。半干旱黄土丘陵区降水条件适合雨水集流，不仅可以解决温饱问题，甚至还可以使人们的生活达到小康水平。雨水集流不消耗能源、不污染环境。因而有人将雨水利用称为 21 世纪水资源开发利用的方向。人工增雨就是利用人工措施增加降水量，对解决长期无雨能发挥一定作用。

4.1.2 雨水资源的利用潜力

半干旱黄土丘陵区降水资源潜力可分为三个层次：一是理论潜力；二是可实现潜力；三是现实潜力。

4.1.2.1 小流域雨水资源的理论潜力

由于大气降水是陆地上各种形态水资源总的补给来源，它是一个小流域水资源量的最大值。因此，小流域雨水资源的理论潜力为该流域的降水总量，计算方法为

$$R_t = 10^3 P \cdot A \tag{4-1}$$

式中，R_t 为小流域雨水资源的理论潜力（m^3）；P 为小流域降水量（mm）；A 为小流域的面积（km^2）。

4.1.2.2 小流域雨水资源的可实现潜力

由于自然条件和技术经济水平的限制，只能部分利用小流域的雨水资源。参考联合国粮农组织（FAO）提出的有效降水量概念，将小流域雨水资源的实际潜力定义为，在一定自然和技术经济条件下，通过已有的利用技术，雨水资源中可以利用的最大量，计算方法为

$$R_a = 10^3 \eta \cdot P \cdot A \tag{4-2}$$

式中，R_a 为小流域雨水资源的可实现潜力（m^3）；P 为小流域降水量（mm）；A 为小流域的面积（km^2）；η 为降水调控系数；ηP 指可以调控的雨水资源量，取决于雨水利用工程标准和性能以及降水特性，可通过收集降水径流资料和人工降水试验结果确定值。

4.1.2.3 小流域雨水资源的现实潜力

现实潜力 R_r 是指当前利用方式和技术条件下已经实现的水资源利用量。R_r 与可实现潜力 R_a 的计算公式基本一致，但是现实潜力计算公式中的 η 代表当前流域降水调控能力的现实水平。

4.1.3 研究区雨水资源潜力计算

4.1.3.1 雨水资源理论潜力计算

在"十一五"项目实施期间，研究区彭阳中庄示范区的区域扩展至整个中庄行政村，

总面积为 16.5 km²，经气象资料统计，多年平均降水量为 442.7 mm，原州区河川乡上黄示范区面积为 7.61 km²，多年平均降水量为 422 mm，根据上述小流域雨水资源理论潜力计算公式（4-1）计算出中庄示范区和上黄示范区两个小流域雨水资源最大理论值分别为 7 304 550 m³、3 211 420 m³，即可开发的雨水资源量的上限。

根据试区的土地利用类型分布（图 4-1），可将雨水资源利用方式分为三种：一是就地利用（包括川台地、水平梯田和壕掌地）；二是异地利用（包括居民点、道路、人工集水场）；三是叠加利用（包括林草地、荒坡草地、退耕地和坡耕地）。如图 4-2 所示，中庄示范区三种利用方式所占比例分别为 37.49%、2.10% 和 60.41%；其相应的雨水资源理论潜力值分别为 2 738 542 m³、153 174.2 m³、4 412 834 m³；上黄示范区相应的雨水资源量的理论值分别为 922 768 m³、508 256.5 m³ 和 1 780 395 m³。

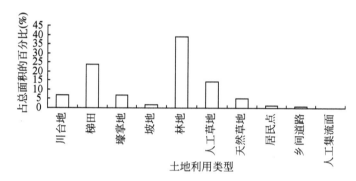

图 4-1　2009 年土地利用类型分布

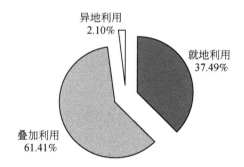

图 4-2　不同雨水资源利用方式理论潜力

4.1.3.2　雨水资源可实现潜力计算

在项目研究区小流域范围内的雨水资源总量中，除了就地利用的资源量和叠加利用中的就地利用资源量以外，实际上，可利用的雨水资源量就是异地利用的资源量与叠加利用资源量中的异地利用部分，即降水径流量部分。因此，示范区小流域雨水资源可实现潜力可以表达为

$$R_a = R_1 + R_2 \tag{4-3}$$

式中，R_a 为可实现潜力；R_1 为就地利用潜力；R_2 为降水径流潜力。根据示范区小流域的

实际情况和目前相关研究资料，示范区降水径流量的计算采用流域坡地径流资源潜力计算方法：

$$W_{11} = \sum_{i=1}^{n} m_i \cdot P_P \cdot S_i \cdot K_i / 1000 \qquad (4\text{-}4)$$

$$W_{2i} = \sum_{i=1}^{n} P_P \cdot S_i \cdot K_i / 1000 \qquad (4\text{-}5)$$

$$R_1 = R_t - W_{2i} \qquad (4\text{-}6)$$

式中，W_{11} 为坡地径流资源化潜力（m^3）；W_{2i} 为坡地实际径流资源量（m^3）；R_t 为坡地雨水资源理论潜力（m^3）；S_i 为第 i 种集流面的面积（m^2）；P_P 为降水频率为 P 的年降水量（mm）；K_i 为第 i 种集流面的径流系数；m_i 为坡地径流在汇集过程中的折减系数。

在计算中，不同土地利用现状的径流系数参照国内相关的研究数据，径流在汇集过程中的折减系数，根据示范区汇流流域的形状、蓄水工程布局情况、水土保持措施布局情况按实际监测结果并结合相关资料确定，计算结果见表 4-1 和表 4-2。

表 4-1 彭阳中庄示范区降水径流潜力计算结果

土地类型	面积（km²）	径流系数	折减系数	降水径流潜力（m³）		
				50% 保证率年降水 442.7 mm	90% 保证率年降水 326.5 mm	10% 保证率年降水 544.8 mm
坡耕地	0.52	0.08	0.55	10 129	4 597	7 671
林地	6.43	0.05	0.30	42 694	31 488	52 541
人工草地	2.33	0.06	0.30	18 593	13 713	22 882
天然草地	0.89	0.07	0.65	17 833	13 152	21 946
乡村居民点	0.20	0.31	0.45	12 063	8 897	14 845
乡间道路	0.13	0.31	0.60	10 869	8 016	13 376
人工集流面	0.02	0.85	0.95	6 673	4 921	8 212
合计	10.52	—		118 854	84 784	141 473

表 4-2 河川示范区降水径流潜力计算结果

土地类型	面积（km²）	径流系数	折减系数	降水径流潜力（m³）		
				50% 保证率年降水 422 mm	90% 保证率年降水 280 mm	10% 保证率年降水 520 mm
坡耕地	0.08	0.08	0.55	1 411	936	1 739
林地	4.32	0.05	0.30	27 352	18 148	33 704
人工草地	0.10	0.06	0.30	722	479	889
天然草地	1.18	0.07	0.65	22 657	15 033	27 919
乡村居民点	0.08	0.31	0.45	4 886	3 242	6 021
乡间土路	0.24	0.31	0.60	18 681	12 395	23 019
非利用地	0.29	0.31	0.50	18 838	12 499	23 213
合计	6.29	—	—	94 547	62 732	116 504

从计算结果可以看出，彭阳中庄示范区的降水径流潜力在 50%（年降水量 442.7 mm）、10%（年降水量 544.8 mm），90%（年降水量 326.5 mm）的降水保证率下分别为 118 854 m³，141 473 m³，84 784 m³；河川示范区的降水径流资源潜力在 50%、10% 和 90% 的降水保证率下分别为 94 547 m³、116 504 m³ 和 62 732 m³。实际上，这就是目前两个示范区全流域在不同降水保证率下可调配和可开发利用的径流资源总量。

根据上述径流潜力计算结果，加上就地利用资源量，按式（4-3），可计算出两个示范区小流域多年平均降水条件下的可实现雨水资源潜力（表 4-3 和表 4-4）。中庄示范区小流域雨水资源可实现潜力量为 7 124 504 m³，占全流域雨水资源理论潜力的 97.5%。河川示范区可利用雨水资源可实现潜力量为 3 096 140 m³，占雨水资源总量理论值的 96.38%。

表 4-3　2009 年彭阳中庄示范区可实现降水资源潜力计算结果

土地类型	面积（km²）	理论潜力（m³）	径流潜力（m³）	实际径流（m³）	就地利用潜力（m³）	可实现潜力（m³）
川台地	1.16	512 942	0	0	512 942	512 942
梯田	3.90	1 728 301	0	0	1 728 301	1 728 301
壕掌地	1.12	497 300	0	0	497 300	497 300
坡地	0.32	141 664	6 233	11 333	130 331	136 564
林地	6.43	2 846 266	42 694	142 313	2 703 953	2 746 647
人工草地	2.33	1 032 967	18 593	61 978	970 989	989 582
天然草地	0.885	391 937	17 833	27 436	364 502	382 335
居民点	0.195	86 474	12 063	26 807	59 667	71 730
乡间道路	0.132	58 436	10 869	18 115	40 321	51 190
人工集流面	0.019	8 264	6 673	7 024	1 240	7 913
合计	16.491	7 304 551	114 958	295 006	7 009 546	7 124 504

表 4-4　2009 年河川示范区可实现降水资源潜力计算结果

土地类型	面积（km²）	理论潜力（m³）	径流潜力（m³）	实际径流（m³）	就地利用潜力（m³）	可实现潜力（m³）
川台地	0.30	127 866	0	0	127 866	127 866
河台地	0.08	35 026	0	0	35 026	35 026
塬地	0.33	138 416	0	0	138 416	138 416
梯田	0.27	111 830	0	0	111 830	111 830
河滩地	0.07	29 962	0	0	29 962	29 962
果园	0.19	78 492	0	0	78 492	78 492
坡地	0.08	32 072	1 411	2 566	29 506	30 917
林地	4.32	1 823 462	27 352	91 173	1 732 289	1 759 641
人工草地	0.10	40 090	722	2 405	37 685	38 406
天然草地	1.18	497 960	22 657	34 857	463 103	485 760
居民点	0.08	35 026	4 886	10 858	24 168	29 054
乡间道路	0.24	100 436	18 681	31 135	69 301	87 982
未利用地	0.29	121 536	18 838	37 676	83 860	102 698
河川水库	0.10	40 090	0	0	40 090	40 090
合计	7.63	3 212 264	94 547	210 670	3 001 594	3 096 140

4.1.3.3 示范区水资源供需分析

要维持流域内社会、经济、生态系统的正常发展，必须首先满足系统对小流域水资源的最低基本需求。满足这一基本水资源的需要量可以认为是目前示范区的雨水资源现实潜力。根据试区目前的需水现状和特点，可将小流域对水资源的基本需求划分为三个方面：生活用水、生产用水和生态需水。

生活用水的标准参考国家公布的农村人口及牲畜需水标准；作物需水以黄土高原的水分生产率的现实水平为标准；生态需水以黄土高原适生树、草正常生长所需水量为标准（表4-5）。并以2009年示范区的调查资料为基本依据，计算示范区年需水量（表4-6和表4-7）。

表4-5　示范区基本需水量标准

需水分类	需水对象	需水标准
生活用水	人口	0.025 m³/d
	牲畜	0.009 m³/d
生产用水	粮食	1.33 m³/kg
	经济林	3500 m³/hm²
生态用水	乔木林	7000 m³/hm²
	灌木林	3500 m³/hm²
	人工草地	4000 m³/hm²
	天然草地	3000 m³/hm²

表4-6　2009年彭阳中庄示范区小流域年需水量计算结果

用水对象	生活用水 m³	%	农业用水 m³	%	生态用水 m³	%	年需水总量（m³）
人口需水	16 772	0.31	—	—	—	—	5 339 097
牲畜需水	9 273	0.17	—	—	—	—	
粮食生产	—	—	1 510 726	28.30	—	—	
经济林	—	—	63 700	1.19	—	—	
乔木林	—	—	—	—	706 253	13.23	
灌木林	—	—	—	—	1 833 440	34.34	
人工草地	—	—	—	—	933 333	17.48	
天然草地	—	—	—	—	265 600	4.97	

表 4-7 2009 年河川示范区小流域年需水量计算结果

用水对象	生活用水		农业用水		生态用水		年需水总量（m³）
	m³	%	m³	%	m³	%	
人口需水	4 672	0.25	—	—	—	—	
牲畜需水	6 477	0.36	—	—	—	—	
粮食生产	—	—	466 185	24.90	—	—	
果园	—	—	32 200	1.72	—	—	1 872 302
乔木林	—	—	—	—	50 400	2.69	
灌木林	—	—	—	—	448 700	23.97	
人工草地	—	—	—	—	158 400	8.46	
天然草地	—	—	—	—	705 000	37.65	

结果表明，中庄示范区小流域的需水总量为 5 339 097 m³，其中，生态用水量最大，占到 70.02%，农业用水量次之，为 29.49%，生活用水量比例最小，仅为 0.48%。年水资源需求量仅占可实现潜力量的 74.94%；河川示范区的需求总量为 1 872 302 m³，其中，生态用水量最大，占到 72.77%，农业用水量次之，为 26.62%，生活用水量比例最小，仅为 0.61%，年水资源需求量仅占可实现潜力量的 60.47%。从两个示范区雨水资源的可实现潜力来看，都还有较大的开发利用潜力。

4.2 土壤水资源蓄积量

根据前面项目示范区多年降水的年际分布可以看出，示范区一般从 5 月开始进入雨季，截至 10 月初雨季结束，因此把 5 月初的 0~100 cm 土层的土壤储水量称为旱季储水量，10 月初的土壤储水量称为雨季储水量，二者之差即为雨季土壤水分的蓄积量。

土壤蓄积量高低是反映雨季土壤水分增加多少的重要指标，其变化反映了一定土层土壤水量的平衡状况。在半干旱黄土丘陵区水土流失治理及植被恢复中，总是通过水保工程措施、生物措施和耕作措施相结合，如坡改梯、截流沟、鱼鳞坑、人工草地、天然草地封育等来调控恢复土壤水分。在黄土丘陵沟壑区土壤水分主要是由降水和立地类型决定的，二者之间是相互制约的关系。在降水量一定的前提下，造成土壤蓄积量不同的原因是不同土地利用类型导致土壤水分的差异。

4.2.1 不同坡位土壤水资源蓄积量

从图 4-3 不同坡位 0~100 cm 土层的土壤储水量的季节变化可以看出，3~5 月土壤储水量呈下降趋势，5 月较低，主要是气温升高，降水量少，土壤水分的消耗量大于补给；6~7 月土壤储水量出现不同程度的下降，主要是同期降水量减少且气温升高，植物进入生长旺盛期，植物蒸腾耗水和蒸散量增大，水分补给不足所致；8 月土壤储水量略有上升，主要是降水频繁，同时气温上升到了全年的最高而抑制了植物的生长，使植物蒸腾耗水减少所致;9月土壤储水量增加,一方面由于气温下降,土壤蒸发下降,另一方面植物由生长旺盛趋向停顿,耗水减弱;10月土壤储水量明显上升,主要是9月降水充沛,土壤水分得到补充所致。另外,不同坡位土壤储水量的大小顺序基本为:下部>中部>上部,结果与土壤水分含量高度一致。

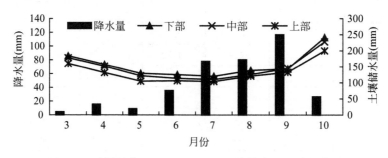

图4-3　不同坡位 $0 \sim 100$ cm土层土壤储水量的季节变化

如图4-4所示,在 $0 \sim 100$ cm土层,不同坡位土壤水分蓄积量总体趋势是:下部>中部>上部,上部,中部和下部土壤水分总蓄积量分别为:75.15 mm、85.9 mm、90.95 mm,这与不同坡位土壤水分变化的趋势是一致的,主要是外界因素包括风力、太阳辐射的不均衡,以及降水的再分配等造成的。另外,从图4-4中也可以反映出在 $0 \sim 60$ cm土层,随着土层的加深,土壤水分蓄积量整体上是呈增长趋势,在60 cm处土壤水分的蓄积量达到峰值,上部、中部和下部土壤水分在60 cm土层深处的蓄积量分别为24.4mm、25.8mm、30.2m,在60 cm以下,土壤水分蓄积量呈明显的下降趋势,说明越到深层,土壤水分的蓄积量越少,深层的土壤水分受雨季降水的影响较小。

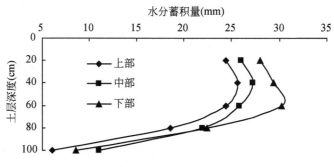

图4-4　不同坡位土壤水分蓄积量的垂直变化

4.2.2　不同坡向土壤水资源蓄积量

从图4-5不同坡向 $0 \sim 100$ cm土层的土壤储水量的季节变化可以看出,与不同坡位土壤储水量的变化趋势是一致的,3~5月土壤储水量呈明显下降趋势,6~7月土壤储水量变化幅度较小,8~10月土壤储水量呈明显上升趋势,造成这一现象的原因主要还是因为在植物进入生长季前期,土壤储水量基本没有消耗,从4月进入生长季后,气温上升,植物开始耗水，而降水量又比较少，土壤水分的消耗量大于补给，土壤储水量下降；在 6～7 月，随着降水量的增加，气温继续升高，植物进入生长旺盛期，植物蒸腾耗水和蒸散量增大，水分补给还是不足；8 月土壤储水量略有上升，主要是由于前期降水频繁，同时气温上升到了全年的最高而抑制了植物的生长，使植物蒸腾耗水减少所致；9 月土壤储水量增加，一方面由于气温下降，土壤蒸发减少，另一方面因植物由生长旺盛趋向停顿，耗水减弱；10 月土壤储水量明显上升，主要是 9 月降水充沛，土壤水分得到补充所致。另外，不同坡向土壤储水量的大小顺序基本为：阴坡＞阳坡，结果与土壤水分含量高度一致。

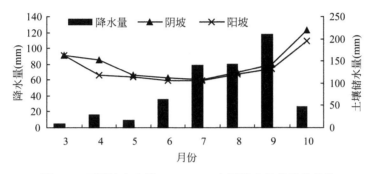

图 4-5 不同坡向土壤 0～100 cm 土层储水量的季节变化

从图 4-6 不同坡向的土壤水分蓄积量可以看出，在 0～80 cm 土层，阴坡的土壤蓄积量明显高于阳坡，阴坡和阳坡在 0～100 cm 土层的土壤水分总蓄积量分别为：110.2 mm、90 mm，这与不同坡向土壤水分的变化趋势是一致的，主要是由于接受的太阳辐射不同，进而造成地温不同，导致的地表蒸发和植被蒸腾耗水不一致造成的。在 0～100 cm 土层，土壤水分的蓄积量都呈明显的下降趋势，在 40 cm 处土壤水分蓄积量达到最大值，分别为 22.4 mm、28.2 mm，而在 100 cm 土层处，阴坡和阳坡的土壤水分蓄积量基本相同，分别为 6.8 mm、7.4 mm。说明深层土壤水分蓄积量受降水和地形的影响较小。

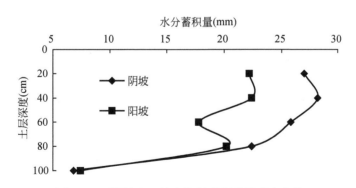

图 4-6 不同坡向土壤水资源蓄积量的垂直变化

4.2.3 不同种植年限人工草地土壤水资源蓄积量

如图 4-7 所示，不同种植年限人工牧草地土壤水分蓄积量，在 0～100 cm 土层，5 年的明显要高于 10 年的，分别为 105.64 mm、89.77 mm，这与不同退耕年限牧草地土壤水分变化趋势相吻合，主要是由于三年生苜蓿长势要好于七年生，即三年生牧草的覆盖度较大，并且表层的腐殖质含量较高，雨季土壤水分的蓄积量较高，而七年生的牧草地表的覆盖度减少，并且表层的腐殖质含量也降低，在特别干旱期，地表的强烈蒸发和根系的吸水作用使得土壤水分蓄积量逐渐减小。从图 4-7 中明显反映出土壤水分蓄积量呈先增长后下降趋势，而且在 100 cm 处 5 年和 10 年的土壤水分的蓄积量基本相近，分别为 11.29 mm、11.23 mm。说明土壤水分蓄积量主要分布在 0 ~ 80 cm 土层，尤其是作物根系吸收层 40 ~ 60 cm 土层，土壤水分蓄积量变化幅度较大。

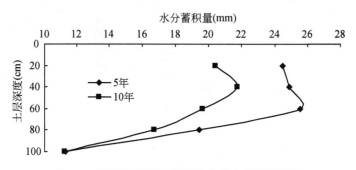

图 4-7　不同退耕年限苜蓿地土壤水资源蓄积量

4.2.4　不同土地利用方式土壤水资源的蓄积量

如图 4-8 不同土地利用方式土壤水分蓄积量的季节变化，可以看出不同土地利用类型土壤储水量的大小顺序基本为：坝地（177.81 mm）＞坡耕地（164.8 mm）＞人工草地（150.32 mm）＞川台地（148.20 mm）＞天然草地（127.0 mm）＞刺槐林（121.22 mm）＞沙棘林（115.42 mm）。

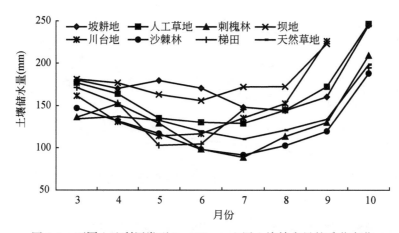

图 4-8　不同土地利用类型 0 ~ 100 cm 土层土壤储水量的季节变化

从图 4-9 不同土地利用方式土壤水分蓄积量的垂直变化可以看出，在 0 ~ 40 cm 土层，土壤水分蓄积量总体上增长趋势，且在 40 cm 土层处达到最大值，在 40 cm 土层以下，土壤水分蓄积量呈明显的下降趋势，而且坝地水分蓄积量下降幅度最大，出现了负值，说明深层坝地雨水的补给量要小于坝地杨树对深层土壤水分的消耗量，在 0 ~ 100 cm 土层，土壤水分蓄积量最大的是人工草地，为 119.2 mm，其次分别是川台地 101.2 mm、梯田 95.6 mm、沙棘林 77.2 mm、天然草地 73 mm、刺槐林 72.6 mm、坡耕地 71.4 mm，坝地最小，为 48.8 mm。

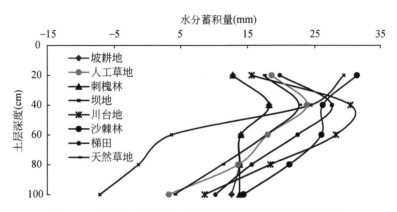

图 4-9　不同土地利用方式土壤水资源蓄积量的垂直变化

4.2.5　土壤水资源可利用性评价

半干旱黄土丘陵区降水稀少，水源贫乏，绝大部分地区因地形破碎、水利条件差，长期以来都是发展旱作农业，即靠天吃饭的雨养农业。但该区域土层深厚具有土壤透水性能好、持水容量大的特点。因此，建立"土壤蓄水库"，把雨水储蓄在广大的田地里，增加土壤水分，减少水土流失，因地制宜地建立各种形式的"土壤水库"。如陡坡地的退耕还林还草，缓坡地修建水平梯田，沟中打坝淤地以及采用草肥覆盖耕作等各种蓄水保墒耕作法，增加土壤渗水、蓄水、保水、供水的能力。

土壤蓄水量分为毛管蓄水量和非毛管蓄水量。计算公式为

$$W_c = 10^4 \times h \times P_c \times R_s \qquad (4-7)$$

$$W_o = 10^4 \times h \times P_o \times R_s \qquad (4-8)$$

式中，W_c、W_o 分别为毛管蓄水量和非毛管蓄水量（mm），h 为土层厚度（cm），P_c、P_o 分别为毛管孔隙和非毛管孔隙（%），R_s 为土壤容重（g/m³）。

土壤饱和蓄水量为

$$WA = W_c + W_o \qquad (4-9)$$

$$W_r = WA - W_n \qquad (4-10)$$

$$W_s = W_c - W_n \qquad (4-11)$$

式中，WA 为饱和蓄水量（mm），W_r 为土壤涵蓄降水量（mm），W_n 为土壤平均含水量（mm），W_s 为土壤有效涵蓄量（mm）。

对于土壤蓄水能力的评价，通常用非毛管蓄水量作为计算土壤蓄水量的基准。其观点认为：林地蓄水作用反映在非毛管孔隙水的储存能力上，非毛管孔隙是土壤快速储水场所，在非毛管孔隙中滞留储存的重力水在调蓄水分方面，具有更为重要的作用。这种观点在雨量充沛、土壤湿度较大的地区比较适用，而在干旱半干旱地区，用非毛管蓄水量评价土壤的蓄水性能就不合理，这是因为毛管蓄水量数量可观，是非毛管蓄水量的几倍。干旱、半干旱退化山区的土壤很难达到饱和，即使是丰水年的雨季，土壤水分只能接近某一稳定湿度（一般接近田间持水量），其他季节，土壤水分经常处于亏缺状态，非毛管孔隙很难补充满水，土壤水分经常处于田间持水量以下，土壤蓄水主要以毛管为主。因此，评价干旱、半干旱地区土壤蓄水性应是非毛管孔隙和毛管孔隙蓄水量（饱和蓄水量）。把饱和蓄水量与土壤平均含水量之差作为衡量土壤涵蓄降水量的指标。

4.2.5.1 不同农地土壤蓄水量

从表4-8不同农地土壤蓄水量和土壤涵蓄降水量及有效涵蓄量可知，在0～100 cm土层，毛管蓄水量的大小排序为梯田（454.18 mm）＞坡耕地（422.58 mm）＞川台地（390.75 mm），饱和蓄水量大小排序为梯田（565.77 mm）＞坡耕地（517.18 mm）＞川台地（498.22 mm）。涵蓄降水量大小排序为梯田（392.09 mm）＞坡耕地（383.00 mm）＞川台地（350.40 mm），有效涵蓄量的大小顺序为坡耕地（288.40 mm）＞梯田（280.51 mm）＞川台地（242.93 mm），另外从不同农地0～100 cm土层土壤饱和蓄水量和涵蓄降水量的垂直变化也可以看出，在农地的耕作措施中，梯田对土壤蓄水量影响最为显著，反映了在半干旱黄土丘陵区实行坡改梯改造工程，提高了农田蓄水保土，控制了水土流失，提高了水资源的利用率，同时也有利于改良土壤、提高土地生产力。

表 4-8 不同农地土壤蓄水量

样地	土层厚度（cm）	毛管蓄水量（mm）	非毛管蓄水量（mm）	饱和蓄水量（mm）	土壤含水量（mm）	涵蓄降水量（mm）	有效涵蓄量（mm）
梯田	0～20	90.92	19.71	110.63	45.71	64.91	45.20
	20～40	89.21	19.30	108.51	45.03	63.49	44.19
	40～60	96.06	20.57	116.63	27.91	88.71	68.15
	60～80	83.26	31.06	114.32	26.64	87.67	56.61
	80～100	94.73	20.95	115.68	28.37	87.31	66.36
	总和	454.18	111.59	565.77	173.66	392.09	280.51
川台地	0～20	81.69	16.69	98.37	35.64	62.74	46.05
	20～40	78.77	17.39	96.16	32.93	63.23	45.84
	40～60	77.04	20.63	97.67	25.88	71.79	51.16
	60～80	73.63	29.52	103.15	24.94	78.21	48.69
	80～100	79.63	23.24	102.87	28.44	74.43	51.19
	总和	390.75	107.46	498.22	147.83	350.40	242.93

续表

样地	土层厚度（cm）	毛管蓄水量（mm）	非毛管蓄水量（mm）	饱和蓄水量（mm）	土壤含水量（mm）	涵蓄降水量（mm）	有效涵蓄量（mm）
坡耕地	0~20	78.85	23.85	102.70	41.61	61.09	37.24
	20~40	83.32	24.81	108.13	31.58	76.55	51.74
	40~60	82.62	17.76	100.39	21.23	79.16	61.39
	60~80	89.19	15.41	104.59	20.15	84.44	69.04
	80~100	88.60	12.78	101.37	19.61	81.76	68.99
	总和	422.58	94.61	517.18	134.18	383.00	288.40

4.2.5.2　不同植被类型土壤蓄水量

从表4-9不同植被类型土壤蓄水量可以得知，在0~100 cm土层，毛管蓄水量的大小排序为刺槐林（515.21 mm）>山杏林（471.01 mm）>沙棘林（455.67 mm），饱和蓄水量大小排序为刺槐林（593.21 mm）>山杏林（580.05 mm）>沙棘林（520.52 mm），涵蓄降水量大小排序为山杏林（432.20 mm）>刺槐林（422.18 mm）>沙棘林（421.79 mm），有效涵蓄量的大小顺序为棘林（356.94 mm）>刺槐林（344.18 mm）>山杏林（323.16 mm），另外从土壤饱和蓄水量和涵蓄降水量的垂直变化中也可以看出，总体上刺槐林>山杏林>沙棘林。这主要是由乔灌树种的耗水差异及土壤含水量的差异造成的。

表4-9　不同植被类型土壤蓄水量

样地	土层厚度（cm）	毛管蓄水量（mm）	非毛管蓄水量（mm）	饱和蓄水量（mm）	土壤含水量（mm）	涵蓄降水量（mm）	有效涵蓄量（mm）
刺槐林	0~20	105.30	18.61	123.91	47.85	76.06	57.45
	20~40	97.44	12.69	110.13	42.69	67.43	54.75
	40~60	106.20	16.39	122.59	26.57	96.02	79.63
	60~80	103.40	20.51	123.92	25.23	98.69	78.17
	80~100	102.87	9.80	112.66	28.68	83.98	74.19
	总和	515.21	78.00	593.21	171.02	422.18	344.19
沙棘林	0~20	94.68	13.23	107.91	25.61	82.30	69.07
	20~40	88.68	10.83	99.51	28.15	71.37	60.53
	40~60	92.37	14.55	106.92	18.94	87.98	73.43
	60~80	89.34	12.11	101.46	11.34	90.11	78.00
	80~100	90.60	14.12	104.72	14.68	90.03	75.91
	总和	455.67	64.84	520.52	98.72	421.79	356.94

样地	土层厚度（cm）	毛管蓄水量（mm）	非毛管蓄水量（mm）	饱和蓄水量（mm）	土壤含水量（mm）	涵蓄降水量（mm）	有效涵蓄量（mm）
山杏林	0~20	92.32	22.77	115.09	40.70	74.39	51.62
	20~40	89.38	26.63	116.01	34.10	81.91	55.28
	40~60	96.12	19.91	116.02	24.68	91.34	71.44
	60~80	95.64	23.94	119.58	24.54	95.04	71.10
	80~100	97.55	15.80	113.35	23.83	89.52	73.72
	总和	471.01	109.05	580.05	147.85	432.20	323.16

4.2.5.3 不同种植年限人工草地土壤蓄水量

从表4-10不同年限人工牧草地土壤蓄水量可以得知，在0~100 cm土层，毛管蓄水量的大小排序为28年（479.82 mm）>10年（443.66 mm）>5年（435.34 mm）>天然草地（246.96 mm），饱和蓄水量大小排序为28年（553.86 mm）>10年（541.39 mm）>5年（516.99 mm）>天然草地（558.41 mm），涵蓄降水量大小排序为天然草地（444.14 mm）>10年（431.18 mm）>28年（421.15 mm）>5年（394.27 mm），有效涵蓄量的大小顺序为28年（347.11 mm）>10年（333.45 mm）>5年（312.63 mm）>天然草地（132.68 mm），另外从土壤饱和蓄水量和涵蓄降水量的垂直变化中也可以看出，不同土层间，土壤蓄水量的变化不是很规律。

表4-10　不同年限人工牧草地土壤蓄水量

样地	土层厚度（cm）	毛管蓄水量（mm）	非毛管蓄水量（mm）	饱和蓄水量（mm）	土壤含水量（mm）	涵蓄降水量（mm）	有效涵蓄量（mm）
5年	0~20	79.06	23.32	102.38	51.73	50.65	27.33
	20~40	87.00	13.99	100.99	20.33	80.66	66.67
	40~60	89.46	12.76	102.21	16.96	85.25	72.50
	60~80	90.14	14.59	104.73	16.19	88.54	73.95
	80~100	89.68	16.99	106.68	17.50	89.17	72.18
	总和	435.34	81.65	516.99	122.71	394.27	312.63
10年	0~20	84.20	26.40	110.59	50.44	60.15	33.76
	20~40	89.06	20.67	109.73	14.98	94.74	74.07
	40~60	86.21	19.47	105.68	13.75	91.93	72.46
	60~80	88.78	17.47	106.25	14.80	91.45	73.98
	80~100	95.41	13.73	109.14	16.23	92.91	79.18
	总和	443.66	97.74	541.39	110.20	431.18	333.45

续表

样地	土层厚度（cm）	毛管蓄水量（mm）	非毛管蓄水量（mm）	饱和蓄水量（mm）	土壤含水量（mm）	涵蓄降水量（mm）	有效涵蓄量（mm）
28 年	0~20	96.80	8.57	105.37	44.32	61.04	52.48
	20~40	94.94	14.21	109.15	32.86	76.29	62.07
	40~60	91.87	14.26	106.13	20.23	85.90	71.64
	60~80	99.37	16.91	116.27	14.78	101.49	84.59
	80~100	96.84	20.10	116.94	20.50	96.43	76.33
	总和	479.82	74.05	553.86	132.69	421.15	347.11
天然草地	0~20	50.75	64.53	115.28	33.83	81.45	16.91
	20~40	47.03	68.23	115.26	29.59	85.67	17.44
	40~60	49.35	60.41	109.75	16.89	92.86	32.46
	60~80	50.23	60.48	110.71	16.11	94.59	34.11
	80~100	49.60	57.81	107.41	17.84	89.57	31.76
	总和	246.96	311.46	558.41	114.26	444.14	132.68

4.3　降水后水分移动规律与再分配

4.3.1　降水的截留与分配

如图 4-10 所示，降水降落在地表之前，在一定的范围内是均匀的；但如果地面存在植被，则降水会经过植被层的再分配，使其在空间分布上发生改变。降水经过植被的冠层后，一般被大致分配为三部分：穿透雨、茎干流、冠层截留（还有一小部分是冠层内蒸发，即在降水过程中就从枝叶表面返回大气的水量，这一部分数量很小，一般忽略不计）。穿透雨指的是穿过枝叶缝隙直接落到地面以及落在枝叶上后再滴落到地面的降水，前者称为直接穿透雨，后者称为间接穿透雨。茎干流是指经过枝叶汇集后，顺植物茎干流到地面的那一部分降水。冠层截留指降水结束后停留在植物枝叶表面的降水，这一部分水量大部分最终蒸发返回大气。

在雨水到达地表之后，即开始了在土壤表面及内部的再分配过程。首先，水分进入土壤表面，这一过程称为入渗，入渗后雨水成为土壤水，成为可被植物所利用的潜在水资源。一部分土壤水继续下渗，补给到地下水层，最后流出集水区，另外大部分土壤水通过土壤蒸发和植物蒸腾返回大气。当土壤饱和或者降水强度超过入渗速率的时候，便会产生地表径流，径流的一部分蓄积于地面的微小坑洼之中，然后入渗或蒸发，一部分汇集入沟道，进入河网。

在本研究区域内，植被以天然或人工草被为主。植被层对降水的截留作用非常有限，消耗于草被冠层的降水量只占总降水量的一小部分，因此在研究雨水在地面的初次再分配过程中，没有单独考虑植被冠层对降水再分配的影响，而是将植被层与土壤上层对降水的

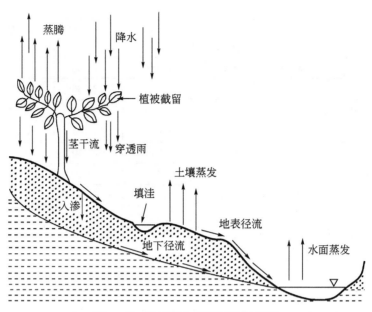

图 4-10 流域降水径流过程示意图

再分配过程综合考察，为此，本研究开展了人工模拟降水、水分入渗等试验。

4.3.2 地表径流过程及集雨效果

为衡量降水在坡面上的再分配情况，分别在 2004 年和 2009 年的夏季开展了人工降水试验。试验径流小区修建在进行了 "88542" 水平沟工程改造后的坡面上，面积 4m×6m，坡长对应水平沟隔坡长度，四周为水泥隔墙与坡面其他区域隔离。2004 年，选取了坡度为 25°和 35°的两个天然草地小区；2009 年，选取了坡度为 9°的人工草地小区和坡耕地小区，以及坡度为 35°的天然草地小区。小区的基本情况如表 4-11 所示。

表 4-11 径流小区基本情况

小区土地利用类型	坡度（°）	植被盖度（%）	试验时间（年）	降水场次
天然草地	25	60	2004	3
天然草地	35	85	2004	2
		45	2009	3
人工草地（苜蓿）	9	55	2009	3
坡耕地（休闲）	9	25	2009	3

在 2004 年和 2009 年的降水试验中，各个小区均进行了不同降水强度和降水历时的多场降水，试验的一些主要数据如表 4-12 和表 4-13 所示。2004 年的试验结果显示，不同的降水强度对坡面产流影响极为显著。在小雨强（12.8 mm/h）条件下，坡面径流的产生所需时间比较长，在 25°和 35°的小区上都达到了 40 min 以上；而在较大雨强条件下

（约 30 mm/h 及以上），开始产流所需时间则大为缩短，降水开始后仅几分钟就已经产流。不同雨强所对应的径流量和径流系数也出现了数量级的巨大差异，小雨强条件下的径流系数仅稍大于 2%，较大雨强下的径流系数则达到了 0.4～0.6 以上；也就是说在小雨强条件下，降水基本上全部入渗，而较大雨强下有大约一半的降水入渗。

表 4-12   2004 年人工模拟降水试验结果

土地利用类型	天然草地（25°）			天然草地（35°）	
降水强度（mm/h）	12.8	27.5	67.3	12.8	28.1
降水历时（min）	310	91	50	342	121
开始产流时间（min）	41.8	5.0	2.3	42.4	5.7
降水量（mm）	65.97	41.48	56.49	73.16	56.43
径流深（mm）	1.38	21.41	34.71	1.75	24.13
径流系数	0.021	0.52	0.61	0.024	0.43

表 4-13   2009 年人工模拟降水试验结果

土地利用类型	人工草地（9°）			天然草地（35°）			坡耕地（9°）		
降水强度（mm/h）	49.8	34.2	14.4	59.4	25.2	15.6	43.8	20.4	16.8
降水历时（min）	40	65	83	44	86	92	85	99	77
开始产流时间（min）	3.6	2.8	8.0	2.5	3.4	8.4	5.7	6.2	14.2
降水量（mm）	34.17	36.94	19.71	43.44	35.85	24.06	61.78	33.54	21.63
径流深（mm）	14.55	13.29	3.23	19.78	9.59	4.04	20.50	14.42	6.92
径流系数	0.43	0.36	0.16	0.46	0.27	0.17	0.33	0.43	0.32

2009 年的试验结果与 2004 年有一定的差异。不同雨强条件下，产流开始时间的差异没有 2004 年的试验中那么大，产流开始时间最长也只有约 14 min（坡耕地，9°），其他降水场次中，产流开始时间均在 10 min 以内。不同降水强度条件下的径流系数的差异也不及 2004 年的试验中的那么大，虽然也是小雨强条件下的径流系数较小，但没有出现数量级的差异。两个年份的这种差异的原因主要是降水试验的程序不同，也就是不同雨强的降水试验进行的先后次序不同，2004 年的试验中，是按雨强从小到大的次序进行试验，2009 年正好相反，是按雨强从大到小的顺序进行试验。在第一场降水之前，土壤的含水量是比较低的，存蓄雨水的能力还比较强，产流自然要慢一些。2004 年的试验中，第一场降水恰好是小雨强，所以在降水开始后 40 min 以后才开始产流，总的产流量也比较小，后续的强度较大的降水试验在土壤含水量较大的条件下进行，产流便比较迅速，产流量也极大；2009 年的试验中，首场降水是大雨强，故开始产流时间并不是很长，后续的降水中，虽然雨强较小，但在前期土壤含水量较大的情况下，产流较为迅速，产流量也比较大。本研究的降水试验再次说明了土壤的初始含水量对坡面产流的显著影响。

在理论上，对坡面产流影响较大的因子还有坡度，但是在本研究中坡度因子呈现的影响却比较模糊。例如，在 2004 年的试验中，在 25° 和 35° 两个天然草地小区上分别进行的强度为 27.5 mm/h 和 28.1 mm/h 的两场降水，在降水强度基本一致的情况下，25° 小区的径流系数却比35°小区高出 9 个百分点；再如 2009 年的试验中，在 35°的天然草地和 9°的坡耕地两个小区上分别进行的强度为 15.6 mm/h 和 16.8 mm/h 的两场降水，降水强度相差也很小，然而 9°小区的径流系数竟比 35°小区高出近一倍。据推测，出现这种结果的原因是坡面的表面状况，包括植被覆盖度和地表粗糙度等，影响了坡度因子所起的作用。2004 年的试验中，25°小区的植被覆盖度比 35°小区低了 25 个百分点，这或许是其径流系数较高的原因。2009 年的试验中，坡耕地小区为休闲地，植被覆盖度只有 25%，且地表比较平坦，天然草地小区覆盖度为 45%，且坡面微地形起伏较大，所以有可能造成坡耕地径流系数较高的结果。在本研究中，坡度在坡面产流过程中的影响似乎被植被覆盖度、地表粗糙度等因素掩盖，这也说明实际情况下的降水产流过程是非常复杂的，简单的、概化的因子不足以准确描述这一过程。图 4-11 更加清楚地显示了不同条件下坡面产流过程的复杂性。

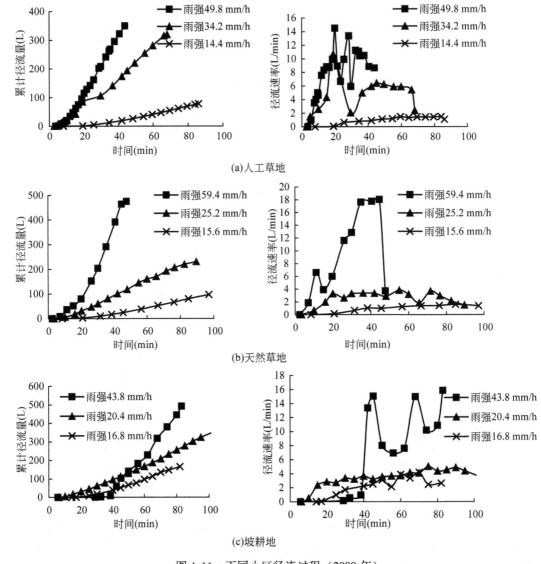

图 4-11 不同小区径流过程（2009 年）

从降水试验得到的坡面产流，亦即降水在坡面的初次再分配情况，可以大致看出，坡面的植被状况以及地表粗糙度对产流的影响在某些情况下超过了坡度的影响。降水强度的差异也极大地影响着坡面产流，小雨强条件下产流量会极小。

4.3.3　土壤入渗过程

水分在土壤介质中的运动基本上属于流体在多孔介质中的渗流运动，受毛管力、分子力作用影响，流动的阻力较大，在大多数情况下水分的渗透是比较缓慢的过程，但水分入渗的速率是一个时空变异比较大的物理量。在很多情况下土壤中存在着一些比较大的孔隙，如大型土壤动物活动及植物根系分解后留下的孔洞、土壤干裂、耕作活动形成的缝隙，水分在这样的大孔隙中运动阻力较小，可以由这些孔隙迅速越过土体，这样的水分流动被称为优势流。土体中一旦存在优势流通道，一定范围内的土壤入渗及下渗速率就会显著提高。存在有利于水分入渗的土壤条件和状态，就存在着不利于水分入渗的土壤条件和状态，例如，雨滴打击以及径流搬运沉积作用使土壤中较细的颗粒在土表形成一层厚度仅以毫米计的致密结皮层，结皮层的存在会大大降低入渗速率。在实际情况中，即使在较小尺度范围内，入渗速率都可能有相当大的变化，特别是在入渗的初期。在不同的时期，水分的入渗也因土壤干湿、植被的枯荣等条件的改变而不尽相同。入渗是如此复杂，又如此重要，一直是农业、水文、生态等学科的研究重点。

通过降水试验前后各层土壤含水量的变化可以得知在一定的降水条件下，雨水能够入渗的深度，如图 4-12 所示。

对于人工草地，见图 4-12（a）、（b）、（c），由于苜蓿对土壤水分的消耗，小区土壤含水量在 40 cm 土层以下仅为 6%~7%，40 cm 土层以上能得到降水补给，含水量能达到 10% 以上。三场降水中，雨水均只影响到 40 cm 以上的土层，降水前后土壤含水量随土层深度的变化趋势基本一致。

如图 4-12（d）、（e）、（f）所示，天然草地的土壤含水量在降水前后变化较大的降水场次只有强度最大的那一场（雨强 59.4 mm/h），影响范围同人工草地一样，只到达 40 cm 左右的深度。另外两场较小强度降水后的土壤含水量变化幅度较小，特别是最小强度降水场次结束后，各层含水量只是略有增加。天然草地小区的坡度达到了 35°，不易存蓄雨水，这是土壤含水量补给较少的一个重要原因。

对于坡耕地，如图 4-12（g）、（h）、（i）在第一场降水（强度 43.8 mm/h）之前，坡耕地土壤 0~100 cm 土层的含水量比较均一，都在 10% 左右，只是表层略大。在降水后，40 cm 以上的土层的含水量显著增加，表层含水量接近 30%，随深度增加，含水量的增加幅度逐步减小，至 40 cm 以下，土壤含水量几乎没有明显的增加。在后两场强度较小的降水之前，土壤含水量在 0~30 cm 或 0~40 cm 范围内都比较大，在 20% 左右，在 60 cm 以下，土壤含水量基本没有受前期降水的影响。在降水之后，上层土壤含水量固然有所增加，但是相对增加的幅度却不如第一场降水。

综合地看，降水对小区的土壤含水量的影响深度主要在 0~40 cm 土层，其下的含水量基本稳定，较少受实验降水的影响。本研究中雨后土壤含水量的取样是在降水结束后立

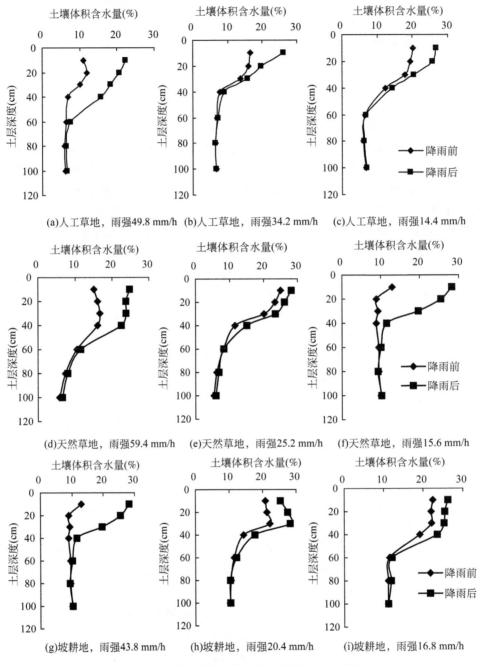

图 4-12　降水前后土壤含水量变化（2009 年）

即进行的，此时水分的入渗时间还相当有限，入渗深度不大可能与此有关。不过，2009 年 8 月中下旬，彭阳地区阴雨连绵，总降水量达 108.3 mm；在当月末，在多处梯田上开挖剖面，发现湿润锋也仅在 40~50 cm 土层深处。在平地上入渗深度尚且如此，坡面上入渗深度肯定更小一些。由此也可以看出，试验区域黄土的保水性还是相当好的，深层渗漏较少，对农业生产有利。

　　本研究在流域内选择了一些地点，用双环法对土壤在一定时间内的入渗能力进行了测定。样点的选择主要考虑研究区域内大面积应用的"88542"水平沟、梯田等工程措施的实施以及土地利用方式的改变对土壤入渗能力的影响。结果如表 4-14 所示。

表 4-14　不同地点土壤入渗速率

编号	样点类型	入渗时间（min）	累计入渗量（mm）	初期入渗速率（mm/min）	末期入渗速率（mm/min）	平均入渗速率（mm/min）
1	隔坡 1	130	182.43	2.98	1.29	1.67
2	水平沟 1	135	381.18	2.04*	2.89*	2.85*
3	隔坡 2	135	196.36	1.79	1.23	1.54
4	水平沟 2	125	276.53	6.76	2.12	2.45
5	隔坡 3	110	174.08	4.18	1.41	1.74
6	水平沟 3	120	203.92	3.68	1.53	1.82
7	隔坡 4	120	120.56	2.98	0.96	1.07
8	水平沟 4	125	235.95	5.47	1.68	2.04
9	隔坡 5	130	250.47	2.98	2.04*	1.93*
10	水平沟 5	115	183.23	1.99	1.52	1.65
11	隔坡 6	130	170.30	0.99*	1.41*	1.32*
12	水平沟 6	135	238.93	5.47	1.60	1.89
13	隔坡 7	120	476.07	7.96	3.97	4.10
14	水平沟 7	95	238.89	6.66	2.91	3.17
15	隔坡 8	120	285.68	4.87	2.46*	2.46*
16	水平沟 8	125	268.77	5.97	1.98	2.32
17	坡耕地	130	180.64	3.18	1.19	1.57
18	梯田（小麦）	120	193.37	4.97	1.26	1.79
19	梯田（苜蓿）	120	130.31	2.98	1.07	1.17
20	川台地（小麦）	130	187.40	4.87	1.39	1.56
21	川台地（苜蓿）	140	154.58	4.38	0.90	1.26
22	坝底（次生林）	130	86.34	6.27	0.49	0.86
23	鱼鳞坑	105	242.71	5.97	2.26	2.41
24	荒坡	80	213.07	4.97	2.59	2.78

＊为入渗速率异常值

　　大部分样点的入渗试验进行了 2 h 左右，入渗便趋于稳定。在这些样点中，有少数点的初期、末期和平均入渗速率三者的数值大小关系出现了一些异常，在表 4-14 中用"＊"号在数值后标示；在一般情况下，三者的大小顺序应该为初期入渗速率 > 平均入渗速率 > 末期入渗速率，即随试验的进行入渗速率应该逐渐减小。而实际情况中，关于入渗的土壤状况千变万化，入渗速率的变化不遵循常规是经常出现的情况。如表中出现的初期入渗速率较小，后来入渗速率又有所增大的现象，可能是在入渗过程中，湿润土体范围逐渐扩大，土壤中的一些大孔隙逐渐连通，使入渗速率升高，也就是前文所述的优势流的发生。这样的大孔隙水流往往是不稳定的，在其流动过程中，土壤颗粒，尤其是一些细粒物质容易随水流运动，逐渐在孔隙中积累而阻塞孔隙，这又会造成入渗速率的下降。这样的入渗速率不规则变化可能在入渗过程中的任何时候发生，即使在入渗速率似乎在较长时间内都趋于稳定了的情况下，都有可能突然升高或降低。本研究认为，在试验操作没有失误的情况下，即使是不太符合常规的土壤入渗试验的结果也不宜轻易舍弃，因为土面之上表现的入渗快慢实际上代表着土面之下的入渗过程，而每一次试验测得的入渗过程都源于所取样点的土壤结构状况，每一次试验的结果都是土壤入渗能力空间变异性的一个具体表现，所以应该保留下来作进一步的分析。当然，绝大部分的试验数据是符合常规的，显示了样点代表的地域中土壤入渗能力的一般水平。

图4-13（a）、（b）显示了各样点的入渗过程曲线，从图中可以进一步看出水分入渗过程的复杂性。在大多数的实际入渗试验中，入渗速率随时间的变化过程虽然大致是从一个初渗时刻的极大值减小至某一个基本稳定的末期入渗速率值，但这一过程的曲线并非一条平滑、单调的曲线。入渗过程中某些时刻的入渗速率可能比初渗速率还要高，或者整个入渗过程中入渗速率并无显著的减小趋势。入渗过程曲线的复杂形状进一步揭示了表4-14中一些入渗速率异常的原因。

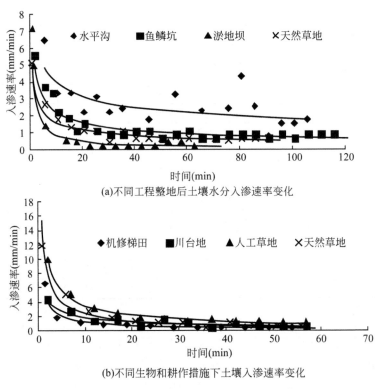

(a)不同工程整地后土壤水分入渗速率变化

(b)不同生物和耕作措施下土壤入渗速率变化

图4-13　各样点入渗速率随时间变化过程

4.3.4　蒸发及蒸腾耗水

降水到达地面之后，在吸收了太阳辐射能量之后，又会转变为气体形式返还大气，完成整个水文循环过程。其中，水分从自由水面或土壤表面返回大气的过程称为蒸发；水分通过植物地上部分散失到大气中的过程称为蒸腾或散发。水面、土壤蒸发和植被蒸腾二者合称蒸散发，陆地上年降水量的 60%～70% 要通过蒸散发作用返回大气，蒸散发是地球水文循环的主要环节之一。

4.3.4.1　蒸发

流域内的蒸发主要发生在自由水面和土壤表面，在半干旱黄土丘陵区，降水稀少，流域内自由水面面积很小，自由水面蒸发在总的蒸散发中所占比例较小。土壤水分通过土壤孔隙上升至土壤表面汽化散失至大气的过程称为土壤蒸发，是半干旱黄土丘陵区蒸散发的重要组成部分。土壤蒸发降低土壤含水量，且散失的这一部分水量没有参与植物生理过程，不能形成植物生物量，对生产和生态建设基本上没有效益可言，一般称其为无效蒸发。农田土壤无效蒸发占作物耗水量的比例较高，在作物生长周期中没有完全封垄的大部分时间里，这一比例可能高达 50%，而在整个生长周期中，土壤蒸发所占比例为 30%～70%。如何减小田间土壤的无效蒸发成为半干旱地区农业节水的重要问题之一。

4.3.4.2　植物蒸腾

蒸腾是植物正常生长发育所必需的重要生理过程，主要是通过叶片上的气孔进行的。植物蒸腾耗水强度与土壤含水量、气温、空气湿度、植物的生长状况等因素密切相关。植物需要消耗能量将土壤水提升到整个植株，在蒸腾过程中，植物相当于抽水机将土层里的水分抽出，故植物影响下的土壤水分散失与裸土蒸发有极大的不同。裸土蒸发强度随着表层土壤的干燥而迅速降低，在土壤蒸发的第二阶段，蒸发强度是与时间的平方根成反比的（图 4-14）。而在作物蒸腾作用下，只要根区的土壤含水量大于田间持水量的 30%，田间相对蒸散速率（实际蒸散速率和潜在蒸散速率的比值）就基本保持不变，土壤水分低于田间持水量的 30% 之后，作物蒸腾作用才急剧下降。

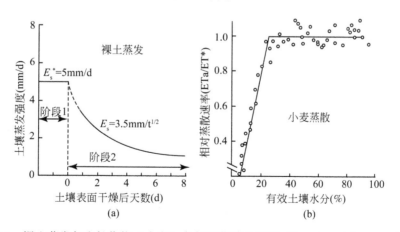

图 4-14　裸土蒸发与生长作物（小麦）条件下蒸散之比较（Loomis and Connor，2002）

注：E_s 为蒸发强度，E_s^* 为最大蒸发强度；ETa 为实际蒸散速率，ET^* 为潜在蒸散速率

植物的蒸腾作用是植物生长发育所需，不同的植物的需水和耗水特性都不尽相同。如

果一个流域内的植被的耗水量和降水量以及灌溉等其他外来水量在一定时期内能达到平衡，则这样的植被状况就能够得以保持和发展，反之则不然。

对于农作物植被，在一个生长季内所消耗的水分来源于前期土壤水分、生长季节的降水以及灌溉水，如果三者之和能够满足作物需水量，则可以达到正常的产量。半干旱黄土丘陵区地形崎岖，缺乏大型水利设施和灌溉条件，小麦等主要作物的生长季节恰逢降水稀少的旱季，所以农作物在生长过程中经常受到干旱胁迫。该地区的年均降水量在 400 mm 左右，只能满足一些主要农作物单季生长的需要。根据雨季的分布，该地区的主要作物应该以秋收作物为主，在种植结构的调整上要"压夏扩秋"，以使作物生长季与雨季大致吻合。除了粮食作物种植结构的调整，也有必要选择水分利用效率高、经济价值高，而且全生育期耗水量较小的经济作物种类。

林草植被对水分的蒸腾作用与作物并无本质上的不同，只是需水的数量和作用土层深度有所差异。在林草植被栽植的前期，耗水量相对较低的时候可能在外部植株形态和群落结构上不容易显示出其对土壤水分的消耗程度，而这种消耗在林草植被逐步发育的过程中可能会迅速加强，但不易被人们察觉，但林草植被造成的较深层次的土壤水分消耗则很难依靠半干旱地区有限的天然降水得到补给。在半干旱黄土丘陵区进行林草植被恢复的时候，充分考虑植被蒸腾作用是十分必要的，否则会打破生态系统中脆弱的水分平衡。即使配套了水土保持工程，在营造林草植被的时候，仍然充分考虑了树木的蒸腾耗水特性，进行了主要树种的蒸腾测定（表 4-15），以合理确定树种配置和林木栽植的密度。

表 4-15　示范区主要造林树种的蒸腾测定

树种	蒸腾速率（g/h）	单株耗水量（kg）
山桃	123.79	594.19
山杏	56.49	271.13
沙棘	5.18	24.88
人工柠条	4.33	20.82

4.4　雨水资源化工程技术

水是干旱地区最宝贵的资源。只有充分利用有限的水资源，才能促进黄土高原地区旱作农业的发展和生态恢复。但是降水又是干旱半干旱山丘区土壤侵蚀的动力源泉。干旱半干旱的水资源主要来源于一年当中的少数几场暴雨，由于半干旱黄土丘陵区自然环境的独特之处——疏松的黄土与起伏的地形，为水力侵蚀提供了物质基础与环境条件，在暴雨与其形成的径流的作用下，一旦降水，往往泥沙俱下，造成了流域下游的洪水泥沙危害。同时，水土资源过量输出加剧了半干旱黄土丘陵沟壑区的土壤干旱与贫瘠，是当地生态系统退化和农业落后的重要原因。因此，半干旱黄土丘陵区退化生态系统恢复与重建的着力点之一就是强化集雨蓄水与水土保持，形成雨水资源化工程技术体系。

4.4.1　集雨蓄水工程技术

集雨蓄水工程技术强调了对正常水文循环的人为干预，可以在一定程度上解决降水时空分布不均，及其带来的生态退化等诸多问题。广义的集雨蓄水技术是指通过一定的人为措施，对自然界中产汇流过程进行干预，使雨水及其形成的径流就地入渗或汇集蓄存并加以利用，狭义则指将汇流面上的雨水径流汇集在蓄水设施中再进行利用。在半干旱黄土丘陵区，集雨蓄水工程技术主要包括径流汇集技术、径流净化技术和径流蓄存技术 3 个方面，这 3 个方面互相衔接，组成完整的雨水集蓄系统。

4.4.1.1　径流汇集工程技术

在宁夏半干旱黄土丘陵区径流汇集工程主要包括天然集水场和人工集水场。

天然集水场包括坡面径流汇集、路面径流汇集、屋面径流汇集、村庄径流汇集。地表坡面是形成径流的主要场所，但产流效率一般不高，同时存在着土壤侵蚀等问题，一般需进行集水区处理。集水区处理主要包括利用自然坡面、植被管理、地表处理和化学材料处理等。利用庭院、屋顶、路面汇集降水形成的径流，具有投资少、集流效率高等优点，因此受到人们的普遍关注。屋顶庭院雨水汇集主要解决干旱半干旱山区人畜饮水问题，路面集水则主要用于灌溉。

人工集水场主要有混凝土、固化剂、液体防水剂、集雨布、屋檐集水 5 种类型。混凝土集流面施工前，对基地进行洒水、翻夯处理，翻夯厚度以 30 cm 为宜，夯实后干容重不小于 1.5 t/m^3，对于湿陷性黄土软基础宅院，采用洒水夯实法进行处理；固化剂集流面，根据项目区土壤特点，固化剂集流面施工材料主要以宁夏恒源公司引进北京奥特塞特公司生产的土壤固化剂为主要推广材料；液体防水剂集流面，为了增加集流面集水效果，需在固化好的集流面表面喷洒液体防水剂；集雨布集水，选择合适的材料制作成集雨布，在降水时以最快的速度铺设至一定坡度的平整地面上，达到汇集雨水的目的；屋檐集水，瓦房屋顶是良好的集雨面，屋檐集水是提高雨水资源利用效率的有效途径，在没有任何可饮用水源的贫困干旱地区屋檐窖水可以作为生活饮用水饮用。

4.4.1.2　径流净化技术

由天然集流面组成的小流域产生的径流资源由于含沙量大，必须对其进行沉沙处理后再引入窖中。要达到较好的沉沙效果，就要有足够大的沉沙体积。沉沙池内的水流流态最好在层流状态下，滞留时间也应当使粗沙可以沉降。沉淀池一般建于储水工程进口处 2 ~ 3 m 远的地方，容积为 0.8 ~ 2.0 m^3，长宽比为 2:1，其池底和池壁用混凝土或机制砖衬砌，集水渠与引水管不正对，以提高泥沙的沉淀效果。

4.4.1.3　径流存储工程技术

在宁夏半干旱黄土丘陵区地表蓄水工程是径流存储的主要方式，主要有坡面蓄水工程水窖。

水窖的建设按照"因地制宜、注重效益"的原则，以保证水窖的蓄水和安全为前提，将水窖的建设同小流域治理、庭院经济和高效农业种植相结合，以解决人畜饮水、改善生产生活条件，帮助农民脱贫致富。在项目区主要根据当地实际建造形式有土拱窖、窑窖、拱盖窖、砖拱窖 4 种，其中以混凝土拱盖窖、砖拱窖为重点建设对象。一般布设在村旁、路旁，有足够地表径流的地方。近期在打谷场、庭院、乃至梁峁顶部人为建造集流硬地面，布设水窖以集蓄降水径流。

水窖修建的关键技术是防止窖体内壁水泥砂浆防渗体的脱落与渗漏。胶泥窖一般使用当地的材料胶泥作为防渗材料，由于胶泥水分散失后易裂缝脱落，不能从窖底至窖口实行整体胶泥防渗处理，通常做成瓶状，上部小口径处不做防渗处理，下部蓄水部分直径 3 m 左右，蓄水容积 20 m³ 左右，用胶泥防渗。现在大多使用水泥窖，用砂浆压入玛眼达到防渗目的，依据山区的土质条件，窖容可以达到 40～60 m³。

水窖有井式水窖和窑式水窖两种。一般在水量不大的庭院或道路旁，修井式水窖，单窖容量 20～50 m³，群众多采用井窖。

井窖。井窖分窖体和地面建筑物两大部分。窖体由窖筒、旱窖和水窖三部分组成（图4-15）。窖筒直径 0.6～0.7 m，深 1.5～2 m；旱窖与窖筒相连向下，深 2～3 m。呈喇叭状扩展到水窖面，直径 3～4 m；水窖深 3～5 m，向下直径逐步缩小，底部直径 2～3 m。地面建筑物由窖口、沉沙池、进水管三部分组成。窖口直径 0.6～0.7 m，用砖或石砌成，高出地面 0.3～0.5 m；沉沙池设于来水方向，距窖口 4～6 m，呈矩形，长：宽：深为2 m：1 m：1 m～3 m：2 m：1.5 m；进水管直径 0.2～0.3 m，从地表向下与旱窖相连。

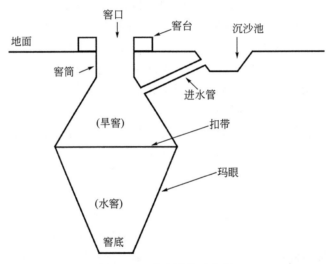

图 4-15　水窖结构示意图

窑窖。窑窖横断面状似窑洞，主要部分有窑门、窑顶、水窖、沉沙池等。窑顶一般矢跨比为1：2，跨度 3～4 m，矢高 1.5～2.5 m，窑长 8～13 m，蓄水部分为上宽下窄的梯形槽，边坡横竖比为8：1，深 3～4.5 m，底宽 1.5～4.5 m。

4.4.2　水土保持工程技术

半干旱黄土丘陵区干旱少雨，水土流失严重，生态环境极为恶劣和脆弱，这种状况不仅造成了该区域生态系统的功能下降，而且使之成为经济发展与实施可持续发展战略的重要障碍。在国家"十五"、"十一五"重大科技攻关课题的实施中，针对半干旱黄土丘陵

区 "干旱缺水、水土流失严重、农业生态与生产条件差、经济贫困" 等问题,以水土资源的保育和高效利用为指导,为加快以水土保持为中心的小流域综合治理,改善生态环境,增加农民收入,围绕着有限的降水资源,根据宁夏半干旱黄土丘陵区特殊的地形地貌特点,主要通过采用水土保持工程措施,包括坡改梯工程、水平沟集雨整地工程等,对地面进行较大的工程处理,以改变原有的地形特征,使降水就地拦蓄入渗,一方面防止了水土流失,提高水分利用率;另一方面提高了作物产量和林木成活,促进农业和林业的发展。拦截分散了地表径流从而减轻了对土壤的冲刷侵蚀,水土保持作用十分明显。

4.4.2.1　坡改梯整地工程技术

水平梯田是半干旱黄土丘陵区面广量大的基本农田,是水土保持、坡面、田间工程措施的主要组成部分。规划设计梯田的原则:一是梯田的规划布设要充分考虑光、温度、空气湿度和风速等的影响。一般应布设在沟缘线以上的坡中部和坡下部较为合适,在坡度的选择上应选择在 25° 以下;二是梯田宽度要充分考虑开挖土方工程量小、省工、土地利用率高、便于机耕、梯埂占地少、稳定性好、坚固、耕作方便、有利于作物生长等要求。一般坡度越陡,宽度越窄;坡度越缓,宽度越大。田坎稳定、灌溉方便、有利于作物生长;三是梯田道路布设应充分考虑道路布设的位置、道路网密度及道路的防蚀。

修造梯田可以有效地拦蓄天然降水,减少地面径流,避免冲刷,有效控制水土流失,增加土壤含水量,提高土壤抗旱保墒能力。田坎高度为 1.5 m,田埂顶宽取 0.4 m,底宽为 0.6 m 左右。梯田拦蓄标准为 20 年一遇 3~6 h 最大暴雨标准,是第一道防线有效地拦蓄坡耕地的径流,水土流失得到有效的控制。一般水平梯田每亩每年可拦截径流 10~50 m³,一次可拦蓄 100 mm 的暴雨径流。在正常情况下,水平梯田一般能拦蓄 90% 的年径流量,减少冲刷量达 95%。坡地改成水平梯田后,便于灌溉与机耕,也便于集约化经营,增产效益十分显著,一般为旱坡地的 3~4 倍,乃至更多。

针对坡改梯后农田土壤水分研究,取 2008 年 4~10 月所测坡耕地马铃薯与梯田马铃薯不同土壤层次土壤水分平均值和不同月份 0~80 cm 平均值做土壤含水量垂直变化和土壤水分水平变化趋势图,从图 4-16、图 4-17 可以得出梯田具有明显的蓄水保水作用,梯田 0~80 cm 的土壤平均含水量比坡耕地增加 2.58%,各月增加幅度为 1.46%~3.52%。由此得出:黄土丘陵区进行坡改梯水土保持工程有利于降水的就地入渗,增加土壤蓄水量。因此在黄土丘陵等水土流失严重区域,在一定的坡度上,进行 "坡改梯" 土地整理措施,是有利于保持水土、提高土壤质量、增加粮食综合生产能力,是实现人口—粮食—生态良性循环的有效措施,也是推进社会主义新农村建设、稳定解决群众温饱问题的重要途径和致富手段,根据文献,在坡度 15° 以下的坡面上进行 "坡改梯" 最经济,水土保持效果最明显,大于 15° 梯的局限性会增强,影响梯田的水土保持效益的发挥。

4.4.2.2　水平沟集雨工程技术

水平沟是坡地水土保持工程的重要形式。水平沟不仅具有防止坡面土壤侵蚀、保护表土的作用,而且具有汇集、保持雨水并增加入渗的功能。特别是在宁夏半干旱黄土丘陵区

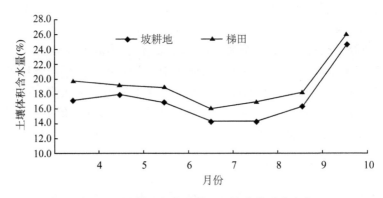

图 4-16　坡耕地与水平梯田土壤水分季节变化

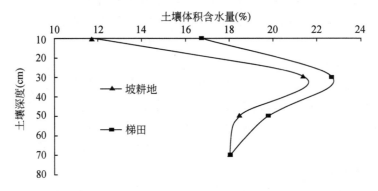

图 4-17　坡耕地与水平梯田土壤水分垂直变化

地区，土壤水分条件差，人工造林成活率、保存率只有 30% 左右。干旱缺水成为造林成活率提高的瓶颈，水平截流沟可为植被建设和树木生长营造良好的水分条件，具有极好的实用价值；但是，如果设计不当、布置不合理，将有可能导致跨沟、坡面溢流、管涌等，埋下水土流失隐患。因此摸清截留水平沟集流整地技术的机理，为该项工程措施提供理论支撑，从而优化工程的技术指标，是当地生产者，也是科技工作者面临的问题。

（1）集流水平沟的工程设计

集流造林整地工程是坡地雨水径流集蓄叠加利用，发展坡地径流林业有效的水土保持工程措施，其内涵是指水平沟和自然坡地沿山坡相间布置，即上一级水平沟与下一级水平沟之间保留原山坡一定宽度，作为下一级水平沟的主动集流区，调控坡地径流的集聚和再分配，使其在一定面积内富集、叠加，以补充水平沟内植物需水量的不足；同时，集流坡面可配套种植矮秆经济作物、干果经济林和优质牧草等，既可增加经济效益，也对下一级水平沟具有聚肥改良作用，达到提高林木成活率和生长率的目的。

集流水平沟断面尺寸有关参数的确定：

1）集流水平沟的入沟水量。入沟水量是水平沟设计的基础和依据。入沟水量应根据水平沟内所种植的树木需水量和当地的降水条件来确定。要保证植物的正常生长，水平沟汇集雨水的总量应大于或等于由于降水不足而引起的植物需水亏缺量；因此，入沟水量可由式（4-12）计算：

$$Q = K\pi D^2(W - \alpha\beta P)/4 \tag{4-12}$$

式中，Q 为入沟水量（L）；W 为所种植树木的年需水量（mm）；P 为当地多年平均降水量或给定的设计频率降水量（mm）；α 为降水的有效利用系数；β 为树木生长季节内降水量占年降水量的百分比，在北方树木的生长季节一般为 5～10 月或 4～11 月；D 为树木冠层的平均直径（m），通常取成龄树木的冠层平均直径，对于灌木，成龄冠层直径可取 $D = 1～2$ m，对于一般的水土保持选用的乔木，成龄冠层直径可取 $D = 3～6$ m；K 为与树龄等有关的系数（$\leqslant 1$），成龄树木取为 1。

2）水平沟沟距的确定。水平沟沟距是坡地水土保持工程中水平沟设计的一项极其重要的参数。沟距太大，水平沟起不到截流护坡作用；沟距太小，水平沟拦蓄不到足够的雨水满足植被需水要求，同时还增加了工程造价。因此，水平沟沟距的选择不仅要考虑水土保持的效果还要考虑满足植被的需水要求和水土保持工程造价问题。在半干旱黄土丘陵区，一般来说水平沟的沟距应由所种植植物的需水量来确定。如果以树木的需水量要求确定的沟距过大，可根据水土保持要求作适当调整和进行合理布设。因此，水平沟的水平沟距 S 可由式（4-13）和式（4-14）确定：

$$D_d(S - D)\beta kP = Q \tag{4-13}$$

$$S = D + Q/(\beta kPD_d) \tag{4-14}$$

式中，S 为水平沟距（m）；D_d 为每穴（株）树木或灌木平均占有的沟长（m），如果水平沟单沟长度为 L，每沟种植 n 穴树木或灌草，那么 $D_d = L/n$；k 为降水径流系数，可查阅当地水文资料或由降水径流试验获得。

3）水平沟断面尺寸与宽深比的确定。水平沟的宽度与深度由给定设计保证率下的最大一次降水量来确定，即水平沟的有效容积可以截流并储蓄设计保证率下的最大一次降水所产生的径流。设给定设计保证率下的最大一次降水量为 P_m（mm）、降水强度为 I_m（mm/h），当地土壤入渗速率为 f（mm/h），则水平沟的宽度与深度可由式（4-15）确定：

$$H = P_m(kSI_m - fB)/(1000BI_m) \tag{4-15}$$

4）水平沟的设计深度。通过以上计算得出水平沟的有效容积量下的 B 水平均的宽度（mm）、H 水平均的深度（mm）值，在确定水平沟实际施工深度时，应考虑超深、加高和当年水土流失淤积量对水平沟容积的影响，有防洪任务时还要考虑防洪要求等因素综合确定。水平沟的设计深度可由式（4-16）给出：

$$H_z = H + H_e + D_e \tag{4-16}$$

式中，H_z 为水平沟总的深度（m）；H_e 为超深蓄水安全超深（m）；D_e 为填方部分高度（m）。填方部分当年不计入有效蓄水深度，也不能作为安全超深。

（2）水平沟工程断面设计参数的确定

利用式（4-12）~式（4-16）确定该示范区集流水平沟工程断面设计的主要参数。

示范区多年平均降水量为 442.7 mm，设计保证率约等于 50%。当地降水的有效利用率 $a = 90\%$；树木生长季节 5～9 月的降水量占全年降水量约 77%；D 为树木冠层平均直径，以小乔木的平均冠层直径为设计计算依据，取 $D = 3.6$ m；根据课题相关研究成果，当地林木需水量取用 450 mm。

首先由式（4-12）计算出因降水不足需补充植被的水量 Q，也即入沟水量，经计算得出水平沟入沟水量为 1457 L。第 2 步由式 (4-13)、式 (4-14) 计算水平沟沟距 S。参考当地生产习惯，水平沟单沟长度一般为 10 m (有利于承包人施工)，每沟种树 (或灌木) 3 穴。据查当地气象资料和水文资料，研究示范区属于典型的半干旱地区，根据降水试验数值，取当地的径流系数为 0.25 进行设计计算。由式 (4-14) 计算可得水平沟沟距 S 为 12 m。第 3 步由式 (4-15) 确定水平沟断面。在给定设计保证率 50% 下的最大一次降水量 (据降水资料分析) 为 155 mm，降水强度为 60 mm/h；据测试当地土壤入渗速率为 $f =$ 13.2 mm/h；该示范区的土质较硬，立坡较稳，水平沟的宽深比 B/H 取 4/3，由式 (4-15) 解得水平沟的宽度 B 为 0.8 m，水平沟深度 H 为 0.6 m。根据选用的水平沟的宽深比 B/H 和挖填方量基本相等的原则，由式 (4-16) 确定 H_z 约为 80 cm (本设计取 $H_e = 5$ cm，$D_e = 15$ cm)。通常在沟内侧种植山桃、山杏、沙棘等灌木树种，在沟外侧埂坡上种植以人工柠条为主的抗旱树种。

(3) 水平沟工程的应用效果

水平沟是治理坡面不可缺少的工程措施，它与其他水保工程措施配套，对改变地形、拦蓄降水、减少地表径流、减轻土壤冲刷、增加土壤抗蚀、渗透、蓄水性能、提高林木生长量具有显著的效果，在技术措施中应用广泛。

1) 增加土壤储水量。水平沟工程整地的目的就是尽可能地拦蓄径流，增加土壤储水能力。根据对项目示范区降水量和土壤水分的长期定位监测，如图 4-18 和图 4-19 所示，通过对 2002 ~ 2008 年 7 年降水量和土壤储水量的数据分析得出，在这 7 年中，2002 年和 2005 年属于平水年，生育期降水总量分别为 411.5 mm 和 411.9 mm，2003 年属于丰水年，生育期总降水量 468 mm，2004 年、2007 年和 2008 年都属于欠水年，生育期总降水量分别为 307.9 mm、237 mm、339.5 mm。在整个生长季 3 ~ 9 月，经过坡地改造后的集流水平沟的土壤储水量与隔坡土壤储水量存在显著差异。可以看出无论是欠水年、平水年还是丰水年，在 0 ~ 100 cm 土层，水平沟的土壤储水量均明显高于隔坡自然坡面的储水量，而且集流水平沟和隔坡自然坡面土壤储水量与生育期降水量变化随生育期降水量不同呈周期性变化，在 3 月，随土壤解冻，土壤储水量处于较高水平，进入 4 月，随林木生长耗水量增加，土壤含水量略有下降，5 月以后，随着气温的升高，当降水量的补给量大于植物的蒸发量时，土壤储水量逐渐上升，反之，土壤储水量开始下降，充分地反映了气候条件是决定着土壤储水量变化趋势的主要因素，而造成土壤储水量差异的原因则体现在对径流的拦蓄上。

从图 4-18 和图 4-19 还可以看出水平沟和隔坡土壤储水量的提高程度明显不同。2002 年土壤储水量水平沟比隔坡提高 28.76% ~ 52.08%；2003 年土壤储水量水平沟比隔坡提高 21.88% ~ 41.48%；2004 年土壤储水量水平沟比隔坡提高 10.69% ~ 46.82%；2005 年土壤储水量水平沟比隔坡提高 24.13% ~ 63.36%；2007 年土壤储水量水平沟比隔坡提高 6.34% ~ 43%；2008 年土壤储水量水平沟比隔坡提高 1.34% ~ 13.84%；明显反映出水平沟在平水年和丰水年蓄水能力远高于欠水年，2007 年是项目区近 10 年来最为干旱的一年，6 ~ 9 月为降水集中月，水平沟土壤储水量比隔坡最大提高了 13.71%，充分说明水平沟集流蓄水能力主要受降水的影响。

2) 控制水土流失。半干旱黄土丘陵区年降水比较集中，且多暴雨。根据示范区多年

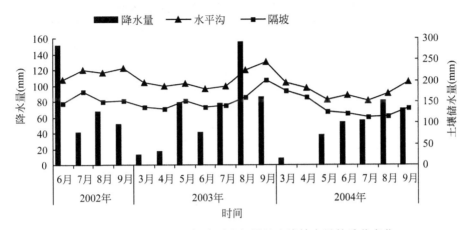

图 4-18　2002～2004 年水平沟与隔坡土壤储水量的季节变化

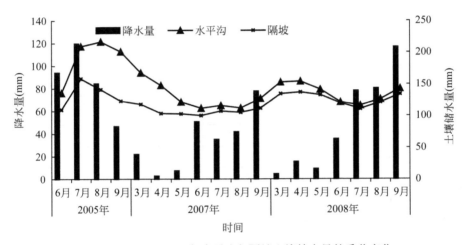

图 4-19　2005～2008 年水平沟与隔坡土壤储水量的季节变化

气象资料均值统计，冬、春季降水只分别占年降水量的 3% 和 11%，夏、秋两季的降水量占年降水量的 45% 和 41%，造成冬春干旱，夏秋洪涝，而且这一区域大于 100 mm 的降水几乎每年都有 1 或 2 次，由于土壤抗冲力较弱，水土流失严重，大量的有机质、氮素和有机磷随水、土被冲走。水平沟由于改变了坡面的地表形态，拦蓄了径流，有效地控制了水土流失，提高了水土资源的保育，大大地减少了水土流失量。

按照黄土高原地区流域水量平衡简化模型 $P = I + R$，结合我们在项目示范区进行的野外定点人工模拟降水试验监测结果，如表 4-16 和表 4-17 所示：在试验雨强和降水量下，人工草地下部水平沟拦截坡面径流分别为 43.66 mm，39.86 mm，9.68 mm 的雨水；天然草地下部水平沟拦截坡面径流分别为 59.34 mm，28.77 mm，12.13 mm 的雨水；25°坡面水平沟拦截坡面径流分别为 4.41 mm、64.23 mm、104.13 mm 的雨水；35°坡面水平沟拦截坡面径流分别为 5.25 mm、72.39 mm 的雨水。而且单位时间内水平沟拦截坡面径流的潜力也随雨强的增大而增大。充分反映出高强度降水对坡地改造后水平沟的补给有重要意义。

表 4-16　不同下垫面植被水平沟拦截雨水潜力

下垫面植被 降水参数	人工草地			天然草地		
降水强度（mm/h）	49.8	34.2	14.4	59.4	25.2	15.6
总降水量（mm）	34.17	36.94	19.71	43.44	35.85	24.06
总径流量（L）	349.3	318.9	77.43	474.7	230.12	97.04
水平沟水分增加（mm）	43.66	39.86	9.68	59.34	28.77	12.13
总水分（降水＋径流）	77.83	76.80	29.39	102.78	64.62	36.19
1h 降水量（mm）	49.8	34.2	14.4	59.4	25.2	15.6
1h 径流量（L）	517.87	293.60	59.55	597.48	160.05	67.62
水平沟水分增加（mm）	64.73	36.70	7.44	74.69	20.01	8.45
总水分（降水＋径流）	114.53	70.90	21.84	134.09	45.21	24.05

表 4-17　不同坡度水平沟拦截雨水潜力

隔坡坡度 降水参数	25°			35°	
降水强度（mm/h）	12.76	27.50	67.34	12.82	28.10
总降水量（mm）	65.97	41.48	56.49	73.16	56.43
总径流量（L）	33.23	513.81	832.97	41.91	579.17
水平沟水分增加（mm）	4.41	64.23	104.13	5.25	72.39
总水分（降水＋径流）	70.38	105.71	160.62	78.41	128.82
1h 降水量（mm）	12.76	27.50	67.34	12.82	28.10
1h 径流量（L）	6.96	348.96	1031.28	4.08	234.72
水平沟水分增加（mm）	0.87	43.62	128.91	0.51	29.34
总水分（降水＋径流）	13.63	71.12	196.25	13.33	57.44

4.5　雨水资源化旱作农艺技术

　　旱作农业，又称干旱农业、旱地农业、雨养农业、非灌溉农业，主要指在降水稀少而又无灌溉的情况下，依靠降水进行农业生产。旱作农业研究在我国农业生产中占有重要地位。在旱作农业发展过程中，水资源短缺是制约旱作农业发展的关键因子，也是经济社会可持续和谐发展的重要"瓶颈"，开展旱作农业节水技术研究具有重大意义，尤其在半干旱黄土丘陵区，如何利用降水，实现降水的资源化，是实现区域旱作农业可持续发展、提升农业综合生产力的关键问题。其核心就是围绕雨水，结合区域资源、耕作措施、工程措施、生物等措施，集成、组装、创新出具有区域特色的雨水资源化技术体系。

　　在旱作农业方面，半干旱黄土丘陵区通过应用农业耕作或地面覆盖等措施改变雨水输移及其转化工程，使之为农业生产所利用。主要有等高耕作技术、秸秆覆盖技术、地膜覆盖技术、田间微集水技术和土壤扩蓄增容技术等。

4.5.1　土壤扩蓄增容与微集水技术

在干旱半干旱地区，植物生长经常处于水分亏缺状态，改善土壤结构以增加土壤中有效水分以及提高降水利用效率对农业发展意义重大。土壤结构改良剂能改善土壤结构，促进团粒形成，提高土壤对降水的入渗率，蓄水保墒，防止水土流失，具有较好的抑制水分蒸发的作用，能够调节降水的季节分配，改善干旱半干旱地区作物生长的水分环境，提高水分利用效率和作物产量，且对农作物无毒、无害、无副作用。

通过对玉米的几种覆膜技术和对马铃薯施用 PAM 和沃特两种保水剂及打孔种植技术的展示和比较来选择适合当地气候条件的种植技术，通过对马铃薯施用保水剂和施用保水剂同时灌水两个处理的大田示范试验来展示保水剂和灌水对马铃薯产量的提高作用，通过对马铃薯施用保水剂后土壤水储量的测定来验证保水剂对提高储水能力的作用。

4.5.1.1　地膜玉米微集水种植技术

如表 4-18 所示，耗水量从高到低依次为垄沟全覆膜种植技术 > 早覆膜种植 > 膜侧种植 > 垄沟种植，但膜侧种植与垄沟种植的耗水量差异很小，垄沟全覆膜种植和早覆膜种植的耗水量比垄沟种植分别提高了 7.4% 和 5.4%。这可能是因为垄沟全覆膜种植技术减少水分蒸发的作用最强，土壤水分最充足，可供作物消耗的水分最多。水分利用效率从高到低依次为早覆膜种植 > 垄沟全覆膜种植技术 > 膜侧种植 > 垄沟种植，但差别不大。水分产出效率以早覆膜种植技术最高，比垄沟种植技术高出 14%，垄沟全覆膜种植技术比垄沟种植技术高出 10.4%，垄沟全覆膜种植技术比膜侧种植的水分产出效率略低。垄沟全覆膜种植技术的耗水量大于早覆膜种植，水分利用效率和产出效率却低于早覆膜种植技术，造成这种现象的原因可能是作物在不同的水分条件下表现出不同的水分利用方式，但还有待进一步研究。垄沟全覆膜种植技术的耗水量最大，籽粒干产量最高这说明垄沟全覆膜种植技术减少水分蒸发和增产的作用最好。因此，我们得出结论，即在以上四种种植技术中垄沟全覆膜种植技术是比较适合当地情况的种植技术。

表 4-18　不同处理玉米的耗水量、水分产出效率和水分利用效率

小区号	处理	耗水量（mm）	水分产出效率 [kg/（mm·hm²）]	水分利用效率 [kg/（mm·hm²）]
1	垄沟种植	295.58	22.37	36.83
2	膜侧种植	297.85	24.82	37.00
3	垄沟全覆膜种植	317.58	24.71	37.39
4	早覆膜种植	311.62	25.52	37.50

4.5.1.2　马铃薯农田水分扩蓄种植技术

如表 4-19 所示，施用 PAM、施用沃特保水剂和打孔处理的水分利用效率和水分产出效率均高于深翻处理。施用 PAM 的水分利用效率和水分产出效率均最高。施用 PAM 的水分产出效率和水分利用效率分别比深翻高出 11.1% 和 7.0%，施用沃特保水剂比深翻高出 9.8% 和 3.4%，打孔比深翻高出 2.9% 和 1.1%。生长期内土壤耗水量的高低依次为深翻 > 打孔 > 施用沃特保水剂 > 施用 PAM。深翻的土壤耗水量比打孔、施用沃特保水剂和施用 PAM 分别高出 1.5%、1.7% 和 3.9%，这说明打孔、施用沃特保水剂和施用 PAM 都可以减少水分蒸发，保持土壤水分，以施用 PAM 的效果最显著。收获后土壤水储量从高到低依次为施用 PAM > 施用沃特保水剂 > 打孔 > 深翻。施用 PAM、施用沃特保水剂和打孔的收获后土壤水储量分别比深翻提高了 2.7%、1.2% 和 1.1%。这说明施用 PAM、施用沃特保水剂和打孔这三种种植方式都可以提高土壤保持水分的能力，不但改善了本季作物的水分条件，提高了产量，也可以为下季的作物生产创造良好的水分条件。

表 4-19　不同处理马铃薯的耗水量、水分产出效率、水分利用效率和收获后土壤水储量

小区号	处理	耗水量（mm）	水分产出效率 [kg/（mm·hm²）]	水分利用效率 [kg/（mm·hm²）]	收获后土壤水储量（mm）
5	深翻	289.64	29.10	11.52	403.39
6	施用 PAM	278.76	32.34	12.32	414.27
7	施用沃特保水剂	284.83	31.97	11.91	408.20
8	打孔	285.29	29.86	11.85	407.74

4.5.1.3　马铃薯节水补灌技术

如表 4-20 所示，生长期内对照的耗水量最高，保水剂 + 灌水处理次之，保水剂处理最低，对照比保水剂处理和保水剂 + 灌水处理分别高出 26.8% 和 23.5%。保水剂 + 灌水处理和保水剂处理的水分产出效率比对照提高了 41.5% 和 31.8%，保水剂 + 灌水处理比保水剂处理提高了 7.4%。保水剂处理和保水剂灌水处理的收获后土壤水储量均比对照高出 13.8%。这说明保水剂处理可以减少水分蒸发，增加土壤水储量，改善作物生长的水分条件。

表 4-20　马铃薯耗水量、水分产出效率、水分利用效率和收获后土壤水储量

处理	耗水量（mm）	水分产出效率 [kg/（mm·hm²）]	水分利用效率 [kg/（mm·hm²）]	收获后土壤水储量（mm）
对照	225.59	49.28	12.65	347.17
保水剂	177.83	64.96	16.67	394.92
保水剂 + 灌水	182.60	69.73	17.90	394.92

4.5.2　地膜秸秆覆盖与抑蒸新材料及技术

推广可降解地膜已成为缓解石油资源压力、防止"白色污染"的重要途径，同时，也是防止或减少农田土壤水分无效蒸发、提高降水资源利用率和效率的主要措施。本试验用三种可降解地膜和一种普通地膜覆盖种植玉米，对使用过程中保水、保温和增产效果比

较，旨在为新产品改进和今后大面积推广应用提供依据。

研究中供试作物为玉米（中单18号）。化学覆盖材料为3种：①普通地膜。聚乙烯吹塑农用地面覆盖薄膜，厚度0.008mm，宽750mm，生产单位为宁夏杰达塑料工业有限公司。市场购买，亩用量3kg左右，垄作覆盖种植区。②可降解地膜。广东三九生物降解塑料有限公司生产，由淀粉加PCL及其他助剂制成。可降解地膜a是由20%的淀粉和40%PCL及助剂组成，可降解地膜b是由30%的淀粉和50%PCL及助剂组成，可降解地膜c是由40%的淀粉和60%PCL及助剂组成。③液态地膜。山东科技大学新产品（粉），具有可降解无污染等特性；用量为粉剂10kg/亩，用法为2倍开水化开，兑3~5倍凉水，用喷雾器喷洒均匀。本研究采用田间小区试验，选择农户试验地。按照单项措施在田间进行布设。研究小区面积20m²左右，玉米设6个处理，分别为A：可降解地膜a，B：可降解地膜b，C：可降解地膜c，D：普通塑料地膜，E：液态地膜，F：无地膜（空白对照），重复3次，共18小区，加上保护行约350m²。

4.5.2.1 地膜覆盖对土壤含水量的影响

由表4-21可知，同一处理各土层由上而下土壤含水量下降，60cm处呈上升趋势。0~60cm土层，A、B、C、D、E处理的土壤含水量比F处理即CK均有所增加，各处理间差异不明显；60~80cm土层，E处理的土壤含水量最高，比空白对照高出0.13%，其他处理土壤含水量基本持平；80~100cm土层处，D、E处理的土壤含水量分别比空白对照高出1.46%、1.22%，其他处理比空白略高，增加幅度较小。由此可看出，液态地膜对不同深度土层土壤含水量分布具有一定影响，表现为上部土层含水量少，下部土层含水量大，这有助于根系的下扎。

表4-21 不同地膜覆盖对土壤含水量的影响 （单位:%）

处理	0~20cm	20~40cm	40~60cm	60~80cm	80~100cm
A	14.35	13.18	13.53	13.93	14.24
B	14.58	13.79	13.32	13.81	14.79
C	14.35	13.35	13.39	13.47	14.45
D	14.11	13.42	12.92	13.96	15.78
E	14.22	13.62	13.53	14.48	15.54
F	14.10	13.14	12.70	14.35	14.32

随着土层加深，不同深度土层含水量受外界影响的程度不同。0~20cm土层受外界天气影响较大，苗期各处理的土壤含水量大小：B>A=C>E>D>F，拔节期各处理含水量差异不明显，抽雄期到成熟期除D处理外，土壤含水量变化幅度均一致，而D处理即普通塑料地膜出现土壤含水量上升的趋势，可能和玉米生长旺盛、植株蒸腾强烈有关，而塑料地膜难降解，本身不透气，因此膜下湿度高；20~80cm土壤含水量差值不大，各处理间差异不明显；80~100cm土层，首次出现普通塑料地膜>E处理即液体地膜的含水量>可降解地膜c，其他处理相差不大。

4.5.2.2 秸秆覆盖保水抑蒸技术

按树盘大小，覆20cm厚的麦秸，麦秸长度不超过30cm，四周压实，草上压土防风。

如图4-20所示，从山杏覆膜、覆草、常规措施0~100 cm 土壤水分的变化，可以得出土壤水分为覆草＞覆膜＞常规措施。经覆草覆膜后，0~100 cm 土层土壤平均含水量分别比常规措施提高24.3%、14.0%。

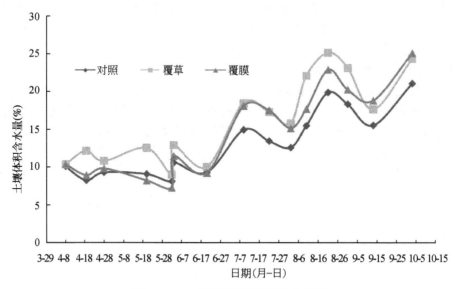

图 4-20　山杏覆草覆膜土壤水分状况

从表4-22可以看出：早晨8时，3种处理10 cm 和20 cm 上层温度没有变化；中午12时3种处理的土壤温度相对8时有明显回升，20 cm 土层尤以覆膜升温较高，升高31.5℃，覆草和对照均升高了1℃；下午16时，覆膜和对照的土壤温度仍有较大回升，覆草处理变化幅度较小，土壤缓慢升高，有利于根系生长。

表 4-22　不同处理对土壤表层温度的影响　　　　　　　　　（单位：℃）

处理	土层深度（cm）	测定时间		
		8：00	12：00	16：00
覆草	10	9.5	14.0	15.5
	20	9.5	10.5	12.5
覆膜	10	13.5	19.0	23.0
	20	13.5	15.0	19.0
对照	10	11.5	17.5	20.0
	20	11.5	12.5	16.0

4.5.2.3　马铃薯专用保水剂的应用

在前期研究的基础上，对玉米专用保水剂4种配方和马铃薯专用保水剂4种配方进行系统比较。通过测定其理化性能和模拟试验，2009年提出一种马铃薯专用保水剂配方，已申报国家发明专利（专利号200910079875.4）。发明提供一种马铃薯专用复合保水剂，该保水剂包含下述重量比的各原料：腐殖酸钾 2~12、保水剂 14~36、尿素 16~24、磷酸氢钙 16 ~ 24、硫酸钾肥 8 ~ 12、硝酸镧 1、硝酸钇 1、交联剂 5 ~ 7。实施的技术方案是通过混合完成,技术关键是混合的过程和相关参数的确定。实施方式中的复合保水剂结合马铃薯的生物学和生理学特性,采用有机无机保水剂的保水性、对肥料的缓释性、改良土壤的特性,复合保水剂中将营养元素、菌根剂、微量元素等进行合理配比,制备出可适合北方地区马铃薯种植的专用复合保水剂,该复合保水剂保水性好,利用该保水剂可以促进马铃薯抗旱成苗和增产。

研究中选用 3 种不同类型的保水剂:保水剂 A 为高分子聚丙烯酸盐类保水剂(唐山博亚提供),保水剂 B 为有机—无机复合类保水剂(胜利油田聚合物公司提供),保水剂 C 为腐殖酸型多功能类保水剂(中国矿业大学—北京研制),以不施用保水剂处理为对照。经过 8 次淋溶,保水剂对土壤水分都具有保持作用,但 3 种类型保水剂的效果存在差异。施用尿素下,A、B 保水剂对土壤含水率影响相当,显著高于对照;C 处理土壤含水率较对照稍有提高(图 4-21)。第 7 次淋溶后,A、B、C 保水剂处理比对照的土壤含水率为 0.42%、0.42%、0.30%。比较可得,A、B 两种保水剂在施用尿素肥料和保水剂 0.2% 土壤下,提高土壤含水率 4.2% ~ 6.5%,保水剂 C 提高土壤含水率 2.8% 左右。

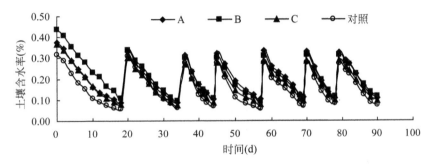

图 4-21　施加尿素组 8 次淋溶土壤含水率的变化

硝酸铵组,三种保水剂对土壤含水率都显著高于对照(图 4-22)。与对照相比,施用硝酸铵组保水剂 A、B、C 提高土壤含水率较尿素都有所降低,原因可能与硝酸铵肥料的离子效应有关,但提高土壤水分含水率的顺序没有变化。

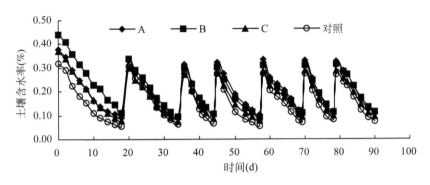

图 4-22　施加硝酸铵组 8 次淋溶土壤含水率的变化

4.5.3　新型抗蒸腾剂研制与应用

引进筛选代谢型、反射型和成膜型等不同植物抗蒸腾材料，根据应用目标不同，包括大田作物和蔬菜等作物，配制具有能降低植物蒸腾、提供植物养分的多功能抗蒸腾剂，该蒸腾剂具有腐殖酸基质活性物，又有成膜、反射降温等作用，进而促进植物光合作用、提高植物水分利用效率，增加经济产量和经济收入，建立相应的应用技术。研究以玉米为对象，选用黄腐酸（FA）（内蒙古霍煤中科腐殖酸科技有限责任公司生产）、氨基酸（中国科学院沈阳应用生态研究所提供）、微量元素（选用 $ZnSO_4$ 和 $MnSO_4$）、聚丙烯酰胺（PAM）（法国 SNF 公司提供）、生长素（IAA）（市场购买）。经过 2007 年、2008 年的预试验，筛选出各成分的配置浓度、添加顺序以及溶解条件等配置工艺，由此确定了本次研究所使用的三种配方，分别为 A、B、C。喷施试验采用温室盆栽方法。新型抗蒸腾剂为A、B、C，以市售产品"旱露植宝"（北京产）为产品对照（O），以清水作对照（CK）。喷施用手动喷雾器，将药剂均匀喷在叶片正反面；喷施时期为玉米拔节后期和抽雄期，喷施时间为傍晚。

4.5.3.1　新型抗蒸腾剂配制其理化性质

三种新型抗蒸腾剂配方为 A：FA + 氨基酸液肥；B：FA + Zn，Mn + IAA；C：FA + Zn，Mn + IAA + PAM。A 呈弱酸性，B 和 C 接近中性，而北方土壤多呈碱性，因此，B、C 较适用于北方土壤。A 的电导率高于 B 和 C，说明 A 中的电荷密度较高，离子较多，因此，A 中的有效成分可能更易被植物吸收。

4.5.3.2　植物蒸腾速率

图 4-23 表明，喷施新型抗蒸腾剂后，B 和 C 较对照（CK）的蒸腾均有抑制效果，蒸腾速率分别比对照降低 5.43% 和 8.16%，A 与对照差异不明显；新型抗蒸腾剂与旱露植宝相比，B 和 C 抑制效果均好于旱露植宝，蒸腾速率较旱露植宝分别降低 4.22% 和 6.98%。新型抗蒸腾剂 B 和 C 抑制叶片蒸腾作用的效果好于旱露植宝。

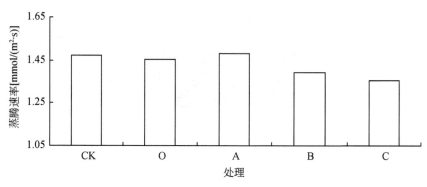

图 4-23　不同处理下玉米叶片的蒸腾速率

4.5.3.3 单叶水分利用效率

图 4-24 表明，各处理都能提高玉米单叶水分利用效率（WUE），其中 B 和 C 处理的 WUE 增加最明显，与对照相比 WUE 分别增加 12.13% 和 14.24%；A 与对照相比增加 10.8%。与旱露植宝相比，A、B 和 C 处理下 WUE 分别增加 5.36%、6.62% 和 8.62%，A、B 和 C 增加 WUE 效果均好于旱露植宝，其中 C 增加 WUE 的效果最好。

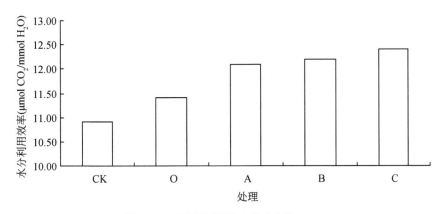

图 4-24 不同处理下玉米叶片的 WUE

第5章 退化生态系统恢复技术模式

5.1 退化荒山生态系统恢复模式

5.1.1 退化荒山生态系统封育恢复模式

本模式（图5-1）以生态系统自然恢复为手段，以恢复自然植被为核心，按生态无人区理论，将植被盖度在大于20%，且具有萌蘖或天然下种条件的退化荒山实行封育治理，采取封育管护技术，杜绝或降低人和牲畜活动，加速恢复植被，使生态系统得以休养生息，并通过荒山承包、专人管护、明确产权、责任到人等方式加强管护，充分利用生态系统的自我修复能力，逐步将植被恢复到初始状态，最终实现减少流域水土流失、改善生态环境的目的。它的科学内涵，就是在充分认识生态系统受损原因的基础上，依靠生态系统的自选择、自组织、自适应、自调节、自发展的功能，通过限制人畜对生态系统的压力，使植被自我恢复，加速生态系统的顺向演替进程，使退化荒山植被结构和功能逐步适应当地气候与土壤环境，从而实现生态系统良性循环的目的。

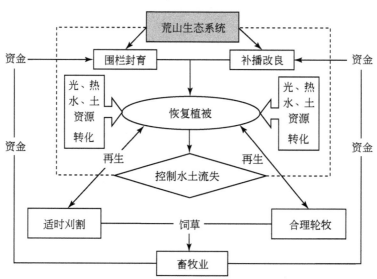

图5-1 退化荒山生态系统封育恢复模式结构

退化荒山生态系统封育恢复模式保持了原有植被与地形原貌，避免外来物种入侵带来的危险，具有投入少、见效快的特点。封育恢复模式适用于具有一定数量植物，植被盖度在20%以上，分布沙棘、长芒草、二列委陵菜、百里香等具萌蘖能力强、根茎繁殖容易、自然下种成苗快等特征的植物，而且在当前社会与经济条件下，应开发利用价值较低的地块。这也是其他退化生态系统恢复的一项基础辅助措施。

5.1.2　退化荒山生态系统人工修复模式

以不同整地方式和不同树种配置模式相结合，结合经济林、生态经济林与自然植被复合和生态林与自然植被复合三种类型，总结提出三种退化荒山态系统人工修复植被配置模式：退化荒山生态系统人工修复模式（图 5-2）将自然恢复与人工林建设相结合、生物措施与工程措施相结合、生态效益与经济效益相结合，以水资源就地利用为手段，以促进植被快速恢复、增加植被盖度、控制水土流失、改善生态系统为核心，通过增加荒坡微积水工程，建立水分平衡型人工与自然复合型生态系统，达到土壤水分长期稳定、植被快速恢复、群落结构与多样性稳定、水土流失减少或降低、土壤养分与土地生产力恢复的主要目的。尽可能保护原生植被，采用水平沟、鱼鳞坑、反坡梯田等模式整地，分段截留坡面雨水资源，减少降水大面积汇流，改善土壤结构，增加土壤蓄水保墒作用，使坡面不但成为汇集降水的集水场，也为原生植被的自然恢复提供条件，有效防止或降低水资源流失；在坡面同时采用封育技术、人工生态林与经济林建设等技术，最终形成人工林与自然植被复合生态系统，提高降水资源利用率，促进林草生长，增加植被盖度，提高固土能力，减少土壤流失，就地改善生态环境，提高经济收入。

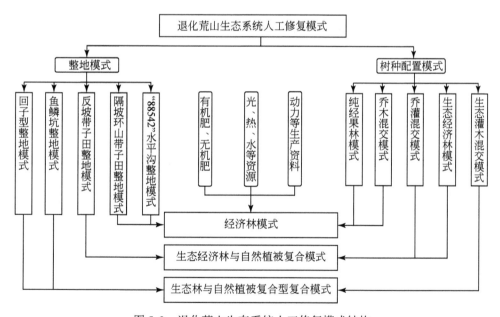

图 5-2　退化荒山生态系统人工修复模式结构

生态灌木林混交模式：主要突出生态效益，在土壤水热条件差的陡坡、荒山梁峁顶，以及地形破碎地块，采取鱼鳞坑或"88542"隔坡水平沟造林整地方法，鱼鳞坑距离为2 m×2 m，"品"字形配置；"88542"水平沟整地为沿等高线，"88542"水平沟宽 2 m。在水平沟与鱼鳞坑种植根蘖力强的沙棘，水平沟与鱼鳞坑外埂种植人工柠条，形成"品"

字形株间或行间混交灌木林，种植密度为 2 m×2 m 或 2 m×3 m。该模式将灌草结合、株间和行间混交，形成的人工灌木混交林与自然植被复合生态系统具有树种多样、群落稳定、生态功能突出、成林快、生物多样性丰富、防护效果强的特点。

生态经济型乔灌混交模式：主要突出生态效益，乔木树种以山杏、山桃、旱柳、刺槐为主，灌木树种以人工柠条为主。在荒山阴坡缓坡中部、下部，沿等高线修建长不限宽度为 2 m 的"88542"水平沟。在整地穴内种植旱柳+刺槐，乔木株间混交，株距 3～4 m；在水平沟外埂种植人工柠条，人工柠条株距为 1～2 m，形成乔灌结合型人工林与自然草被立体复合植被系统。该模式的特点是层次结构合理，固定土壤、控制水土流失效果显著。在干旱缺水、水土流失严重、自然环境恶劣，植被恢复存在着"破坏容易恢复难"的荒山中部与下部，形成的乔灌结合型人工林与自然草被立体复合植被系统生物多样性丰富、生态功能完善。

生态经济型乔木混交模式：不但突出生态效益，还兼顾经济效益。在荒山背风阳坡中部、下部缓坡坡面，沿等高线修建"88542"水平沟，富集雨水资源。在水平沟内营建以山杏、山桃为主的生态经济混交林，山杏、山桃株间混交，株距为 3～4 m，构建山杏+山桃生态经济林与自然草被立体复合植被系统。在荒山中部利用自然坡面富集降水资源，促进林木生长，形成的生态经济林与自然植被复合系统生物多样性丰富。

退化荒山生态系统人工修复模式的特点：将人工植被建设与原生植被保育相结合，微集雨整地工程与植树造林相结合，生态建设与经济发展相结合，突出生态修复，达到快速恢复退化生态系统。原生植被保育主要体现在保留自然坡面上的原生植被，使自然坡面成为人工林生长的蓄水坡，工程建设主要表现坡面微集雨工程与造林整地相结合，人工适度干扰表现在结合坡面特点，少整地，种植生态林，达到快速提高林草覆盖度。

退化荒山生态系统人工修复模式适用范围：退化荒山生态系统人工修复模式适用于海拔 1600 m 以上、降水量在 400 mm 左右的半干旱黄土丘陵区植被退化严重的荒坡梁峁顶部及地形破碎的荒山。

5.1.3 退化荒山生态系统恢复技术

5.1.3.1 退化荒山生态系统封育恢复技术

退化荒山生态系统封育恢复技术包括封育技术、补播技术等，其中封育分为围栏封育和不围栏封育两种。四周地形陡峭或有可利用障碍物，不封也可达到禁牧的目的，可封而不围；封育区平坦开阔，无任何可利用的障碍物时，不利于管护的地块只能围栏封育。围栏封育需要购置一定的材料，如刺线、角铁或水泥桩，然后将需封育的地块围起来加以保护。围栏封育需要较多的投资，大面积围栏往往存在资金问题，而且围栏面积太大也难以管理。对退化荒山实施分片隔离封育，常年管护，已成为国内外合理利用、科学培育自然草地的一种行之有效的技术措施。

(1) 封育区选择

在半干旱黄土丘陵区气候虽然较干旱，年降水量仅 400 mm 左右，对林牧业的发展影响巨大，但对多年来在干旱条件下形成的原生植被的生长繁衍限制性小，尤其是降水量主要集中于生长季，对植物的生长极为有利，采用封育管护技术有利于具有一定数量，且萌蘖能力强、根茎繁殖容易、自然下种成苗快等特征的植物的恢复。研究区具有封育恢复条件的地块，分布有沙棘、长芒草、二列委陵菜、百里香等植物，植被盖度在 20% 以上。在限制人畜活动后，植被能快速恢复。

在封育区围栏时，最好选择地势平坦开阔或缓起伏的地块，以便于架设围栏，可防止因刺线通过陡坎而留下可使家畜进入的空隙，为植被自然更新与恢复创造条件。对于地形破碎或水土流失严重，且植被具有可恢复特征的地段，可采封而不围的方式，通过加强管护恢复植被。

同时，选择封育区时，应考虑生态效益和经济效益，围栏效果好、生态效益和经济效益高的应进行围栏封育，反之则可采取封而不围的方式。同时，还要考虑管理的难易程度，比较容易管理的地区可以封而不围，管理难度大的地区不仅需要进行围栏，更需加强管理。经济条件好、资金比较充足的地区可多建围栏，以便于植被管理和保护。

（2）封育技术

封育方式包括全封、半封、轮牧三种。其中，全封要求在封育期间禁止一切不利于林草植被生长繁育的人畜活动；半封仅在植物生长与繁殖期间繁育；轮牧是在条件较好、植被退化程度较轻的地块，根据植被状况，将资源利用与植被恢复相结合，制定合理的放牧制度，适度放牧，促进植被恢复。按照封育期限长短可分为长期封育与短期封育。长期封育时间在 8 年以上，主要针对植被覆盖度低，水土流失严重的地块，当植被恢复到预期效果时，便可适度利用；短期封育时间在 3 年以内，主要针对植被轻度或中度退化的地块。

（3）围栏技术

围栏可分为生物围栏与工程围栏。

生物围栏：在围栏地块边缘，密植带状刺篱灌草，防止人畜进入围栏地块，破坏植被。实施生物围栏时，应以"适地适树（草）"为原则，选择抗旱性强、萌蘖快的灌草种为生物围栏材料。选取材料时，生物材料不能单一，以 2 个或 2 个以上为宜，采用多树（草）种混交。在宁夏半干旱黄土丘陵区适宜选择的植物以人工柠条、沙棘等移栽容易成活，见效较快的植物为主要围栏材料。生物围栏建成后，为了防止人畜破坏，注意经常维护，采取"编、剪、压、补"措施，对较长的枝适当编串，加强密度，将不必要的新旧枝剪掉，促进主枝生长，对侧枝以土压尖，弥补空缺，对未成活、缺口较大的围栏处进行补栽。这样可有效提高生物围栏的防护效果。

生物围栏具有成本低、取材易、人为破坏小、利用年限长等特点。生物围栏的成本仅为工程围栏的 1/3；能充分利用当地的自然植被资源，就地取材，简便易行，便于推广。实施生物围栏既有利于水土保持，又保护了荒山内原有植物，更便于植被恢复。生物围栏时间越长，效果越好，抗人畜干扰能力越强，与其他形式围栏相比，利用年限长。

工程围栏可分为刺丝围栏、铁丝围栏等。按照围栏设计，将水泥桩（或木桩、角铁）均匀埋入地下 40~50 cm，上部保留 130 cm 左右，桩间距 4~6 m，地上部水平均匀布设 5 或 6 道刺丝（铁丝），挂紧，拉牢，并用垂直的铁丝将水平的刺丝（铁丝）固定，避免人畜进入围栏区。

（4）利用方式

封育是为了使植被逐步恢复，而恢复后的植被应该适度利用，否则会抑制植物生长，或引起火灾。围栏区植被利用方式取决于植被类型，高大牧草占优势的植被，植被恢复到一定程度，即可刈割利用。如果是以低矮的杂类草为主的地块则以放牧利用为主。另外，利用方式还取决于植被再生性能，如果植被根系密集，耐践踏，则以放牧为主；如果践踏对植被生长影响大，则考虑刈割利用。恢复后的植被利用应该坚持适度利用的原则，不能再引起植被和地表破坏。

5.1.3.2 退化荒山生态系统人工修复技术

（1）集雨整地技术

微集雨整地是利用径流原理，通过改变微地形，将雨水以径流或人工产流的方式收集起来，达到蓄水保墒、提高造林成活率、改善造林地生态用水环境、对自然降水实行时间与空间有效补偿措施的目标，微集雨整地技术是实现雨水径流富集、储存、高效管理使用的重要环节。微集雨整地技术具有技术简单、易于掌握、工程量小、投资量少、见效快、便于推广等特点。微集雨整地技术首先使土壤变得疏松，提高了土壤的蓄水能力，并有利于造林施工；其次，由于整地过程中对造林地的局部地段翻垦，从而改变了造林地土壤结构，有利于苗根的伸展。再次，由于整地切断了土壤毛细管，可以减少土壤水分蒸发，起到保墒作用。最后，在山地条件下合理的整地措施本身就是一项水土保持措施，可以增加入渗速率、减缓流速、拦蓄地表径流、减少土壤侵蚀。在黄土丘陵水土流失区荒山坡面整地，应考虑坡面特点，尽可能减少对坡面的破坏。

鱼鳞坑整地技术：在地势较陡和支离破碎，且不便于修筑水平沟的坡面上，挖掘有一定蓄水容量、交错排列、类似鱼鳞状的半圆形或月牙形土坑，达到汇集降水、减少水土流失的目的。鱼鳞坑整地对地表植被破坏较小，是坡面治理的重要整地方法。

鱼鳞坑整地的具体方法：在山坡上挖类似鱼鳞状的半圆形或月牙形土坑，坑宽为0.8～1.5 m，坑长0.6～1.0 m，在坡面"品"字形配置，坑距2.0～3.0 m。在鱼鳞坑中间挖宽0.2 m、深0.5 m的坑。挖坑时先把表土堆放在坑的上方，把生土堆放在坑的下方，按要求规格挖好坑后，再把熟土回填。在坑下沿用生土围成高20～25 cm的半环状土埂，在坑的上方左右两角各斜开一道小沟，以便引蓄更多的雨水。具体技术指标如图5-3所示。

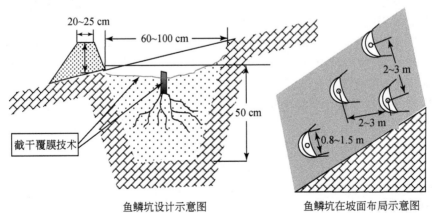

鱼鳞坑设计示意图　　　　鱼鳞坑在坡面布局示意图

图5-3　鱼鳞坑整地示意图

"88542"水平沟整地技术：主要用于坡面整齐，坡度小于25°的缓坡。采用"等高线，延山转，宽2 m，长不限，心土打埂，活土回填"的方法进行整地。水平沟整地由于沟深、容积大，能够拦蓄较多的地表径流，也可改善整地穴内土壤的光照条件、降低土壤水分蒸发。

"88542"水平沟整地（图5-4）的具体方法：沿等高线开挖宽0.8 m、深0.8 m的水平沟，在水平沟下侧用沟内挖出的土拍实外埂，形成埂高0.5 m、上宽0.4 m的地埂，埂侧坡60°～70°；将沟内侧上方表土铲下拍碎，填入水平沟内至开挖口上沿0.1 m处，水平沟宽2 m，隔坡的宽度由坡度确定，应遵循"坡度越大，隔坡的宽度越长"的原则，通常宽度为6～8 m。

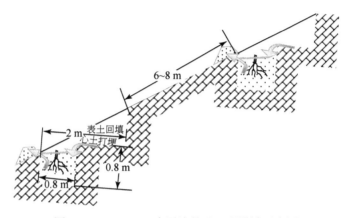

图5-4 "88542"水平沟整地工程设计示意图

在实施"88542"水平沟整地工程时，集流坡长是最重要的因素，在实施工程措施时，要充分考虑坡地的条件，包括坡位、坡向、坡度等综合因素，也要考虑工程措施的负面影响，尽量减少工程量，从而节省劳力、物力和财力，使工程发挥出最佳效果。"88542"整地可以显著提高土壤含水量，对土壤水分影响在0～1 m较大，随着坡度增大，水平沟内土壤储水量明显增大；同时，随着坡位的降低与隔坡长度的增加，水平沟造林整地穴内土壤含水量增大。

反坡带子田整地技术（图5-5）：又称"三角形"水平沟整地。在地形较缓的坡面，沿等高线线挖宽里低外高、坡度为3°～5°的梯形带子田，带面宽1.2 m；并在带子田外埂修筑高0.4 m、底宽0.5 m的台埂，并踏实拍光，达到容纳降水的效果。

漏斗式集水坑整地技术：先按地划出3 m的正方形网格线，然后在每个正方形内找出中点，在中点挖1 m×1 m×1 m的坑，将挖出的心土置于正方形网格线上打埂，埂高0.3 m、底宽0.5 m，最后将中间耕作层土壤入坑回填使正方形畦内呈漏斗状。

（2）荒坡造林适地适树技术

半干旱黄土丘陵区气候干燥、蒸发量大，大气降水是补充土壤水分的唯一来源，也决定了植被的种类和覆盖度。在构建荒山人工林与自然植被复合生态系统时，应遵循"因地制宜、适地适树"的原则，选择符合当地生态条件的旱生优良乡土树种，实行多树种配置，突出"三料"林营造与自然植被自然恢复。形成人工林与自然植被立体复合水土保持

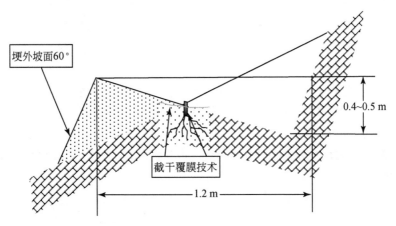

图 5-5　反坡带子田整地工程设计示意图

林草体系，改善土壤的理化性质，增加土壤肥力质量，使人工植被建设符合自然植被演替规律，提高生态效益。

1）荒山梁峁顶部及陡坡林木配置技术。荒山梁峁顶及陡坡水分条件差，采用生态灌木林混交模式。配置以沙棘、人工柠条为主灌木，人工柠条株距为 1～2 m，沙棘株距为 2～3 m，沙棘与人工柠条行间混交；灌木的行距根据坡度及土壤水分条件而定，通常根蘖性较强的沙棘，造林行距 4 m 左右，人工柠条行距应大于 2 m。最终形成人工生态灌木混交林与自然植被复合系统。植苗造林以春季（3 月下旬至 4 月底）、秋季（10 月下旬至 11 月中旬）造林为主，雨季抢墒穴播人工柠条造林为辅。

2）荒山阴坡中部、下部缓坡林木配置技术。荒山阴坡中部、下部缓坡水分条件好的地块，采用生态经济型乔灌混交林模式。采用"88542"水平沟、反坡带子田、隔坡环山带子田等技术整地，隔坡宽 6～8 m；在整地穴中采用株间或行间混交的形式，种植山桃、山杏；在整地穴外埂种植人工柠条，形成山杏＋人工柠条、山桃＋人工柠条、山杏＋山桃＋人工柠条等形式的乔灌混交林。山桃、山杏株距为 3～4 m，人工柠条株距为 1～2 m，山杏、山桃行距为 4 m 左右。最终构建起乔灌结合型生态经济混交林与自然草被立体复合植被系统。地埂点播人工柠条护埂，形成自然植被护坡固土，坡面集流，整地穴蓄水，促进人工林与自然植被复合生态系统的稳定。植苗造林以春季（3 月下旬至 4 月底）、秋季（10 月下旬至 11 月中旬）造林为主，雨季抢墒点播人工柠条护埂。

荒山阳坡中部、下部缓坡水分条件差的地块，采用生态灌木林混交模式。配置以沙棘、人工柠条为主灌木，人工柠条株距为 1～2 m，沙棘株距为 2～3 m，沙棘与人工柠条行间混交，行距在 4 m 左右。最终形成人工生态灌木混交林与自然植被复合生态系统。

3）荒山阳坡中部、下部缓坡林木配置技术。荒山背风坡阳坡中部、下部缓坡，水分条件好的地块，适宜发展生态经济林。采用"88542"水平沟、反坡带子田、隔坡环山带子田等技术整地，株距 4 m，隔坡宽 4～6 m；在整地穴内种植纯经济林，造林树种可选择核桃、杏树、花椒等。

（3）抗旱造林技术集成技术

主要包括微集雨整地技术、截干深栽技术、雨季直播技术、覆膜套袋技术、保水剂技术、多树种配置技术、春夏秋三季造林、容器苗造林等技术与"三填土两踩踏一提苗"的栽植方法和浇足底水灌好定根水，随时防止苗秆倾斜倒伏。其中，截干深栽技术主要通过大穴深栽，压紧踏实，适时截干等措施，不仅可有效保护根系完整，还可使根系顺利地吸水，并迅速促发新根，而且削弱地上部分的蒸腾作用，促进了苗木体内水分平衡，防止林木生理干旱，提高植树的成活率。多树种配置技术主要通过多个抗旱实生树种的合理配置，不仅提高了林分的稳定性，而且促进了林分水土保持功能的快速发挥。

（4）造林密度的调控

保持土壤水分平衡是维系植物体内水分平衡、促进植被稳定健康生存的关键。树木栽植后会有部分不能成活，其根本原因是失去了植物的水分平衡。植物体内经常进行着大量的水分交换，不断地靠根系从土壤中吸收水分，靠输导系统在体内分布与传导水分，它仅把从土壤中吸收的很少的一部分水分加以保留和利用，而把绝大部分的水通过叶面散失到大气中。据测算，夏季 1 株普通的大树，1d 可从地下吸收 25 ~ 35 kg 水，而树木本身只留下不到 1%，其余 99% 以上的水分都蒸腾至大气中，这就是植物的"水分平衡"。

在干旱少雨的宁夏半干旱黄土丘陵区实施荒山造林时，保持人工林与自然植被复合生态系统水分平衡的关键主要有两点。首先是根据坡度、坡向调整集雨坡面的大小，调节坡面微集雨工程蓄水能力；其次是调控林草耗水量，主要措施为选择抗旱节水树种，减小单株林木耗水量，同时，通过调整造林密度，使人工林与自然植被的耗水量与降水量达到平衡状态。坡度较大时，容易产流的地块，可适当增加造林密度，便可有效地采用集雨整地技术分段截流，控制水土流失；坡度较小时，可适当地减小造林密度，增加隔坡宽度，有利于水资源在造林整地带中富集利用，促进林草生长。

5.1.4　退化荒山生态系统恢复模式应用效果

5.1.4.1　退化荒山生态系统恢复模式对自然植被的影响

植被恢复是生态恢复的重要目标和最直接的效果表现，生态系统的生物多样性对维护整个系统的物种多样性也十分重要。生态系统的生物多样性是建立在植物多样性的基础上，植物多样性动态与植被演替关系密切，物种多样性的时间动态在一定程度上能较好反映植被演替进程的特点。因此，对恢复生态系统的生物个体生长情况及生物群落的结构、功能和生物多样性的评价已成为生态恢复效果评价的重要内容，也是评价生态系统恢复和重建工作的重要指标。生物多样性及群落结构与功能的评价主要通过实地跟踪监测和调查展开，主要的指标包括生物量、密度、生物多样性等。

（1）退化荒山生态系统恢复对植物群落结构的影响

人工干扰对群落物种组成及其结构产生的深刻影响，通常会导致地带性植被发生不可逆的变化。由表 5-1 可见，在退化荒山坡面采用水平沟集流整地造林技术，使坡面降水资源就地拦蓄并储存于土壤中，有效地降低了坡面水土流失，促进了人工植被的生长，增加了荒山植被盖度，提高了土地生产力。但人为在荒山坡面造林，使人工林与自然植被生长耗水竞争加剧，林下自然植被物种丰富度随林龄的增大而下降，建群种变化不大，仍然以长芒草为主，伴随种也以多年生植物为主，一年生草本植物种类随林龄的增大而减少，但植被盖度总体上升。

表 5-1　退化荒山生态系统恢复过程中植被群落特征

恢复时间	建群种	主要伴生种	种数	盖度（%）
2004 年	赖草、长芒草、达乌里胡枝子	白蒿、飞缓、地椒、紫菀、糙隐子草、二裂委陵菜、裂叶委陵菜	18～20	40～45
2009 年	赖草、长芒草、二裂委陵菜	达乌里胡枝子、猪毛菜、沙蒿、黄蒿、裂叶委陵菜、棘豆等	16～24	55～65

表 5-2 显示了退化荒山恢复模式应用不同时间后，植物群落主要植物重要值的变化情况。退化荒山恢复模式应用第 3 年（2004 年），荒山植物群落重要值排序靠前的植物种分别为赖草（0.1417）、长芒草（0.1352）、达乌里胡枝子（0.1336）、狭裂白蒿（0.1231）；退化荒山恢复模式应用第 8 年（2009 年），赖草、长芒草等建群种密度增加，一年生植物密度下降，导致植物群落重要值排序也发生了变化，排序靠前的植物种分别为赖草（0.1971）、长芒草（0.143）、二裂委陵菜（0.1307）、达乌里胡枝子（0.1156）、猪毛菜（0.0736）。随着生态系统恢复时间的延长，建群种赖草、长芒草的重要值分别提高了0.0554、0.0078，一年生植物数量逐渐下降。

表 5-2　退化荒山生态系统恢复模式应用不同时间年限植物重要值的变化

植物名	2009 年	2004 年
赖草	0.1971 ± 0.0159	0.1417 ± 0.0393
长芒草	0.143 ± 0.0338	0.1352 ± 0.0412
二裂委陵菜	0.1307 ± 0.0382	0.0514 ± 0.0179
达乌里胡枝子	0.1156 ± 0.0193	0.1336 ± 0.0524
猪毛菜	0.0736 ± 0.0165	0.0168 ± 0.0096
狭裂白蒿	0.0704 ± 0.0665	0.1231 ± 0.0493
猪毛蒿	0.0696 ± 0.0251	0.0319 ± 0.0348
西山委陵菜	0.0588 ± 0.0175	0.0537 ± 0.0406
多裂委陵菜	0.0582 ± 0.0359	0.0422 ± 0.0036
草木犀黄芪	0.0571 ± 0.0362	0.0238 ± 0.0336
百里香	0.0559 ± 0.0012	0.0632 ± 0.0356
野苜蓿	0.0495 ± 0.0414	0.0211 ± 0.0124
紫菀	0.0442 ± 0.0242	0.0575 ± 0.017
飞缓	0.0391 ± 0.0414	0.0699 ± 0.0567
糙隐子草	0.0324 ± 0.0129	0.0549 ± 0.0297
银灰旋花	0.0084 ± 0.0019	0.0326 ± 0.0271
二色棘豆	0.0139 ± 0.0072	0.0222 ± 0.0179
早熟禾	0.0038 ± 0.0016	0.0052 ± 0.0035
苦苣	0.0154 ± 0.0016	0.0092 ± 0.009

（2）退化荒山生态系统恢复对植物群落多样性的影响

宁夏半干旱黄土丘陵区退化荒山生态系统植被系统是多年与当地自然环境及人类活动相适应的稳定缓慢退化的干草原植被系统，由多年生抗旱植物及适应降水季节分配的短命植物为主。根据物种多样性测度指数应用的广泛程度，以及对群落物种多样性状况的反映能力，选取 Shannon-wiener 指数、Simpson 优势度指数及 Pielou 均匀度指数来分析群落物种多样性特征，评价荒山退化生态系统人工修复模式效果（表 5-3）。

表 5-3　不同恢复年限退化荒山植物群落多样性

样方	Simpson 优势度指数（D）		Shannon-Wiener 指数（H）		Pielou 均匀度指数（J）	
	2004 年	2009 年	2004 年	2009 年	2004 年	2009 年
10m	0.8611	0.9283	2.4896	1.5311	1.0697	0.6968
20m	0.8940	0.9147	2.6139	2.1786	1.0609	0.8494
30m	0.8942	0.8881	2.7142	1.7705	1.1214	0.8058
40m	0.8664	0.8962	2.5130	1.4868	1.1437	0.7641
50m	0.9275	0.9404	2.3136	1.9213	0.9089	0.7938
60m	0.8778	0.8921	2.5764	1.9219	1.0457	0.8173
70m	0.9007	0.9146	2.7461	1.8211	1.0873	0.7909
80m	0.8719	0.8871	2.5374	1.7489	1.0903	0.8172
90m	0.8894	0.9213	2.6769	1.7419	1.0360	0.7737
100m	0.8630	0.9292	2.9339	1.8553	1.1273	0.8241
平均	0.8846Bb ± 0.0207	0.9112Aa ± 0.0191	2.6115Aa ± 0.1689	1.7977Bb ± 0.1982	1.0691Aa ± 0.0665	0.7933Bb ± 0.0421

注：从坡顶到坡脚，每隔 10m 布设一个样方

退化荒山生态系统恢复模式的应用，在局部改变了荒山微地形，使降水再分配受到影响，坡面土壤水分条件得到改善，随恢复时间的延长，原生植被迅速恢复；但随着人工林生长越来越好，与原生植被争水矛盾的加剧，原生植被系统由多年生抗旱植物及适应降水季节分配的短命植物为主，且稳定缓慢退化的干草原植被系统向林草复合稳定系统演变。其变化过程为

自然植被稳定缓慢退化	自然植被快速恢复	林草水肥竞争加剧	稳定的林草系统
退化荒山生态系统	退化荒山恢复初期	退化荒山恢复中期	荒山林草稳定生态系统

在这一过程中，由于短命植物数量减少，荒山自然植被 Simpson 优势度指数变化显著增大。随着坡面的下降，退化荒山生态系统恢复技术应用第 3 年（2004 年），坡面林下自然植被 Simpson 优势度指数为 0.8611～0.9275，退化荒山生态系统恢复技术应用第 8 年（2009 年），自然植被 Simpson 优势度指数为 0.8871～0.9404。

荒山造林对 Shannon-Wiener 指数与 Pielou 均匀度指数有显著影响，且随着恢复时间的延长，Shannon-Wiener 指数与 Pielou 均匀度指数均显著降低。荒山恢复模式应用第 3 年（2004 年），自然植被 Shannon-Wiener 指数与 Pielou 均匀度指数随着坡面的下降，变异系数分别为 2.6115、1.0691，荒山恢复模式应用第 8 年（2009 年）时，自然植被 Shannon-Wiener 指数与 Pielou 均匀度指数分别显著下降到 1.7977、0.7933。可见，退化荒山生态系统人工修复后，荒山植被 Simpson 优势度指数显著增加，人工林下自然植被以多年生草本

植物为主，短命植物数量减少，林下植被的 Pielou 均匀度指数与 Shannon-Wiener 指数呈现下降的趋势。

（3）退化荒山生态系统恢复对自然植被生产力的影响

退化荒山采用水平沟集雨整地、造林、封育技术第 3 年与第 8 年相比（表5-4），林下自然植被生物量鲜重分别为 2441.3 kg/hm²、4390.3 kg/hm²，可见随着退化荒山生态系统恢复时间的延长，生态系统中的植被以人工林与多年生草本为主，荒坡植被盖度与生物量明显增加，人工林与自然草复合生态系统的土地生产力增加。

表5-4 退化荒山生态系统恢复过程中植被生产力的变化

恢复时间		生物量 （g/m²）									平均 （g/m²）
		10 m	20 m	30 m	40 m	50 m	60 m	70 m	80 m	90 m	
鲜重	2004 年	169.6	241.2	177.2	238.8	308.8	197.6	257.6	322.8	283.6	244.13Aa ± 55.17
	2009 年	417.9	454.7	458.7	500.0	460.0	400.0	400.0	420.0	440.0	439.03Bb ± 32.87
干重	2004 年	123.2	140.4	108.4	131.6	181.6	110.4	132.0	202.4	165.2	143.91Aa ± 32.43
	2009 年	303.6	264.7	280.6	275.5	270.5	223.5	205.0	263.3	256.3	260.33Bb ± 29.75

注：同一列大写字母表示 $P<0.01$，小写字母表示 $P<0.05$，字母相同表示差异不显著

5.1.4.2 荒山退化生态系统人工修复对土壤水分的影响

土壤水分在干旱半干旱区农业生产与生态建设占有举足轻重的地位，是制约黄土高原退化生态系统恢复的主要因子，也是决定土地生产力的一个重要因素。土壤水库的稳定性也是评价退化生态系统恢复效果的主要因子。为了及时了解半干旱黄土丘陵区退化荒山生态系统恢复过程中，林草生长与水分环境的关系，阐明退化荒山生态系统恢复的水文效益，更好地指导生产实践，开展土壤水分变化规律研究意义重大。

（1）荒山退化生态系统人工修复土壤储水量动态变化的影响

1）土壤水分年变化。由 2001~2009 年生长季，荒山退化生态系统人工修复模式应用后集水坡面与林带内土壤含水量动态变化测定表明（表5-5），土壤储水量与大气降水量关系密切。集雨坡面 0~2 m 土壤年均储水量与年降水量的相关系数为 0.7262，水平沟造林整地带 0~2 m 层土壤年均储水量与年降水量的相关系数为 0.5657。

表5-5 荒山退化生态系统人工修复区 0~200 cm 土壤储水量年变化（单位：mm）

年份	年降水量	集雨坡面储水量	水平沟造林带储水量	集雨坡与水平沟储水量差异	降水年型
2001	420.5	—	—	—	平水年
2002	474.2	350.7	386.5	−35.8	平水年
2003	544.8	369.9	377.0	−7.1	丰水年
2004	335.3	311.3	304.0	7.3	欠水年
2005	476.9	342.0	276.3	65.7	平水年
2006	355.2	211.6	227.7	−16.1	欠水年
2007	314.5	350.7	386.5	−35.8	欠水年
2008	390.5	294.6	292.3	2.3	欠水年
2009	253.5	350.7	386.5	−35.8	欠水年

集雨坡面土壤储水量与水平沟造林整地带内土壤储水量的差异性不仅与降水年型及降水型有关，而且受植被耗水量的影响。在丰水年，由于降水丰富，土壤含水量较高，土壤储水能力相对较弱，当遇到产流型暴雨时，坡面降水除就地入渗外，会以径流的形式汇集到水平沟造林整地带内，使水平造林整地带土壤储水量高于集雨坡面；在欠水年，降水稀少，土壤干燥，储水能力较强，降水主要以就地入渗的形式储存在土壤中，人工林对大气截留能力比草本强，使坡面土壤储水量高于水平沟造林整地带。

2）土壤水分月变化。在生长季，集雨坡与水平沟造林整地带土壤含水量的变化动态（图5-6）分为 2 个阶段。

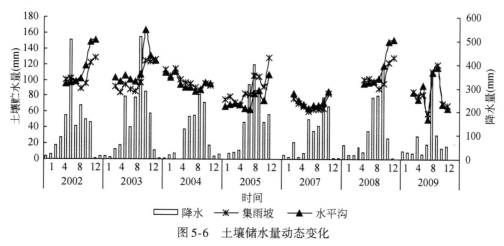

图 5-6　土壤储水量动态变化

土壤水分缓慢消耗期：本阶段从生长期开始，至雨季来临结束。这一时期降水量稀少，气温升高，地面蒸发量与植物蒸腾耗水量持续增加，使土壤储水量持续降低，此时，集雨坡面土壤储水量与水平沟造林整地带内土壤储水量差异逐渐降低。

土壤水分持续增加期：本阶段从雨季来临，至生长季结束。这一时期降水量逐渐增加，气温降低，植物生长耗水量减少，土壤水分开始恢复。此时，集雨坡面土壤储水量与水平沟造林整地带内土壤储水量差异逐渐增大，当降水量较大时，坡面降水会形成径流，流入水平沟造林整地带内，使水平沟内土壤储水量高于集雨坡面。

（2）荒山退化生态系统人工修复对土壤储水量垂直变化的影响

荒山退化生态系统人工修复模式应用后，无论是荒山集雨坡面还是水平沟造林整地带内，土壤储水量垂直变化均呈先降低，再升高，然后降低的变化趋势（图5-7），而且 0～1 m 层土壤储水量变异较大，1～2 m 层土壤储水量变化相对稳定。

集雨坡面与水平沟造林整地带土壤储水量相比，0～60 cm 内，集水坡面土壤储水量明显高于水平沟造林整地带，而 0.6～2 m 层集水坡面土壤储水量却低于水平沟造林整地带内的土壤储水量。这主要是由于研究区气候干旱，产流型降水较少，土壤干燥，储水能力较强，大气降水主要以入渗的形式储存于土壤浅层；而且，随着林木的生长，林木对大气降水的截留作用加强，导致集水坡面浅层土壤储水量明显低于水平沟造林整地带。

退化荒山生态系统人工修复模式应用后，集水坡面主要以浅根性自然植被为主，水平沟内以深根性多年生人工林为主，集水坡面与水平沟造林整地带土壤储水量的分配适合人

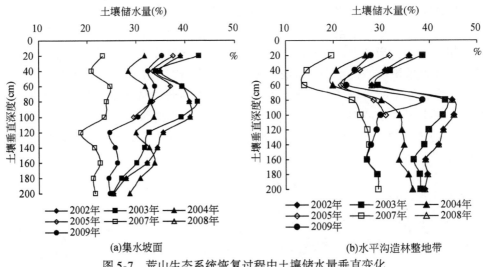

(a)集水坡面   (b)水平沟造林整地带

图 5-7 荒山生态系统恢复过程中土壤储水量垂直变化

工林与自然植被的生长需求，这有利于土壤水资源的高效利用，促进植物更好地生长。

5.1.4.3 荒山退化生态系统人工修复对土壤综合肥力指数的影响

采用土壤综合肥力指数对退化荒山恢复过程中土壤肥力变化进行综合评价。

1）土壤肥力指标体系的建立。有关土壤肥力指标的选择、肥力等级的划分以及权重系数的确定，在国内还没有统一的标准。由于土壤肥力概念的不统一性，内涵的不确定性，造成土壤肥力评价中选取的评价因子可能不同，可能导致评价结果出现差异，甚至与客观实际相悖的现象。目前许多学者在土壤肥力评价时主要以养分指标为主，其次是土壤物理性状指标，而土壤生物指标和环境条件因子相对较少，而且重点对土壤表层（0~0.2 m）肥力进行综合评价。本节在参考现有土壤肥力评价因子选取的基础上，以最能直观表达土壤肥力高低的土壤养分指标（土壤 pH、有机质、速效氮、速效磷、速效钾、全氮、全磷等），对荒山不同坡位集雨坡与水平沟造林整地带土壤表层（0~0.2 m）肥力土壤肥力进行综合评价。

2）土壤肥力评价的方法。土壤肥力评价过程一般以人为划分土壤肥力评价指标的数量级别以及各指标的权重系数，然后利用简单的加、乘合成一项综合性的指标评价土壤肥力的高低。本研究在参考全国第二次土壤普查的结果和分级标准的基础上，采用灰色关联法计算了土壤肥力因子的权重，然后将加权后的肥力单因子带入改进的内梅罗（Nemoro）公式计算土壤综合肥力指数，全面又较简单地量化了土壤肥力水平。

由肥力单因子指标的权重计算结果（表5-6）可以看出，半干旱黄土丘陵区退化荒山土壤养分肥力因子中，速效钾对提高土地生产力最重要，权重达到 0.152，其次为全钾（0.146），全磷最低（0.088）。

表 5-6 灰色关联度法计算肥力指标权重

指标	pH	有机质	全氮	全磷	全钾	速效磷	速效氮	速效钾
权重排序	7	6	5	8	2	3	4	1
权重	0.089	0.121	0.128	0.088	0.146	0.143	0.132	0.152

土壤肥力单项指标（属性值）是不可加和的，为了统一量纲，在参照第二次全国土壤普查标准（表5-7）的基础上，采用可反映植物生长最小因子律的方法进行土壤养分数据标准化。

表5-7　土壤各属性分级标准

土壤属性	pH		速效氮 （mg/kg）	速效磷 （mg/kg）	速效钾 （mg/kg）	有机质 （g/kg）	全氮 （g/kg）	全磷 （g/kg）	全钾 （g/kg）
	<7	>7							
X_a	4.5	9	60	5	50	10	0.75	0.75	10
X_c	5.5	8	120	10	100	20	1.5	1.5	20
X_p	6.5	7	180	20	200	30	2.0	2.0	30

当属性值属于差一级时，即 $c_i \leqslant x_a$ 时，$p_i = c_i / x_a$，（$p_i \leqslant 1$）；

当属性值属于中等一级时，即 $x_a < c_i < x_c$ 时，$p_i = 1 + (c_i - x_a)/(c_c - x_a)$，（$1 < p_i \leqslant 2$）；

当属性值属于较好一级时，即 $x_c < c_i < x_p$ 时，$p_i = 2 + (c_i - x_c)/(x_p - x_c)$，（$2 \leqslant p_i < 3$）；

当属性值属于好一级时，即 $c_i > x_p$ 时，$p_i = 3$。

上述方法真实地模拟了植物生长过程中对某些属性的要求并不是越高越好，而是存在一个饱和值的现象，科学掌握和控制这个饱和点，才能保障土壤肥力系数的合理性。根据全国第二次土壤普查土壤肥力因子分级标准，实测数据标准化结果如表5-8所示。

表5-8　土壤肥力因子标准化值

	年份	土壤属性	pH	有机质	全氮	全磷	全钾	速效氮	速效磷	速效钾
水平沟	2009年	上	1.89	1.38	1.63	2.52	1.75	0.87	0.53	2.13
		中	1.94	1.20	1.47	2.80	1.80	0.78	0.43	2.45
		下	1.75	0.59	0.73	2.62	1.68	0.35	0.50	1.62
	2004年	上	1.75	0.71	0.71	0.64	1.71	0.64	0.37	2.45
		中	1.75	0.72	0.68	0.65	1.82	0.33	0.33	3.00
		下	1.76	1.16	1.11	0.67	1.72	0.64	0.45	1.77
	2003年	上	1.69	1.04	0.93	0.73	1.70	0.57	0.43	2.05
		中	1.78	1.37	1.12	0.76	1.80	0.30	0.40	1.07
		下	1.58	0.52	0.47	0.63	1.78	0.27	0.23	2.46
集雨坡	2009年	上	2.05	1.84	2.04	2.92	1.75	1.23	0.40	2.55
		中	2.33	2.15	2.70	1.19	1.86	1.50	0.63	3.00
		下	1.90	2.00	2.08	0.77	1.82	1.13	0.90	3.00
	2004年	上	1.88	1.45	1.53	3.00	1.79	1.02	0.63	2.80
		中	1.89	1.57	2.48	0.80	1.78	1.34	0.67	3.00
		下	1.85	1.62	2.18	0.77	1.82	1.38	0.87	3.00
	2003年	上	1.69	1.60	1.44	2.96	1.69	0.86	0.53	2.55
		中	1.78	1.51	1.45	0.73	1.76	0.89	0.47	1.93
		下	1.78	1.67	1.44	0.76	1.80	1.06	0.67	3.00

用可反映植物生长最小因子律的方法，将土壤肥力单因子数据标准化后加权，然后采用改进的内梅罗综合指数法计算土壤表层（0~20 cm）土壤综合肥力指数。改进的内梅罗公式计算土壤综合肥力系数。修正的内梅罗公式：

$$P = \sqrt{\frac{(\overline{P_i})^2 + (P_{imin})^2}{2} \times \frac{(n-1)}{n}} \tag{5-1}$$

式中，P 为土壤综合肥力指数，P_i 为土壤各属性分肥力系数，$\overline{P_i}$ 为土壤各属性分肥力系数的平均值，P_{imin} 为各分肥力系数中最小值，n 为参评因子数量。

采用 P_{imin} 代替原内梅罗公式中的 P_{imax} 是为了突出土壤属性中最差一项指标对肥力的影响，即突出限制性因子，增加修正项 $(n-1)/n$ 是为了反映可信度，即参评土壤属性项目 (n) 越多，可信度越高。

由土壤肥力系数计算结果（表5-9）和土壤肥力指数等级划分标准（表5-10）可知，退化荒山人工修复模式应用后，水平沟造林整地带土壤表层（0~0.2 m）肥力土壤肥力指数在1.482~1.908，土壤肥力水平一般；集雨坡土壤表层（0~0.2 m）土壤肥力指数在1.746~2.116，土壤肥力水平较高。根据土壤肥力因子权重判断，对宁夏半干旱黄土丘陵退化生态系统土壤表层（0~0.2 m）土壤肥力指数贡献较大的因子为土壤全钾、速效钾、速效磷。而且该区土壤磷素水平较低，已不能满足植物正常生长。因此，对宁夏半干旱黄土丘陵区荒山林地土壤培肥应重视磷肥与有机质的施用。

表 5-9 土壤综合肥力指数的变化

模式应用时间		2009 年			2004 年			2003 年		
		中	下	上	中	下	上	中	下	上
水平沟	肥力指数	1.887	1.632	1.908	1.587	1.660	1.612	1.534	1.482	1.647
	肥力排序	2	5	1	7	3	6	8	9	4
	肥力评语	肥沃	一般	肥沃	一般	一般	一般	一般	一般	一般
集雨坡	肥力指数	2.116	2.058	2.005	2.008	2.051	2.034	1.746	1.922	1.949
	肥力排序	1	2	6	5	3	4	9	8	7
	肥力评语	肥沃	肥沃	肥沃	肥沃	肥沃	肥沃	一般	肥沃	肥沃

表 5-10 土壤肥力指数等级划分标准

肥力等级	一等	二等	三等	四等
肥力系数范围	≥2.7	2.7~1.8	1.8~0.9	<0.9
肥力属性	很肥沃	肥沃	一般	贫瘠

退化荒山生态系统人工修复不同时间序列土壤综合肥力指数分析表明，水平沟造林整地带土壤肥力指数排前两位分别为2009年的上部、中部；集雨坡面土壤肥力指数排前两位分别为2009年的中部和下部。退化荒山生态系统人工修复不同时间序列土壤综合肥力指数的排序，说明退化荒山生态系统恢复模式可以提高土壤肥力。

5.2　退化农地人工林草建设模式

本模式（图 5-8）将生物措施与工程措施相结合、生态效益与经济效益相结合，注重生态效益，以水资源高效就地利用、控制水土流失、增加植被盖度、提高经济收入、改善生态效益为核心，将广种薄收的传统耕作方式转变为经果林模式或乔灌草混交模式，达到改善生态、增加收入的目的。通过改变土地利用方式，在地埂边修建微集雨工程，使降水就地拦蓄，储存于土壤中，减少降水大面积汇流，有效防止或降低水资源流失；同时在集雨穴中种植经果林，形成水土保持经果林。在退化坡耕地内营建多年生豆科牧草，最终形成生态经济林与紫花苜蓿复合生态系统，就地高效利用降水资源，促进林草生长，达到以短养长、促进畜牧业发展的目的，既增加了植被盖度、提高了固土能力，也减少了土壤流失，提高了经济收入。植被配置方式主要有乔灌草混交模式、经果林 + 人工草模式、纯经济林模式。

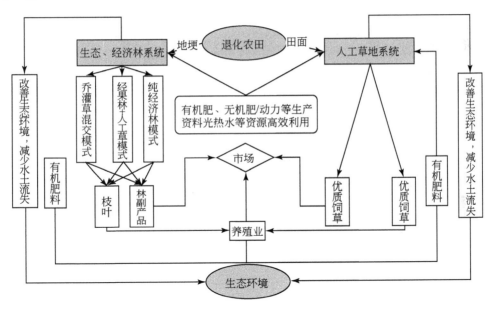

图 5-8　退化农地人工林草建设模式

乔灌草混交模式。该模式属于林草间作范畴，在空间分布上属于复层结构，克服了林分单一的缺点，防护效果优于单一结构的林分。乔灌草混交适用于退化坡耕地，乔木树种主要有山杏、食用杏、核桃、花椒，灌木树种有人工柠条、杞柳，草种以紫花苜蓿为主。在退化耕地上，沿等高线修建"88542"水平沟，富集雨水资源，"88542"水平沟的长度不限，宽度为 2 m，隔坡宽 6 ~ 8 m。在造林整地穴内配置山杏、食用杏、核桃、花椒等经济林，株距为 3 ~ 4 m，采用株间或行间混交，整地穴外埂种植人工柠条，株距为 1 ~ 2 m，隔坡种植紫花苜蓿。乔灌草混交模式具有层次结构合理多样、控制水土流失、涵养水源效果突出等特点，同时，种植的人工牧草可为发展畜牧业提供饲草。

经果林 + 人工草模式。该模式属于林草间作范畴，克服了林分单一的缺点，该模式适用于坡度较缓的退化坡耕地。在退化耕地上，沿等高线修建"88542"水平沟，富集雨水资源，"88542"水平沟的长度不限，宽度为 2 m，隔坡宽 4~6 m。在造林整地穴内配置杏树、核桃、花椒等经济林，造林密度为 4 m×4 m，隔坡种植紫花苜蓿。经果林 + 人工草模式具有层次结构合理，控制水土流失、涵养水源效果突出等特点，同时，种植的人工牧草可为发展畜牧业提供饲草。

纯经济林模式。主要适宜在黄土高原海拔较低的缓坡退化耕地应用。整地方式采用水平沟、漏斗式整地技术；在整地穴内种植经济效益突出、抗旱性强的杏树、核桃、花椒等经济林。造林密度为 4 m×4 m，以达到控制水土流失、增加经济收入的效果。以春季、秋季造林为主，造林时套袋覆膜。

退化农地人工林草建设模式的特点。退化农地人工林草建设模式集成坡面微集雨技术、水分平衡型人工林建设技术、适地实树技术、人工旱作草地建设技术；将"三跑"（跑水、跑土、跑肥）低效退化农田生态系统改变为人工林草复合生态系统，改变了土地利用方式，改善了生态环境。土地利用方式的优化体现在将传统的低投入、低产出的广种薄收改变为一次性投入、多年见效的林草复合经营方式。林草间作达到了以短养长的效果，间作的优质牧草通过出售或养殖业增加收入。种植效益主要表现在林内间作优质牧草与经果林或优质牧草通过畜牧业转化。

5.2.1　退化农地人工林草建设技术体系

退化农地人工林草建设模式运行的好坏、产生效益的大小，除了与其自身结构有关系外，支撑模式的技术也成为模式是否高效运行的关键。退化农地人工林草建设技术体系（图 5-9）主要包括坡面微集雨整地技术、人工草建设技术、人工林建设技术等。

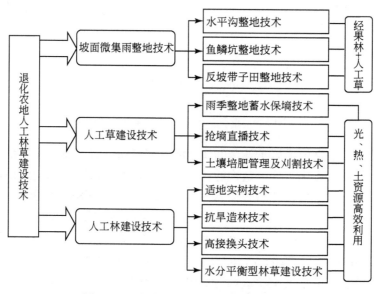

图 5-9　退化农地人工林草建设技术体系

5.2.1.1 坡面微集雨整地技术

退化农地坡面整齐,适宜在地埂沿等高线采用反坡带子田、"88542"水平沟、漏斗式集水坑等微集雨整地技术。在整地时,要充分考虑集流坡长、坡位、坡向、坡度等条件,通过合理调整集雨坡面宽度,减少工程量、节省劳力、物力和财力,以及工程措施的负面影响,增加林草覆盖度,使工程发挥出最佳集雨、蓄水、保墒、促进林草生长的效果。

5.2.1.2 树草种选择与配置技术

退化农地人工林草建设模式的树、草种选择与配置技术主要包括造林树种选择与配置技术、旱作草种选择技术。应按照因地制宜、适地适树的原则,将经济发展与生态建设相结合,选择抗旱优良经果林树种与抗旱优质牧草,实行多树种混交。在退化农地上建设人工林草,适宜选择的草种为紫花苜蓿,经济林树种以核桃、杏树、花椒、山桃、山杏为主,生态灌木林以人工柠条为主。根据退化耕地水热条件可选择的人工植被配置模式包括乔灌草混交模式、生态经济林 + 人工草模式、纯经济林模式,其中迎风坡海拔较高的退化耕地可应用乔灌草混交模式,背风阳坡低海拔的缓坡退化耕地可采用纯经济林模式,生态经济林 + 人工草模式适用于坡度较大,水土流失严重的退化耕地。

5.2.1.3 抗旱造林技术集成技术

微集雨造林整地技术、截干深栽技术、多树种配置技术、覆膜套袋技术、保水剂技术、雨季直播技术、春夏秋三季造林技术,抗旱造林技术的集成应用可明显提高植树成活率。

5.2.1.4 退化农田人工草建设技术

退化坡耕地土壤疏松,蓄水保墒效果好。可在幼林期,营造以紫花苜蓿为主的人工草地。采用条播或撒播,条播行距 20~30 cm,紫花苜蓿播种量 12~15 kg/hm²,也可与糜子混播,播后需镇压。苜蓿种子发芽和幼苗生长最适宜的温度为 10~25℃,就宁夏半干旱黄土丘陵区的气候状况而言,4~6 月是抢墒播种牧草的主要时间。在幼林期,充分发挥苜蓿"以短养长"的作用,通过提高苜蓿产草量,增加经济收益。苜蓿退化严重后,通过苜蓿—作物轮作,减少苜蓿面积,增加坡面集流面积,提高微集雨工程集雨能力,为经果林健康生长提供水源保障,促进经果林经济效益的发挥。

5.2.2 退化农地人工林草建设模式的效果

退化农地林草复合生态系统建设中,将坡面微集雨技术、水分平衡型人工林建设技术、适地适树技术、人工旱作草地建设技术进行优化集成,将"三跑"低效退化农田生态系统改建为人工林草复合生态系统,增加林草覆盖度,控制水土流失,提高经济收入。

5.2.2.1 退化农地人工林草建设模式对土壤水分的影响

土壤水分是支撑干旱、半干旱区生态系统的基础,是制约黄土高原退化生态系统恢复的主要因子，也是决定土地生产力的一个重要因素。人工林草地土壤水分不仅是决定人工林草系统是否健康稳定的关键，也影响着林草系统的效益，是评价退化农地人工林草建设模式应用效果的主要因子。

在 2007 ~ 2009 年生长季，连续对人工林草生态系统阴坡与阳坡的坡面及水平沟 0 ~ 1 m 土壤储水量（图 5-10）测定表明，土壤储水量仍然分为土壤水分缓慢消耗期与持续增加期：土壤水分缓慢消耗期从生长期开始，至雨季来临结束。由于这一时期降水量稀少，气温升高，地面蒸发量与植物蒸腾耗水量持续增加，土壤储水量逐渐消耗，呈现降低的趋势；土壤水分持续增加期从雨季来临，至生长季结束，这一时期土壤储水量的变化主要受降水量的影响。由于土壤储水量受林草生长耗水、大气降水、土壤蒸发等因素的影响，其变化较复杂，土壤水分的恢复往往与降水量呈现滞后现象。

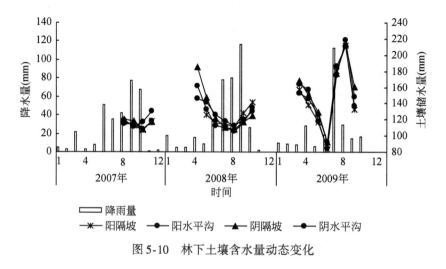

图 5-10　林下土壤含水量动态变化

人工林草生态系统中，多年生牧草的连年种植对土壤含水量有明显影响。不同生长年限林草生态系统坡面土壤水分月变化趋势与牧草生长耗水及气象因子密切相关。生长季初期不同种植年限坡面土壤含水量较高，随着气温升高，牧草生长耗水率及地表蒸发速率增加，土壤含水量不断减少，土壤旱化加剧（表 5-11）。7 月时，不同种植年限林草生态系统坡面土壤含水量达到全年的最低值。其中，林草生态系统重建 4 年时，坡面 0 ~ 1 m 层土壤含水量在 7 月达到全年最低值（7.07%），林草生态系统重建 7 年时，坡面 0 ~ 1 m 层土壤含水量为 6.31%，林草生态系统重建 20 年时，坡面 0 ~ 1 m 层土壤含水量为 5.36%；7 月以后，随着大气降水的增加，土壤水分不断得到补充，土壤水分得到一定程度的恢复，至 10 月，土壤含水量达到生长季的最大值，此时，林草生态系统重建 4 年时，坡面 0 ~ 1 m 层土壤含水量达到 17.66%，重建 7 年时，坡面 0 ~ 1 m 层土壤含水量达到 16.00%，20 年时，坡面 0 ~ 1 m 层土壤含水量达到 15.07%。不同建设年限，坡面各层土壤水分相比，四年生 > 七年生 > 二十年生，但均低于旱作农田土壤含水量。这说明由于退化农地人工林草生态系统中，多年生高耗水牧草的多年连作，加剧了土壤的旱化，但提高了土壤储水能力。

表 5-11　隔坡土壤含水量动态变化　　　　　　（单位:%）

	4 月	5 月	6 月	7 月	8 月	9 月	10 月
4 年	—	7.41	7.69	7.07	8.24	11.50	17.66
7 年	—	6.76	6.56	6.31	7.83	10.39	16.00
20 年	—	5.98	6.50	5.36	6.56	9.94	15.07
旱作农田（ck）	16.16	13.07	11.41	11.67	13.56	15.26	22.62

5.2.2.2　退化农地人工林草建设模式对土壤综合肥力指数的影响

在参考全国第二次土壤普查的结果和分级标准的基础上，根据最小因子限制率原则，对人工林草地 0~20 cm 最能直观表达土壤肥力高低的土壤养分指标（土壤 pH、有机质、速效氮、速效磷、速效钾、全氮、全磷等）进行无量纲处理，标准化结果如表 5-12 所示。然后，将土壤肥力单因子加权后，带入能够反映影响植物生长最小因子律（限制因子）的内梅罗综合指数公式中，定量计算退化农地人工林草建设模式土壤表层（0~0.2 m）土壤综合肥力指数。

表 5-12　土壤肥力因子标准化值

	模式应用时间	pH	有机质	全氮	全磷	全钾	速效氮	速效磷	速效钾
水平沟	2003 年	1.60	0.79	0.73	0.76	1.76	0.54	1.00	2.20
	2004 年	1.79	0.46	0.49	0.69	1.92	0.28	1.35	2.93
	2007 年	1.72	0.93	0.91	0.79	2.12	0.62	1.05	2.94
	2009 年	1.95	1.14	0.91	2.64	1.79	0.68	1.15	2.25
隔坡	2003 年	1.74	1.07	0.87	0.81	1.82	1.03	0.47	3.00
	2004 年	1.74	1.55	1.36	0.77	1.88	0.63	0.83	2.94
	2007 年	2.13	1.40	1.44	0.83	1.96	1.20	0.50	3.00
	2009 年	1.89	2.04	1.76	2.43	1.76	0.92	0.53	2.80

由上述方法计算得出退化农地人工林草建设模式应用不同时间后，林下表层（0~0.2 m）土壤肥力指数为 0.779~1.078，人工多年生牧草地土壤表层（0~0.2 m）土壤肥力指数为 0.860~1.157（表 5-13），由于水平沟造林整地带采用"生土培埂，熟土还沟"整地技术，表层土壤综合肥力指数均低于集雨隔坡。随退化农地人工林草建设模式应用时间的延长，水平沟造林带与集雨坡面土壤综合肥力指数均呈增大的趋势，说明将退化农田生态系统建设为人工林草生态系统有利于控制水土流失、提高土壤肥力。

表 5-13　土壤综合肥力指数年际变化

模式应用时间	水平沟				隔坡			
	2003 年	2004 年	2007 年	2009 年	2003 年	2004 年	2007 年	2009 年
肥力指数	0.779	0.752	0.914	1.078	0.860	0.967	0.979	1.157
肥力排序	7	8	5	2	6	4	3	1
肥力评语	贫瘠	贫瘠	一般	一般	贫瘠	一般	一般	一般

5.3 退化耕地"减—增—提"地力恢复模式

土地为人类社会生产发展提供了基本物质条件。健康、肥沃的土地是人类社会存在的首要条件，是粮食生产的基石。耕地作为农田生态系统的核心，由于其结构层次简单、封闭性差、开放度高，受人类活动、自然环境的影响极大，一旦利用调控不当，不仅会影响粮食生产的持续发展，还会引起一系列的人口、资源、经济、环境和社会问题。退化耕地定义为在人类不合理的土地利用方式与自然因素的相互作用下，土壤物理、化学、生物性能变劣，服务功能下降的耕地。地力恢复是土地服务功能重返或接近或高于原始状态的过程。

5.3.1 耕地退化类型及原因

黄土丘陵区典型的特点为：水土流失严重，水资源短缺。根据区域水土流失以及资源、环境等特点，将黄土丘陵区土地退化划分为①水土流失造成的土壤性质（物理、化学、生物）的下降；②过度垦殖、投入产出等不合理的利用方式导致土壤性质（物理、化学、生物）的变劣。黄土丘陵区耕地退化主要原因见图5-11。

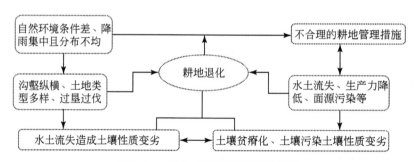

图5-11 黄土丘陵区耕地退化分析

5.3.2 退化耕地"减—增—提"地力恢复模式构建

半干旱黄土丘陵区在其脆弱的生态环境下，人们长期不合理的耕作利用管理方式，导致土壤瘠薄、坡地水土侵蚀、有机质和水分流失严重、农业生产成本增加、水资源利用率低、化肥报酬递减、面源污染、农业抗灾能力减弱、生产性能下降等一系列土壤退化问题。农田土壤物质与能量的收支失衡，土壤肥力日趋下降，土地得不到休养生息，农田生态系统结构、功能恶化，严重制约粮食产量的进一步提高，严重破坏区域脆弱的生态环境。面对一系列严峻问题，再加上近年来干旱频繁发生，通过多年试验研究，从系统的角度出发，针对半干旱黄土丘陵区退化生态系统的资源和环境特点，根据区域耕地资源的状况，总结出半干旱黄土丘陵区退化耕地"减—增—提"地力恢复模式（图5-12）。

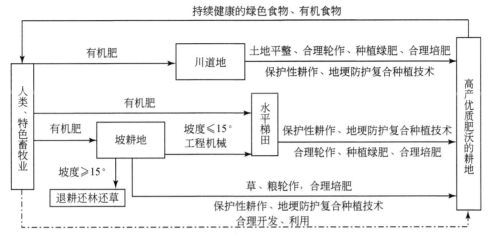

图 5-12 半干旱黄土丘陵区退化耕地"减—增—提"地力恢复模式示意图

半干旱黄土丘陵区退化耕地"减—增—提"地力恢复模式以退化耕地地力恢复为核心，以减少水土流失和增强耕地抗御干旱能力和提高耕地生产力为主要目标，采取工程技术和农艺技术相结合等一系列旱作农业技术，恢复耕地地力，促进耕地生产力健康持续发展。

退化耕地"减—增—提"地力恢复模式首先将示范区耕地划分为坡耕地、川道地、水平梯田 3 大类，然后，针对坡耕地跑土、跑肥、跑水、生产力低而不稳、不便田间管理等不利因素，将研究区域 95% 以上的适耕土地（坡度 <15°）全部进行坡改梯工程措施，针对川道地两头高中间低等特征，进行机械平整作业，针对 3 类土地地埂水土流失等特征，采用合理的地埂林草防护技术，做到减少水土流失。最后采用一系列保水、增肥、保护性耕作等栽培管理措施，增强耕地抗御干旱能力和提高耕地生产力。

5.3.3 退化耕地"减—增—提"地力恢复技术体系及效果评价

退化耕地"减—增—提"地力恢复技术体系（图 5-13）是集成千百年来旱作农业发展优良成果、结合新时期退化农田生态系统耕地地力恢复的重要性，研究创新出适合特定区域的退化耕地地力恢复的一套技术，并不是一项单一技术，主要包括工程技术体系和农艺技术体系，体现了新的阶段半干旱黄土丘陵区耕地地力恢复的新要求。

技术的特点：①减少水土流失。坡改梯技术、地埂林草复合种植防护技术；②增强耕地抗御自然灾害的能力。地膜覆盖、生物、化学保水控水等旱作节水技术；③提高耕地生产力。少耕、秸秆还田等保护性耕作技术；种植优良牧草，发展特色养殖业，为耕地提供充足的有机肥；合理轮作，种植豆科绿肥。具体技术和效果如下。

5.3.3.1 坡改梯技术

（1）技术要点

坡耕地一直以来是黄土丘陵区耕地水土流失的重点治理对象，在半干旱黄土丘陵区，坡改梯就是将 15° 以下的坡耕地采用工程措施，顺坡面梯度，沿等高线推成宽 10～25 m、

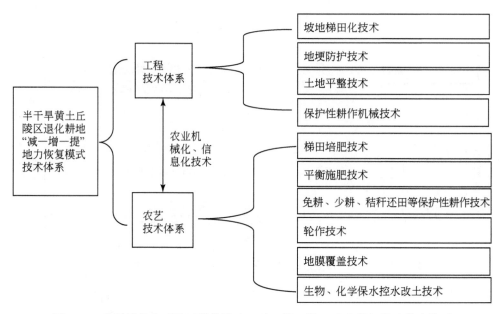

图 5-13　半干旱黄土丘陵区退化耕地"减—增—提"地力恢复模式技术体系

长 50 m 以上的水平梯田。

（2）效果分析

采用灰色关联度分析法评价和预测坡耕地改梯田后土壤肥力的变化趋势。

1）坡改梯土壤肥力灰色关联度分析指标体系及参比序列的确定（表 5-14）。

表 5-14　不同年限梯田坡耕地肥力指标值及参比序列

评价指标	单位	不同年限坡改梯土壤肥力指标值			坡耕地	参比序列
		梯田（7 年）	梯田（3 年）	梯田（1 年）		
全氮	g/kg	0.96	0.56	0.70	0.69	0.96
全磷	g/kg	0.74	0.61	0.62	0.66	0.74
全钾	g/kg	18.50	17.30	17.50	17.60	18.50
水解氮	mg/kg	47.35	25.75	29.10	32.95	47.35
有效磷	mg/kg	9.25	0.90	2.25	12.90	12.90
有效钾	mg/kg	135.50	96.00	94.40	96.35	135.50
有机质	g/kg	14.70	8.29	9.82	9.97	14.70
黏粒（＜0.002）	%	20.18	20.72	21.31	19.14	21.31
容重	g/kg	1.28	1.32	1.32	1.29	1.28
最大持水量	%	37.05	33.31	35.30	36.26	37.05
毛管持水量	%	32.70	28.95	33.20	31.82	33.20
最小持水量	%	25.62	20.91	24.07	24.15	25.62
非毛管孔隙	%	5.50	5.74	2.73	5.42	5.74
毛管孔隙	%	41.98	37.95	43.58	40.83	43.58
总孔隙度	%	47.48	43.69	46.31	46.24	47.48
土壤透气度	%	14.58	16.28	14.63	15.18	16.28

2）关联系数和关联度的计算。数据标准化后，采用灰色关联度法计算 $\rho = 0.1$，$\rho = 0.3$，$\rho = 0.5$ 时的关联系数，并计算关联度（表 5-15）。

表 5-15　$\rho = 0.5$ 的关联系数和 $\rho = 0.1$，$\rho = 0.3$，$\rho = 0.5$ 时的关联度

评价指标	不同年限梯田			坡耕地
	梯田（7 年）	梯田（3 年）	梯田（1 年）	
全氮（g/kg）	0.999 1	0.979 4	0.991 5	0.987 6
全磷（g/kg）	0.999 0	0.996 0	0.998 5	0.996 7
全钾（g/kg）	0.968 8	0.740 7	0.786 5	0.827 3
水解氮（mg/kg）	0.922 7	0.435 1	0.482 9	0.563 2
有效磷（mg/kg）	0.758 6	0.481 2	0.517 8	0.824 1
有效钾（mg/kg）	0.805 7	0.482 8	0.355 6	0.333 6
有机质（g/kg）	0.975 2	0.731 3	0.804 3	0.788 4
黏粒（<0.002）（%）	0.937 6	0.667 7	0.692 9	0.894 4
容重（g/kg）	0.998 5	0.963 3	0.970 5	0.978 9
最大持水量（%）	0.938 5	0.647 9	0.635 6	0.654 1
毛管持水量（%）	0.988 9	0.724 8	0.591 8	0.714 1
最小持水量（%）	0.957 0	0.890 0	0.736 5	0.790 4
非毛管孔隙（%）	0.988 7	0.867 9	0.820 3	0.943 6
毛管孔隙（%）	0.933 8	0.669 5	0.524 5	0.701 8
总孔隙度（%）	0.922 3	0.550 8	0.538 8	0.604 8
土壤透气度（%）	0.885 4	0.697 8	0.868 0	0.869 4
$\rho = 0.1$ 关联度	0.780 92	0.422 40	0.417 42	0.503 89
$\rho = 0.3$ 关联度	0.901 08	0.627 27	0.615 14	0.699 82
$\rho = 0.5$ 关联度	0.935 49	0.719 82	0.706 69	0.778 91

土壤肥力是土地生产力的基础，研究得出梯田（7 年）、梯田（3 年）、梯田（1 年）、坡耕地 $\rho = 0.1$ 关联度分别为 0.780 92、0.422 40、0.417 42、0.503 89，即梯田（7 年）>坡耕地>梯田（3 年）>梯田（1 年）。梯田（7 年）关联度远大于坡耕地、梯田（3 年）和梯田（1 年），说明坡改梯以后土壤肥力状况得到提高，从而农田系统的生产力得到提高，坡改梯在半干旱黄土丘陵是一项防治水土流失、提高土地生产力切实可行的技术。

3）恢复年限与土壤肥力的关系。运用灰色关联度与恢复年限构建土壤肥力与关联度间的回归关系，构建回归曲线图（图 5-14），方程拟合度（可决系数）为 0.902，拟合效果较好，当 x 取 4 时，y 值为 0.5347，高于坡耕地 0.5039，所以新建梯田经过 4 年合理耕作以后，土壤肥力已经达到坡耕地水平。

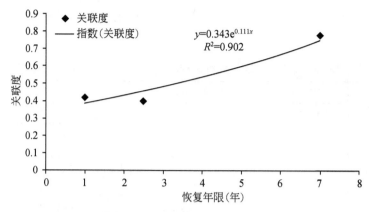

图 5-14　恢复年限与土壤肥力（关联度）回归关系

5.3.3.2　地埂防护技术

（1）技术要点

地埂防护技术是为了保持水土、保护耕地、增加耕地分散拦蓄径流的能力，在地埂种植经济灌草的方式，主要树、草种有沙棘、人工柠条、花椒、杞柳、黄花菜等。①机修水平梯田：护田林以花椒、杞柳等为主，采用疏透结构，把灌木种植在低于梯田田面 50 cm 的地埂上，黄花株距 1 m，花椒、杞柳株距 3 m，鱼鳞坑整地。②坡耕地：由于地块大小和坡度变化较大，多数坡耕地没有明显的地埂、坎，仅有地界。对这种零散的坡耕地在田边培修地埂，然后在地埂外缘种植灌木林，利用耕作之便，逐年抬高田面埂坎，实现坡式耕地水平化。树种选择：在海拔较高的农田地埂坎有柽柳、刺槐、紫穗槐、杞柳、桑、马茹刺等；在海拔较低的农田地埂坎应选择人工柠条、沙棘、沙柳、杞柳等，鱼鳞坑整地，株距 2～3 m。③川台地地埂：以黄花菜为主，春季，在地坎上种植黄花菜，株距 1 m。

（2）效果分析

地埂防护工程对土壤呼吸的影响：在不同的土地利用类型中，耕地作为主要碳源，林地和草地作为主要的碳汇，林地和草地能够增加土壤有机碳库，在农田地埂种植灌木、草本等植物相当于将农田不能种植作物的部分区域变成了林地和草地，防止了土壤水土流失，增加了土壤碳库，提高了肥力，保护了农田生态系统的稳定性，提高了区域景观效果，提升了区域的生态服务价值。通过测定同一时间地埂林和农田土壤呼吸速率，农田呼吸速率 (0.243 ± 0.015) g/$(m^2 \cdot h)$ $(n=4)$，农田地埂林呼吸速率 (0.360 ± 0.049) g/$(m^2 \cdot h)$ $(n=4)$，农田地埂林土壤呼吸速率比农田增加了 48.1%，土壤呼吸速率的增加，从侧面说明农田地埂林根系以及土壤微生物增多，活动频繁。地埂林草的种植，既起到保护农田的作用，也起到了调节气候、美化环境的作用。

5.3.3.3　土地平整技术

（1）技术要点

土地平整技术是土地整理的重要内容，由于川道地土壤肥力较好，为了更好地保护土壤肥力、提高耕地产量、便于机械作业，针对川道地两头高、中间低等特征，采用平整机械对川道地进行整地作业，平整田块应该注意保留上层熟土，打碎土块。

（2）效果分析

在半干旱黄土丘陵区，土地平整是实现机械化的重要条件，机械化的发展可以大大缓解农民劳动强度，解决外出务工与农村劳动力缺乏的矛盾。同时土地平整，减少了水土流失，提高了作物产量，便于发展黄土丘陵区节水高效农业。

5.3.3.4　保护性耕作技术

（1）技术要点

半干旱黄土丘陵区耕地土壤蒸发强烈，属于雨养农业区，因此保护性耕作机械的研制要针对高留茬、秸秆覆盖、地膜覆盖、免耕、少耕播种等技术特点进行研制。免、少耕播种要用免耕播种机一次完成破茬开沟、播种、施肥、覆土和镇压作业。深松的主要作用是疏松土壤、打破犁底层、增强雨水入渗速度、保证作业后土壤不乱、动土量小。总之，黄土丘陵区保护性耕作机械的研制既要注重保持水土、增加土壤肥力，又要注重实用性及经济性。

（2）效果分析

保护性耕作机械的研制可以极大促进保护性耕作的发展，提高土壤肥力，缓解农民劳动强度，促进农业机械化发展。

5.3.3.5　梯田培肥技术

坡耕地修建为水平梯田后，土壤物理、化学等指标都发生了明显的变化，如土壤酶，一般来说土壤酶是由微生物、动植物活体分泌及由动植物残体、遗骸分解释放于土壤中的一类具有催化能力的生物活性物质组成。土壤酶参与土壤生物化学等物质循环，是土壤的组成成分之一，使土壤具有同生物体相似的活组织代谢能力。由坡耕地与新修水平梯田土壤酶（表5-16）的测试可以得出：新修梯田脲酶、蔗糖酶、蛋白酶、多酚氧化酶、过氧化氢酶都较明显低于坡耕地，新修梯田土壤肥力很低，属于生土，随着区域新修梯田面积的不断扩大，梯田的培肥技术已经是农业生产中一项重要的内容。

表5-16　梯田与坡耕地土壤酶比较

土地类型	土壤层次（cm）	脲酶（mg/g）	蔗糖酶（mg/g）	多酚氧化酶（ml/g）	过氧化氢酶（ml/g）	蛋白酶（mg/g）
坡耕地	0~40	0.048	41.400	0.011	1.985	0.120
梯田		0.005	12.200	0.011	1.795	0.030
梯田与坡耕地相比		−0.044	−29.200	0.000	−0.190	−0.090
坡耕地	0~100	0.022	21.600	0.013	1.848	0.070
梯田		0.007	12.600	0.009	1.724	0.028
梯田与坡耕地相比		−0.015	−9.000	−0.004	−0.124	−0.042

注：蔗糖酶活性以24 h后1 g土壤葡萄糖的毫克数表示，蛋白酶活性以24 h后1 g土壤中氨基氮的毫克数表示，过氧化氢酶活性以20 min后1 g土壤的0.1 N高锰酸钾的毫升数表示，多酚氧化酶活性以用于滴定相当于1 g土壤的滤液的0.01 N I$_2$的毫升数表示，脲酶活性以24 h后1 g土壤中NH$_3$-N的毫克数表示

（1）技术要点

新修梯田培肥技术采用农艺、生物并举措施，主要做到以下几点：广开有机肥源，做到每亩施用 2000～3000 kg 的有机肥；合理轮作倒茬，实行豆、麦轮作，草、粮轮作；进行机械深松耕，提高土壤蓄水保水能力；种植豆科绿肥，翻压还田；秸秆还田，发展保护性耕作；测土施肥。

（2）效果分析

对新修梯田、经过 4 年耕种的机修梯田 1 m 土壤养分的平均值分析（表 5-17）得出：经过 4 年耕种的机修梯田土壤有机质、全氮、速效氮、全钾含量均高于新修机修梯田。其中土壤有机质提高了 16%；土壤全氮提高 14%；土壤速效氮提高 25%；土壤全钾提高了 16%。

表 5-17　耕作 4 年梯田、新修梯田和坡耕地土壤肥力单项指标的分析

项目	全氮（g/kg）	全钾（g/kg）	速效氮（mg/kg）	有机质（g/kg）
新修梯田	0.50	17.24	22.16	7.00
耕作 4 年后的梯田	0.57	20.00	27.80	8.14
比新修梯田增加（%）	14	16	25	16

5.3.3.6　平衡施肥技术

根据黄土丘陵区农田生态系统水土流失、作物生产等状况，以及国家退耕还林还草等政策，结合区域农地利用状况，将半干旱黄土丘陵区耕地划分为以下 3 类土地类型进行分析。

一类地：川道、沟台、塬地。地面平坦，土层深厚，蓄水能力强，水土流失微弱，由于长期耕作以及较好的种植习惯，土壤状况较好，产量在该区域最高。在 0～0.2 m 土壤深度，川台地土壤养分含量状况为有机质缺乏、全氮缺乏、全磷很缺乏、全钾中等、速效氮缺乏、速效磷中等、速效钾丰富。

二类地：水平梯田。因经人为改造，将坡耕地改造而成，地面平坦，水土流失轻微，土壤状况、作物产量等因修筑年限不同而不同。在 0～0.2 m 土壤深度，新修水平梯田土壤养分含量状况为有机质缺乏、全氮缺乏、全磷很缺乏、全钾缺乏、速效氮很缺乏、速效磷极缺乏、速效钾缺乏。

三类地：坡耕地。现在主要指 5°～15° 的缓坡地，水土流失较强，土层薄，水肥条件差，产量变幅较大。坡耕地土壤有机质、全氮、全磷、速效氮、速效磷、速效钾含量随着土壤深度的增加，呈现减少趋势，全钾各层无明显变化趋势，在 0～0.2 m 土壤深度，坡耕地土壤养分含量状况为有机质缺乏、全氮缺乏、全磷很缺乏、全钾缺乏、速效氮很缺乏、速效磷中等、速效钾中等。

对农田土壤进行作物播前、收后 0～0.2 m、0.2～0.4 m、0.4～0.6 m 3 个土壤层次土壤养分的测定分析，选用有机质、全氮、速效氮、速效钾、速效磷等指标，以作物种植前作为基准值，以 0～0.6 m 土壤层次各指标的平均值计算土壤退化指数，计算公式如下：

$$SI = \sum_{i=2}^{n} \left[w_i (x_i - x_i') / x_i' \right] \times 100\% \tag{5-2}$$

式中，SI 为土壤退化指数；x_i 为各样地土壤属性因子的对应值；x_i' 为自然状态下土壤属性因子的基准值；i 表示第 i 个土壤属性；w_i 为个土壤属性因子的权重，权重之和为 1。

作物收获后带走了大量土壤养分，土壤肥力减弱，土壤退化指数为 −21.97%，其中，土壤有机质减少了 20.2%，全氮减少了 22.2%，全磷减少了 37.2%，全钾减少了 10.7，速效氮减少了 18.2%，速效磷减少了 26.3%，速效钾减少了 15.1%。作物收获后对土壤养分的影响是十分显著的，如果不归还作物带走的养分，农田生态系统土壤退化是必然的，因此对农田系统，要防止农田生态系统土壤肥力退化，按照"植物矿质营养学说"、"养分归还学说"等植物营养学说以及耕作制度原理进行土壤管理和作物生产，保持土壤肥力，促进农田生产力的可持续发展。

（1）技术要点

根据已测川道地、水平梯田、坡耕地土壤养分数据，以 0 ~ 0.2 m 为主，水平梯田数据为最新测定数据，应用土壤养分有效校正系数法结合工作经验计算施肥量。计算公式为

施肥量 =（作物单位产量养分吸收量×目标产量 − 土壤测试值×0.15×有效养分校正系数）/（肥料中养分含量×肥料当季利用率）　　　　　　　　　　　　　　　　（5-3）

坡耕地目标产量：冬小麦 90 kg/亩，玉米 350 kg/亩，马铃薯 1000 kg/亩；梯田目标产量：冬小麦 120 kg/亩，玉米 450 kg/亩，马铃薯 1300 kg/亩；川道地目标产量：冬小麦 170 kg/亩，玉米 600 kg/亩，马铃薯 1500 kg/亩。

土壤养分校正系数 = 无肥区产量×作物单位产量养分吸收量/（土壤养分测定值×0.15）　　　　　　　　　　　　　　　　　　　　　　　　　　　　　　　（5-4）

肥料利用率(%) =（施肥区作物体含该元素量 − 无肥区作物体含该元素量）/所施肥料中该元素的总量×100　　　　　　　　　　　　　　　　　　　　　　　（5-5）

由计算结果（表 5-18）可见，玉米需肥量最大，马铃薯次之，冬小麦最小。按照公式计算，研究区域土壤钾素充足，可以不施。

表 5-18　不同作物不同类型土地施肥量

作物种类	坡耕地（kg/亩）		川道地（kg/亩）		梯田（kg/亩）	
	N	P_2O_5	N	P_2O_5	N	P_2O_5
冬小麦	1.6	1.4	6.9	7.7	1.1	2.8
玉米	17.1	6.7	33.4	14.4	21.7	9.4
马铃薯	7.3	3.0	13.7	6.9	9.4	4.8

（2）效果分析

平衡施肥技术调节和解决了作物需肥与土壤供肥之间的矛盾，平衡了土壤肥力，改善了农产品品质，减轻了环境污染，节省了劳力和资金投入，缓解了该区域作物间施肥不合理、区域盲目施肥、营养元素不合理等问题。

5.3.3.7　保护性耕作技术

（1）技术要点

保护性耕作具有防止荒漠化、提高土壤肥力、减少投入的重要作用，是农业可持续发

展的必要技术，半干旱黄土丘陵区要重点发展深松＋秸秆覆盖还田＋少耕、免耕、带状耕作等保护性耕作措施。玉米和油葵保护性耕作栽培技术以带状耕作结合地膜覆盖技术为主；马铃薯保护性耕作栽培技术以坑种、带状耕作等少耕技术结合秸秆覆盖技术为主；冬小麦以及杂粮作物的保护性耕作以留高茬结合深松和免耕技术为主。

（2）效果分析

1）保护性耕作对土壤微生物功能多样性的影响。土壤微生物既是土壤形成的作用者，又是土壤的重要组成成分，是土壤养分循环的主要驱动者之一，土壤微生物功能多样性是反映土壤质量的指标之一。

针对免耕这一保护性耕作方式，运用 Biolog-ECO 进行土壤微生物功能多样性分析，研究得出：①免耕土壤细菌对底物碳源的利用能力显著高于常规耕作，所测时间内的平均值比常规耕作高 53.1%。②按化学基团的性质将 ECO 板上的 31 种碳源分成 6 类，即羧酸类、氨基酸类、碳水化合物、聚合物、胺类、酚类，并将每类碳源的 OD 值平均，可得出 6 类碳源的利用率都随时间的延长而增加，免耕土壤微生物对各碳源的利用率高于常规耕作。③不同处理微生物群落功能多样性分析。计算每孔中（C-R）的值（96 h 光密度），根据丰富度、多样性计算方法计算不同耕作处理丰富度指数、多样性指数（表 5-19）。免耕土壤微生物丰富度指数、多样性指数显著高于常规耕作。④不同耕作处理微生物群落功能多样性的主成分分析。利用 96 h 的 AWCD 值进行不同耕作处理微生物群落功能多样性主成分分析（图 5-15）表明：常规耕作和免耕秸秆覆盖土壤微生物群落有明显的分异，常规耕作主要分布在 PC1 的负端，也处在 PC2 轴的正负两端；免耕＋秸秆覆盖主要分布在 PC1 轴的正端，PC2 轴的负端。第一主成分是变异的主要来源，占总变异的 41.7%，第二主成分占总变异的 25.6%。由 31 种碳源在 2 个主成分上载荷值可以得出，影响 PC1 的主要碳源是 D-葡糖胺酸、N-乙酰-D 葡萄糖氨 、D-半乳糖酸 γ-内酯 、D-甘露醇、L-精氨酸、4-羟基苯甲酸、衣康酸、吐温 40、D-木糖/戊醛糖、D, L-α-磷酸甘油、1-磷酸葡糖、β-甲基-D-葡萄糖苷、α-丁酮酸、丙酮酸甲酯、i-赤藓糖醇、苯乙胺、L-天冬酰胺。影响 PC2 的主要碳源是 D-纤维二糖、α-D-乳糖、肝糖、β-甲基-D-葡萄糖苷、α-丁酮酸、丙酮酸甲酯、腐胺、衣康酸、D-苹果酸、吐温 40、吐温 80、甘氨酰-L-谷氨酸。结合 PC1、PC2 的分析结果，常规耕作利用的主要碳源是 α-丁酮酸、丙酮酸甲酯、i-赤藓糖醇、苯乙胺、L-天冬酰胺、衣康酸、D-苹果酸、吐温 40、吐温 80、甘氨酰-L-谷氨酸等；免耕＋秸秆覆盖主要利用的碳源是 D-葡糖胺酸、N-乙酰-D-葡萄糖氨、D-半乳糖酸 γ-内酯、D-甘露醇、L-精氨酸、4-羟基苯甲酸、衣康酸、吐温 40、D-木糖/戊醛糖、D, L-α-磷酸甘油、1-磷酸葡糖、β-甲基-D-葡萄糖苷等。

表 5-19　土壤微生物群落功能多样性分析

处理	丰富度指数	多样性指数
常规耕作	14.33 ± 1.15^A	2.56 ± 0.12^A
免耕	22.33 ± 0.57^B	3.02 ± 0.04^B

注：均值±标准偏差 Mean±SD，同一列中不同字母表示差异显著（$p < 0.01$）

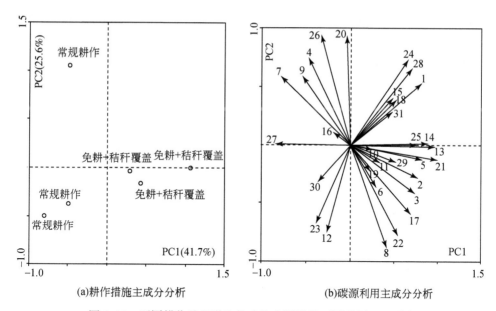

图 5-15　不同耕作处理微生物功能多样性及不同碳源 PCA 分析

1. β-甲基-D-葡萄糖苷，2. D-半乳糖酸 γ-内酯，3. L-精氨酸，4. 丙酮酸甲酯，5. D-木糖/戊醛糖，6. D-半乳糖醛酸，7. L-天冬酰胺，8. 吐温 40，9. i-赤藓糖醇，10. 2-羟基苯甲酸，11. L-苯丙氨酸，12. 吐温 80，13. D-甘露醇，14. 4-羟基苯甲酸，15. L-丝氨酸，16. α-环式糊精，17. N-乙酰-D-葡萄糖氨，18. γ-羟丁酸，19. L-苏氨酸，20. 肝糖，21. D-葡糖胺酸，22. 衣康酸，23. 甘氨酰-L-谷氨酸，24. D-纤维二糖，25. 1-磷酸葡萄糖，26. α-丁酮酸，27. 苯乙胺，28. α-D-乳糖，29. D，L-α-磷酸甘油，30. D-苹果酸，31. 腐胺

2）马铃薯保护性耕作对作物产量的影响。试验地前茬为玉米（留茬留膜越冬），本试验采用裂区设计，以耕作方式（常规耕作、免耕＋秸秆覆盖、带状耕作＋秸秆覆盖）为主处理，常规耕作：播种时揭掉残膜，翻耕播种，免耕＋秸秆覆盖：播种时直接在膜上播种即坑式播种、覆盖玉米秸秆，带状耕作＋秸秆覆盖：播种时挖 40 cm 宽的种植带种植，覆玉米秸秆。品种（宁薯 4 号、宁薯 9 号、青薯 168）为副处理，共 9 个处理，试验设 3 次重复，各处理随机排列，小区面积 12 m²。2009 年 4 月 23 日种植，45000 株/hm²，种植后在行间施马铃薯专用肥（14-5-6）900 kg/hm²，7 月 23 日追施尿素 225 kg/hm²，2009 年 10 月 13 日收获，小区测产。

F 测验结果表明：区组间、主处理间差异不显著，副处理间差异显著，主处理和副处理互作差异显著，也即本试验在控制马铃薯品种上差异不显著，不同耕作措施间差异不显著，不同品种间差异极显著，耕作措施与品种间存在互作效应。宁薯 4 号、宁薯 9 号与青薯 168 品种之间差异极显著，宁薯 4 号、宁薯 9 号更适合该区域栽培。耕作措施与品种间互作差异显著，免耕＋秸秆覆盖和带状耕作＋秸秆覆盖都以宁薯 4 号、宁薯 9 号为优，并且与青薯 168 差异极显著；常规耕作优化顺序为宁薯 4 号＞宁薯 9 号＞青薯 168，并且 3 者之间差异极显著。宁薯 4 号在不同耕作措施和品种上表现较好。

3）马铃薯不同保护性耕作措施土壤水分的变化。马铃薯不同保护性耕作措施播种和收获后土壤水分的调查结果如图 5-16，分析得出：0～10 cm 土壤水分免耕＋秸秆覆盖和带状耕作＋秸秆覆盖处理播种前比常规耕作分别增加 28.4%、12.5%，收获后增加

19.7%、8.2%。播种和收获后土壤 0~60 cm 的平均土壤水分，免耕+秸秆覆盖和带状耕作+秸秆覆盖处理比常规耕作分别增加 5.6%、9.7%、9.7%、8.5%；播种和收获后 0~100 cm 土壤水分，免耕+秸秆覆盖和带状耕作+秸秆覆盖处理比常规耕作分别增加 4%、5.4%、7.6%、2.3%。容重 1.28 g/cm³ 计算不同耕作处理马铃薯生育期（4 月 25 日至 10 月 13 日）0~100 cm 播种和收获后储水量，免耕+秸秆覆盖、常规耕作、带状耕作+秸秆覆盖播种和收获时土壤储水量分别为 154.4 mm、148.5 mm、156.5 mm、188.2 mm、174.9 mm、179 mm，降水量 230.8 mm，则生育期免耕+秸秆覆盖、常规耕作、带状耕作+秸秆覆盖 0~100 cm 蒸散量分别为 197.1 mm、204.4 mm、208.3 mm。水分利用效率分别为 24.57 kg/(mm·hm²)、23.97 kg/(mm·hm²)、23.24 kg/(mm·hm²)，免耕+秸秆覆盖水分利用效率比常规耕作增加了 0.8kg/(mm·hm²)，带状耕作+秸秆覆盖水分利用效率比常规耕作减少了 0.73 kg/(mm·hm²)。土壤水分增加充分体现了免耕和少耕等保护性耕作的优势。

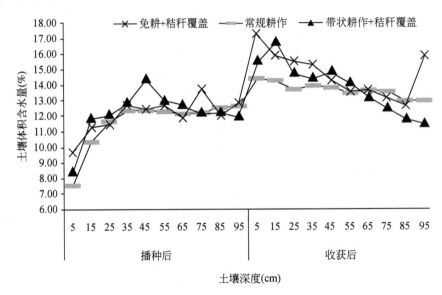

图 5-16　不同耕作措施作物播种前和收获后土壤水分比较

　　马铃薯免耕秸秆覆盖和带状耕作秸秆覆盖栽培没有表现出增产效应，但减少了能源消耗，每亩最少减少耕地 1 次，既节约 2 L 左右的燃油，同时减少了劳力以及机械的损耗、提高了土壤含水量、促进了土壤质量的良性发展。

5.3.3.8　轮作技术

(1) 技术要点
　　合理的轮作模式能够增加土壤含水量，提高作物产量，并且是免耕、少耕等保护性耕作技术发展的主要措施，研究区域进行的冬小麦—冬小麦（杂粮）—玉米—玉米（禾草）—马铃薯—三角豆（胡麻）—冬小麦轮作模式具有提高土壤储水量、增加水分生产效率等增产效果。

（2）效果分析

　　轮作是在同一块土地上，在一定的时间内，按照一定的顺序，将不同种类的作物循环种植的方式。轮作具有减轻农作物病虫害、协调和改善土壤养分、增加生物多样性等功能。调查表明（图 5-17）：在 0～100 cm 的土壤层次中，轮作措施与单种苜蓿土壤相比，有机质提高了 92.5%，全氮提高了 63.7%，全磷提高了 13.9%，速效氮提高了 54.2%，速效磷提高了 119.5%，速效钾提高了 29.4%。

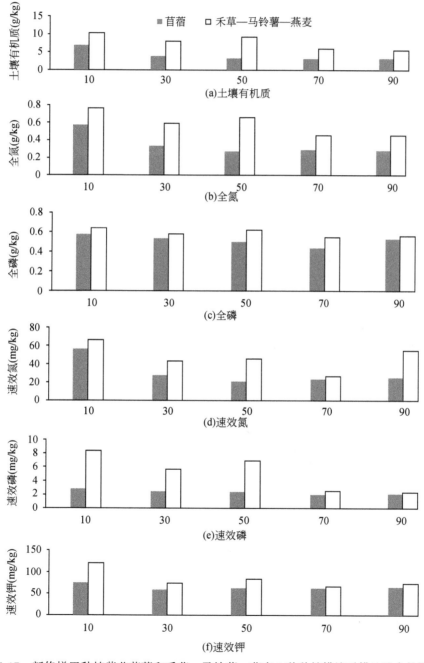

图 5-17　新修梯田种植紫花苜蓿和禾草—马铃薯—燕麦 2 种种植措施对耕地地力的影响

5.3.3.9 地膜覆盖技术

（1）技术要点

地膜覆盖具有增温、保水、增产的显著作用，但是地膜覆盖也显著促进了土壤肥力的转化速率，必须结合有机肥和秸秆还田等措施，保持土壤肥力，在地膜覆盖栽培的同时，结合不同作物施 $30 \sim 45$ t/hm^2 有机肥或者前茬种植绿肥等作物还田，并且实施合理的轮作。在半干旱黄土丘陵区采用秋覆膜、早春覆膜、一膜两季、留膜留茬越冬保墒抗旱节水技术，可以起到有效的抗旱、以水促肥、增产的效果。

1）秋覆膜技术。针对玉米、马铃薯、油葵等作物，春季干旱难以播种的局势，利用区域降水多集中于 7 月、8 月、9 月，蒸发量大的特点，根据区域秋季土壤墒情状况，在土壤封冻前，结合作物的需肥特征施肥、整地，采用地膜半覆盖、全覆盖的措施，覆盖地面，以达到秋雨春用的作用。

2）早春覆膜技术。针对春季土壤蒸发量较大等气候特点，在春季土壤解冻后，及早抢墒整地、施肥，采用半覆膜、全覆膜覆盖措施，覆盖地面，保持土壤水分，减少解冻至播种期间土壤水分的蒸发散失，同时把土壤深层水提引到了耕层，为适时播种创造了良好的墒情条件。

3）一膜两季、留膜留茬越冬技术。秋季玉米等地膜覆盖作物收获后留膜留茬越冬保墒，第二年春季，在作物播种时，直接播种或者清理旧膜，整地，播种，或覆盖新膜，是一项保护性耕作保墒抗旱种植技术。

（2）效果分析

保留地膜和作物根茬越冬 $0 \sim 1$ m 土壤水分比土壤耕翻越冬增加 14.8%，早春覆膜和秋覆膜比常规覆膜增加土壤水分 10%～15%。地膜覆盖技术产生了增加土壤温度、提高了土壤水分、增加作物产量等正效应的同时，也产生了负效应，促进了土壤养分的转化，增加了土壤碳库的消耗，地膜覆盖部分的土壤呼吸速率 (1.910 ± 0.511) g/(m$^2 \cdot$ h)（$n = 15$），地膜覆盖间隙土壤呼吸速率 (0.495 ± 0.096) g/(m$^2 \cdot$ h)（$n = 15$），地膜覆盖部分土壤呼吸速率比地膜覆盖间隙增加了 285.9%。种植豆科绿肥，结合有机肥、无机肥和合理的轮作，3 年以后土壤有机质增加 3.14%。免耕＋合理轮作，4 年以后土壤有机质增加 7.5%。地膜覆盖措施必须结合绿肥、秸秆还田、保护性耕作、有机肥和无机肥的合理组合等技术，才能稳定和提高土壤碳库。

5.3.3.10 生物、化学保水控水改土技术

（1）技术要点

生物、化学保水控水培肥技术，就是根据土壤特点，在土壤中使用生物、化学物质达到改良土壤，防止水分蒸发、增加土壤水分的技术。

（2）效果分析

保水剂可以提高土壤水分 15% 左右，生物、化学保水控水改土技术将会是半干旱地区需要发展的重要技术。

半干旱黄土丘陵区退化耕地"减—增—提"地力恢复模式，是以提升耕地生产力水平

为目标的耕地生态系统建设技术，耕地作为土壤、植被、水文等组合的综合体，是半干旱黄土丘陵区退化生态系统恢复的重要组成部分，是保证人类社会健康发展的基石。该模式的应用，极大减少了耕地水土流失，将水土流失从中度侵蚀转变为轻度和微度侵蚀，增强了耕地抗御干旱的能力，提高了土地生产力，研究区域贫困人口由建设初期98%下降到现阶段的9%，人均有粮由建设初期的197 kg到现阶段的589 kg，土壤肥力指数提高了25.6%，土壤微生物生物多样性指数提高了11.1%。在退化耕地地力恢复的过程中，人类的生产生活方式起着关键作用，人类积极应对自然灾害对耕地的不利影响的同时，一定要树立可持续发展、可持续经营的发展理念，合理、科学利用耕地；避免乱施化肥、农药，注意工农业污染物的排放，保护生物多样性，使耕地处于健康发展的状态下，造福人类社会。

5.4　侵蚀沟立体综合治理模式

侵蚀沟是坡面降水经过复杂的产流和汇流，顺坡面流动，水量增加、流速加大，水流不断下切、侧蚀而形成的具有一定外形的长而深的水蚀沟。侵蚀沟作为一种累进性或渐变性的地质灾害，所带来的危害往往不被人所重视，所以不自觉地陷入"越垦越穷，越穷越垦"的恶性循环中。侵蚀沟发展速度很快，所造成的危害是很严重的。侵蚀沟使地形遭受强烈的分割，蚕食耕地，破坏道路，造成大量的水土流失，降低土壤肥力，加剧干旱发展、淤塞水库湖泊，影响开发利用，严重制约了经济和社会的可持续发展，导致了贫穷和生存环境的恶化，社会经济发展的余地越来越小。

5.4.1　侵蚀沟立体综合治理模式的构建

侵蚀沟立体综合治理模式（图5-18）将自然恢复与人工造林相结合、生物措施与工程措施相结合，以增加植被盖度、控制水土流失、改善生态系统为核心，通过增加荒坡微积水工程，建立水分平衡型人工与自然复合植被，达到降水与土壤水分长期稳定，植被快速恢复，群落结构、多样性稳定，水土流失减少或降低，土壤养分与土地生产力恢复。针对侵蚀沟发育的特点与形成的原因，以侵蚀沟为治理单元，分块立体综合治理，遵循"截流、保边护底、固土"的治理方针，按照"坡面、沟头、沟沿、沟坡、沟底"的"上、中、下"立体同步综合治理的思路，工程防冲，生物固土，控制水土流失。其中，在坡面上采用水平沟、鱼鳞坑、反坡梯田技术分段截住天上雨，减少降水汇流，冲刷土壤，按照"沙棘、人工柠条戴帽、山杏、山桃、苜蓿缠腰、沙棘苜蓿锁边"的模式，增加植被盖度；在沟头修建跌瀑，将降水汇流导入沟底，并构建人工林与植被复合生态林草体系，就地利用降水资源，促进林草快速恢复，达到固土减流，防治溯源侵蚀，控制沟头发育；在沟沿修建水平沟，截住坡面降水，配置人工灌草植被防护体系，立体固土，汇流锁边，防止侵蚀沟扩张；在沟坡修建水平沟、鱼鳞坑等，防止降水冲刷、边壁崩塌、沟道变宽，同时种植沙棘、人工柠条等灌木保边；在沟底修建谷坊、水坝，於土蓄水，营造片状乔灌林，固土护底，防止沟底下切侵蚀，从而使侵蚀沟生态系统稳定。利用侵蚀沟建设水坝，形成自然水库，为区域农牧业发展提供水源。

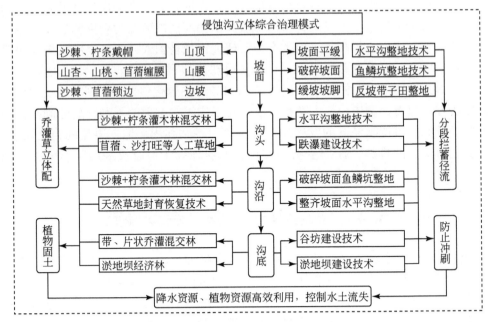

图 5-18　侵蚀沟立体综合治理模式结构

5.4.2　侵蚀沟立体综合治理模式对生态环境的影响

在降水的作用下，面蚀产生的线蚀沟，最终汇集在一起，随地势形成自然跌水，逐步形成长条形短小水沟，经过逐年溯源侵蚀，短沟变长沟，窄沟变宽沟，浅沟变深沟，沟两侧产生支沟。支沟、主沟经过每年不停地溯源侵蚀、拓宽，最终形成树枝状沟系，称为侵蚀沟。长期掠夺式农业经营和自然生态环境遭到破坏，造成宁夏半干旱黄土丘陵区水土流失严重，耕地被切割得支离破碎，日益难以利用，并造成毁地、毁桥（涵）、毁路、毁居民点等后果。

控制水土流失、治理侵蚀沟综合，一直是退化荒山生态系统恢复的关键。在彭阳县中庄村生态治理中，我们遵循生态经济规律，根据生态学原理和方法，针对侵蚀沟发育的特点与形成的原因，以侵蚀沟为治理单元，按照沟头（上）、沟沿（中）、沟底（下）综合治理的思路，将工程措施与生物措施有机结合，对该区侵蚀沟进行了整治，取得了较好的结果。

5.4.2.1　侵蚀沟立体综合治理模式对自然植被的影响

（1）自然植被物种多样性的变化

生物多样性作为群落生态组织水平独特且可测定的生物学特征，能够较好地反映群落结构类型、组织水平、发展阶段、稳定程度、生境差异等，是揭示植被组织水平的生态学基础。生态系统恢复过程中，植被群落结构对人为干扰的响应非常敏感，是评价侵蚀沟治理效果的主要指标。以彭阳县中庄村侵蚀沟坡面为研究对象，研究侵蚀沟坡面植被的分布状况及生物多样性，为该区生物多样性的保护与持续利用、植被的恢复与重建提供理论依据。

生态优势度指数反映了各物种种群数量的变化情况，生态优势度指数越大，群落内物种数量分布越不均匀，优势种的地位越突出。由表 5-20 可见侵蚀沟立体综合治理模式应用不同时间后，植物群落 Simpson 优势度虽然随治理时间的延长有所降低，但变化趋势并不显著。侵蚀沟立体综合治理模式应用 3 年 (2004)、8 年 (2009) 时，侵蚀沟坡植物群落 Simpson 优势度均随坡位的下降，有增加的趋势，分别为 0.834 ~ 0.920、0.810 ~ 0.931；而且 2009 年侵蚀沟坡面植物优势度与 2004 年相比，仅降低了 0.0119。其表明侵蚀沟立体综合治理模式应用后，坡面植物群落优势种变化不大，植物群落内有较为突出的优势种，仍然以长芒草、冰草、黄蒿为主。

表 5-20 侵蚀沟立体综合治理中群落多样性年际变化

样方	Simpson 优势度指数 (D)		Shannon-Wiener 指数 (H)		Pielou 均匀度指数 (J)	
	2004 年	2009 年	2004 年	2009 年	2004 年	2009 年
10 m	0.864	0.810	1.365	2.039	0.762	0.996
20 m	0.834	0.863	1.046	2.383	0.672	1.024
30 m	0.908	0.868	1.544	2.546	0.794	1.083
40 m	0.902	0.861	1.321	2.169	0.737	1.028
50 m	0.920	0.931	1.380	2.504	0.770	1.016
60 m	0.868	0.892	1.162	2.564	0.772	1.091
平均	0.8827Aa ± 0.033	0.8708Aa ± 0.040	1.3030Bb ± 0.177	2.3675Aa ± 0.218	0.7512Bb ± 0.043	1.0397Aa ± 0.038

注：侵蚀沟沟沿到沟底，每隔 10 m 布设一个样方。同一行大写字母表示 $P < 0.01$，小写字母表示 $P < 0.05$，字母相同表示差异不显著

均匀度表示物种在群落内分布的均匀程度，即群落内物种个体数越接近，均匀度越大，反之则越小。侵蚀沟立体综合治理模式应用第 3 年和第 8 年后，坡面植物群落 Pielou 均匀度指数分别为 0.672 ~ 0.794、0.996 ~ 1.091，随着侵蚀沟立体综合治理模式应用时间的延长，植物群落 Pielou 均匀度指数由 2003 年的 0.7512 显著增加到 2009 年的 1.0397。Pielou 均匀度指数增加说明，侵蚀沟治理后，伴随种数量增加，种间差异逐渐减小。

Shannon-Wiener 指数包含两个因素：①种类数目，即丰富度；②种类中个体分配上的平均性 (equitability) 或均匀性 (evenness)。种类数目越多，多样性越高；同样，种类之间个体分配的均匀性增加也会使多样性提高。物种多样性指数是群落物种丰富度和均匀度的综合反映，是评价系统结构、功能复杂性及其生态异质性的重要参数，是定量认识群落生态组织及生物—生态学特性的主要测度依据。

Shannon-Wiener 指数随着侵蚀沟立体综合治理模式应用时间的延长显著增大。侵蚀沟立体综合治理模式应用 3 年 (2004 年) 时，侵蚀沟坡面植物群落 Shannon-Wiener 指数为 1.046 ~ 1.544，而 2009 年侵蚀沟坡面植物群落 Shannon-Wiener 指数为 2.039 ~ 2.564，显著增加到 2.3675。由于侵蚀沟立体综合治理模式应用后，植物种类增加，而且坡面植物群

落个体分布更加均匀，导致 Shannon-Wiener 指数显著增加。

（2）侵蚀沟立体综合治理模式对植被盖度与生物量的影响

侵蚀沟综合治理后，植物多样性与均有度增加，植被快速恢复，侵蚀沟阴坡植被盖度明显由 2003 年的 60% 增加到 2009 年的 75% 以上。侵蚀沟坡面植被生物量也发生了明显的变化。不同时间坡面群落生物量差异较大，随侵蚀沟治理模式应用时间的延长，侵蚀沟坡面生物量显著增加，由恢复第 3 年的 2480.7 kg/hm²，增加到第 8 年的 5200 kg/hm²。可见侵蚀沟立体综合治理模式的应用对自然植被影响较大，随着退化荒山生态系统恢复时间的延长，侵蚀沟坡面植被盖度与生物量明显增加。

5.4.2.2 侵蚀沟立体综合治理模式对土壤综合肥力的影响

土壤养分可以指示土地生产力的差异及其动态变化，因而能体现自然因素及人类活动对土壤的影响。土壤肥力评价是关系到可持续性农业、环境、生态发展的重要手段，土壤肥力评价就是对土壤供肥能力高低的评判和鉴定，其结果可以用于指导合理施肥、保证农业稳产高产以及控制非点源污染等方面。土壤肥力概念的不统一性、内涵的不确定性、评价目的的不同以及各地自然和社会经济条件的差异，导致土壤肥力及其变异评价尚缺乏统一标准。

为了定量评价侵蚀沟综合治理对土壤综合肥力的变化趋势，在参考全国第二次土壤普查的结果和分级标准的基础上，利用灰色关联度法确定土壤肥力单因子权重，应用改进的内梅罗综合指数公式计算了侵蚀沟治理模式应用不同时间土壤表层（0~20 cm）的综合肥力指数（表 5-21）。

表 5-21 侵蚀沟恢复过程中土壤综合肥力指数年际变化

年份	土壤肥力因子标准化值								综合肥力指数
	pH	有机质	全氮	全磷	全钾	速效氮	速效磷	速效钾	
2004	1.60	0.50	0.47	0.71	2.04	0.23	1.52	2.88	0.812
2007	0.98	0.67	0.68	0.81	2.12	1.10	0.86	3.00	0.897
2009	1.76	0.74	0.56	2.29	1.91	0.38	0.78	2.80	0.902

土壤综合肥力指数结果显示：研究区侵蚀沟综合治理初期，土壤肥力贫瘠，2004 年与 2007 年土壤综合肥力系数小于 0.9，已经不再适宜植物的生长，2009 年土壤综合肥力指数为 0.902，处于中等肥力水平。而且随着侵蚀沟立体综合治理模式应用时间的延长，土壤肥力水平逐渐提高。

第6章　半干旱黄土丘陵区防护林体系建设技术及其生态效应

6.1　半干旱黄土丘陵区立地类型划分原则与标准

在半干旱黄土丘陵区的生态建设中，植树造林是一个主要的生态恢复措施。要确保林业生态建设的成效，就要尽一切可能提高造林成活率和保存率。要提高造林成活率，最基本的一点就是要确保林木的生物学特性和环境相适应，这样才能使造林成活率得到保障，这就是造林最基本的原则"适地适树"。在林业措施的实施中，要真正做到"适地适树"，实现造林成活率的提高、林木速生丰产，不仅要了解林木本身，而且对林木生长的立地环境也要有深刻的了解。立地是指林木所处环境中能对其生长产生影响的所有环境因素的综合，包括林木生长发育所需的热量、光照、水分、养分和二氧化碳以及与林木发生联系的伴生或共生的其他生物。立地类型是立地分类的基本单位，是指地域上不连接，但立地条件基本相似，并有大致相同的生产潜力的许多立地单位。划分立地类型已成为一种科学的认识造林地环境条件的手段。各项造林工作都必须以科学的宜林地立地分类及其评价为基础。立地类型划分是对林业用地条件和林地生产力的区分和归类，将相似的地域空间归并为一个森林立地单元，而把有差异的地域空间归并为不同的森林立地单元。

6.1.1　立地类型划分的原则

6.1.1.1　差异性原则

立地是指能对林木生长产生影响的所有自然环境要素的综合，这些要素包括了光、热、水分、营养元素及其他生物。因此类型单元的划分，是综合上述所有因子对林木生长的影响而得出的，一个立地类型实际就是所有影响因子的组合。而立地类型单元的划分就是要寻找各个立地类型之间的差异，这种差异主要是环境因子的差异或环境因子的不同组合所产生的差异，这种差异的存在，导致了适生树种选择、造林技术、立地经营管理方式的不同，由此产生了不同的立地类型。

6.1.1.2　综合性原则

适宜林木生长的各类立地分类单元，是地表所有立地因素共同组成的统一整体，具有综合特征和整体效应。林木生长所依赖的正是所有立地因素的综合而不是单个要素的属性。因此，立地类型的划分，必须在全面分析各立地因素相互关系和组合形式基础上，以其综合程度（相似性和差异性）进行类型的划分和归级。同一类或同一立地类型的划分，是综合了诸多环境因子的一类立地单元。在立地质量评价中，也是综合了影响立地质量的所有环境因子进行综合评价。

6.1.1.3 主导因子原则

影响林木生长的立地各因子中，所起的作用是不均等的，其中往往有一、两个因子起主导和制约作用。如在干旱区水平地域无灌溉水源条件下，水分作为主导因子，宜林地适生树种只能选择旱生灌木，在盆地盐渍型类型上，盐分成为影响林木生长的主导因子，宜林地适生树种则宜选择耐盐灌木，而在农田绿洲上，因地下水位高且含盐少，可人工栽植乔木。为此，主导因素是认识立地类型性质和确立林种、树种的依据，也是划分立地单元的依据。同时，在立地类型的命名上，突出主导因子，如土壤或地形，这样，使林业工作者在第一眼看到立地类型时就有一个直观的判断，更加利于造林工作的开展。

6.1.1.4 多级序原则

在立地类型划分中，立地综合体在不同尺度上有不同的差异性，因此，立地类型的划分在不同尺度上有不同的结果，尺度越大，内部差异越大，等级越低，内部差异越不明显，树种配置和营林技术越一致。按照张万儒等（1992）等的划分，立地分类系统的单位有立地区域、立地带、立地区、立地类型区、立地类型 5 个等级，这样，森林立地分类系统的单位由包括 0 级在内的 5 个基本级、若干辅助级的形式构成。

0 级	森林立地区域	forest site region
1 级	森林立地带	forest site zone
2 级	森林立地区	forest site area
	（森林立地亚区 Forest Site Subarea）。	
3 级	森林立地类型区	forest site type district
	（森林立地类型亚区 forest site type subdistrict）	
	（森林立地类型组 forest site type group）	
4 级	森林立地类型	forest site type
	（森林立地变型 forest site type variety）	

6.1.1.5 简明实用原则

森林立地分类的任务，不仅要求立地分类工作者运用丰富的生态学、造林学知识和经验，按上述两原则建立科学的立地分类系统，而且还要求能把这样一个分类系统交给生态学、造林学知识和经验不太丰富的广大营林工作者去应用。因此要求立地分类工作者在建立系统时以最简明、最准确、最直观的命名和文字描述表达出来，以达到森林立地分类系统所要求的科学性与实用性，实际上这是对立地分类工作科学性的更高要求。

6.1.2 立地级别划分的标准和命名规则

立地类型级别划分及命名标准各有差异，但最重要的是要突出简明实用的原则。张万儒在中国森林立地分类划分时采用了如下几级的立地分类：立地区域、立地带、立地区、立地类型区、立地类型等等级。在半干旱黄土丘陵区，由于涉及土地面积较小，立地划分的单元不宜过多，采用立地带、立地区、立地类型区、立地类型4个级别，分述如下。

(1) 1级——立地带

立地带是立地分类系统中高级分类的最高级单位。森林立地带的划分，主要依据气候，特别是其中的空气温度（>10℃日数、>10℃积温数），还参照地貌、植被、土壤以及其他自然因子的分布状况。对人工林栽培来说，还要考虑到最热月气温（℃）、最冷月气温（℃）、低温平均值（℃）等辅助指标。命名可采用表示主要特征作用的温度带名称，如寒温带森林立地带、热带森林立地带等。森林立地带与地带性森林类型和土壤类型有密切关系。宁夏的北部地区属于干旱中温立地带，南部地区属于暖温带立地带。

(2) 2级——立地区

森林立地区是一个大地区范围。这个大地区范围是通过它们的大地貌构造（岩性和大地形单元）、干湿状况、土壤类型、水文状况和地史与其他大地区相区别。森林立地区应该在大区地理上和植物地理互相符合。一般情况下，立地区是一些森林立地类型区组合而成的，立地区是立地分类系统中高级分类的重要立地单位。各立地区的自然综合体特征明显。一般，同一个立地区内的综合自然条件基本相似，其林业经营方向与林业利用改造措施也大致相同。立地区的划分指标为大地貌构造、干湿状况、土壤类型、水文状况和地史。大地形单元划分指标为：①平原；②丘陵（相对高度一般在100 m上下）；③低山（相对高度200～500 m）；④山地（基带以上的山地）；⑤高山及高原山地（顶部接近或超过雪线的山地）。立地区可以由区内的自然地理环境因子的差异和林业经营上的方便，划出一个辅助级—立地亚区。

本节中，立地区主要根据地貌，辅以气候和水文条件进行命名。

(3) 3级——立地类型区

立地类型区是立地分类系统中基层分类的最高一级单位，在地理上可以重复出现其划分的指标是中地貌、母质、气候、植被、地史。作为划分的主要特征可因不同地区而异，在丘陵山区可能是中地貌、海拔；在平原可能是成土母质。立地类型区在命名上可采用表示主要特征的立地因子，在南方丘陵山区，可根据中地貌（海拔）差别来命名，如丘陵森林立地类型区、低山森林立地类型区。

(4) 4级——立地类型

立地类型是立地分类系统的基本单元。它是多个相似立地的总括，这些立地在造林的可能性方面基本上是共同的，并且大致上具有相同的生产力。立地类型的划分可以根据影响林木生长的土壤主导因子来进行，如土层厚度、腐殖质层厚度、质地和排水状况等。立地类型在命名上可以根据其主导因子来定名，如厚土层中腐殖质层森林类型。同时，立地类型的划分要考虑该区域植树造林的需求，即造林技术和宜林树种相同的区域大致归并为同一立地类型。立地类型的命名以土壤为主导因子，结合地形和水分进行命名，在土壤类型相同的立地类型区，则以地形、水分或地形和水分相结合进行命名。

6.2　半干旱黄土丘陵区立地分类

6.2.1　半干旱黄土丘陵区所处立地带

立地带是高级立地分类单元，在大面积或全国范围内划分出不同的立地带，但是在中小尺度立地类型划分时，由于气候类型差异不大，可能无法突出在大气候背景下的立地差别。半干旱黄土丘陵区立地分类属于中尺度的立地划分，也无法突出大气候的差异。因此，整个半干旱黄土丘陵区划分为一个立地带，其地处干旱半干旱区，在气候带上，处于暖温带，因此在第一级立地类型中，整个半干旱黄土丘陵区属于暖温带立地带。

6.2.2　半干旱黄土丘陵区所处立地区

立地区也是一个较大尺度的立地单元，它是指这个大地区范围是通过它们的大地貌构造（岩性和大地形单元）、干湿状况、土壤类型、水文状况和地史与其他大地区有所差别而进行的分类。半干旱黄土丘陵区处于黄土高原，在全国立地类型划分中，属于暖温带立地带、黄土高原立地区或黄土丘陵区立地区。

6.2.3　立地类型区和立地类型

立地类型区的划分主要是把在地理单元上接近的立地类型归为一组，命名方式采用地形地貌结合土壤类型。如黄土丘陵区河谷川道立地类型区、黄土丘陵区山地立地区等。立地类型主要是把立地条件相似、造林技术和树种相同的立地单元划入同一立地类型，命名时结合地形、土壤、植被等因素进行命名，尽量突出其立地特征。

6.2.4　半干旱黄土丘陵区立地分类系统

运用森林立地分类系统的原理和方法，采用4级分类系统进行分类，对半干旱黄土丘陵区宜林地立地类型进行划分，半干旱黄土丘陵区属于暖温带立地带，黄土丘陵立地区分为黄土丘陵山地立地类型区和黄土丘陵河谷川道立地类型区2个立地类型区，包括黄土梁峁顶黑垆土、黄绵土立地类型等14个立地类型。因此，黄土丘陵区造林立地类型划分是中小尺度的立地分类，只有一个立地带和立地区。分类系统如表6-1所示。

表6-1　半干旱黄土丘陵区立地类型划分

立地带	立地区	立地类型区	立地类型	适生树种
暖温带立地带	黄土丘陵立地区	黄土丘陵山地立地类型区	黄土梁峁顶黑垆土、黄绵土立地类型	沙棘、山桃、人工柠条

续表

立地带	立地区	立地类型区	立地类型	适生树种
暖温带立地带	黄土丘陵立地区	黄土丘陵山地立地类型区	黄土梁峁阳坡缓坡黑垆土、黄绵土立地类型	山桃、山杏、人工柠条、侧柏、油松、山杏、刺槐、国槐、河北杨、青杨、新疆杨、旱柳、臭椿、白蜡、榆树、樟子松、桧柏、华北落叶松、日本落叶松、苹果、梨、杜梨、枣、核桃、花椒等
			黄土梁峁阳坡陡坡黑垆土、黄绵土立地类型	山桃、山杏、沙棘、人工柠条、杜梨、紫穗槐、花椒
			黄土梁峁阴坡缓坡黑垆土、黄绵土立地类型	油松、侧柏、桧柏、青海云杉、樟子松、华山松、日本落叶松、华北落叶松、新疆杨、毛白杨、河北杨、青杨、旱柳、刺槐、国槐、榆树、臭椿、白蜡、山桃、山杏、沙棘、人工柠条、紫穗槐、花椒、核桃、枣、杜梨、桑、苹果、梨
			黄土梁峁阴坡陡坡黑垆土、黄绵土立地类型	山桃、山杏、沙棘、人工柠条、杜梨、紫穗槐、花椒
			黄土台塬旱地黑垆土、黄绵土立地类型	油松、侧柏、桧柏、青海云杉、樟子松、华山松、日本落叶松、华北落叶松、新疆杨、毛白杨、河北杨、青杨、旱柳、刺槐、国槐、榆树、臭椿、白蜡、山桃、山杏、沙棘、人工柠条、紫穗槐、花椒、核桃、枣、杜梨、桑、苹果、梨
			侵蚀沟黑垆土、黄绵土立地类型	日本落叶松、华北落叶松、新疆杨、毛白杨、河北杨、青杨、旱柳、刺槐、国槐、榆树
			盐碱化滩地土立地类型	紫穗槐、新疆杨、毛白杨、刺槐、国槐、枣
暖温带立地带	黄土丘陵立地区	黄土丘陵河谷川道立地类型区	道路田埂黑垆土、黄绵土立地类型	油松、侧柏、桧柏、青海云杉、樟子松、华山松、新疆杨、毛白杨、河北杨、青杨、旱柳、刺槐、国槐、榆树、臭椿、白蜡
			庭院四旁黑垆土、黄绵土立地类型	侧柏、桧柏、青海云杉、华山松、新疆杨、毛白杨、河北杨、青杨、旱柳、刺槐、国槐、榆树、臭椿、白蜡、核桃、枣、杜梨、桑、苹果、梨
			河谷川道农田黑垆土、黄绵土立地类型	油松、侧柏、桧柏、青海云杉、樟子松、华山松、日本落叶松、华北落叶松、新疆杨、毛白杨、河北杨、青杨、旱柳、刺槐、国槐、榆树、臭椿、白蜡、山桃、山杏、沙棘、人工柠条、紫穗槐、花椒、核桃、枣、杜梨、桑、苹果、梨
			河谷川道盐碱滩地立地类型	紫穗槐、新疆杨、毛白杨、刺槐、国槐、枣
			河道黑垆土立地类型	新疆杨、毛白杨、河北杨、青杨、旱柳、刺槐、国槐、榆树、臭椿、白蜡、核桃、枣、杜梨、桑、苹果、梨
			河道砂质土立地类型	新疆杨、毛白杨、河北杨、青杨、旱柳、刺槐、国槐、榆树、臭椿、白蜡

6.3 半干旱黄土丘陵区造林树种选择

6.3.1 树种选择的原则

黄土丘陵区干旱缺水，造林能否成功，树种选择是关键。按照适地适树的原则和该地区林业生态环境建设的层次性目标要求，所选择的造林树种首先要适应当地的生态条件，即要具备较强的抗旱性，以实现造林成活率高、林木生长快、按期成林的基本目的；其次，要保证所营造的林分自身耗水少，保证林分生长发育各阶段所需水分不超过林地土壤水分环境容量，即要选择低耗水树种并科学地进行造林规划设计，以符合当地现有条件下的林地生态承载力；最后，所选择的造林树种水分利用效率要高，以实现在现有生态条件下获得最大的经济产量和经济效益。树种选择的主要原则包括以下几个方面：①抗旱性树种优先；②低耗水树种优先；③乡土树种优先；④生态效益与经济效益并重。

6.3.2 造林树种选择的指标

6.3.2.1 生态特征指标

（1）根系指标

旱生植物根系非常庞大，有些垂直根系深超过 5 m，水平根系可达 10 m，可充分吸收地下水分，平衡蒸腾作用消耗。在土层深厚的宁夏南部山区，许多果树（如苹果、葡萄等）根系可深达 10 m 以上，尽管干旱使果树地上部和地下部的生长同时减弱，但干旱增大了根/梢。研究表明，根系越发达，分布越深，抗旱性越强。

（2）植物水分利用效率

水分利用效率（WUE）是一个可遗传性状，高 WUE 是植物适应干旱环境、形成高生产力的重要机制。植物 WUE 的差异可达 2~5 倍，品种间差异较小，但也可达到 1 倍左右。可利用种间及品种间 WUE 的差异，选择抗旱节水型的种类及品种。

6.3.2.2 形态特征指标

（1）株型指标

研究发现，同一植物中，小叶直立的株型更有利于抵御干旱，株型及花粉败育率等与抗旱性有关，株型紧凑的类型较株型松散的类型更抗旱，密集呈金字塔型果树的保水能力比疏松分散型的高 20.2%。

（2）叶片指标

在干旱条件下，叶片的适应性变化主要是有利于保水和提高水分利用率。在干旱胁迫下，体内细胞在结构、生理及生物化学上发生一系列适应性改变后，最终要在植株的形态特征上有所表现，因此形态特征可作为抗旱性鉴定指标。形态指标包括植物叶片，叶片茸毛，蜡质层厚度，角质层厚度，栅栏细胞的排列，叶片气孔大小、数量和凹陷程度，叶片的形状、大小、厚薄、叶向，叶片卷曲程度和叶片烧灼程度等。叶面积反映叶片蒸发面积和细胞储存水分之间的关系；而叶肉质化程度，则反映叶片能保持水分的能力。一般来说，缺水后短枝叶片表现受害症状早于长枝叶片，长枝叶片又以顶部和基部叶片容易受害，而中部成熟叶片受害症状出现较晚。

6.3.2.3 器官解剖指标

干旱可使果树叶片有较厚的角质层。干旱地区生长的杏和梨，其叶片的上、下表皮的细胞外壁均有角质层形成。同时上表皮角质层有不均匀加厚特征，角隅处很厚，形成突起状，可减少通过细胞间隙到达叶表面的水分蒸发。

果树类型不同，其叶片的叶肉结构不同。苹果、梨树的叶肉虽有2层栅栏细胞，细胞体积大，排列较松散，但其海绵组织的细胞间隙较大，叶片下表皮细胞和大型维管束鞘细胞均有储水功能，因而苹果、梨树具有较强的保水能力。

叶片组织结构紧密度（CTR）、叶片组织疏松度（SR）和气孔形态变化均可作为抗旱性强弱的指标，组织结构紧密度越大，气孔越小越下陷，气孔密度越大，抗旱性越强。这是因为气孔形态的变化减少水分蒸发量，使叶片能够保持更多的水分，利于抗旱。

6.3.2.4 生理生化指标

生理生化指标主要有水分状况指标包括水势、水分饱和度、相对含水量（RWC）、叶片膨压、束缚水含量等、气孔开度和气孔扩散阻力或蒸腾速率、水分利用效率、离体叶片抗脱水能力、质膜透性、根冠中淀粉水解速度、茎的水分输送能力、渗透调节能力、光合作用、呼吸作用、脯氨酸积累能力、ABA积累能力、酶活力以及其他代谢物质（ATP、糖、核酸、蛋白质、氨基酸含量等）指标。

6.3.2.5 植物生长指标

植物对干旱的适应性和抵抗能力最终体现在生物生产上，主要为植株生长量、植株生物量（地上和地下生物量）、果实产量等方面。植物在旱境下的生长状况不仅决定着植株的光合面积、生产潜力及最终产量，并对体内代谢产生反馈调节作用。因而，植物在干旱条件下的种子发芽率、存活率、株高、干物质积累速率、叶面积、叶片黄叶枯叶数、叶片扩展速率、散粉抽丝间隔时间等指标均可用于抗旱性鉴定。例如，胚芽鞘长度：水分胁迫使芽鞘长度明显缩短，但抗旱性不同的品种反应不一。研究表明低水势下芽鞘长度与小麦抗旱性关系密切，且遗传率很高，目前认为利用胚芽鞘长度进行品种抗旱鉴定和筛选指标具有较高的应用价值。

6.3.3 主要造林树种的抗旱性

植物抗旱性是其对干旱长期适应的一种综合遗传特性，不仅与其内部的生理生化活动和外部结构特性有关，而且取决于自身不同器官的形态结构特征，因为结构和功能是统一的整体。对半干旱黄土丘陵区同一生态条件下8种常见的植物组织结构与抗旱性的关系进行较全面、深入的观察分析，采用优中选优的方法，利用植物种抗旱性较为可靠的指标，一级指标：CTR、SR、栅/海、导管总面积/横断面面积、周皮厚度；二级指标：导管比密度、栅栏组织厚、海绵组织厚，对8种植物的抗旱性进行了分析比较。结果表明，不同植物种同一器官抗旱性有明显的差异。在所调查的8种植物中，根的抗旱性高低顺序为山榆＞旱柳＞槐树＞人工柠条＞山杏＞山桃＞沙棘＞野枸杞；茎的抗旱性高低顺序为旱柳＞山杏＞山榆＞人工柠条＞山桃＞槐树＞沙棘＞野枸杞；叶的抗旱性高低顺序为旱柳＞人工柠条＞山桃＞山榆＞野枸杞＞槐树＞沙棘＞山杏；综合抗旱性高低顺序为旱柳＞山榆＞人工柠条＞山杏＞山桃＝槐树＞野枸杞＞沙棘（李生宝等，2006）。

6.4 半干旱黄土丘陵区抗旱造林技术

半干旱黄土丘陵区降水量小，植被恢复困难。加之林业用地地形的复杂性，黄土高原地区引水灌溉几乎是不可能，因此天然降水便成为当地林业生产用水的唯一来源，要提高植被建设的效果，必须采用一系列抗旱造林技术才能确保造林成活率。在该区域水土保持林体系建设中，主要的抗旱造林技术包括坡面集雨造林、鱼鳞坑造林、覆膜造林、保水剂造林等。这些抗旱造林技术因不同树种、立地条件而异。

6.4.1 集雨造林整地

国内外抗旱节水集流技术研究主要从两个方面进行，即增加造林地水分的有效供给和降低无效耗水量，其中主要是以增加土壤水分有效供给的表层径流的收集为主，雨水的收集效果取决于对土壤结构的改良、土壤表层处理和地面覆盖等集水措施。尽管所集径流量的大小在前提上取决于降水量、降水强度、土壤前期含水量及入渗能力，但集流率的大小还与集水区表面状况关系密切。在抗旱造林中多采用水平阶、水平沟、鱼鳞坑等整地方式进行集水以提高造林成活率。在黄土丘陵区，上述抗旱造林技术也广泛应用。

6.4.1.1 水平阶整地

水平阶是一种在平缓地带的整地方式，其田面宽度较宽，可有效接受坡面来水，外埂略低。在梁峁部较平整的地段多选用水平阶整地，整地时沿等高线开挖宽1.5～3 m，反坡5°～6°的水平阶，拍实外埂，埂外坡约60°，田间深翻0.3 m，内侧上方表土铲下拍碎，覆于水平阶上，使埂内侧亦约60°。带子田长度视地形而定，可每隔5～10 m筑宽0.3～0.5 m的拦水埂，如图6-1所示。带间距以造林树种的行距确定。

6.4.1.2 水平沟整地

水平沟整地类似于水平阶整地，不过整地后形成的田面宽度较窄，呈沟状，同时有较高的外埂拦水。在黄土丘陵区，大力推广的一种整地方式就是"88542"水平沟整地，具体方法是在地形完整、坡度小于25°的荒山、退耕还林还草的缓坡地段，利用"等高线，延山转，宽2 m，长不限，死土挖出，活土回填"的方法进行整地。即沿等高线开挖宽80

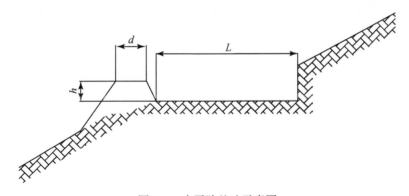

图 6-1　水平阶整地示意图

d. 埂宽，20 cm；*h.* 埂高，20～30 cm；*L.* 水平阶宽度，1.5～3 m

cm、深 80 cm 的水平沟，用沟内挖出的土拍实外埂，埂顶宽 40 cm，埂高 50 cm，埂侧坡 60°～70°，将沟内侧上方表土铲下拍碎，填入水平沟内至开挖口上沿 10 cm 处，平整田面宽 2 m，并做成 10°～20° 的反坡田面，每隔 5～10 m 修筑宽 30～50 cm 的拦水埂，上下相邻带间距 5～8 m，留自然集水坡面，如图 6-2 所示。

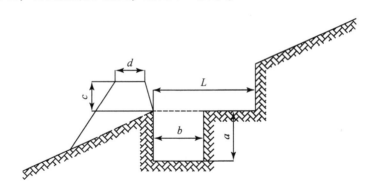

图 6-2　水平沟整地示意图

a，*b.* 栽植穴宽度及深度，80 cm；*c.* 埂高，50 cm；*d.* 埂宽，40 cm；*L.* 田面宽度，2 m

在实施"88542"水平沟整地工程时，集流坡长是最重要的因素，在实施工程措施时，要充分考虑坡地的条件，包括坡位、坡向、坡度等综合因素，也要考虑工程措施的负面影响，尽量减少工程量，从而节省劳力、物力和财力，使工程发挥出最佳效果。"88542"整地可以显著提高土壤含水量，对土壤水分影响在 0～60 cm 较大，随着坡度增大，水平沟内土壤储水量明显增大，同坡位坡长越长，水平沟内土壤水分越好，坡度大的沟内土壤水分大。

6.4.1.3　鱼鳞坑整地

鱼鳞坑整地多在坡度大、地形复杂的部位展开，是一种单穴状整地，整地后整个坡面的栽植穴形似鱼鳞，故名"鱼鳞坑"。在坡度大于 20° 的荒山和集流线、农田地埂、侵蚀沟，要求沿等高线自上而下交错排列，修筑似鱼鳞一样的栽植穴，相邻两行鱼鳞坑要呈

"品"字形布设。挖坑时，将表土堆在坑的上方或左右，把挖出的底土堆于坑的下方，用于修筑外埂，埂高一般为20~40 cm，筑埂时应将外埂拍实。再将内埂上方的表土填入坑底，把坑面修整成外高内低的反坡状，内径60~80 cm、外径80~100 cm、深60~80 cm的半月形坑，如图6-3所示。

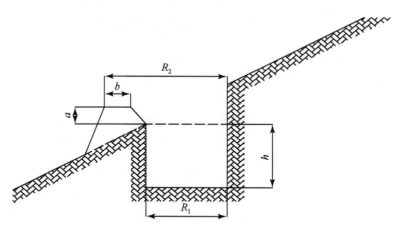

图6-3　鱼鳞坑整地示意图

R_1. 鱼鳞坑内径，60~80 cm；R_2. 鱼鳞坑外直径，80~100 cm；

h. 鱼鳞坑深度，60~80 cm；a. 埂高，20~40 cm；b. 埂宽，20 cm

6.4.1.4　漏斗式集水坑整地

漏斗式集水坑整地主要适用于黄土丘陵区的塬、台、峁顶等平缓地带或道路两侧的荒地及缓坡退耕地。漏斗式整地形成一个较小的积水面，以栽植穴为中心，直径约2 m的一个集水面，其上开口大，底面积较小，呈漏斗状。漏斗式集水坑的修筑原则是死土拍埂，活土还原，以人工制造微型集水面为目的。首先在造林规划区放线打点，株行距均3 m。再以栽植点为圆心挖直径60~80 cm、深60 cm的植树穴，并逐步向外扩大穴壁，挖出的熟土要堆在最外边，挖出的生土要按已划好的线筑成上宽约20~30cm、高30~40 cm的土埂，筑埂时要踩实拍光。其次把熟土回填至栽植穴内，植树穴外围要做成坡度为20°~30°的漏斗式径流面，径流面要外高内低似漏斗状，表面要踩实拍光。最后将植树穴修成1.5 m×1.5 m的田面，并预留一定的土用于苗木栽植，如图6-4所示。

6.4.1.5　"回"字形整地

"回"字形整地适合于河谷川道、台塬等平缓地段的造林整地。"回"字形整地是事先确定栽植穴的位置，栽植穴间距4 m左右，然后挖80 cm×80 cm的栽植穴，把表面熟土放于一侧田面，底土在栽植穴四周修筑高约30~50 cm的矩形土埂，栽植时把熟土回填入栽植穴。这样，周围的外埂和栽植穴就形成了"回"字形田面，该整地方式也可以形成一个以"回"字形田面为积水面的小型积水区域，利用树木成活，如图6-5所示。

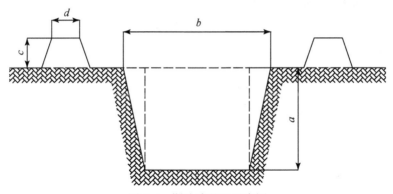

图 6-4　漏斗式整地示意图

a. 深度，60~80 cm；*b*. 直径，60~80 cm；*c*. 埂高，30~40 cm；*d*. 埂宽，20~30 cm

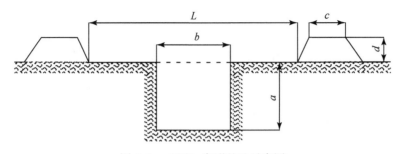

图 6-5　"回"字形整地示意图

L. 田面宽度，3~4 m；*a*, *b*. 栽植穴深度及宽度，60~80 cm；*c*. 埂宽，20~40 cm；*d*. 埂高，30~50 cm

6.4.2　抗旱栽植技术

6.4.2.1　造林时间

在黄土丘陵区，由于降水大多集中于 6~9 月，因此，造林季节多在春季和秋季。如果前一年秋季降水较多，10 月下旬至 11 月初土壤墒情较好，可安排秋季造林，造林保存率一般均可达到 80% 以上。冬季雨雪损失较少、土壤储存水分较多，次年春季土壤墒情较好，可安排春季造林。春季是黄土丘陵区的主要造林季节。有些树种，如人工柠条是播种造林，则宜进行雨季造林。在 8 月中旬以前，若有不低于 15 mm 的降水，土壤墒情较好，立即进行人工柠条种子点播，则一周内种子可发芽，在越冬前幼苗充分木质化，可安全越冬。总之，造林时间的安排和土壤墒情紧密相结合，在土壤墒情较好时造林才能保证造林成活率。

6.4.2.2　苗木选择

造林成活率除了与土壤墒情密切相关以外，还受苗木质量的影响。同等条件下，良种壮苗造林成活率高，而细弱的苗木造林成活率无法保证。因此在造林时都选用良种壮苗。

选择良种壮苗时,其规格参数有地径(直径)、苗高、木质化程度等指标。关于良种壮苗的具体规格,各树种都有不同的规定,具体可参见各种造林技术规程,这里不再详述。

6.4.2.3　苗木处理

造林时的苗木处理主要目的是减少苗木失水,增强苗木的成活率。实践证明,造林前的苗木处理可明显提高造林成活率。各种苗木处理措施包括泥浆蘸根、枝叶修剪等。泥浆蘸根是在苗木起苗和运输过程中把苗木根系在泥浆中蘸一下,这样有利于根系保水,保持根系活力,同时也能为苗木提供一定的水分补充。试验证明,在同等条件下造林,蘸根处理的苹果苗成活率可提高 11.1%。枝叶修剪主要是把一些大一点的苗木剪除一部分枝叶,以降低蒸腾耗水,保持苗木体内的水分,从而提高造林成活率。同时,枝叶修剪还可去除一部分受伤折断的枝叶,增强苗木的抗逆性。多数阔叶树种可利用枝叶修剪减少水分消耗,提高成活率。

6.4.2.4　截干深栽

对一些较大的苗木或乔木树种,采用截干深栽的方法可有效提高造林成活率。截干深栽主要是把苗木的树干截除一部分,以减少水分的消耗;同时,由于上层土壤水分易于蒸发损失,可以采用大穴深栽,让苗木可充分利用深层的土壤水。在道路防护林等一些乔木树种应用较多的地方采用截干深栽,可有效提高造林成活率。

6.4.2.5　树干套袋

套袋是造林后在一些单干性的苗木地上部分套上塑料膜套,待苗木长叶后再去除塑料膜,这样可以减少枝干水分损失和抽干。对红梅杏试验证明,枝干套袋可使其成活率提高 15% 以上。

6.4.2.6　平茬埋土

平茬是针对一些萌蘖性强的灌木,造林后平茬去除地上部分的枝叶,同时给平茬后的苗木埋土 10~15 cm。平茬后树木地上部分被切除,蒸腾耗水器官的去除可减少水分消耗;地下部分仍然保持活力,埋土后可防止风干和切口水分损失,在经过一定时间的水分和养分储备后,又可萌发新的植株,而且新植株活力更强。平茬埋土通过切除蒸腾器官、保留更新器官,减少了水分损失,提高了造林成活率。平茬埋土在山桃和沙棘造林时应用较多。

6.4.2.7　灌水

水分无疑是植物生长最基本的条件,充足的土壤水分对植物成活极其重要,尤其是在干旱区域。在黄土丘陵区,有条件的地方造林后进行灌水,是最有效的提高造林成活率的措施。灌水可使土壤提供充足的水分供苗木消耗,确保造林成活,但是灌水成本高,又受水源限制。因此,只在一些经济林造林、绿化造林时进行灌溉。

6.4.3　保水技术

6.4.3.1　树盘覆盖

树木栽植以后，可利用的水分主要来自于土壤，因此，把更多的水分用于植物蒸腾而减少土壤蒸发就是一项重要的保水措施，具体的方法包括树盘覆草和树盘覆膜。树盘覆草是栽植后在树木基部土壤表面覆盖一层厚 10 ~ 20 cm 的柴草，四周压实，草上压土防风，可减小地表的蒸发消耗。试验证明，树盘覆草能够使 1 m 土层土壤水分比对照高约 3.8%。

树盘覆膜就是在造林后灌水，然后在树木基部以树干为中心的 1 ~ 2 m² 内覆盖塑料薄膜，如图 6-6 所示，树盘覆膜可以很好地保持土壤水分。在侧柏造林试验中，灌水栽植后，采用树盘覆膜，10 日后测定土壤含水量，结果表明，与不覆膜相比，树盘覆膜可使 1m 土层平均土壤含水量高出 15%；同等条件下，覆膜使侧柏成活率比无覆膜栽植高出 60% 以上。可见覆膜是一种十分有效的保水方式，尤其是灌水后覆膜，基本可使所有灌溉水为树木所利用。树盘覆膜相应成本略高，多在道路绿化和经济树种栽培时采用。

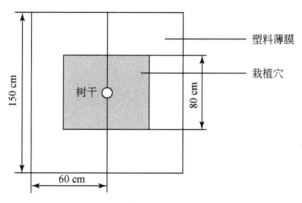

图 6-6　树盘覆膜示意图

6.4.3.2　保水剂

通用土壤保水剂是一种高吸水性树脂，在土壤中能将雨水或浇灌水迅速吸收并保存，不渗失，进而保证根际范围水分充足，缓慢释放供植物利用。它特有的吸水、储水、保水能在干旱区植物栽植中得到了广泛应用。还有一种液体薄膜保水剂，其保水原理和地膜覆盖一样，可阻止地表水分散失。在造林中，保水剂的应用可提高水分利用率和造林成活率。以液体薄膜保水剂为例，它的使用方法是：苗木定植后，将树盘周围的地整平，以 1:100 将保水剂掺水配成溶液，按 2 ~ 6 L/株喷施于树盘，监测表明，该保水剂在旱季可使土壤含水量提高 10.67%，雨季后土壤含水量提高 22.61%。

6.4.3.3　苗木处理

苗木处理的原理是通过修剪、套袋等措施，减少苗木水分的蒸腾消耗，从而达到保水的目的。主要的苗木处理措施如前面提到的枝叶修剪、截干、套袋等都可以减小苗木蒸腾消耗，提高水分利用率。不同苗木保水处理措施适合于不同的树种，其对造林成活率影响也不相同，表 6-2 是不同苗木处理后苗木成活率的增加值，可以看出，采取各种抗旱保水技术后，各树种的造林成活率都有显著提升。

表 6-2　不同苗木保水处理对造林成活率的影响

处理措施	试验树种	成活率提高百分比	可应用树种
截干	新疆杨	25%	新疆杨、旱柳、刺槐
平茬埋土	山桃	15%	山桃、沙棘
树干套袋	凯特杏	10%～15%	杏、李、梨
树干埋土	花椒	11.3%	花椒
枝叶修剪	—	—	新疆杨、山桃、山杏、旱柳等

6.5　水土保持林体系的林分配置模式

6.5.1　流域水土保持林体系的配置

在黄土丘陵区，构建水土保持林的目的就是全面控制水土流失，改善生态环境，因此水土保持林防护体系是以流域为单元因地制宜、因害设防的全面配置。在丘陵顶部，依据其立地特点，配置以沙棘纯林为主的薪炭林；在丘陵上部，以前是耕地的区域，结合退耕还林还草工程，配置以林草相结合的林草地；在丘陵的中下部，由于水肥条件较好，大多数土地是农田，经工程整地后成为高产的水平梯田，在梯田外埂配置地埂防护林；在中下部平缓区域，多是居民住宅及果园，常配置经果林和道路防护林；在侵蚀沟沟沿，由于侵蚀崩塌严重，常配置灌木防护林；侵蚀沟沟坡配置沟坡防护林，也常用做薪炭林；沟底是以防止沟床下切为主要目的沟道防护林；除此之外，在整个丘陵不同部位还分布有坡度大或立地条件差的荒山地，在这类立地，常配置一些纯水土保持林。这样，从上到下，整个流域构建起以山顶薪炭林、梁峁缓坡灌草结合型生态经济林、荒山地水土保持林、梯田地埂生态经济防护林、庭院及周边的经果林、道路防护林、沟沿灌木防护林、沟坡灌木防护林、沟底乔灌结合型水土保持林为主的生态经济型水土保持防护林体系，如图 6-7 所示。

6.5.2　中上部林草复合模式

6.5.2.1　立地条件

在黄土丘陵区山地，山顶及山坡中上部缓坡地主要土壤类型为黄绵土和黑垆土，与山坡下部相比，气温略低，风速较大，土壤水分条件较差。主要立地类型包括黄土梁峁顶黑垆土、黄绵土立地类型，黄土梁峁阳坡缓坡黑垆土、黄绵土立地类型，黄土梁峁阴坡缓坡

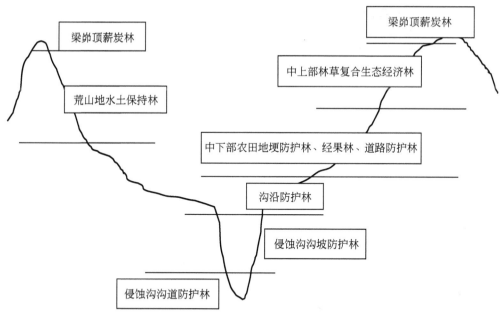

图 6-7　水土保持林体系配置示意图

黑垆土、黄绵土立地类型 3 种立地类型。由于立地条件的限制，山顶及上坡中上部主要发展林草为主的水土保持林或生态经济林。

6.5.2.2　林分配置

在林分配置上，主要配置以薪炭林、经济林、水土保持林、饲料林为主的林分类型。其中最为典型的一种方式就是水平沟林地和坡地苜蓿混合搭配的林草复合模式。该模式的主要配置是在坡面从上到下，每隔 8～15 m，沿等高线开挖 2 m 宽的水平沟，水平沟内栽植山桃、山杏，逐渐或行状混交，沟埂外侧点播人工柠条，两条水平沟间坡面种植苜蓿。树木株间距 4 m，行间距 8～15 m，如图 6-8 所示。该配置模式主要利用水平沟截流降水，使降水产生的径流汇集于水平沟供林木生长，而坡地栽种苜蓿，作为饲草加以利用，林草相结合，在很大程度上提高了水分利用效率，遏制了水土流失。

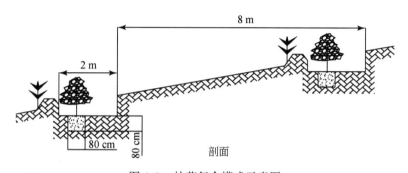

图 6-8　林草复合模式示意图

6.5.2.3 树种选择及搭配

林草复合模式在黄土高原退耕还林还草区域推广面积很大,主要的造林树种以山桃、山杏和人工柠条为主,山桃和山杏可行状混交,也可株间混交。人工柠条点播于沟埂外侧,形成行状混交,这种混交方式有利于增强林分稳定性。

6.5.3 陡坡水平沟水土保持林配置模式

6.5.3.1 立地条件

在黄土丘陵有些地段,坡度较陡(>25°),由于坡度大、土壤水分和养分条件较差,土壤类型以黄绵土为主,黑垆土成分较少,不适合人工栽培作物的生长,造林前多是原生的自然坡面。这类地段是黄土丘陵区立地质量最差的地段,植被稀疏,也是水土流失最为严重的地段。在这一地段划分出的立地类型有黄土梁峁阳坡缓坡黑垆土、黄绵土立地类型、黄土梁峁阴坡缓坡黑垆土、黄绵土立地类型2类。为防治水土流失,这一地段也要实施人工造林。

6.5.3.2 林分配置

由于立地条件差,水土流失严重,在坡度较大的黄土丘陵地段,主要栽植水土保持林。从坡上至坡下,依次沿等高线开挖水平沟,由于受地形的限制,水平沟宽度 1~2 m,水平沟间距 8~12 m,沟内栽植各类灌木树种,山桃、山杏间株距 4 m,沙棘株间距 1 m,水平沟之间的坡面无法利用,保持自然状态,如图 6-9 所示。该配置模式可有效拦截坡面径流水分供林木生长,同时也有效拦截了坡面水土流失。

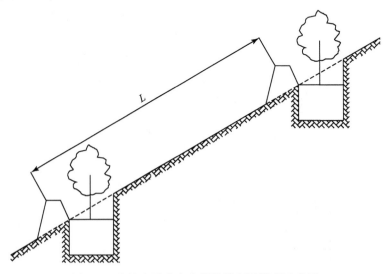

图 6-9 陡坡水平沟水土保持林配置模式示意图

L. 水平沟间距,8~12 m

6.5.3.3　树种选择及搭配

由于立地条件较差，因此多选用抗旱性强的灌木或小灌木树种，在水分条件较好的地段栽植山桃，或山桃和沙棘株间混交，在立地条件较差的地段，全部栽植沙棘和人工柠条，沙棘和人工柠条行状混交。

6.5.4　沟沿灌木防护模式

6.5.4.1　立地条件

侵蚀沟位于丘陵区最底部，侵蚀沟沟沿常在沟谷中下部或川道的下部。侵蚀沟沟沿是重力侵蚀和水力侵蚀最为活跃的部位，在防护较差的侵蚀沟沟沿，沟头扩张速度很快，常造成塌陷。在侵蚀沟沟沿生物防护中，主要配置以沙棘或人工柠条为主的灌木林。侵蚀沟沟沿地势低，是水土汇集的区域，因此其土壤以壤质土为主。土壤水分相对较高，立地条件较好。侵蚀沟沟沿常见的立地类型有立地类型黄土台塬旱地黑垆土、黄绵土立地类型，侵蚀沟黑垆土、黄绵土立地类型。

6.5.4.2　林分配置

为防止沟头扩张，除了工程措施外，生物防护措施也是常用的配套防护措施。在侵蚀沟沟沿，常配置以灌木树种为主的水土保持林。在沟谷地带，沟头防护林常沿等高线开挖水平沟，水平沟宽度 1~1.5 m，水平沟间距 3~4 m，栽植灌木株间距 1 m；在河谷川道较平缓地带，水平沟垂直于沟谷扩展方向开挖，水平沟宽度 1~1.5 m，水平沟间距 3~4 m，也可进行漏斗状整地，漏斗状整地规格 80 cm×80 cm，栽植穴呈"品"字形排列，株行距（1~2）m×1 m。

6.5.4.3　树种选择及搭配

由于侵蚀沟沟沿部位水流汇集，冲刷比较强烈，常配置一些根系发达、萌蘖性强的灌木树种，成林后有很好的土壤固持作用。在黄土丘陵区，沙棘和人工柠条是沟沿防护林常用的树种，沙棘栽植时可按 1 m×1 m 配置，经过 2~3 年的生长萌蘖，很快形成密集的沙棘林，具有很好的防护作用。有时也可用沙棘和人工柠条或沙棘和山桃行状或株间混交，也能很快形成密集丛生的灌木防护林。

6.5.5　沟坡鱼鳞坑配置模式

6.5.5.1　立地条件

在黄土丘陵区，纵横交错的侵蚀沟是长期水蚀的结果，植被稀疏的侵蚀沟沟坡常常伴随着崩塌和滑坡，也是重力侵蚀和水蚀综合作用的部位。侵蚀沟沟坡坡度 >30°，土壤类型以黄绵土为主，有时可见红黏土和黑垆土，土壤水分条件较差，立地质量相对较差。在立地类型划分上常定位侵蚀沟黑垆土、黄绵土立地类型。在侵蚀沟沟坡，常配置灌木水土保持林以稳定坡面和控制滑坡的发生。

6.5.5.2 林分配置

在侵蚀沟沟坡，由于受地形的限制，只能配置以灌木林为主的水土保持林。由于坡度大，造林整地常采用鱼鳞坑"品"字形整地方式，在整个坡面上开挖 60 cm×60 cm 的栽植穴，栽植穴外围筑埂加高，以汇集来自坡上的径流，如图 6-10 所示。株行距 1 m×2 m，均匀分布于整个坡面，栽植灌木树种后，树木根系的网络固持作用可有效加固坡面，防止水土流失、滑坡和崩塌的产生。

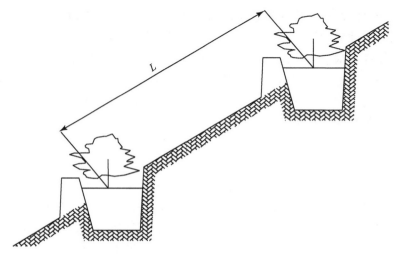

图 6-10 鱼鳞坑配置模式示意图

L. 鱼鳞坑坡面间距，4~6 m

6.5.5.3 树种选择及搭配

由于立地条件差，土壤侵蚀严重，侵蚀沟沟坡配置的树种以抗性强、根系发达的灌木类树种为主，如沙棘、山桃、马茹刺等。树种可进行行间或株间混交，也可片状混交，有时沙棘纯林也是很好的沟坡水土保持林，其防护效果明显。

6.5.6 沟底水土保持林模式

6.5.6.1 立地条件

黄土丘陵区侵蚀沟沟底是最为严重的地区，连年的冲刷侵蚀使沟底下切严重，土壤质地坚硬、肥力低下，但水分条件相对较好。在经过几十年的水土保持综合治理后，大多已经转变为淤地坝或谷坊，沟底淤积了大量的泥沙，水分和养分条件大大改善。尤其是淤地坝，在沟谷宽阔处已形成大面积的淤积坝地，适合于农耕或栽植用材林。该处立地类型属于侵蚀沟新积土、黑垆土、黄绵土立地类型，立地条件相对较好。

6.5.6.2 林分配置

在侵蚀沟沟底，为了防止侵蚀沟下切、拦截泥沙，常配置植物谷坊或沟道水土保持林。植物谷坊常以速生型乔木树种（如杨、柳）在上游宽阔谷口狭窄地域联排密集栽植，株行距 1 m×1 m 或更小，配置 2~4 行，可有效拦截泥沙。在已形成淤积坝地的平坦区域，可栽植一些乔木树种，发展用材林或薪炭林，乔木树种株行距 4 m×4 m，在坝地生长良好。

6.5.6.3 树种选择及搭配

由于沟道低地水分条件好，但淤积严重，常配置一些易生根、生长速度快的乔木树种，如新疆杨、山杨、旱柳、刺槐等树种。若需栽植植物谷坊，杨柳科植物是最好的选择，杨柳树插干造林能很好地固定沟底、拦截泥沙，又易萌发不定根，容易成活；在淤地坝底的坝地，地形平坦开阔、地势较低、水分条件好，可栽植刺槐、新疆杨、毛白杨、旱柳、榆树等乔木树种，这些树种是良好的水土保持林和用材林。在注重搭配方面，可进行株间混交或行间混交，利于林分的稳定性。在沟道两岸坡脚和淤地坝坡面，常栽植旱柳、刺槐等树种固坡。

6.6 水土保持林体系植物 – 土壤水分关系

6.6.1 降水与土壤水分

半干旱黄土丘陵区主要土壤类型为黑垆土和黄绵土，土壤主要由 0.25 mm 以下颗粒组成，细砂粒和粉粒占总重量的 60%，质地均匀，疏松多孔，保水能力较好。在半干旱黄土丘陵区，由于缺乏地表水流，该区域植被生长所需水分主要依靠自然降水。由于黄土疏松多孔的结构特点，其持水力较强。

对多年监测的土壤含水量和降水量进行曲线拟合，结果如表6-3和图6-11所示，可以看出，在半干旱黄土丘陵区，在较小降水条件下，降水和土壤含水量的增加呈线性正相关，随着降水量的增大，土壤含水量的增加有所减缓，这和该区土壤水分入渗特性密切相关；在降水量较小时，降水能够完全入渗，增加了土壤含水量，但是降水量和降水强度较大时，土壤达到稳渗状态，多于入渗速率的降水则产生径流，不能有效地补充到土壤中，因此土壤含水量增加率有所减缓。

表6-3 线性拟合模型参数

方程类型	R^2	F	df1	df2	Sig.	常数	$b1$	$b2$
二次方程	0.948	99.755	2	11	0	-1.377	0.211	-0.001

该模型可以较好地预测黄土区降水量对土壤水分增加量的贡献值。因此，半干旱黄土

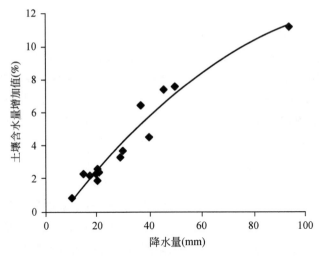

图 6-11　降水量和土壤含水量增加值的模拟曲线

丘陵区降水对土壤水分增加值的影响可用如下数学模型来预测：

$$y = 0.211x - 0.001x^2 - 1.377 \qquad (R^2 = 0.948) \tag{6-1}$$

式中，y 为土壤含水量增加量（体积含水量），x 为降水量（mm）。

累加初始含水量后降水量和土壤含水量的关系模型为

$$y = a + 0.211x - 0.001x^2 - 1.377 \tag{6-2}$$

式中，a 为降水前初始土壤含水量。

依据监测结果，该区域多年春季平均土壤含水量为 12.7%（体积含水量），用多年春季土壤含水量平均值取代当年前期土壤含水量，则该模型可以更简便地预测降水后土壤含水量的变化，则该模型可以简化为

$$y = 12.7 + 0.211x - 0.001x^2 - 1.377 \tag{6-3}$$

可以看出，在黄土区也存在一个土壤水分限值，降水量低于该限值时，土壤含水量不会增加。经计算该限值为 6.3 mm，因此，该区域降水低于 6.3 mm 时属于无效降水，土壤含水量不会明显增加；当降水量高于 6.3 mm 时，该降水才可能对土壤含水量的增加产生贡献。

因此，从植被建设的实际出发，要预测降水和土壤含水量的关系，则需要对降水量作出相应的限定，实际预测模型为

$$\begin{cases} y = 0 & (x \leqslant 6.3) \\ y = 12.7 + 0.211x - 0.001x^2 - 1.377 & (x > 6.3) \end{cases} \tag{6-4}$$

6.6.2　土壤水分与植物成活

6.6.2.1　不同水分条件下植物成活率

在半干旱黄土丘陵区，主要造林树种是山桃、山杏、人工柠条和沙棘等抗旱性强的乡土树种，造林季节多在春季。由于该区域处于半干旱区，年降水量少，而且时空分布不

均。一年的主要降水都在秋季，春季降水很少，因此春季造林成活率完全取决于造林时的土壤墒情。造林时的土壤含水量决定了造林成活率，如果苗木能在造林初期成活，在后期得到雨水的补给，则造林成功。

对山桃、山杏、人工柠条、沙棘4种主要的造林树种进行造林成活率试验，结果表明，各个树种在不同水分条件下的成活率差异较大，但随着土壤水分含量的增加，造林成活率也随之上升。结果如表6-4所示。采用SPSS曲线估计对成活率和土壤含水量进行模拟，对比结果的R^2，选择最优方程，得出四个树种造林成活率和土壤含水量关系的数学模型，如表6-5所示。

表6-4　半干旱黄土丘陵区同水分条件下的苗木成活率　（单位:%）

土壤体积含水量	山杏	山桃	沙棘	人工柠条
8.2	20	4	0	26
10.1	44	34	18	46
12.1	56	46	36	60
13.1	70	56	50	70
14.1	76	66	62	76
15.2	86	80	76	86
17.9	94	88	80	94
19.3	100	96	92	100

表6-5　半干旱黄土丘陵区土壤含水量和苗木成活率的模拟方程

树种	模拟方程	F	R^2
山杏	$y = 19.415x - 0.446x^2 - 108.877$	316.762	0.992
山桃	$y = 20.192x - 0.440x^2 - 130.241$	197.018	0.987
沙棘	$y = 19.694x - 0.408x^2 - 136.870$	127.494	0.981
人工柠条	$y = 16.921x - 0.374x^2 - 87.680$	644.231	0.996

图6-12是4种主要造林树种成活率和土壤含水量的曲线模拟，可以看出各树种苗木成活率随着土壤含水量的增加而增大；但是各树种成活率增加的曲线变化趋势又有所不同。依据模拟方程计算各树种0成活率和85%成活率的土壤水分临界参考值如表6-6所示，可见4个树种中，人工柠条0成活率土壤水分限值最低，所以其适合最干旱的环境条件，其次为山桃和山杏，沙棘0成活率土壤水分限值最高，可见其是4个树种中耐旱性最差的；而山杏和人工柠条85%成活率的土壤水分限值分别为15.5%和15.6%，比较接近，山桃为16.8%，沙棘为17.9%，可见要达到合格的造林成活率标准，山杏和沙棘所需土壤水分条件较低，山桃次之，沙棘水分条件要求最高，其抗旱性最弱。

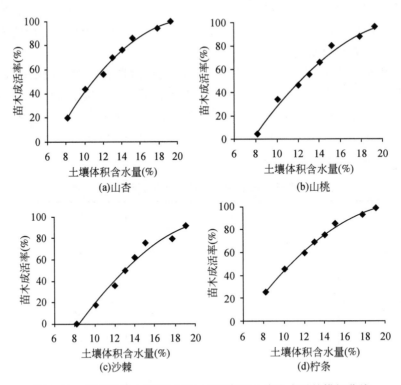

图 6-12　半干旱黄土丘陵区苗木成活率和土壤含水量的模拟曲线

表 6-6　半干旱黄土丘陵区 4 种树种的水分临界值

树种	土壤体积含水量（%）	
	0 成活率	85% 成活率
山杏	6.6	15.5
山桃	7.8	16.8
沙棘	8.4	17.9
人工柠条	6.0	15.6

6.6.2.2　降水与苗木成活

半干旱黄土丘陵区水资源匮乏，造林成活率取决于造林时的土壤水分含量，如果土壤水分含量满足 85% 的苗木成活率时造林，苗木成活后，由于后期的降水补给，苗木基本不会枯死，如果造林初期土壤含水量不能达到 85% 成活率的要求，则造林基本上就是失败的。而土壤水分则取决于降水量，因此造林成活率就取决于降水量。合理预测降水量和土壤水分、苗木成活率的关系，可以在很大程度上提高造林成活率。

每年春季造林时的土壤含水量由两部分组成，即土壤含水量本底值和降水量贡献值。因此要依据造林时土壤含水量预测造林成活率，除了降水量，还要知道土壤水分的本底值。依据水分平衡方程，土壤含水量的本底值是前一年降水量和蒸发蒸腾、下渗、径流的差值，由于不同年份的降水量和气候的差异，每年春季土壤含水量的本底值是不同的，要较为准确地预测造林成活率，则需要测定土壤含水量，结合降水量和土壤含水量的关系模型来预测造林成活率。

但是依据多年土壤含水量的观测数据分析，每年春季土壤含水量即土壤含水量本底值变幅不是很大，为了方便预测，可以采用多年春季土壤含水量的平均值来取代当年土壤含水量的本底值。这样，只要知道降水量就可以预测土壤含水量，依据土壤含水量和苗木成活率的关系可以对造林成活率做一个粗略的估计。依据前面降水量和土壤含水量的关系模型、土壤含水量和苗木成活率的关系模型，可以模拟计算出满足85%造林成活率需求的降水量限值，当降水量高于这个限值时，则可以安排造林，降水量低于这个限值时，则不能造林。

表6-7是依据多年观测结果和上述关系模型计算的一些基本数据，可以看出半干旱黄土丘陵区保证85%以上造林成活率的土壤水分不足，需要等待一定量的降水后再造林。在半干旱黄土丘陵区，其多年春季土壤含水量相对较高，但要满足造林成活率达到85%以上，土壤水分还是相对不足，需要等待降水的补充。各树种对降水的需求有所不同，其中沙棘需求最高，为36.7 mm以上，山桃次之，为30 mm以上，山杏和人工柠条分别为23.0 mm和23.5 mm以上。综合考虑4个主要造林树种，同样应以对水分需求较高的沙棘为主，在该区域，要达到85%以上的造林成活率，降水量至少要高于36.7 mm，才能保证所有造林树种成活率都达到85%以上。

表6-7　成活率85%时土壤体积含水量及所需降水量的计算结果

区域	$\overline{W}$（%）	树种	$W_{85\%}$（%）	$\triangle W$（%）	R（mm）
半干旱黄土丘陵区	12.7	山杏	15.5	2.8	23.0
		山桃	16.8	4.1	30.0
		沙棘	17.9	5.2	36.7
		人工柠条	15.6	2.9	23.5

注：$\overline{W}$为多年春季土壤水分平均值；$W_{85\%}$为不同苗木85%成活率时土壤含水量限值；$\triangle W$为$W_{85\%}-\overline{W}$，达到$W_{85\%}$时土壤水分亏缺值；R为土壤水分增加$\triangle W$所需降水量

6.6.3　植物蒸腾耗水

植物的蒸腾过程受到诸多因素的影响，土壤水分、太阳辐射、气温、近地面风速等都会影响到植物的蒸腾过程。蒸腾速率的大小表明在叶面尺度上植物蒸腾量的大小，单株耗水量大小不仅取决于蒸腾速率，还取决于叶面积大小、单株植物叶总量等因素。茎干液流是指通过茎干的水分养分流动，液流的主要成分是水。茎干液流具有特定的时空变化规律，并受多种因素的影响。Fredrik等总结了国际上对茎干液流和蒸腾量关系的研究成果，指出正常情况下一天的蒸腾耗水量与茎干液流总量相等。因此在日时间尺度上，可以用茎干液流量表征蒸腾耗水量，茎干液流能够准确反映单株植物的蒸腾作用和水分利用状况。

6.6.3.1　树木蒸腾规律

茎干液流受自身生理活动和环境的影响，有明显的昼夜节律性，白天太阳辐射强烈、

温度高时蒸腾速率大，晚上光合作用停止、蒸腾速率减小。图 6-13 是山桃和山杏茎干液流的日变化曲线图。由图可以看出，2 种植物茎干液流日变化呈明显的周期性。茎干液流速率在 6：00 开始有明显的升高趋势，并在 11：00～18：00 期间出现高峰值。大多数情况下，液流在上午日出后就开始快速上升，在 18：30 以后液流开始有明显的下降趋势，液流速率最小值出现在 0：00～05：00 期间。

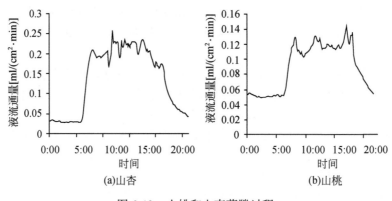

图 6-13　山桃和山杏蒸腾过程

6.6.3.2　气象因子与植物蒸腾

植物的蒸腾除了与自身的生理生态特性相关以外，还受一些环境因子影响，在不同气候条件下影响植物蒸腾的主要气象因子也有所不同。通过对气象因子和植物蒸腾的相关性分析表明，气温、空气相对湿度、风速和太阳辐射 4 种主要气象因子都显著影响了植物的蒸腾过程，其中气温和蒸腾的相关性是最强的，风速和蒸腾的相关性最弱，太阳辐射和相对湿度因植物种不同而有差异。因此，与其他区域不同，在半干旱黄土丘陵区，气温成为影响植物蒸腾的主要因素，太阳辐射、风速和相对湿度对植物蒸腾也有显著影响。表 6-8 是植物蒸腾和主要气象因子的相关性分析结果，可以看出在半干旱黄土丘陵区，植物的蒸腾和气温相关性最强，其后依次为空气相对湿度、光合有效辐射、风速。这与在其他区域的分析结果略有差异。对所测四种植物蒸腾和气象因子做了回归分析（逐步回归），表6-9 是回归分析方程和相关系数。可以看出，4 个主要气象因子和植物蒸腾过程的回归方程均达到显著相关性，因此，可以用气象因子来预测和模拟植物的蒸腾过程。

表 6-8　气象因子与植物蒸腾的相关性分析表

树种	光合有效辐射	气温	风速	相对湿度
山杏	0.854	0.931	0.795	−0.907
山桃	0.800	0.872	0.647	−0.791
沙棘	0.877	0.940	0.842	−0.827
人工柠条	0.842	0.917	0.820	−0.854

表 6-9　气象因子与植物蒸腾的回归模拟

植物种	回归方程（逐步回归）	R^2
山杏	$U = 0.022T + 3.08 \times 10^{-5}PAR + 0.006RH + 0.004WS - 0.437$	0.940
山桃	$U = 0.004T + 1.99 \times 10^{-5}PAR - 0.025$ 或	0.805
	$U = 0.004T + 1.93 \times 10^{-5}PAR + 0.001WS - 0.024$	0.805

注：U 为液流通量；T 为气温；PAR 为光合有效辐射；WS 为风速；RH 为相对湿度

6.6.3.3　主要造林树种耗水量

植物的耗水除了与自身生物学特性相关外，还与土壤水分条件、气候状况等密切相关，干旱年份的耗水量和正常年分可能相差好几倍。在丰水年，土壤水分充足，植物可以大量吸收并消耗水分，满足其最大限度的生长；但是在干旱年份，土壤水分不足，植物可利用水分很少，其蒸腾耗水量也会急剧下降，甚至土壤水分仅能维持其成活，其生长量非常小。在半干旱黄土丘陵区，大多数年份降水量为 300 mm 左右，对于一些需水量小、抗旱性强的树种来说，其生长可能不会受太大影响，但是对耗水量大的树种而言，其远不能满足生长需求，降水仅能维持成活和低水平的生长。多年的监测表明，该区域植物水分常年处于亏缺状态，这表明区域降水量是远不能满足植物旺盛生长的需要，仅能满足部分水分需求。因此，该区域植物生长速度缓慢，一些乔木树种还可能永远无法长高，形成所谓的"小老头"树。

2008 年对彭阳示范区主要造林树种的耗水量进行监测表明，在 4 种造林树种中，山桃单株叶量、蒸腾速率都是最大的，山杏次之；人工柠条和沙棘相比，人工柠条叶量小，但蒸腾速率较大，沙棘叶量较人工柠条多，但蒸腾速率较低，综合蒸腾速率和叶量所得单株耗水量人工柠条和沙棘相比，人工柠条单株耗水量略高于沙棘单株耗水量。4 个树种的单株耗水量大小如表 6-10 所示，可见在 4 种造林树种中，山桃和山杏单株耗水量明显大于人工柠条和沙棘，4 种植物耗水量大小排序为山桃 > 山杏 > 沙棘 > 人工柠条。而 2008 年的全年降水量仅为 390 mm，而且降水主要集中于 7～10 月，对树木的生长极为不利。

表 6-10　2008 年 4 个树种年耗水量

树种	2008 年耗水量（kg）
山桃	594.19
山杏	271.13
沙棘	24.88
人工柠条	20.82

6.6.4　土壤含水量、降水与树木耗水

在土壤－植物－大气连续体系（SPAC）系统中，水分运动的起点就是土壤，植物生长所需水分来源于土壤，因此，土壤含水量对植物的蒸腾有着重要的影响。测定表明土壤

含水量对植物蒸腾有明显的影响，土壤含水量高时蒸腾速率高，土壤含水量低时蒸腾速率明显下降。

在半干旱地区，由于没有地下水补给和地表径流，植物生长所需水分来源于降水，降水首先补充了土壤水分，然后，植物通过蒸腾吸收土壤水分产生耗水，在生长季节，植物的耗水过程和降水量密切相关，在干旱的4~7月，林木单株耗水量较小，9月份降水量多，单株耗水量明显增加，降水对单株耗水有明显的影响。对各月单株耗水量和降水量进行相关性分析，结果如表6-11所示，各月平均降水量和单株耗水有显著相关性。

表6-11　降水量和各月日耗水量的相关性分析结果

	降水量	山桃	山杏	人工柠条	沙棘
降水量	1	0.699	0.834	0.754	0.701
山桃	0.699	1	0.948	0.946	0.851
山杏	0.834	0.948	1	0.929	0.914
人工柠条	0.754	0.946	0.929	1	0.937
沙棘	0.701	0.851	0.914	0.937	1

植物生长对气候变化的反应十分敏锐，反映在树木年轮上更加精确。图6-14是2004~2008年降水量和三种林木的年轮增长量，可见降水量大时年龄增长量也大，尤其是山桃，年轮增长量更加明显。对过去5年的年降水量和林木年轮生长量进一步做了相关性分析，结果如表6-12所示。可以看出，年轮和降水量存在相关性，尤其是山桃，其年轮生长量和降水量达到了显著相关。在干旱区，植物的生长很大程度上取决于水分条件，在缺乏灌溉和地下水的情况下，植物的生长取决于降水量，降水和植物生长有十分密切的关系，依据降水量可预测植物的生长，同样，依据植物的年轮可反推气候变化情况。

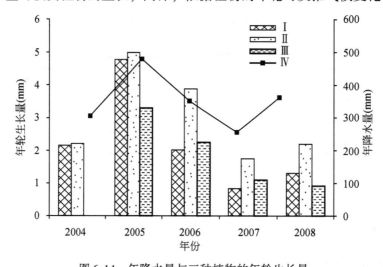

图6-14　年降水量与三种植物的年轮生长量

Ⅰ.山杏年轮生长量；Ⅱ.山桃年轮生长量；Ⅲ.沙棘年轮生长量；Ⅳ.降水量

表 6-12　降水量和年轮生长量的相关性分析

	降水量	山桃	山杏	沙棘
降水量	1	0.936	0.864	0.691
山桃	0.936	1	0.878	0.719
山杏	0.864	0.878	1	0.910
沙棘	0.691	0.719	0.910	1

6.7　水土保持林体系生态效益

6.7.1　土壤物理性质变化

土壤物理性质是土壤肥力的重要指标之一，其决定了土壤水肥气热的分配与利用。随着生态恢复工程的实施，人工整地和植被变化对土壤物理性质产生了一定影响。这主要体现在人工整地后土壤变得疏松、孔隙度增大、透气性增加、容重减小、毛管持水量增加等方面。

6.7.1.1　土壤孔隙性变化

土壤孔隙性的好坏取决于土壤的质地、松紧度、有机质含量和结构等。可以说，土壤孔隙是土壤结构的反映，结构好则孔性好，反之亦然。土壤孔隙度是土壤孔性的重要性状之一，孔隙度较大的土壤可以容纳较多的水分和空气，有利于增强土壤微生物的活动和养分的转化。而毛管空隙所占比例大的土壤，其保水保肥能力强。图 6-15（a）是几种主要土地利用类型土壤孔隙度垂直分布图，可以看出各土地利用类型各类土壤孔隙度在垂直变化上不是很明显；相比而言，林地、人工草地和农田土壤毛管空隙高于自然坡面，而非毛

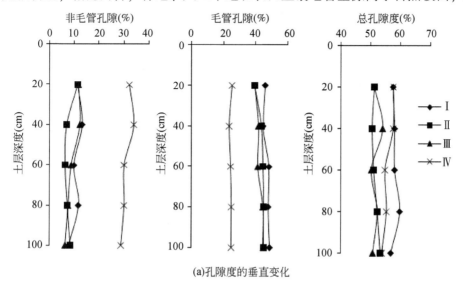

(a)孔隙度的垂直变化

图 6-15　不同土地利用类型的土壤孔隙度

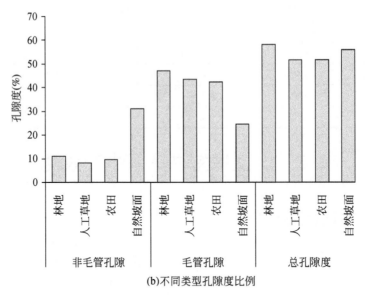

图 6-15　不同土地利用类型的土壤孔隙度（续）

Ⅰ. 林地；Ⅱ. 人工草地；Ⅲ. 农田；Ⅳ. 自然坡面

管孔隙所占比例较低，林地、人工草地和农田毛管空隙差别不大；图 6-15（b）是各类型孔隙度的平均值，可以看出，总孔隙度大小依次为林地＞自然坡面＞农田＞人工草地；毛管孔隙度大小依次为林地＞人工草地＞农田＞自然坡面；非毛管孔隙自然坡面＞林地＞农田＞人工草地。可以看出，水土保持林体系构建后，大大增加了土壤毛管空隙，而毛管空隙更利于保水保肥，对土壤肥力有一定的改善作用。

6.7.1.2　土壤机械组成变化

土壤机械组成是土壤中各粒级所占的重量百分比。机械组成不同的土壤，它们之间的水、肥、热、物理机械性质、分散体系性质及土壤团聚性不同。表 6-13 是不同土地利用类型土壤机械组成，可以看出土壤黏粒含量农田＞林地＝自然坡面＞人工草地，粉粒含量自然坡面＞农田＝人工草地＞林地，砂粒含量林地＞人工草地＞自然坡面＞农田。可见，退耕还林还草后，土壤黏粒略有含量下降，砂粒含量略有增加；与自然坡面相比，土壤粉粒含量减小。可见，林草地土壤颗粒更倾向于向壤土方向发展，从长期来看，水土保持林体系的构建对土壤机械组成的影响还具有不确定性。

表 6-13　不同土地利用类型土壤机械组成　　　　　　　　（单位：%）

土地类型	黏粒 <0.002 mm	粉粒 0.002~0.05 mm	砂粒 0.05~2.0 mm
林地	16	65	19
人工草地	15	66	18
农田	17	66	16
自然坡面	16	67	17

6.7.1.3 土壤容重变化

土壤容重是衡量土壤松紧状况的指标之一，它的大小取决于机械组成、结构以及有机质含量和性状等因素，它与土壤孔隙度和渗透率密切相关。容重小，表明土壤疏松多孔，土壤水分的渗透性和通气状况较好；容重大则表明土壤紧实板硬，透水透气性差。土壤容重数值的大小，受土壤质地、结构、有机质含量以及各种自然因素的影响。图6-16（a）是示范区不同土地利用类型土壤容重垂直分布图，可以看出林地和人工草地土壤上层疏松，下层紧实，这和造林整地有关；草地上层土壤紧实，下层较疏松；农田20 cm处较紧实，是犁底层，40 cm处较疏松，到下层又逐渐变得紧实。图6-16（b）是不同土地利用类型土壤100 cm土层平均土壤容重，可以看出，土壤容重从大到小依次为人工草地>农田>自然坡面>林地，这和土壤孔隙度成反比关系，孔隙度越大，容重越小。由于耕作和践踏，人工草地和农田土壤容重变大，由于人工整地深挖疏松作用，林地土壤疏松，容重最小。

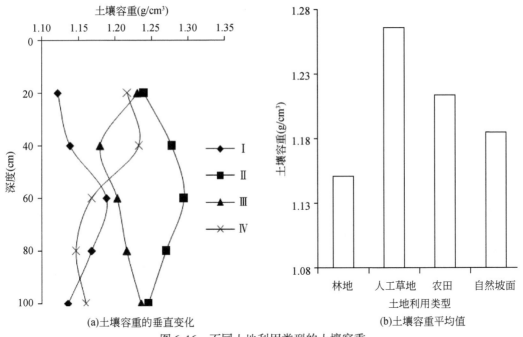

(a)土壤容重的垂直变化   (b)土壤容重平均值

图6-16 不同土地利用类型的土壤容重

Ⅰ. 林地；Ⅱ. 人工草地；Ⅲ. 农田；Ⅳ. 自然坡面

6.7.1.4 土壤紧实度变化

土壤紧实度是衡量土壤紧实程度的指标，土壤紧实度对植物生长和作物产量有重要的影响，重型农业机械和其他耕作措施等人为因素以及土壤干旱等自然因素都会使土壤紧实度产生变化，从而影响植物赖以生存的土壤环境中水肥气热的状况，影响植物的生长和作物的产量。在紧实土壤中根系有生长速度减慢、变短变粗、细胞膨压增大等反应。植被覆盖和土地利用方式的改变对土壤紧实度也会产生一定的影响。植被类型改变后，土壤种植物的根系、土壤水分等发生变化，进而影响到了土壤紧实度；而土地利用方式改变后，耕作方式变化、践踏强度变化，从而也影响到了土壤紧实度。

图 6-17 是彭阳示范区主要土地利用方式的插入式按压土壤紧实度，可以看出，和土壤容重有相似的变化规律，几种土地利用类型的上层土壤紧实度都比较小，随着土壤深度的增加，土壤紧实度都不断增加，人工草地和农田的土壤紧实度较大，其次为自然坡面，林地土壤紧实度最小。可见，由于耕作和践踏，人工草地和农田土壤紧实度高于自然坡面；而由于林地经人工整地，其土壤紧实度最小，土壤疏松。

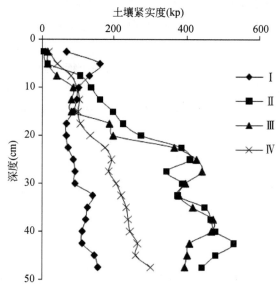

图 6-17　不同土地利用类型的土壤紧实度
Ⅰ. 林地；Ⅱ. 人工草地；Ⅲ. 农田；Ⅳ. 自然坡面

6.7.2　土壤养分变化

土壤养分是决定土地生产力的重要因素，土壤养分受植被类型和土壤类型的影响较大。对于人工生态系统，还受施肥、耕作等因素的影响。在半干旱黄土丘陵区，随着退耕还林还草工程和生态恢复工程的实施，该区域形成了林农草复合的水土保持林体系，林草和农田镶嵌格局的土地利用模式。在黄土丘陵区水土保持林体系内，主要的土地利用类型林地、人工草地、农田、天然草地土壤养分的空间分布和养分含量各不相同。

表 6-14 是几种土地利用类型不同深度的土壤养分平均值测定结果。对以下数据进行分类汇总，分析其土壤养分的分布特征。所有土地利用类型中，土壤全氮、全磷、速效氮、速效磷、速效钾和土壤有机质含量都表现出上层高、下层低的特征，在地表 20 cm 以内各养分含量都较高，并随着深度开始递减。但是全磷和速效磷含量这种变化规律不太明显。在各种土地利用类型中，土壤全钾含量没有表现出共同的规律性，只有天然草地表现出了随深度增加而递减的现象，农田表现出随深度增加而增加的规律，人工林地和人工草地则无规律性，上下层含量差别不大。总体而言，各个养分因子都表现出了养分"表聚现象"，在表层 20 cm 养分含量是最高的，随着深度的增加而降低，20 cm 以下土壤养分差别

不大。在陕北黄土丘陵退耕区的研究也有类似的结论。植被恢复对土壤养分的影响，目前已开展了较多的研究工作，大多数研究所得出的结论一致，即随着植被演替的进行，土壤养分会逐渐累积而增加。

表 6-14 不同土地利用类型土壤养分含量

土地利用类型	深度 （cm）	有机质 （g/kg）	全氮 （g/kg）	全磷 （g/kg）	全钾 （g/kg）	速效氮 （mg/kg）	速效磷 （mg/kg）	速效钾 （mg/kg）
人工草地	0~20	14.8	1.04	0.6	17.8	61	2.8	90
	20~40	11.6	0.81	0.58	18.3	38	2.0	64
	40~60	8.89	0.6	0.56	18.2	24	2.1	70
	60~80	6.66	0.5	0.54	18.2	17	2.3	60
	80~100	5.78	0.37	0.49	17.9	18	2.6	65
人工林地	0~20	13.2	0.82	0.58	17.8	50	2.2	81
	20~40	10.5	0.66	0.58	17.8	39	2.0	66
	40~60	8.31	0.52	0.55	17.6	29	2.1	60
	60~80	7.36	0.44	0.58	18.2	25	2.3	59
	80~100	6.78	0.4	0.57	17.7	18	2.5	62
天然草地	0~20	11.8	0.91	0.58	18.9	78	2.2	98
	20~40	4.42	0.36	0.53	18.6	34	1.7	67
	40~60	3.48	0.32	0.5	19.1	21	1.8	64
	60~80	3.34	0.28	0.46	19.4	20	2.1	68
	80~100	3.78	0.28	0.5	20.2	16	1.9	74
农田	0~20	11.2	0.86	0.6	20.3	38	1.6	70
	20~40	9.13	0.65	0.58	20.3	30	1.2	54
	40~60	6.76	0.49	0.58	19.8	22	1	52
	60~80	7.32	0.4	0.56	20.2	21	1.3	52
	80~100	6.28	0.46	0.58	19.4	28	1.2	52

6.7.3 土壤侵蚀和水土流失

6.7.3.1 土壤侵蚀变化

在黄土丘陵区，土壤侵蚀主要是水力侵蚀造成的，在降雨雨滴击溅、地表径流冲刷和下渗水分作用下，土壤、土壤母质及其他地面组成物质被破坏、剥蚀、搬运和沉积，就产生了水力侵蚀。水力侵蚀的主要类型是雨滴击溅侵蚀和径流冲刷侵蚀。水土保持林体系建成后，对水力侵蚀过程产生了一定的影响，减轻了土壤侵蚀。这主要体现在林草植被的覆盖降低了雨滴势能，减轻了对土壤的冲击力，林草生长改变了土壤入渗，减小了径流，减轻了径流侵蚀。

击溅侵蚀的发生与雨滴动能密切相关，而雨滴的动能是由势能转化而来，但是在雨滴降落过程中，由于受风、空气阻力等因素的影响，其势能有很大的损失，其降落到地面后的实际动能大大消减。

水土保持林体系建成后，在地表形成一层植被保护层。当高空的雨滴降落到地面时，由于植被冠层的阻隔，雨滴首先冲击植物的冠幅，消耗掉很大一部分能量，最后冲击地面的动能大幅度减小，减轻了雨滴对地面的直接冲击。

雨滴降落到植物冠层以后，有一部分雨滴从冠层落到地面，但是其能量大大削弱，有一部分顺植物茎干流到地面，对地面几乎没有冲击。因此植被层很大程度上消耗了雨滴的动能，减轻了雨滴对地面的直接冲击，从而减轻了土壤侵蚀。

6.7.3.2 径流过程变化

在黄土丘陵区，降水到达地面以后，无法及时入渗的土壤水分汇集产生地表径流，地表径流冲刷地表土壤而产生土壤侵蚀、搬运和沉积，就产生了水土流失。地表径流的大小和降水量、降水强度、植被、土壤因素密切相关。

水土保持林体系构建以后，由于冠层对降水截流、植物生长改变土壤入渗，对地表径流产生了一定的影响。图6-18是模拟小降水强度条件下三种主要植被类型的径流过程，可以看出，不同植被类型的径流速率变化具有相似的过程，随着降水总量的增加，径流速率也缓慢增加，最后达到一个较为稳定的水平；相比人工草地和自然坡面，坡耕地产生径流的时间较晚，但是径流速率增加快，持续降水条件下产生的径流量较大，而人工草地和自然坡面径流产生过程相似，其产生径流的时间较早，但是平均径流速率较小，径流量增加较慢。

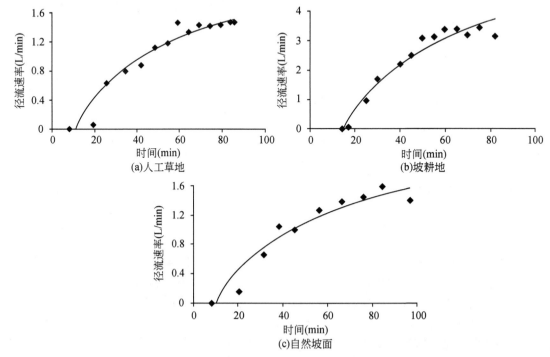

图6-18 小降水强度条件下不同植被类型径流速率变化过程

注：降水强度，人工草地14.4 mm/h；坡耕地16.8 mm/h；自然坡面15.6 mm/h

水土保持林体系林草搭配的方式以人工草地坡面、林地水平沟为基本单元,在山丘从上至下平行排列。降水后人工草地坡面产生径流,径流到达林地水平沟即被水平沟拦截而渗入水平沟土壤,因此一个林草单元内部会产生从草地坡面至林地水平沟的径流,但是整个单元不会产生向外的径流。整个山体坡面被大量的林草单元所分割,不产生径流。而自然坡面和坡耕地由于没有水平沟的拦截,产生的径流会一直沿坡面向下汇集而产生土壤侵蚀。

6.7.3.3　土壤侵蚀变化

当雨滴降落到地面以后,一部分滞留于植被冠层,被植被冠层截流,冠层截流量一般很小,为几毫米;绝大部分降水到达地面,到达地面的水分首先进入土壤孔隙中,产生入渗;当入渗饱和或入渗速率小于降水量时,地面产生径流,径流冲刷是黄土丘陵区土壤侵蚀的主要动力。在黄土丘陵区,一般降水强度都比较小,产生的径流量和入渗密切相关,当入渗大时,径流小;入渗小时,径流大。在降水强度较小时几乎全部入渗,降水强度较大时则会产生径流。黄土丘陵区降水强度一般较小,水土保持林体系营造以后,植物生长增强了土壤入渗,在一定程度上削减了地表径流,从而减轻了土壤侵蚀。因此,较小的降水强度不会导致严重的土壤侵蚀,大雨或暴雨是黄土丘陵区土壤侵蚀的主要外营力。图6-19是模拟强降水条件下人工草地和自然坡面径流泥沙含量的变化过程,可以看出,在降水初始,泥沙含量最大,随着降水的持续径流中泥沙含量逐渐减小,最后达到稳定水平。这是由于在降水初始时,土壤干燥,地表疏松,雨滴击溅和细流冲刷导致大量表土被径流搬运,随着降水的持续,疏松易侵蚀地表物质大都已被径流带走,此时地表比较稳定,雨滴击溅和径流冲刷可侵蚀土壤量减小。还可以看出,相对人工草地,自然坡面泥沙含量大且波动也大,这是由于自然坡面地表植被稀疏,土壤疏松,地表易于侵蚀,因此泥沙含量大;同时,由于地表疏松,降水时易产生小型崩塌,泥沙含量不稳定,变动较大。

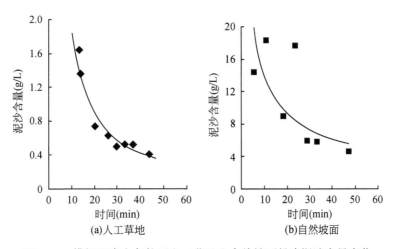

图 6-19　模拟强降水条件下人工草地和自然坡面径流泥沙含量变化

表6-15是模拟强降水条件下三种主要土地利用类型的土壤侵蚀模数,可以看出天然草地土壤侵蚀模数最大,其次为坡耕地,人工草地最小。与自然坡面相比,人工草地土壤

侵蚀模数仅为天然草地的 9.7%，为坡耕地 64.5%。可见，随着退耕还林还草工程的实施，由于土地利用方式和地表植被的改变，土壤侵蚀模数发生了重大变化。水土保持林体系林草系统可大大减轻土壤侵蚀。

表 6-15　模拟强降水条件下三种主要土地利用类型的土壤侵蚀模数

	人工草地	天然草地	坡耕地
降水强度（mm/h）	49.8	59.4	43.8
侵蚀模数（t/km²）	10.0	102.9	15.5

注：降水历时 45 min，径流小区面积 24 m²

综上所述，黄土丘陵区营造水土保持林体系后，植被冠层截流、植物生长改变入渗、植被拦截径流，使以水力侵蚀为主要方式的土壤侵蚀量大大减小，起到了很好的水土保持功效。

6.7.3.4　林草模式对水土流失的控制

林草模式是退耕还林还草生态恢复的一种主要模式。该模式主要位于坡度较小的坡面，由耕地退耕后转化为林草地。林草模式中，由一个 8～12 m 长的坡面和其下部 2 m 宽的水平沟构成一个水土保持单元，整个坡面上部就是由多个林草单元平行排列而成的。图 6-20 是一个林草水土流失控制单元，在这个林草单元内侵蚀和径流过程是：降水时坡面产生土壤侵蚀，土壤颗粒随径流沿坡面向下流动，进入水平沟而汇集；整个径流长度为 8～12 m，土壤侵蚀仅产生于坡面，水和土壤运动起始于坡面，终止于水平沟，土壤侵蚀和水土流失仅发生于 10～12 m 宽的一个林草单元，径流不发生更长距离的运移，如图 6-20 所示。这样，整个坡面被无数个这样的林草单元所分割，所有侵蚀和水土流失仅产生于林草单元内部，径流被均匀分散，整个坡面不产生径流汇集和冲刷。这样，由林草控制单元所构成的坡面就不产生坡面径流和水土流失，有效地控制了水土流失。

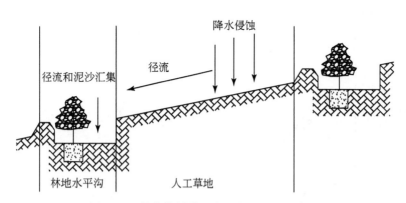

图 6-20　林草控制单元水土流失过程示意图

（1）荒山造林模式对水土流失的控制

荒山造林模式是在没有耕作的自然坡面经过人工整地以后形成的类似于林草模式的水土流失控制单元，不同之处在于林带水平沟之间的坡面是自然坡面不是人工草地，其植被层稀疏，60% 以上的地表裸露，降水后坡面的天然植被冠层截流能力很弱，降水对地面的土壤侵蚀量远大于人工草地。但是其土壤侵蚀和水土流失过程同林草模式一样，侵蚀产生于坡面终止于水平沟，也是一种有效的水土流失控制单元。

（2）鱼鳞坑造林整地对水土流失的控制

鱼鳞坑整地造林模式一般在坡度大于 30°的坡面与侵蚀沟沟坡布设。如图 6-21 所示鱼鳞坑沿坡面呈品字形布设，鱼鳞坑之间的坡面是产生径流的主要部位，降水后径流沿坡面向下流动，进入鱼鳞坑后停止，径流运动的距离仅为 3 ~ 4 m。鱼鳞坑造林整地模式对中小降水条件下的坡面径流有很好的拦截作用，可以完全拦截坡面径流。但由于鱼鳞坑容积有限，大雨和暴雨条件下坡面径流量大，往往超出鱼鳞坑容积，会产生溢流或冲毁鱼鳞坑。

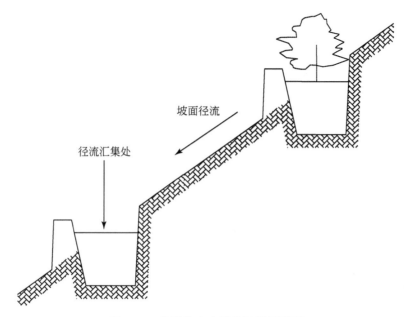

图 6-21　鱼鳞坑水土流失过程示意图

（3）沟道防护林对水土流失的控制

沟道防护林往往位于沟底底部平缓地带，沟道防护林的主要作用是固定沟底，防止下切。沟道防护林营造以后，其对沟道径流的拦截作用十分明显。沟道防护林往往和淤地坝相搭配布设，造成沟道底部淤平。流域防护林体系构建以后，绝大部分径流被拦截到坡面水平沟、鱼鳞坑和水平梯田，部分未拦截的径流会汇集流入沟道，但其流量已大大减弱。径流到达沟道后，从上游汇集流入淤地坝而停止。因此淤地坝和沟道防护林是流域水土保持措施的最后一道防线，也是最彻底的防线，流域所有径流进入淤地坝以后被拦截，不会流出。

（4）流域水土保持林体系的综合防治原理

从整个流域来看，山丘从上到下整个水土保持措施由山体上部林草结合水土保持林体系、中下平缓部位水平梯田、中下陡峭部位水平沟造林、沟沿防护林和沟坡鱼鳞坑、沟道防护林及淤地坝构成了一个三位一体的完整的水土流失控制系统。坡面径流在上部被林草水平沟拦截，中部被水平梯田和坡面水平沟拦截，下部被鱼鳞坑拦截，在有水土保持林和梯田的部位，整个流域的降水径流被无数次分割截流和径流全部实现就地利用。流域内没有拦截的径流包括道路径流和陡坡无林地径流两部分，这两部分径流最后汇集流入沟底，被最后一道防线淤地坝和沟道防护林有效拦截。整个流域不产生向外的径流，流域没有水土流失。在彭阳试验示范区整个水土保持林体系及水土保持工程措施配套实施后，流域土壤侵蚀模数由 6700 t/（km² · a）下降到了 1850 t/（km² · a），水土保持效果极为明显。

第7章 退化生态系统植被恢复与保育

生态系统指由生物群落与无机环境构成的统一整体。防止生态系统退化以及退化生态系统的恢复与重建，是改善区域生态环境，实现可持续发展的保障。生态恢复是一个复杂的系统工程，既要考虑土壤、水分、植被等自然因子的历史变迁、现存状况和发展趋势，也要考虑其作为一个自然和社会复合单元所能承受的干扰程度。从生态系统的组成和功能看，退化生态系统的恢复，首先要建立生产者系统，由生产者固定能量，通过能量驱动水分循环，水分带动营养循环。在生产者系统建立同时或稍后建立消费者、分解者系统。所以植被恢复在生态系统恢复过程中占有重要地位。

植被在生态系统中的地位十分重要。它不仅是生态系统的最基本的生产者，为整个食物链提供能量（包括人类），而且，也是生态系统的保护者，生态系统演变的驱动者。首先，植被通过改良土壤，增加土壤中有机质，改善土壤结构，提高了土壤涵养水源、保持水土的功能，保护了人类赖以生存的水土资源。其次，植被还能吸收二氧化硫和二氧化碳，固定碳元素，防止灰尘，净化空气，保护环境，满足人类生存的需要，提供了社会服务；植被通过改良土壤，促进自身的演替和生态系统的演变，改变生态系统的外部景观，又是生态系统演变的动力。所以，植被在退化生态系统的恢复中占据着极为重要的地位。

另外，退化生态系统不仅仅是恢复问题，而且还要考虑生态系统演变和保持生态系统稳定。为了保持生态系统的持续性和稳定性，生态系统的管理成为当前的热点。生态系统管护的内涵概括起来体现在以下几个方面：①以生态学原理为指导；②实现可持续性；③重视社会科学在生态系统管理中的作用；④进行适应性管理。生态系统管理的总目标是维持生态完整性，具体目标包括维持生物多样性、生态过程、物种和生态系统进化潜力等，而生态系统管理的核心是植被保育。为今后继续完善植被恢复技术和实现生态系统的持续性和稳定性，对几十年的植被恢复过程和初步恢复起来的生态系统进行管理十分必要。

由于历史上种种原因，宁夏黄土丘陵区的植被遭到严重破坏，诱发了严重的水土流失，生态环境恶化，农业生产基本条件差。气候干旱，地面多山，下垫面复杂，生态环境具有先天的脆弱性。加之长期以来植被不仅不能得到有效地恢复，反而遭到滥垦、滥伐、滥牧、滥采等毁灭性破坏，加剧了水土流失和生态环境恶化。地面切割得支离破碎，沟壑纵横，导致土壤贫瘠化和土地荒漠化，从而造成了农业生产基本条件恶劣，农业生产力低下，农民生活贫困。宁夏黄土丘陵区陷入了"越穷越垦、越垦越穷"的怪圈。实践证明，以牺牲生态环境为代价的广种薄收、粗放经营的掠夺式农业生产方式，不仅摆脱不了贫困，而且也不能解决温饱，最终会落到山穷水尽的地步。因此恢复植被，治理水土流失，改善生态环境和农业生产的基本条件是宁夏黄土丘陵区面临的首要问题。

植被破坏和生态系统退化已直接影响到农业乃至整个宁夏黄土丘陵区国民经济的可持

续发展。因此，抓好生态环境建设，首先要抓好植被建设，以此作为实施西部大开发的切入点，坚决实行退耕还林还草工程措施，取得了明显的效果。宁夏黄土丘陵区实施退耕还林还草工程以来，植被恢复取得了长足进步，生态环境有所改善，但是，由于历史上欠账太多，植被恢复需要相当长的时间，植被改善环境由于其滞后效应而需要的时间更长，因此，植被恢复和生态环境的改善不是短期所能完成的。

7.1　植被恢复的目标

黄土高原属于环境敏感带和生态脆弱带，生态环境存在明显的地域性差异，生态恢复的目标和措施也应有所区别。1985 年英国学者 Mert 和 Jodan 首次提出"恢复生态学"的概念之后，各国相继开展了恢复生态学的研究工作。众多学者给出的生态恢复概念不完全一样。生态恢复一般来说包括两种含义：一是指再现生态系统原貌或原来功能；二是指重建不完全雷同于过去的甚至是全新的生态系统。生态系统恢复的标准认识还没有统一，有人提出系统结构与功能应该恢复到接近受干扰前的结构和功能状态；有人认为恢复的标准包括结构、功能和动态（可自然更新）；还有人提出五个标准判断生态恢复：一是可持续性，二是可入侵性，三是生产力，四是营养保持力，五是生物间相互作用；还有人提出使用生态系统重要特征来帮助量化整个生态系统随时间在结构、组成及功能复杂性方面的变化。但是，宁夏黄土丘陵区的长期生态恢复实践表明，生态系统恢复的最关键环节是系统本身合理结构的重建和生态系统功能的恢复。

根据试验区生态、社会、经济和文化条件，决定了宁夏半干旱黄土丘陵区生态恢复功能类型是以自然景观为参照系，逐步恢复具有较高生态功能的生态系统，充分发挥该系统生态功能，特别是水土保持和水源涵养功能。结合试验区域自然植被分布现状、演替规律和地带性植被分布规律，以及生态系统的生态经济功能的定位，以参照系的生物多样性、群落结构、功能、干扰体系以及非生物的生态服务功能为目标，确定宁夏半干旱黄土丘陵区植被恢复的总目标，通过对生态系统演替规律的认识，形成具有较高生产力、较好稳定性和能够持续恢复和发展的人工—自然复合生态系统。

但是，受损生态系统的恢复有一个漫长的过程，遵循植被演替规律和干扰理论，恢复工作必须贯穿"分步恢复，逐渐达到最终目标"的思想，受损生态系统所表现的退化类型、阶段、过程及其响应机制不同，不同退化生态系统恢复的短期目标各异。所以，植被恢复应将长期目标和短期目标相结合。

7.2　植被恢复的途径

针对试验区域植被现状和植被建设中存在的问题，宁夏半干旱黄土丘陵区的植被恢复的途径应遵循"植被地带性分布规律和植被演替规律，自然恢复和人工恢复相结合，以自然恢复为主，人工适度干预加速自然恢复，建立以乡土树草种为主体、合理应用外来种、以恢复自然景观为目的、具有较好的水土保持和水源涵养功能的、稳定的防护型植被"。以恢复自然景观、充分发挥系统生态效益，特别是水土保持和水源涵养生态功能为主要目的。

不同退化生态系统存在着地域差异,加上外部干扰类型和强度的不同,结果导致生态系统表现出的退化类型、阶段、过程及其响应机制各不相同,因此,生态恢复的短期目标和恢复途径及选取的配套关键技术也应不同。

7.3 植被恢复的生态条件

宁夏半干旱黄土丘陵区包括了六盘山区在内的大部分宁夏黄土丘陵区,其植被类型复杂,主要有山地森林、森林草原和干草原类型,环境因素波动性大,变化剧烈,再加上由于人们不合理的经济活动,原有的自然植被遭到了严重破坏,植被退化严重,诱发了严重的水土流失,生态环境趋于旱化,土地退化,这些已经成为植被快速恢复的限制因素。另外,由于复杂多变的地形地貌对于水热条件进行了再分配,形成了多种多样的小生境,增加了植被恢复的难度。生态环境虽然在人为活动的干扰下趋于恶化,可是并没有发生根本性变化,仍然存在许多有利条件。

7.3.1 降水条件

试验区位于六盘山下,属于黄土高原西部地带,植被属于山地森林带、森林草原带和干草原的过渡地带,由于地处几个生态系统之间的过渡带,环境因素变化剧烈,波动性大。加之地下水水位较深,很难为植物所利用,维持植物生长和生存的水分来源主要是降水。因此,降水是满足植物需水的主要来源,降水的多少及季节分配的恰当与否对植物的成活和生长有着直接的影响。但是,由于地处生态过渡地带,降水波动性大。根据固原气象站 1956~2008 年降水资料统计,平均降水量为 430 mm,在 53 年间,平水年 25 个(在年平均降水量的 20% 内波动),枯水年 14 个,丰水年 14 个。最大年降水量是 1964 年的741 mm,最小降水量是 1972 年的 262 mm。20 世纪 60 年代的平均降水量为 483 mm,70 年代为 410.6 mm,80 年代为 443.3 mm,90 年代为 420 mm,近 10 年的平均降水量为 385 mm,这 40 年的降水量很难看出有较大变化,基本上处在正常变化范围之内。从资料可以看出,宁夏半干旱黄土丘陵区的降水量年际间和年内季节变化很剧烈,这是生态脆弱带自然条件的特点,降水量剧烈变化给植被恢复造成了很大困难,成为植被恢复的最大限制因素。

另外,宁夏半干旱黄土丘陵区的年内降水分配也不均匀。根据 1980~2008 年 29 年间的降水资料,从 11 月到次年的 4 月,半年时间平均降水量只有 48.4 mm,其中低于 20% 的年份 9 个,约占总年数的 40%。其中,1986 年 1~4 月只有 11.1 mm,10 月到次年 4 月的 7 个月间降水量只有 62.3 mm,5~9 月的 5 个月间降水量为 359.4 mm。由上述可见,试验区的年内降水分配既有有利于植被恢复的一面,也有不利的一面。冬春降水偏少,易发生春旱,不利于春季造林。根据 1984~1989 年 6 年的降水情况看,1~3 月几乎没有降水的有 2 年(1984 年和 1985 年),11~12 月没有降水的有 3 年(1984 年、1985 年和 1988年),12 月没有降水的有 4 年,1 月没有降水的有 4 年。由此可见,春、冬的旱象十分严重。在 1984~1989 年 6 年间，4 月降水超过 20 mm 的有 5 年，超过 30 mm 的有 2 年，只有 1989 年 4 月降水为 41.1 mm。因此，春季造林由于干旱而失败的可能性比较大。春季多风也是植树造林的一个不利因素。5~9 月是试验区年均气温最高的月份，5 月月平均气温 13.6 ℃，最低年份为 1985 年，为 11.2 ℃，9 月平均气温为 13 ℃，从热量上讲，可以满足林木生长需要，而同时期降水达 359 mm。雨、热同期，有利于林木生长。但是，即使 5~9 月降水量大，也有分配均匀与否的问题。其原因是 5~9 月多暴雨，一旦出现暴雨，雨水难以全部入渗，部分降水变成径流而流失，降水利用率低，而且易发生水土流失。此外，由于降水年内变化同样剧烈，易形成某一时段的干旱，对林木成活和生长亦有不利影响。

7.3.2 土壤水分

由于试验区属黄土丘陵区，复杂多变的地形条件对降水起了再分配的作用，从而使土壤水分产生了较大差异。由表 7-1 可以看出土壤水分的变化，一般说来，土壤含水量受坡向和坡位变化的影响。

表 7-1　河川示范区荒山 5 m 土层土壤水分平均值一览表　　　　（单位:%）

季节	坡向	部位						
		沟下	沟中	沟上	峁下	峁中	峁上	峁顶
旱季末	阴坡	14.0	12.4	9.5	7.5	9.2	8.9	—
	阳坡	10.9	7.0	7.3	7.0	7.7	9.0	7.0
雨季末	阴坡	16.1	13.0	9.1	8.9	9.5	8.8	—
	阳坡	10.7	6.8	8.6	8.4	7.6	8.4	7.6

根据表 7-1 可以看出，河川示范区荒山的土壤含水量为 7.0%~16.1%，大部分在 10% 以下，相当于田间持水量的 35%~60%。从部位和坡向来说，南向沟坡下部，阴向沟坡中、下部的土壤含水量明显高于其他部位，峁坡低于沟坡，除南坡沟坡中部低于峁顶外，峁顶含水量为最小。

由表 7-2 可见，在同一土壤剖面内，上层土壤的含水量低于下层土壤，这是因为植物的根系主要集中于 3 m 以内，导致土壤水分较低，因此，可以认为现有土壤水分对于满足植被生长需要尚有不足之处。造成土壤含水量低的原因除了降水少的根本原因外，水土流失和缺少植被覆盖导致降水入渗少、蒸发量大也是重要的原因。

表 7-2　河川示范区 5 m 土层荒山土壤剖面土壤含水量变化　　　　（单位:%）

时间	部位	坡向	土壤深度（cm）				
			0~100	100~200	200~300	300~400	400~500
旱季末	峁中	阳坡	6.7	6.1	7.5	8.4	9.7
	峁中	阴坡	8.5	8.5	8.2	9.1	11.5
雨季末	峁中	阳坡	6.0	6.0	7.5	8.4	10.2
	峁中	阴坡	10.6	8.6	8.6	8.6	11.0

7.3.3　土壤肥力

河川示范区由于挖草皮、过度放牧等原因，植被遭到严重破坏，再加上严重的水土流失，土壤肥力甚差，根据土壤资料分析，全试区土壤有机质含量为 0.4% ~ 1.4%，有机质含量峁坡高于沟坡，即便都是峁坡也有较大差异。峁坡多为 0.6% ~ 1.3%，沟坡为 0.4% ~ 1.3%。全氮含量为 0.025% ~ 0.086%，在分布上与有机质有相似的规律。速效磷是河川示范区缺乏最为严重的营养元素，除个别地段外，其含量大多数没有超过 2 ~ 4 mg/kg。营养元素的缺乏制约了植被恢复，一些研究结果也证明了这一点。杨晓辉在生物多样性与土壤因子关系的分析中，认为生物多样性除了与土壤水分有关外，与土壤速效氮呈正相关，与速效磷呈负相关（表 7-3）。由此可见，土壤肥力不足成为试验区植被恢复的影响因素之一。

表 7-3　河川示范区不同土地类型土壤养分

编号	立地类型	地形特征	养分含量		
			有机质 （g/kg）	速效氮 （mg/kg）	速效磷 （mg/kg）
Ⅰ	陡坡干旱贫瘠类型	墚峁阳坡，25°~35°	≤7	≤100	≤1
Ⅱ	陡坡中旱贫瘠类型	墚峁阴坡，25°~35°	10	≤100	≤1
Ⅲ	缓坡干旱较贫瘠类型	峁顶及平缓阳坡，15°~25° 坡面完整	10 ~ 12	90 ~ 140	1 ~ 3
Ⅳ	缓坡中较贫瘠类型	阴坡，平缓，大部分 <15°	9 ~ 14	90 ~ 130	1 ~ 2
Ⅴ	平地湿润肥沃类型	塌地、河岸等	10 ~ 14	110 ~ 140	≥2

7.3.4　地形因子

地形起伏引起了水热条件的再分配，因此形成了各种不同的生态小生境，对造林成活与林木生长具有明显作用。从土壤水分分布特征（表 7-1 和表 7-2）可以看出：地形因素对土壤水分的影响间接地影响到植被恢复，而且，河川示范区由于土壤侵蚀等原因，地形破碎，形成了许多小生境，这些小生境的植被恢复条件差异甚大。良好的坡度与坡位组合形成的良好小生境中，树木生长迅速，反之则生长差。灌木林也有相似的情况。因此，地形对植物生长有明显的影响作用，而且，地形的变化又很直观，易于人们掌握，再加上地形是水分再分配的基础，所以，地形就成为我们划分立地类型、布局树草种、选择植被建设方法等的主要因素之一。

7.3.5　物种资源

物种资源是进行植被建设（无论是人工建设还是自然恢复）的最为基本的物质基础。宁夏半干旱黄土丘陵区的植被在水平带上位于温带草原地带，温带南部草原亚地带，分属于温带、暖温带黄土高原典型草原区和森林草原区的一部分，即植被处于森林草原向典型草原的过渡区，加之受六盘山山体垂直带的影响，植物地理成分相对较为复杂，其植被类型多种多样，物种数量多。这里至今尚保存着成片天然林和天然灌丛，这些现存植被对于该区域的植被恢复具有重要意义。一方面，这些长期存在的植被保存着丰富的物种资源，这些物种资源即是植被自然恢复的种源和基础，也是人工恢复植被的树种草种选择的基础。这些残存的植被中保留着许多有益物种，可以用来作为人工植被物种选择的对象，又可作为观赏、果树、花卉、药材等具有经济价值的树草种等待开发利用；另一方面，这些物种长期生存在半干旱黄土丘陵区的环境中，通过长期物种选择，这些物种对当地自然条件具有很好的适应性，并且这些现存植被具有一定的改善环境条件的作用，有利于植被的营造。所以，这些残存的植被为人工选择和自然演替提供了丰富种源和适宜的环境条件。

7.4　乡土树草种在植被恢复中的地位

黄土高原造林至今已有近60年历史，但到今天仍在树种问题上没有定论，因此常常有人提到栽什么树的问题。其原因是乡土树草种在植被建设中的作用仍未被人们深入认识，期待着寻找更符合人们理想的树种。人们的这一理想无可非议。但是，实际情况（包括科技水平）能否满足要求则是另一回事。首先，黄土高原自然条件恶劣，能适应这种复杂而恶劣的自然条件的树种少之又少，很难寻找到符合人们愿望而又适应这种恶劣条件的理想树种。黄土高原的引种和选种工作自20世纪50年代以来一直没有停止过。但是真正用于大面积营造水保林的引进种和人工种只有刺槐、紫穗槐、樟子松、沙打旺等有限几种，远远满足不了造林中树种多样化的需求。即使这有限的树种也存在诸如更新不良、土壤旱化等问题。而其他引进种很难适应其生态条件，往往在初期生长较好，最后仍以死亡告终。为满足植被建设中的树种多样性、建立复合植被的要求，以适应黄土高原多样小生境，仅仅依靠少数引进种是不能实现的。所以，乡土树种在植被建设中有不可替代的作用。

宁夏半干旱黄土丘陵区和整个黄土高原一样，自20世纪50年代以来，黄土高原为治理水土流失、改善环境，开展了大规模造林，经过半个多世纪的努力，取得了明显成就。"退耕还林还草工程"实施以来，在吸取以前造林经验基础上，应用的树种有所增加，乔木树种中增加了油松、侧柏、华北落叶松等，灌木树种增加了毛条、沙棘等。乡土树草种在植被恢复中具有如下优越的特点。

7.4.1　乡土树草种对土壤水分消耗少

林草地土壤水分状况是降水、蒸散等多种因素共同作用结果，树种耗水是其中的重要因素之一，在某种意义上也可以看作是一种生态平衡。为了查明林地土壤水分现状，自20世纪80年代以来连续对河川示范区开展了土壤水分观测调查，结果表明，人工柠条灌木林地的土壤水分低于自然植被的土壤水分，沙打旺、苜蓿草地也有类似的情况。自然植被在这一方面要好于人工植被。以铁杆蒿、长芒草、茭蒿、达乌里胡枝子等为优势种组成的草本群落，土壤含水量要高于人工柠条、沙棘等人工植被。

7.4.2　乡土树草种有利于天然下种更新

林分的天然下种更新在生产上、生物学和生态学上均有重要意义。它是植物群落由低级阶段向高级阶段演替，维持高级阶段植物群落稳定的基础，也是实现植被永续利用和可持续发展的基础，因此，它应是造林成功与否的一个重要标志。以人工林地占有最大面积的刺槐和人工柠条为例，刺槐和人工柠条均是大量结果的树种，种子发芽和成苗均很容易，在苗圃育苗生产上，刺槐种子不加任何处理，播下去很容易发芽和出苗，人工柠条则不需育苗，直播造林很容易成功。但是，在现有人工林中，很难找到其更新的幼苗，也很难找到由于自然条件下种形成的天然林分。众所周知，任何一种林分（任何一个生物体）都有幼年、中年、老年阶段，一直到死亡，这种"新陈代谢"在生物界有着重要意义。现有的人工林衰败后，是否会重新形成光山秃岭景观不得而知，但是，由于"土壤干层"的存在，增加了人工更新的难度，所以应该说存在着这样的危险。乡土树种却不存在这个问题。根据研究资料，乡土树草种的更新容易，乡土树种长期在该环境中生存，具有很强的适应性和适应机制。能很好地进行自我更新或者接纳其他树种，否则，便存在不下去。而与之相似的刺槐人工林，林下很难找到更新幼苗，灌木林情况类似。在自然界中，不仅乡土树种能通过自然下种更新，顶极群落也通过自然下种更新，进行自我繁衍维持稳定，而且，还能通过天然更新，向周边扩展，使林地面积不断扩大，这样的例子也常可以见到。

7.4.3　乡土树草种具有很强的生态适应性

宁夏半干旱黄土丘陵区造林种草成活率低，保存率更低。其原因是多方面的，其中一个主要原因是树草种适应性问题。地处黄土高原长梁宽谷丘陵区，多年平均降水量只有400 mm 余，自然灾害频发多发，尤其是旱灾，当地有"十年九旱"之说，外来树草种很难适应当地的恶劣自然条件，在造林中往往是外来种不完全适应当地的自然条件而导致造林种草失败，成为当地植被恢复速度缓慢的原因之一。一般来说，乡土树草种长期在当地生存、繁衍，经过自然选择，对当地生态条件具备了适应机制，在遇到特大的灾害情况下能够生存下去。所以，采用乡土树草种用于绿化，失败的概率相对低一些。

7.5　人工恢复植被技术

人工植被又称"栽培植被"，是人工栽培的植物群落的泛称。主要有农作物、人工林、人工牧草等。和自然植被一样，具有一定的外貌、结构，并与生态环境相适应，且有地带性特征。但在能量流动、物质循环的速率以及光合作用效能、生长速度、生产力、生物量等方面都较同一地带的自然植被更高，对人类具有更大的经济意义。另外，人工植被的物种组成单调，目的物种占据绝对优势，发生病虫害难以防治。所以，近年来，人工植被管护上提出了"自然化经营模式"。

7.5.1 整地技术

黄土高原地区利用径流集水造林是一项在缺水条件下进行的特殊的造林活动，因此，对整地方法的研究也就自然成为集水造林研究的重要内容之一。整地是通过改变微地形形态达到保持降水的目的，以便保证径流所集水分能均匀长久地供给每一株苗木。在造林实践中，根据地形条件整治成不同大小和形状的微型集水区，以拦截和渗蓄降水径流，常见的整地方法有反坡梯、水平沟、隔坡水平梯田、带子田（水平阶）、鱼鳞坑、水窖等不同整地形式。造林整地技术在第4章和第6章有详细的叙述，这里就不一一赘述了。

由表7-4和表7-5中可以看出，无论哪一种整地方式，其土壤水分均优于坡面。另外，集流工程建设中回填疏松土层对于降水入渗和保存十分重要。根据测定结果，在土壤含水量最低的3~4月，鱼鳞坑和水平阶内100 cm层内的水分明显高于原坡面，分别高出0.79%和0.54%。

表7-4　不同水保措施的降水集流量

水保措施类型	总降水（mm）	测定次数	内		外		内比外多积水		多积水占降水（%）
			渗入量（mm）	占降水（%）	渗入量（mm）	占降水（%）	mm	%	
沟谷坊	519.3	10	996.34	191.86	455.82	102.04	540.49	118.6	104.1
鱼鳞坑	401.5	11	353.69	88.09	272.91	67.97	80.78	29.60	20.1
梯田	419.4	11	323.63	77.16	257.21	61.33	66.42	25.80	15.8
条带田	450.9	10	324.87	72.05	253.35	56.19	71.52	28.20	15.9
道路集水窖	91.9	3	可收集水1.2728m³，实收集水1.271m³，占降水99.86%						

表7-5　对照（农田、荒坡地）的降水集流量

类型	坡度（°）	降水（mm）	测定次数	上		中		下	
				渗入量（mm）	占降水（%）	渗入量（mm）	占降水（%）	渗入量（mm）	占降水（%）
农地	10	419.4	10	340.45	81.18	—	—	282.78	68.37
荒坡	15	419.4	9	209.87	50.04	198.74	47.39	215.54	51.39
荒坡	10	419.4	9	171.77	41.61	176.33	42.70	195.75	47.21

抗旱造林中的主要整地方式具有拦蓄径流量大，表土利用率高和不易崩溃等特点。虽然采用反坡梯田、鱼鳞坑、水平沟和水平阶整地均有拦蓄降水的作用，但是以反坡梯田的效果为最好。采用反坡梯田整地，造林两年内，不同田面宽度处理土壤水分测定结果：随田面宽距加大，1 m土层含水率递增。造林第一年的11月初，6 m行距土壤含水率为10.08%，较2 m、4 m行距分别增加1.30%和0.38%（含水率的绝对增加值）。第2年同期，6 m行距土壤含水率为11.45%，较2 m、4 m行距分别增加1.62%和0.90%。当株距固定时，行距决定了每棵树所占有的集流面积的大小，山杏树高及地径均受行距的间接制

约。造林后两年内的测定结果表明（表7-6），当田面宽相同时，山杏当年生长量均与行距呈正相关。比较山杏两年总生长量，6 m 行距山杏树高较 2 m、4 m 行距分别增加59.7%和23.7%，6 m 行距山杏地径较 2 m、4 m 行距分别增加 70.3%和31.3%。其他整地方式对于苗木生长也具有一定的促进作用。综上所述，整地措施能够在宁夏黄土丘陵区具有很好的促进作用的原因在于拦蓄了降水，把有限的水集中于种植穴内，缓解了土壤水分亏缺状况，促进了苗木生长。

表 7-6   不同行距田面宽的反坡梯田山杏树高、地径比较

行距		行距 2 m			行距 4 m			行距 6 m		
田面宽（m）		1.4	1.2	1.0	1.4	1.2	1.0	1.4	1.2	1.0
树高（m）	第一年	0.30	0.35	0.23	0.31	0.37	0.33	0.41	0.44	0.39
	第二年	0.55	0.31	0.41	0.78	0.57	0.43	0.93	0.85	0.44
	合计	0.85	0.66	0.64	1.09	0.94	0.76	1.34	1.29	0.83
地径（cm）	第一年	0.34	0.32	0.34	0.35	0.32	0.36	0.41	0.38	0.42
	第二年	0.45	0.26	0.21	0.65	0.43	0.27	0.9	0.66	0.36
	合计	0.89	0.58	0.55	1.00	0.75	0.63	1.31	1.04	0.78

7.5.2   造林技术

7.5.2.1   苗木化学调控技术

研究表明，化学调控方法是采用多种含有赤霉素的化学药剂进行苗木处理，有保水剂、生根粉等，均取得了较好的效果。采用生根粉处理的新疆杨成活率为77%，当年新枝生长量平均为36.3 cm，根系总长度为1424.9 cm，对照苗木成活率为71%，当年新枝长31 cm，根系总长度为1299.5 cm，分别增加了8.5%、17%和9.7%。采用保水剂处理的侧柏有类似的情况。处理的苗木新枝生长量为7.94 cm，根系总长度为616.29 cm，分别比对照提高了66%和539%。根系的干重提高了1.33 倍。由表7-7 中可以看出，无论保水剂还是生根粉，都有一定的促进苗木生根和生长的作用。

表 7-7   紫穗槐短截浸根处理当年生长量调查分析

处理	水平根（cm）		垂直根（cm）		生物量（g）		总量
	密集区	最长	密集区	最深	地上	地下	
蘸泥浆	52	53	32	66	12.412	12.271	26.683
永泰田保水剂	68	79	33	123	44.774	29.786	74.56
6 号生根粉	72	79	34	80	51.893	44.971	96.864

7.5.2.2　截干造林技术

在宁夏黄土丘陵区春季造林最大的危害是大风,根据室内试验结果,大风导致苗木快速失水,苗体内源激素失衡,抑制苗木发芽,最后造成苗木死亡。另外的原因是苗木受伤的根系开始修复,遇到大风,苗体大量失水,根系吸水能力很弱,满足不了地上部分蒸腾作用的需要,最终导致苗木死亡。沙棘就是一个典型的例子。沙棘幼苗发芽是在4月,即该地区大风最多的季节,二者的同步导致造林失败的例子很多。为此,采取了截干造林方法。表7-8为沙棘截干造林提高成活率的试验结果。由表7-8可以看出,截干造林使沙棘的成活率明显提高。这是由于苗木的地上部分截去后,减少了苗木体内(包括根系)水分的损失,促进发芽,提高了苗木的成活率。

表7-8　截干处理的沙棘苗木成活率　　　　　　　　　　　(单位:%)

栽植时间	处理	峁顶	阳坡	阴坡
1998 秋季	截干	84.0	85.6	96.0
	直栽	42.2	43.5	50.4
1999 春季	截干	86.9	88.1	90.3
	直栽	55.6	58.7	62.3

7.5.2.3　雨季直播造林技术

直播造林往往选在6月雨季开始前进行,但是雨季造林有两个问题,一是遇上暴雨容易板结,幼苗难以顶破板结层,出苗困难;二是在该地区难以遇到持续时间较长的连阴雨,短时间的降水会造成种子发芽,之后遇到干旱导致种子"放炮"。根据宁夏黄土丘陵区的降水特点,采取"浅覆土,集中播种"的措施。最好是覆土层薄,一旦下雨种子很快吸水发芽,即使突然遇到暴雨,土壤板结,板结层较薄,再加上播种穴内种子集中,形成一团,增强了幼苗的顶土能力,依靠群体的力量顶破板结层。根据野外观察,覆土厚度不足1 cm的出苗效果最好,出苗快,一般在雨后2~4d即可出土,覆土深度越大,出苗越困难。

7.5.2.4　造林覆盖技术

通常覆盖造林采用的覆盖物有地膜、秸草等。其做法是在种植穴栽植苗木和浇水后,地表面用地膜(或秸草等材料)进行覆盖,进行保墒,减少水分蒸发。这种方法在河川示范区进行的实验取得了良好的结果(表7-9)。在同一年份和相同立地条件下,比较各个树种春季造林成活率,覆膜者均高于不覆膜的对照。臭椿覆膜比对照可提高成活率4%~12%,刺槐可提高2%~4%,胡枝子可提高24%~26%,山桃可提高16%,油松可提高50%。覆盖措施对于提高苗木成活率有一定的效果,其原因是覆盖降低了土壤水分蒸发量,提高了水分的有效性,提高苗木成活率。

表7-9 覆盖对造林成活率的影响 （单位:%）

处理	覆膜	对照	覆膜/对照
臭椿	96	85	112
臭椿	96	92	104
臭椿	91	87	105
刺槐	90	88	102
刺槐	94	90	104
胡枝子	78	62	126
胡枝子	88	71	124
山桃	88	76	116
油松	57	38	150

7.5.2.5 容器植苗造林

近年来容器造林成为一种主要造林方法被广泛采用。做法是采用塑料薄膜容器，在容器内填装营养土，或采取在袋内播种，或将苗木移植于袋内，继续培养一年或更长的时间，当苗木达到造林要求时出圃。

容器育苗最主要的是营养土的配制，一般在营养土中除了土壤中含有较高的有机质之外，还要加入保水剂、生根粉及苗木生长所需要的营养元素等物质，这些物质除了能够满足苗木生长需要外，还有促进根系生长的物质。由于在移栽时，营养器没有去除，所以，苗木的根系没有受到伤害，所以，苗木根系不需要修复，提高了造林的成活率。许多研究结果都证明了这一点，根据研究资料，造林成活率能够达到95%～98%（田长青等，2009）。

7.6 人工植被恢复的效果

河川示范区通过1983～2009年共27年的努力，植被建设取得了明显效果，尤其是实施退耕还林还草工程以来，植被恢复取得了长足进步（图7-1）。河川示范区总面积806 hm²，灌木林457.5 hm²，其中，人工柠条灌丛400.2 hm²，人工草地10.1 hm²，自然草地124.9 hm²（图7-2）。林木覆被率56.7%，加上草地，林草覆被率达到了76%（包括果园19.7 hm²）。

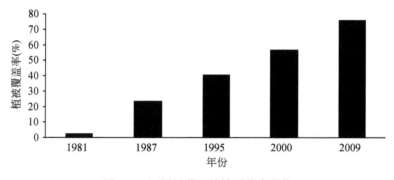

图7-1 河川示范区植被覆盖率变化

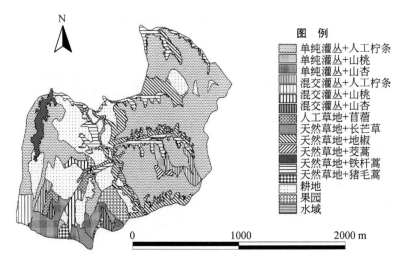

图例
- 单纯灌丛+人工柠条
- 单纯灌丛+山桃
- 单纯灌丛+山杏
- 混交灌丛+人工柠条
- 混交灌丛+山桃
- 混交灌丛+山杏
- 人工草地+苜蓿
- 天然草地+长芒草
- 天然草地+地椒
- 天然草地+茭蒿
- 天然草地+铁杆蒿
- 天然草地+猪毛蒿
- 耕地
- 果园
- 水域

图 7-2　河川示范区植被类型图

自然草地产草量明显增加是植被恢复的另一个变化。根据 2009 年的调查资料，自然草地的生物量几乎是过去的 2～3 倍，根据 1987 年的资料，当时草地的产草量（生物量）只有 30～60 kg/亩，草地高度一般只有 5～15 cm，外观呈现出"光山秃岭"景观。现在，自然草地的生物量一般为 80～200 kg/亩，草层高度为 40～60 cm，表现出一片绿的颜色（图 7-2）。

河川示范区的植被情况，除了面积和覆盖率有了明显变化外，植被质量也有了明显变化。植被盖度是植被保持水土的重要指标之一。根据 1987 年资料，自然草地盖度大部分只有 0.3～0.5，很少有能够达到 0.7 以上的。根据 2009 年 8 月调查资料，植被盖度有大幅度提高（图 7-3），75% 左右的地块植被盖度都在 0.7 以上，相当多的地块植被盖度达到了 0.9 以上。

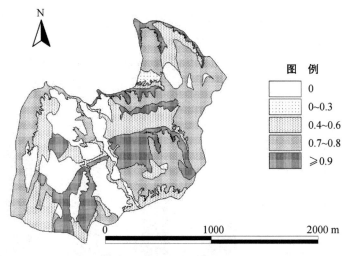

图例
- 0
- 0～0.3
- 0.4～0.6
- 0.7～0.8
- ≥0.9

图 7-3　河川示范区植被盖度图

7.6.1　植物多样性的变化

20 世纪 80 年代，河川示范区的主要植被类型有星毛委陵菜群落、百里香群落、铁杆蒿群落、长芒草群落等，这些群落呈现出退化状态。根据 2009 年的调查，试验区植被的类型构成发生了明显的变化。以长芒草为主的植被类型占据主要地位，而具有退化草地典型特征的星毛委陵菜面积大量减少，在自然草地中，长芒草类型几乎占到一半（占46%），其余为百里香、铁杆蒿等群落。

在人工植被中，植物多样性也有了一定的改观。根据 2009 年的调查，在人工柠条灌丛中，种植行之间的植被盖度、生物量、物种数量也有了一定的改观。其植被类型与自然植被相似。物种数量达到 8 ~ 12 种/m²，物种组成也和自然植被中的长芒草类型相似。盖度和生物量也与自然植被相似。另外，在植物物种构成上也发生了变化，有害草种大量减少。据 2008 年和 2009 年的调查，20 世纪 80 年代在河川示范区到处可见的狼毒，现在几乎见不到了。根据调查资料，适应性较好的长芒草类型占有主要地位。

7.6.2　土壤水分的变化

7.6.2.1　土壤水分特征曲线

土壤水分特征曲线是研究土壤水力特性的重要工具，是土壤水分数量与能量之间关系的表达，反映土壤的持水能力和释水能力。由于不同植被的改良土壤作用，在同一生境下形成的土壤具有不同的理化特性，因而具有不同的蓄水、持水性能，并反映在土壤水分特征曲线上。实测的土壤含水量与土壤吸力拟合的曲线参数如表 7-10 ~ 表 7-15 所示。参数 a 反映土壤持水性能的大小，且随土壤深度和植被不同，呈规律性变化。

（1）农田撂荒

0 ~ 100 cm 剖面土壤 a 值表现为农地 < 冰草 < 狗尾草（表 7-10），农田撂荒能够提高 0 ~ 100 cm 剖面土壤的持水能力。从剖面层次来看，参数 a 值各层次均为农地最小，为 12.421 ~ 14.363，狗尾草最大，为 13.897 ~ 16.838。三个植被群落 10 ~ 20 cm 土层参数 a 值最大。说明短期退耕即可改善土壤的持水能力，退耕农地 10 ~ 20 cm 土层持水能力最强。

表 7-10　农田撂荒土壤水分特征

样地	深度（cm）	参数 a	参数 b	r^2	田间持水量（%）	重力水（%）	有效水（%）	无效水（%）
农地	0 ~ 5	12.421	−0.2581	0.9670	16.95	41.23	10.77	6.17
	5 ~ 10	13.595	−0.2401	0.9854	18.15	41.59	11.06	7.10
	10 ~ 20	14.363	−0.2215	0.9717	18.75	36.50	10.87	7.88
	20 ~ 40	14.122	−0.2286	0.9887	18.60	35.67	10.99	7.60
	40 ~ 70	12.717	−0.2354	0.9549	16.88	38.00	10.16	6.72
	70 ~ 100	14.122	−0.2286	0.9887	18.60	35.57	10.99	7.60
	0 ~ 100	13.613	−0.2320	—	17.99	36.99	10.72	7.27

样地	深度（cm）	参数 a	参数 b	r²	田间持水量（%）	重力水（%）	有效水（%）	无效水（%）
狗尾草	0~5	16.614	-0.2154	0.9821	21.53	35.49	12.26	9.27
	5~10	16.711	-0.2063	0.9861	21.42	35.21	11.87	9.56
	10~20	16.838	-0.2115	0.9674	21.72	36.79	12.22	9.50
	20~40	16.440	-0.2020	0.9786	20.97	37.90	11.45	9.51
	40~70	13.897	-0.2390	0.9851	18.53	38.35	11.26	7.27
	70~100	14.875	-0.1989	0.9802	18.90	37.12	10.22	8.68
	0~100	15.270	-0.2140	—	19.74	37.43	11.16	8.58
冰草	0~5	15.023	-0.2248	0.9784	19.69	37.86	11.52	8.17
	5~10	16.386	-0.2247	0.9780	21.48	39.94	12.56	8.92
	10~20	16.702	-0.2235	0.9752	21.86	36.37	12.74	9.12
	20~40	14.887	-0.2117	0.9655	19.21	37.31	10.82	8.39
	40~70	14.350	-0.2172	0.9553	18.64	37.21	10.67	7.97
	70~100	13.932	-0.2294	0.9643	18.36	37.32	10.88	7.49
	0~100	14.703	-0.2211	—	19.19	37.35	11.11	8.08

（2）荒坡短期封禁

0~100 cm 剖面土壤 a 值接近（表7-11），为 15.878~16.351。大针茅群落作为该地区顶级群落，在 10 cm 以上土层土壤的持水能力略微提高，对 0~100 cm 剖面土壤持水能力的提高作用不明显。

表 7-11　荒坡短期封禁土壤水分特征

样地	深度	参数 a	参数 b	r²	田间持水量（%）	重力水（%）	有效水（%）	无效水（%）
委陵菜	0~5	16.351	-0.2094	0.9776	21.04	36.11	11.77	9.27
	5~10	18.180	-0.1883	0.9801	22.80	33.86	11.89	10.92
	10~20	17.798	-0.1816	0.9796	22.15	33.12	11.26	10.88
	20~40	17.816	0.0172	0.9695	17.45	42.05	8.79	18.66
	40~70	15.547	-0.1982	0.9822	19.74	40.60	10.64	9.09
	70~100	14.188	-0.2245	0.9469	18.59	37.48	10.86	7.73
	0~100	15.990	-0.1614	—	19.39	38.64	10.52	10.88
大针茅	0~5	18.222	-0.2108	0.9714	23.49	34.63	13.19	10.30
	5~10	19.269	-0.2023	0.9739	24.58	34.24	13.44	11.14
	10~20	17.461	-0.1876	0.9894	21.89	37.22	11.38	10.51
	20~40	16.875	-0.1980	0.9747	21.42	37.88	11.55	9.87
	40~70	16.333	-0.2142	0.9633	21.14	36.23	11.99	9.14
	70~100	14.851	-0.2168	0.9697	19.28	38.51	11.02	8.26
	0~100	16.351	-0.2083	—	21.00	37.17	11.68	9.32

续表

样地	深度	参数 a	参数 b	r^2	田间持水量（%）	重力水（%）	有效水（%）	无效水（%）
长芒草	0~5	17.374	-0.2011	0.9611	22.13	36.54	12.06	10.08
	5~10	17.845	-0.1941	0.9811	22.54	36.34	11.99	10.55
	10~20	17.798	-0.1928	0.9761	22.45	37.56	11.89	10.56
	20~40	16.916	-0.1901	0.9807	21.27	38.55	11.16	10.11
	40~70	15.153	-0.2074	0.9678	19.45	39.48	10.81	8.64
	70~100	14.696	-0.2073	0.9736	18.86	38.71	10.48	8.38
	0~100	15.878	-0.2014	—	20.22	38.57	11.01	9.22

（3）人工柠条林地

0~100 cm 剖面土壤 a 值较荒地提高（表 7-12），表现为 23 年人工柠条 > 13 年人工柠条 > 荒地，23 年人工柠条剖面土壤 a 值较荒地提高 24.74%。从剖面层次来看，人工柠条能够提高各层土壤 a 值，且随林龄延长提高作用更加明显，13 年人工柠条各层较荒地提高 5.52%~17.52%，23 年人工柠条各层较荒地提高 15.69%~45.35%。人工柠条能够提高各层次土壤的持水能力，从而提高剖面土壤的持水能力。人工柠条林龄越长，对土壤持水性能的提高越明显。

表 7-12　不同林龄人工柠条土壤水分特征

样地	深度	参数 a	参数 b	r^2	田间持水量（%）	重力水（%）	有效水（%）	无效水（%）
荒地	0~5	13.025	-0.2158	0.9413	16.89	40.00	9.63	7.26
	5~10	13.566	-0.2748	0.9359	18.89	40.47	12.44	6.45
	10~20	14.786	-0.2253	0.9674	19.39	40.79	11.36	8.03
	20~40	13.593	-0.2730	0.9353	18.88	38.88	12.39	6.49
	40~70	12.091	-0.2639	0.9445	16.61	36.48	10.70	5.92
	70~100	10.898	-0.3041	0.9290	15.72	38.47	10.93	4.78
	0~100	12.423	-0.2721	—	17.20	38.36	11.21	6.00
13 年人工柠条	0~5	14.343	-0.2339	0.9595	19.01	36.09	11.40	7.61
	5~10	14.729	-0.2164	0.9766	19.11	38.12	10.92	8.20
	10~20	14.285	-0.2210	0.9647	18.64	37.55	10.79	7.85
	20~40	13.894	-0.2139	0.9605	17.98	39.18	10.19	7.79
	40~70	13.126	-0.2440	0.9371	17.61	40.30	10.83	6.78
	70~100	12.564	-0.2411	0.9605	16.79	39.96	10.25	6.54
	0~100	13.368	-0.2329	—	17.69	39.38	10.56	7.13
23 年人工柠条	0~5	15.558	-0.2204	0.9652	20.29	37.74	11.72	8.56
	5~10	16.926	-0.2144	0.9498	21.91	37.55	12.44	9.47
	10~20	16.793	-0.2116	0.9563	21.67	36.44	12.20	9.47
	20~40	16.232	-0.2053	0.9661	20.78	40.99	11.47	9.31
	40~70	13.857	-0.2124	0.9618	17.89	37.74	10.10	7.80
	70~100	15.966	-0.2207	0.9627	20.82	35.92	12.04	8.78
	0~100	15.497	-0.2139	—	20.05	37.70	11.36	8.68

（4）草地封育

0～100 cm 剖面参数 a 值坡耕地最小（表7-13），仅为12.913。封育25年0～100 cm 剖面 a 值不断增加到20.069，增加了55.42%，而后随封育时间延长，a 值波动性增加到19.50左右。封育后0～100 cm 剖面内各层土壤结构均得到明显改善。从剖面层次看，坡耕地各层土壤 a 值均为最小，为12.682～13.815；封育7年参数 a 值次之，为15.421～18.208，封育80年0～5 cm 土层 a 值最大，达到24.770。草地封育能够提高各层土壤的持水能力，并随封育时间的延长，各层土壤持水能力不断提高，从而提高了剖面土壤的持水性能。

表7-13　草地封育土壤水分特征

样地	深度	参数 a	参数 b	r^2	田间持水量（%）	重力水（%）	有效水（%）	无效水（%）
坡耕地	0～5	12.712	−0.2289	0.9786	16.75	38.22	9.76	6.98
	5～10	12.995	−0.2321	0.9784	17.18	40.06	10.42	6.77
	10～20	13.815	−0.2288	0.9760	18.19	38.68	11.48	6.71
	20～40	12.869	−0.2262	0.9648	16.90	36.84	9.85	7.05
	40～70	12.682	−0.2268	0.9614	16.66	34.04	9.64	7.03
	70～100	12.894	−0.2262	0.9460	16.93	35.90	9.67	7.26
	0～100	12.913	−0.2271	—	16.97	36.13	9.92	7.05
封育7年	0～5	17.266	−0.2112	0.9838	22.27	35.63	12.32	9.95
	5～10	17.612	−0.1940	0.9854	22.25	38.23	12.06	10.19
	10～20	18.208	−0.1951	0.9839	23.03	33.81	13.03	9.99
	20～40	17.995	−0.1862	0.9861	22.52	34.02	11.73	10.79
	40～70	16.193	−0.1872	0.9853	20.29	34.53	9.82	10.46
	70～100	15.421	−0.1885	0.9896	19.35	34.97	8.54	10.80
	0～100	16.648	−0.1897	—	20.92	34.73	10.38	10.54
封育17年	0～5	20.090	−0.2087	0.9876	25.83	37.70	14.63	11.20
	5～10	21.039	−0.2132	0.9902	27.19	36.22	15.61	11.59
	10～20	21.447	−0.1746	0.9948	26.46	32.64	14.05	12.42
	20～40	21.917	−0.1683	0.9949	26.84	29.72	13.26	13.58
	40～70	19.857	−0.1688	0.9914	24.33	34.13	11.25	13.08
	70～100	17.556	−0.1833	0.9884	21.89	32.73	8.51	13.38
	0～100	19.808	−0.1778	—	24.53	32.96	11.49	13.04
封育25年	0～5	21.124	−0.2097	0.9860	27.19	38.10	15.23	11.96
	5～10	21.627	−0.2119	0.9819	27.91	38.91	15.92	11.99
	10～20	21.252	−0.1992	0.9932	27.01	38.63	14.77	12.24
	20～40	19.431	−0.2017	0.9812	24.77	34.56	12.49	12.28
	40～70	20.019	−0.1895	0.9808	25.15	34.07	11.95	13.20
	70～100	19.714	−0.1856	0.9861	24.65	32.61	12.34	12.31
	0～100	20.069	−0.1938	—	25.35	34.63	12.82	12.53

续表

样地	深度	参数 a	参数 b	r^2	田间持水量（%）	重力水（%）	有效水（%）	无效水（%）
封育 37 年	0～5	19.391	-0.2188	0.9762	25.23	36.36	14.58	10.66
	5～10	20.213	-0.2049	0.9891	25.87	39.48	14.55	11.32
	10～20	17.818	-0.2174	0.9780	23.15	36.58	12.50	10.65
	20～40	20.636	-0.1745	0.9780	25.46	33.59	12.63	12.83
	40～70	16.500	-0.1829	0.9911	20.56	34.93	8.47	12.10
	70～100	17.945	-0.1807	0.9780	22.31	31.97	10.41	11.90
	0～100	18.223	-0.1869	—	22.82	34.24	10.90	11.93
封育 60 年	0～5	21.806	-0.2114	0.9779	28.13	41.08	16.73	11.40
	5～10	21.546	-0.2116	0.9739	27.80	40.48	14.78	13.02
	10～20	20.133	-0.2010	0.9702	25.65	37.81	12.80	12.84
	20～40	20.140	-0.1963	0.9658	25.51	34.88	13.19	12.32
	40～70	19.292	-0.1719	0.9929	23.73	33.75	9.83	13.90
	70～100	18.583	-0.1813	0.9759	23.11	35.98	10.79	12.32
	0～100	19.571	-0.1864	—	24.51	35.75	11.68	12.83
封育 80 年	0～5	24.770	-0.2064	0.9864	31.76	36.00	17.67	14.08
	5～10	23.099	-0.1843	0.9849	28.84	32.56	15.33	13.50
	10～20	21.770	-0.1876	0.9914	27.29	34.80	10.78	16.51
	20～40	19.804	-0.1923	0.9684	24.96	32.58	10.72	14.24
	40～70	19.361	-0.1951	0.9703	24.49	34.65	11.39	13.10
	70～100	16.945	-0.1999	0.9867	21.55	35.19	8.55	13.01
	0～100	19.423	-0.1952	—	24.56	34.38	10.85	13.71

　　四种植被恢复方式均能够提高土壤的持水能力。为比较不同植被恢复方式对土壤持水能力的作用，计算同一植被恢复方式不同群落或时间样地 0～100 cm 剖面 a 值得出，农田撂荒、荒坡短期封禁、人工柠条林地和草地封育分别为 14.99、16.07、14.43 和 18.96，农田撂荒和人工柠条林地对土壤持水能力的作用相当，草地封育最有利于土壤持水能力的提高。

7.6.2.2　土壤水分常数

（1）农田撂荒

　　0～100 cm 剖面土壤田间持水量，表现为农地＜狗尾草群落、冰草群落；各群落土壤田间持水量随土壤深度增加而降低（表 7-10）。三个植被群落 40 cm 以上土层田间持水量提高最为明显，各土层分别较农地提高：16%～27%（0～5 cm）、18%（5～10 cm）、15.5%～16.5%（10～20 cm）、3.29%～12.75%（20～40 cm），40 cm 以下不同植被群落各层土壤田间持水量为 16.88%～18.90%。三个植被群落 0～100 cm 剖面土壤重力水含量接近，在 36.99%~37.43%。从剖面层次来看，0~5 cm、5~10 cm 农地重力水含量最高，0~100cm 以下层次狗尾草群落重力水含量略高。0~100 cm 有效水含量随退耕时间延长略微增加，由 10.72%（农地）增加到 11.11%（冰草）。

（2）荒坡短期封禁

0~100 cm 剖面土壤田间持水量表现为长芒草群落（20.22%）略大于委陵菜群落（19.39%），剖面层次上 0~5 cm、5~10 cm 委陵菜群落略低于大针茅群落，10 cm 以下层次三个群落田间持水量接近（表 7-11）。三种植被群落 0~100 cm 剖面土壤重力水含量在 37.17%~38.64%，各土层间无明显差异。0~100 cm 有效水含量长芒草群落（11.01%）和大针茅群落（11.68%）略高于委陵菜群落（10.52%）。三种植被群落土壤田间持水量、重力水含量、有效水含量均为委陵菜群落略低于长芒草和大针茅群落。委陵菜群落在该地区广泛分布，长芒草群落和大针茅群落作为当地的顶级群落在土壤水分特征上较委陵菜群落有所改善，但改善作用甚微，这是三种植被群落长期共存的原因。

（3）人工柠条林地

0~100 cm 土壤剖面和各剖面层次田间持水量均表现为荒地<13 年人工柠条<23 年人工柠条，表明随人工柠条林龄的延长，土壤田间持水量不断改善（表 7-12）。0~100 cm 剖面重力水含量表现为 13 年人工柠条>荒地>23 年人工柠条，0~5 cm、5~10 cm、10~20 cm 荒地重力水含量分别为 40.00%、40.47% 和 40.79%，23 年人工柠条最低分别为 37.74%、37.55% 和 36.44%，说明种植人工柠条显著降低了 0~20 cm 土壤非毛管孔隙。0~100 cm 荒地土壤有效水含量、13 年人工柠条和 23 年人工柠条接近，为 10.56%~11.36%，随人工柠条种植时间延长有效水含量得到恢复，人工柠条对土壤有效水的提高需较长时间，非常缓慢。

（4）草地封育

0~100 cm 土壤剖面田间持水量从坡耕地到封育 37 年，由 16.97%（坡耕地）增加到 22.82%（封育 37 年），封育 60 年和 80 年土壤田间持水量分别为 24.51% 和 24.56%，说明田间持水量不是随草地封育时间延长不断增加的，而是最终稳定在一定范围（表 7-13）。从剖面层次上，0~5 cm、5~10 cm、10~20 cm、20~40 cm、40~70 cm 和 70~100 cm 各土层田间持水量均表现出由坡耕地到封育 37 年不断提高，封育 60 年、80 年稳定在 24.5%。0~100 cm 剖面土壤重力水含量从坡耕地到草地封育 17 年由 36.13% 降低到 32.96%，封育 25 年后重力库容稳定在 34.24%~35.75%，剖面各土壤层次均表现出类似的趋势，说明草地封育 17 年内可降低重力水，随封育时间延长，重力水维持在 35% 左右。0~100 cm 剖面土壤有效水含量在封育 25 年内由 9.92% 提高到 12.82%，提高了 29.23%。而后稳定在 10.90%~11.68%。剖面层次上 0~5 cm 有效水含量增加最为显著，封育 80 年较坡耕地提高 81.04%；5~10 cm、10~20 cm、20~40 cm、40~70 cm 各层有效水含量均在封育 25 年内不断提高，而后趋于稳定。田间持水量和有效水含量并不是随封育时间延长不断增大，在封育 37 年内不断提高，而后稳定在一定范围；重力水在封育 17 年内降低，随封育时间延长维持在 35% 左右。四种植被恢复方式比较，草地封育土壤田间持水量（毛管孔隙度）提高明显，草地封育 25 年后田间持水量稳定在 24.50% 左右。23 年人工柠条土壤田间持水量提高至 20.05%。农田撂荒、荒坡短期封禁和人工柠条林地 0~100 cm 剖面重力水含量在 38% 左右，封育草地不同封育时间在 35% 左右，说明草地封育减少了土壤非毛管孔隙度，增加了毛管孔隙度。封育草地无效水含量高于其他三种植被恢复方式。

7.6.2.3　土壤饱和导水率

土壤饱和导水率（Ks）是反映土壤入渗性能的一个重要指标，是土壤质地、容重、孔隙分布特征的函数。同一质地土壤传输水分的能力越大其入渗性能越大。如图 7-4 所示，不同植被恢复方式的各个样地，40cm 以下土层 Ks 集中在 0.41 ~ 0.57 mm/min，本研究仅分析 0 ~ 40 cm 土层饱和导水率，对 40 cm 以下土层不作讨论。农地各层土壤 Ks 均为最低，为 0.13 ~ 0.19 mm/min，说明耕作对土壤导水性能的破坏最为严重，随退耕时间延长，各层土壤 Ks 提高。冰草群落与农地相比较，各层土壤的 Ks 分别增加：0 ~ 5 cm 土层 111.28%、5 ~ 10 cm 土层 136.08%、10 ~ 20 cm 土层 84.75%、20 ~ 40 cm 土层 129.96%。农地 0 ~ 5 cm 土层在耕种的影响下，孔隙度高，多为非毛管孔隙，毛管孔隙少，浸水后团聚体分散，土壤颗粒堵塞入渗毛孔，导致 Ks 很低。荒坡短期封禁后大针茅群落各层土壤的 Ks 分别较委陵菜群落增加：0 ~ 5 cm 土层 74.69%、5 ~ 10 cm 土层 14.27%、10 ~ 20 cm 土层 21.05%、20 ~ 40 cm 土层 15.09%。13 年人工柠条 0 ~ 5 cm 土层 Ks 为 0.38 mm/min，与荒地 0 ~ 5 cm（0.39 mm/min）接近，5 ~ 10 cm（0.50 mm/min）、10 ~ 20 cm（0.47 mm/min）土层均小于荒地。23 年人工柠条表层 0 ~ 5 cm 土壤 Ks 为 0.52 mm/min，较荒地提高 32.04%；5 ~ 10 cm 为 0.79 mm/min，较坡耕地提高 22.18%；20 ~ 40 cm 土壤 Ks 达 1.13mm/min，较坡耕地提高一倍。随着种植人工柠条时间的延长，各层土壤 Ks 呈

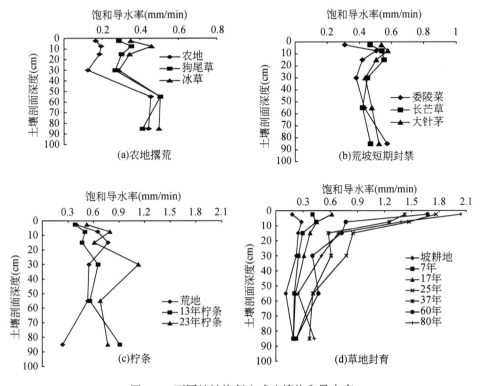

图 7-4　不同植被恢复方式土壤饱和导水率

先减小后增大的趋势。随封育时间延长，各层次土壤Ks均有提高，表现为坡耕地<7年<17年<25年、37年、60年、80年。封育80年各层土壤Ks分别比坡耕地提高9.06倍（0~5cm）、2.94倍（5~10cm）、2.88倍（10~20cm）、2.20倍（20~40cm）。尤其是表层0~5cm增加最为明显，5cm以下各层略有滞后效应，草地封育37年的土壤各层Ks提高最为显著。

农田撂荒、荒坡短期封禁、人工柠条和草地封育17年内，0~5cm土层Ks低于5~10cm，10~40cm随土层深度的增加Ks降低。草地封育17年后，0~5cm土壤Ks改善明显，高于下层土壤Ks，对水分入渗的限制作用消失，说明只有草地封育超过17年，才能改变表层土壤入渗的"瓶颈"作用。

四种植被恢复方式Ks剖面平均值（0~5cm、5~10cm、10~20cm、20~40cm4个数值的加权平均值）均随着植被恢复而不断增加（表7-14）。农地退耕序列农地最小，说明耕种过程对土壤的频繁扰动对土壤导水性能的破坏最为严重，冰草群落与农地差异极显著（$P<0.01$），植被恢复到冰草群落时，土壤导水性能显著提高。荒坡短期封禁序列三种植被群落间无显著差异（$P>0.05$），这是由于荒坡短期封禁时间相同，虽然地上植被群落不同，但对土壤整体Ks的作用差异不显著。13年人工柠条与荒地比较，显著降低了剖面Ks，到23年人工柠条导水率再次提高。草地封育改善了土壤的导水性能，封育25年剖面土壤饱和导水率达到最大值，为1.00mm/min，而后Ks维持在0.69~0.85mm/min。比较4种植被恢复方式，人工柠条和草地封育25年后的剖面土壤饱和导水率较高，23年人工柠条剖面饱和导水率较荒山提高了33.33%，草地封育较坡耕地提高了2~3.5倍，表明草地长期封育，剖面土壤导水性改善最为显著。

表7-14　不同植被Ks剖面均值的LSR（least significant ranges）比较

植被恢复方式	处理	均值	显著性检验
农田撂荒	冰草	0.33±0.0175	aA
	狗尾草	0.29±0.0442	aA
	农地	0.16±0.0171	bB
荒坡短期封禁	长芒草	0.49±0.0136	aA
	大针茅	0.48±0.1296	aA
	委陵菜	0.40±0.0865	aA
人工柠条	23年人工柠条	0.88±0.0517	aA
	荒山	0.66±0.0575	bB
	13年人工柠条	0.55±0.0257	cB
草地封育	25年	1.00±0.0423	aA
	80年	0.85±0.2528	abA
	37年	0.79±0.1097	abA
	60年	0.69±0.1874	bAB
	17年	0.38±0.0269	cBC
	7年	0.30±0.0360	cC
	坡耕地	0.23±0.0133	cC

注：表中数据采用新复极差法检验，小写字母不同表明差异达显著水平（$P<0.05$），大写字母不同表明差异达极显著水平（$P<0.01$）

四种植被恢复方式，农田撂荒各层次土壤 K_s 最低，说明短期退耕不足以充分提高土壤导水性能。种植人工柠条初期，由于土壤扰动、地面植物稀少、人工柠条地面盖度低、土壤有机质含量低，降水击溅作用使表层土壤板结，容重增加，孔隙度降低，土壤 K_s 下降。人工柠条10~22年是有机质和土壤养分的快速积累期，土壤理化性质明显改善，K_s 提高。另外，随人工柠条种植年限的延长，生物性大孔隙增加也是 K_s 提高的重要原因之一。

从禁牧5年开始即出现长芒草和大针茅，伴生物种为委陵菜、冷蒿等，且该伴生物种长期存在，植被覆盖率低，地上生物量少。在草地长期封育过程中，生物量增加，植被与土壤的相互作用增强，土壤中生物性大孔隙增加，结构改善明显，K_s 显著提高。禁牧有效减少了牲畜的踩踏，虽促进了 K_s 的提高，但禁牧时间相对较短，同时受前期放牧的影响，其土壤 K_s 仍不及长期封育草地。因此，草地封育更有利于土壤 K_s 的显著提高。

7.6.2.4 人工柠条地土壤含水量的变化

河川示范区的人工柠条林建造于1984年，1987年开始进行土壤水分监测（图7-5）。由图中可以看到，1.5 m 土层内的土壤水分变化比较剧烈，因为这个层次受降水影响比较大，可以接纳降水的补偿，1.5 m 以下土层基本上得不到降水的补偿，比较稳定。从图中可见，人工柠条灌丛的土壤剖面含水量在1.5 m 有一个低含水层，也有人称之土壤干层，这是因为人工柠条根系主要集中于一个区域，也是植物主要用水区域。随着时间延伸，土壤含水量在逐步下降，在造林的初期阶段［图7-5（b）］，土壤含水量逐年下降，这是因为降水量不能够完全满足植物的需要，土壤含水量逐年下降。图7-5（c）表明了人工柠条20年土壤水分变化过程。说明人工植被对于土壤水分具有一定的影响。这种影响将会

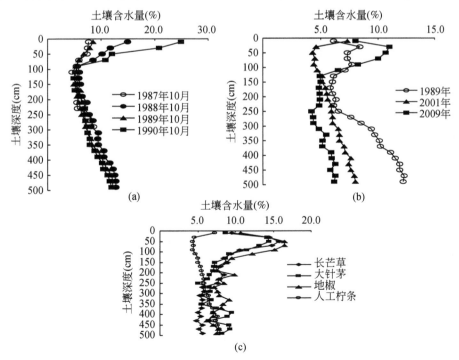

图7-5　河川示范区主要植被类型的土壤含水量

持续下去，直到地面植被发生变化。人工植被的土壤含水量低的主要原因是人工植被选择的树种大多生长旺盛，耗水量大，当降水不能满足时，为了维持其生长和存活，通过消耗土壤中存水加以补偿，所以，从图中可以看出，人工柠条灌丛的土壤水分是逐年消耗的。

河川示范区的自然植被恢复后，土壤水分是人们一直关心的问题，图 7-5（a）中给出了河川示范区的主要植被类型的土壤含水量。从中可以看出，这些自然植被的土壤含水量高于人工柠条的土壤含水量，这也是提出在宁夏黄土丘陵区植被恢复应以自然恢复为主的原因。自然植被生长不如人工植被迅速，所以，对土壤储水的消耗远小于人工植被，不会导致土壤旱化，形成低含水层。

7.6.3　土壤水库特性的变化

土壤水库是联系地面水库和地下水库的纽带，是地上植被赖以生存的根基。抢救和保卫土壤水库是黄土高原综合治理与持续发展的治本之道。厚达 100 m 以上的黄土—古土壤系列为黄土高原提供了巨大的土壤水库，但近年来由于人为干扰、植被的破坏、水土流失加剧，土壤水库遭到了毁灭性的破坏，生态环境正常发展受阻。植被繁衍是形成高容量土壤水库的"天赐动力和强劲保障"。森林植被恢复过程对土壤水库的生态效应引起了一些研究者的关注，对不同林地类型、不同林地恢复阶段的土壤水库储水能力进行了详细的分析；草地植被恢复过程研究多见于对土壤水分的研究，而土壤水分在把土壤作为一个整体的"水库"运动方面的研究较少；植被恢复对土壤水库储水能力和储水效率及其驱动因子的关系尚不清楚。本节通过研究半干旱典型草原区植被恢复过程中土壤水库的生态效应，探讨土壤水库功能恢复与提高的驱动因子，揭示植被恢复对土壤水库的影响机理，为黄土高原水库恢复和植被建设提供理论依据。

7.6.3.1　土壤水库储水能力

土壤水库库容和分库容受土壤物理性质影响很大，土壤水库总库容是毛管孔隙与非毛管孔隙水分储蓄量之和，反映土壤水库储蓄和水土保持功能的潜在能力，它是土壤涵蓄潜力的最大值，也可以反映土壤涵养水源情况及调节水分循环的。从土壤保水能力来看，土壤吸持库容可以长时间保持在土壤中，主要用于植物根系吸收和土壤蒸散；从土壤蓄水能力来看，土壤重力库容能较快容纳降水并及时下渗，更加有利于涵养水源。

根据实测分层的孔隙度并加权平均得出不同植被恢复年限土壤各分库容（表 7-15）。农田撂荒恢复方式，农地的吸持库容、重力库容和总库容均最小，分别为 1799.29 t/hm²、3699.43 t/hm² 和 5498.72t/hm²，随退耕时间的延长，狗尾草群落和冰草群落吸持库容、重力库容和总库容均有所增加，分别增加 6.63%～9.72%、0.95%～1.19% 和 2.81%～3.98%，农田撂荒吸持库容增加最为明显，是总库容提高的直接原因。荒坡短期封禁恢复方式，三种植被群落土壤储水能力不同，吸持库容表现为大针茅群落＞长芒草群落＞委陵菜群落，大针茅群落较委陵菜群落提高 8.28%；重力库容表现为相反的趋势，委陵菜群落＞长芒草群落＞大针茅群落。三个群落总库容接近，为 5803.73～5879.30 t/hm²。人工柠条林有效地增加了土壤的吸持库容和总库容，并随着林龄的延长，土壤吸持库容和总库容将会提高，23 年人工柠条吸持库容和总库容分别较荒地提高 16.54% 和 3.93%，重力库容变化不显著。草地封育恢复方式，坡耕地（0 年）0 ~ 100 cm 吸持库容和总库容最小，分别为 1697.35t/hm² 和 5310.73 t/hm²；重力库容最大为 3613.39 t/hm²。随植被恢复时间延长，25 年内 0 ~ 100 cm 土层土壤水库总库容和吸持库容不断增加，在草地封育 25 年时分别达到 2534.95 t/hm² 和 5997.64 t/hm²，与坡耕地（0 年）相比分别增加 13.0%、49.35%，而后随植被恢复时间延长，吸持库容和总库容波动性增加并趋于稳定，封育 60 年后吸持库容和总库容分别稳定在 2451.46 t/hm² 和 6026.87 t/hm² 左右，草地封育过程中，土壤重力库容为 3296.07 ~ 3575.41 t/hm²，无明显规律性变化，但均小于坡耕地（0 年）。

表 7-15　土壤储水能力

恢复方式	样地	吸持库容（t/hm²）	重力库容（t/hm²）	总库容（t/hm²）
农田撂荒	农地	1799.29	3699.43	5498.72
	狗尾草	1974.20	3743.40	5717.60
	冰草	1918.65	3734.67	5653.32
荒坡短期封禁	委菱菜	1939.44	3864.29	5803.73
	长芒草	2022.50	3856.81	5879.30
	大针茅	2100.07	3716.52	5816.59
人工柠条	荒山	1720.35	3836.48	5556.83
	13 年人工柠条	1768.57	3938.17	5706.75
	23 年人工柠条	2004.87	3770.32	5775.19
草地封育	坡耕地	1697.35	3613.39	5310.73
	7 年	2092.15	3472.63	5564.78
	17 年	2453.13	3296.07	5749.19
	25 年	2534.95	3462.69	5997.64
	37 年	2282.33	3423.98	5706.31
	60 年	2451.46	3575.41	6026.87
	80 年	2456.30	3437.57	5893.87

　　四种植被恢复方式均能够明显提高土壤吸持库容和总库容。为比较不同植被恢复方式土壤水库吸持库容、重力库容和总库容的作用，计算同一植被恢复方式不同恢复时间（群落）样地土壤水库库容得出：吸持库容表现为草地封育（2378.39 t/hm²）> 荒坡短期封禁（2020.67 t/hm²）> 农田撂荒（1929.04 t/hm²）> 人工柠条（1886.72 t/hm²），人工柠条增加土壤吸持库容的能力最弱，草地封育最有利于土壤吸持库容的提高；重力库容草地封育恢复方式最低，为 3444.72 t/hm²，其他三种恢复方式均在 3800t/hm² 左右。四种植被群落总库容均为 5730 ~ 5830 t/hm²。说明不同植被恢复方式对土壤总库容的影响甚微，但影响吸持库容和重力库容的分配，随植被恢复时间延长，重力库容有向吸持库容转化的趋势。宁夏半干旱黄土丘陵区四种植被恢复方式中土壤重力库容均远大于吸持库容。

7.6.3.2 土壤水库实际储水量

土壤实际储水量受气候因素和植被因素共同影响，与土壤特性密切相关。在同一个小区域内，气候条件一致，植被通过其根系生长和凋落物，为土壤提供大量有机质，改善土壤结构，增加土壤孔隙，提高入渗速率，从而提高土壤实际储水量和储水效率。本研究以2008年春季实测的土壤储水量为例，讨论不同植被恢复方式对土壤实际储水量的影响。

由图7-6可见，农田撂荒随着退耕时间的延长，1 m土壤实际储水量略微增加，由1252.41 t/hm²（农地）增加到1305.01 t/hm²（冰草），增加了约4.20%。荒坡短期封禁序列1 m储水量整体高于农田撂荒，表现为长芒草群落＜委陵菜群落＜大针茅群落。人工柠条地实际储水量最低，13年人工柠条土壤储水量最低，仅为677.00 t/hm²，随人工柠条林龄增加，土壤实际储水量恢复，到23年时增加到882.00 t/hm²，略高于荒地（829.33 t/hm²）。草地封育在最初的25年内1 m土层实际储水量不断增加，恢复至25年（2420.83 t/hm²）时较农田（1203.33 t/hm²）提高101.18%，恢复至37年后，随植被向顶级群落演替储水量较25年略微下降，并稳定在2125～2138 t/hm²。

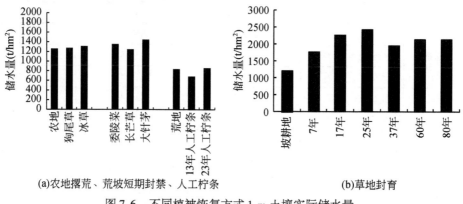

(a)农地撂荒、荒坡短期封禁、人工柠条　　　　　　(b)草地封育

图7-6　不同植被恢复方式1 m土壤实际储水量

四种植被恢复方式，人工柠条土壤实际储水量最低。人工柠条耗水量高于草本植物，并且种植人工柠条后地表覆盖度降低，无效蒸发增强，导致土壤实际储水量低于草地。农田撂荒、荒坡短期封禁和草地封育均有利于土壤实际储水量的提高，荒坡短期封禁土壤储水量高于农田撂荒，但都远低于草地封育。草地植被对土壤实际储水量的提高优于灌木（人工柠条），其中草地封育恢复方式效果最好，应作为该地区的主要植被恢复措施。

7.6.3.3 土壤水库储水效率

土壤水库储水效率是实际储水量与储水潜力（土壤总库容）的比值，反映了土壤水库的利用效率，是土壤水库功能优劣的反映。

农田撂荒序列［图7-7（a）］随退耕时间延长，土壤储水效率从19.11%（农地）增加到20.06%（冰草）。荒坡短期封禁序列土壤水库储水效率略高于农田撂荒，为19%～22%，表现为长芒草群落＞委陵菜群落＞大针茅群落。13年人工柠条土壤水库储水效率低于荒地，仅为10.43%，到23年时恢复到13.90%。草地封育植被恢复方式［图7-7（b）］在植被恢复25年内从18.27%（农地）增加到38.21%（25年），37年后土壤水库储水效率略有增加,为 30.02%~33.84%。

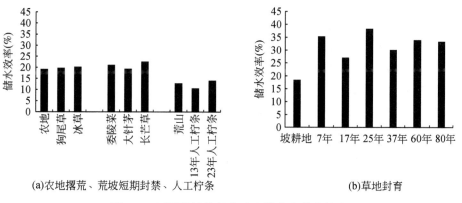

(a)农地撂荒、荒坡短期封禁、人工柠条　　　　　　(b)草地封育

图 7-7 不同植被恢复方式土壤水库储水效率

四种植被恢复方式,人工柠条的土壤水库储水效率最低,说明种植人工柠条后,土壤水库功能降低。不同草地植被恢复方式,随着植被恢复,土壤的实际储水量得到恢复,土壤水库的储水效率也随之提高,土壤水库功能得到改善。其中草地封育最有利于土壤水库储水效率的提高。

7.6.3.4 土壤物理特征与储水能力、实际储水量和储水效率

本研究选用表征土壤结构的 7 个因子:参数 a (X_1)、毛管孔隙度 (X_2)、非毛管孔隙度 (X_3)、容重 (X_4)、分形维数 (X_5)、>0.25 mm 水稳性团聚体含量 (X_6)、有机碳含量 (X_7),分别对草地植被恢复方式和人工柠条 100 cm 土壤水库总库容 (Y_1)、实际储水量 (Y_2)、土壤水库储水效率 (Y_3) 进行回归分析,探讨植被恢复中影响土壤水库总库容、实际储水量和土壤水库储水效率的主要因子。结果如下。

草地植被恢复方式(农田撂荒、荒坡短期封禁、人工柠条):

$$Y_1 = 97.756 - 35.762X_4 \quad R^2 = 0.8975 \quad P < 0.01 \tag{7-1}$$

$$Y_2 = 289.632 + 6.016X_1 - 7.269X_3 + 3.774X_7 \quad R^2 = 0.9505 \quad P < 0.01 \tag{7-2}$$

$$Y_3 = 40.168 + 0.951X_1 - 1.022X_3 + 0.651X_7 \quad R^2 = 0.9514 \quad P < 0.01 \tag{7-3}$$

人工柠条序列:

$$Y_1 = 98.650 - 36.50X_4 \quad R^2 = 0.9994 \quad P < 0.05 \tag{7-4}$$

$$Y_2 = 7602.400 - 2601.500X_5 \quad R^2 = 0.9943 \quad P < 0.05 \tag{7-5}$$

$$Y_3 = 41469.480 - 504.000X_5 \quad R^2 = 0.9948 \quad P < 0.05 \tag{7-6}$$

由式(7-1)~式(7-3)可知,影响草地植被恢复方式土壤水库总库容的因子为土壤容重,即容重越低,土壤水库总库容越大。影响土壤水库实际储水量的因子有参数 a、非毛管孔隙度和土壤有机碳含量,参数 a 值越大、非毛管孔隙度越低、有机碳含量越高,土壤实际储水量越大。由通径分析结果(表 7-16)可知,三个因子对土壤实际储水量的直接影响作用为有机碳含量>参数 a>非毛管孔隙度,且参数 a 和非毛管孔隙度通过有机碳含量表现的间接作用分别为 -0.3033 和 0.4255,都大于其自身对实际储水量的直接作用(-0.2864 和 0.3208),表明土壤有机碳含量增加,可增加土壤持水能力,降低非毛管孔

隙度，因此，有机碳积累是土壤实际储水量增加的根本动力。影响土壤水库储水效率的因子为参数 a、非毛管孔隙度和土壤有机碳含量，由通径分析结果知，有机碳含量增加是土壤水库储水效率提高的根本动力。容重是土壤结构的综合反映，在一定范围内，容重越低，土壤结构性越好，土壤水库总库容越大。参数 a 反映了土壤的持水性能，持水性能高，土壤中所蓄存的水分就越多。非毛管孔隙又称通气孔系，由于孔径大，水分可通过非毛管孔隙迅速进入土壤中，同时也是水分快速蒸发的通道，因此，非毛管孔隙降低可减少土壤水分蒸发。植被恢复过程中有机碳积累，土壤结构改善，增加了土壤的持水性能，减少水分蒸发，是土壤实际储水量和储水效率提高的驱动力。

表 7-16　草地植被恢复方式各因素对土壤实际储水量和储水效率的通径分析

	因子	直接作用	间接作用		
			$\to X_1$	$\to X_3$	$\to X_7$
实际储水量	X_1	0.3208	—	0.1914	0.4255
	X_3	−0.2864	−0.2144	—	−0.3033
	X_7	0.4427	0.3084	0.1962	
	因子	直接作用	间接作用		
			$\to X_1$	$\to X_3$	$\to X_7$
土壤水库储水效率	X_1	0.3166	—	0.168	0.4582
	X_3	−0.2514	−0.2116	—	−0.3266
	X_7	0.4767	0.3043	0.1722	

由式（7-4）~式（7-6）可知，影响人工柠条序列土壤水库总库容的因子是土壤容重，容重越小，土壤水库总库容越大。影响其土壤实际储水量和储水效率的因子为分形维数，分形维数越小，土壤实际储水量和储水效率越高。人工柠条林地土壤有机碳积累少，主要通过其根系作用的穿插作用和根系分泌物直接改善土壤结构，13 年人工柠条土壤实际储水量和储水效率都低于荒地，23 年才略有恢复，说明利用人工柠条改善土壤水分状况是一个非常漫长的过程。

7.6.4　土壤总有机碳的变化

有机碳是影响土壤质量的重要因素，研究植被恢复与土壤有机碳之间的关系是揭示植被和土壤相互作用机理的重要途径。黄土高原地区植被覆盖度低，水土流失严重，是我国主要生态脆弱区之一。植被恢复是该区生态环境建设的根本途径。本节主要从不同植被恢复措施下的土壤有机碳入手，来揭示植被恢复过程土壤有机碳的分布特征及其积累量的变化。

7.6.4.1　土壤总有机碳

由图 7-8 可以看出，封育草地坡耕地土壤总有机碳含量仅 2.541 g/kg 为最低，不同群落土壤总有机碳含量表现为长芒草群落＞大针茅群落＞铁杆蒿群落＞百里香群落＞退耕草地，分别比坡耕地增加了 5.90 倍、5.75 倍、5.24 倍、4.62 倍和 3.53 倍，差异极显著。

与退耕草地相比，其余四个群落土壤总有机碳含量均得到极显著提高。长芒草与百里香、铁杆蒿群落土壤总有机碳含量差异极显著，但是与大针茅群落差异不显著。表明随着植被的恢复，土壤总有机碳含量不断提高，植被恢复后期土壤总有机碳趋于稳定。

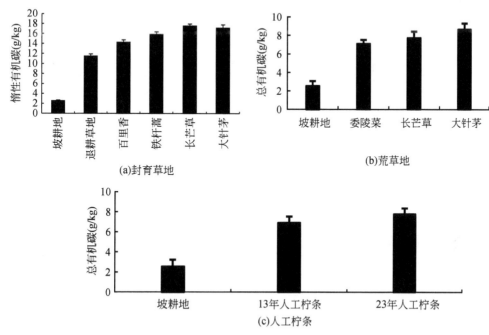

图 7-8　不同恢复方式下土壤总有机碳含量变化

　　荒草地土壤总有机碳含量表现为大针茅群落 > 长芒草群落 > 委陵菜群落 > 坡耕地，各群落分别比坡耕地提高了 2.41 倍、2.04 倍和 1.79 倍，差异达极显著水平。大针茅群落比委陵菜群落总有机碳含量有极显著提高，但是与长芒草群落差异不显著，长芒草群落与委陵菜群落差异也未达到显著水平，表明荒草地各群落随着植被的演替土壤总有机碳含量逐渐增加。

　　人工柠条林土壤总有机碳含量表现为 23 年人工柠条 > 13 年人工柠条 > 坡耕地，分别比坡耕地提高了 2.07 倍和 1.72 倍。23 年人工柠条比 13 年人工柠条有机碳含量有所提高，但差异未达到显著水平，表明退耕种植人工植被后土壤总有机碳含量有所提高，但是其增加量较小。

7.6.4.2　剖面土壤总有机碳分布特征

　　图 7-9 显示了剖面土壤总有机碳含量变化规律，可以看出坡耕地土壤总有机碳含量在 20 cm 土层以下基本不变，平均为 2.17 g/kg，表层 5～10 cm 土层总有机碳含量最高，0～5 cm 和 10～20 cm 土层次之。封育草地其余群落呈现随着土层深度的增加土壤总有机碳含量降低的趋势。各草地群落土壤总有机碳含量在整个剖面均比坡耕地有极显著提高。百里香群落在 0～100 cm 土层均比退耕草地有极显著提高，铁杆蒿群落在 0～10 cm 土层与百里香群落相比极显著增加，10 cm 土层以下差异不显著。长芒草群落 0～5 cm 土层土壤总有机碳含量最高，达到 37.12 g/kg，比铁杆蒿群落增加 6.49 g/kg，差异达极显著，5～20 cm 土层差异显著，其余土层差异未达到显著水平。大针茅群落总有机碳含量在 0～5 cm 比长

芒草群落显著降低，其余土层差异不显著。

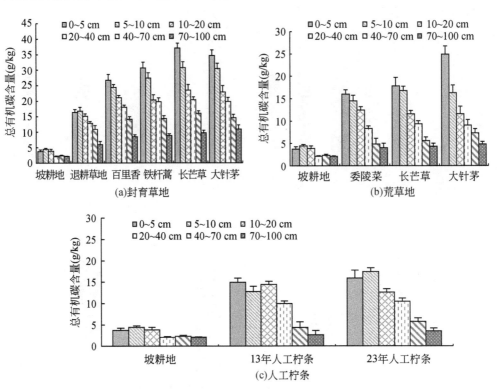

图 7-9　不同植被恢复措施下剖面土壤有机碳含量

荒草地剖面土壤总有机碳含量在整个土层均比坡耕地有极显著提高，不同群落间整体上也表现为随着土层深度的增加而减小的趋势。随植被演替，各群落在不同土层呈现不同的规律。长芒草群落除 10～20 cm 和 70～100 cm 外，其余土层比委陵菜群落有显著提高，在整个剖面与委陵菜群落相比均未达到极显著水平。大针茅群落 0～5 cm 土层土壤总有机碳含量最高，达到 24.91 g/kg，比长芒草群落增加 7.06 g/kg，差异达极显著，其余土层与长芒草群落差异未达到极显著水平。

人工柠条林剖面土壤总有机碳含量在整个土层均比坡耕地有所提高，整体上也表现为随着土层深度的增加而减小的趋势。随植被演替，不同种植年限人工柠条林在不同土层呈现不同的规律。23 年人工柠条林在 5～10 cm 土层和 40～70 cm 土层总有机碳含量比 13 年人工柠条有极显著提高，但是 10～20 cm 土层总有机碳含量却低于 23 年人工柠条，其余土层差异不显著。

7.6.4.3　土壤有机碳密度

土壤有机碳密度指单位面积上一定深度范围的土层中所包含的土壤有机碳数量，通常以 1m 深为标准。图 7-10 显示了封育草地土壤有机碳密度与各草地群落均比坡耕地有很大提高，分别比坡耕地提高了 2.81 倍、3.97 倍、4.62 倍、5.96 倍和 5.61 倍。不同草地群落随着植被的演替，土壤有机碳密度逐渐增加，其顺序为长芒草群落 > 大针茅群落 > 铁杆

蒿群落 > 百里香群落 > 退耕草地。长芒草群落有机碳密度最高，达到 18.65 kg/m²。显著性检验表明 4 个演替群落土壤有机碳密度与退耕草地差异极显著，各演替群落土壤有机碳密度分别比退耕草地提高了 30.60%、47.52%、56.68% 和 47.36%。演替群落之间，百里香群落与铁杆蒿和大针茅群落差异显著，长芒草与百里香群落差异极显著，与大针茅和铁杆蒿群落差异不显著，说明土壤有机碳密度的增加在植被恢复初期较明显，植被恢复后期土壤有机碳密度增加缓慢，并在长芒草阶段达到最大值。

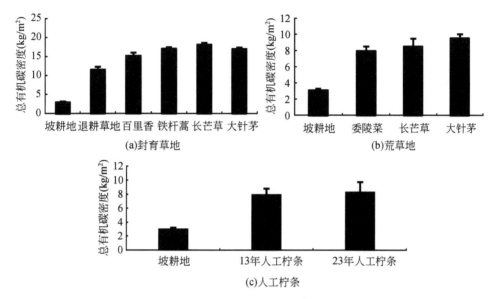

图 7-10　不同植被恢复措施下土壤有机碳密度

荒草地土壤总有机碳密度表现为大针茅群落 > 长芒草群落 > 委陵菜群落 > 坡耕地，各群落分别比坡耕地提高了 2.08 倍、1.69 倍和 1.52 倍。不同群落之间长芒草群落与委陵菜群落差异不显著，大针茅群落比长芒草群落有机碳密度有显著提高。

人工柠条土壤有机碳密度表现为 23 年人工柠条 > 13 年人工柠条 > 坡耕地，不同年限人工柠条分别比坡耕地提高了 1.73 倍和 1.56 倍。23 年人工柠条比 13 年人工柠条土壤有机碳密度有所提高，但是二者差异不显著。

不同植被恢复措施下土壤有机碳密度如图 7-11 所示，三种恢复方式均能显著提高土壤有机碳密度，与坡耕地相比，人工柠条土壤有机碳密度提高了 1.65 倍，荒草地提高了

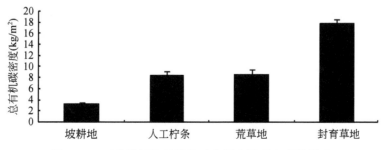

图 7-11　三种植被恢复措施对土壤有机碳密度的影响

1.76 倍，封育草地土壤有机碳密度提高最多，提高了 4.54 倍。上述结果表明，随着植被的恢复土壤有机碳密度提高了 1.65 ~ 4.54 倍，但是封育草地恢复的植被土壤有机碳密度提高最多，荒草地比人工柠条略有提高，二者相差不大。表明三种植被恢复对土壤有机碳密度的影响表现为封育草地 > 荒草地 > 人工柠条，植被的天然恢复对土壤有机碳密度的影响比人工植被和荒草地的效果更显著。

7.6.5 植被恢复对土壤物理性质的影响

7.6.5.1 > 0.25 mm 水稳性土壤团聚体含量

随着农地撂荒年限的延长，植被由狗尾草群落向冰草群落溶替（0 ~ 100 cm 剖面 > 0.25 mm）土壤团聚体含量不断增加，表现为农地 < 狗尾草群落 < 冰草群落（图 7-12），> 0.25 mm 水稳性团聚体含量由 270.54 g/kg（农地）增加到 290.42 g/kg（冰草群落），增加了 7.37%。从剖面层次上看 ［图 7-12 (a)］，农地退耕后 20 cm 以上土层 > 0.25 mm 水稳性团聚体含量明显增加，0 ~ 5 cm 的水稳性团聚体含量由 315.53 g/kg 增加到 490.32 g/kg，增加了 55.40%；5 ~ 10 cm 土层由 303.83 g/kg 增加到 475.07 g/kg，增加了 56.36%；10 ~ 20 cm

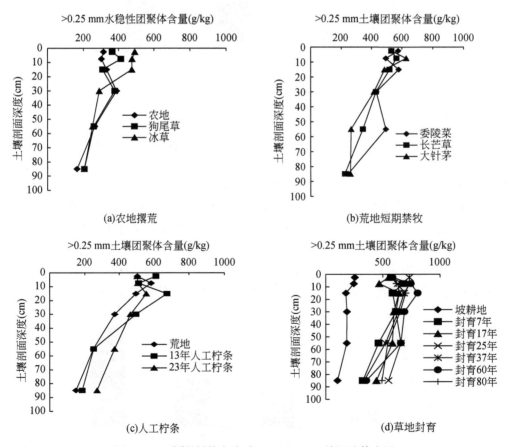

图 7-12 不同植被恢复方式 > 0.25 mm 土壤团聚体含量

土层由 333.22 g/kg 增加到 473.94 g/kg, 增加了 42.23%。20 cm 以下土层三个群落间 >0.25 mm水稳性团聚体含量无明显规律性变化。表明农田撂荒有利于 20 cm 以上表层土壤结构的恢复。农田撂荒各植被群落 >0.25 mm 水稳性团聚体均随土层加深而减少。

荒坡短期封禁 [图 7-12 (b)] 后委陵菜群落、长芒草群落和大针茅群落三个群落间各层次无明显规律性变化。0~100 cm 剖面三个群落 >0.25 mm 土壤团聚体含量 (图 7-13) 表现为347~419 g/kg, 均大于农田撂荒植被恢复方式。荒坡短期封禁各植被群落 >0.25 mm 水稳性团聚体均随土层加深而减少。

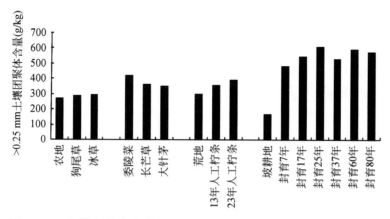

图 7-13　不同植被恢复方式 0~100 cm 剖面 >0.25 mm 土壤团聚体含量

种植人工柠条能够增加 0~100 cm 剖面 >0.25 mm 水稳性团聚体含量 (图 7-13), 13 年人工柠条和 23 年人工柠条分别达到 353.79 g/kg 和 392.92 g/kg, 分别较荒地 (289.26 g/kg) 提高 22.31% 和 35.84%。由图 7-12 (c), 0~5 cm 土层 13 年人工柠条含量最高, 为 613.07 g/kg, 较荒地提高 21.75%。10 cm 以下 13 年人工柠条和 23 年人工柠条水稳性团聚体含量均大于荒地, 分别较荒地提高 12.30% (10~20 cm)、24.07% (20~40 cm)、49.34% (40~70 cm) 和 84.19% (70~100 cm), 随着土层深入, 人工柠条对 >0.25 mm 水稳性团聚体含量增加明显。草本植被根系 90% 分布在 0~40 cm, 少数达到 60 cm, 人工柠条根深超过 1 m。由此可见人工柠条能够使土壤水稳性团聚体含量增加, 尤其是对 10 cm 以下土层水稳性团聚体的作用更为突出。不同林龄人工柠条 >0.25 mm 水稳性团聚体均随土层加深而减少。

草地封育恢复方式, 0~100 cm 剖面 >0.25 mm 水稳性团聚体含量 (图 7-13) 坡耕地最低, 仅为 166.40 g/kg, 封育 25 年内水稳性团聚体含量不断提高, 25 年达到 611.03 g/kg, 较坡耕地提高 2.67 倍。封育 37 年 0~100 cm 剖面 >0.25 mm 水稳性团聚体含量略微下降为 528.38 g/kg, 封育超过 60 年水稳性团聚体含量波动性增加值 572~590 g/kg, 较坡耕地提高 2.5 倍左右。从剖面层次来看, 各土层 >0.25 mm 水稳性团聚体含量均为坡耕地最小, 为 102.51~257.09 g/kg, 不同封育时间各层水稳性团聚体含量均显著高于坡耕地, 且随封育时间的延长略有增加, 为 327.15~807.21 g/kg, 显著提高剖面各层次 >0.25 mm 水稳性团聚体含量。草地封育不同时间 >0.25 mm 水稳性团聚体均随土层加深而减少。

四种植被恢复方式均能够提高水稳性团聚体含量。为比较不同植被恢复方式对 >0.25 mm水稳性团聚体的作用，计算同一植被恢复方式不同群落或时间样地 0～100 cm 剖面水稳性团聚体得出，农田撂荒、牧荒坡短期封禁、人工柠条和草地封育分别为 281.96 g/kg、376.64 g/kg、373.36 g/kg 和 554.65 g/kg，农田撂荒方式 >0.25 mm 水稳性团聚体含量最低，牧荒坡短期封禁恢复方式和人工柠条接近，草地封育恢复方式水稳性团聚体含量最高，表明草地封育最有利于水稳性团聚体含量的提高。

7.6.5.2 植被恢复与土壤团聚体分形维数

从 20 世纪 80 年代起，分形理论应用于土壤研究，使定量描述土壤结构的复杂性质成为可能。杨培岭等用土壤颗粒的质量分布代替数量分布，推导出土壤粒径分布的分维方程，因此粒径的质量分布可以用来描述土壤颗粒组成分维和团粒组成分维。土壤团聚体分形维数能客观地反映退化土壤的结构状况和退化程度，可作为土壤结构评价的一项综合性定量指标，团聚体分形维数与团聚体结构稳定性呈负相关。

农田撂荒恢复方式 0～100 cm 剖面团聚体分形维数表现为农地 > 狗尾草群落 > 冰草群落（图 7-14），但减少幅度甚微，说明短期退耕对土壤结构的改善作用很小。从剖面层次上看 [图 7-14（a）]，0～5 cm 土层团聚体分形维数由 2.88（农地）降低到 2.83（冰草），5～10 cm 由 2.90 降低到 2.85，10～20 cm 土层由 2.88 降低到 2.84；20 cm 以下土层团聚体分形维数接近，说明农田撂荒可显著恢复 20 cm 以上土壤结构。

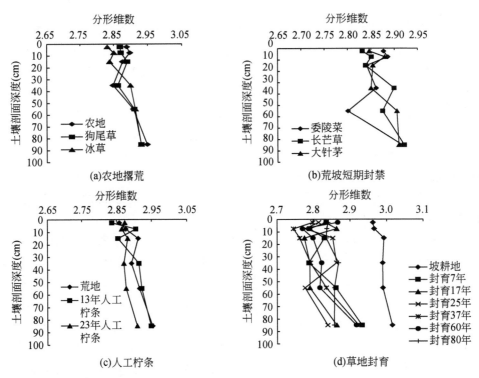

图 7-14　不同植被恢复方式土壤团聚体分形维数

荒坡短期封禁恢复方式 0～100 cm 剖面团聚体分形维数表现为委陵菜群落＜大针茅群落＜长芒草群落（图7-15）。剖面层次来看［图 7-14（b）］，荒坡短期封禁序列 10 cm 以上土层长芒草群落团聚体分形维数最低，分别为 2.83（0～5 cm）和 2.85（5～10 cm），委陵菜群落最高，分别为 2.88（0～5 cm）和 2.89（5～10 cm），10 cm 以下委陵菜群落团聚体分形维数略小于长芒草和大针茅群落。由于荒地前期放牧影响差异，恢复时间相同，植被群落不同时土壤结构性也表现出不同的剖面特征。

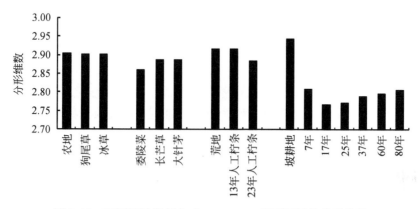

图 7-15 不同植被恢复方式 0～100 cm 剖面团聚体分形维数

人工柠条能够改善土壤结构，降低团聚体分形维数（图7-15），0～100 cm 剖面团聚体分形维数表现为 23 年人工柠条＜13 年人工柠条＜荒地。从剖面层次来看，人工柠条［图 7-14（c）］土壤团聚体分形维数 23 年人工柠条最小，为 2.86～2.91；荒地分形维数最大；种植人工柠条 13 年以上，有利于土壤结构特征的改善，并随着林龄的延长，改善作用提高。

7.6.5.3 土壤团聚体分形维数与大于 0.25 mm 水稳性团聚体的关系

图 7-16 反映出土壤团聚体分形维数与＞0.25 mm 土壤团聚体含量的关系。由图可以看出＞0.25 mm 土壤团聚体含量与分形维数呈显著负相关关系（$R^2 = 0.7509$，$P = 0.0001$）。土壤分形维数是土壤结构几何形状的参数，反映了水稳性团聚体即土壤结构与稳定性的影响趋势，即＞0.25 mm 土壤团聚体含量越高，分形维数越低，土壤则具有良好的结构与水稳性。

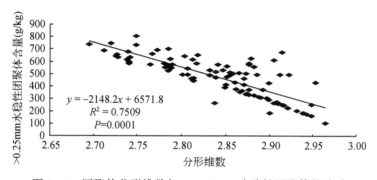

图 7-16 团聚体分形维数与＞0.25 mm 水稳性团聚体的关系

7.7 自然植被恢复

封育已成为国内外保护和恢复天然植被的一种行之有效的方法。通过封育给植物提供一个休养生息的机会，逐步恢复生产力，给予植物充足的生长发育和繁衍的空间和时间，促进植被的更新。在实际操作中，为了加快植被恢复，在一些自然恢复有一定难度的地方采取了天然草地补播措施，加快自然草地恢复，提高自然草地质量。

7.7.1 天然草场退化的原因

天然草场退化是一个很大问题。退化原因主要表现在土地沙化、土壤水分条件恶化、草场种群结构变化等，导致这些现象出现的原因是过度放牧和人为破坏，其中过度放牧是最主要的原因。一般说来，草场全年产草量是不均衡的，在雨季7~9月是全年产草量最高季节，而3~6月是牧草返青恢复生长的季节，这个时期产草量很低，并且随着时间推移，气温回升，降水量增加，产草量逐步增加。根据调查，河川示范区草场返青季节在3月下旬，基本上没有产量，4月份草场形成产量，但是很低（图7-17）。牧草返青时期被啃食后受到很大伤害，后期形成的产草量受到影响，经过羊群的反复啃食，最终导致草场退化。因此，过度放牧是有季节性的，主要发生在春季。解决这个问题的主要手段有封禁、轮封轮牧，增加灌木草场等。封禁是一种最为行之有效的方法。

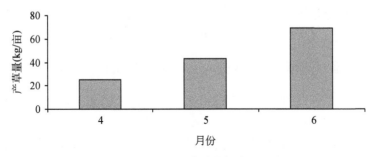

图7-17 河川示范区春季草场产草量变化

7.7.2 封育措施

在半干旱黄土丘陵区，开展的许多封育措施对植被恢复影响的研究成果，均表明封育措施可以显著提高退化草场（原）的生产力，很明显封育措施主要是通过人为地降低或完全排除牲畜对植被生态系统的影响，使系统在自身的更新、演替下得以恢复和重建。但是，封禁并不是简单的不放牧、不挖草皮、实施封禁，而是在封禁的基础上，根据草地的状况，采取改良、补播等手段，导入适生树草种，加快植被演替过程。

采取补播和导入目的草种是一种促进草地自我恢复的一种有效措施。封育草地实际上是利用植物群落自我修复和演替的能力，使草地得以恢复。但是，草地的恢复和演替是一种随着环境条件而变化的过程，所以，这个过程是漫长的。采取补播、导入适宜的树草种等人为促进措施，可以在一定程度上加快植被恢复。根据植被恢复的自然规律导入适宜树草种，作为种源，使草地能够较快地进入下一个演替阶段。补播豆科牧草可以增加土壤有机质，提高土壤肥力，促进植被演替。尤其是在一些盖度低、地表板结严重的地块上，采用动土补播的方法，打破地表板结，培肥土壤，有利于促进植被快速演替和恢复。

补播方法是选择植被盖度在 40% 以下、地表板结的草地作为补播改良的对象，采用穴状补播、开沟补播和隔带翻耕补播的方法，选用的草种为适应性强、出苗快、生长迅速的草种，适宜的草种很多，主要是当地的建群种和能够培肥土壤的豆科植物。

7.7.3　封育效果

云雾山是原州区开展封育恢复植被的最早地区之一。以云雾山为例，说明封禁的效果。

7.7.3.1　草地结构变化

根据监测资料，云雾山在封禁初期，草原植物仅为 53 种，其中灌木和半灌木占 8%，草本占 92%，多数以旱生植物组成，物种密度平均为 5 种/m^2。呈现出严重的草场退化现象。近 30 年封禁定位试验结果表明，根据草地退化程度采取封禁、改良、补播等草地建设技术途径，使退化草地植被种类成分、牧草生长发育和草地生境条件得到了全面改善，草地生产力有了很大提高，草群种类成分发生了显著变化。

随封禁期延长物种密度逐渐增加，封禁的第 15 年（1996 年），物种密度达到了峰值，平均为 33 种/m^2，是未封禁的 3.1 倍，草地群落物种种数达到 186 种，是未封禁的 3.5 倍，其中灌木和半灌木占 12%，草本占 88%，多数以中生和中旱生植物组成，并出现大量森林草原地带的灌木和草本植物种。草地覆盖度由 35% 提高到 95%，生物量由 750 kg/hm^2 提高到 7560 kg/hm^2。

表 7-17 给出了封育和未封育草地群落的结构特征，可以看出，未封育草地和封育草地群落的物种数、Simpson 优势度指数、Shannon-Wiener 指数和均匀度指数相近，而植物的平均高度和盖度是未封育草地＜封育草地，同时盖度差异达显著水平。

表 7-17　封育草地与未封育草地的群落结构比较

群落	物种属	平均高度（cm）	盖度（%）	Simpson 优势度指数（D）	Shannon-Wiener 指数（H）	Pielou 均匀度指数（J）
未封育草地	10.29 ± 2.36	13.58 ± 5.65	53.57 ± 17.21 *	0.86 ± 0.014	3.00 ± 0.13	0.90 ± 0.024
封育草地	10.38 ± 1.30	26.42 ± 5.02	87.13 ± 12.46 *	0.86 ± 0.019	2.99 ± 0.06	0.89 ± 0.017

*表示差异显著（赵艳云等，2008）

7.7.3.2　土壤水分变化

土壤水分变化从侧面反映了土壤蓄水和植被耗水的动态状况。无论是封育还是未封育草地，由于 0~20 cm 土层深度与大气交换频繁，蒸发强烈，土壤含水量变化幅度较大，是土壤水分的活跃层。同时，封育草地与未封育草地土壤水分垂直变化差异显著，在 20 cm 以下土层未封育草地土壤水分基本上保持不变，稳定在 8.5 左右；而在封育条件下，20 cm 以下的土壤水分随土壤深度增加而减少，植物生长季（6~9 月）20~140 cm 土壤含水量都在 10 以上，而 140~300 cm 土壤含水量基本稳定在 9.5，由此可以推断，未封育草地和封育草地水分亏缺深度分别为 20 cm 和 140 cm。

封育草地 0~100 cm 土壤剖面田间持水量从坡耕地到封育 37 年不断增加，由 16.97%（坡耕地）增加到 34.24%（封育 37 年），封育 60 年和 80 年土壤田间持水量分别为 24.56% 和 24.51%，说明田间持水量不是随草地封育时间延长不断增加的，而是最终稳定至一定范围。从剖面层次上，0~5 cm、5~10 cm、10~20 cm、20~40 cm、40~70 cm 和 70~100 cm 各土层田间持水量均表现出从坡耕地到封育 37 年不断提高，封育 60 年、80 年稳定在 24.5%。0~100 cm 剖面土壤重力水含量从坡耕地到草地封育 17 年由 36.13% 降低到 32.96%，封育 25 年后重力库容稳定在 34.2%~35.7%，剖面各土壤层次均表现出类似的趋势，说明草地封育 17 年内可降低重力水，随封育时间延长，重力水维持在 35% 左右。0~100 cm 剖面土壤有效水含量在封育 25 年内由 9.92% 提高到 12.82，提高了 29.23%。而后稳定在 10.9%~11.60%。剖面层次上 0~5 cm 有效水含量增加最为显著，封育 80 年坡耕地提高了 81.04%；5~10 cm、10~20 cm、20~40 cm、40~70 cm 各层有效水含量均在封育 25 年内不断提高，而后趋于稳定。田间持水量和有效水含量并不是随封育时间延长不断增大，在封育 37 年内不断提高，而后稳定在一定范围；重力水在封育 17 年内降低，随封育时间延长维持在 35% 左右。

7.7.3.3 土壤养分变化

土壤养分是植物维持生长的基础，其含量的多少反映了植物对于土壤肥力的吸收和改善能力。研究表明，无论是封育草地还是未封育草地的土壤养分含量都随着土层深度的增加而减少。由此可见，土壤养分含量具有表聚性，这与其他学者的研究结果是一致的。通过对封育草地与未封育草地土壤养分含量进行对比可以发现，除速效磷外，草地经过 23 年的封育，0~120 cm 土壤中的有机质、硝态氮比未封育草地分别高 97.1%，128.4%；0~80 cm 土层全氮、速效钾含量比未封育草地分别高 67.4%，71.2%；而对于碱解氮含量来说，0~140 cm 土层，封育草地比未封育草地高 78.1%，这说明草地封育以后，能够使得土壤养分含量增加，增加了土壤肥力。

通过植被恢复，草地和灌木草地生物量得到了提高，显现了生态效益。尤其是在特大干旱年份，充分显示了灌木草场的作用。在 1986 年和 1991 年降水量 274.8 mm 和 259.7 mm 的大旱年份，宁夏固原 2/3 的地方由于干旱缺草造成 60%~70% 牲畜死亡，但封禁保护和改良草地周围的乡村 5.0 万~6.0 万头牲畜得到了挽救，减少直接经济损失 500 万元，充分发挥了"自然保护区"和改良草地的显著作用，增大了保护区生态、经济与社会效益。

7.8　值得注意的几个问题

7.8.1　关于人工柠条的地位问题

人工柠条是宁夏半干旱黄土丘陵区最常见的人工造林树种，根据资料，宁夏半干旱黄土丘陵区有人工柠条约 600 万亩。河川示范区的人工柠条面积占到总土地面积的 47%。人工柠条面积占到如此比例使一些人对此持怀疑态度，为此，我们在 2009 年进行了专项研究，研究内容包括人工柠条林地的土壤水分、对自然植被的影响以及平茬复壮试验等。

7.8.1.1　人工柠条在宁夏半干旱黄土丘陵区植被建设中的意义

宁夏半干旱黄土丘陵区草场退化是一个严重的问题，其主要原因是畜牧业的过载。根据前面所述，草场过载问题不是全年都过载，而是有时间性的。一般是出现在 3~6 月，这段时间草场正处于返青时期，产草量低，而且，小苗对于啃食和践踏的抵抗能力弱，而羊群为了吃饱，反复啃食，导致草场严重遭到破坏。这个时期是草场遭到破坏的主要时期。人工柠条地上部分是多年生的，地上枝条在早春就可以大量啃食，并且生长不会遭到破坏，所以，为了缓解草场春季的破坏，减轻草场的压力，人工柠条具有重要的作用。

另外，宁夏半干旱黄土丘陵区十年九旱，尤其是春旱和特大干旱年份，草场生长受到严重影响，而人工柠条却能正常生长、开花，在这种情况下，人工柠条作为灌木牧草填补了牧草的缺乏，保证羊群安全度过干旱季节。在 20 世纪 90 年代大旱（1994~1995 年），河川示范区及其周边地区的羊群依靠河川示范区的上千亩人工柠条林渡过了难关，没有乏羊和死羊现象发生。由此可见，人工柠条在宁夏半干旱黄土丘陵区的畜牧业发展上具有不可替代的作用。

7.8.1.2　人工柠条对土壤水分的影响

根据前面所述，人工柠条是一种耐旱的灌木，其耐旱机制除了本身的生物学、生理学和生态学的原因外，其根系具有很强的吸水能力。根系的强大吸水能力导致了土壤水分下降，在 1.5~8m 土层形成了一层低含水层（土壤干层），根据 20 多年的定位观测，河川示范区的人工柠条林地土壤干层形成过程是在造林的第一年到第五年形成，此后虽然有所降低，但是其总的水分状况与自然植被相似。由此可见，土壤干层是随着人工柠条生长而逐步形成的。这种土壤干层对人工柠条生长有一定的影响，但是不会根本影响人工柠条的生长和生存。到人工柠条十年生前后，土壤水分随着人工柠条生长的衰退，耗水量减少，土壤水分略有恢复，与自然植被的土壤含水量相似，没有出现更为恶化的情况。所以，人工柠条不会对土壤水分造成永远的枯竭。

7.8.1.3　人工柠条对自然植被恢复的影响

人工柠条林对自然植被恢复的影响成为一些人关注的问题。在 2008 年和 2009 年进行了调查，结果表明，人工柠条林对自然植被更新没有负面影响，与没有人工柠条的林地相比，人工柠条林地的自然植被的盖度、生物量、物种数量和种类没有明显差别，甚至有的地块反倒好于没有人工柠条的。这表明人工柠条至少对自然植被恢复没有影响。

7.8.1.4 关于人工柠条的"生物入侵"问题

人工柠条是宁夏半干旱黄土丘陵区的主要造林树种，有 600 万亩之多。有人认为是"生物入侵"和"生态灾难"。生物入侵成为生态灾难是有一定标准的：在面积上是恶性扩张而人为不能控制；对当地的自然植被排挤，侵占自然植被生存空间；带来生态灾难。从上面看，这三个条件人工柠条都不具备，因此，人工柠条不是生物入侵。但是，也应该在造林中考虑树种多样化问题，有利于建立稳定的群落。

7.8.2 植被恢复需要较长的时间

根据河川示范区和云雾山自然保护区多年的研究结果，封山育林是宁夏半干旱黄土丘陵区恢复植被行之有效的方法。封山育林育草恢复的植被群落一般都是当地的优势群落，与人工群落相比，这种群落生长旺盛，抗旱耐寒，适应当地的自然条件，稳定性好，持续能力强，物种多样性好，具有一定的优势，自然群落的耗水量也低。但是，封禁需要较长的时间，通过近 30 年的自然封禁试验，明确提出草地恢复的适宜封禁期：在半干旱区森林草原地带，草甸植被的适宜恢复期为 3 ~ 5 年，方可进行合理的放牧或刈割利用，对利用过度、退化严重的草甸植被在平水年需要封禁 8 ~ 12 年；在典型草原地带，草地植被适宜恢复期为 5 ~ 8 年，方可进行合理刈割和放牧利用，退化严重的草地植被在平水年需封禁 10 ~ 15 年；在荒漠草原地带，草地植被适宜恢复期为 10 ~ 12 年，方可进行合理的刈割和放牧利用，退化严重草地在平水年需封禁 15 ~ 20 年。这一结论通过多年的试验验证，已建立了示范样板。

河川示范区人工恢复植被也需要较长的时间。首先，人工建造植被到建成需要 5 ~ 10 年的时间，能够充分发挥生态效益需要 10 ~ 20 年的时间，有些功能需要的时间更长，甚至需要几十年，如形成一定厚度的枯枝落叶层、改良土壤，增加土壤颗粒组成等。由于植被恢复需要较长的时间，所以，在后期的经营管理过程中需要科学管理，采取措施促进植被恢复需要一定的投入。

第8章 人工草地的建设及高效可持续利用

8.1 人工草地建设技术

近年来，随着西部生态环境建设和农业产业结构调整的不断推进，人工牧草种植面积逐年增加，以种植苜蓿为主的草产业的发展，在创造生态效益和经济效益的同时，促进了半干旱黄土丘陵区农业产业结构的调整。

8.1.1 人工牧草品种的引进

草食家畜的发展扩大了对优质牧草的需求。种植牧草是农民降低养殖成本加快发展养殖业的一条新路。目前，宁夏半干旱黄土丘陵区用于畜牧业的牧草品种比较单调，主要以苜蓿等为主，而且，苜蓿品种老化严重，产量较低，人工牧草种植效益较差，制约了区域草畜产业的发展。因此，我们先后从国内外引进了18个柳枝稷与苜蓿品种。

8.1.1.1 柳枝稷品种引进

柳枝稷是一种很好的牧草，有很好的抗逆性、适应性和生产性能。柳枝稷对贫瘠的土地、洪涝和干旱都有很好的忍耐力，栽培品种对酸性土壤环境有很强的忍耐性。柳枝稷根系发达，深度可达3 m左右，并且有很多细小根系，能够提高土壤有机质、土壤水分渗透和营养物质的容纳能力，能有效地防止水土侵蚀和农业土壤的退化，具有很好的水土保持效果。柳枝稷具有很好的培肥土壤的能力，Ocumpaugh等发现种植柳枝稷3年后的土壤中的碳水平从10 g/kg上升到12 g/kg。柳枝稷通过自身累积^{137}Cs和^{90}Sr，能在一定程度上改善被放射污染的土壤。柳枝稷既可作为牛羊等牧畜的饲料，又可作为有机肥，还因其发达的根系具有很好的防治水土流失效果。在改善受TNT污染的环境时，和雀麦草比较，柳枝稷具有更好的改良土壤条件的作用。柳枝稷也是开发液体生物燃料的原料，作为新的生物能源不仅可以解决能源危机，降低国家对石油进口的依赖，而且还能改善化石能源带来的日益恶化的环境。1996年美国能源部将柳枝稷当做最有前途的能源作物，大力开展研究，通过发酵可获得乙醇，其具有很高的液态气体值和最低的含灰量和残渣。生物能源的发展，将使整个世界经济发展所需能源的相当大的一部分转向农村去生产。这不仅能够解决人类所面临的能源危机和环境危机，还能使农村经济重新充满活力。

柳枝稷为高度杂合体，远源杂交，具有广泛的适应性，染色体从二倍体（$2n = 2x = 18$）到十二倍体（$2n = 12x = 108$）都有。根据叶绿体DNA多态现象可以将其分为高地和低地两种生态类型。在现有的30多种栽培品种中高地品种以八倍体和六倍体为主，低地品种以四倍体为主。高地类型主要生长在干旱地区，杆细，匍匐状生长，可长到 1.5 ~ 2 m 高；低地类型生长在湿润环境，生长快速，束状生长，可高达 3 ~ 4 m。

柳枝稷 9 个栽培品种分别为 Alamo，BlackWell，Cave-in-Rock，Dakota，Forestberg，Kanlow，Nebraska28，Pathfinder 和 Sunburst（表 8-1），和一个品种不详的 illinois，均来自日本。

表 8-1　柳枝稷的生态型和染色体倍性

品种	生态型	倍性	原产地
Alamo	低地	四倍体	南得克萨斯州，北纬 28°
BlackWell	高地	八倍体	北俄克拉何马州，北纬 37°
Cave-in-Rock	中间型	八倍体	南伊利诺伊州，北纬 38°
Dakota	高地	四倍体	北达科他州，北纬 46°
Forestberg	高地	四倍体	南达科他州，北纬 44°
Kanlow	低地	四倍体	俄克拉何马州中部，北纬 35°
Nebraska28	高地	—	北内布拉斯加州，北纬 42°
Pathfinder	高地	八倍体	内布拉斯加州/堪萨斯州，北纬 40°
Sunburst	高地	—	南达科他州，北纬 44°

在 10 月收获季节，测量柳枝稷的株高，每小区选中部面积为 1 m² 的正方形区块收割柳枝稷地上部分，记录鲜重，在 80℃下烘干至恒重，计算亩产量。每品种每个项目重复测量 3 次。

在 2006 年播种的 9 个品种柳枝稷中，第二年春（2007 年）Alamo 和 Kanlow 两个四倍体低地品种基本未发芽，其余品种均发芽。2007 年坡地种植柳枝稷第二年发芽情况（2008 年 5 月）见表 8-2。

表 8-2　柳枝稷返青状况

品种	地块		
	重复一	重复二	重复三
Nebraska28	发芽	未发芽	发芽
Pathfinder	发芽	发芽	发芽
Dakota	未发芽	未发芽	发芽
Forestberg	未发芽	发芽	未发芽
Sunburst	发芽	发芽	发芽
Illinois	发芽	发芽	发芽
BlackWell	发芽	未发芽	发芽
Cave-in-Rock	发芽	发芽	发芽
Alamo	发芽	未发芽	未发芽
Kanlow	发芽	未发芽	未发芽

四倍体低地类型的 Alamo 和 Kanlow 以及四倍体高地类型的 Dakota 和 Forestberg 的抗旱和抗寒能力较差。而其他八倍体高地类型的 Pathfinder、Sunburst、Illinois 和 Cave-in-Rock 的适应能力较强。

柳枝稷品种间鲜草产量差异极显著。Nebraska28 产量最高，Forestberg 和 Cave-in-Rock 次之，Dakota 产量最低。株高之间没有表现出和产量类似的差异，只有 Nebraska28 和 Dakota 之间存在显著差异 ($P<0.05$)，见表 8-3。

表8-3　柳枝稷各品种之间生物量差异

品种	鲜重 (kg/hm^2)	干重 (kg/hm^2)	株高 (cm)
BlackWell	4410dD	1685eD	33.3abA
Cave-in-Rock	9060aA	3265bAB	39.0abA
Dakota	2935eE	1445eD	23.0bA
Forestberg	7570bB	2980bcB	34.3abA
Nebraska28	9755aA	3765aA	47.7aA
Pathfinder	7565bB	2875cB	34.3abA
Sunburst	5830cC	2340dC	34.0abA

注：大写字母不同表示差异极显著 ($P<0.01$)，小写字母不同表示差异显著 ($P<0.05$)

黄土高原的柳枝稷引种试验中，柳枝稷按染色体倍性分为四倍体和八倍体，按生态类型分为低地类型和高地类型两种。在水分条件充足的杨凌和定边，四倍体的低地类型 Alamo 和 Kanlow 的产量大于八倍体高地类型的品种。在半干旱的固原，Alamo 和 Kanlow 的适应性比八倍体高地类型的其他品种差，越冬存活率低，不适宜在固原引种。同时，四倍体高地类型的 Dakota 在杨凌、定边和固原的产量最低，株高最低，也不适合在当地引种。

有6个八倍体高地类型柳枝稷品种在固原存活并长势良好，分别是 BlackWell、Cave-in-Rock、Forestberg、Nebraska28、Pathfinder、Sunburst。在株高方面，6个品种之间没有太大差异。在生物产量干重方面 Nebraska28 的产量最大，和其他品种相比达到显著差异，其次为 Forestberg 和 Cave-in-Rock，产量最低的为 BlackWell 和 Dakota。因此，Nebraska28 是最适合在研究区推广的柳枝稷品种。

8.1.1.2　苜蓿品种引进

苜蓿的再生能力很强，适应性很广，性喜温暖、半干旱气候，适宜在各种地形、土壤中生长。苜蓿最适宜的温度为 20~25℃，pH 为 6.5~7.5，轻度盐碱地上可以种植，但当土壤中盐分超过 0.3% 时要采取压盐措施。苜蓿抗寒性强，可耐 -20℃ 左右的低温，可在年降水量为 300~800 mm 的地方生长。

（1）不同苜蓿品种生长性能比较

苜蓿是多年生植物，一次播种后，可多年受益，选择适宜的良种是人工苜蓿草地建设成功的关键。

从表 8-4 中可以看出 6 个品种苜蓿头茬草生长速度表现为皇后 > 阿尔冈金 > 赛特 > 朝阳 > 宁夏苜蓿 > 威龙；第二茬表现为阿尔冈金 > 皇后 > 朝阳 > 赛特 > 宁夏苜蓿 > 威龙。从两茬累计产量来看，皇后＞阿尔冈金＞朝阳＞赛特＞威龙＞宁夏苜蓿。

表8-4　苜蓿品种试验

品种	第一茬		第二茬		第一茬		第二茬		全年合计	
	株高(cm)	生长速度(cm/d)	株高(cm)	生长速度(cm/d)	鲜重(kg)	干重(kg)	鲜重(kg)	干重(kg)	鲜重(kg)	干重(kg)
宁夏苜蓿	54.2	0.83	53.0	0.82	1.20	0.30	0.70	0.20	1.90	0.50
阿尔冈金	62.2	0.96	63.0	0.97	1.60	0.42	1.05	0.33	2.65	0.75
皇后	63.8	0.98	56.0	0.86	1.65	0.43	1.15	0.35	2.80	0.78
朝阳	60.2	0.93	55.3	0.85	1.50	0.40	0.95	0.29	2.45	0.69
赛特	61.8	0.95	54.6	0.84	1.25	0.32	1.08	0.32	2.33	0.64
威龙	52.8	0.81	45.3	0.70	1.25	0.30	1.03	0.28	2.28	0.58

如表8-5所示，从茎叶比来看，除了第一茬宁夏苜蓿、朝阳大于或等于1，其他小于1。茎叶比越小，叶量越多，说明苜蓿草叶量比较丰富，营养较好。

表8-5　2005年苜蓿品种试验观测

品种	返青期（cm）	分枝期（cm）	现蕾期（cm）	分枝数（枝）	第一茬茎叶比	第二茬茎叶比
宁夏苜蓿	4.1	4.20	5.20	13.2	1.14	0.98
阿尔冈金	3.30	4.15	5.15	12.4	0.62	0.84
皇后	3.30	4.15	5.16	18.6	0.87	0.74
朝阳	3.31	4.15	5.16	17.2	1.00	0.89
赛特	3.30	4.16	5.16	10.6	0.78	0.98
威龙	3.30	4.15	5.16	12.8	0.67	0.65

（2）不同苜蓿品种营养成分比较

从表8-6中可以看出，苜蓿营养成分中粗蛋白含量为15%～20%，营养比是计算牧草综合质量的一种方法，营养比越低，牧草营养水平越高。苜蓿的营养比在3.6～5.0明显低于一般牧草（8.52）。

表8-6　苜蓿营养成分分析　　　　　（单位：%）

品种	水分	粗蛋白	粗纤维	粗脂肪	无氮浸出物	粗灰分	钙	磷	营养比
宁夏苜蓿	6.40	15.2	23.62	4.15	40.96	8.1	1.3	0.27	4.90
阿尔冈金	6.22	18.5	26.3	4.1	36.1	7.46	1.15	0.17	3.90
皇后	6.65	18.2	24.69	3.45	36.92	8.72	1.15	0.22	3.84
朝阳	5.78	19.5	26.3	4.05	35.87	7.32	1.06	0.12	3.69
赛特	6.35	18.26	23.56	3.46	40.04	7.25	0.97	0.11	3.94
威龙	6.2	17.8	27.32	3.97	36.2	7.18	1.2	0.13	4.10

注：营养比 =（2.4×粗脂肪 + 粗纤维 + 无氮浸出物）/粗蛋白

通过对 6 个首蓿品种的引进栽培来看，皇后与阿尔冈金无论产量，还是营养成分均表现突出，可以作为宁夏半干旱黄土丘陵区人工旱作首蓿的主要种植品种。

8.1.2 人工草地建设关键技术

实践证明，出苗保苗技术是人工草地能否获得持久增产的关键。宁夏半干旱黄土丘陵区地形、地貌复杂，土地、土壤类型多样，以干旱为主的自然灾害频繁，加之人工牧草种子小，播量少，幼苗顶土力弱，给首蓿播种出苗保苗带来很大困难。影响该区人工牧草建设的不利因素有低温冷冻、干旱高温、选地不当和整地粗放、品种选择不对路、播种方法不科学、表土结皮与板结、杂草及病虫鼠害等。为了减少运输，节省劳力和便于管理，人工草地应尽量建在离村庄较近的地方，可采用大分散小集中的方式种植。研究总结适用于半干旱黄土丘陵区宁夏首蓿人工种植技术，对提高首蓿出苗保苗率、保证当年建植一次成功、提高种植效率与效益十分重要。

8.1.2.1 整地与施肥

主要采用反坡梯田、水平梯田整地技术修建首蓿地。反坡梯田整地技术主要适用于 20° ~ 35° 的坡面上。整地长度应因地制宜，在保持坡面完整，地形切割不大的地方可以长些。宽度超过 6 ~ 8 m 的，每隔 8 m 左右，修建 "88542" 水平沟，分段截留降水。一般田面反坡坡度在 15° 左右，水平沟下沿埂要筑实、形成硬埂。修整反坡梯田时应沿山坡等高线配置，由上而下，先整坡后整沟。同时要注意做到生土填底，熟土铺垫在表层，或者将熟土填在中间。水平梯田整地技术适用于 15° ~ 25° 的陡坡上，水平梯田宽窄应根据坡度的缓陡而定，田面宽应为 5 ~ 10 m。修梯田时应尽量保持表土与心土不要混合在一起，以使表层保留较肥沃的表土。在坡面边缘进行水平沟造林整地，挖沟时先将表土放在上方，用底土培埂，然后再将表土回填。

紫花首蓿种子小、幼芽弱、顶土力差，播前精细整地对出苗十分必要。在其前作物收获后应立即浅耕灭茬，之后再深耕，冬春还应做好耙糖或镇压，蓄水保墒。结合翻耕，每亩施有机肥 1500 ~ 2500 kg，过磷酸钙 20 ~ 30 kg 作为底肥。

8.1.2.2 净种

首蓿种子中常带有兔丝子等杂草种子，一定要清除干净。播前要晒种 2 ~ 3 天，以打破休眠，提高发芽率和幼苗整齐度。播种量为 11 ~ 15 kg/hm^2。

8.1.2.3 接种

每千克种子用 5 g 首蓿根瘤菌剂，配制成菌液，洒在种子上充分拌匀；无根瘤菌剂时可用老首蓿地的土壤按至少 1:1 混合，随拌随种。

8.1.2.4 播期

苜蓿在春、夏、秋均可播种，但以春季晚霜过后1个月（或最低温度5℃以上）和秋季早霜前1个半月以前为宜，或者也可在冬小麦播种之前抢墒播种。

8.1.2.5 播种深度

根据土壤墒情而定，土壤疏松可稍深，黏重土壤则宜浅，土壤干燥可稍深，潮湿则宜浅。气候干旱宜深，夏季雨季播种则宜浅。总之，在条件适宜时还是要浅播，以保证出苗整齐一致。

8.1.2.6 播种方法

按下种方法分条播、撒播和穴播三种；按种子组成又分为单播、混播和覆盖（保护）播种。条播是利用播种机或人工开沟条播。行距一般为15 cm，窄者可以为6~8 cm，宽者可达30~100 cm。条播深度均匀，出苗整齐，又便于中耕除草和施肥，有利于牧草生长和田间管理。点播是间隔一定距离，挖穴播种，适于在较陡的山坡荒地上播种。撒播，是在整地后用人工或撒播机把种子撒播地表，撒后用耙覆土，常因深浅不一致，出苗不整齐，但在阴雨天出苗则不成问题。

8.1.2.7 田间管理

播种后出苗前如遇雨土壤板结，要及时耙、耱解除板结层，以利出苗。苗期如有杂草危害，要及时除草。播种当年可在停止生长前1个月左右刈割利用1次，刈后要有一定生长和营养物质积累期，以利越冬。2龄以上苜蓿地，春季萌发前应清理田间留茬，并进行松耙保墒，每次刈割后要追肥耙地。

8.2 旱作苜蓿地土壤水分与物理性质

8.2.1 旱作苜蓿与土壤水分

土壤水是一种重要的水资源，在水资源的形成、转化与消耗过程中，它是不可缺少的成分。土壤水随着土体不停顿运动，并不间断地供给一切陆生植物所必需的水分。宁夏半干旱黄土丘陵区地下水一般埋深达50~200 m，与近地面土壤水分供应层之间隔着一层深厚的包气带，植物很难利用。在水资源匮乏的黄土高原水土流失区，土层深厚疏松，持水性能好，2 m深的土层即能储存全年的全部降水量，因此，土壤水是黄土高原的宝贵资源，是制约黄土高原地区植被恢复与重建的主要限制因子，也是决定土地生产力的一个重要因素，对于该区旱地农业和植被生长具有重要的意义。如何有效合理地利用土壤水资源就成为保证农作物和林草植被生理需水、优化生态环境、实现农林草业可持续发展的关键。

近年来，宁夏半干旱黄土丘陵区广大农民利用有限的降水资源，种植人工牧草，不但促进了当地草畜产业的发展，增加了当地农民的收入，而且可以防治水土流失，成为改善生态环境的有效措施。该措施在区域水土保持和小流域综合治理中的多年应用也发挥了重要作用。但长期种植多年生豆科优质牧草——紫花苜蓿，会加剧土壤干层发育，土壤干层一旦形成，短期内难以恢复。因此，探明人工苜蓿地土壤水分、土壤干层的变化规律具有十分重要的意义。

8.2.1.1　不同种植年限人工苜蓿地土壤水分季节性变化

苜蓿地 0～100 cm 土层的土壤湿度主要受降水的直接作用，2008 年调查表明，2006 年、2002 年、1998 年和 1990 年种植的苜蓿地 0～100 cm 土层水量分别为 105 mm，86 mm，138 mm 和 85 mm。

（1）不同种植年限人工苜蓿地土壤储水量季节变化

研究区降水稀少，土壤水库的储量和分布，容易受植物耗水的影响。图 8-1 显示了 2008 年 5～10 月不同种植年限苜蓿地（0～100cm）平均含水量的动态变化状况，苜蓿地土壤年均储水量变化趋势均呈现先降低，再升高的趋势。从土壤解冻开始到 6 月降水来临前为止，此期气温逐渐回升，土壤水分通过根系的吸收与地面蒸发，大量消耗，加上这一时期降水少，土壤中水分消耗大于补给，此时期，各土层储水量呈现降低的趋势。2006 年、2002 年、1998 年和 1990 年种植的苜蓿地，5 月土壤（0～100 cm）储水量分别为 77.1 mm、65.9 mm、123.4 mm 和 60.7 mm。7 月，雨季来临，由于 3 年生、19 年生苜蓿生长耗水量比 7 年生、10 年生的低，土壤储水量得到补充，而进入生产期的 7 年生和 11 年生苜蓿蒸散耗水量较高，土壤含水量仍然在下降。8 月以后，大气降水量逐渐增加，苜蓿生长耗水量逐渐减小，不同生长年限苜蓿地土壤水分得到补充，开始升高。

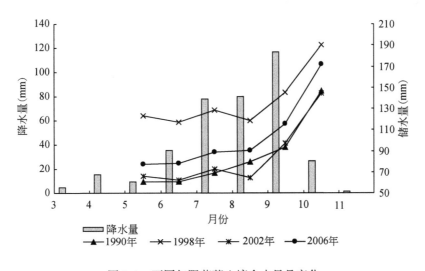

图 8-1　不同年限苜蓿土壤含水量月变化

（2）不同种植年限人工苜蓿地土壤储水量垂直变化

从不同生长年限苜蓿草地各月土壤含水量垂直变化来看（图 8-2），不同季节土壤含水量垂直变化差异较大。生长季初期的 5 月，属于旱季，降水稀少，表层土壤蒸发强烈，不同生长年限土壤含水量随土层深度的增加显著增加；降水后，各层土壤水分不同程度地得到补充，其中，表层土壤水分补充最快，土壤含水量明显高于深层。10 月，苜蓿生长耗水量与地面蒸发量减小，经过多次大气降水的补充，各层土壤水分继续增加，此时，土壤含水量仍然随土层深度的增加呈现先增加，再降低的趋势。由于不同生长年限的苜蓿生长势、密度不同，苜蓿生长耗水量并不相同，造成不同生长年限苜蓿地土壤含水量差异较大，0～100cm 土壤层次内的平均含水量呈现：3 年生苜蓿地（2006 年）＞8 年生苜蓿地（2002 年）＞19 年生苜蓿地（1990 年）。

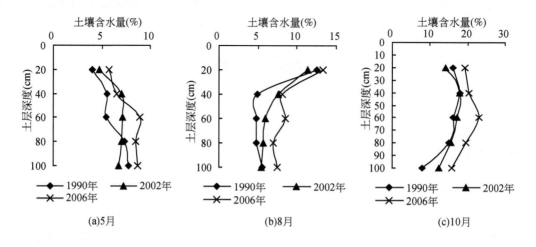

图 8-2　不同年限苜蓿土壤含水量的垂直变化

8.2.1.2　坡位对苜蓿地土壤含水量时空变异的影响

（1）坡位对苜蓿地土壤水分动态变化的影响

在干旱、半干旱区，水分是植物生存、分布和生长的一个重要限制因子，是生态系统结构与功能的关键因子。土壤水分的损失主要是以蒸散形式存在，它主要受气温、太阳辐射和风速的影响。

通过对宁南黄土丘陵区不同坡位苜蓿地土壤水分的动态变化规律发现（图 8-3）：苜蓿地土壤含水量的变化受苜蓿生长耗水及大气降水影响较大，明显分为耗水期与补水期。3～7 月土壤处于耗水期，随着苜蓿生长耗水率增加，加上持续干旱少雨，土壤含水量不断降低，土壤水分处于消耗状态，7 月份，土壤含水量达到最低，此时苜蓿地土壤旱化最为严重；8 月以后属于补水期，随着大气降水的增加以及苜蓿生长耗水量的减小，苜蓿地土壤水分开始得到补给，土壤旱化程度减弱；10 月份，苜蓿生长耗水逐渐降低，土壤含水量已恢复到高于 3 月份时的土壤含水量。

由于大气降水受坡面径流、垂直入渗、侧渗等影响，在同一坡面，不同坡位土壤含水量不同。从上、中、下坡 0～180cm 平均土壤含水量来看：在生长季（3～10 月），下坡苜蓿地平均土壤含水量最高，达到 13.69%，中坡次之，平均土壤含水量为 13.61%，下坡最低，0～180cm 土壤平均含水量仅为 12.29%。

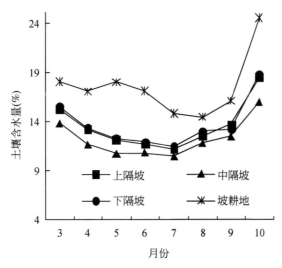

图 8-3 不同坡位苜蓿地含水量月变化

（2）坡位对苜蓿地土壤含水量的垂直变化的影响

半干旱黄土丘陵区地下水一般埋深达 50～200m，与近地面土壤水分供应层之间隔着一层深厚的包气带，植物很难利用。但黄土层深厚疏松，持水性能好，2m 深的土层即能储存全年的全部降水量，所以，土壤水分是黄土高原地区一项宝贵的资源，对于该区旱地农业和植被生长具有重要的意义。苜蓿根系较深，可以吸收深层土壤水分，加上土壤深层土壤水分入渗补给量减少，导致苜蓿地土壤含水量变化复杂。

从不同坡位苜蓿地 0～180cm 土壤含水量下降幅度来看（图 8-4）：土壤含水量最为活跃的 0～100cm 内，上、中、下坡相同层苜蓿地土壤含水量变化趋势呈现上坡 < 中坡 < 下坡 < 坡耕地（CK）。这说明苜蓿地年均土壤含水量与坡位有关，苜蓿地土壤水分与坡耕地（CK）相比，除表层外，上、中下坡苜蓿地各层土壤含水量均低于坡耕地（CK），说明种

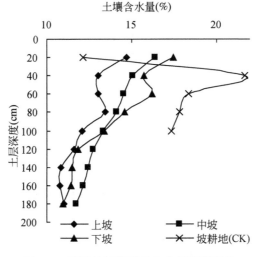

图 8-4 不同坡位苜蓿地含水量垂直变化

植苜蓿后土壤出现旱化现象，且坡位越高，土壤旱化越严重。

上述分析表明，坡位对苜蓿地土壤含水量影响较大，且坡位越高，土壤含水量越低。苜蓿地土壤水分与坡耕地相比，除表层外，各层土壤含水量均低于坡耕地，这说明种植苜蓿会加剧土壤旱化。

8.2.1.3 旱作苜蓿对土壤旱化的影响

土壤干层是指在干旱、半干旱地区，在持续干旱及林草植被过度耗水情况下，土壤含水量处于深层次亏缺状态，甚至有时达到或接近凋萎湿度，这种水分亏缺经过雨季降水可得到部分补偿，得不到补偿的土层土壤湿度长期处于一种较稳定的低水平上，这一土层称为土壤干层。以土壤旱化为主的土地荒漠化在土壤中的主要反应为土壤结构逐渐恶化，土壤含水量下降，供养能力不足，土地旱化逐渐显现；其在地表上的主要反应是地表土壤风蚀沙化或盐渍化等现象加剧，土壤质地粗化，导致土地贫瘠，自然植被盖度下降，甚至长期丧失，荒漠景观面积逐渐增加，越来越不利于发展生产。近年来，干旱、半干旱地区人工林草地土壤旱化现象越来越严重，干层厚度不断增加，从最初的2 m增加到10 m，旱作苜蓿地土壤旱化、产量低下等现象已引起了各领域学者的广泛关注。

（1）坡向、坡位与土壤旱化

1）坡向与苜蓿地土壤旱化。对阴坡、半阴坡、阳坡种植的7年生苜蓿地0～5 m土壤含水量调查表明（表8-7）：坡向不同土壤旱化程度不同，阳坡土壤含水量最低，0～5 m平均含水量为7.02%，其次为半阴坡（7.33%），阴坡较高（7.39%），不同坡向土壤含水量差异不显著，干燥化指数SDI均大于50，属于中度干燥化。

表8-7 不同坡向土壤含水量及干燥化等级划分　　　　（单位:%）

土层深度		1 m	2 m	3 m	4 m	5 m	平均值	显著性	
								5%	1%
含水量	阳坡	5.41	7.43	6.91	7.14	8.19	7.02 ±1.05	a	A
	半阴坡	5.25	7.80	8.68	7.88	7.02	7.33 ±1.33	a	AB
	阴坡	5.36	6.14	7.73	8.71	9.02	7.39 ±1.51	a	A
干燥化指数	阳坡	18.08	69.21	56.03	61.85	88.38	58.71	—	—
	半阴坡	14.03	78.44	100.74	80.64	58.73	66.52	—	—
	阴坡	16.75	36.53	76.66	101.64	109.44	68.20	—	—

注：大写字母不同表示差异极显著（$P<0.01$），小写字母不同表示差异显著（$P<0.05$）

阳坡20～500 cm各层土壤均小于8.65%，均处于干层范围；半阴坡20～500 cm土壤中除220～260 cm外，其他各层均小于8.65%，均处于干层范围；阴坡除380～500 cm以外，其他各层土壤含水量均小于8.65%，处于干层范围。不同坡向土壤干燥化指数SDI分析表明：阳坡苜蓿地土壤干层深度已达到500 cm，其中0～100 cm土壤属于强烈干燥化，200～500 cm属于中度干燥化；半阴坡苜蓿地0～100 cm也已经达到强烈干燥化，100～

200 cm 属于轻度干燥化，200～300 cm 出现无旱化土层；阴坡苜蓿地在 300 cm 以下土壤不再旱化。从 0～500 cm 各层土壤含水量在干层范围的多少，可以初步得出：由于坡向不同，吸收太阳辐射、蒸发量、植被耗水等不同，坡向对土壤干层有明显的影响，各坡向旱作的 7 年生苜蓿地土壤干层发育程度强弱排序为阳坡＞半阴坡＞阴坡。

2）坡位与苜蓿地土壤旱化。不同坡位苜蓿地土壤含水量分析表明（表 8-8）：上坡土壤含水量最低，0～5 m 平均含水量为 6.34%，土壤干燥化指数 SDI 为 41.43，属于严重干燥化，上坡位 0～100 cm 土壤含水量为 5.33%，干燥化指数 SDI 为 15.85，属于强烈干燥化，100～200 cm 土壤干燥化指数 SDI 为 44.02，属于严重干燥化，随着土层深度的增加，土壤干燥化程度减弱。中坡位 0～5 m 平均含水量为 7.14%，土壤干燥化指数 SDI 为 61.73，属于中度干燥化，中坡位 200～300 cm 层土壤含水量最低（6.33%），土壤干燥化指数 SDI 为 41.33，属于强烈干燥化，其他层土壤含水量相对较高，属于中度或轻度干燥化；下坡位 0～500 cm 平均土壤含水量为 7.39%，土壤干燥化指数 SDI 为 68.13，属于中度干燥化，各层土壤含水量均大于 6.71%，干燥化等级均为中度或轻度干燥化。退耕还林还草后，虽然造林整地改善了大气降水在地表的再分配，使降水不下山，减弱了土壤侵蚀强度，但受降水在坡面上的叠加再分配过程的影响，苜蓿地上坡位土壤含水量显著小于下坡位与中坡位，各坡位土壤干层发育强弱排序为下坡位＞中坡位＞上坡位。

表 8-8　不同坡位土壤含水量及干燥化等级划分　　　　　　（单位:%）

土层深度		1 m	2 m	3 m	4 m	5 m	平均值	显著性	
								5%	1%
含水量	上坡	5.33	6.44	5.63	6.82	7.46	6.34 ±0.90	b	B
	中坡	7.33	7.07	6.33	7.14	7.81	7.14 ±0.54	a	A
	下坡	7.00	7.34	6.71	7.54	8.35	7.39 ±0.63	a	A
干燥化指数	上坡	15.85	44.02	23.58	53.82	69.88	41.43	—	—
	中坡	66.65	60.14	41.33	61.71	78.84	61.73	—	—
	下坡	58.31	66.93	51.01	71.87	92.54	68.13	—	—

注：大写字母表示差异极显著（$P < 0.01$），小写字母表示差异显著（$P < 0.05$）

（2）生长年限与土壤旱化

宁夏半干旱黄土丘陵区降水少蒸发大，地下水埋藏深，在林草植被强烈耗水情况下，深层土壤处于水分亏缺状态，有时甚至达到或接近凋萎湿度，导致土壤湿度长期处于一种较稳定的低水平状况，最终形成土壤干层。多年生苜蓿由于耗水量大，土壤水分得不到补充，土壤干化被进一步激发和强化，苜蓿的生长年限越长，干化程度越严重。

不同旱作年限苜蓿地 0～5 m 平均土壤含水量分析表明（表 8-9）：随着苜蓿旱作时间的延长，土壤含水量开始显著下降，待苜蓿开始老化，密度降低，对土壤水分消耗能力减弱，降水对土壤水分的补给量高于土壤蒸散量时，土壤水分开始得到恢复；2006 年旱作苜蓿地土壤含水量最高（9.30%），土壤干燥化指数 SDI 为 116.44，不属于干层范围；2002 年种植的苜蓿地土壤含水量次之（8.27%），土壤干燥化指数 SDI 为 90.55，属于轻度干燥化；1998 年种植的苜蓿地土壤含水量最低（5.98%），土壤干燥化指数 SDI 为 32.43，属于严重干燥化；1990 年种植的苜蓿地土壤含水量为 7.80%，土壤干燥化指数 SDI 为 78.56，也属于轻度干燥化。

表 8-9　不同旱作年限苜蓿地土壤含水量及干燥化等级划分　（单位:%）

土层深度		1 m	2 m	3 m	4 m	5 m	平均值	显著性	
								5%	1%
含水量	2006 年	7.86	10.04	8.83	9.52	10.23	9.30 ± 1.03	a	A
	2002 年	6.56	8.16	8.81	8.78	9.06	8.27 ± 1.06	b	B
	1998 年	5.22	5.93	7.61	6.01	5.13	5.98 ± 1.00	d	C
	1990 年	5.84	7.22	8.33	9.82	7.80	7.80 ± 1.47	c	B
干燥化指数	2006 年	80.07	135.28	104.70	121.99	140.15	116.44	—	—
	2002 年	47.02	87.75	104.22	103.32	110.45	90.55	—	—
	1998 年	13.24	31.19	73.71	33.13	10.89	32.43	—	—
	1990 年	28.86	63.76	91.91	129.69	78.59	78.56	—	—

注：大写字母表示差异极显著（$P < 0.01$），小写字母表示差异显著（$P < 0.05$）

　　分析不同旱作年限苜蓿地各层土壤含水量及干燥化程度变化表明：不同生长年限苜蓿 0～500 cm 土层水分随土层深度的增加，土壤含水量增加，苜蓿生长对 200 cm 以上土壤旱化较明显。不同旱作年限苜蓿地土壤干层的厚度及干化程度不同：2006 年旱作苜蓿地只有 1 m 以上土壤平均含水量处于轻度干燥化，其他层均未干燥化；2002 年旱作苜蓿地 1 m 以上土壤平均含水量为（6.56%），处于严重干燥化，旱作苜蓿地 1～2 m 土壤平均含水量处于轻度干燥化（8.16%），其他层均不属于干层；1998 年旱作苜蓿地除 2～3 m 土壤平均含水量（7.61%）处于中度干燥化外，其他各层土壤均处于严重或强烈干燥化。由此可得出，苜蓿旱作时间对土壤旱化影响较大，随着苜蓿进入生产期，土壤旱化加剧，待紫花苜蓿生长到一定年限，生长发生衰败，对土壤水分的利用减少，土壤含水量开始恢复。

　　苜蓿生长超过一定年限，种群发生衰败，土壤含水量有一定恢复，但受土壤水分过耗和较少降水量的影响，恢复速度很慢，所需年限较长。1990 年旱作的 19 年的苜蓿已进入衰败期，密度降低，生物量锐减，对土壤水分利用强度虽然逐步减少，但 1 m 以上土壤平均含水量（5.84%）处于严重干燥化，1～2 m 土壤平均含水量（7.22%）处于中度干燥化，2～5 m 各层土壤含水量均处于轻度或未干燥化生长。可以看出土壤上层水分逐步得到恢复，但恢复需要较长的时间。

8.2.2　旱作苜蓿与土壤物理性质

　　土壤物理性状是影响土壤肥力的内在条件，也是综合反应土壤质量的重要组成部分。其状况的好坏直接或间接决定植物的生长和土壤生态系统的功能，如上砂下黏的土壤质地剖面结构能有效地保肥蓄水，有利于植物的生长和根系的深扎；土壤机械组成不仅影响土壤对水肥和养分的保持和供应，还影响土壤对污染物质在土壤中的行为。具体来说，土壤物理指标通常包括机械组成（颗粒组成）、比表面积、孔隙度、容重、田间持水量、团聚体数量和稳定性、土层厚度、紧实度、渗透率等。由于植物根系的生长对土壤的机械作用，可以增加土壤的孔隙度，降低土壤的容重，特别是增加非毛管孔隙度和深层土壤孔隙度，有利于土壤气体交换和渗透性的提高。同时凋落物的分解可增加土壤有机质，提高土壤微生物，促进水稳性团聚体和粒径较大的微团粒大量产生。

8.2.2.1　土壤容重

土壤容重是指土壤在自然结构未被破坏的情况下，单位容积中干的土壤基质物质的重量。土壤容重是土壤紧实度的反映，与土壤孔隙的大小和数量关系密切，对土壤的透气性、入渗性能、持水能力、溶质迁移特征以及土壤的抗侵蚀能力都有非常大的影响。自然条件下土壤容重由于受成土母质、成土过程、气候、生物作用及耕作的影响，是一个高度变异的土壤物理性质。它不仅直接影响到土壤孔隙度与孔隙大小分配、土壤的穿透阻力及土壤水肥气热变化，而且影响植物生长及根系在土壤中的穿插和活力大小。

结构良好的土壤容重较小，具有良好的孔隙度，有利于土壤水、肥、气、热状况的调节和植物根系的活动。由表 8-10 可看出，土壤容重随苜蓿种植年限的增加而降低，但随苜蓿生长年的变化并不显著。3 年生苜蓿地 0～100 cm 层土壤容重平均值为 1.20 g/cm^3，7 年生苜蓿地 0～100 cm 层土壤容重平均值为 1.19 g/cm^3，10 年生苜蓿地 0～100 cm 层土壤容重平均值为 1.16 g/cm^3，与自然坡面相比较，种植苜蓿后，随着苜蓿生长年限的增加，苜蓿根系对土壤穿插作用逐渐显现，土壤容重呈现降低趋势，这种变化有利于水、肥、气、热的调节。

表 8-10　不同种植年限苜蓿地土壤容重比较　　（土壤容重单位：g/cm^3）

土壤深度（cm）	3 年生	7 年生	10 年	自然坡面
0～20	1.19	1.24	1.13	1.12
20～40	1.21	1.19	1.18	1.14
40～60	1.15	1.14	1.13	1.17
60～80	1.22	1.18	1.16	1.15
80～100	1.22	1.21	1.20	1.22
平均	1.20 ± 0.03	1.19 ± 0.04	1.16 ± 0.03	1.16 ± 0.04

8.2.2.2　土壤紧实度

紧实度是土壤重要的物理性状之一，它是衡量土壤中三相物质的存在状态和容积比例的重要指标，是反映土壤中非毛管孔隙和毛管孔隙比的重要指标。

土壤紧实偏高是影响半干旱地区农业可持续发展的主要因素之一，人类不当的生产活动对土壤紧实度具有重要影响。土壤紧实度越小，土壤越疏松，越有利与植物生长。但土壤紧实度过小或过大都会影响土壤养分、水分、通气等的协调和有效性。

不同年限苜蓿地 0～40 cm 土壤紧实度呈现 3 年生＜7 年生＜10 年生＜自然坡面。由

图8-5可以看出,不同种植年限苜蓿地土壤紧实度均随土层深度的增加而显著增大。这主要是由于苜蓿地均已耕作多年,受常年浅耕影响,表层土壤疏松,随着土层深度的增加,土壤受人工与机械的碾压力度逐渐增加,紧实度变大。

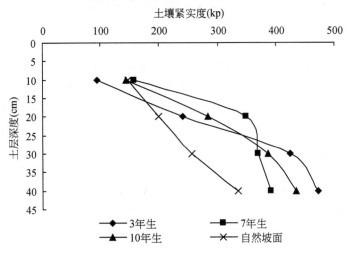

图8-5　苜蓿地土壤紧实度垂直变化

8.2.2.3　土壤孔隙度

土壤孔隙度是指单位容积土壤中空隙的容积占土壤容积的百分比。土壤孔隙组成是土壤养分、水分和空气以及微生物、植物根系活动的通道和储存库,它可以直接反映整个土体构造状况,是土壤肥力的重要指标之一。土壤的通气状况归根结底受制于土壤孔隙的大小。苜蓿种植不仅改变了土壤的界面特征,也改变了土壤的孔隙特征,即不同耕作措施所带来的各种效应,都可以归结为土壤孔隙的变化而引发的其他理化性能的改变。土壤孔隙度较直观地反映了土壤物理性状的变化。对土壤孔隙状况的了解和评价,不仅要看土壤的总孔隙度,而且还要看毛管孔隙度和非毛管孔隙度。毛管孔隙度过大,表明土壤透水通气性差,反之非毛管孔隙度过大,表明土壤蓄水保水性差。

随着种植年限的增加,苜蓿根系在土壤深层的量也增加,苜蓿的根系对深层土壤的穿插作用增强,不同种植年限苜蓿地土壤总孔隙度呈现自然坡面>10年生>7年生>3年生。由于苜蓿根系主要集中在30~50 cm土层,受根系穿插作用的影响,不同种植年限苜蓿地20~60 cm层土壤总孔隙度均随土层深度的增加而变大。而土壤表层(0~20 cm)总孔隙度大小依次为自然坡面>10年生>3年生>7年生。可见,种植苜蓿有利于增加土壤总孔隙度。

不同种植年限苜蓿地各土层毛管孔隙度均显著高于对照自然坡面,10年生苜蓿地土壤毛管孔隙度最大,3年生苜蓿地和7年生苜蓿地差异不明显。而不同年限苜蓿地土壤毛管孔隙度差异不显著。这说明种植苜蓿有利于土壤蓄水保水性能力的提高。

土壤非毛管孔隙度指非毛管孔隙占土壤体积的百分数。非毛管孔隙又称通气孔隙,指粗于毛管孔径的孔隙,其当量孔径大于0.02 mm,这种孔隙不具有毛管作用,其中所存在的水分，可在重力作用下排出，因而成为通气的通道。非毛管孔隙的大小是决定土壤通气性好坏的内在因素之一。由图 8-6 可看出，不同种植年限苜蓿地各土层非毛管孔隙度均显著低于对照自然坡面，不同年限苜蓿地土壤非毛管孔隙度差异不显著。

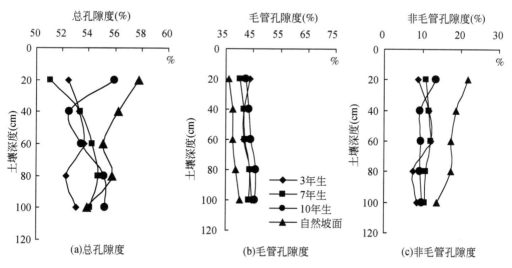

图 8-6　不同种植年限苜蓿地土壤孔隙度变化

8.2.2.4　土壤入渗速率

入渗是指地面供水期间，水进入土壤的运动和分布过程，是水在土体内运行的初级阶段。土壤水分入渗能力和入渗过程决定了降水进程再分配中的地表径流和土壤储水性。它与地表产流、降水后土壤水分再分配、土壤侵蚀、养分随水分的迁移、农业面源污染等问题密切相关。入渗到土壤中的水分除少量在深层渗漏以外，其绝大部分都直接转化为土壤水储存在"土壤水库"中，但在雨强较大的情况下，由于受到土壤入渗特性的影响，降水落到地面上不能及时入渗到土壤中而是以地表径流的形式流走，导致了水土流失的发生。研究这一问题对于减少地表径流、增加土壤入渗、防止土壤侵蚀和搞好生态环境建设等方面具有重要的理论意义和现实意义。

土壤入渗能力的强弱，通常用入渗速率表示，即在土面保持有大气压的薄水层，单位时间通过单位面积土壤的水量。影响土壤入渗能力的物理性质主要有：土壤机械组成、土壤孔隙度、水稳性团粒含量、土壤容重、土壤紧实度等。土壤质地愈粗，透水性愈强。土壤作为流域内降水和灌溉水的重要载体，其本身所具有的导水性能将关系到地表径流的产生、地下水补给和蒸散、土壤侵蚀和化学物质运移等，我们把土壤本身所具有的这种导水性能称之为土壤入渗特性。土壤入渗特性是评价土壤水源涵养作用和抗侵蚀能力的重要指标，也是模拟土壤侵蚀过程的基本输入变量，初始入渗率、累积入渗量、稳定入渗率是反映土壤入渗特性的重要参数。

目前，对土壤水分的入渗过程，可采用不同的公式进行描述，常用的公式有两类：一类是纯经验公式，即根据不同的研究目标，采用不同的试验手段和方法，取得实测数据，拟合成经验公式。另一类是半理论半经验公式，主要是以达西定律为基础，提出入渗模型，用试验取得参数，拟合成入渗公式。现在常用的有 Kostiakov 入渗经验公式、Horton 入渗经验公式和 Philip 入渗公式等。

由不同种植年限苜蓿地土壤入渗过程可以看出，如图 8-7 所示，土壤入渗速率均随时间而变化。土壤初始入渗速率最大，随着时间的推移，入渗速率逐渐减缓，并最终趋于稳定。但是在整个入渗过程中，入渗速率的变化并不是持续降低的，而是出现了上下波动的现象。

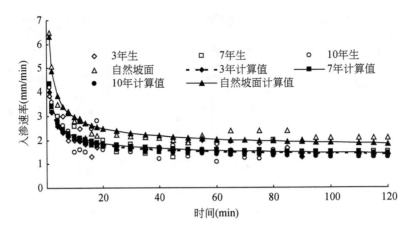

图 8-7　不同种植年限苜蓿地土壤水分入渗过程

土壤水分的入渗过程受到土壤植被、初始含水量、孔隙度、容重等各种因素的影响，根据试验所测得的前半小时入渗量可以发现（表 8-11）：自然坡面入渗量最大，7 年生苜蓿地次之，3 年生苜蓿地入渗速量最小。不同种植年限苜蓿地土壤初始入渗率（前 3 分钟）大小依次为 7 年生 > 10 年生 > 3 年生，且均小于荒坡（CK）。土壤的稳定入渗率和平均入渗率均表现为自然坡面最高，10 年生苜蓿地最低，7 年生苜蓿地和 3 年生苜蓿地相近。这主要由于自然坡面土壤疏松，容重低，孔隙度大，透水性强、蓄水保水能力差，而苜蓿地土壤受根系挤压，容重虽然降低，但孔隙被苜蓿根系堵塞，土壤入渗速率下降。同时，3 年生和 7 年生苜蓿生长旺盛，耗水量大，10 年生苜蓿处在生长衰退期耗水量相对少，因此 10 年生苜蓿地储存能力较小，水分入渗速率最低。10 年生苜蓿地初始入渗速率及前半小时入渗量均高于 3 年生苜蓿地，而后来随着时间的延长入渗率低于 3 年生苜蓿地，这可能与测定时土壤含水量有关。因为，10 年生苜蓿地土壤含水量明显低于 3 年生苜蓿地。

表 8-11　不同种植年限苜蓿地土壤水分入渗过程的拟合公式

生长年限	Philip 入渗拟合公式	R	初始入渗率 （mm/min）	稳定入渗率 （mm/min）	平均入渗率 （mm/min）	前 30 min 入渗量 （ml）
3 年	$i(t)=2.9387t^{-1/2}+1.1465$	0.961	3.85	1.42	1.81	1693.5
7 年	$i(t)=3.1997t^{-1/2}+1.1431$	0.965	4.30	1.45	1.89	1906.25
10 年	$i(t)=3.4652t^{-1/2}+0.9204$	0.969	4.20	1.29	1.75	1893.75
CK	$i(t)=4.9314t^{-1/2}+1.1465$	0.971	6.49	1.86	2.53	2569.5

8.3　旱作苜蓿地土壤养分与土壤微生物

8.3.1　旱作苜蓿与土壤养分

土壤作为植物生产的基地，动物生产的基础，农业的基本生产资料，人类耕作的劳动对象，与社会经济紧密联系。由于土壤具有肥力，植物才能在土壤上定居和发育，并利用光能合成有机物质，土壤肥力的本质是土壤从环境条件和营养条件两个方面供应和协调植物生长发育的能力。苜蓿根系发达，耐干旱，保水固土效果显著，富含蛋白质、多种维生素和矿物质，是多种家畜喜食的优质饲料，这也决定了苜蓿在当前的西部大开发中成为加强生态环境建设和提高养畜业经济效益的首选牧草。为了遏制草原退化，保护生态环境，促进区域畜牧业经济发展，宁夏回族自治区政府以西部大开发为契机，先后通过实施退耕还林还草、退牧还草等工程，使宁夏人工种草面积达到 800 多万亩，其中，紫花苜蓿为主的多年生人工草地迅速增加至 600 多万亩，极大地促进了宁夏草畜产业的快速发展。人工草地不仅是生态系统的重要组成部分，而且在黄土高原水土保持及生态环境建设占据主要地位。然而，随着生态环境的恶化和水资源的枯竭，干旱、半干旱黄土丘陵区，旱作苜蓿地"干湿交替"或"低水多变"的田间实际生境越来越差，突出表现为土壤养分失调、土壤旱化加剧，限制了苜蓿生产的持续协调发展。分析豆科牧草地在生长过程中土壤养分的变化规律，对人工草地土壤培肥具有重要意义。

8.3.1.1　旱作苜蓿地土壤肥力单项指标的变化

（1）土壤有机质

土壤有机质是指存在于土壤中的所有含碳化合物，虽然土壤有机质占土壤质量的一小部分，但它却是土壤固相部分的重要组成部分，是植物的养分和土壤微生物生命活动的能量来源，也是植物所需多种营养元素（如氮、磷）的主要来源。土壤有机质既影响植被的生长发育，其含量大小又对其他营养元素也产生一定的影响，相应地影响到植物地上生物量，它不仅可以改善土壤物理情况，促进微生物和土壤动物的活动，而且在土壤肥力方面起着极显著的作用。通常在其他条件相近的情况下，在一定含量范围内，有机质与土壤肥力呈正相关。

根据土壤养分状况系统研究法和中国土壤肥力中所设定土壤有机质临界指标，除下坡苜蓿地外，上坡、中坡，以及旱作 3 年、7 年、11 年、19 年的苜蓿地剖面 0～100 cm 土壤有机质含量均低于 14.8 g/kg，肥力属于一般或贫瘠状态。

不同坡位苜蓿地剖面土壤有机质含量表明：随着坡位的下降，苜蓿地 0～100 cm 层土壤有机质平均含量增加，其中，下坡苜蓿地土壤中最高，达到 10.4 g/kg，其次为中坡苜蓿地，从苜蓿地土壤有机质垂直变化来看，随着土层深度的增加，土壤有机质含量下降，由表层的肥力一般，下降至贫瘠状态（表 8-12）。

表 8-12　不同坡位及不同旱作年限苜蓿地剖面土壤有机质含量　（土壤有机物含量单位：g/kg）

土壤深度 (cm)	不同坡位			不同旱作年限				CK
	上坡	中坡	下坡	3 年生	7 年生	11 年生	19 年生	
0~20	11.6	14.8	14	8.75	6.86	15.7	10.6	10.2
20~40	8.59	11.6	10.8	8.02	3.72	7.85	5.24	7.95
40~60	6.44	8.89	6.97	7.08	3.21	7.08	3.96	9.04
60~80	5.11	6.66	6.17	5.9	2.99	5.09	4.95	5.69
80~100	6	5.78	14	5.62	3.14	5.73	5.02	5.47
平均值	7.5	9.5	10.4	7.1	4.0	8.3	6.0	7.7

不同旱作年限苜蓿地土壤有机质相比（表 8-12），旱作苜蓿生长初期，土壤有机质较高，3 年生苜蓿地剖面 0~100 cm 层土壤有机质含量平均为 7.1 g/kg，随着苜蓿进入盛产期，苜蓿生长吸收土壤有机质，并随着刈割带离生境，使土壤有机质极度缺乏，仅为 4.0 g/kg；随着旱作年限的延长，苜蓿退化越来越严重，天然草成为人工草地的优势植物，农户年刈割频率减少，因而，土壤有机质开始逐渐积累，11 年生、19 年生苜蓿地 0~100 cm 土壤有机质分别恢复到 8.3 g/kg 76.0 g/kg，但仍然处于低水平状态。

（2）土壤氮素

土壤氮可分为无机氮和有机氮两大部分，二者之和称为土壤全氮，以氮元素占土壤干重的百分率来表示。全氮是土壤的基本性质之一，其含量是评价土壤肥力的一个重要指标。土壤氮素含量受耕作方式与施肥影响较大，由于在半干旱黄土丘陵区，土壤全氮水平处于低氮水平，苜蓿旱作后，粗放经营，农户对旱作苜蓿的经营方式主要以刈割收草为主，不再施肥，根据土壤养分状况系统研究法和中国土壤肥力中所设定临界指标，土壤全氮处于中偏下水平。由于苜蓿地土壤氮素受苜蓿根系固氮、生长耗氮影响，以及大气降水淋溶作用的影响，土壤氮素变化较为复杂。

1）土壤全氮。不同坡位苜蓿地剖面土壤全氮含量结果（表 8-13）表明，随着坡位的下降土壤全氮含量增加，下坡苜蓿地 0~100 cm 层土壤平均全氮达到 0.79 g/kg，据常用土壤养分分级标准判断，全氮含量处于中间水平，上坡苜蓿地 0~100 cm 层土壤平均全氮含量较低，仅为 0.52 g/kg，而坡耕地（CK）0~100 cm 土壤平均全氮含量为 0.59 g/kg。可见，相对于种植作物的旱地，中坡与下坡土壤全氮随着地势的下降，土壤全氮量有所增加，且均高于 CK。从不同坡位苜蓿地各层土壤全氮含量来看，随着土层深度的增加，土壤全氮从中等下降到偏低水平。

表 8-13　不同坡位及不同旱作年限苜蓿地剖面土壤全氮含量　（土壤全氮含量单位：g/kg）

土壤深度 (cm)	不同坡位			不同旱作年限				CK
	上坡	中坡	下坡	3 年生	7 年生	11 年生	19 年生	
0~20	0.83	1.04	1.03	0.56	0.58	1.17	0.73	0.76
20~40	0.58	0.81	0.78	0.51	0.34	0.54	0.32	0.59
40~60	0.42	0.6	0.58	0.44	0.28	0.54	0.26	0.66
60~80	0.33	0.5	0.53	0.34	0.3	0.36	0.36	0.46
80~100	0.44	0.37	1.04	0.38	0.29	0.36	0.31	0.46
平均值	0.52	0.66	0.79	0.45	0.36	0.59	0.40	0.59

不同旱作年限苜蓿地剖面土壤全氮含量结果表明：随着苜蓿种植年限的增加，土壤全氮先下降，再增加。3 年生苜蓿地 0 ~ 100 cm 土壤平均全氮含量较高，随着苜蓿进入盛产期，需要消耗土壤全氮，使土壤全氮含量下降，旱作 19 年时，苜蓿严重退化，此时苜蓿产量明显下降，天然草为优势植物，土壤全氮含量开始恢复。

2）土壤速效氮。不同坡位苜蓿地剖面土壤速效氮含量结果（表 8-14）表明，随着坡位的下降土壤全氮含量增加，下坡苜蓿地 0 ~ 100 cm 层土壤平均速效氮达到 39.4 mg/kg，上坡苜蓿地 0 ~ 100 cm 层土壤平均全氮含量最低，仅为 27.0 mg/kg，高于坡耕地（CK）（26 mg/kg）。从不同坡位苜蓿地各层土壤速效氮含量来看，随着土层深度的增加，土壤速效氮更低。

表 8-14 不同坡位及不同旱作年限苜蓿地剖面土壤速效氮含量

（土壤速效氮含量单位：mg/kg）

土壤深度（cm）	不同坡位			不同旱作年限				CK
	上坡	中坡	下坡	3 年生	7 年生	11 年生	19 年生	
0 ~ 20	53	61.0	46.0	40.0	56.0	62.0	34.0	57.0
20 ~ 30	28	38.0	35.0	27.0	28.0	55.0	13.0	27.0
40 ~ 60	24	24.0	24.0	55.0	21.0	55.0	9.0	19.0
60 ~ 80	16	17.0	30.0	24.0	23.0	64.0	12.0	14.0
80 ~ 100	14	18.0	62.0	26.0	25.0	65.0	10.0	13.0
平均值	27.0	31.6	39.4	34.4	30.6	60.2	15.6	26.0

不同旱作年限苜蓿地剖面土壤速效氮含量结果表明：随着苜蓿种植年限的增加，土壤速效氮先增加，再降低。3 年生苜蓿地 0 ~ 100 cm 土壤平均速效氮含量较低，为 34.4 mg/kg；随着苜蓿进入盛产期，苜蓿耗氮能力大于固氮能力，旱作 7 年的苜蓿地 0 ~ 100 cm 层土壤速效氮含量下降；随后苜蓿开始退化，土壤速效氮有所增加，待苜蓿处于严重退化期，苜蓿密度与产草量下降，天然草为优势植物时，0 ~ 100 cm 土壤速效氮达到仅为 15.6 mg/kg。

(3) 土壤磷素

植物是人类赖以生存的物质财富，而植物是通过吸收土壤中养分来维持植物的生长。磷是植物生长发育所必需的营养元素之一，磷是农业上仅次于氮的一个重要土壤养分。土壤中大部分磷都是无机状态（50% ~ 70%），只有 30% ~ 50% 是以有机磷形态存在的。土壤中的磷素形态可分为有机磷和无机磷两类。

1）土壤全磷。土壤全磷含量的高低，通常不能直接表明土壤供应磷素能力的高低，它是一个潜在的肥力指标，但是当土壤全磷含量低于 0.3 g/kg 时，土壤往往缺磷。据国家土壤养分等级标准，不同坡位、不同旱作年限苜蓿地土壤全磷均处于低磷水平。

不同坡位苜蓿地剖面土壤全磷含量结果表明（表 8-15），随着坡位的下降，土壤全磷含量增加，下坡苜蓿地 0 ~ 100 cm 层土壤平均全磷达到 0.57 g/kg，据土壤养分分级标准判断，处于低磷水平，上坡苜蓿地 0 ~ 100 cm 层土壤平均全磷含量最低，仅为 0.49 g/kg，而坡耕地 0 ~ 100 cm 土壤平均全磷含量为 0.59 g/kg。可见，在同一坡位，旱作苜蓿土壤磷素也随着坡位下降而降低，由此可以判断宁夏半干旱黄土丘陵区土壤全磷随水土流失严重。

表 8-15　不同坡位及不同旱作年限苜蓿地剖面土壤全磷含量

（土壤全磷含量单位：g/kg）

土壤深度（cm）	不同坡位			不同旱作年限				CK
	上坡	中坡	下坡	3 年生	7 年生	11 年生	19 年生	
0~20	0.56	0.60	0.58	0.58	0.58	0.58	0.50	0.64
20~30	0.48	0.58	0.56	0.54	0.54	0.52	0.50	0.58
40~60	0.48	0.56	0.54	0.51	0.50	0.50	0.46	0.62
60~80	0.41	0.54	0.50	0.52	0.44	0.49	0.51	0.55
80~100	0.51	0.49	0.68	0.56	0.53	0.50	0.52	0.56
平均值	0.49	0.55	0.57	0.54	0.52	0.52	0.50	0.59

不同旱作年限苜蓿地剖面土壤全磷含量结果表明：随着苜蓿种植年限的增加，土壤全磷也呈下降趋势。3 年生苜蓿地 0~100 cm 土壤平均全磷含量为 0.54 g/kg，随着苜蓿进入盛产期，需要消耗土壤磷素，使土壤全磷含量下降，旱作 19 年时，苜蓿土壤全磷下降到 0.50 g/kg，土壤全磷明显失调。

2）土壤速效磷。土壤全磷中，只有很少一部可以被植物直接吸收，称为速效磷，它对植物生长具有重要意义。但土壤速效磷与全磷有时并不相关，所以，只有速效磷含量可以作为一般土壤磷素供应水平的必要指标。据全国土壤肥力因子分级标准，不同坡位及不同旱作年限苜蓿地剖面土壤速效磷含量均处于较差水平（表 8-16）。

表 8-16　不同坡位及不同旱作年限苜蓿地剖面土壤速效磷含量

（土壤速效磷含量单位：mg/kg）

土壤深度（cm）	不同坡位			不同旱作年限				CK
	上坡	中坡	下坡	3 年生	7 年生	11 年生	19 年生	
0~20	3.1	2.8	2.7	3.7	2.8	2.5	1.7	8.4
20~30	2.1	2	2.2	1.8	2.5	1.5	1.5	5.7
40~60	2.2	2.1	2.6	2.1	2.4	1.5	1.5	6.9
60~80	1.8	2.3	2.1	2	2	1.3	2	2.6
80~100	1.8	2.6	4.7	2.3	2.1	1.4	1.5	2.3
平均值	2.20	2.36	2.86	2.38	2.36	1.64	1.64	5.18

不同坡位苜蓿地剖面土壤速效磷含量结果表明，随着坡位的下降土壤速效磷含量明显增加，苜蓿地 0~100 cm 层土壤平均速效磷由上坡位的 2.20 mg/kg 增加到 2.86 mg/kg，但仍然低于坡耕地（5.18 mg/kg）。

不同旱作年限苜蓿地土壤剖面速效磷含量表明：随着苜蓿种植年限的增加，土壤速效磷也呈下降的趋势。3 年生苜蓿地 0~100 cm 土壤平均效磷含量最高，为 2.38 mg/kg；随着苜蓿生物产量的增加，土壤速效磷被苜蓿消耗，造成土壤速效磷含量降低，旱作 7 年时，为 2. 36 mg/kg；旱作 11 年与 19 年时，苜蓿明显进入退化期，苜蓿地土壤速效磷下降至 1. 64 mg/kg。

（4） 土壤速效钾

钾能够加速植物对 CO_2 的同化过程，促进碳水化合物的转移、高等植物组织含钾量为（以 K_2O 表示） 0. 5% ~5% ，是植物必需的元素，它广泛地存在于土壤和动植物体内。钾能减少植物蒸腾，调节植物组织中的水分平衡，提高植物的抗旱性。土壤中钾素供应不足会引起作物体内生理功能失调，导致浸染性病害和生理性病害发生。土壤速效钾则是土壤钾素的现实供应指标。

不同坡位苜蓿地剖面土壤速效钾含量结果（表 8-17）表明，随着坡位的下降土壤速效钾下降，下坡苜蓿地 0 ~ 100 cm 层土壤平均速效钾仅为 59. 0 mg/kg，中坡苜蓿地 0 ~ 100 cm 层土壤平均速效钾含量最高，达到 74. 2 g/kg，但均低于坡耕地（83. 6 mg/kg）。

表 8-17 不同坡位及不同旱作年限苜蓿地剖面土壤速效钾含量

（土壤速效钾含量单位：mg/kg）

土壤深度（cm）	不同坡位			不同旱作年限				CK
	上坡	中坡	下坡	3 年生	7 年生	11 年生	19 年生	
0 ~ 20	90. 0	79. 0	68. 0	74. 0	146. 0	84. 0	95. 0	120. 0
20 ~ 30	64. 0	64. 0	57. 0	60. 0	97. 0	52. 0	62. 0	74. 0
40 ~ 60	70. 0	63. 0	56. 0	62. 0	96. 0	54. 0	60. 0	83. 0
60 ~ 80	60. 0	63. 0	60. 0	63. 0	99. 0	54. 0	58. 0	67. 0
80 ~ 100	65. 0	102. 0	54. 0	64. 0	100. 0	52. 0	60. 0	74. 0
平均值	69. 8	74. 2	59. 0	64. 6	107. 6	59. 2	67. 0	83. 6

不同旱作年限苜蓿地剖面土壤速效钾含量结果表明：随着苜蓿种植年限的增加，土壤速效钾呈下降的趋势，7 年生苜蓿地 0 ~ 100 cm 层土壤速效钾平均值为 107. 6 mg/kg，随着旱作时间的增加，土壤速效钾降为 59. 2 mg/kg（11 年生苜蓿地）、67. 0 mg/kg（19 年生苜蓿地），均小于坡耕地 CK （83. 6 mg/kg）。

（5） 土壤肥力因子的评述

根据土壤养分状况系统研究法和中国土壤肥力中所设定土壤养分临界指标，上坡、中坡、下坡，以及旱作 3 年、7 年、11 年、19 年的苜蓿地 0 ~ 100 cm 土壤全磷、速效磷处于贫瘠状态，而全钾、速效钾处于适量状态。上坡、中坡、下坡及 11 年生、19 年生苜蓿地土壤有机质处于适量状态，全氮较丰富；3 年生、7 年生苜蓿地有机质、全氮、速效氮处于贫瘠状态。

随着坡位的下降，苜蓿地 0 ~ 100 cm 层土壤有机质、全氮、速效氮、全磷、速效磷、平均含量增加。

8.3.1.2 旱作苜蓿地土壤综合肥力指标的分析

（1） 体系的建立

在参考现有土壤肥力评价因子选取的基础上，以最能直观表达土壤肥力高低的土壤养分指标（土壤 pH、有机质、速效氮、速效磷、速效钾、全氮、全磷等）为评价因子，对不同坡位及不同旱作年限苜蓿地（0~20 cm）土壤肥力进行综合评价。

（2）土壤肥力评价的方法

由于土壤肥力指标包括多个土壤养分指标，对这些指标进行单独分析，难以客观评价土壤整体肥力状况，必须对肥力指标进行综合定量评价，才能更直观地评价旱作苜蓿地土壤肥力的高低。评价过程通常先将各个单项肥力指标做无量纲处理，消除各个肥力指标之间数量级别差异，然后利用简单的加、乘合成一项综合性的指标评价土壤肥力的高低。本节在参考全国第二次土壤普查的结果和分级标准的基础上，在消除各个肥力指标之间数量级别差异后，然后加权后带入改进的内梅罗综合指数公式计算土壤综合肥力系数，更加客观地反映了植物生长最小因子律（限制因子）。该法能较全面又较简单地定量化反映土壤肥力水平。

1）数据标准化。根据全国第二次土壤普查土壤肥力因子分级标准，对不同坡位、不同种植年限苜蓿地 0~20 cm 层土壤养分实测数据进行了标准化，得到的各单项土壤肥力系数可比性较高的标准化结果（表8-18）。

表8-18　土壤肥力因子数据标准化值

处理	pH	有机质	全氮	全磷	全钾	速效氮	速效磷	速效钾
上隔坡	2.97	1.16	1.11	0.75	1.79	0.88	0.62	1.60
中隔坡	2.55	1.48	1.39	0.80	1.78	1.02	0.56	1.80
下隔坡	2.93	1.40	1.37	0.77	1.86	0.77	0.54	1.58
3 年生	3.05	0.88	0.75	0.77	1.80	0.67	0.74	1.36
7 年生	2.96	0.69	0.77	0.77	1.76	0.93	0.56	1.48
11 年生	2.84	1.57	1.56	0.77	1.86	0.95	0.50	1.90
19 年生	1.04	1.06	0.97	0.67	1.88	0.57	0.34	1.68
CK	2.73	1.02	1.01	0.85	1.80	1.10	1.68	2.20

2）计算权重。由于各项土壤肥力因子对土壤肥力的贡献是不同的，故对各项指标应给予一定的权重，然而，如何确定单项肥力指标的权重系数，这是肥力综合评价中的一个关键问题。在以往的研究中，普遍采用人为打分法、因子分析法、聚类分析法、TOPSIS分析法、灰色关联度法、因子加权综合法、变异系数法等确定权重系数。为了避免人为主观影响，本研究分别采用因子分析法、相关分析法、灰色关联法、变异系数法计算了土壤肥力因子的权重。

因子分析法（factor analysis）：通过研究众多变量之间的内部依赖关系，用少数几个抽象变量即因子来反映原来众多的观测变量所代表的主要信息，并解释这些观测变量之间的相互依存关系。因子分析可以浓缩数据，找出数据的基本结构，将原始观测变量的信息转化为少数几个因子的因子值。通过因子分析法，求出各项肥力指标的公因子方差，以其公因子方差占所有肥力指标公因子方差和的比作为单项肥力指标的权重系数。

相关分析法：相关分析法是研究随机变量之间相互关系规律性的一种统计方法。它的客观基础是，任何一种现象及其过程都必然会同其他现象与过程处在一种相互依存、相互制约的关系之中，因而人们可以根据与该现象、过程相互联系的其他现象、过程的变动规律与趋势，来预测该现象、过程的未来发展变化的规律与趋势。通过相关分析法计算各单项肥力指标间的相关系数，再求各单项肥力指标与其他肥力指标间相关系数的平均值，以其平均值占所有肥力指标的相关系数平均值总和的比作为单项肥力指标的权重系数。

灰色关联法：灰色关联度法是一种定性分析和定量分析相结合的综合评价方法，可以较好地解决评价指标难以准确量化和统计的问题，排除人为因素带来的影响，使评价结果更加客观准确。其计算过程简单，易于掌握；数据不必进行归一化处理，可用于原始数据直接计算，可靠性强。

变异系数法：变异系数又称"标准差率"，是衡量资料中各观测值变异程度的一个统计量。当进行两个或多个资料变异程度的比较时，如果单位和（或）平均数不同时，比较其变异程度就不能采用标准差，而需采用标准差与平均数的比值（相对值）来比较。计算出各指标的变异系数，以其变异系数占所有肥力指标变异系数和的比作为单项肥力指标的权重系数。

由肥力单因子指标的权重计算结果可以看出（表8-19），不同的计算方法，计算出的土壤肥力因子结果不同。这主要是由于各种客观评价方法原理迥异，导致权重计算结果的不同。因此，单纯采用客观评价法进行评价虽然排除了人为干扰，但评价结果是不可靠的。为此，本研究在参考众多学者与德尔菲法的基础上，最终确定了由哪种方法确定土壤肥力因子权重的计算方法。

表8-19 各种客观评价方法计算肥力指标权重的比较

指标	排序				权重			
	公因子方差	相关系数法	变异数法	灰色关联分析	公因子方差	变异数据	相关系数法	灰色关联分析
pH	0.113	0.142	0.012	0.168	8	2	8	1
全氮	0.128	0.121	0.152	0.110	4	5	7	6
全钾	0.128	0.117	0.014	0.163	2	7	6	2
全磷	0.123	0.132	0.039	0.142	7	3	5	3
速效氮	0.125	0.149	0.123	0.125	6	1	4	4
速效钾	0.129	0.096	0.162	0.098	1	8	3	7
速效磷	0.128	0.122	0.348	0.078	3	4	2	8
有机质	0.127	0.121	0.150	0.115	5	6	1	5

（3）改进的内梅罗综合指数法计算土壤肥力指数

通过有关资料的对比，分析了土壤肥力的各单项指标，但单项指标在评价土壤整体肥力状况上还缺乏说服力。因此，本节将数据标准化加权后带入改进的内梅罗综合指数法进行了综合评价。

由上述方法计算得出苜蓿地土壤综合肥力指数（表8-20、表8-21）。虽然不同计算方法得到的土壤肥力因子权重不同，采用改进的内梅罗综合指数法计算得到的土壤肥力指数也不尽相同，但不同坡位及不同旱作年限苜蓿地土壤综合肥力指数变化趋势相同。由结果可知：苜蓿地土壤综合肥力指数均大于0.9小于1.504，土壤肥力水平一般。不同坡位旱作苜蓿地土壤综合肥力系数表明，随着坡位的下降土壤肥力指数逐渐增加，不同坡位苜蓿地土壤综合肥力均小于坡耕地。这也进一步说明，旱作苜蓿后，半干旱黄土丘陵区土壤养分仍然随着坡位向下流失。从不同种植年限苜蓿地土壤综合肥力指数来看，苜蓿旱作时间越长，土壤综合肥力系数越高，但苜蓿地土壤综合肥力系数均小于旱作坡耕地 CK，说明宁夏半干旱黄土丘陵区旱作苜蓿粗放经营（只刈割，不培肥），导致土壤综合肥力指数日趋下降。在土壤肥力因子权重确定的前提下，对宁夏半干旱黄土丘陵区苜蓿地土壤综合肥力指数贡献较大的因子为土壤速效钾、土壤 pH。除此之外，其他因子均属于较低水平，已不能满足植物正常生长。因此，对宁夏半干旱黄土丘陵区土壤培肥应施用氮肥、磷肥以及有机质。

表 8-20　不同坡位苜蓿地土壤综合肥力指数的变化

计算方法	上隔坡	中隔坡	下隔坡	CK
公因子方差	1.34	1.41	1.39	1.54
相关系数法	1.37	1.42	1.40	1.54
变异系数法	1.02	1.13	1.05	1.48
灰色关联	1.47	1.50	1.51	1.59
变化范围	1.30 ± 0.17	1.37 ± 0.14	1.34 ± 0.17	1.54 ± 0.04
综合肥力评语	一般	一般	一般	一般

表 8-21　不同连作年限苜蓿地土壤综合肥力指数的变化

	3 年生	7 年生	11 年生	19 年生	CK
公因子方差	1.08	1.22	1.48	1.43	1.54
相关系数法	1.05	1.25	1.49	1.43	1.54
变异系数法	0.96	0.86	1.16	1.11	1.48
灰色关联	1.11	1.36	1.59	1.54	1.59
变化范围	1.05 ± 0.06	1.17 ± 0.19	1.43 ± 0.16	1.38 ± 0.16	1.54 ± 0.04
综合肥力评语	一般	一般	一般	一般	一般

8.3.2　旱作苜蓿与土壤微生物

土壤微生物是土壤养分循环的主要驱动力，对维持地力，保持生态系统稳定有重要作用，是土壤亚生态系统的重要组成成分，土壤中微生物的种类、数量、分布对外界干扰敏感，极易受土壤、水分、温度、植被、污染物质的影响。土壤微生物多样性能很好地预测土壤环境质量变化，被认为是最有潜力的敏感性生物指标，研究生态系统恢复过程中土壤微生物变化规律能够更好地评价土壤环境质量的变化趋势。

8.3.2.1　土壤微生物多样性的变化

BIOLOG ECO 微平板的变化孔数目和每孔颜色变化的程度与土壤微生物群落结构和功能有密切的相关性。土壤中微生物处于贫营养状态，其生长主要受碳源的限制，而 BI-

OLOG ECO 微平板就是通过微生物对单一碳源的利用来了解其微生物的动态，微生物对碳源的利用能力则是表征土壤微生物生长情况的主要指标。

（1）土壤微生物平均吸光值（AWCD）

由表 8-22 可见，旱作苜蓿种植不同年限后，0～15 cm 层土壤微生物群落 BIOLOG 代谢剖面发生了一定程度的变化，且其变化程度与培育时间有关，开始阶段，土壤微生物活性较低，然后较快增加，最后趋向平稳。在 24 h 之前三个年限的苜蓿地土壤样品微生物群落的 AWCD 值很小，没有差异，表明在 24 h 之内碳基本上未被利用，而在 24 h 后，AWCD 值急剧升高，碳源开始被大幅度地利用，之后随着培养时间的延长，土壤样品微生物群落 BIOLOG 代谢剖面 AWCD 值开始迅速增加，最后 BIOLOG 代谢剖面 AWCD 值随着培养时间的延长变化逐渐平缓。在培养 192 h 后，7 年生、11 年生、19 年生林草地 0～15 cm 层土壤微生物的 AWCD 值分别比坡耕地增加了 46%、105%、15%。统计分析表明，3 个年限的苜蓿地土壤微生物在培养 192 h 后，土壤样品微生物群落 BIOLOG 代谢剖面 AWCD 值差异较显著，表现为 11 年生 >7 年生 >19 年生。这说明人工牧草生态系统建设后，随着时间的延长，土壤微生物利用碳源的能力提高，在多年生牧草地退化后，土壤微生物活性显著下降，而且人工草地生态系统的土壤微生物活性仍然高于坡耕地。

表 8-22 不同生长年限苜蓿地 192 h 平均吸光值 LCD 方差分析

	24 h	48 h	72 h	96 h	120 h	144 h	168 h	192 h
7 年生	0.014	0.073	0.221	0.389	0.587	0.650	0.753	0.877±0.091bB
11 年生	0.114	0.420	0.704	0.848	0.994	1.093	1.196	1.228±0.121aA
19 年生	0.033	0.033	0.080	0.239	0.345	0.505	0.625	0.689±0.028cBC
坡耕地	0.054	0.096	0.170	0.244	0.335	0.419	0.495	0.599±0.098cC

注：大写字母不同表示差异极显著（$P<0.01$），小写字母不同表示差异显著（$P<0.05$）

（2）土壤微生物利用不同碳源平均吸光值（AWCD）的变化

按化学基团性质对 ECO 板上的 31 种碳源分成 6 类，即羧酸类、氨基酸类、碳水化合物、聚合物、胺类、酚类。

由图 8-8 可以看出，在宁夏半干旱黄土丘陵区退化坡耕地营建的人工林草地 0～15 cm 层土壤微生物对 6 类碳源的利用强度仍然随土壤样品培养时间的变化呈现加强的趋势。其中，人工草地土壤微生物对碳水化合物类、聚合物类、羧酸类、氨基酸类碳源的利用强度随培养时间延长，变化最快。这说明研究区人工草地生态系统土壤微生物利用 6 类碳源具有选择性，对碳水化合物类、聚合物类、羧酸类、氨基酸类碳源较为敏感，利用率较高，而对胺类、酚类碳源的利用程度较低。

不同时间序列人工草地土壤微生物对不同类型碳源的利用程度也有差异。3 个年限的人工草地土壤微生物对羧酸类、碳水化合物、氨基酸类碳源的利用强度呈现 11 年生 >7 年生 >19 年生 >坡耕地；对聚合物、酚类化合物碳源的利用强度呈现 11 年生 >7 年生 >坡耕地（CK）>19 年生；对胺类碳源的利用强度呈现 19 年生 >7 年生 >11 年生 >坡耕地（CK）。由此可以看出，退化坡耕地营建人工草地生态系统可以在一定程度上提高土壤微生物对碳源的利用程度，但人工草地退化，将会影响土壤微生物的活性。

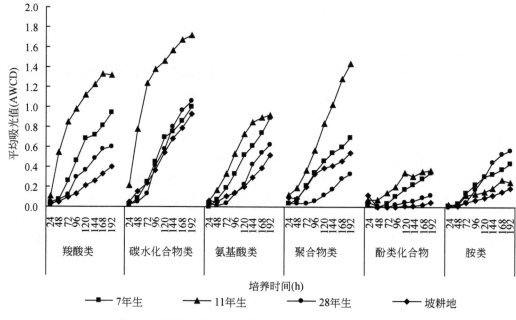

图 8-8　旱作苜蓿地土壤微生物利用不同碳源变化规律

（3）土壤微生物多样性的变化

统计土壤微生物利用每种碳源吸光度大于 0.25 的孔数，可以计算不同时间序列的林草生态系统 0～15 cm 层土壤微生物丰富度指数、均匀度指数、多样性指数、丰富度指数。

由表 8-23 可以得出，不同时间序列的人工草地生态系统土壤微生物丰富度指数、Shannon-Wiener 指数、优势度指数、Pielou 均匀度指数均呈现 11 年生 ＞7 年生 ＞19 年生 ＞坡耕地（CK）的变化趋势，人工草地生态系统 0～15 cm 层土壤微生物丰富度指数、Shannon-Wiener 指数、优势度指数、Pielou 均匀度指数高于坡耕地。在人工草地尚未严重退化之前，随着时间的延长，土壤微生物丰富度指数、Shannon-Wiener 指数、优势度指数、Pielou 均匀度指数均呈现增加的趋势，但变化并不显著，当人工草地严重退化时，土壤微生物的丰富度指数、Shannon-Wiener 指数、优势度指数、Pielou 均匀度指数均显著下降，虽然高于坡耕地，但二者差异并不显著。由此可见，在退化坡耕地上建设人工草地生态系统，可有效提高土壤微生物的多样性，但人工草地退化严重时，会导致土壤微生物多样性下降。因此，为了实现黄土丘陵区退耕还林还草生态系统的健康稳定，在人工牧草退化，利用价值较低时，应考虑采用草粮轮作措施，制止土壤质量恶化，促进林草生态系统的稳定及林草产业的可持续发展。

表 8-23　不同生长年限苜蓿地土壤微生物多样性

	Shannon-Wiener 指数（H）	Pielou 均匀度指数（J）	Simpson 优势度指数（D）	丰富度
7 年生	3.082 ±0.018aA	0.898 ±0.005aA	0.948 ±0.002aA	23.7 ±2.1aA
11 年生	3.143 ±0.030aA	0.915 ±0.009aA	0.951 ±0.002aA	25.7 ±0.6aA
19 年生	2.748 ±0.109bB	0.800 ±0.032bB	0.922 ±0.008bB	15.7 ±1.5bB
坡耕地	2.658 ±0.059bB	0.774 ±0.017bB	0.915 ±0.004bB	14.7 ±1.5bB

注：大写字母不同表示差异极显著（$P<0.01$），小写字母不同表示差异显著（$P<0.05$）

8.3.2.2 土壤微生物功能多样性 PCA 分析

以培养 96 h 作为时间取样点,对 Bioplog EC 板测试数据进行主成分分析,得到主元向量的前两个主成分为 53.3%、28.5%,累计贡献率达到 81.8%。前两个主成分可基本代表不同生长年限人工草地生态系统土壤微生物群落对 31 个碳源利用的多样性特征。

不同生长年限人工草地生态系统样点间的距离的大小,可代表各生长年限人工草地土壤微生物对 31 个碳源利用多样性特征的相似程度,距离越近相似程度越高。由图 8-9 可以看出,随着苜蓿生长时间的延长,土壤微生物对各类碳源的利用强度产生差异。在人工牧草尚未严重退化前,土壤微生物功能多样性明显增加,微生物多样性相似性差,7 年生、11 年生苜蓿地土壤微生物可各为一组;19 年生生苜蓿地土壤微生物多样性显著下降,且与坡耕地相似,可与坡耕地化为一组。

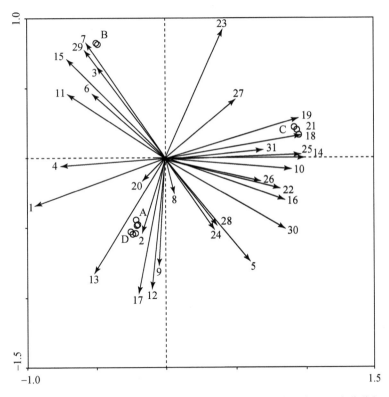

图 8-9 不同生长年限苜蓿地 0~15 cm 土壤微生物碳源利用主成分分析

1:β-甲基-D-葡萄糖苷,2:D-半乳糖酸 γ-内酯,3:L-精氨酸,4:丙酮酸甲酯,5:D-木糖/戊醛糖,6:D-半乳糖醛酸,7:L-天门冬酰胺,8:吐温 40,9:i-赤藓糖醇,10:2-羟基苯甲酸,11:L-苯丙氨酸,12:吐温 80,13:D-甘露醇,14:4-羟基苯甲酸,15:L-丝氨酸,16:α-环式糊精,17:N-乙酰-D 葡萄糖氨,18:γ-羟丁酸,19:L-苏氨酸,20:肝糖,21:D-葡糖胺酸,22:衣康酸,23:甘氨酰-L-谷氨酸,24:D-纤维二糖,25:1-磷酸葡萄糖,26:α-丁酮酸,27:苯乙胺,28:α-D-乳糖,29:D,L-α-磷酸甘油,30:D-苹果酸,31:腐胺(A:坡耕地,B:7 年生,C:11 年生,D:28 年生)

不同生长年限苜蓿地土壤样点(圆圈)在不同碳源投影点的相对位置(箭头)代表

该碳源在该类型的重要程度即大小程度，顺着箭头的方向，表示重要程度越大，反着箭头的方向，表示重要程度越小。

由图 8-9 可以看出，不同生长年限苜蓿地土壤微生物利用碳源种类不同。7 年生苜蓿地 0～15 cm 土壤微生物主要利用 31 种碳源中的 23 种，其中碳水化合物类碳源 9 种（D，L-α-磷酸甘油、D-半乳糖酸 γ-内酯、D-甘露醇、D-木糖/戊醛糖、D-纤维二糖、i-赤藓糖醇、N-乙酰-D 葡萄糖氨、α-D-乳糖、β-甲基-D-葡萄糖苷）、羧酸类碳源 3 种（D-半乳糖醛酸、D-葡糖胺酸、丙酮酸甲酯）、聚合类化合物 3 种（吐温 40、吐温 80、肝糖），氨基酸类碳源 5 种（甘氨酰-L-谷氨酸、L-精氨酸、L-天冬酰胺、L-苯丙氨酸、L-丝氨酸）、胺类碳源 2 种（苯乙胺、腐胺）、1 种羧酸类碳源（衣康酸）。11 年生苜蓿地 0～15 cm 土壤微生物主要利用 31 种碳源中的 17 种，其中碳水化合物类碳源 5 种（D-半乳糖酸 γ-内酯、D-甘露醇、D-纤维二糖、N-乙酰-D 葡萄糖氨、α-D-乳糖）、羧酸类碳源 4 种（D-苹果酸、D-葡糖胺酸、γ-羟丁酸、丙酮酸甲酯）、聚合物类碳源 3 种（吐温 40、吐温 80、肝糖）；胺类碳源 1 种（腐胺），氨基酸类碳源 3 种（甘 L-苏氨酸、甘氨酰-L-谷氨酸、L-丝氨酸），酚类化合物碳源 1 种（4-羟基苯甲酸）。28 年生生苜蓿地 0～15 cm 土壤微生物主要利用 31 种碳源中的 16 种，其中碳水化合物类碳源 8 种（D-半乳糖酸 γ-内酯、D-甘露醇、D-木糖/戊醛糖、D-纤维二糖、i-赤藓糖醇、N-乙酰-D 葡萄糖氨、α-D-乳糖、β-甲基-D-葡萄糖苷），羧酸类碳源 2 种（D-半乳糖醛酸、丙酮酸甲酯）、聚合物类碳源 3 种（吐温 40、吐温 80、肝糖）；氨基酸类碳源 3 种（L-苏氨酸、L-精氨酸、L-丝氨酸）。在宁夏半干旱黄土丘陵区旱作苜蓿提高了土壤微生物对 31 种碳源的利用程度，显色值明显高于坡耕地，随着苜蓿种植年限的延长，苜蓿地退化过程中，土壤微生物对碳源的利用程度迅速下降。

8.4　人工草地高效可持续利用

人工苜蓿草地作为一种独特的农业生态系统，不仅具有保持水土，改善生态环境等"生态系统服务"功能，而且是草原地带生态系统的主要生产者，是发展草地畜牧业的可再生资源。人工苜蓿草地的高效利用涉及实时刈割、水肥管理、病虫害防治等环节。当前，宁夏半干旱黄土丘陵区人工草地能否高效持续利用，不仅影响到该区生态环境建设的步伐，同时也关系到该地区如何进行农业结构的调整。

8.4.1　牧草的刈割

针对宁夏半干旱黄土丘陵区苜蓿粗放经营，刈割方式不科学，牧草浪费严重、产草量低，品质差等影响苜蓿高效利用的问题，通过不同刈割时间、不同留茬高度对苜蓿草品质与产量的分析，制定了研究区苜蓿刈割制度。

8.4.1.1　刈割时期

牧草粗蛋白、中性洗涤纤维（NDF）及酸性洗涤纤维（ADF）含量的高低是反映牧草品种的重要指标。中性洗涤纤维含量的高低直接影响家畜采食率，含量低，则适口性好，酸性洗涤纤维含量则影响家畜对牧草的消化率，其含量与养分消化率呈负相关。总之，NDF 和 ADF 的含量越低牧草营养价值越高。

通常苜蓿在始花期后，刈割期每推迟 1 天，牧草的消化率和采收量均降低 0.5% 以上，总营养价值下降 1% 以上。通过对研究区不同刈割时期苜蓿的粗蛋白含量、中性洗涤纤维、酸性洗涤纤维及产草量的测定表明（表 8-24）：头茬苜蓿在 5 月 24 日刈割时，粗蛋白含量最高，中性及酸性洗涤纤维含量最低，分别为 20.64%、31.48% 和 33.45%，说明此时刈割苜蓿的营养价值最高。随后随着刈割时间的推迟，粗蛋白含量呈逐渐下降趋势，酸洗和中洗均呈现逐步升高的趋势，到 6 月 24 日刈割时其营养价值最低；分析其产草量的变化，在 6 月 4 日刈割时最高，鲜草产量达到 10917.18 kg/hm²，干草产量为 3859.87 kg/hm²。故此，在兼顾营养与产草量的条件下，该区头茬苜蓿以 5 月底至 6 月初刈割时，其营养价值及产草量均达到较高的水平。

表 8-24　不同茬次、不同割期紫花苜蓿品质及产草量的比较

刈割时间	第一茬				
	粗蛋白/%	酸洗/%	中洗/%	鲜草产量/(kg/hm²)	干草产量/(kg/hm²)
5 月 24 日	20.64	31.48	33.45	10 150.32	3 159.93
6 月 04 日	19.27	32.59	35.04	10 917.18	3 859.87
6 月 14 日	18.93	34.10	38.37	8 358.31	2 504.60
6 月 24 日	17.10	37.82	34.62	8 593.08	2 552.12
刈割时间	第二茬				
	粗蛋白/%	酸洗/%	中洗/%	鲜草产量/(kg/hm²)	干草产量/(kg/hm²)
7 月 24 日	18.28	33.82	34.13	4 264.55	1 322.01
8 月 04 日	18.17	34.40	34.62	4 864.04	1 556.49
8 月 14 日	19.44	33.27	33.56	5 141.73	1 542.52
8 月 24 日	21.31	31.22	31.02	5 746.52	1 723.96

比较第二茬苜蓿几个刈割时期牧草品质及产草量的变化，在 8 月 24 日刈割时，其营养价值和草产量均达到最高水平，粗蛋白、酸性洗涤蛋白、中性洗涤蛋白及产草量分别为 21.31%、31.22%、31.02% 和 5746.52 kg/hm²。

可见，在宁夏半干旱黄土丘陵区第一茬苜蓿以 5 月下旬至 6 月初刈割，第二茬以 8 月下旬刈割，可获得品质好、产量高的牧草。

8.4.1.2　留茬高度

苜蓿叶片主要分布在植株上部的 2/3 处，靠近根部 1/3 处的叶片较上部少，苜蓿嫩茎叶粗蛋白含量高，中性洗涤蛋白和酸性洗涤蛋白较低。不同留茬高度的苜蓿品质比较表明，苜蓿茎叶比随着留茬高度的增加而降低，粗蛋白含量随着留茬高度的增加逐渐增大，中性洗涤蛋白和酸性洗涤蛋白随着留茬高度增加逐渐降低。说明高留茬刈割有利于提高苜蓿品质。

　　苜蓿作为高蛋白优质牧草，牧草品质远高于玉米秸秆、禾本科牧草等。因此，在确定合理的刈割留茬高度时，应该重点以苜蓿产草量的高低为标准。由表8-25可以看出，不留茬刈割可显著提高苜蓿头茬草的产量；同时，也有利于苜蓿的再生，不留茬刈割后，第二茬草产量达到5719.7 kg/hm²。可见苜蓿头茬草与第二茬草产量均以不留茬最高，主要是由于无论是高留茬还是低留茬，苜蓿的再生都是从近地面的根茎部发生，苜蓿刈割留茬过高，部分苜蓿茬最终成为残茬，抑制苜蓿再生，而低留茬刺激了地下根茎侧芽的发生，使得分枝数增加，进而促进了产草量的提高。综合分析，从产草的经济效益的角度考虑，在宁夏半干旱黄土丘陵区，紫花苜蓿以不留茬为宜。

表8-25　不同茬次、不同留茬高度紫花苜蓿品质及产草量的比较

留茬高度	第一茬				第二茬			
	粗蛋白（%）	酸性洗涤蛋白（%）	中性洗涤蛋白（%）	产草量（kg/hm²）	粗蛋白（%）	酸性洗涤蛋白（%）	中性洗涤蛋白（%）	产草量（kg/hm²）
0cm	18.55	35.28	36.15	15 100.85	18.89	33.97	35.22	5 719.70
2cm	18.66	34.28	34.95	13 623.88	18.90	32.87	34.27	5 232.07
5cm	19.05	34.59	34.67	11 891.41	19.22	33.01	35.02	4 827.34
8cm	19.67	31.84	32.69	10 487.63	20.19	32.86	33.33	4 237.73

8.4.1.3　利用年限

　　不同种植年限的紫花苜蓿植株性状及产草量比较表明（表8-26）：以5年生苜蓿，其株高、分枝数及产草量均达到最高，分别为株高69.33 cm、分枝数28.60个/株，鲜草产量每公顷14 000.70 kg，之后随着年份的增长，其各项指标均呈现下降的趋势，分析其原因主要是由于，一方面5年生苜蓿正处于生长旺盛时期，枝繁叶茂；另一方面随着年限的增长，受研究区气候和水分条件的限制，苜蓿逐步进入衰退期。总之，在研究区5年生苜蓿所获得的产草量最高。

表8-26　不同年限苜蓿植株性状及产草量的比较

年份	株高（cm）	分枝数(个/株)	鲜草产量（kg/hm²）	干草产量（kg/hm²）
2年生	28.17	5.00	5 493.17	2 144.31
3年生	55.70	8.23	6 600.33	2 700.14
4年生	62.60	14.76	13 900.88	4 031.26
5年生	69.33	28.60	14 000.70	4 400.22
7年生	57.60	23.40	11 400.57	3 534.18
8年生	49.84	19.17	11 254.51	3 488.90
10年生	43.80	6.00	7 483.71	2 518.27

8.4.2　牧草的病虫害防治

　　近年来，随着退耕还林还草工程的实施，半干旱黄土丘陵区旱作苜蓿发展速度很快，面积成倍增长。但由于病害的防治不当，造成产量和品质下降，苜蓿可利用年限缩短等影响苜蓿产业可持续利用问题。因此，掌握苜蓿病虫害的发病规律，制定合理的预防措施，不仅能改善苜蓿的生长状态，提高苜蓿草品质，还能显著降低苜蓿生产成本，提高生产效益。

8.4.2.1　病害防治技术

苜蓿锈病、苜蓿褐斑病、苜蓿霜霉病是宁夏半干旱黄土丘陵区影响苜蓿生产的主要病害。苜蓿病害发生快，严重时能使苜蓿生长不良，草地早衰，产草量下降，甚至大面积死亡等。苜蓿病害的防治应遵循"预防为主"的原则，根据病害的发生特点和流行规律，加强早期田间监测，采取综合防治措施，早期控制病害的危害。

（1）苜蓿锈病的防治技术

苜蓿锈病的特征：锈病侵染苜蓿后，叶片两面出现小型疱疹状病斑，病发初期呈灰绿色，后期表皮破裂呈粉状孢子堆。苜蓿锈病主要危害苜蓿的叶片、叶柄、茎及荚果，染病叶片皱缩并提前脱落。

苜蓿锈病防治：①药物防治，选有代森猛锌 0.2 kg/hm²、比例为 1:2 的氧化萎绣灵与百菌清的混合液 1.2 kg/hm²、15% 粉锈宁 1000 倍溶液喷雾。②农艺措施，选择抗病品种是苜蓿病害防治的关键；科学管理，如增施磷肥、钙肥，提高苜蓿植株抗病性；病害发生时，及时低留茬刈割，减少下茬草的菌原数量。

（2）苜蓿褐斑病防治技术

苜蓿褐斑病的特征：苜蓿褐斑病是由苜蓿假盘菌引起的，在苜蓿叶片上出现直径 0.2～3 mm 的圆形小褐斑，边缘呈细齿状。在叶片正面的病斑中部多有一深色突起，气候潮湿时突起物颜色淡，而且有光泽。苜蓿褐斑病主要危害叶部，病斑密集且占大部分叶片时，叶片变色且易脱落。

苜蓿褐斑病防治：①早春及时清除病残体，减少次春的初侵染源；②选用抗病品种；③当植株普遍发病后，及时低留茬刈割，减轻下茬的发病；④选用 70% 代森猛锌可湿性粉剂 600 倍液、75% 百菌清可湿性粉剂 500～600 倍液、50% 多菌灵可湿性粉剂 500～600 倍液等药剂喷雾。

（3）苜蓿霜霉病的防治技术

苜蓿霜霉病的特征：苜蓿霜霉病是霜霉病菌侵染植株，在株叶片出现局部不规则的退绿斑，病斑上先出现灰白色霉层，最后呈淡紫色。

苜蓿霜霉病的防治：①及时刈割头茬草，减少病原体，合理施用磷、钾肥，增加苜蓿植株抗病性；②发病初期选用 200 倍的波尔多液、65% 代森锰锌 400～600 倍液或 50% 福美双 500～800 倍液、600～800 倍的霜霉疫净、甲霜灵、杀毒矾、克露等进行喷雾。

（4）苜蓿白粉病的防治技术

苜蓿白粉病的特征：苜蓿白粉病是由真菌引起的，在苜蓿叶片正反面，茎、叶柄及荚果上出现一层白色霉层，似蛛网丝状。最早出现小圆形病斑，之后病斑扩大，相互汇合，覆盖全部叶面，形成毡状霉层，后期产生粉孢子（分生孢子），病斑呈白粉状，末期霉层为淡褐色或灰色，同时有橙黄色至黑色小点出现，即病原菌闭囊壳。

苜蓿白粉病的防治：①选育和推广抗病原良种；②由于病原菌为气传病害，在病原菌的闭囊壳未形成或开始形成，但还未大量成熟时，大面积连片及时低留茬刈割，将田间的牧草刈割干净，不留残株，减少刈割与非刈割的草相互传染，以减少越冬病原；③在苜蓿草发病初期或前期，用700~1000倍的灭菌丹、800~1000倍的百里通、粉锈宁、锁病液等稀释液喷雾。

总之，病害的发生受多种因素影响，只有选择合适的苜蓿品种，制订合理的栽培措施，做到及时预防，才能有效减少病害的发生与危害，实现苜蓿的高产、优质和高效。

8.4.2.2 害虫防治技术

退耕还林还草后，种植结构调整后，牧草、药材、豆类植物、油料作物等经济作物种植面积不断扩大，品种不断增多，形成了多种经济作物并存的格局，从而为苜蓿害虫提供了良好的生存条件，使杂食性害虫、次要害虫上升为主要害虫，造成世代重叠、混发、爆发的局面，给草畜产业的发展带来较大损失。虫害使苜蓿茎叶大量受到损失，影响产草量和产草质量。因此，加强花苜蓿草地病虫害防治，对保障紫花苜蓿草地增加产草量、提高商品率、推动草原畜牧业健康发展具有重要的意义。

通过田间调查发现，半干旱黄土丘陵区苜蓿虫害主要有12种。其中地上害虫有8种（蚜虫、蓟马、盲蝽、潜叶蝇、蝗虫、草地螟、紫夜蛾、豆粉蝶）；地下害虫有4种（蛴螬、地老虎、金针虫、无翅龟）。地上害虫主要取食苜蓿的根、茎、叶、幼苗，地下害虫主要危害苜蓿的根、种子。虫害轻者造成苜蓿产量及品质下降，重者造成缺苗断垄甚至毁种。

（1）农艺防治技术

针对苜蓿主要虫害的发生规律，采用及时刈割或适时早割是苜蓿害虫防治的一项有效措施，可有效避免和阻止害虫发生高峰期和压低害虫虫口。在南部山区如能在六月上旬及时收割第一茬苜蓿，蚜虫、蓟马、草地螟、盲蝽会得到有效的控制，可避免对第二茬苜蓿的危害；七月中旬及时刈割可有效防治蓟马、盲蝽对第二茬苜蓿的危害。

（2）药物防治技术

苜蓿主要害虫的药物防治就是根据病虫种类、种群特点及苜蓿生长阶段，选择性的使用安全高效低残留的化学农药，并制定出一套严格的农药使用准则（包括每茬作物需要使用次数、最佳剂量、最高用药量、安全间隔期和合理轮作方式等），指导正确使用药剂，以达到提高药效，降低用药量，减少残留量的目的。在使用农药时应选择无风晴朗天气，施药后如遇下雨应补施。主要在上午10：00时或下午4：00时喷洒。

蓟马：以幼虫和成虫危害苜蓿，在苜蓿返青以后蓟马数量随苜蓿不同生育期而有显著差异，从苜蓿返青以后数量剧增，开花期达最高峰，结荚期数量急剧下降，成熟期数量更少。以刺吸式口针穿刺花器并吸取汁液。主要危害幼嫩组织，如叶片、花器、嫩荚果，被害部位卷曲、皱缩以致枯死。特别是在花内取食，捣散花粉，破坏柱头，造成落花，荚果被害后形成瘪荚及落荚，严重影响苜蓿种子产量。蓟马已成为宁夏苜蓿常发性害虫，从苜蓿返青期开始的整个生育期均可持续危害，轻者造成上部叶片扭曲，重者导致苜蓿成片早枯，叶片和花干枯、早落，因此蓟马成为目前苜蓿尤其繁种苜蓿最具危险性的害虫。

在蓟马发生初期，苜蓿封垄前，可选用 4.5% 高效氯氰菊酯乳油或 10% 吡虫啉可湿性粉剂或 25% 阿克泰水分散粒剂或 3% 啶虫脒乳油等按一定的稀释倍液，在早或晚上喷雾。对于蓟马虫口达到百枝条 400 头以上，虫害严重的地块应抓紧时机进行药剂防治。可选用 15% 阿毒乳油 1200 倍或 45% 高效氯氰菊酯乳油 1500 倍或生物农药中农 1 号水剂 800 倍 3 种农药，一次施药防效均可达到 95% 以上，持效期可达一个月。

蚜虫：苜蓿蚜虫群集在苜蓿枝条的茎叶上，利用刺吸式口器刺入植物组织并将分泌的唾液溶入其内，影响苜蓿生长发育，造成牧草减产；蚜虫唾液中的有毒有害物质常刺激苜蓿的茎、叶，使苜蓿的茎、叶出现斑点、缩叶、卷叶、虫瘿等多种畸形害状，直接影响了牧草的产品品质与产量。

苜蓿蚜虫发生严重，无法及时刈割的地块可选用 25% 吡虫啉可湿粉 1500 倍、25% 吡氧乳油 2000 倍或高效氯氰菊酯、蚜剑、BtZ 等防治、BTA1000 倍等喷雾防治，可取得明显的防治效果。

叶象甲：危害苜蓿的叶象甲主要在幼虫期，它们在植株顶部于初展开的叶上，后来在下部叶片上均进行采食。危害严重时，除主脉外全部吃光，使被害的草丛一望发白，惨不忍睹。

苜蓿叶象甲一旦发现，可用毒土防治，在午后用毒死蜱 800 倍或辛硫磷 500 倍拌毒土撒于根附近。苜蓿叶象甲随幼龄的增大，其耐药程度也逐步提高，因此应尽早选用瓢甲敌、印糠素及甲维盐顺式氯氰菊酯混剂轮换进行防治。

草地螟：属鳞翅目螟蛾科，是一种食性杂、具有突发性、爆发性、迁飞性、社会性害虫。初孵幼虫取食嫩叶，3 龄后食量大增，可将叶片吃成缺刻、孔洞，仅留叶脉。

当发现每平方米幼虫达到 1~2 头，或者有大量成虫活动，7~10 天后进行药剂防治，选择低毒化学药剂 2.5% 敌百虫粉剂喷粉，每公顷 22.5~30 kg；90% 敌百虫结晶 1000 倍液（加入少量碱面）、50% 辛硫磷乳油 1000 倍液喷雾；还可用每克菌粉含 100 亿活孢子的杀螟杆菌菌粉或青虫菌菌粉 2000~3000 倍液喷雾；4.5% 高效氯氰菊酯乳油 1500 倍或生物农药中农 1 号水剂 800 倍、0.3% 苦参素 3 号水剂 800 倍喷雾防治。

潜叶蝇：是一年发生多代，喜高温多湿害虫。幼虫在叶片内潜食叶肉，造成盘旋形弯曲道，食痕呈白色，被害状很明显。成虫将卵产于叶组织内，并取食叶面，食痕多数呈钉孔状。

防治：秋末或苜蓿返青前清除田间枯枝落叶，消灭越冬虫源，减少下一代发生数量。在卵期和幼虫期防治效果最好，可选用 1.8% 爱福丁乳油 2000 倍稀释液，或 6% 烟百素乳油 2000 倍稀释液喷雾。苜蓿潜叶蝇的幼虫在叶内取食叶肉，并形成较宽的隧道。危害轻的影响品质，失去商品价值，危害重的会造成全田毁灭，损失很大。应选择诸如阿维菌素系列的高效低毒内吸性杀虫剂，可用斑潜净、爱福丁等药剂 2000 倍液进行喷杀。

8.4.3　草地的土壤培肥

合理的施肥与灌溉是保证紫花苜蓿稳产、高产的重要措施。由于研究区苜蓿地属于雨养性草地，在无法控制苜蓿草地灌溉的背景下，加强土壤培肥便成为苜蓿高产、稳产的关键。苜蓿再生性较强，需肥量大，苜蓿每产出 1000 kg 干草时，需要从土壤中摄取24.67 kg 氮、2.47 kg 磷、24.67 kg 钾、17.33 kg 钙、3 kg 镁、2.47 kg 硫。紫花苜蓿生长对氮、钾、钙的吸收量随产量和刈割次数的增加而增加。苜蓿刈割多次后，甚至在肥沃的土壤上也会造成某些元素的缺乏或失调。研究表明：花前刈割时，紫花苜蓿草含钾量要比盛花期刈割的高 64%；使用钾肥与磷肥可显著提高苜蓿产量，并可提高苜蓿粗蛋白含量。

由于宁夏半干旱黄土丘陵区人工苜蓿地的后续管护和农艺栽培管理措施并没有跟上，出现了农户只管种管收，在苜蓿整个生长季内不采取任何田间管理措施。随着苜蓿旱作时间的延长，苜蓿地土壤有机质、全氮、速效磷、速效钾、全磷、速效磷含量呈下降的趋势。根据土壤养分状况系统研究法和中国土壤肥力中所设定土壤养分临界指标，研究区苜蓿地土壤全磷、速效磷处于贫瘠状态，土壤有机质含量较低，全钾、速效钾处于适量状态。

在考虑苜蓿的需肥规律以及研究区苜蓿地土壤肥力状况的基础上，孙兆敏得出在年均降水量不足 400 mm 的宁夏半干旱黄土丘陵区，当年播种的苜蓿草地不宜大量施肥，以施用过磷酸钙500 kg/hm²，尿素43.48 kg/hm² 作为底肥，效果最佳；多年生苜蓿则以分2次施入过磷酸钙300 kg/hm²，尿素60 kg/hm²，苜蓿鲜草与干草的产量较高。因此，在宁南旱作农区根据苜蓿刈割生育期分期施肥，是实现该区苜蓿高产、高效的有效措施。

以紫花苜蓿为主的人工草地在宁夏半干旱黄土丘陵区具有明显的生长优势：可以跟随降水情况随时进行自我调节，何时有水何时长，遇到干旱不死亡，充分利用降水资源，适应本地区多变的半干旱环境特点。随着紫花苜蓿生长年限延长，土壤生态环境得到改善，但土壤干层的厚度和深度加大，土壤水环境恶化，严重影响着苜蓿的继续生长和农地资源的再次利用。当苜蓿种植 5~6 年后，实行草粮轮作，可使旱区农地有限的土壤水分达到合理、高效及可持续利用，取得较大的经济效益、生态效益和社会效益。

8.5 人工草地的经济效益

植被建设是黄土高原和西北地区生态环境建设中无法代替的一项重要措施和内容，因此退耕还林还草成为西部大开发及生态环境建设的关键和切入点，退耕后正确地选择草种是人工草地建设的核心问题。紫花苜蓿具有较强的抗旱、抗寒和再生能力，喜温凉、半干旱气候，对土壤要求不严，由粗砂土到轻黏土均可生长，苜蓿以其产量高、品质好、营养丰富、适应性好的优良特性以及改土固氮、生长旺盛、再生性强、叶面积覆盖大等生物学特点，决定了苜蓿成为西部生态环境建设和发展养畜业的首选牧草，是我国种植面积最大的人工牧草。黄土高原是我国苜蓿传统的种植区，也是我国苜蓿种植最集中的地区，种植面积达 102.6 万 hm²，占我国种植面积的 77%。

目前，宁夏半干旱黄土丘陵区彭阳县人工草地建设紧紧围绕退耕还林还草和生态环境及扶贫开发工程建设的实施，适应全区农业结构战略性调整和发展草畜产业的迫切要求，在退耕还林地中，间作多年生苜蓿，截至 2009 年，彭阳县留床的垄东苜蓿、宁苜 1 号、阿尔冈金等多年生苜蓿达 100 万亩。在宁夏半干旱黄土丘陵区种植苜蓿对增加植被覆盖率，控制水土流失，改善生态环境，促进农业生产结构，加快区域社会经济发展，提高农民收入等具有重要的作用和意义。在进行人工苜蓿种植的经济效益评价时，重点考虑两个方面，即人工苜蓿草地建设与管理成本和人工苜蓿草产量与产值。本着"科学、简明、适用"的原则，采取实地调查与半结构式访谈相结合，选取恰当的实物指标和价值指标，应用真实可靠、有代表性、可比性数据计算半干旱黄土丘陵区种植苜蓿的经济效益。

8.5.1　成本分析

按照土壤水分补给形式，可将研究区人工苜蓿地划分为雨养型多年生牧草地，由于栽培管理措施的差异和市场价格的变化，人工草地每亩成本费用有一定的差异，不同地块、不同年限人工苜蓿地的管理成本也有一定的差异。为了科学监测人工草地建设与管理成本，在彭阳县根据气候条件、人工苜蓿草地建设技术措施，采取实地调查与半结构式访谈相结合，对研究区人工草地 2002~2009 年的建设与管理的平均成本进行了调查，分别求得各年苜蓿建设与管理费用（表 8-27）。

表 8-27　人工苜蓿生产建设成本　　　　　　（单位：元/亩）

年份	整地费	种子费	播种	除草	灭虫	施肥	收运	刈割费	合计
2002	20	25	15	25	—	40	—	30	155
2003	—	—	—	25	15	10	20	30	100
2004	—	—	—	—	15	30	45	—	110
2005	—	—	—	—	15	10	30	45	110
2006	—	—	—	—	15	10	30	45	100
2007	—	—	—	—	—	10	30	25	100
2008	—	—	—	—	—	10	30	45	85
2009	—	—	—	—	—	—	30	45	75

人工草地建设费用主要包括整地、播种、除草、运输、刈割等人工费，以及灭虫、肥料、种子等材料费。其中，苜蓿种植当年投入成本最多，在 155 元左右，第二年起开始，随着收种年限的增加，投入的人工费与材料费呈下降的趋势，由 2001 年人工草地建设初期的 155 元/亩下降到 2009 年的 75 元/亩。

8.5.2　效益分析

苜蓿生长状况和品质关系十分密切，而生物量的动态变化是对生长状况的定量描述。地上生物量和品质是决定苜蓿刈割时期的重要指标，紫花苜蓿草地地上生物量受多种因子的综合影响，除受生态因子（降水量、温度、日照、土壤类型等）的综合影响，还受生育年龄、品种特性的影响。为获得最好的经济效益，应该综合考虑生物量与品质的相关联系，确定最佳刈割时期。

在宁夏半干旱黄土丘陵区，如表 8-28 所示，旱地种植苜蓿当年费用支出 155 元，草产量为 240 kg/亩，作为商品草销售的产值为 96 元，产出小于投入，因此，当年生苜蓿无收益。第二年起开始到第 8 年，随着收种年限的增加，成本费呈下降的趋势，2002~2009年苜蓿产量不仅受生长年限的影响，而且也随着降水量的变化，差异较大，2002~2009 年亩产干草 240~550 kg/亩，而且苜蓿干草市场价格也不断增加，人工种植苜蓿效益逐渐显现，2002~2009 年，研究区人工旱作苜蓿年产值达到 262.3 元/亩，亩纯收入 157.9 元/亩。2007 年彭阳县白杨镇中庄村苜蓿留床面积达到 266.8 hm^2，户均种苜蓿为 0.68 hm^2，每户年均苜蓿草纯收入 1405.31 元。彭阳县古城镇刘沟村，户均种苜蓿为 1.02 hm^2，苜蓿产草量分别占当年饲草总量的 46.40%，每户年均苜蓿草纯收入为 2131.65 元。

表 8-28 人工苜蓿经济效益分析

年份	刈割次数	亩产干草（kg）	单价（元/kg）	产值（元/亩）	成本（元/亩）	纯收入（元/亩）
2002	1	240	0.4	96.00	155	−59
2003	2	420	0.5	210.00	100	110
2004	2	550	0.5	275.00	110	165
2005	2	520	0.6	312.00	110	202
2006	2	470	0.6	282.00	100	182
2007	2	440	0.7	308.00	100	208
2008	2	420	0.75	315.00	85	230
2009	2	400	0.75	300.00	75	225
年均效益	—	432.5	—	262.3	104.4	157.9

第9章 半干旱黄土丘陵区生态产业开发及效益

9.1 发展生态产业的目的及意义

生态产业是以生态学基本原理为指导，以生态系统中物质循环与能量流动的规律为依据，以协调社会、经济发展和环境保护为主要目标，以生物为劳动对象，以农业自然资源为劳动资料，以生物科学为劳动手段，通过两个或两个以上的生产体系或环节之间的系统耦合，使物质、能量能多级利用、高效产出，资源、环境能系统开发、持续利用。生态产业是经济发展同生态环境保护和建设有机结合起来的产业类型，发展过程中注重资源的可持续利用和社会的和谐发展，主要体现着生态经济的能量和效益，最终达到生态效益、经济效益和社会效益的协调统一。它的意义不仅在于恢复生态循环和减轻环境压力，更在于能确保人类物质支持系统的可持续性，是生态环境恢复、资源合理可持续利用、社会经济快速发展的必然选择。

宁夏半干旱黄土丘陵区区内沟壑纵横，地面切割破碎，黄土丘陵、黄土塬、谷地、山地、近山丘陵相间分布，是我国黄土高原半干旱黄土丘陵区的典型代表与缩影。干旱少雨、资源利用不合理、水土流失加剧、土壤退化、生态系统功能失调是该区农业与社会经济持续发展的严重制约因素，区内旱灾、冻灾等自然灾害频繁，灌溉措施少，水资源贫乏，水土流失较为严重，经济基础较为落后，农、林、牧业布局错综复杂，历来是国家确定的重点生态建设区。选择该区进行生态产业开发与建设，不仅具有极强的典型性和代表性，而且还具有辐射性、带动性和指导性，对整个黄土高原半干旱黄土丘陵区生态产业的建设具有重大的现实意义。

同时，根据该区资源和社会经济特点，大力发展具有地方区域特色的产业模式，以区域优势产业推动其他相关产业的发展，实施经济建设与生态环境建设相结合的发展战略，逐步形成具有区域特色的生态经济发展模式，走出一条符合区域特色的生态农业的可持续发展道路，对实现区域经济效益、生态效益和社会效益的统一均具有积极的促进作用，综合起来主要有以下几方面。

1) 发展生态产业对宁夏半干旱黄土丘陵区生态环境具有一定的改善作用。宁夏半干旱黄土丘陵区具有一定的资源优势，但其生态系统十分脆弱，随着社会的进步和经济的发展，若超过其环境容量和阈值，就会造成生态失衡，产生一系列的负面效应，进而影响人们的生存。生态产业是以不损害生态环境和资源可持续利用为基本准则的环境友好型产业。在西部大开发及退耕还林还草等工程的带动下，近年来，该区的植被覆盖度、林草面积逐步提高，水土流失得到了一定的控制，但在新时期，要维持生态环境逐步向良好型发展，就必须走可持续发展的路子——发展生态产业。发展生态产业不仅可以使该区的生态资源得到有效的保护和利用，而且是减轻环境压力，促使生态环境重建工程得以成功的支撑和保障。同时，对提高生态环境的经济价值和环境投资的回报率，以及遏制退化的生态环境，形成良性的生态和经济关系链均具有很好的促进作用。

2）发展生态产业对宁夏半干旱黄土丘陵区形成新的经济优势，推动经济建设具有一定的作用。多年来，由于恶劣的自然环境和较差的经济基础条件，宁夏半干旱黄土丘陵区一直过着靠天吃饭的生活，近几年，国家相关政策的实施，使该区一些具有地方区域特色的经济产品有了一定的发展空间，但缺乏相应的政府组织和科技指导，经济产业的效益不明显。在新时期，利用区域的资源优势，开发新的经济点，用生态的可持续发展的手段，发展具有区域特色的生态产业模式，对该区经济的快速发展具有积极的推动作用。同时，在新时期，绿色消费已逐步成为人们消费的主流，这种消费观念是生态产业发展的最根本动力。宁夏半干旱黄土丘陵区具有特殊的生态资源，特别是其丰富的光热资源和地域优势，具有发展绿色及特色生态产品的优势，有利于该区经济发展走突出地域特色、打造绿色品牌的道路，便于形成新的经济支柱。

3）发展生态产业对宁夏半干旱黄土丘陵区生态文明建设，创建和谐社会具有积极的作用。生态文明是在遵循人、自然、社会和谐发展的客观规律下，以人与自然、人与人、人与社会和谐共生、良性循环、全面发展、持续繁荣为基本宗旨的文化伦理形态。社会主义和谐社会是全体人民处于各尽其能、各得其所、和谐相处的状态。社会和谐有赖于人与自然的和谐。人与自然和谐发展的生态文明，是和谐社会的支撑、基础和前提。良好的自然生态系统和环境系统不但直接关系到物质文明建设，也关系到社会的稳定，关系到人们的身心健康和可持续发展。没有良好的生态条件，人们既不可能有高度的物质享受，也不可能有高度的政治享受和精神享受；没有生态安全，人们自身就会陷入生存危机；没有生态文明，就不可能有高度发达的物质文明、精神文明和政治文明。宁夏半干旱黄土丘陵区地处欠发达地区，本身的自然环境和经济基础较为薄弱，因此，发展生态产业不仅可以推进生态文明建设，而且可以促进该区和谐社会的实现。

9.2　生态产业发展现状及存在问题

由于自然条件的制约，在宁夏半干旱黄土丘陵区还无法开展现代工业等形式的产业发展，其产业发展主要还是以生态农业的产业化发展为主。

9.2.1　发展现状

9.2.1.1　经济综合实力和人民生活水平逐步提高

国家实施西部大开发及发展生态农业以来，宁夏半干旱黄土丘陵区的经济状况不断得到改善，农民人均纯收入进一步提高，2000年研究区所在彭阳县国内生产总值26 819万元，人均国内生产总值1094元，人均农业产值470.92元，农民人均纯收入896元，到2008年该区国内生产总值增至121 194万元，人均国内生产总值达到4916元，人均农业产值1824.20元，农民人均纯收入增至2663.35元，均比2000年有了很大幅度的提高，对推动产业经济的发展起到了积极的促进作用。

9.2.1.2　农业产业结构得到不断调整

据 2009 年调查统计，研究区粮食作物中，小麦、玉米和马铃薯的种植比例分别占到了 23.70%、33.43% 和 20.78%，油料为 3.69%，豆类及小杂粮比例分别为 2.76% 和 15.64%，种植结构趋向于多元化发展，已有原来单一的粮食作物的种植逐步向粮—经—饲"三元结构"转变，逐步摆脱了靠天吃饭的局面。养殖业目前已达到了户均养牛 2.3 头，养羊 5.9 只、猪 0.8 头、鸡 5.1 只，养殖设施基本达到了户均一个标准化舍饲养殖棚，且养殖结构趋向草食家畜。苜蓿人工草地的面积也不断扩大，为发展草畜奠定了良好的基础。

9.2.1.3　生态产业体系已见雏形

近年，以绿色安全为特色的农产品生产得到了快速发展，并逐步形成了具有研究区区域特征的品牌优势。各优势农产品在种植过程中，严格按照技术规程，建立完善的生产监测体系，进行无公害、标准化生产，力求生产绿色食品，提高各农产品的品质，同时，政府采取农业合作组织的形式，对优势农产品进行统一品牌、统一包装、统一外销，经过精包细装的辣椒、杏、瓜果、马铃薯等具有区域特色的农产品，带着"彭阳山珍"的商标逐步走向了全国市场，产业体系逐渐形成。

9.2.1.4　生态环境得到一定改善

国家实施西部大开发及退耕还林还草工程以来，研究区生态环境得到了一定的改善，植被覆盖度大幅度提高，水土流失得到了有效控制。目前，研究区植被盖度已达到 52.4%，较 2000 年的 17% 提高幅度很大，土壤侵蚀模数从 2005 年的 2450 t/（km^2·a），下降到 2009 年的 1780 t/（km^2·a），治理效果非常明显。

9.2.2　存在问题

9.2.2.1　缺乏健全系统的组织引导和技术支撑

区域经济的发展离不开科学技术的支撑，更离不开政府组织的扶持和引导。生态农业强调的是对现有技术的优化组合，即生态农业的技术创新，但由于缺乏有效的、具体的优化组合，农业科学技术应用于生产的经济效益仍不显著。通过调查发现，由于缺乏相应的组织引导和技术体系的支撑，该区农业增长方式仍然局限于广种薄收的传统农业种植制度和模式，从而导致了种植业生产上粮食作物比例仍然偏大，经济作物和其他作物种植面积偏小，大大限制了农业经济收入。林业目前的发展模式，耗时耗工，以此获得的经济效益甚微，极大地影响了农户发展该项产业的积极性。养殖业的发展，仍然出现养殖成本与经济效益不成正比的局面；同时，苜蓿人工牧草的种植，其产业化经营的组织模式不完善，使得牧草产量不高，且饲草转化和利用效率不高，使苜蓿未能发挥其在草畜产业发展中应有的经济价值，影响了广大农户收割和利用苜蓿的积极性，从而更加影响了该区生态农业整体综合效益的提高。

9.2.2.2 总体受教育程度较低，过于依赖传统农业生产经验

中国农民在千万年的农业实践中积累了宝贵的经验。不可否认很多经验至今仍然有用甚至相当科学，农业生产结构的"宜林则林，宜农则农"的方针就是农民实践经验的一个缩影，农田间作和立体种植方式更是符合生态经济规律的精髓。但我们也必须认识到，在历史已经进入到 21 世纪的今天，现代农业的发展离不开先进科技的支撑。

宁夏半干旱黄土丘陵区长期以来农业以粗放经营为主，推广生态农业以后，农民虽已意识到传统的广种薄收的农业耕作模式已不能带动经济的快速发展，只有依靠科学技术的指导，开展适宜于本区自然条件的经济增长模式，才能带动生态—经济的全面发展。但由于长期受传统观念和教育程度的影响，广大农户"等、靠、要"的思想还较严重，且大多数家庭以妇女和老人留守居多，她们大多只是满足于现状，对于一些新技术和新成果的推广应用接受较慢。同时，受传统农业生产模式的影响，生态农业的试点与推广工作未能提升当地农业生产的现代化水平和农民的组织化程度。

9.2.2.3 农业发展未能摆脱"自然农业"

当前，我国农业和农村问题集中体现为低效益问题。半干旱黄土丘陵区农业低效益问题尤为突出。要解决这一问题，最主要的是现代农业科技的支持。因此，因地制宜地在半干旱黄土丘陵区引入市场经济机制，运用生态的理念和科技的支撑，进行农业种植业结构调整，改进和保护农业生态环境，提高农业产出和经济效益，增加农民收入，构建半干旱黄土丘陵区生态与经济双赢的发展模式，才能从根本上实现半干旱黄土丘陵区农业和农村经济的可持续发展。

但由于该区地理条件限制、信息闭塞等原因，农业经济的发展还未能完全从"自然农业"中解放出来。主要表现在：一家一户的分散经营体制使生态农业的产业化发展难以形成规模化生产。与其他产业发展一样，生态农业的产业化发展只有具有一定的发展规模才能产生较高的效益，而我国目前实行的以家庭为单元的生产经营模式，很难使生态农业形成规模生产。家庭分散经营在一定程度上也很难使物质、能量、信息多级转化循环，只能使生态农业局限在小生产的循环之中，从而影响了整体生态农业的产业化发展和其经济效益的提高。

9.3 农业生态优势产业的选择与发展方向

生态优势产业的定义目前还没有形成完整、统一和权威的定义，根据比较优势理论，借鉴已有的相关论述，认为生态优势产业是指在资源和环境协调、可持续发展的条件下，以地区比较优势为基础，经过资源合理配置、结构调整，有一定的发展基础和相当发展潜力的农业产业。

9.3.1　农业生态优势产业的选择

9.3.1.1　选择方法

生态优势产业选择主要有成本—效益法、相对比较优势系数法、相对生产率法、收入弹性比较法、生产率上升率比较法和相对比例比较法等，各方法从不同的角度对比较优势作出了反映，都有一定的理论依据和可操作性。如果各方法同时运用，相互印证，筛选出的优势产业就具有较高的可信度。但是，往往由于数据和资料的原因，也只能运用其中的某几种方法进行测定，在这里我们根据资料情况采用了其中的"成本—效益法"、"相对比较优势系数法"和"相对比例比较法"，对宁夏半干旱黄土丘陵区的农业优势产业进行了筛选。

根据宁夏半干旱黄土丘陵区的特点，农业按大农业分类，主要从农、林、牧中选择该区的优势产业。

9.3.1.2　优势产业的选择

（1）从农业自然资源优势进行选择

自然资源是区域产业布局的基础和先决条件。宁夏半干旱黄土丘陵区内地形地势复杂，是我国黄土高原半干旱黄土丘陵山区的典型代表与缩影。其独有的自然资源条件，为一些农产品的生产创造了极其有利的条件，如小杂粮、山杏、瓜果等。首先，以彭阳中庄示范区为例，该区土地资源丰富，总土地面 16.5 km²，其中耕地面积 672.7 hm²，占总土地面积的 40.8%，林地面积 642.9 hm²，占总土地面积的 39.0%，人均占有土地面积 0.91 hm²，人均占有可利用耕地面积 0.37 hm²，丰富的土地资源为该区农业产业的发展提供了可靠的土地保证。其次，光热资源丰富，蒸发量大，温差大，无霜期长，为一些农产品及无公害产品的生产提供了优越的气候条件。再次，该区劳动力资源丰富，在这一地区发展生态经济型、劳动密集型农业产业有充足的劳动力保障。据 2009 年数据统计，研究区所在白阳镇农业总人口 27 249 人，现有劳动力资源 21 123 人，其中富余劳动力资源 9823 人。最后，该地区有很好的政府平台，近年来，在政府的大力支持下，该区利用当地的自然优势，大力发展林果基地和温棚建设，为当地农业结构调整，为农业产业化发展奠定了很好的基础。但同时，在考虑有利资源条件的同时，也应考虑到该区产业发展的一些不利条件，如干旱少雨、水资源短缺等。因此，在选择该区农业优势产业时应充分考虑有利和不利条件，做到扬长避短、趋利避害。

（2）从产值比例的优势进行选择

基于对相对比较优势而非绝对优势的认识，研究认为，农、林、牧产值比例变动也可以作为优势产业筛选的依据。

2003～2008 年研究区所在彭阳县农、林、牧在农业总产值的比例变化可以看出（表9-1），随着农业结构的调整，农业产值比例呈现下降的趋势，林业和畜牧业的产值比例上升趋势较为明显。林业产值比例由 2003 年的 3.45% 上升至 2008 年的 6.94%，翻了一倍；畜牧业产值由2003年的29.29%增至2008年的41.79%，提高了43.29%，均呈现出较高的比较优势。分析农业产值比例下降原因，主要是由占种植业主要成分之一的小麦引起，较2003年下降幅度较大，降低了二十多个百分点。而其中经济类作物地膜玉米和蔬菜的产值比例逐渐加大。畜牧业比例中草食家畜占到了一定的比例，在2008年占到了整个畜牧业产值的58.92%，其中牛的增长趋势较为明显，较2003年增长了45.16%，这主要与近年来推行舍饲养殖有很大的关系。林产品在整个林业产值比例中的变化，呈现出很明显的增长优势。总之，从以上可以初步得出：研究区林业和畜牧业产值比例增长趋势较为明显，显示出一定的比较优势；而农业产值比例逐年降低，比较优势正在逐步丧失，但种植业仍是农业的主要产业部分。

表9-1　农、林、牧在农业总产值中的比例变化表　　　　　（单位:%）

年份	农业比例	其中			林业比例	其中	牧业比例	其中		
		小麦	玉米	蔬菜		林产品		草食家畜比例	牛	羊
2003	55.71	27.93	19.53	5.53	3.45	10.45	29.29	46.42	24.91	21.52
2004	53.71	17.65	24.06	14.90	6.69	10.48	27.50	54.30	33.05	21.26
2006	51.92	16.58	21.41	14.11	5.62	13.03	40.51	49.34	32.55	16.79
2007	50.37	8.66	18.83	19.56	4.91	29.06	40.42	52.40	33.72	18.68
2008	50.10	7.27	20.97	21.83	6.94	58.51	41.97	58.92	36.16	22.76

注：表中草食家畜主要指牛、羊

（3）从规模比例优势进行选择

种植和养殖规模在一定程度上也能反映其在农业发展中的优势。通过对研究区所在彭阳县2003~2008年农林牧的种植和养殖规模计算其所占比例发现（表9-2），粮食作物的规模比例、林业中经果林的规模比例以及养殖业中草食家畜的规模比例均呈现出逐年增长的趋势，2008年分别较2003年上涨了34.74%、17.16%和6.23%。粮食作物规模比例上涨的原因主要是由于整个农作物种植规模下降导致，农作物的种植规模由2003年的90 900 hm²下降到了2008年的70 031 hm²，下降了22.96%。而其中以小麦为主的粮食作物的规模比例呈现逐年下降趋势，较2003年下降了48.80%，下降幅度较大；经济类作物地膜玉米和蔬菜的规模比例呈现出一定的上涨趋势，说明在农业种植结构中，虽然以小麦为主的粮食作物的规模比例在农业比例中仍占有较大的份额，但总体正逐步向经济作物的方向在转变；林业比例参考经果林的种植规模，其比例也呈现出一定的上升趋势，说明近几年随着退耕还林还草工程和宁夏半干旱黄土丘陵区推行的"两杏一果"扶贫开发工程，林业的规模优势逐渐显现出来；养殖业主要考虑牛羊两种草食家畜的比例，从计算结果可以看出，草食家畜呈现出一定的比较优势。其中，牛的增长趋势较为明显，较2003年上涨了30.88%，羊在整个草食家畜的养殖比例中仍占有较大的份额，但总体上基本呈现出一定的下降趋势。分析其内部结构，牛群的养殖结构正逐步从役用牛向肉用牛方向转变，羊的饲养规模中繁殖母羊的饲养规模占到了一定的比例，较2003年上涨了28.25%；说明在推行舍饲养殖和大力发展养殖业后，养殖业的发展正逐步由传统的养殖模式向科学合理的正规养殖模式方向发展。考虑到发展养殖业的饲草来源，从新增种草面积的角度考虑，草地的规模比例总体呈现增长的趋势，其规模优势也逐渐显现。总之，从种植、养殖规模的比例角度考虑，以小麦为主的种植业比例逐渐下降，比较优势逐渐降低；林业和以草食家畜为主的养殖业，规模比例呈逐步上升趋势，比较优势逐渐显现。

表9-2　农、林、牧各业种植、养殖规模比例比较　　　　　（单位：%）

| 年份 | 粮食比例 | 其中 | | 蔬菜比例 | 经果林比例 | 草食家畜比例 | 牛比例 | 其中 | | 羊比例 | 母羊比例 | 新增草地(hm²) |
		小麦比例	玉米比例					肉用牛比例	役用牛比例			
2003	64.25	53.65	13.37	1.55	6.06	67.76	19.72	3.0	96.9	48.99	47.04	8.39
2004	61.01	43.29	22.17	3.17	6.28	67.82	22.38	2.3	97.6	45.38	54.75	8.95
2005	76.75	39.08	17.80	3.74	6.27	69.89	22.53	5.6	99.9	47.36	53.87	8.29
2006	85.23	36.29	16.26	4.55	6.26	68.71	21.64	13.1	86.8	42.01	61.18	8.10
2007	85.90	37.17	21.98	6.14	6.92	71.66	22.88	18.6	81.3	48.33	63.55	14.16
2008	86.57	27.47	27.56	6.88	7.10	71.98	25.81	19.2	80.8	48.77	60.33	10.85

注：表中蔬菜比例以占整个农作物种植面积来衡量；草食家畜主要指牛、羊；牛、羊比例以占整体草食家畜的角度衡量

9.3.1.3　种植业优势产品的选择

从农林牧优势产业的筛选中，发现种植业的比较优势逐步丧失，但它在整个农业种植结构中仍占有较大的比例，仍是农业的主要部门，而且种植业作物种类较多，整体上优劣势不明显，极有可能是内部优势产品和劣势产品相互抵消之后的一个平均结果。因此，从种植业中筛选具有相对比较优势的作物和品种，仍是一项重要的工作。

根据研究区的资源和调查数据的情况，利用种植业的种植面积计算相对比较优势系数和成本—效益法，在考虑经济效益的基础上，对研究区种植业相对优势产品进行筛选，以确定该区种植业的比较优势产品。

根据调查，目前研究示范区总人口1804人。总土地面积1650 hm²。其中，耕地面积672.7 hm²，人均耕地0.37 hm²。

根据资料，利用种植业的种植面积计算相对比较优势系数，其计算公式为

$$R = \frac{H_i / \sum H_i}{S_i / \sum S_i} \quad (i = 1, 2 \cdots, n) \tag{9-1}$$

式中，R为比较优势系数；H_i为研究区某种（第i种）作物的播种面积；$\sum H_i$为研究区各种作物总播种面积；S_i为研究区所在地上一级区域各种（第i种）作物的播种面积；$\sum S_i$为研究区所在上一级区域各种作物总播种面积。

根据比较优势系数（R）的大小即可判断作物的优劣势状况：若$R < 1$为具有比较劣势；若与1相近，则为无明显比较优劣势；若$R > 1$且R值较大，则该种作物为强比较优势产品。

根据调查数据，计算得出了研究区主要种植业产品与研究区所在地上一级区域（白阳镇）比较的优势系数，具体数据见表9-3。

表 9-3　研究区主要农作物产品与白阳镇比较优势系数

作物品种	R 值	作物品种	R 值	作物品种	R 值
冬小麦	1.096	马铃薯	1.301	荞麦	0.487
玉米	2.324	油料	1.146	蔬菜	1.108
糜子	0.628	燕麦	0.496		

从种植业各农作物比较优势系数看，研究区种植业各作物整体优势不是太突出，但具体品种却表现出较大的差异。其中玉米、马铃薯、油料及蔬菜的生产具有一定优势，比较优势系数均大于1。其中，尤其以经济作物玉米和马铃薯的生产优势相对较大，比较优势系数分别为2.324和1.301；冬小麦的比较优势系数与1接近，比较优劣势不是太明显；而荞麦、燕麦、糜子等小杂粮，则处于劣势，比较优势系数均小于1，这主要由于研究区气候干旱、水资源短缺等自然条件的限制，使得荞麦等小杂粮等产量较低导致的。

同时，采用成本—效益法计算研究区各种作物种植成本发现（表 9-4），种植玉米、马铃薯、蔬菜及紫花苜蓿均具有一定的经济效益，且效益均较显著。其中，玉米、马铃薯的种植每公顷可获利7816.61元和6683.06元；蔬菜的种植按占地1亩的温棚计算，每年可获利5070.00元；优良紫花苜蓿的种植，不考虑其转化和加工，单纯只考虑其干草出售效益，每公顷可获利3005.57元；这与采用相对比较优势系数确定的研究区种植业相对优势产品的结论基本相吻合。

表 9-4　不同作物成本效益分析

作物	籽粒收入	秸秆收入	毛收入	种子投入	肥料投入	劳力投入	畜力投入	机械投入	纯效益
冬小麦(元/hm²)	2 550.00	460.26	3 010.26	270.00	450.00	408.00	600.00	450.00	832.26
玉米(元/hm²)	9 000.00	1 621.46	10 621.46	187.50	958.35	609.00	600.00	450.00	7 816.61
马铃薯(元/hm²)	9 000.00	170.01	9 170.01	450.00	676.95	360.00	600.00	450.00	6 683.06
油料(元/hm²)	2 850.00	112.50	2 962.50	90.00	600.00	534.00	450.00	375.00	913.50
荞麦(元/hm²)	1 800.00	300.02	2 100.02	150.00	600.00	459.00	450.00	375.00	66.01
三角豆(元/hm²)	1 800.00	90.00	1 890.00	90.00	300.00	339.00	450.00	375.00	336.00
大燕麦(元/hm²)	—	2 252.63	2 252.63	135.00	—	249.00	450.00	375.00	1 043.63
糜子(元/hm²)	1 800.00	500.09	2 300.09	75.00	600.00	381.00	450.00	375.00	419.09
蔬菜(元/年)	—	—	7 000.00	270.00	580.00	1 080.0			5 070.00
苜蓿(元/hm²)	—	4 205.57	4 205.57	300.00	—	300.00	450.00	150.00	3 005.57

综上，说明在研究区种植业中，可发展以地膜玉米、马铃薯及蔬菜为主的经济类作物的种植，其经济效益和比较优势均较显著，同时，还可以发展以紫花苜蓿为主的饲草种植，其效益也较显著。

9.3.2　生态产业发展方向和措施

9.3.2.1　生态产业发展方向

根据农业优势产业的选择，种植业中玉米、马铃薯、蔬菜的种植优势较为显著，林业以发展经果林比较优势显著，养殖业以发展草食家畜的养殖为主。

经优势产业的筛选，以小麦为主的粮食作物的比较优势逐渐降低，经济作物地膜玉米、马铃薯及蔬菜的比例逐渐加大，具有一定的比较优势，这与近年政府加大调整农业产业结构有极大的关系。宁夏半干旱黄土丘陵区受农业资源条件差，环境恶劣，年降水量低且季节分布不均等自然条件的制约，使得传统农业种植产出率极低，薄收情况普遍存在，本身就不具备传统种植业高产和发展传统农业种植产业的条件。故此，种植业中粮食作物生产不具备成为该区优势产业的条件，在可采取保护性耕作等旱作农业技术措施下，小面积发展粮食等传统作物的生产，以保证粮食自给。在其他作物种植上，根据研究，可以发展经济作物如地膜玉米、马铃薯及蔬菜产业。目前，在发展该项产业的过程中，为使研究区蔬菜、马铃薯等走向市场、形成品牌优势，该区已采取农产品协会直接介入的形式，对该区蔬菜、马铃薯等农产品采取统一品牌、统一包装、统一外销等措施，提高了该区农产品的知名度，也提高了市场的核心竞争力。故此，宁夏半干旱黄土丘陵区在无法发展现代工业经济的条件下，只有采取以农户集约化发展，从庭院—农田生态系统的农业小循环走向企农结合的农业大循环，才是该区生态产业发展的真正途径。

此外，根据国内外生态农业发展经验，在既要保护生态环境又要解决经济发展的农业措施前提下，发展高效草地农业是重要途径之一。根据研究，在宁夏半干旱黄土丘陵区苜蓿的种植效益和以草食家畜为主的养殖业的比较优势逐渐显现，故此，在该区可以发展以苜蓿种植为主的草畜产业。在大力推广苜蓿人工草地建设的基础上，以科学的技术指导，提高牧草种植技术水平及饲草转化利用率，立草为业，形成草业生产规模化、加工专业化、产品市场化。同时，实施草粮轮作、种草养畜的草地农业发展模式，以草业发展带动畜牧业发展，畜牧业以发展节粮型草食家畜牛、羊为主；根据该区的地理条件，无法发展以奶牛为主的食品加工业，可以发展肉牛和母羊的生产，以动物性产品的产出及羔羊的出售为主，加快家畜养殖的周转速度，提高舍饲养殖技术，形成养殖业标准化、区域化、经营集约化，最终构建具有宁夏半干旱黄土丘陵区地方特色的草畜产业一体化区域经济发展模式。

同时，在林业的发展上可以利用该区丰富的林业资源条件，采取政府组织—企业参与—农户配合的发展模式，发展以接杏为主的林果产业及果脯产业，这将也会成为研究区农民增收、经济发展的一项具有发展前景的优势产业。

9.3.2.2　生态产业发展的措施

根据宁夏半干旱黄土丘陵区的自然资源状况以及发展方向，结合国内外生态产业发展的研究方法和该区生态农业的产业化发展，可主要采取以下措施。

一是从政府组织方面，应加强政府的职能和组织作用，保证产业的顺畅发展。以农业组织合作社的形式，加大农产品的品牌包装和销售力度，以形成产供销一条龙的产业发展模式，促进农业产业结构的全面调整和经济的快速增长。

二是从政策支持方面，加强农产品产业开发的支持力度，对相应的农业合作社或龙头企业予以一定的政策倾斜和扶持，以确保产业的健康顺畅发展。

三是从资金扶持方面，应逐步加大财政资金投入力度，增加对生态、绿色、具有地方区域特色的农产品开发的投入，以资金引导产业向更大、更强的方向发展。

四是从科技支撑方面，采用科研机构和业务部门联合的方式，加强产业技术的指导力度，尤其对于宁夏半干旱黄土丘陵区适宜发展的产业模式，对其技术体系的建立，展开详细研究，使其技术体系跟上产业发展的步伐，如牧草的高效利用及舍饲养殖技术等。同时，转变由原来单一的理论讲座传授的方式，采取理论与实践相结合，以农民合作组织或示范户为单位开展技术指导，转变由原来注重单一技术指导，逐步向以综合技术模式配套为主转化，以各项技术的联合，构建产业发展模式，加大产出。

五是从产业发展方式上，以示范户或农民合作组织为单位，以小带面，逐步形成一户带多户、一队带多队的规模化生产格局，形成产业的发展链；同时，加大品牌包装和市场的开发力度，采取多种形式，扩大区域特色产品的市场占有率，增加产业效益。

六是从农民观念上，加强农民各项技术的理论培训；同时，可采用农民合作组织或示范户的形式，以组织帮扶的方式进行产业引导，以小范围的产业发展带动该区广大农户参与的积极性，逐步纠正该区农户"等、靠、要"的思想观念，为整体产业结构的调整和产业发展奠定良好的群众基础。

9.4　生态产业的集成优化

农业生态产业的开发，必须以生态经济学基本原理为基础，运用系统工程学的方法，把各种相关产业结合起来，才能成为科学的、对农业生态和农村经济有现实意义的生态产业。

9.4.1　生态产业的集成

宁夏半干旱黄土丘陵区进行生态产业开发，其运行结构必须充分体现生态是核心、资源是基础、经济是目的的理念，必须达到最大限度地改善生态环境、最大限度地提高资源的利用率、最快速地推进区域经济发展步伐和增加农民收入的目的。必须将发挥生态功能、经济功能的产业结构有机结合在一起，使其发挥促进该区环境、资源、经济、社会协调、健康、快速发展和建设环境友好型和谐社会与社会主义新农村的作用。

9.4.1.1　灌草秸秆综合利用模式

本产业发展主要适用于宁夏半干旱黄土丘陵区的退耕还林还草区域，主要在科技和政府部门的支撑扶持下，由饲草高效利用和科学高效的舍饲养殖技术与企业参与共同搭建而成，构成了一个集生态—经济为一体、以户为单元的产业发展模式（图9-1）。具体措施是在加强人工和天然草地规范化栽培管理，大力提高饲草产量的基础上，利用青贮、氨化、微贮等饲草加工利用技术，极大限度地提高饲草的利用率，为草食家畜提供优良饲草。同时，进行牧草的深加工，使草业生产逐步走向规范化和市场化；与此同时，养殖业逐步形成以草食家畜为主的生产格局，在品种改良和养殖设施改造方面进行专业化的指导，结合科学合理的饲喂管理，使得家畜养殖的周转周期短、效益快，逐步形成立草为业，以草业发展带动畜牧业发展，形成养殖业标准化、区域化、专业化的生产格局。模式的突出特点是以草定畜，草畜平衡，种养加产供销相结合，用科学化、规范化的方式进行管理，使草畜业发展走规模化和市场化的路子，实现农业结构调整、农民增收的目的，形成具有区域特色的草畜一体化经济发展型产业。

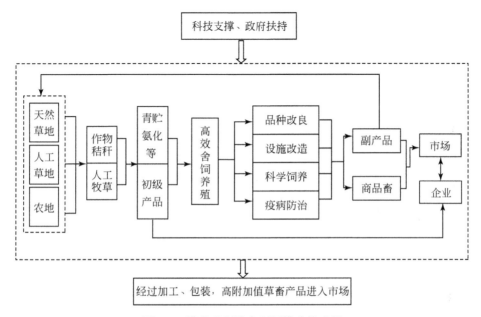

图9-1 灌草秸秆综合利用模式构成图

9.4.1.2 节水高效设施农业综合发展模式

在有水源条件或有水资源蓄集措施的宁夏半干旱黄土丘陵区，发展以蔬菜瓜果种植为主的设施农业，不仅具有重要的经济效益，还能产生显著的生态效益和社会效益。其也是在科技和政府的支持扶持下，主要是由雨水蓄集工程、温棚设施蔬菜瓜果连接，共同组成一个集生态—经济为一体的复合人工生态系统（图9-2）。主要措施是在发展以各种形式的窖窑蓄水工程改造和建设，以满足居民日常生活需要的同时，发展以节水补灌措施开展的小拱棚、温棚蔬菜瓜果种植。日光温室、塑料拱棚以春提早、秋延后及反季节蔬菜瓜果栽培种植为主，获取一定的经济效益。其突出的特点是在水资源短缺的地区，以雨水资源为基础，充分高效地利用了当地的雨水资源和光热能源，在同一块土地上实现了集雨、种植同步，能流、物流较快循环的能源生态系统，高效利用了光、热、水、气和劳动力资源，提高了人民生活水平、带来了经济效益。对于在水资源较缺乏的宁夏半干旱黄土丘陵区来说，开展此项精细农业不仅可以有效地利用空间，使有限的水资源发挥其最大的经济效益，而且对种植结构的调整、能源的充分利用提供了很好的平台，是一条真正的可持续发展之路。

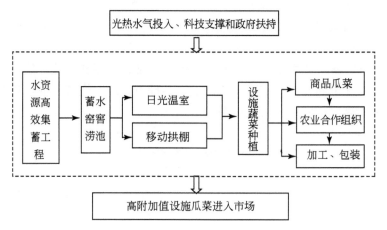

图9-2 节水高效设施农业综合发展构成图

9.4.1.3 雨水资源高效利用的旱作经济作物发展模式

本产业发展主要适用于宁夏半干旱黄土丘陵区的旱作农业产业化发展，主要由旱作农业节水技术体系和高效种植技术体系共同搭建而成，构成了一个集生态—经济为一体的产业化发展体系（图9-3）。其突出的特点是在水资源有限的条件下，利用各种节水保墒技术，高效利用雨水资源，以抗旱品种的引种为基础，大力发展具有一定经济效益的农作物种植。具体措施是在覆盖保墒、坡改梯及保护性耕作等节水保墒技术措施下，发展区域优势经济农作物玉米、马铃薯的种植，建立科学合理的旱作种植技术，极大限度地提高作物产量和质量。与此同时，以市场为导向，加大农产品的加工、包装和销售，逐步转变传统种植模式，以高质量的农产品进入销售市场，形成种植科学化、规范化和市场化的生产格局。实现农业结构调整、农民增收的目的，形成具有区域特色的农业种植产业化发展体系。

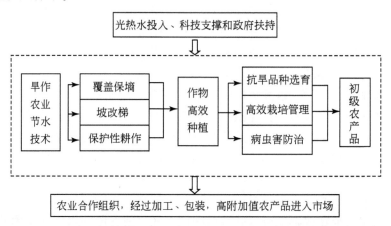

图9-3 雨水资源高效利用的旱作经济作物发展模式构成图

9.4.1.4 特色杏为主的林果产业发展模式

该产业发展主要适用于宁夏半干旱黄土丘陵区的退耕还林还草区域，发展以杏为主的经果产业，主要由杏树高产管理技术体系和杏产品加工技术体系组合而成，是一个由企业、农户及科研机构共同参与，组合而成的集生态—经济为一体的、以户为单位的产业发展体系（图 9-4）。具体措施是在退耕还林还草工程的基础上，依托我区在宁夏半干旱区实施的"两杏一果"扶贫开发工程，以及研究区彭阳县林业部门应用的旱作林业技术，在杏树良种繁育、栽培管理、山杏改接良种等方面的成熟经验，结合科研机构的项目支持和技术指导，一方面加大高效经果林基地的建设，在退耕地、农户房前屋后及田间地角进行杏树等经果林的大面积栽植，一方面加强现有成片林的管理，对立地条件较好的山杏幼林进行高接改良，为发展杏产业提供了很好的产业源。同时在政府的扶持下，保障果品加工企业和以鲜食林果产品的包装销售为主的农业合作组织的发展，解决了农户鲜杏及杏干的销售难题，扩大了产业链，增加了农户的经济收入。其突出的特点是充分利用了当地的地域优势，发展特色经济，形成种、加、产、销为一体的产业链，用科学化、规范化的方式进行管理，使以杏为主的产业发展走规模化和市场化的路子，实现农业结构调整、农民增收的目的，形成具有区域特色的林果经济发展产业。

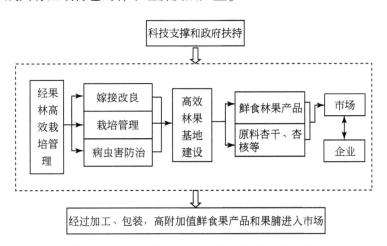

图 9-4 特色杏为主的林果产业发展模式运行图

9.4.2 灌草秸秆综合利用模式结构的优化

因地制宜发展生态产业，合理优化产业结构是实现农业资源高效利用和农民增收的重要途径。为了使集成的模式易理解、便操作、可推广，我们根据生产实际，主要对研究区开展的灌草秸秆综合利用产业结构进行详细研究。

9.4.2.1 农、草、畜结构优化

根据研究，在宁夏半干旱黄土丘陵区发展养殖业具有一定的比较优势，但以粮食作物

为主的种植业仍是该区农民农业生产的主要方式之一。因此，在发展草畜产业的同时，为达到种植和养殖并举，农业和草畜产业的发展协调统一，同时，又要获取较高经济和生态效益，使草畜产业的发展推广更加具体化，更具推广价值，对该区农、草、畜的合理结构进行进一步的研究，就显得非常必要。

（1）变量设置

以研究区现有的作物种类和家畜的饲养种类，设置 13 个决策变量（表9-5）。

表9-5　各种决策变量

作物或畜禽类别	小麦	玉米	马铃薯	胡麻	荞麦	三角豆	大燕麦	糜子	苜蓿	牛	羊	猪	鸡
优化面积（hm²）或养殖数量（头、只）	X_1	X_2	X_3	X_4	X_5	X_6	X_7	X_8	X_9	X_{10}	X_{11}	X_{12}	X_{13}

（2）资源限量

1）农作物、饲草种植及畜禽养殖的成本及效益核算。农作物和饲草的生产投入主要包括劳力、畜力、种子、肥料及农机具等。

根据各种作物和饲草的产量、价格及生产成本等，可计算出各种作物的毛收益及单位面积上的纯效益。畜禽养殖的毛收益和纯效益可根据各种畜禽的成本投入，结合产品价格，进一步计算得出（表9-6）。

表9-6　单位面积各作物种植及畜禽养殖成本及效益核算

作物	劳力（工）	畜力（h）	种子投入（kg）	粪及肥料投入(元/hm²)	机械（元/hm²）	毛收益（元/hm²，元/头、只）	纯效益（元/hm²，元/头、只）
小麦	20.40	30.00	150.00	450.00	450.00	3010.26	832.26
玉米	30.45	30.00	37.50	958.35	450.00	10 621.46	7816.61
马铃薯	18.00	30.00	750.00	676.95	450.00	9170.01	6683.06
胡麻	26.70	22.50	22.50	600.00	375.00	2962.50	913.50
荞麦	22.95	22.50	75.00	600.00	375.00	2100.02	66.01
三角豆	16.95	22.50	30.00	300.00	375.00	1890.00	336.00
大燕麦	12.45	22.50	75.00	—	375.00	2252.63	1043.63
糜子	19.05	22.50	37.50	600.00	375.00	2300.09	419.09
苜蓿	22.50	30.00	90.00	—	300.00	4083.56	3005.57
牛（年）	60	—	—	—	—	5500	1024
羊	30	—	—	—	—	700	180
猪（生）	40	—	—	—	—	1000	450
鸡（年）	13	—	—	—	—	60	12.8

2）各种产品的社会最低需要量。研究区每公顷耕地面积现有人口承载量为 2.68 人，把承载人口的年农畜产品消费量作为社会最低需求量，其计算结果见表9-7。

表 9-7　各种产品的社会最低需要量

种类	人均年需要量 （kg/人）	社会最低需要量 （kg/hm²）	种类	人均年需要量 （kg/人）	社会最低需要量 （kg/hm²）
小麦	150	330.5	牛肉	0.5	1.435
玉米	10	428.7	羊肉	0.5	1.435
马铃薯	300	881	猪肉	3	8.61
胡麻	10	28.7	家禽肉	0.5	1.435
荞麦	5	14.35	蛋类	1	2.87
三角豆	4	11.48			

3）畜禽营养需要量。畜禽的营养需要主要是能量和蛋白质两项指标，饲料中能量与蛋白质应保持一定比例，比例不当就会影响畜禽的生长发育和饲料的利用率。同时，不同畜禽对饲料的数量和性质有不同的要求。牛和羊是反刍动物，饲料范围较广，可以消化吸收含纤维较高的秸秆类粗饲料。在研究区，适宜于牛羊的饲料有：小麦秸、小麦麸皮、玉米秸秆、玉米面、马铃薯、胡麻饼、荞麦秸秆、燕麦草、糜草和苜蓿青干草；而猪和鸡则要求较多的精饲料，在研究区适宜于猪的饲料主要有小麦麸皮、玉米面、马铃薯、胡麻饼和苜蓿青干草；鸡的体温高，代谢旺盛，活动力强，维持消耗所占的比例大，日粮中，碳水化合物及脂肪是能量的主要来源，在研究区适宜于鸡的饲料主要有小麦麸皮、玉米面、苜蓿。根据各种畜禽对饲料营养成分的要求，可计算出种植单位面积作物可提供给畜禽的饲料数量（表 9-8）。

表 9-8　单位面积作物提供给畜禽的饲料量及营养成分

种类	可供重量 （kg/hm²）	牛/羊		猪		鸡	
		可消化能 （GJ/hm²）	可消化蛋白质 （kg/hm²）	可消化能 （GJ/hm²）	可消化蛋白质 （kg/hm²）	可消化能 （GJ/hm²）	可消化蛋白质 （kg/hm²）
小麦秸	1 534.18	9.56	15.34	—	—	—	—
小麦麸皮	300.00	3.65	17.10	2.81	3.60	2.05	48.90
玉米秸	5 404.88	46.59	113.50	—	—	—	—
玉米粉	6 000.00	80.34	2 268.00	62.28	93.00	50.70	582.00
马铃薯	15 000.00	52.05	210.00	52.05	210.00	—	—
胡麻饼	375.00	4.96	174.00	3.72	4.69	—	—
荞麦秸	1 000.05	6.23	10.00	—	—	—	—
燕麦草	4 505.25	19.59	48.00	—	—	—	—
糜草	2 500.43	19.35	25.00	—	—	—	—
苜蓿干草	5 833.65	54.89	215.85	35.64	215.85	21.23	215.85

（3）优化结构模型的建立

1）目标函数。根据各种作物单位面积或畜禽单位养殖量的纯利润，以农业种植、牧草生产及畜禽养殖取得最佳配合，总体获得最大效益为目标，可以建立如下目标函数式 (9-2)：

$$P = \max \left(832.26x_1 + 7816.61x_2 + 6683.06x_3 + 913.50x_4 + 66.01x_5 + 336.00x_6 + 1043.63x_7 + 419.09x_8 + 3005.57x_9 + 1024x_{10} + 180x_{11} + 450x_{12} + 12.8x_{13} \right) \quad (9-2)$$

2）约束条件。

面积及数量约束：$x_1 + x_5 + x_8 < 1$；$x_2 + x_3 + x_4 + x_6 < 1$；$x_7 + x_9 < 1$；$5x_{10} + x_{11} + 0.5x_{12} + 0.0028x_{13} < 23.66$；$x_{10} + x_{11} > 8$。

劳力约束：$20.4x_1 + 30.45x_2 + 18.0x_3 + 26.7x_4 + 22.95x_5 + 16.95x_6 + 12.45x_7 + 19.05x_8 + 22.5x_9 + 60x_{10} + 30x_{11} + 40x_{12} + 13x_{13} < 489.45$。

畜力约束：$30x_1 + 30x_2 + 30x_3 + 22.5x_4 + 22.5x_5 + 22.5x_6 + 22.5x_7 + 22.5x_8 + 30x_9 < 180x_{10}$。

牧草产量约束：$4505.25x_7 + 5833.65x_9 > 5800$。

社会需求约束（指社会对粮油肉蛋的需求量）如下。

粮：$1200x_1 < 330.5$；$5000x_2 > 428.7$；$5500x_3 > 881$；$500x_5 > 14.35$；$750x_6 > 11.48$。

油：$750x_4 \geq 28.7$。

牛羊饲料约束如下。

能量约束：$13.21x_1 + 126.93x_2 + 52.05x_3 + 4.96x_4 + 6.23x_5 + 19.59x_7 + 19.35x_8 + 54.89x_9 > 138.73$。

蛋白质约束：$32.44x_1 + 2381.5x_2 + 210x_3 + 174x_4 + 10x_5 + 48x_7 + 25x_8 + 215.8x_9 > 191.81$。

牛羊饲料局部约束（秸秆约束）：$9.56x_1 + 46.59x_2 + 6.23x_5 + 19.35x_8 > 38.73$。

猪饲料约束如下。

能量约束：$2.81x_1 + 62.28x_2 + 52.05x_3 + 3.72x_4 + 35.64x_9 > 6.14$。

蛋白质约束：$3.60x_1 + 93x_2 + 210x_3 + 4.69x_4 + 215.85x_9 > 0$。

鸡的饲料约束如下。

能量约束：$2.05x_1 + 50.70x_2 + 21.23x_9 > 0.51$。

蛋白质约束：$48.90x_1 + 582.0x_2 + 215.85x_9 > 6.79$。

非负约束 $x > 0$。

（4）优化结果

据以上分析的各项参数和约束条件，按照综合经济纯效益最高的目标进行规划，其运行结果见表9-9。

表9-9　农草畜结合优化结果

作物或畜类别	小麦（hm²）	玉米（hm²）	马铃薯（hm²）	胡麻（hm²）	荞麦（hm²）	三角豆（hm²）	大燕麦（hm²）	糜子（hm²）	苜蓿（hm²）	牛（头）	羊（只）	猪（头）	鸡（只）
优化面积或养殖数量	0.28	0.79	0.16	0.04	0.03	0.02	0.0	0.70	1.0	3.70	4.3	1.71	0.0
目标函数值/元	16 116.84												

通过优化，使每公顷耕地面积上的农业种植、饲草种植及畜禽养殖纯收益达到 16 116.84元，比优化前的 10 437.96 元提高了54.41%。从优化的整体结构来看，农业种

植结构中，每公顷的耕地面积上粮食作物的种植，小麦的种植比例占28%，荞麦和糜子的种植比例分别为3%和70%；经济类作物玉米、马铃薯、胡麻、三角豆的种植比例分别为79%、16%、4%和2%。说明从效益最大化的角度方面考虑，农业种植结构得到了较大的调整，总体上效益高的经济类作物的发展比例得到一定的提高，尤其是地膜玉米的种植比例，提高幅度较大，这对发展养殖业来说，不仅可以提供更多的秸秆类饲料，而且还是蛋白质饲料的主要来源；同时，种植结构中也保证了一定面积的粮食作物种植，确保了该区粮食的自给。这与示范区优势产业的发展方向研究相吻合。饲草的种植结构优化后，其种植结构主要以多年生优质紫花苜蓿的种植为主，为发展草畜产业奠定了一定的饲草资源基础。畜禽业养殖的结构，以草食家畜的养殖为主，每公顷耕地上可饲养的草食家畜占到了总饲养家畜的82.39%，且从饲养量上，每公顷耕地上家畜的饲养比例也较目前有了较大的提高，说明在研究区，与目前饲养水平比较，每公顷耕地上饲养的家畜数量还有很大的扩展空间。

9.4.2.2 饲草及合理载畜量的配置

在发展养殖业的同时，还应兼顾草地的合理载畜量，以避免由于饲养量过大，而出现的饲草短缺现象。在载畜量的具体确定上，有家畜牧草需求法、家畜营养需求法等多种方法，都是遵循"牧草可采食率—牧草可采食量—载畜量"的基本思路开展的，其中牧草可采食率和可采食量的确定是关键所在。在实际工作中，通常都是根据牧草总量的50%～70%作为牧草的可利用率。本节也采用此种方法进行。

（1）人工草地与作物秸秆产量

多年生人工草地以紫花苜蓿为主，选取不同年限苜蓿地，以样方取样的方式，设置 1 m^2 样方，重复 3 次，进行了生物量的调查；一年生人工草地，以研究区普遍种植的禾草为主，同样以样方取样的方式进行测定。

作物秸秆主要以小麦和玉米秸秆为主，小麦秸秆产量采用样方法进行测定，选取 1 m^2 样方，重复 3 次，自然风干后，去除籽粒后称其秸秆重量；玉米秸秆取不含边行的 6 行延长 5 m 的样方。刈割测鲜秸秆产量，取有代表性的 3 个样株称量鲜重后，用烘箱烘干或待其自然风干后称量干重，计算干鲜比，由干鲜比折算干秸秆产量（表9-10）。

表9-10 各种类型饲草产量调查表

饲草类型		草地面积（hm^2）	牧草产量（kg/hm^2）	理论载畜量（个羊单位）
多年生人工草地		266.8	5 833.65	2 984.90
一年生人工草地		98.6	10 505.25	1 986.50
作物秸秆	玉米秸秆	119.67	5 404.88	1 240.44
	小麦秸秆	133.33	1 534.18	392.29

注：表中多年生草地产草量为多个年限产草量平均值

（2）载畜量的计算

载畜量的计算按照理论载畜量的方法进行，其计算公式为理论载畜量（个羊单位）＝牧草生产潜力（kg/hm^2）×利用率（%）×草地面积（hm^2）/个羊单位日食量（kg/d）×365

根据测算（表9-11），研究区各类草地饲草料储量共计 3 443 589.68 kg，全年可以承载的各类型家畜为6604.14个羊单位，目前实际存栏牲畜折合羊单位共计4598.03个，还有43.63%的发展空间，相对发展空间还较大，但实际中到枯草期时仍然还出现饲草紧张的问题，影响了该区整体养殖业的发展。分析原因主要由于，一方面近年来持续干旱，降水量偏低，造成饲草产量整体水平较低；另一方面研究区多年生草地中利用年限长的草地面积较大，造成平均产草量较低；此外，还由于农户观念的偏差，大家畜以役用为主，羊等其他家畜的周转时间也较长，延长了存栏时间，降低了饲草的利用率。故此，在研究区发展草畜产业时，一方面应对利用年限较长的草地进行翻拆重新补种，或实行草地轮作技术，提高草地的产草量，以免造成土地资源的浪费；另一方面，应加强农户养殖技术培训和养殖观念的转变，提高饲草利用率和家畜的周转率，使得养殖业能给农户带来更多的经济效益。同时，也可采用青草期多养畜、枯草期多出栏的草畜协调发展的季节性生产模式，以缓解枯草期饲草紧张的供需矛盾。

表9-11　研究区实际存栏家畜折合羊单位统计表

	存栏数	折合比	合计折合羊单位
牛（头）	631	1：5	3155
羊（只）	1041	1：1	1041
驴（头）	107	1：3	321
猪（头）	157	1：0.5	78.5
鸡（只）	902	1：0.0028	2.53
合计	—	—	4598.03

9.4.2.3　畜群结构优化

畜群的结构状况直接影响着养殖业的总体功能和总体经济效益，在草地资源有限的条件下，唯有通过合理的畜群结构优化来实现整个草畜产业的经济效益。

（1）数学模型的建立

A. 变量设置

以研究区现有的畜种为基础，根据畜禽的种类、性别、品种和用途，进行适当的归类，确定了4个畜种9个决策变量（表9-12）。

表9-12　研究区畜种类别表

x_1	母牛	x_3	母羊	x_5	母猪	x_7	种公猪
x_2	育肥牛	x_4	育成羊	x_6	育肥猪	x_8	鸡

B. 约束条件

1）饲料约束。研究区目前一年可供利用的草料为 3 443 589.68 kg，可提供利用的精料有 3 055 486.50 kg，其中，饲粮类 1 307 160.00 kg，块茎类 1 633 950.00 kg，麸皮和饼类 114 376.50 kg。

$$2400x_1 + 750x_2 + 600x_3 + 300x_4 + 600x_5 + 120x_6 + 450x_7 + 15x_8 \leqslant 3\ 443\ 589.68$$

$$450x_1 + 300x_2 + 150x_3 + 90x_4 + 1800x_5 + 480x_6 + 1500x_7 + 60x_8 \leqslant 3\ 055\ 486.50$$

2）畜禽数量约束。从研究区养殖业的整体利益出发，在考虑到满足种植业的畜力需要及当地群众饲养习惯的情况下，本着有利于最大限度的利用饲草资源的基础上，对畜禽饲养量建立入选约束条件：

$$5x_1 + 5x_2 + x_3 + x_4 + 0.5x_5 + 0.5x_6 + 0.5x_7 + 0.0028x_8 < 7183.74 ; x_1 > 391 ; x_2 > 586 ;$$
$$x_3 > 1041 ; x_4 > 800 ; x_3 + x_4 < 2136 ; x_5 + x_6 + x_7 < 391 ; x_6 > 100 ; x_7 < 40 ; x_7 > 7 ; x_8 < 391。$$

3）目标函数的确立

目标函数中的变量系数即每头（只）家畜（禽）的收入见式（9-3）。其投入主要为饲料、人工与饲养有关的能源设备费等，产出主要有出售牲畜、产仔、粪便、蛋、毛等各项收入。求其最大纯收入。

$$\max = 831.67x_1 + 1076.67x_2 + 142.33x_3 + 50.33x_4 + 490.00x_5 + 224.00x_6 + 405.00x_7 + 12.80x_8$$

$$(9-3)$$

（2）优化后畜群结构及效益分析

从优化结构（表 9-13）上可看出，在饲料资源许可的范围内，优化结构扩大了畜群规模，总饲养量折合羊单位共计 7182.59 个，比原来增加了 56.21%。其中草食家畜的饲养比例增加较大，这与研究区优势产业的筛选，发展以草食家畜为主的养殖思想相一致，使该区丰富的青贮饲料资源得到了充分利用，这也符合该地区草多粮少的特点。这其中牛增加了 63.07%，以育肥牛的数量增加为主，增加量是原来的两倍多；羊增加了 76.85%，以母羊的增加量为主，优化后母羊和育成羊比例扩大到了 1.3∶1，有利于提高养殖的周转速率；生猪的数量增加幅度不大，增加量中主要以母猪的增加为主，鸡的数量较原来有所减少，这样有效控制了精饲料的过多消耗。

表 9-13 优化后畜群结构

类别	母牛	育肥牛	母羊	育成羊	母猪	育肥猪	种公猪	鸡	折合羊单位
数量（头、只）	391.0	638.0	1041.0	800.0	284.0	100	7.0	391.0	7 182.59
产值（元）	1 370 174.00								

从整体经济效益的角度考虑，优化结构与现状结构比较，经济效益明显提高，畜牧业产值达 1 370 174.00 元，户均达到 3504.28 元，占到了家庭人均年收入的 34.15%，较现状结构增加纯收入 469 598.4 元，增长了 52.14%。

总之，优化结构有助于改变研究区畜牧业生产中役用畜多、商品畜少的旧格局，不仅能够充分利用当地的饲草料资源，维持生态平衡，体现了较高的生态效益，而且还适应了社会对畜产品的需求，能最大限度地向市场提供商品畜，促进农业生态系统的良性循环，提高了经济效益，使传统的封闭式的养殖业向现代化养殖业方向发展，为周围辐射区树立样板，经济效益和社会效益均得到充分的体现。

9.5 生态产业发展的支撑技术

9.5.1 灌草秸秆综合利用技术体系

主要由饲草的高效利用技术和舍饲高效养殖技术组成。

9.5.1.1 舍饲高效养殖技术

(1) 养殖棚建设改造技术

目前，在研究区多以改造建设牛棚为主（图9-5）。养殖棚一般应选择在干燥向阳的地方，以便于采光和保暖。棚舍朝向选择坐北朝南方向，且为半开放半封闭式棚舍。根据家庭经济状况和饲草资源情况，一般牛棚的建设规格为6 m×8 m、6 m×12 m、6 m×16 m，可以分别饲养肉牛3~5头、6~8头、9~10头。棚舍墙体要求保温性能良好，墙壁为砖墙或土坯墙，即三面有墙，正面上部敞开，下部仅有半截墙。棚舍顶选择单坡式屋顶，棚舍内食槽以固定式水泥通槽为最佳，置于屋顶中檩下牛床前面。棚舍前墙与屋顶下中檩或前附檩之间成自然弧形，以冬季棚膜不积雪雨为原则，冬季封闭舍，塑料棚膜固定在拱形支撑架上呈透光的斜坡面。宁夏半干旱区一般在11月上旬至第2年3月中下旬扣棚，扣棚时，塑料薄膜应绷紧拉平，四边封严，不透风。夜间和阴雪天气要用草帘、棉帘或麻袋片将棚盖严以保温，并及时清理积霜或积雪，保证光照效果良好和防止损伤棚面薄膜。天暖时卷起或除去塑料膜。棚舍一般设正门和侧门，要求坚实牢固，进出方便。一般正门供饲养人员、饲草料进出；侧门供牛进出和清理多余粪便。为合理进行通风，通常在棚舍墙一侧（多为东侧）设置排气孔，便于调节牛舍内温湿度和氨的浓度，进、出气孔视外界气候变化和舍内空气环境状况进行调节。

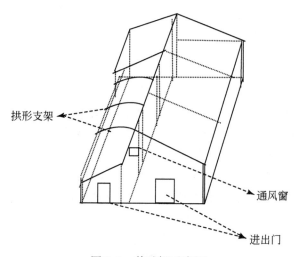

图9-5 养殖棚示意图

（2）青贮、氨化池建设技术

通常选择地势较高、土质坚硬、干燥背风向阳的地方，既要避开人畜活动场所，又要靠近畜舍附近、取用方便的地方。在研究区多采用双联池和单池，池形为倒梯形和长方形，有地下式和半地下式两种（图9-6）。池壁与底部通常用砖砌，并用水泥抹面，使壁面平直光滑，以防止空气的积聚，并有利于饲草的装填压实。双联池中间用砖砌一隔墙，两个池子可循环使用。长形窖一般要求宽深比以1:（1.5~2）为宜，长度大小根据饲养家畜的头数和饲料的多少来决定。

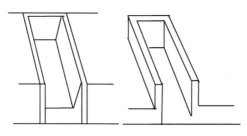

图9-6　地下式、半地上式青贮池示意图

（3）品种改良

目前，主要采用人工授精的方式对养殖牛进行品种改良，品种主要有法国利木赞肉牛和西门塔尔牛、夏洛来肉牛。

冷冻精液需要时可随时取用，为防止温度变化对精液品质的影响，取放动作要迅速，尽量减少在空气中停留的时间。从储存容器中提取冷冻精液时，精液不应超过液氮容器的颈基部，避免因温度的回升造成精液解冻活率的下降。进行人工授精之前，应先观察母畜是否有发情的表现，通常，母牛在发情期间有食欲下降、不安、到处走动、有爬跨行为、追爬或接受公牛爬跨等表现。观察外阴情况，虽然个体差异较大，但大多数母牛可见阴门肿大。只有适时的把握好母牛的发情期，才能保证授精顺利。同时，在母牛发情期间适时输精是提高发情母牛受胎率的关键，因此在实施授精之前，还应认真仔细的观察和准确把握排卵期，当发情母牛有下列表现时即为最佳输精时间，一是发情母牛阴门肿胀刚开始消退，颜色变为紫红色；二是由乱跑鸣叫变为安静，不躲避人触；三是手抓牛尾有拱背表现；四是输精器插入阴道后牛尾高举，阴户收缩呈排尿姿势或立即排尿等；五是直肠检查卵泡像熟透的葡萄，有一触即破之感。输精最佳时间为发情8~12 h，为了慎重和保险应采用2次输精法，即母牛有上述表现时输精1次，间隔12 h再输精1次。在研究区，养殖农户居住较分散，故而，一般可以采取早晨发情下午输精；下午发情翌日上午输精较好。配种后半个月内每天夜间应给母牛加喂1 kg麸皮，并加少许食盐，有利于受精卵的着床。

（4）羔羊饲料搭配方式

采用试验的形式，选取体重、年龄、健康、发育状况相近的羔羊，随机分为三组，前两组分别为两个营养水平的试验组，另一组为对照组，进行饲料搭配试验，以确定适宜的羔羊补饲方式，试验初期三组羊只体重差异不显著。经饲喂试验，玉米60%、油渣20%、麸皮17.5%、食盐1%、骨粉1.5%的精料配比，搭配苜蓿干草和麦秸的饲喂方式，既经济、增重效果又显著。饲喂一个月后，羔羊日增重135.45 g，较农户传统的采用小麦和玉米加苜蓿干草或干玉米秸秆进行饲喂的方式，日增重多41.81 g，日均收入多1.09元。

(5) 肉羊的饲养管理

根据研究区的实际，舍饲肉用羊加速出栏速度及提高效益的关键是：首先要实现一个转变，即变秸秆养畜为种草种青贮养畜，按比例种植饲草料。其次要推广科学合理的饲喂模式，摆脱有啥喂啥的观念，即采用玉米＋苜蓿＋秸秆、玉米＋苜蓿＋青贮＋秸秆，按比例搭配的饲喂模式和分群饲养、肥羔生产、淘汰母羊快速育肥相结合的饲养管理模式，最大限度地提高出栏率，加快周转。

(6) 秸秆微贮饲喂技术

采用微贮方法处理秸秆后，不但降低了饲料中的粗纤维和粗脂肪含量，而且还能提高粗蛋白等营养物质的含量和饲料的适口性，减少饲料浪费。采用试验的方式，选择体重、年龄相近，健康、发育正常的寒滩杂交一代羊进行饲喂试验，试验初期实验组和对照两组间羊只体重差异均不显著（$P>0.05$）。试验组和对照组均采用相同的精料配比和饲喂量，每天每只350 g，精料配比为玉米54.5%，胡麻饼28%，麸皮15%，食盐1%，磷酸氢钙1.5%。粗料试验组每天每只饲喂微贮料2.5 kg，对照组按照农户传统的粗饲料饲喂方式每天每只饲喂干作物秸秆2 kg。试验结束后，试验组羊，只均增重5.85 kg，平均日增重184.64 g；对照组羊，只均增重2.35 kg，平均日增重75.04 g，试验组比对照组平均日增重多109.60 g，差异极显著（$P<0.01$）。试验组与对照组的料重比分别为8.7和16.11，试验组与对照组羊每千克增重所需饲料费用分别为5.22元和8.86元，试验组比对照组节约3.64元。试验期间，试验组比对照组每天多收入1.08元。

(7) 肉牛舍饲饲喂技术

肉牛标准化舍饲育肥，应充分利用现有的饲草料资源优势，按阶段营养需要和饲养标准设计多元化的日粮配方，合理加工调制，科学精细饲管。牛舍要保持通风良好，冬暖夏凉，粪便每日清扫，圈舍清洁干燥，定期消毒圈舍，清洗食具。在良好的条件下，经过科学饲养，就能达到短期育肥。

肉牛肥育，若以粗料型日粮为主，适当搭配精料的饲喂方式，粗纤维含量可在15%以上；若以精料型日粮肥育为主，为保证牛的正常反刍，每日纤维素最低维持量不能低于全部饲料的10%。当牛早期出现厌食现象，必须给予足够的粗饲料，改善日粮的适口性，多喂些麦麸、大麦、燕麦或大麦片代替粉状饲料。临近肥育末期出现厌食、食欲明显减退是正常现象，应及时出栏。架子牛舍饲育肥采用定栏限制运动育肥，用40～45 cm缰绳拴养，促进增膘长肉，每天上午各刷牛体1次，促进新陈代谢。牛肥育期间，尤其是强度育肥或快速催肥，时间短要求保持较高的日增重，这就要求饲草料相对稳定，不能经常变换。通常情况下，随着肥育期的进展，日粮中精饲料比例由少到多，粗饲料比例由多到少。初期日粮中粗饲料可占到70%，精饲料可占30%；中期粗饲料占30%，精饲料占70%；末期粗饲料占10%，混合精料中能量和蛋白比例为80∶20或75∶25。

在养殖观念上要逐步摆脱传统的"有啥喂啥"饲喂模式，利用退耕还林还草工程，大力提高人工牧草的利用率，同时，应推广种植全株青贮玉米，因为全株玉米中籽实和叶片的营养价值相当高，含有大量的粗蛋白质和可消化蛋白质，而叶片中还含有胡萝卜素，据统计，其青贮的营养价值是其籽实的1.5倍。

9.5.1.2　饲草高效加工利用技术

主要由作物秸秆高效利用技术和人工牧草的储藏利用技术共同组合而成。实施退耕还林还草工程后，紫花苜蓿以其较强的抗旱、抗寒性和再生能力，成为宁夏半干旱区主要的人工种植牧草。故此，本节人工牧草的加工利用技术主要以紫花苜蓿为主。

（1）秸秆调制高效利用技术

1）秸秆微贮技术。秸秆微贮就是在农作物秸秆中加入微生物高效活性菌种——秸秆发酵活干菌，放入密封容器中储藏，经过一定的发酵过程，使农作物秸秆变成具有酸香味、草食家畜喜食的饲料。具体操作技术为：首先将发酵剂溶于加入 2 g 白糖的温水中，充分溶解，放置 1～2 h，使菌种复活。然后将复活好的菌剂倒入配好的 0.8%～1.0% 的食盐水中充分溶解。将配好的菌液均匀喷洒于切成 3～5 cm 长的作物秸秆上，含水量控制在 60%～65%，边装边压实，每隔 25～30 cm 铺一层麸皮或玉米面，等高出容器约 40 cm 时，撒一层食盐（每平方米 250 g）盖上塑料薄膜封严（图 9-7）。

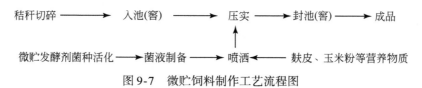

图 9-7　微贮饲料制作工艺流程图

微贮效果好的秸秆呈现黄绿色，质地柔软，有芳香味，并有弱酸味。若有强酸味、陈腐的臭味或令人发呕的气味，则说明微贮失败，微贮后的秸秆粗蛋白、粗脂肪、钙及磷的含量都显著提高，粗脂肪的含量得到了有效的降低，在提高秸秆类饲料营养成分的同时，对提高了秸秆类饲料的利用率也具有显著的作用（表 9-14）。

表 9-14　微贮秸秆与未处理秸秆营养成分比较　　　　　　（单位:%）

处理方法	粗蛋白（Cp）	粗脂肪（EE）	粗纤维（CF）	粗灰分（Ash）	钙（Ca）	磷（P）
未处理作物秸秆	5.46	1.19	34.10	5.11	0.75	0.33
微贮处理的作物秸秆	6.76	0.89	31.34	8.30	0.84	0.42

注：表中作物秸秆为玉米、小麦、糜子的混合物

2）秸秆青贮技术。青贮就是把新鲜的秸秆填入密闭的青贮窖中，经过微生物发酵作用，达到长期保存其青绿多汁营养特性之目的的一种简单、可靠、经济的秸秆处理技术。玉米青贮后其粗蛋白含量较未青贮的提高 27.32%，钙、磷的含量分别提高 41.88% 和 1.41%，营养成分明显得到了有效提高（表 9-15）。具体操作技术如下。

将适时收割的作物秸秆切碎（通常用带穗的玉米秸秆），秸秆含水量控制在 70% 左右，然后逐层装入密闭的青贮窖中，应随铡随装，踩实后继续装填，每层 15～20 cm 厚，为了提高青贮质量，可以适当加入利于发酵的乳酸菌，当秸秆装贮到窖口 60 cm 以上时即可加盖封顶，可先盖一层切短的秸秆或软草（厚 20～30 cm），也可均匀撒一层盐，铺盖塑料薄膜再用土 30～50 cm 覆盖拍实，做成馒头形，以利排水。

青贮效果好的秸秆颜色应接近于青贮前作物的颜色，有轻微的酸味和水果香味，质地

松散柔软不黏手。青贮料应随取随喂，取后盖好封口。

表 9-15 青贮玉米秸秆与未处理秸秆营养成分比较 （单位：%）

处理方法	粗蛋白（Cp）	粗脂肪（EE）	粗纤维（CF）	粗灰分（Ash）	钙（Ca）	磷（P）
未处理作物秸秆	7.65	0.5	25.1	4.9	1.17	3.54
青贮处理的玉米秸秆	9.74	1.8	24.9	6.2	1.66	3.59

3）秸秆氨化技术。秸秆氨化就是在密闭的条件下，利用尿素或液氨等处理秸秆的方法。经过氨化后的秸秆，质地松软，适口性增加，消化率也达到了很大的提高。据试验统计，经氨化的秸秆，氨化可使秸秆的粗蛋白含量提高 1～2 倍，秸秆总的营养价值提高 1 倍以上，消化率可提高 20% 左右，采食量也相应提高 20%；还能提高秸秆饲料的适口性及采食速度。具体操作技术为将氨化的秸秆切碎成 2 cm 左右，然后把配好比例并完全溶解的尿素水均匀喷洒到秸秆上，并混合均匀，通常每 100 kg 秸秆（干物质）用 5 kg 尿素、50～60 kg 水，边装窖边踩实，待装满后用塑膜覆盖密封，再用细土等压实即可（图 9-8）。

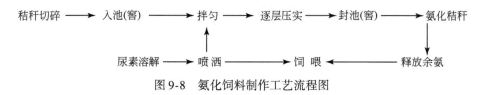

图 9-8 氨化饲料制作工艺流程图

氨化秸秆喂饲前，必须放净余氨，饲喂时由少到多，少给勤添，一般训饲一周即可自由采食。

（2）紫花苜蓿的青贮利用技术

苜蓿青贮的关键在于苜蓿原料的含水量。当苜蓿原料含水量达 40%～60% 时，苜蓿青贮容易成功，且青贮效果最好；同时采用混合青贮或添加剂青贮可以提高苜蓿青贮料的质量。

1）半干青贮。半干青贮就是低水分青贮，它具有青干草和青贮料两者的特点，半干青贮是苜蓿水分达到 40%～50% 时进行青贮的一种方法。调制半干青贮饲料时，苜蓿应迅速风干，要求在刈割后 24～36 h 内，苜蓿含水量降至 50% 左右。青贮时原料必须切断，长度 3 cm 左右。装填后封窖要严密，严防漏气和漏水。

2）添加剂青贮。添加剂青贮主要有加盐青贮、甲醛青贮等方法。加盐青贮是在青贮原料含水量较低，含水量为 50% 的苜蓿青贮时，添加 1% 的粉状食盐，混合均匀，装入塑料袋中压紧密封，经 100 d 的青贮发酵后，苜蓿未发现腐烂，颜色为茶绿色，具青干草香味，茎叶结构完好者为青贮成功。添加甲醛青贮是近年来国内外推广的一种方法。用量是每吨青贮原料加 85%～90% 甲醛 2.8～3 kg，分层喷洒。

3）捆裹青贮。苜蓿捆裹是将新鲜苜蓿水分降低到 50% 左右时，切断，用捆裹机高密度压实打捆，然后用塑料拉伸膜裹包起来，在密封状态下进行储存。经过打捆和塑料裹包的草捆处于密封状态，从而造成了一个最佳的发酵环境，在厌氧条件下，经 20～40 d，最终完成发酵的过程，如果发酵良好而且空气不侵入就能长期稳定储藏。苜蓿捆裹系统包括两种设备：一是打捆机，二是裹包机，采用拖拉机牵引。

（3）紫花苜蓿青干草的调制与储藏

青干草是草食家畜不可缺少的饲草。其调制加工技术是否得当对保存苜蓿营养价值具有重要的作用。

1）适时刈割。紫花苜蓿叶片中粗蛋白质的含量为茎的2.5倍，进入开花期后苜蓿品质下降较快，叶片易脱落，下部叶片开始枯黄，部分叶柄已经产生离层，叶片损失严重。而且茎叶干燥速度不一致，当苜蓿的茎含水量为50%左右时，叶片含水量已降至10%左右。叶较茎提前干燥，致使叶片大量脱落。刈割越晚，茎叶干燥的速度差异越大，造成的损失也越大。苜蓿青干草叶片损失率一般为20%~30%，把握不当水分可高达50%~70%。因此，在调制青干草时应选择适宜的刈割时期，刈割越晚，叶片脱落越多，青干草品质就越差。

2）含水量的控制。调制青干草过程中，应随时掌握苜蓿含水量变化，以便及时采取有效措施，减少青干草营养成分的损失。

苜蓿青干草含水量在50%时，其叶片卷缩，颜色由鲜绿色变成深绿色，叶柄易折断，茎秆下半部叶片开始脱落，但其颜色基本不变，用手挤捏时可挤出水分，用指甲可刮下其表皮；含水量在25%左右时，用手摇草束，叶片发出沙沙声，易脱落；含水量为18%左右时，叶片、嫩枝及花序稍触动易折断，弯曲茎易断裂，不宜用指甲刮下表皮；含水量为15%左右时，叶片已大部分脱落且易破碎，茎秆极易折断，并发出清脆的断裂声。

3）干燥方法。主要有自然干燥和人工干燥两大类。苜蓿干燥时间越短，营养损失越少。因此，自然干燥时，采取各种措施，加快干燥速度，并在苜蓿尚未完全干燥前，保护叶片不受损失至关重要。但是，要使苜蓿迅速干燥并且干燥均匀，必须创造有利于苜蓿体内水分迅速散失的条件。具体方法主要有：①秸秆压扁。将苜蓿秸秆压扁，可使其各部位的干燥速度趋于一致，从而缩短干燥时间。试验证明，秸秆压扁后，干燥时间可缩短25%~50%。②翻晒通风干燥。苜蓿刈割后，应尽量摊晒均匀，并及时进行翻晒通风，使苜蓿充分暴露在干燥的空气中，以加快干燥速度。③草架干燥法。搭制成简易的草架晾晒苜蓿青干草，虽然需要部分设备、费用和较多人工，但草架通风干燥效果好，可加快干燥速度，获得优质青干草。④适时阴干及常温鼓风干燥法。当苜蓿水分降低到35%~40%时，应及时集堆、打捆，在草棚内或废弃窑洞内阴干。打捆青干草堆垛时，必须留有通风道以便加快干燥。当苜蓿刈割后在田间预干到含水量50%时，小捆置于设有通风道的草棚下进行常温鼓风干燥，可加快后期苜蓿水分的散失。

4）储存方法。干燥适度的苜蓿青干草，应该及时进行合理的储存。能否安全合理的储存是影响苜蓿青干草质量的重要环节。而未及时储存或储存方法不当，都会降低干草的饲用价值。有条件的情况下，青干草储存在草棚内最好，比露天储存其干物质损失可减少15%以上。露天储存以锥型垛为好，但应防止垛基受潮和垛顶塌陷漏雨。

9.5.2 节水高效设施农业综合发展技术体系

主要由雨水资源高效蓄集利用技术、日光温室、小拱棚的建设与蔬菜种植管理技术组成。

9.5.2.1 雨水资源高效蓄集技术

主要采用各种形式的集雨措施，最终将雨水收集到窖窨池内，以满足人畜及设施农业的用水需求。窖窨池的容积一般为 20 m³ 左右。具体集雨配置措施详见第 4 章。

9.5.2.2 日光温室、小拱棚的建设与设施蔬菜管理技术

（1）小拱棚搭建技术

以南北向为好，具体依地块形状而定。建棚前需准备宽 3.5～4 cm、长 3 m 的竹片，棚膜，压膜线和 1.2 m×3 m 的草帘。按每一亩净面积计算，搭建一小拱棚需竹片 400 片，0.10 mm 棚膜 80 kg，压膜线 5 kg，草帘 330 张。建棚时，用竹片在 1.80 m 小畦内，搭建弓形骨架，高 1～1.5 m，长度以栽培畦的长度为准，人工将竹片两端插入土壤处用脚踏实固定。固架塔建好后盖上棚膜，棚膜四边用土压实，然后用压膜线每 1～1.2 m 一道拉紧，以防大风揭膜，然后盖上草帘即可。据实验观测，小拱棚内气温比无拱棚可提高 2.1～2.5℃，10 cm 处土温提高 4.3℃，改善了土壤结构，增加了土壤孔隙度，对作物生长具有明显的增产效果。

（2）日光温室建设技术

选择在背风向阳，东、西、南三面没有树木或高大建筑物遮光，靠近水源、公路，交通方便、地下水位低、无污染物及污染源的地块。宁夏半干旱黄土丘陵区地形地貌复杂、梁峁连绵起伏、沟壑纵横，形成了一些特殊的小地形，如东西川地，北高南低的台地，有的地块东、西、北三面环山，背风向阳，形成了特殊的小气候环境，为日光温室蔬菜生产提供了有利的地形和气候条件。温室的建造时间应在使用前 10 d 左右建成，一般蔬菜栽培时间在越冬（9 月中旬）和早春（12 月中旬），大约在 9 月上旬日光温室应建成。

根据宁夏半干旱黄土丘陵沟壑区冬季的气候特点，宜建造拱圆型钢筋结构的日光温室，其特点是抗风、抗雪压强，采光好，经久耐用。以坐北朝南向为好，东西延长，东、西、北三面筑墙，设有不透明的后屋面，前屋面用塑料薄膜覆盖，作为采光屋面。其长度不得低于 30 m，太短，有效种植面积少，经济效益低。宁夏半干旱黄土丘陵区冬、春季多风，所以日光温室不宜太长，一般以 45～70 m 为宜。后墙高度一般为 1.8～2.2 m，不宜低于 1.6 m，有砖墙和泥墙两种，无论是用泥还是用砖，基础最好是用砖或石头砌 0.5 m 高，这样可有效地抗伏雨淋，延长温室的使用寿命。山墙、后墙一般以土墙为主，土墙可就地取材，不用材料投资，只需投劳，而且保温效果较好。墙体的厚度一般比当地的最大冻土层厚 30～50 cm。后屋面厚度大于当地的最大冻土层。建造时先测定好方位，划出北墙线和东西山墙线，沿北墙线向北和沿东、西山墙线分别向东和向西挖深 40～50 cm、宽 1.5～1.8 m 的地基，夯实后再打北墙和山墙，打墙时最好打板墙，上下层间的板与板的接茬错开，以免透风，影响温室保温效果。墙顶宽 1.2～1.5 m，北墙的长度应比预定的长 1.0～1.6 m，东西两边各长 0.5～0.8 m。山墙长 7.5 m，按温室设计要求做成拱形，山墙距离后墙 0.8～1.0 m 处，山墙高 3.3 m。后屋面是由立柱、檩、箔、草泥和柴草组成，主要起保温、蓄热、吸湿的作用，是卷放草帘和扒顶放风的地方，在距离后墙 0.8～1.0 m 处东西每隔 3 m 埋设立柱，立柱直径 15 cm，埋设深度 50 cm，为防止立柱下沉，在立柱下垫一块石头或

水泥砌块，地面上高度 3.0~3.3 m，立柱的高度和位置要一致。在埋好的立柱上架直径不小于 10 cm 的檩条或 2 寸钢管，然后在横梁和后墙上架椽，椽与其在水平方向的投影的夹角为 45°，然后将捆成把的玉米秸或高粱秸紧密地排放在后屋面上，上面再放一些麦草秸、柴草等材料，铺好后，上面压约 10 cm 的潮湿土耙平踩实，最后用草泥抹顶。在前屋面骨架的安装上，应根据设计要求将直径为 14 mm 和直径为 10~12 mm 的钢管和钢筋加工成如图 9-9 所示的弧形钢架，每米一个钢架，北边用铁丝固定在横梁上，南边焊接在预先埋在地下的钢筋或者水泥柱上，然后东西焊接三条横拉杆，增加钢架的稳定性。

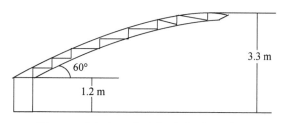

图 9-9 半钢架日光温室弧形钢架示意图

采用通风口放风的日光温室，棚面上可采用完整的无滴膜覆盖，膜的长度比温室长 2.0~3.0 m，宽比温室采光面长 1.5~2.0 m，选择无风的天气将棚膜覆盖在棚面上，四周用预先准备好的压膜槽或固定膜的设施将膜固定。棚膜上压压膜线，风大的地区，压膜线可以密些，风小的地区，压膜线可以稀些。此外，温室周围或一侧应设置防寒沟，深度一般应为 0.5 m，宽度宜 0.3~0.5 m，内填麦秸、玉米秆等保温材料，踩实，上面盖一层干土，最上层盖一层塑料薄膜。防寒沟以设置在室内效果更佳。在温室的东西两侧或者北墙外建造附属用房，可避免冷空气直接进入温室，起到缓冲作用，还可作为休息室和工具存放室。房的高度以不遮阴为宜，附属用房的进出口宜建在东边或者南边，以防冬季的西北风进入温室，伤害幼苗。保温材料主要为草帘或保温被，辅助材料为纸被。目前应用较多的还是稻草帘、蒲草帘，稻草帘的长度为采光面长加 1.2~1.5 m，厚度为 3.0~5.0 cm。

目前普遍使用的日光温室类型有两种：半钢架和全钢架日光温室，两者的主要区别是半钢架日光温室内有一排后立柱，操作和行走不方便，但造价低。全钢架日光温室内没有立柱，操作和行走方便，但造价高。以上介绍的是半钢架日光温室的建造技术（图 9-9），全钢架日光温室的建造技术在半钢架日光温室建造技术基础上，首先将弧形钢架结构修改成如图 9-10 所示，然后安装前屋面钢架，后建设后屋面。其余的跟半钢架建造技术相同。

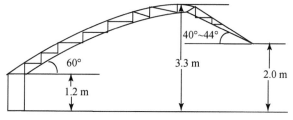

图 9-10 全钢架结构日光温室弧形钢架示意图

（3） 小拱棚、温棚韭菜的生产管理技术

韭菜耐寒性很强，不耐高温，适宜温度范围较广。搭建小拱棚种植韭菜，一般春季2月覆盖薄膜，3~4月采收；秋季9月中下旬覆盖小拱棚，10月中下旬即可收获。小拱棚韭菜多选用直播栽培方法，采用一次播种、露地养根、连年管理、冬季生产、多年收益的生产方式。在宁夏半干旱区，多在4月下旬到5月上旬播种，品种选择选用抗病虫、抗寒、发棵早、分株力强、株型好、休眠期短的品种，如独根红、中华韭王等适宜拱棚生产的优良品种。韭菜种植前先将地块整成种植韭菜的小畦，长度根据地块现状可长可短。播种采取撒播的方法，韭菜播种后要及时灌水，最好当天完成，灌水时要小水按畦灌水。韭菜出土后，叶片小，又遇6~7月的高温，不利韭菜生长，生长缓慢，应进行蹲苗，促使根系生长，达到苗全苗壮之目的。一般待韭菜苗叶片变扁后，就可以追肥浇水。当小拱棚在田间建成后，3~5 d韭菜生长迅速，在9月气温较高，棚内温度升温快，要注意观察棚内的温度，当棚内温度超过30℃时要打开两头通风，以保持白天棚内22~28℃为宜，下午5~6时关闭通风口，使夜间也能在棚内保持12~18℃温度，这样才有利于韭菜生长发育。当年生韭菜小拱棚第1茬收割期适当延长有利于根系的生长。第1茬从建成小拱棚日算起，30 d收割，第2茬21~25 d，第3茬21 d。收获一茬后，进入2、3茬管理，要定期熏棚，收割，最后一茬收割后，要及时覆土2 cm，立秋前蹲苗不浇水，防治害虫，进入第2年循环管理。宁夏半干旱区12月至下年1~2月是气温最低阶段，3月气温回升，但早晚温差较大，要在小拱棚上加盖草帘，中午温度高时揭开草帘，下午再盖严实，5月上旬停止生产。严禁在夏季收割韭菜，应使其休养生息。

韭菜苗期易受到地下害虫金针虫、地老虎、蝼蛄的危害，防治方法是在出苗后的第3周结合灌水施用辛硫磷或敌百虫制剂的毒土，每亩用药0.50 kg，施用后如还有部分韭菜受害，再次同样方法施药就可以控制地下害虫危害。韭菜田间管理的核心是温度、水分、养分，在保持正常生长的温度和水分的前提下，每收割一茬就要及时施一次肥，施肥要有机无机结合，以农肥为主。

（4） 拱棚辣（甜）椒生产管理技术

辣（甜）椒喜温暖，植株在15~34℃都能生长，它既不耐旱，又不抗涝，宜选地势高燥、土壤肥沃的沙壤土。在宁夏半干旱区适宜种植的品种有特大牛角王、巨丰1号等抗逆性强、品质好的优良品种。其播种一般采用撒籽法，即用沙子将种子拌匀后，直接均匀地撒到床内。播种后用过筛的细床土覆盖，厚1 cm左右。温度白天控制在25~30℃，夜晚不低于10℃即可。出苗前不通风不揭膜，以增温保墒促齐苗，当70%出苗时，可通小风，防止温度过高形成"高脚苗"，遇强寒流时，要用草帘等遮盖，以防冻害。苗床在播种前要一次性浇足底水，辣椒出苗后至定植前不旱不浇水，出现干旱现象时可用洒壶洒水。辣椒对光照要求较强，幼苗生长期应随时清洗棚膜，增加其透光性，但正午光照十分强烈时，要用草帘遮阴，防止烧苗。出苗后要间苗2次，幼苗有1片真叶时，间去生长细弱、拥挤及发育不全的劣苗，第二次在幼苗有1或2片叶时再进行1次间苗。5月初，随外界气温升高，可逐渐揭去棚膜，对秧苗进行低温锻炼7~10 d，5月中旬便可定植。定植前10 d左右，要对日光温室或是拱棚内进行撒施基肥、深翻地、喷药灭菌、闭棚高温、闷棚消毒等前期准备工作，定植采用先期造墒、高垄覆膜、穴水定植的措施进行。棚内土壤墒情不够时，在整地的前6d左右灌水造墒，后坐畦，覆膜，开穴，在穴中给透水，定苗，拥土，再给适量水后封口。温室菜椒在定植后缓苗期，需要较高的温度促进生根，加快缓苗，因此，在管理上应闭棚提温，使棚内保持昼温26～30℃，夜温16～18℃，凌晨最低温度也不低于15℃。催花水在门椒开花前2～3d灌水称为灌头水，催花水渗后，结合松土深锄畦沟，并将土培到椒苗的根际。在催花水灌溉后5～6d，进行灌二水，结合二水每亩追施尿素15kg，追肥后4～5d，再压一次清水（三水）。在三水后结合打杈中耕。第二次培土后4～5d灌四水，并结合四水每亩施硫酸钾复合肥15kg，4～5d后灌五水，以后每隔5～6d灌一次水，隔一次清水，追肥一次尿素，每次每亩7～8kg，掌握少量多次的原则，在果实膨大期，必须保持土壤湿润，灌水应在清晨或傍晚。青椒一般于开花后30～35d，果实长足，果肉变厚，果皮变硬有光泽，果色变深，在变红前5～7d采收最好，设施果实重量大，耐储藏。一般隔3～5d可采收1次，9月上旬才能采收红熟的果实。对病害的防治，主要是加强田间管理，增强植株抗性，减轻其危害。

9.5.3　雨水资源高效利用的旱作经济作物种植技术体系

主要由旱作农业节水保墒节水技术和农作物高效种植技术构成。

9.5.3.1　旱作农业保墒节水技术

主要有地膜覆盖、秸秆覆盖、化学制剂抑制土壤蒸发等覆盖保墒技术、坡改梯工程技术和保护性耕作技术，具体详见第4章。

9.5.3.2　优势经济作物高效种植技术

（1）优良品种的引选

1）玉米品种的引选。玉米生育期的耗水特征与研究区降水期吻合度较大。经过多年试验研究，中单5485比当地品种中单2号可增产10%～15%，并且中单5485已经被当地农户所接受。因此选用中单5485作为当地主栽品种，引进16份品种，在宁夏半干旱黄土丘陵区对具有补灌措施的农田进行品种引选试验具有重要意义。经试验观测，作为粮食作物大部分品种均能够正常成熟，只有兴达4361、润丰不能正常成熟，再有中原单32等品种成熟较晚。详细结果见表9-16。

表9-16　玉米不同品种生育期比较

项目 品种	播种期 （月-日）	出苗期 （月-日）	抽雄期 （月-日）	散粉期 （月-日）	吐丝期 （月-日）	成熟期 （月-日）	全生育期 （天）	收获期 （月-日）
中单5485	4-26	5-7	7-16	7-20	7-22	9-30	157	10-5
承706	4-26	5-7	7-14	7-18	7-21	9-30	157	10-5
中原单32	4-26	5-4	7-16	7-19	7-20	10-5	162	10-5
登海3706	4-26	5-6	7-13	7-19	7-21	10-3	160	10-5
农大108	4-26	5-7	7-20	7-22	7-24	10-1	158	10-5

续表

项目 品种	播种期 （月－日）	出苗期 （月－日）	抽雄期 （月－日）	散粉期 （月－日）	吐丝期 （月－日）	成熟期 （月－日）	全生育期 （天）	收获期 （月－日）
大丰 20	4－26	5－7	7－16	7－22	7－24	10－1	158	10－5
沈玉 22	4－26	5－7	7－16	7－22	7－24	10－4	161	10－5
兴达 4361	4－26	5－6	7－16	7－23	7－26	—	—	10－5
兴达 4276	4－26	5－5	7－16	7－23	7－24	10－2	159	10－5
正大 120	4－26	5－6	7－16	7－22	7－23	10－2	159	10－5
润丰	4－26	5－7	7－16	7－23	7－25	—	—	10－5
同玉 138	4－26	5－6	7－16	7－18	7－21	10－3	160	10－5
金谡 3 号	4－26	5－7	7－16	7－21	7－23	10－3	160	10－5
登海一号	4－26	5－7	7－13	7－16	7－18	9－30	157	10－5
吉单 261	4－26	5－6	1－16	7－20	7－24	9－30	157	10－5
中单 306	4－26	5－7	7－16	7－20	7－23	9－30	157	10－5
武禾 1 号	4－26	5－4	7－16	7－22	7－25	10－1	158	10－5

抗旱品种对于宁夏干旱半干旱地区种植业的发展，具有重要意义，根据该区的区域特点选择抗旱性较强的作物品种进行种植，可大大提升区域种植业的水平。研究得出（表9-17）：单从籽粒方面考虑，高过中单 5485 的品种有承 706、登海 3706、大丰 20、沈玉 22、登海一号；考虑当地草畜产业的发展，将秸秆、籽粒和百粒重进行 TOPSISI 综合评价结果显示：大丰 20、承 706、登海 3706、登海一号、金谡 3 号、兴达 4276、农大 108、中单 306 等品种排名超过中单 5485，8 份品种在籽粒产量和秸秆产量方面均具有较强的优势，应该在水分较好的区域推广种植；同时，中单 5485 在多年的种植过程中抗旱性较为突出，可以在水分条件一般或较差的区域推广种植。

表9-17　玉米不同品种产量等性状比较分析

品种	出苗率（%）	百粒重（g）	秸秆（kg/亩）	排名	籽粒（kg/亩）	排名	TOPSIS 评价结果
中单 5485	90	31.6	1409.9	14	704.9	6	9
承 706	90	33.3	1479.9	13	794.9	1	2
中原单 32	93.3	28.1	1113	17	575.4	16	15
登海 3706	100	35.4	1488.7	12	743.3	4	3
农大 108	100	27.6	2166.5	2	647.7	11	7
大丰 20	93.3	32.3	1714.4	7	759.1	2	1
沈玉 22	90	26	1709.8	10	716.7	5	10
兴达 4361	83.3	26.4	2055.4	4	589.7	15	—
兴达 4276	90	30.5	2133.1	3	669.8	10	6
正大 120	80	30.3	1842.8	6	533.5	17	13

品种	出苗率(%)	百粒重(g)	秸秆(kg/亩)	排名	籽粒(kg/亩)	排名	TOPSIS评价结果
润丰	79.3	26.8	2702.2	1	618.6	14	—
同玉138	96.7	31	1260.1	16	698.1	7	11
金谳3号	93.3	33.8	1710.9	9	690.4	8	5
登海一号	96.7	33.5	1546.5	11	747.6	3	4
吉单261	93.3	27.3	1278.9	15	680.2	9	14
中单306	93.3	33.3	1735.1	7	625.5	13	8
武禾1号	93.3	24.2	1928.7	5	642.9	12	12

注：百粒重、秸秆、籽粒的权重采用客观法确定，分别为0.32、0.32、0.36

2）马铃薯品种的引选。马铃薯是宁夏半干旱黄土丘陵区的支柱产业，也是人民群众生活不可缺少的粮食作物。选用5个优良马铃薯品种进行品比试验得出（表9-18）：宁薯四号、大白花之间无差异；美国5号、青薯168之间无差异；宁薯四号、大白花与其他3个品种有极显著差异；晋薯7号与其他4个品种具有极显著差异；宁薯四号、大白花可以通过异地换种或使用脱毒薯大面积种植。

表9-18　马铃薯不同品种产量比较　　　　　　　　　　　（单位：kg/亩）

处理	鲜薯重				显著性检验	
	1	2	3	均值	5%显著水平	1%极显著水平
宁薯四号	1421.1	1455.7	1406	1427.6	a	A
大白花	1335.7	1354.2	1382.8	1357.6	a	A
晋薯7号	1288.1	1215.6	1201.7	1235.1	b	B
美国5号	960.5	873.4	991.1	941.7	c	C
青薯168	905.4	915.5	950.5	923.8	c	C

（2）玉米高效栽培技术

1）整地覆膜。选择土层深厚、土壤结构良好，疏松透气，渗水、保水、保肥性能较好，中等以上肥力的地块。前茬为玉米地的，在玉米收获以后，留茬留膜越冬；前茬非玉米地的，根据区域土壤墒情变化以及降水规律，在土壤封冻前，整地施肥覆盖地膜或者来年土壤解冻前整地施肥覆盖地膜。覆膜根据情况以全覆膜为主，半覆膜为辅。

2）施肥。结合整地覆膜每亩施有机肥2500 kg，纯氮20 kg，五氧化二磷7~10 kg。

3）品种的选择。根据区域优良抗旱品种的引选，在研究区可选用中单5485、登海3706、承706等中晚熟大棒型品种（种子要进行精选，晾种2~3 d，播前用种子量0.3%的粉锈宁拌种，可预防玉米丝黑穗病；用50%辛硫磷乳剂每千克种子2 ml拌种，防止地下害虫）。

4）播种。结合气候及降水量特征，研究区以4月中下旬播种为宜。按所选品种确定种植密度，一般收获籽粒的大棒型品种亩留苗 3300~3800 株。每垄播种 2 行，小行距 40~50 cm，穴距 23~27 cm。

5）田间管理。及时放苗、补苗、封孔。播种 10 d 后，要常到田间检查，见出苗处，应及时放苗，并取土沿幼苗四周封好膜口，以防透风、散热、失水。放苗时间以早上和傍晚为好，且要小心细致，不能损伤幼苗。当幼苗 2 或 3 片叶时，对未出苗的穴位要破膜破土查看，如缺苗，应及早催芽补种，或带土取双苗之一，补水移栽。3~4 叶期间苗，4~5 叶期定苗，间定苗时拔除异株、病株、弱株，保留健壮株。地膜玉米由于水温和营养条件较好，幼苗易生分蘖，应及早掰除。在拔节期结合降水追施尿素或玉米专用肥 15~20 kg，采取垄中或株间打孔追肥。在抽雄到灌浆初期应采用叶面喷施，以喷施磷酸二氢钾、丰产素、植物动力、其他复合微肥等为主。叶面喷肥磷酸二氢钾，每亩可用 0.2~0.3 kg 磷酸二氢钾，兑水 40 kg 叶面喷施，起到壮秆、增粒、增重作用。

6）病虫害的防治。坚持"预防为主、综合防治"的原则。应用生物、物理、化学等防治措施，使之取长补短，相辅相成，创造不利于病虫害发生和危害的条件，有机地采取各种必要的防治措施。

7）及时收获。用生理成熟来确定玉米成熟期。生理成熟的标志是：果穗、籽粒基部露出黑褐色沉积物，即为黑层，表示籽粒养分通道已经堵塞，即达到生理成熟。当籽粒变硬，用手指掐后看不到痕迹，并呈现固有颜色时即可收获。

（3）马铃薯高效栽培技术

1）选地。选择地势平坦或平缓、土质较轻、土层深厚、疏松肥沃、通透性好的地块。以豆类、麦类、玉米、胡麻、糜谷等为前茬，以玉米留膜留茬或留膜留秸秆覆盖越冬地最好。

2）品种选择及处理。根据品种引选，选择适宜当地推广种植的品种宁薯 7 号、宁薯 4 号等。整薯播种选用 30~50 g 的幼健小薯，播前 40 d 左右出窖催芽，芽长至 2~2.5 cm 后播种。切薯播种保证每个切块有 1 或 2 个芽眼，重 25~30 g。切薯时，从脐部开始按芽眼排列顺序向顶部斜切，每切完 1 个种薯，切刀消毒 1 次，消毒液可用 0.1% 高锰酸钾或 75% 乙醇。薯块切好后及时用草木灰拌种。

3）整地播种。在四月中下旬，采用带状施肥、旋耕、播种的方式进行施肥整地播种。适播期间干旱严重，可酌情推迟播期，待雨播种。1 亩施优质农家肥 3000 kg，尿素 10~15 kg 或碳铵 25~30 kg，普磷 30~35 kg，硫酸钾 10 kg，有条件的采用测土配方施肥。旋耕 50 cm，种植方式宽行距 70 cm，窄行距 30 cm，播种深度 15~20 cm，每亩 3000~3500 株。

4）田间管理。在株高 10 cm 到现蕾期结合培土起垄，每亩追施尿素 8~10 kg，有条件的采用测土配方施肥。

5）收获。马铃薯生理成熟期较晚，要待地上部茎叶全部由绿变黄进而达到枯萎、块茎停止膨大易于植株脱离时方可收获。收获的鲜薯不应立即入窖，要经过充分摊晾后再储藏。

9.5.4　特色杏为主的林果产业技术体系

该产业主要开展以杏为主的研究。技术体系主要有杏树品种的组成与布局，高产栽培管理技术与杏产品加工技术组成。

9.5.4.1　杏树高产管理技术体系

(1) 杏树品种组成与布局

鲜食品种：金妈妈杏、双仁杏、桃味杏、兰州杏、麦黄杏、金堡杏、固原接杏、曹杏、罗堡接杏、李光杏、华县大接杏、林香白等，宜在房前屋后零星种植或在交通、水肥条件较好的地方建立杏园。

仁、肉兼用品种：串子红、仰韶黄杏等，宜水肥条件较好处种植，也可成片种植或梯田地埂种植。

仁用制干品种：龙王帽、一窝蜂、白玉扁、优 1 三杆旗、新四号及 80E05、79A03、80A03、80D05 等，可在山麓缓坡进行规模工程造林，梯田地埂处亦可积极发展。

(2) 杏树高产管理技术

宁夏半干旱黄土丘陵区 "十年九不收" 是制约该区杏树生产的一大障碍，近年从美国、意大利等国家引进的凯特杏、金太阳、金醉等品种成花容易，早果，花期幼果期抗晚霜危害，稳产，能自花结实，花蕊败育率低，丰产性强，不仅符合露地栽培，也是温棚栽培的首选品种。

杏树是耐旱不耐涝、耐瘠薄、喜光照的树种，花期易受晚霜危害。因此，建园时应选在背风向阳，地势较高，排水良好土层深厚的地块。栽植时选择优质壮苗是保证成活率和丰产的关键。栽植可选择春季和秋季进行，实践证明，秋栽比春栽成活率高 5% ~ 10%，伤根当年能完全愈合，长出新的生长点。栽植时要求深挖坑浅栽苗，根据定植密度挖宽、深各 1 m 的定植穴或沟，在底部铺 40 cm 厚的秸秆、秧草或树叶，在表土层中掺入适量的有机肥和磷钾肥填下层。栽植深度以浇过定植水后根茎交接处与地面相平为宜，定植后灌足水，然后覆土保墒。密植的株行距为（1.5 m×4 m）~（2.5 m×4 m），稀植的株行距为（3 m×4 m）~（4 m×5 m），保护地栽培可进一步加大密度，株行距采用（0.8 m×l.5 m）~（1.2 m×1.5 m）。春季杏树须有充足的养分供应，基肥应于每年秋季施入，以有机肥为主。生长期应经常进行叶面喷肥。芽萌动期、果实迅速膨大期和落叶后封冻前应及时灌水。其整形修剪以自然圆头形为主，也可采用主干疏层形、纺锤形和自然开心形等。自然圆头形树形的特点是成形快，结果早，结果枝多，丰产，但树冠内膛容易空虚。修剪时应着重考虑改善树体内部光线，营养分配，平衡树势，调节生长与结果的关系。还应掌握疏密间旺，缓放斜生，轻度短截，增加枝量的原则。杏树以短果枝和花束状果枝结果为主，故此，修剪时还应对这两种枝进行着重培养。杏树结果枝的寿命为 3 ~ 5 年，因此要注意及时回缩更新，抑制结果部位外移。

杏树的主要病害有杏疔病、流胶病、细菌性穿孔病等，主要虫害有桃小食心虫、蚜虫、朝鲜球蚧等。防治时应根据各种病虫害出现的时期和活动规律，采用药物消灭，还应采用综合防治措施。即在休眠期清理田间落叶、落果，结合修剪，去掉枯枝和病虫枝，刮除老树皮，树干涂白，消灭越冬害虫和病菌。

（3）果实采收、储藏和销售运输

杏采收时，严禁早采，应根据品种特性，用途、运输条件等确定适宜的采收期。对于成熟期不一致的品种，要分期采收。采收时不应在阴、雨、雾天或烈日下采收果实，而应在晴朗天气的上午或傍晚采收。鲜食品种要轻摘、轻放，防止一切机械伤害，保证果实完整，无损伤。

所有的鲜食杏品种都可以短期储藏，而要长期储藏则应选择果大、果皮厚、无绒毛、有蜡质或少量果粉、果汁中等或较少、果肉坚实的晚熟品种。用于储藏的杏果应在八成熟左右采收。储藏时应认真挑选生长良好的耐储果，去除病虫果、开裂果、腐烂果、外伤果、未熟果，特别是外有虫眼、内已腐烂的果实。用作长期储藏的鲜杏应按果实的大小即按单果重进行分级，分级指标因品种而异。短途运输应采用冷藏车，随装随运。装车时，防止机械损伤。

9.5.4.2 杏产品加工技术体系

（1）晾晒棚搭建技术

晾晒棚一般搭建在农户庭院内采光较好、地面平坦的地方。棚体规格为宽 4 m，长 6 m，高 2 m，净面积为 24 m² （图 9-11）。搭建时人工将竹片两端弯成弓形骨架，用铁丝等固定，盖上棚膜即可。搭建一个晾晒棚一般需要 6 m 竹竿 20 根、6～10 m 的棚膜 6 kg，铁丝 20 m，总计费用大约需要 260 元。晾晒棚的搭建一方面解决了农户露天晾晒杏干时的脏、乱、差状况，改善了杏干晾晒的环境和卫生状况，同时，人居环境质量也得到了较大的提高；另外一方面，缩短了杏干晾晒的时间，节省了劳力；同时，使得杏干的质量得到了明显提高，杏干的市场竞争能力明显增强，杏干的价格和农民收入得到明显提高。目前，研究区杏干晾晒棚的搭建，主要有业务主管部门投资负责搭建。已搭建的晾晒棚可解决 1000 户农户杏干的晾晒问题。

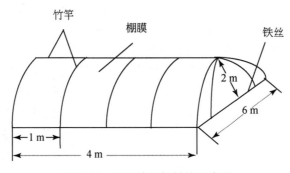

图 9-11 杏干晾晒棚结构示意图

（2）杏干加工工艺技术

其加工技术为：将从农户手中收取来的杏干，进行筛选，筛选出肉厚、片大、淡黄色、味甜酸的杏干，进行清洗，清洗后，用温水洗泡 2 h，捞出淋干。按比例配成糖液，在容器内煮沸 2 次,捞净浮沫,再倒入杏干,用文火煮 20 min。放入烤箱烘烤,烘烤干燥时要将杏肉切面朝上摆一层于烤盘中,当测得抽检产品的含水量达 18% 以下时,即可停止干燥。之后将制好的杏干回软,拣出杂物后进行分级包装。成品杏干的质量要求是橙黄色,肉柔软,味甜,不粘手,呈半透明状,大小均匀,形状整齐,具有浓郁的酸口味,且含水量不高于 18%(图 9-12)。

从农户手中收取杏干 ──→ 筛选 ──→ 清洗 ──→ 煮沸 ──→ 烘烤 ──→ 成品

图 9-12　干加工工艺流程图

(3) 杏脯加工技术

将外形整齐、成熟、无毛、个小、肉厚的鲜杏,用不锈钢刀沿果肉的缝合线切开,挖去杏核,用清水洗净后沥干水分,备用,然后放入 1% ~2% 的食盐中浸泡以防变色。捞出放入约 40℃ 的温水中浸泡 1 h,进行复水处理,然后将复水后的杏干倒入 30% 的糖液中,微火煮 20 min。煮后再将糖煮的杏干在原糖液中浸渍 10 h,使糖液渗入果实内部。捞出沥汁。再次配制 50% 的糖液,将经糖煮的杏干倒入,微火煮至杏肉柔软,待糖汁变稠时捞出,沥糖。用手将两片糖制的杏肉捏在一起,放入烤箱烘烤,开始温度控制在 50℃ 左右,不断打开烘门,使水分不断蒸发,待水分蒸发后,升温至 60~65℃,烘至不粘手取出,然后对杏脯进行修整和挑选,剔除色泽不好的产品和碎渣等杂质。按成品质量标准分级包装。

质量好的杏脯呈透明金黄色,形状整齐,质地柔韧,不返砂、不流糖,具有香、酸、甜、咸的味道,无异味,无外来杂质,水分含量约 18%,符合各项质量要求(图 9-13)。

鲜杏 ──→ 清洗 ──→ 剥皮、去核 ──→ 浸泡 ──→ 渗糖
成品 ←── 烘烤 ←── 蒸煮 ←──

图 9-13　杏脯加工工艺流程图

9.6　生态产业开发示范的效益

在实际生产中,按产业规律发展生态农业,不仅具有一定生态效益和社会效益,最主要还应具有显著的经济效益。

9.6.1　灌草秸秆综合利用发展模式的效益

9.6.1.1　经济效益

目前,研究区积极推广发展灌草秸秆高效利用的草畜产业模式,坚持"家家种草、户户养畜、扩大总量、提高效益"的发展方针,在巩固种草面积、优化饲草品质的基础上,扩大养殖规模。现已有各类草地饲草储量共计 3 443 589.68 kg,实际存栏 4598.03 个羊单位,农民人均草畜业纯收入达到 378 元,占农民人均纯收入的 14.19%。

其经济效益主要从投入及产出两方面进行分析。在草畜产业系统中，农户的投入主要有草地生产系统和家畜养殖系统两个方面，在草地生产系统中，其投入主要包括种子、播种、牧草刈割、饲草加工等，其产出一部分直接以饲草的形式进行转化和出售，另一部分加工成成品饲草进行出售；家畜养殖系统，其投入主要是草料、精料、疫病防治和劳力等，其价值产出主要是以畜力和活体出售体现，在宁夏半干旱黄土丘陵区家畜养殖主要以肉牛和小尾寒羊为主。对比分析传统养殖模式与草畜产业发展模式投入和产出情况（表9-19），我们可以看出发展草畜产业其产投比为1.26，而单纯为养殖而养殖的传统养殖模式其产投比为1.06，其产投比相差0.2，这主要是由于传统养殖模式采用的是"有啥喂啥"的饲喂模式，饲料利用率低；同时，传统养殖模式受传统观念和科学养殖技术匮乏的影响，造成家畜周转时期延长，从而加大了劳力等成本的投入。分析二者的投入发现，草畜生态产业系统的投入高于传统养殖模式，主要是较传统养殖模式，增加了饲草的加工、调制和精料等方面的投入。根据计算分析发现，发展规模化的草畜产业，在其投入也相应增大的同时，随着规范化、科学化的养殖模式，加速养殖业的周转周期，其产出还有很大的增长空间。

表 9-19　示范区灌草秸秆高效利用的草畜产业模式与传统养殖模式的投入产出比较

发展模式	投入/元					产出/元	产投比
	精料	草料	劳力	其他	合计		
传统养殖模式	715	1080	4000	125	5920	6300	1.06
草畜产业模式	520	780	5250	850	7400	9323	1.26

9.6.1.2　生态和社会效益

从生态和社会效益的角度分析，其效益显著。首先，发展草畜产业，不仅可以提高植被的覆盖率，减少水土流失，而且还为种植业提供了大量优质的有机肥，减少了农药、化肥的使用量，对保护当地的生态环境起到很大作用。其次，发展草畜产业促进了区域农业产业结构的调整。此外，发展草畜产业，可以有效促进种植业、养殖业、加工业的循环发展，从而推进区域农业产业化进程。最后，发展草畜产业，有利于吸纳农村剩余劳动力，增加农民家庭经济收入，促进社会的和谐稳定发展。

9.6.2　节水高效设施农业的效益

9.6.2.1　经济效益

以水资源高效利用为基础，发展以日光温室和塑料拱棚种植为主的农业产业，其直接经济效益的体现主要在商品蔬菜的销售方面。

(1) 塑料拱棚的经济效益

塑料拱棚的建造和管护成本较低，建成后只需4年左右更换一次棚膜，其余投资为种植蔬菜的种苗、肥料、灌水投入，一座240 m² 塑料拱棚种植蔬菜可保证每年实现1500元以上收入，纯收入达 1200 元左右（表 9-20）。

表 9-20 塑料拱棚经济效益分析 （单位：元）

年度		第一年	第二年	第三年	第四年	第五年	第六年	合计
投资	拱棚	1000	—	—	—	100	—	1100
	蔬菜	1500	—	300	300	300	300	300
	合计	1000	300	300	300	400	300	2600
收入	拱棚蔬菜	—	1500	1500	1500	1500	1500	7500
纯收入		−1000	1200	1200	1200	1100	1200	4900

（2）日光温室的经济效益

日光温室属于一次性投资，多年收益的产业发展模式，其投入主要包括温室的建设及蔬菜种苗等方面产生的投资。具体主要有温室的建造费用、棚膜、草帘费、折旧费、温室内其他配套设施费用（绳子、铁丝、吊线等）、人工等，这一部分投资属一次性投资，即第一年投资建成后，以后每年只考虑设施的损耗费及管理费用等，其他的投资主要在蔬菜种植和管理方面的投资，如种苗费、水电费、农药费、肥料费及投入人工等。据调查统计，设施温棚的建造费基本上在 7000 元左右，每年用于管理、蔬菜的种植投资基本为 850 元/亩。

目前，研究区主要发展以辣椒为主，品种为"牛角王"辣椒和"亨椒 1 号"新品种，其种植日光温室已达到 2000 栋，平均每栋产辣椒 3000 kg，可实现总产 600 万 kg，根据年产量和市场价格，每年其可得效益基本上为 7000 元，第一年基本上持平，以后的每年除去设施损耗和种植管理方面的投资，每个温室平均每年基本上可获得 6150 元的效益（表 9-21）。

表 9-21 日光温室经济效益分析 （单位：元）

年度		第一年	第二年	第三年	第四年	第五年	第六年	合计
投资	日光温室	7 000	700	700	700	700	700	10 500
	蔬菜	—	150	150	150	150	150	750
	合计	7 000	850	850	850	850	850	11 250
收入	蔬菜	—	7 000	7 000	7 000	7 000	7 000	42 000
纯收入		−7 000	6 150	6 150	6 150	6 150	6 150	30 750

注：日光温室面积 333.3 m²，日光温室为全钢架结构

9.6.2.2 生态和社会效益

该产业的发展使生态和社会效益显著增强。首先，促进了农业种植结构和产业结构的调整，使作物实现了周年生产，丰富了城乡市场，并一定程度上克服了传统农业生产条件下生产效益难以提高的局面。其次，在保障农民经济效益的前提下，改变了传统单一的粮食生产向多种经营的农业生产模式转化，极大地刺激了农民将实用技术转化为现实生产力的积极性。此外，提高了研究区农村人口的生活质量，解决了剩余劳动力的转移和消化，

并使农民在生产、经营的实践中，增强商品意识、科技意识，并能自觉地学文化、学科学、用科学，提高了文化素质，进而促进了农村劳动者由体力劳动型向智力型转化。再次，使有限的水、土及人力等资源得到了集约高效利用，将冬闲变冬忙，带来较高产量和产值的同时，不仅摆脱了封建迷信和愚昧落后的思想，减少了赌博、斗殴等行为的发生，利于社会安定，而且对繁荣城乡市场的菜篮子工程作出了贡献。

9.6.3 雨水资源高效利用的旱作经济作物种植效益

9.6.3.1 经济效益

该产业发展的效益主要体现在采用节水保墒技术后，种植优势经济作物玉米、马铃薯与采用传统种植方式，产量和产值上产生的变化。

经计算（表9-22），采用节水保墒等旱作农业种植技术后，从产量上看，玉米、马铃薯两种优势作物的单产水平大幅度提高。其中，玉米每公顷产量达6900 kg，较传统种植方式增产2400 kg，增幅53.33%；马铃薯采用覆膜保墒种植技术后，每公顷产量达到12 750 kg，较传统露地种植方式增产4950 kg，增幅63.46%，二者增产幅度均较大。从种植效益上看，采用技术措施后，玉米每公顷的纯效益是5994.15元，马铃薯为3286.13元，分别较传统种植方式增加纯收益3154.50元和1516.13元。同时，为使研究区的优势农产品打开市场通道，统一外销，形成品牌优势，研究区政府采用农产品经纪人协会的形式，对产品进行进一步加工的同时，还精心设计产品包装，不仅提高了产品的外在品质，而且在一定程度上提高了产品的知名度，市场潜力非常大。

表9-22 玉米、马铃薯不同种植方式效益比较

种植方式	投入（元/hm²）	产量（kg/hm²）	产值（元/hm²）	纯效益（元/hm²）
传统栽培方式	3 820.35	4 500.00	6 660.00	2 839.65
玉米保墒栽培	4 217.85	6 900.00	10 212.00	5 994.15
传统栽培方式	2 910.00	7 800.00	4 680.00	1 770.00
马铃薯保墒节水栽培	4 363.88	12 750.00	7 650.00	3 286.13

9.6.3.2 生态和社会效益

生态效益方面，首先，采用各种保墒节水技术，充分利用了当地有限的雨水资源，大幅度提高了雨水资源的利用率。其次，通过覆盖和保护性耕作等保墒技术，有效防止了耕地的水土流失，抑制了地表土壤水分的蒸发，利于水土保持和农田耕地质量保护，促进了该区旱作农业的可持续发展。此外，采用覆盖和保护性耕作等技术充分利用了土地、光、热、水资源，节省了用水和延长了光热利用时间，改善了土壤通气条件和减少病虫杂草类，降低了农田除草与农药的使用量，利于农田生态环境的保护。最后，该模式的应用是该区农业种植技术实行工程措施与生物技术相结合、蓄墒技术与保墒技术相结合、良种与良法相结合，大大提高了旱作区农业集约水平和土地产出率，为改变广种薄收局面创造了先决条件，奠定了物质基础，扭转了土地因旱而撂荒的现状。

社会效益方面，在水资源短缺的宁夏半干旱黄土丘陵区，采用雨水资源高效利用的节水保墒的旱作农业技术，一方面破解了该区长期以来农作物种植因旱欠种、减产、绝收的难题，扭转了农业发展"小旱小灾、大旱大灾、年年遭灾、年年抗旱"的被动局面，有效增强了该区农业发展的可控性和稳定性，提升了该区农业生产的综合能力。另一方面充分调动了该区农民种植玉米、马铃薯等经济作物的积极性，大大促进了玉米、马铃薯等优势作物产业的快速发展。此外，有效增加了农民种植业收入，带动了农村社会经济的快速发展，进一步促进了该区农业产业结构向科学化、规模化、效益化方向发展。最后，改变了该区农民长期以来广种薄收、传统粗放的惯性耕种方式，提高了农民的科技素质，提升了科技在半干旱区农业生产中的贡献率。

9.6.4　特色杏为主的林果产业的效益

9.6.4.1　经济效益

研究区大量鲜杏均以果品公司收购的形式出售，故此，经济效益主要体现在杏产品的加工销售方面。

通过调查统计，每生产 1 kg 杏干，所需的成本投入主要有从农户手中收取原料杏干的投入，加工过程中需经过筛选、清洗、蒸煮、烘烤等工艺所需的设备、人员、水电煤的投入共计 3.4 元，每千克成品杏干的市场销售价为 10 元，利润为 6.6 元；每生产 1 kg 杏脯，主要的投入有鲜杏的成本及加工过程中用于剥皮、蒸煮、烘烤等所投入设备、人员、水电煤等共计 2.9 元，每千克成品杏脯的销售价格为 13 元，另有一部分杏核，不考虑加工，单纯出售杏核，出售价格为 2.4 元，故此，生产杏脯的利润为 12.5 元/kg（表9-23）。目前，研究区已拥有以生产杏脯、杏干为主的杏系列产品加工企业两家，如彭阳县林果发展有限责任公司和彭阳县果品开发有限公司，生产能力已达 550t，如果按上述计算，每生产 100t 杏干和100t 杏脯的利润分别为 66 万元和125 万元，效益相当可观。

表 9-23　每千克杏干、杏脯生产效益表　　　　　（单位：元/kg）

杏干投入	收取杏干	手工筛选	清洗	蒸煮	烘烤	水电煤等	其他	合计
金额	1.5	0.1	0.1	0.25	0.25	0.2	1.0	3.4
成品销售	10							
利润	6.6							
杏脯投入	鲜杏	剥皮	浸泡	蒸煮	烘烤	水电煤等	其他	合计
金额	1.0	0.1	0.1	0.25	0.25	0.2	1.0	2.9
成品销售	杏脯				杏核			
	13				2.4			
利润	12.5							

通常，八成熟鲜杏每千克可晒杏干 255 g，而十成熟杏每千克可晒杏干 320 g。按正常年份平均每棵树的正常产量计算，仁用杏及山杏平均每公顷纯收入在 2250 元左右，十年

生山杏，每公顷收入可达 4500～9000 元。农户种植的十年生仁用杏每株年纯收入 80 元，相当于当地 0.067 hm² 旱田小麦的收入。彭阳县城阳乡陈沟村杨万珍弟兄俩利用房前屋后种植的山杏改接鲜食杏 50 余株，产量 3000 kg，年收入可达 5000 元。

另据调查，截至 2008 年年底，研究区杏栽培面积达到 3.10 万 hm²，人均 0.13 hm²，挂果面积 1.33 万 hm²，其中盛果期杏树 0.53 万 hm²。正常年份可产鲜食杏 2425 t、杏核 3558t、杏仁 600t、成品杏干 3380t，总产值可达 5500 万元。目前已建成周沟、长城等示范园区 12 处，面积 253.33 hm²，杏产业已形成一定规模，呈现出明显的资源优势。同时，在两家龙头加工企业的带动下，以杏为主的林果产业，其产业经济效益非常显著。

9.6.4.2 生态效益和社会效益

宁夏半干旱黄土丘陵区是宁夏生态环境基础最脆弱的地区，因而也是水土流失最严重、经济最不发达地区，发展林果产业不仅具有显著的经济效益，同时对其水源涵养、水土保持、土壤改良、农田防护、小气候改善等生态环境的建设也具有积极的作用。

同时，社会效益也极显著。一方面，提高了农户的生态和经济意识，使得经果林的建设由原来的林业部门统一组织向农户自愿的方式逐步转变，增强了农民植树造林、发展林果产业的积极性；另一方面，在调整农业产业结构，改变农业种植模式的同时，使得农村剩余劳动力得到转移，有效地维护了社会稳定，为周边地区经济发展树立了榜样。

第 10 章　庭院高效生态农业模式及效益

农村庭院是一种特殊的农业资源积聚场所，是农业生产的重要组成部分。开发庭院资源潜力，增加农民收入，改善生态环境，是农业和农村经济发展的重要内容。庭院生态系统是农业生态系统的亚系统，它的经济效益、生态效益和社会效益，直接影响到农业生态系统的综合效益水平，没有一个高效益的农村庭院生态系统，就不可能有高效益的农业生态系统。开展庭院高效生态农业建设，是实施生态农业的有效办法之一，通过实施各类生态工程，改善和保护农村庭院环境，提高庭院各类资源的效益产出，实现生态效益和经济效益的协调发展，对促进区域农业可持续发展，建设资源节约型、环境友好型社会具有重要的现实意义，也对加快半干旱黄土丘陵区新农村建设的步伐，促进民族地区农业和农村经济发展具有重要而深远的意义。

10.1　庭院生态农业的概念、内涵与发展前景

10.1.1　庭院高效生态农业的概念

庭院生态农业是生态农业的基本单元，是生态农业的一种特殊的、界定了地域范围的生态农业。庭院高效生态农业是指农民在自己的住宅院内及与宅基地相连的自留地、承包地、山地、荒坡上，依据生态经济学的基本原理和系统工程学的基本方法，充分利用庭院设施、资源、劳动力等优势，因地制宜从事种植、养殖、农副产品加工等各种庭园生产经营，从规划到布局，从物质、能量的输入到输出，更趋向于科学、合理、高效、低耗、优质、高产，经济效益、生态效益、社会效益俱佳的经营模式。它巧用食物链（网）和共生生态关系，把绿色植物的生产，食草、食肉动物的饲养和微生物的繁殖有机地串联起来，使物质多次循环利用、能量高效利用，形成一个布局合理，环境优美的生产、生活两用基地，并能获取较高的经济效益和生态效益。

10.1.2　庭院高效生态农业的内涵

庭院生态系统主要由土地资源、环境资源、饲料资源、劳动力资源、信息资源等构成。庭院高效生态农业的内涵主要就是如何开展以上各类资源的高效利用。

10.1.2.1　土地资源的高效利用

土地资源是庭院的根本，土地资源的合理高效利用是庭院经济发展水平和生态环境优

劣的充分体现。庭院结构的合理布局、种植养殖结构的调整、林果业的发展、以沼气为主体的农村能源工程建设等庭院工程的建设均要求对庭院土地资源进行合理、高效利用。

10.1.2.2 环境资源的高效利用

太阳能、降水是庭院环境资源高效利用的主要内容。庭院各类生态工程的布局不仅要考虑土地资源的合理利用，还要充分考虑到采光问题，目前在宁夏黄土丘陵区大力推广的"太阳灶"，也是充分利用太阳能这种免费清洁能源，间接达到提高经济效益的目的。此外，在雨养农业或窖窖农业地区，庭院生态农业的发展也要充分考虑雨水资源的高效利用，通过涝池、水窖、集水场的建设，大力发展屋檐集水、场院集水、道路集水、集雨布集水等措施提高雨水资源的拦蓄效率，对发展庭院生态农业具有重要作用。

10.1.2.3 饲料资源的高效利用

庭院生态系统对饲料资源的高效利用主要表现在对农、副产品的直接利用、就地转化和高效的饲料转化利用率。庭院生态系统中鸡、猪、牛等所需饲料的主要组分多来源于自家农田，可实现就地利用增值，有效节省饲料运输费用和购销损失，从而降低了饲料的成本。饲料的高效利用率还表现在饲料经畜禽利用后，其粪便还可多级利用，这是庭院生态系统能保持低投入高产出的关键因素之一。

10.1.2.4 劳动力资源的高效利用

庭院生态系统的正常运行所需劳动力强度相对较小，时间相对较短，但具有经常性和不间断性的特点。通过除主要家庭劳力以外的闲散劳力或剩余劳动力，如一些家庭妇女，使其参与庭院生态系统的建设与管理，达到提高劳动力资源效率的目的。此外，由于庭院生态系统建设涉及所在地区大农业发展的大多数领域，故需要劳动力掌握种养等行业的基本技术，因此，加强对家庭主要管理者的农业技术水平是提高劳动力效率的主要举措。

10.1.2.5 信息资源的利用

庭院生态系统涉及养殖、种植、微生物学等多方面应用技术，开发的新成果都可为该系统生产率提高起促进作用。畜禽饲养、经果林管理、作物蔬菜种植、微生物发酵、沼渣沼液的科学利用等均需要各类科学技术成果的应用。此外，庭院生态系统还可根据市场信息，调整生态系统养殖、种植计划，生产出市场短缺产品，丰富市场供应品种，提高社会效益。广播、电视、报刊、网络、各级政府提供的信息服务均能指导庭院生产发展。

10.2 庭院经营结构类型划分

庭院经济是指在农村的庭院与距离农民住所较近的零星土地上，利用农村庭院的资源，进行的以商品生产为主要目的的庭院园艺、庭院养殖、庭院农副产品加工、农产品储藏保鲜和庭院服务业的统称，也称庭院经营。庭院经济和农业生态系统的密切关系决定了其经营结构受整个农业结构调整的影响。

10.2.1 退耕还林还草工程对农业结构的影响

10.2.1.1 人均耕地面积的变化

耕地数量的多少，直接决定农村劳动力的职能转变，尤其是农村剩余劳动力。此外，耕地的数量也决定着农户家庭种植结构，从而决定着家庭养殖饲草的数量。劳动力和农业产品的双重作用，使得农村庭院的经营结构特点发生变化。

自 2000 年开始实施退耕还林还草试点工程后，宁夏半干旱黄土丘陵区各县（区）人均耕地资源（包括退耕还林还草）呈先递增后减少的趋势，耕地资源的变化主要包括新开荒耕地、园地改为耕地、坡地改为梯田、国家基建占地以及地方其他基建占地。在退耕还林还草工程实施初期，各地为了保证粮食产量不降低，仍旧采用开垦荒地的措施来保证可种植耕地面积不下降，使得该区域人均耕地面积有所增加（表 10-1）。

表 10-1 宁夏半干旱黄土丘陵区人均耕地面积变化　　（单位：亩/人）

年份	原州区	西吉县	隆德县	泾源县	彭阳县	海原县	平均	全区
2000	4.03	4.59	3.42	2.19	4.75	5.44	4.42	3.88
2001	3.90	5.33	3.06	2.18	5.29	5.90	4.63	4.02
2002	4.16	5.47	3.14	1.70	4.57	6.20	4.67	4.12
2003	4.88	5.63	3.32	1.92	4.58	10.21	5.09	3.65
2004	4.65	4.01	2.76	2.19	4.32	6.11	4.01	4.02
2005	5.68	5.63	3.29	2.07	6.01	7.27	4.99	4.72
2006	5.89	5.54	3.55	2.09	6.59	7.31	5.16	4.87

注：人均耕地面积＝农户经营耕地面积＋经营山地面积＋园地面积＋牧草地面积

实际上，由于退耕还林还草使得相当一部分可种植耕地被退出，宁夏半干旱黄土丘陵区人均可种植耕地面积均有不同程度的下降（表 10-2），2004 年，该区域实际人均可种植耕地面积只有 2.78 亩，面积最少的泾源县人均可种植耕地面积只有 0.63 亩。

表 10-2 宁夏半干旱黄土丘陵区 2004 年人均可种植耕地面积变化

	原州区	西吉县	隆德县	泾源县	彭阳县	海原县	合计
人口（人）	489 130	461 418	186 107	123 070	253 040	381 683	1 894 448
总耕地（亩）	2 274 455	1 850 286	513 655.3	269 523.3	1 093 133	2 332 083	8 333 135
退耕地面积(亩)	453 000	460 000	132 000	192 000	540 000	393 000	2 170 000
可种植耕地（亩）	1 821 455	1 390 286	381 655.3	77 523.3	553 132.8	1 939 083	6 163 135
人均可种植耕地（亩/人）	3.72	3.01	2.05	0.63	2.19	5.08	2.78

10.2.1.2 种植结构的变化

退耕还林还草工程的实施，使得农村可种植耕地面积减少，促使地方政府和农民群众改变传统的种植结构，追求有限耕地的效益最大化。从表10-3可见，自2000年实施退耕还林还草政策以来，宁夏半干旱黄土丘陵区农村种植结构也开始逐渐发生变化，突出表现在过去传统的小麦种植面积压缩，经济效益较高的粮饲兼用作物——玉米的种植面积大幅度提高，此外，小麦和薯类占总耕地面积的比例逐渐减小，而经济作物和杂粮等其他作物的种植面积逐渐增大，种植结构从过去的重产量、重面积向重效益、重品质的方向发展。

表10-3　宁夏半干旱黄土丘陵区种植结构变化表　　（单位：亩/人）

年份	农作物总种植面积	小麦种植面积	玉米种植面积	薯类种植面积	其他作物
2000	3.29	1.58	0.08	0.58	1.05
2001	3.27	1.49	0.11	0.69	0.98
2002	3.62	1.74	0.12	0.54	1.22
2003	3.41	1.48	0.14	0.54	1.25
2004	3.30	0.79	0.21	0.57	1.73
2005	3.24	0.73	0.28	0.55	1.68
平均	3.36	1.30	0.16	0.58	1.32

10.2.1.3　农民收入及收入结构的变化

自2000年以来，宁夏半干旱黄土丘陵区农民收入持续增长，从人均纯收入的变化过程看，该区域农民人均纯收入增长趋势同全区一样，呈现稳步增长特征，但从收入水平看，宁夏半干旱黄土丘陵区仍属于全区较为落后的地区（表10-4）。从增长幅度看，2004年，该区域农民人均纯收入较2000年提高了52.8%，高于全区平均水平（34.6%）13.8%，这与国家退耕还林还草工程重点在南部山区实施有着密不可分的关系，但由于全区人均收入基数高于宁夏半干旱黄土丘陵区，所以其增长比例还是较小。

表10-4　宁夏半干旱黄土丘陵区农民人均纯收入变化　　（单位：元/人）

年份	原州区	西吉县	隆德县	泾源县	彭阳县	海原县	平均	全区
1999	1042.20	980.00	1036.12	945.63	1041.41	987.11	1005.41	1790.7
2000	933.11	901.61	1081.73	971.09	895.98	877.20	943.45	1724.3
2001	1058.98	1035.85	1129.26	1024.99	1084.42	914.96	1041.41	1823.13
2002	1210.86	1140.83	1230.10	1075.41	1233.26	1096.61	1164.51	1917.36
2003	1335.58	1264.04	1300.36	1147.49	1325.81	1153.60	1254.48	2043.3
2004	1529.28	1480.78	1502.63	1305.83	1518.82	1312.73	1441.65	2320.05
2005	1727.3	1740.2	1696.4	1507.9	1764.14	1446.10	1647.01	2508.89
2006	1940.02	1937.23	1905.55	1737.5	1977.99	1584.23	1847.09	2760.14

从农民人均纯收入构成看（表 10-5），工资性收入、农业收入和牧业收入是构成宁夏半干旱黄土丘陵区农民收入的主体。

表 10-5　宁夏半干旱黄土丘陵区农民人均纯收入构成　（单位：元/人）

年份	地区	全年纯收入	工资性收入	家庭经营纯收入			转移性纯收入	财产性纯收入
				农业收入	牧业收入	总收入		
2000	全区	1724.30	484.02	617.16	218.65	1121.38	38.13	80.77
	黄土丘陵区	927.76	387.22	315.09	97.76	493.60	40.78	6.16
2001	全区	1823.13	527.63	658.71	241.68	1179.93	52.61	62.96
	黄土丘陵区	1034.36	428.63	339.29	126.86	562.59	41.24	1.90
2002	全区	1917.36	526.68	707.65	254.94	1265.29	68.05	57.34
	黄土丘陵区	1168.24	430.42	419.23	126.69	670.86	59.27	7.70
2003	全区	2043.3	592.3	685.95	244.49	1255.35	126.88	68.76
	黄土丘陵区	1262.01	466.2	382.09	153.71	675.86	105.7	14.25
2004	全区	2325.05	618.37	948.36	226.03	1506.06	143.40	52.22
	黄土丘陵区	1441.65	529.27	470.48	158.59	767.17	125.70	19.31
2005	全区	2508.89	702.1	1002.32	272.74	1561.94	186.8	28.13
	黄土丘陵区	1687.01	609.78	489.47	204.72	834.58	187.94	5.97
2006	全区	2760.14	823.09	1067.72	298.14	1662.07	221.63	53.35
	黄土丘陵区	1882.31	714.21	528.23	229.0	900.66	252.01	15.44

10.2.2　家庭经营结构类型的划分

组成庭院生态系统的内容较多，随着国民经济的发展，农村劳动力从业机会和从业选择日渐增多，农村劳动力的职能发生了较大程度的转变，进而造成家庭经营结构类型复杂多样。

10.2.2.1　划分区域选择

以黄土高原半干旱黄土丘陵区宁夏彭阳县作为研究区域。彭阳县位于宁夏固原市东部，总土地面积 2492 km^2，2005 年全县总人口 253 291 人，其中，农业人口 231 679 人，农村劳动力 125 666 人。彭阳县是全国退耕还林还草工程实施的重点县之一，也是全国生态治理先进县和全国退耕还林先进县，自 2000 年退耕还林还草工程试点开展以来，全县已完成退耕还林任务 126.7 万亩，其中，坡耕地退耕 72.0 万亩，荒山造林 52.7 万亩，封山育林 2.0 万亩。退耕还林任务占全区退耕总面积的 11.48%，占宁夏半干旱黄土丘陵区退耕总面积的 14.53%，其中坡耕地退耕面积为全区最大，占全区坡耕地退耕面积 15.79%，占宁夏半干旱黄土丘陵区坡耕地退耕面积 18.32%。退耕还林还草工程的实施，极大地影响了该区域的农业结构，进而影响着该区域的农村家庭经营结构。

从彭阳县退耕基础数据可以看出（表 10-6），自退耕还林还草试点工程实施之后，全县耕地面积减少了42.39%，总计减少耕地面积49 340 hm²，退耕还林面积占耕地减少面积的98.90%。而农民人均纯收入则从2000年的895.98元增加到了1784.14元，从农民人均纯收入的构成看（表10-7），随着耕地减少，种植业收入所占比例减少，而畜牧业收入和务工收入所占比例逐渐增大，构成农民收入的五大支柱的务工收入、种植业、林业、畜牧业和退耕补贴所占农民人均收入的比例2000年分别为28.65%、46.47%、2.30%、10.38%和3.00%，到2005年五种收入比例均发生改变，分别为24.21%、36.42%、0.69%、17.16%和9.23%。所以，退耕还林直接影响着彭阳县农村庭院的经营结构。

表10-6　彭阳县退耕还林基础数据

项目	2000 年	2001 年	2002 年	2003 年	2004 年	2005 年
人口（人）	245 095	246 816	246 864	248 245	253 040	253 291
其中：农业人口（人）	228 189	229 253	228 467	229 387	232 924	231 679
农村劳动力（人）	112 068	114 698	116 452	119 537	127 046	125 666
耕地（hm²）	116 383	112 211	107 532	97 772	84 778	67 043
当年减少耕地（hm²）	4 172	4 712	9 760	12 994	17 735	5539
其中退耕（hm²）	4 163	4 327	9 732	12 581	17 718	—
增加（hm²）	—	33	—	—	—	—
农民人均纯收入（元）	895.98	1 084.42	1 233.26	1 325.81	1 518.82	1 784.14
粮食总产量（t）	52 767	58 564	70 944	63 044	77 164	87 777

表10-7　彭阳县退耕还林期间农户家庭收入构成变化　　　　　（单位：元）

收入构成		2000 年	2001 年	2002 年	2003 年	2004 年	2005 年
工资收入		442.10	520.72	584.53	651.66	733.63	765.15
其中	固定工资收入	59.41	131.53	100.05	46.63	49.62	47.47
	务工工资收入	382.69	389.19	484.48	605.03	685.01	717.69
家庭经营收入		790.18	1028.10	1220.30	1244.20	1323.43	1609.00
其中	种植业	620.77	745.30	811.93	733.94	851.38	1079.81
	林 业	30.71	34.75	60.15	99.93	19.56	20.38
	畜牧业	138.70	248.05	348.22	410.33	452.49	508.81
财产性收入		4.24	9.15	10.76	10.69	30.10	16.36
转移性收入		59.32	56.24	131.27	173.34	163.20	300.61
退耕补贴		40.10	11.48	33.10	80.33	117.06	273.77
农民人均总收入		1335.94	1625.69	1979.96	2160.22	2367.42	2964.89

注：务工工资收入 = 在本乡地域内劳动所得 + 外出从业收入 + 第二产业收入 + 第三产业收入

10.2.2.2　调查方法内容

采用抽样调查的形式，对宁夏半干旱黄土丘陵区彭阳县130户，涉及全县12个乡镇中的11个乡镇21个行政村的家庭经营结构进行动态跟踪调查，主要调查退耕还林还草工程实施前后耕地数量和土地利用结构的变化，农村家庭人口的变化、家庭收入构成的变化，农村劳动力从业方式的变化，开展的庭院生态工程、家庭养殖情况变化。其包括人口统计、粮食产量、耕地面积、种植结构、劳务输出、劳务输出收入、养殖结构和数量、农民收入等具体指标。分两次进行调查，第一次调查时间为 2005 年，第二次调查时间为 2009 年，主要对第一次抽样确定的农户进行追踪调查，补充第一次调查的欠缺数据，并对第一次调查数据进行验证。

10.2.2.3　调查结果与类型划分

在调查指标的选择上，分一级指标和二级指标（表 10-8），一级指标主要是决定农户庭院经济结构的人口劳动力和土地面积 2 大类，二级指标则包括人口、劳力、各类土地面积等 8 个指标。由于家庭养殖结构和规模取决于劳力和各类耕地所提供的饲草数量，所以只能作为第三级调查指标，不能放在庭院经济结构类型划分指标中。

表 10-8　调查分类指标

一级指标	二级指标	指标单位	指标代号
人口和劳动力指标	家庭人口	人	I
	务工人数	人	II
	家庭劳力	人	III
面积指标	土地面积	亩	IV
	退耕地面积	亩	V
	坡耕地面积	亩	VI
	川台地面积	亩	VII
	梯田面积	亩	VIII

按照基础数据中的主要指标，把重复样本自动划分。则全部 130 个调查样本可以合并为 116 类，采用聚类分析方法，按照调查分类指标，应用 SPSS 软件将 116 个调查样本，按照家庭收入构成的比例，划分为种植为主型、养殖为主型、综合发展型和弃耕型（表 10-9）。

表 10-9　四种聚类结果农户经营结构特点

类型	结构特点	名称
I	1. 劳动力充足；2. 人均土地面积大；3. 高产农地面积大；4. 无务工劳力	种植为主型
II	1. 劳动力相对充足；2. 人均土地面积较小；3. 高产农地面积较少	养殖为主型
III	1. 劳动力比较充足；2. 人均土地面积小；3. 有一定面积的草地；4. 有一定的高产田	综合发展型
IV	1. 人均耕地面积较少；2. 务工人数多，劳动力受教育程度相对较高；3. 有固定非农业从业人员	弃耕型

由表 10-10 和表 10-11 可见，在 2000 年以前，以种植型为主的农户占调查样本总数的 46.6%，该类型农户家庭劳动力较为充足，土地资源，尤其是梯田和川台地面积较大，又不能更好地转移剩余劳动力，有条件把较多的劳动力投入土地生产上，向土地要效益，种植业收入占家庭收入比例较大；以养殖业为主的农户占样本总数的 23.3%，该类型农户家庭劳力相对充足，但是人均耕地面积较少，且耕地多以坡耕地为主，家庭收入构成中养殖

业收入占据明显的主导地位；综合发展型为主的农户占调查样本总数的28.4%，此类型农户家庭劳力比较充足，人均耕地面积少，但耕地中高产耕地较多，家庭经营结构多元化，种植、养殖、务工、经商、林果收入均有一定的比例，但以养殖＋种植为主的综合经营所占比例最大；弃耕型农户在本次调查中只有2户，但此类家庭均具有共同的特点，家庭人口数量较少，人均耕地少、劳动力文化程度相对较高、非农业人口多、家庭劳力中有固定收入的、非农业从业人员，农业收入占家庭总收入比例低于30%。

表 10-10   四种类型农户基本情况统计

类型	样本数	样本编号	占样本总比例(%)	主要收入占家庭总收入比例（%）
Ⅰ. 种植为主型	54	6、8、12、13、15、16、17、18、19、26、29、30、32、35、39、40、41、42、43、44、45、47、48、49、52、54、68、69、70、72、73、75、77、79、81、84、86、88、89、90、91、95、96、97、98、99、106、107、108、109、110、111、115、116	46.6	种植：70~100
Ⅱ. 养殖为主型	27	2、10、11、14、20、21、22、23、25、31、33、34、38、56、57、58、59、60、61、63、65、67、82、83、85、87、103	23.3	养殖：40~70
Ⅲ. 综合发展型	33	1、3、4、5、7、24、27、28、37、46、50、51、53、55、62、64、66、71、74、76、78、80、92、93、94、100、101、102、104、105、112、113、114	28.4	种植：15~70 养殖：0~45 务工经商：0~65
Ⅳ. 弃耕型	2	9、36	1.7	非农收入：65~85

表 10-11   四种类型农户基本情况统计

类型	户数	户均人口（人）	户均务工人数（人）	户均劳动力（人）	人均耕地面积（亩）	人均坡地（亩）	人均台地（亩）	人均梯田（亩）
种植为主型	54	5.20	0.26	2.24	8.11	5.22	0.96	1.47
养殖为主型	27	5.85	0.07	2.30	4.82	3.21	0.83	0.61
综合发展型	33	4.67	0.97	2.39	7.36	4.37	0.95	1.26
弃耕型	2	3.50	1.00	1.50	6.86	6.00	0.43	0.43

10.3 退耕还林还草工程对家庭经营结构的影响

10.3.1 对农户家庭经营结构的影响

10.3.1.1 种植为主型农户家庭经营结构的变化

从调查结果看（表10-12），2000年前，种植为主型农村家庭经营结构随着生态建设的进展有了明显变化。到 2009 年，以种植型为主的农户只有 5 户，且家庭主要收入中种植收入所占的比例低于 60%，5 户调查农户具有统一的特点就是退耕地面积多，对退耕还林补贴的依赖性较强；有 1 户从种植为主型结构转变为以养殖为主型，主要原因在于其家庭几乎所有耕地都改变为退耕地，因而依靠退耕还林还草带来的饲草资源发展养殖，实现了劳动力职能的就地转移，除退耕补贴外，养殖业收入成为家庭收入的主要来源；有 45 户农户从过去的种植为主型结构转变为综合发展型，其中又以种植 + 养殖和种植 + 养殖 + 务工为主要类型，充分说明，随着退耕还林还草和各类生态工程的实施，该区域劳动力转移途径主要由发展养殖和外出务工两种途径构成。此外，随着退耕还林还草工程的实施，林果收入也逐步成为农民收入的一部分，调查得知，2000 年种植为主型经营结构的农户，到 2009 年，农户家庭收入中林果收入最多的一户收入占家庭收入达到 30%，近 4500 元；有 3 户农户从种植为主型转变为弃耕型，其突出的特点就是本来为数不多的耕地几乎全部退耕，劳动力直接外出务工，退耕剩余的农田全部种植冬麦或转让给他人耕种。

表 10-12　种植为主型样本变化情况

2000 年	2009 年		样本编号	主要收入比例（%）
种植为主型 （54 户）	种植为主型		72、90、95、96、98	种植：40 ~ 60
	养殖为主型		8	养殖：65
	综合发展型	种植 + 养殖	12、13、17、26、32、39、41、42、68、69、79、84、86、111	种植：30 ~ 50 养殖：20 ~ 50
		种植 + 务工	19、77、81、97、99、110	种植：15 ~ 65 务工：25 ~ 70
		种植 + 养殖 + 务工	6、15、16、18、35、40、43、48、49、52、73、75、88、106、108、109	种植：20 ~ 50 养殖：0 ~ 45 务工：10 ~ 70
		种植 + 养殖 + 林果	29、30、44、47、91	种植：25 ~ 60 养殖：20 ~ 50 林果：0 ~ 15
		种植 + 林果 + 经商	45	种植：25 林果：10 经商：50
		种植 + 养殖 + 林果 + 务工	107、115、116	种植：20 ~ 40 养殖：15 ~ 50 林果：5 ~ 30 务工：15 ~ 50
	弃耕型		54、70、89	种植：15 ~ 20

10.3.1.2　养殖为主型农户家庭经营结构的变化

2000 年 27 户养殖为主型经营结构的农户，大部分通过增加不同经济来源渠道提高家庭收入。由表 10-13 可见，有 5 户农户依然以养殖业为家庭收入主业，家庭养殖规模相对较大，养殖收入占家庭收入的 50%~75%，其次为退耕补贴收入，种植收入较低，最多占 10%；有 2 户农户放弃养殖，分别以经商和外出务工 2 种从业方式增加家庭收入，种植业收入占家庭收入的 10%~15%，低于退耕补贴收入；综合发展型也是家庭经营结构转变的主要类型，有 20 户样本农户选择了综合发展，劳动力转移途径选择依次为务工 > 种植 > 林果 > 其他，家庭劳动力数量是决定劳动力转移选择的主要因素，从 2009 年家庭结构类型看，劳动力数量多的农户，增加的从业方式较多，而家庭劳动力相对少的农户，一般选择外出务工或发展种养结合为主的收入渠道。从收入比例看，务工收入所占比例较大，考虑大多农户家庭具有良好的养殖基础，说明务工能明显提高家庭收入，养殖业收入占家庭收入比例有所下降，但仍然是家庭收入的主体。和种植为主型结构变化特点一样，林果收入也开始在部分农户家庭收入中占据一定比例。

表 10-13 养殖为主型样本变化情况

2000 年	2009 年		样本编号	主要收入比例（%）
养殖为主型（27 户）	养殖为主型		2、20、21、31、85	养殖：50~75
	综合发展型	种植 + 养殖 + 务工	11、14、33、82、83、87	种植：10~20；养殖：30~50；务工：25~60
		种植 + 养殖	23、25、57	种植：10~30；养殖：35~60
		养殖 + 务工	22、38	养殖：25~40；务工：25~55
		种植 + 养殖 + 经商	34	种植：5；养殖：25；经商：60
		种植 + 养殖 + 林果 + 务工	56、58、60、61、63、67	种植：10~20；养殖：15~50；林果：5~20；务工：15~55
		种植 + 养殖 + 林果	59、65	种植：10~30；养殖：20~50；林果：15
	弃耕型		10、103	种植：10~15

10.3.1.3 综合发展型农户家庭经营结构的变化

从综合发展型调查样本农户家庭经营结构的发展变化看（表 10-14），此类型农户家庭经营结构的变化比起种植为主型和养殖为主型变化相对较小。有 3 户样本农户家庭经营结构类型从综合发展型转变为弃耕型，其中 28 号样本农户家中有非农业固定工作人员，随着退耕还林还草工程的实施和城乡户籍政策的开放，举家迁入县城，其余 2 户样本农户则在原有务工人员的基础上，选择外出经商，耕地遗弃或承包给他人租种；仍有 30 户农户家庭经营结构依然选择综合发展，但该类型内部结构有不同程度的变化，其中有 14 户样本农户家庭经营结构没有变化，其余多数农户在生态工程实施后增加了以务工、养殖、种植、林果为主要途径的家庭收入，从收入构成看，2000 年家庭有务工从业人员的，尽管新增了收入渠道，但家庭收入主体没有明显变化，务工收入是家庭收入的主要来源，致使种植业收入比例下降，均低于退耕补贴收入。而 2000 年无务工人员的家庭，增加的务工收入成为家庭收入的主体。在原有从业基础上，增加养殖的农户，收入也明显高于种植收入，林果业的收入在家庭收入中所占的比例总体低于其他各业。

表 10-14　综合发展型样本变化情况

2000 年	2009 年		样本编号	主要收入比例（%）
综合发展型（33 户）	综合发展型	种植＋养殖＋务工	4、24、80、94、100、101、102、114	种植：10～40；养殖：15～45；务工：40～60
		种植＋务工	1、3、5、7、27、76、92	种植：10～30；务工：35～70
		种植＋养殖	112、113	种植：40～60；养殖：30～60
		养殖＋务工	37	养殖：25；务工：60
		种植＋养殖＋林果＋务工	53、55、62、71、74、104、105	种植：15～30；养殖：20～40；务工：40～65；林果 10～15
		种植＋养殖＋林果	51、64、78、93	种植：30～50；养殖：30～50；林果：15～30
		种植＋务工＋林果	50	种植：10；务工：55；林果：10
	弃耕型		28、46、66	种植：0～5

10.3.1.4　弃耕型农户家庭经营结构的变化

从 2000 年为弃耕型的 2 户样本农户家庭经营结构的变化看，随着退耕还林还草工程的实施，2 户农户家庭经营结构类型没有发生改变，9 号样本农户只将剩余耕地种植冬麦作为口粮田，农忙时回乡务农，其余时间均在外务工，家庭收入中种植业收入占 5%，退耕补贴收入约占家庭总收入的 15%，其余均为务工收入。36 号样本农户由于家中有固定工作人员，将剩余 1 亩耕地撂荒，除退耕补贴外，家中无任何农业收入。

综合看来，所有 116 户调查样本农户经过退耕还林还草工程和其他各类生态工程的实施，家庭经营结构发生了明显变化，突出表现为种植业收入比例占家庭总收入比例明显降低，农民群众对耕地的依赖性逐渐减弱。随着退耕还林还草工程实施带来的农户可种植耕地的减少，农民群众开始寻找家庭增收的新渠道，在地方政府退耕还林还草后续产业发展政策的引导下，务工、草畜、林果产业的发展速度逐渐加快，尤其是劳务输出和草畜产业对农民收入的提高起到了极大的推动作用。在农村劳动力从业方式的选择上，外出务工是农民群众的首要选择，其次是发展养殖，从经济学角度分析，务工收入的效益远比种植业高，且连续 2 个周期的退耕补贴政策也消除了相当数量农户的后顾之忧，从而积极投身外出务工的从业道路。养殖业的效益也要高于种植业，且养殖业的发展对劳动力的要求也比种植业低，学龄儿童、尚未丧失劳动能力的老人都可以从事庭院养殖的发展。

10.3.2　对农户家庭收入结构的影响

10.3.2.1　种植为主型典型农户家庭收入结构的变化

2000 年调查结果分类为种植为主型样本农户，截至 2009 年，受退耕还林还草工程的影响，耕地面积减少，大面积的坡耕地被退出，梯田和较为平坦的川道、台地成为种植耕地的主要类型（表10-15）。从典型样本的家庭结构类型看，综合发展型农户成为当前农村庭院经营结构的主要类型，家庭耕地类型种梯田、台地面积较大的农户，种植业在家庭收入中的比例相对较高，家庭经营结构没有变化的72号典型农户，家庭2/3的耕地退耕，通过大面积压缩冬小麦和豆类的种植面积，保证收益相对较高的玉米和马铃薯的种植面积来带动家庭收入的提高，通过跟踪调查，该户农户家庭有两位年事已高、丧失劳动力的老人，该户农户的家庭生活水平较为贫困。8号典型农户退耕地面积占家庭总耕地面积的90%以上，退耕后，家庭劳动力从业方式开始转移，充分利用大面积的退耕地带来的饲草资源发展养殖，随着退耕还林还草工程实施年限的增长，逐步形成的稳定的综合发展型成为大部分农户退耕实施后的主要庭院经营结构选择，但不同家庭选择的从业方式也有区别，从内部结构变化看（表10-16），2000年种植为主型样本农户到2009年衍变成6种内部结构不同的综合发展类型，其中养殖、务工是样本农户增加经营方式的主要选择，从家庭经营结构看，耕地减少带来的直接变化是农户大面积压缩冬小麦的种植。而粮饲兼用型玉米的种植面积并没有减少，甚至略有增加，这是由于种植玉米的效益相对较高，同时也为发展养殖提供基础，此外，随着地膜覆盖的大面积推广应用，大大提高了玉米的产量和经济效益。马铃薯作为宁夏半干旱黄土丘陵区传统优势经济作物，随着后续加工企业的进入，成为当地农业收入的重要组成部分，也是地方政府大力发展的农业优势产业，比起2000年，种植面积也处在相对稳定的水平。从养殖结构变化看，牛、羊是当地农户发展养殖的首选畜种，随着退耕还林还草工程的逐步深入，地方政府扶持退耕还林还草后续产业的力度逐渐加大，农户的养殖规模也逐渐加大。在林果业的发展上，以食用杏、仁用杏为主的杏树成为地方政府和农民群众庭院林果经营的首选。从弃耕型典型农户家庭经营结构的变化看，退耕还林还草工程实施后，家庭剩余耕地数量并不少，但全部为水土流失严重、种植效益低下的坡耕地，加上农户主要劳动力有一技之长，自2001年起，选择外出务工，种植、养殖结构逐渐呈现单一化形式，只于农忙季节回乡务农，2009年年底，70号农户举家迁入县城，彻底弃耕。

表10-15　2009年种植为主型典型农户家庭结构类型变化状况　　（单位：亩）

样本号	2009年结构类型		总耕地面积	退耕面积	现有耕地面积	现有耕地类型		
						坡地	梯田	台地
72	种植为主型		45	30	15	5	10	0
8	养殖为主型		87	80	7	2	4	1
13	综合发展型	种植+养殖	30	25	5	1	2	2
19		种植+务工	51.5	40.5	11	4	5	2
6		种植+养殖+务工	46	39.5	6.5	0.5	3	3
44		种植+养殖+林果	18	8	10	0	6	4
45		种植+林果+经商	65	29	36	18	12	6
107		种植+养殖+林果+务工	35	10	25	0	0	25
70	弃耕型		33.1	19.1	14	14	0	0

表 10-16　种植为主型农户经营结构变化

样本	年份	务工人数（人）	耕地面积（亩）	种植结构（亩）					养殖结构（头、只）				林果（株）		
				冬麦	玉米	薯类	豆类	其他	牛	羊	猪	其他	杏	苹果	其他
72	2000	0	45	22	5	3	8	7	0	0	1	鸡：7	25	3	0
	2009	0	15	2	8	2	1	2	0	0	1	鸡：10	25	3	0
8	2000	0	87	65	2	8	3	9	0	5	0	鸡：10	0	0	1
	2009	0	7	1	4	1	0	1	4	18	1	鸡：15	5	2	1
13	2000	0	30	15	3	3	5	4	0	2	1	0	0	0	0
	2009	0	5	1	3	1	0	0	3	5	1	0	0	0	0
19	2000	0	51.5	40	2	5	3.5	1	1	0	0	驴：1	0	0	0
	2009	1	11	4	2	4	1	0	2	0	0	0	10	0	1
6	2000	0	46	28	2	4	7	5	0	0	0	0	0	0	0
	2009	1	6.5	1	3	1	0.5	1	1	0	0	0	0	0	0
44	2000	0	18	10	2	2	3	1	0	2	0	鸡：12	12	2	0
	2009	0	8	2	3	1	1	1	2	12	0	鸡：10	25	8	5
45	2000	0	65	38	7	5	8	7	0	0	0	驴：1	32	11	6
	2009	1	29	12	6	8	2	1	0	0	1	驴：1	32	11	6
107	2000	0	35	28	2	4	1	0	0	3	0	鸡：10	5	2	0
	2009	1	25	10	6	5	2	2	2	5	1	鸡：12	40	12	5
70	2000	0	33.1	16	2	5	4.1	6	0	2	0	鸡：6	0	0	0
	2009	1	14	10	0	1	2	1	0	3	0	鸡：5	5	3	1

从 2000 年种植为主型农户家庭农业产值构成看（表 10-17），退耕前后庭院经营结构无变化的 72 号典型样本农户，受种植结构变化的影响，玉米和马铃薯成为种植业产值构成的主体；从家庭收入构成变化看（表 10-18），该样本 2000 年家庭所有收入均来自种植业，退耕还林后，种植业和退耕补贴成为家庭收入的支柱。8 号样本农户家庭产值构成中种植业主要以粮饲兼用型玉米的面积较大较稳定，加上大面积的退耕还林还草资源，有力地支撑了养殖业的发展，调查可知，该户自 2005 年起，年均出栏肉牛 2 头，羊 10 只以上，养殖业收入占家庭收入近 50%，2009 年受市场行情变化，只出栏牛 1 头，2009 年家庭收入构成中退耕补贴和养殖收入占总收入 85% 以上。6 户以种植为主型发展成综合型典型样本家庭，农业产值中种植业和养殖业的构成不尽相同，种植业单产随着坡地退耕，剩余梯田和川道台地的单位产量显著提升，加上农业基础的不断完善，各乡镇逐渐实现了梯田化，此外，2000 年以前，地膜玉米在宁夏半干旱黄土丘陵区种植面积较小，且多以露地种植为主，自 2001 年起，地膜覆盖开始在玉米种植中大面积推广，极大地提高了玉米单产量和种植效益。此外，近年来，以早春覆膜、秋覆膜和全覆膜为主的旱作农业栽培技术的大力推广也显著地提高了种植业的产量和效益，从家庭收入构成情况看，总体表现出种植业收入所占比例明显下降，种植业收入比例最高的农户其比例也只为 42.1%，有务工人员的家庭，务工收入成为家庭收入的主体，普遍现象表明有务工人员的家庭，种植业的比例在家庭收入中的比例相对高于养殖业，充分表明，季节性要求较强的种植业对农村劳动力的束缚明显小于养殖业。70 号典型农户弃耕前家庭种植结构中面积较大的为冬麦，但

马铃薯收入是构成种植业的主要部分，占种植业收入的65%以上，从家庭收入构成看，退耕前，耕地是该农户赖以生存的唯一基础，退耕实施后，劳动力从业途径发生转移，外出务工成为家庭收入的主要来源。

表 10-17 种植为主型农户家庭农业产值构成变化

样本	年份	种植业产量（kg）								养殖业出栏数（头）			
		冬麦		玉米		薯类		豆类		牛	羊	猪	其他
		单产	总产	单产	总产	单产	总产	单产	总产				
72	2000	35	770	135	675	700	2100	40	320	0	0	1	0
	2009	85	170	300	2400	850	1700	76	76	0	0	1	0
8	2000	40	2600	150	300	1000	3000	35	105	0	5	0	2
	2009	80	160	220	880	1200	2400	—	—	1	12	1	5
13	2000	25	375	120	360	800	2400	35	175	0	1	1	0
	2009	75	75	250	750	1200	1200	—	—	2	3	1	0
19	2000	35	1400	120	240	950	4750	40	140	0	0	0	0
	2009	75	300	240	480	1300	4200	50	50	1	0	0	0
6	2000	30	840	130	260	650	2600	35	245	0	0	0	0
	2009	70	70	300	900	1000	1000	75	37.5	2	0	0	0
44	2000	30	300	180	360	750	1500	35	105	0	1	0	2
	2009	75	150	300	900	1000	1000	55	55	1	7	0	3
45	2000	30	1140	175	1225	800	4000	40	320	0	0	1	0
	2009	80	960	250	1500	1200	9600	45	90	0	0	1	5
107	2000	40	1120	200	400	950	3800	35	35	0	2	0	4
	2009	75	750	250	1500	1300	6500	50	100	1	3	1	5
70	2000	35	560	150	300	1000	5000	30	123	0	0	0	2
	2009	70	700	—	—	1000	1000	45	90	0	0	0	2

表 10-18 种植为主型农户家庭收入构成变化

样本	年份	种植收入（元）	养殖收入（元）	林果收入（元）	退耕补贴（元）	务工经商（元）	其他收入（元）	家庭总收入（元）	主体收入比例（%）
72	2000	2 746.5	0	0	0	0	0	2 746.5	种植：100
	2009	4 970.2	450	150	4 800	0	160	10 530.2	种植：47.2；退耕：45.6
8	2000	4 426	900	0	0	0	0	5 326	种植：83.1
	2009	3 584	10 800	100	12 800	0	280	27 564	种植：13.0；养殖：39.2；退耕：46.4
13	2000	1 680.5	0	0	0	0	0	1 680.5	种植：100
	2009	2 345	8 800	0	4 000	0	320	15 465	种植：15.2；养殖56.9；退耕：25.9

样本	年份	种植收入（元）	养殖收入（元）	林果收入（元）	退耕补贴（元）	务工经商（元）	其他收入（元）	家庭总收入（元）	主体收入比例（%）
19	2000	3 325	0	0	0	0	150	3 475	种植：95.7
	2009	4 690	3 500	0	6 480	10 000	0	24 670	种植：19.0；养殖：14；退耕：26.3；务工：40.5
6	2000	2 293	0	0	0	0	80	2 373	种植：96.6
	2009	2 420.5	6 000	0	6 320	8 000	150	22 890.5	种植：10.6；养殖26.2；退耕：27.6；务工：34.9
44	2000	1 305	200	100	0	0	0	1 605	种植：81.3
	2009	2 711	6 600	800	1 280	0	1 000	12 391	种植：21.9；养殖：53.3；林果：6.5；退耕：10.3
45	2000	4 322.5	0	300	0	0	0	4 622.5	种植：93.5
	2009	11 872	750	850	4 640	10 000	100	28 212	种植：42.1；退耕：16.4；务工：35.4
107	2000	2 734	350	0	0	0	0	3 084	种植：88.7
	2009	9 320	4 900	1 350	1 600	9 000	0	26 170	种植：35.6；养殖：18.7；林果：5.2；退耕：6；务工：34.4
70	2000	2 290.2	0	0	0	0	20	2 310.2	种植：99.1
	2009	2 578	0	0	3 056	18 000	0	23 634	种植：10.9；退耕：12.9；务工：76.2

10.3.2.2　养殖为主型典型农户家庭收入结构的变化

同种植为主型农户结构类型的变化一样，2000 年调查以养殖为主型的样本农户，退耕还林还草工程实施后，多选择综合发展型家庭经营模式（表 10-19）。从结构类型看，没有农户向种植为主型结构转变，仍坚持养殖为主型结构的 2 号样本农户，退耕面积较大，仅有 4.5 亩可种植耕地，且有 2 亩为低产坡地，家庭经营结构的变化体现在大面积压缩冬麦种植面积，稳定并增加地膜玉米种植面积，逐步加大牛、羊、猪的饲养数量。从养殖为主型发展成为内部结构不同的 5 种综合发展型典型样本农户均增加了种植结构，除种植业外，外出务工或从事商业活动也是农户家庭经营结构发展的主要方向，有条件的农户也逐步增加了对林果业的发展，从家庭经营结构变化看（表 10-20），种植上均大面积压缩冬麦面积，提高地膜玉米的种植比例，并将剩余的坡耕地适当种植青草以支持养殖业发展，养殖上则通过加大养殖数量，扩大养殖规模带动增收，林果业的选择以发展仁用杏和食用杏为主。103 号样本农户选择了弃耕，通过家庭现有耕地面积看，仍有 20 亩高产台地，在当前该区域农户中属于耕地面积较多样本，退耕还林还草工程实施后，户主选择进城务工，家庭经营结构上，通过逐年减少养殖规模，实行单一的种植结构，到 2008 年，开始将耕地全部种植冬麦，只在冬麦播种和收获时回乡务工，举家迁往县城，男方从事出租车营运、女方从事商店兼缝纫铺的经营活动，成为弃耕型农户。

表 10-19　2009 年养殖为主型典型农户家庭结构变化状况　　　（单位：亩）

样本号	2009 年结构类型		总耕地面积	退耕面积	现有耕地面积	现有耕地类型		
						坡地	梯田	台地
2	养殖为主型		34.0	29.5	4.5	2.0	2.5	0.0
11	综合发展型	种植＋养殖＋务工	36.0	30.0	6.0	0.0	3.0	3.0
23		种植＋养殖	26.0	6.0	20.0	14.0	2.0	4.0
22		种植＋养殖＋经商	16.5	12.0	4.5	0.0	1.5	3.0
34		种植＋养殖＋林果＋务工	29.5	23.5	6.0	0.0	3.0	3.0
59		种植＋养殖＋林果	26.0	10.5	15.5	4.5	4.0	7.0
103	弃耕型		61.0	41.0	20.0	0.0	0.0	20.0

表 10-20　养殖为主型农户经营结构变化

样本	年份	务工人数(人)	耕地面积(亩)	种植结构（亩）					养殖结构（头、只）				林果（株）		
				冬麦	玉米	薯类	豆类	其他	牛	羊	猪	其他	杏	苹果	其他
2	2000	0	34	28	2	2	1	1	2	0	1	鸡：10	12	0	0
	2009	0	4.5	0	3	0.5	1	0	4	6	2	鸡：13	12	0	0
11	2000	0	36	16	3	3	5	9	3	12	1	鸡：15	18	6	0
	2009	3	6	0	3	0	0	1	2	15	1	鸡：10	18	6	0
23	2000	0	26	6	3	2	2	13	3	25	1	鸡：15	10	1	0
	2009	0	20	4	6	4	1	5	5	12	1	鸡：18	20	4	0
22	2000	0	16.5	5	5	2.5	0	4	4	20	1	驴：1	6	2	0
	2009	1	4.5	1	3	0.5	0	0	5	15	2	驴：1	6	2	0
34	2000	0	29.5	16	2	5	4	2.5	2	15	0	0	5	2	0
	2009	1	6	2	2	2	0	0	3	12	1	0	25	2	5
59	2000	0	26	14	4	2	2	4	3	25	1	鸡：12	12	4	4
	2009	0	15.5	4	4	1	0	3.5	4	15	2	鸡：10	28	4	6
103	2000	0	61	45	2	2	8	4	2	27	1	0	5	0	0
	2009	2	20	20	0	0	0	0	2	15	0	0	5	0	0

　　从 2000 年养殖为主型农户家庭农业产值构成变化看（表 10-21）：以养殖为主型的 2 号典型样本农户，2000 年时大面积种植冬麦，但冬麦的产量很低，玉米和马铃薯的产量也较低，耕地的生产力和种植水平的低下决定了种植业处在较低水平，尽管经营着 34 亩耕地，但种植业的总收入只有 1512 元，家庭收入构成中靠出售 1 头牛和 1 只猪实现的养殖收入占全年家庭收入的 54.4%，2000 年前后的几年时间内，该农户均是以养殖为主，养殖业收入占家庭总收入比例一直保持在 50% 以上，退耕还林还草工程实施后，压缩冬麦的种植面积，仅有的 4.5 亩耕地仍然保持玉米的面积不变甚至有所增加，就是为了保持为养

殖业提供生产资料，养殖业上年均出栏肉牛 2 头、羊 4 只左右、生猪 1 头，从家庭收入构成看，种植业收入比例降低到 10% 左右，退耕补贴收入比例在 30% 以上，而养殖收入比例依然稳定在 50% 以上。5 户综合发展型农户在种植上也是以种植经济效益较高的玉米为主，马铃薯的种植面积也较为稳定，近年来，随着宁夏半干旱黄土丘陵区马铃薯产业的大力发展，农民群众也逐渐重视通过种植马铃薯提高收入，在养殖方面，随着养殖水平的逐渐提高，养殖效益也逐渐增大，从养殖规模和出栏率上看，均有了很大程度的改善，在家庭收入构成上（表 10-22），除 11 号样本农户由于家庭劳动力充足，有 3 个外出务工劳力，务工收入比例较高外，其他农户养殖业的收入比例仍是家庭收入的重要支柱，同种植为主型农户比较，养殖为主型农户家庭收入中退耕补贴所占比例较小，由于此类型农户本身耕地面积少，退耕地占耕地比例较小，对退耕补贴的依赖性也小于种植为主型农户。103 号样本农户，家庭剩余耕地全部种植冬麦，所带来的种植收入占家庭总收入的 10% 左右，而退耕补贴所占家庭收入比例为 18.7%，此 2 项收入保证了该户农户在县城生活的基本开销，通过务工经商，年均可实现收入 25 000 元以上，占家庭收入的 70% 以上，全年实现家庭收入达到 30 000 元以上，收入水平已高于一般的城镇家庭，属于农民群众弃耕创业的典型代表。

表 10-21　养殖为主型农户家庭农业产值构成变化

样本	年份	种植业产量（kg）								养殖业出栏数（头）			
		冬麦		玉米		薯类		豆类		牛	羊	猪	其他
		单产	总产	单产	总产	单产	总产	单产	总产				
2	2000	30	840	75	150	700	1400	40	40	1	0	1	4
	2009	—	—	250	750	950	475	55	55	2	4	1	5
11	2000	45	720	100	300	800	2400	30	150	1	7	1	6
	2009	85	255	400	800	1000	2000	—	—	1	12	1	4
23	2000	50	300	125	375	750	1500	40	80	2	15	1	6
	2009	80	320	400	2400	1100	4400	50	50	3	10	1	5
22	2000	40	200	150	750	850	2125	—	—	2	3	1	10
	2009	85	85	270	810	1000	500	—	—	3	12	1	8
34	2000	50	800	100	200	500	2500	40	160	1	12	0	0
	2009	75	150	280	840	1200	1200	—	—	1	8	0	0
59	2000	50	700	125	500	1000	2000	45	90	1	20	1	5
	2009	100	200	220	1100	1200	4800	50	50	2	12	2	5
103	2000	55	2475	120	240	800	1600	40	320	1	25	1	0
	2009	75	1500	—	—	—	—	—	—	0	0	0	0

表 10-22　养殖为主型农户家庭收入构成变化

样本	年份	种植收入（元）	养殖收入（元）	林果收入（元）	退耕补贴（元）	务工经商（元）	其他收入（元）	家庭总收入（元）	主体收入比例（%）
2	2000	1 512	2 100	50	0	0	200	3 862	养殖：54.4
	2009	1 658.5	8 200	100	4 720	0	500	15 178.5	种植：10.9；养殖：54.0；退耕：31.1
11	2000	1 776	3 820	50	0	0	300	5 946	种植：29.9；养殖64.2
	2009	3 312	8 000	200	4 800	24 000	0	40 312	种植：8.2；养殖：19.8；退耕：11.9；务工：59.5
23	2000	1 176	7 500	50	0	0	500	9 226	种植：12.7；养殖：81.3
	2009	7 958	13 500	200	960	0	600	23 218	种植：34.3；养殖：58.1
22	2000	1 457.5	6 050	0	0	0	100	7 607.5	种植：19.2；养殖：79.5
	2009	1 769	16 200	120	1 920	8 000	200	28 209	种植：6.3；养殖：57.4；退耕：6.8；务工：28.4
34	2000	1 774	5 400	0	0	0	20	7 194	种植：24.7；养殖：75.1
	2009	2 660	6 100	650	3 760	6 000	200	19 370	种植：13.7；养殖：31.5；退耕：19.4；务工：31.0
59	2000	1 878	7 000	120	0	0	0	8 998	种植：20.8；养殖：77.8
	2009	5 850	12 200	800	1 680	0	220	20 750	种植：28.2；养殖：58.8；林果：3.90；退耕：8.1
103	2000	3 946.5	7 800	0	0	0	0	11 746.5	种植：33.6；养殖：67.4
	2009	3 600	0	0	6 560	25 000	0	35 160	种植：10.2；退耕：18.7；务工：71.1

10.3.2.3　综合发展型典型农户家庭收入结构的变化

由表 10-23 可知，2000 年调查样本农户为综合发展型农户，在退耕还林还草工程实施后，没有农户发展成以种植为主型或养殖为主型，充分说明在当前宁夏半干旱黄土丘陵区农业和农村经济发展水平下，以农户为单元的家庭经营结构或农业产业发展方向呈多元化发展。从典型农户家庭结构变化看，综合发展型农户内部结构多变化较大，通过增加从业渠道，保证在耕地减少的情况下家庭收入的提高，务工、种植、养殖依旧是农民改善收入的主要选择渠道，从综合发展型农户经营结构上看（表 10-24），4 号典型样本农户退耕前后均以种植＋养殖＋务工为家庭经营结构，退耕还林还草实施后，压缩了冬麦种植面积，增加了牛存栏量；1 号典型样本农户退耕后，在种植的基础上，放弃养殖，增加了外出务工人数；112 号典型样本农户退耕前后均以种植＋养殖为主要经营结构，但退耕后，养殖业占家庭经营的比例超过了种植业；37 号典型样本农户则在退耕后从过去的种植＋务工型发展为养殖＋务工型；71 号典型样本农户比退耕前新增了务工渠道；51 号典型样本农户家庭经营结构无改变，但扩大了养殖规模和果树的数量，扩大了果园面积并初具规模；50 号典型样本农户退耕前主要的经营类型为种植＋务工，退耕实施后，扩大了林果规模，建设了以杏、苹果、梨为主的果园，经过几年的管理，从 2005 年开始产生效益。66 号农户退耕前人均耕地面积就很小，主要靠外出务工增加收入，退耕后家庭 2 名劳力全部外出务工，家中只留下 2 位老人和孩子，兼顾一定的农事活动，至 2009 年，将耕地转让，举家迁往城镇。

表 10-23　2009 年综合发展型典型农户家庭结构变化状况　　　　（单位：亩）

样本号	2009 年结构类型		总耕地面积	退耕面积	现有耕地面积	现有耕地类型		
						坡地	梯田	台地
4	综合发展型	种植＋养殖＋务工	56	45.5	10.5	4.5	2	4
1		种植＋务工	32	26	6	2	2	2
112		种植＋养殖	34	8	26	6	10	10
37		养殖＋务工	30	26.8	3.2	0.2	1	2
71		种植＋养殖＋林果＋务工	48	28	20	20	0	0
51		种植＋养殖＋林果	47	35	12	4	4	4
50		种植＋务工＋林果	59.7	49.7	10	4.3	2	3.7
66	弃耕型		9.0	5.8	3.2	1	0	2.2

表 10-24　综合发展型农户经营结构变化

样本	年份	务工人数（人）	耕地面积/亩	种植结构（亩）					养殖结构（头、只）				林果/株		
				冬麦	玉米	薯类	豆类	其他	牛	羊	猪	其他	杏	苹果	其他
4	2000	1	56	30	4	5	8	9	1	10	1	鸡：15	6	1	0
	2009	1	10.5	3	3	2	1	0.5	4	6	1	鸡：12	15	2	4
1	2000	1	32	15	1	3	3	10	1	6	0	0	4	1	0
	2009	2	6	2	0	4	0	0	0	0	0	0	4	1	0
112	2000	1	34	22	3	4	4	1	1	10	0	驴：1	5	0	0
	2009	0	26	6	8	4	4	4	4	8	1	0	5	0	0
37	2000	1	30	22	2	4	2	0	0	5	0	鸡：8	4	2	0
	2009	1	3.2	0	3	0.2	0	0	4	8	1	鸡：12	12	2	0
71	2000	0	48	20	0	8	12	8	2	5	0	鸡：13 驴：1	23	12	0
	2009	1	20	5	0	5	4	6	3	8	1	鸡：15 驴：2	45	22	0
51	2000	0	47	28	2	3	8	6	2	12	0	鸡：8	21	10	3
	2009	0	12	2	4	2	1	2	4	8	1	鸡：12	34	10	5
50	2000	1	59.7	36	3	8.7	6	7	0	0	0	0	4	2	0
	2009	1	10	2	2	5	0	1	0	0	0	0	58	32	40
66	2000	1	9	5	0	3	0	1	0	0	0	驴：1	4	0	0
	2009	2	3.2	0	0	0	0	0	0	0	0	0	4	0	0

从 2000 年综合发展型典型样本农户农业产值构成变化看（表 10-25），除 66 号弃耕型农户外，总体均表现为随着退耕耕地减少，冬麦的总产量明显下降，而玉米的总产量则有所增加，各类作物的单位面积产量比起退耕工程实施前有了明显增加，而养殖出栏数量也随着退耕工程的实施和饲养规模效率的提高有了增加。从家庭收入构成看（表 10-26），各类综合发展型样本农户退耕前后也有了明显变化，总体表现为种植业收入所占比例下降，而养殖、务工收入占比例提高，且综合发展型样本农户在退耕后家庭总收入总体高于种植为主型和养殖为主型农户家庭总收入，随着国民经济的发展，农民务工的工资水平也明显提高，进一步提升了务工收入在家庭收入中的比例，提高了农村劳动力的务工积极性。

表 10-25　综合发展型农户家庭农业产值构成变化

样本	年份	种植业产量（kg）								养殖业出栏数（头、只）			
		冬麦		玉米		薯类		豆类		牛	羊	猪	其他
		单产	总产	单产	总产	单产	总产	单产	总产				
4	2000	45	1350	110	440	1000	5000	40	320	1	6	1	5
	2009	60	180	230	690	1200	2400	50	50	3	4	1	5
1	2000	45	675	90	90	900	2700	45	135	1	3	0	0
	2009	65	130	—	—	1100	4400	—	—	0	0	0	0
112	2000	40	880	85	255	950	3800	40	160	0	8	0	0
	2009	65	390	245	1960	1250	5000	45	180	3	6	1	0
37	2000	50	1100	85	170	750	3000	40	80	0	3	0	4
	2009	—	—	180	540	1250	250	—	—	2	5	1	5
71	2000	40	800	—	—	900	7200	45	540	1	3	0	5
	2009	70	350	—	—	1300	6500	50	200	1	7	1	5+1
51	2000	50	1400	90	180	1050	3150	35	280	1	6	0	4
	2009	75	150	450	1800	1300	2600	50	100	3	6	1	5
50	2000	45	1620	85	255	950	8265	45	270	0	0	0	0
	2009	80	160	200	400	1100	5500	—	—	0	0	0	0
66	2000	45	225	—	—	1000	3000	—	—	0	0	0	0
	2009	—	—	—	—	—	—	—	—	0	0	0	0

表 10-26　综合发展型农户家庭收入构成变化

样本	年份	种植收入（元）	养殖收入（元）	林果收入（元）	退耕补贴（元）	务工经商（元）	其他收入（元）	家庭总收入（元）	主体收入比例（%）
4	2000	3 721	4 000	30	0	3 000	200	10 951	种植：34.0；养殖：36.5；务工：27.4
	2009	3 357	14 200	200	7 280	10 000	300	35 337	种植：9.5；养殖：40.2；退耕：20.6；务工：28.3

续表

样本	年份	种植收入（元）	养殖收入（元）	林果收入（元）	退耕补贴（元）	务工经商（元）	其他收入（元）	家庭总收入（元）	主体收入比例（%）
1	2000	1 873	2 900	20	0	4 000	0	8 793	种植：21.3；养殖33.0；务工：45.5
	2009	4 032	0	50	4 160	18 000	0	26 192	种植：15.4；退耕：15.9；务工：68.7
112	2000	2 604	2 000	0	0	3 000	0	7 604	种植：34.2；养殖：26.3；务工：39.5
	2009	8 172	14 500	50	1 280	0	500	24 502	种植：33.4；养殖：59.2；退耕：5.2
37	2000	2 561	870	30	0	3 500	0	6 961	种植：36.8；务工：50.3
	2009	1 085	9 550	200	4 288	10 000	0	25 123	种植：4.3；养殖：38.0；退耕：17.1；务工：39.8
71	2000	3 688	3 220	200	0	0	100	7 218	种植：51.1；养殖：44.6
	2009	6 518	7 950	850	4 480	9 000	0	28 798	种植：22.6；养殖27.6；退耕：15.6；务工：31.3
51	2000	1 679	3 850	200	0	0	200	5 929	种植：28.3；养殖：64.9
	2009	2 754	14 800	960	5 600	0	800	24 914	种植：11.1；养殖：59.4；林果：3.90；退耕：22.5
50	2000	4 789.5	0	30	0	4 000	200	9 019.5	种植：53.1；务工：44.3
	2009	5 584	0	5 200	7 952	11 000	0	29 736	种植：19.0；林果：17.5；退耕：26.7；务工：37.0
66	2000	1 247.5	0	0	0	4 000	0	5 247.5	种植：23.8；务工：76.2
	2009	0	0	0	928	22 000	0	22 928	退耕：4.0；务工：96.4

10.3.2.4　弃耕型典型农户家庭收入结构的变化

由表 10-27、表 10-28 可知，2000 年调查样本中仅有的 2 户弃耕型农户，退耕后家庭耕地面积均显著降低，但此类农户对耕地的依赖性很低，家庭经营结构几乎不受退耕还林还草工程实施的影响，家庭种植结构依旧单一。收入构成中种植业的贡献几乎消失，退耕补贴成为其农业身份的唯一象征，从收入结构看务工、退耕补贴几乎构成了家庭收入的全部（表 10-29，表 10-30）。

表 10-27　2009 年弃耕型农户家庭结构变化状况　　　　（单位：亩）

样本号	2009 年结构类型	总耕地面积	退耕面积	现有耕地面积	现有耕地类型		
					坡地	梯田	台地
9	弃耕型	24	19	5	0	3	2
36	弃耕型	24	23	1	0	0	1

表 10-28　弃耕型农户经营结构变化

样本	年份	务工人数（人）	耕地面积（亩）	种植结构（亩）					养殖结构（头、只）				林果（株）		
				冬麦	玉米	薯类	豆类	其他	牛	羊	猪	其他	杏	苹果	其他
9	2000	1	24	20	0	1	2	1	0	0	0	鸡：5	5	0	0
	2009	1	5	5	0	0	0	0	0	0	0	0	5	0	0
36	2000	1	24	18	0	1	2	3	0	0	0	0	4	0	0
	2009	1	1	0	0	0	0	0	0	0	0	0	4	0	0

表 10-29　综合发展型农户家庭农业产值构成变化

样本	年份	种植业产量（kg）								养殖业出栏数（头、只）			
		冬麦		玉米		薯类		豆类		牛	羊	猪	其他
		单产	总产	单产	总产	单产	总产	单产	总产				
9	2000	45	900	—	—	950	950	40	80	0	0	0	2
	2009	80	400	—	—	—	—	—	—	0	0	0	0
36	2000	50	900	—	—	1000	1000	50	100	0	0	0	0
	2009	—	—	—	—	—	—	—	—	0	0	0	0

表 10-30　综合发展型农户家庭收入构成变化

样本	年份	种植收入（元）	养殖收入（元）	林果收入（元）	退耕补贴（元）	务工经商（元）	其他收入（元）	家庭总收入（元）	主体收入比例（%）
9	2000	1 471	50	0	0	4 500	0	6 021	种植：24.4；务工：74.7
	2009	960	0	0	3 040	15 000	200	19 200	种植：5.0；退耕：15.8；务工：78.1
36	2000	1 410	0	0	0	13 000	0	14 410	种植：9.8；务工：90.2
	2009	0	0	0	3 680	30 000	0	33 680	退耕：10.9；务工：89.1

10.4　家庭经营结构的能流、价值流变化

通过对宁夏半干旱黄土丘陵区农村家庭经营结构及其能流特征进行研究，从根本上摸清宁夏半干旱黄土丘陵区农民群众的农业经营方式和其内在能量流动特征，旨在为合理引导该区乃至黄土高原半干旱地区农村经营结构及能量流动途径、方向与通量提供依据，提高系统的能量产出，促进农村生态经济系统良性循环，从而为当前农村经营结构优化和综合效益的提高提供参考，对宁夏半干旱黄土丘陵区社会主义新农村建设和发展提供理论依据。

本研究以试验示范区 2000 年和 2009 年典型农户的家庭经营物质投入和产出数据为样本，将各种物质折算成能量值，进行能量的流动分析，同时，将不同类型农户的投入、产出以市场价格折算成经济价值，进行价值流分析。具体的物能折算系数的方法和标准参照陈阜（2002）主编的《农业生态学》。其中人工辅助能包括以化肥、农药、燃油、电力、农具等为主的无机能和以劳动力、种子、畜力、饲料、有机肥料等为主的有机能构成。劳动力按每年工作 250d，畜力按每年工作 250d 计算。

10.4.1　家庭经营结构的能量流动变化

10.4.1.1　种植为主型农户经营结构能量流动变化

宁夏半干旱黄土丘陵区农村庭院生态系统的能量流动主要包括种植业、养殖业以及副业等子系统的能量循环。随着退耕还林还草的实施，耕地的减少，各类型农户的能量投入呈现增加趋势，主要原因是：在种植业方面，各类肥料，包括以人畜粪便为主的有机肥和各类化肥的投入显著增加，以地膜、农业机械为主的农资投入明显增加，所以尽管耕地大面积减少，但单位面积上的种植业的能量投入并没有减少；在养殖业方面，随着养殖规模的扩大，养殖水平的提高，农户在养殖业的能量投入明显提高，极大地提升了总能量的投入。此外，种植业是一个能量低投入和能量高产出的子系统，养殖业则是一个能量高投入和能量低产出的子系统，以劳务输出为主的务工经商是一个能量低投入和能量高产出的子系统，林果业在前期投入相对较大，但随着时间的推移，投入逐渐减小，但效益却日益增加直至达到稳定，所以林果业也属于能量低投入高产出的子系统。所以，农村家庭经营类型构成不同的农户，其能量的投入产出差异和产出投入比具有明显的差异。从种植为主型典型样本农户家庭经营结构的能量变化看（表 10-31），由于在退耕还林还草工程实施后，家庭经营结构发生了很大改变，能量的投入和产出也发生了明显改变，退耕前后均为种植为主型的 72 号样本农户，耕地面积锐减，但种植业的能量投入则略有增加，体现在能量的构成上显示主要是以化肥、农药、燃油、农具等为主的无技能投入明显增加，此外，由于耕地的减少，在单位面积土地上投入的劳力、畜力也明显增多，且农家肥的使用也日益普遍，以上各类因素的总和作用，使得种植业能量的投入比退耕前有所增加，从产投比看，该样本的产投比有所下降，是因为在家庭收入构成中，能量产投比较高的种植业的收入比例比 2000 年明显下降。8 号样本农户退耕前后家庭经营结构从种植为

主型转变为养殖为主型，能量的投入也发生了较大，由于养殖业是高能量投入，所以结构的总能量投入显著提高，产投比的变化也反映出该农户的经营结构更加突出了养殖。从种植为主型转变为综合发展型的 6 户典型样本农户，能量流动的变化也不尽相同，增加了养殖渠道的农户，能量的投入增幅明显，产出也随着养殖规模的扩大有所增加，能量的产投比则明显下降，由于务工属于能量低投入高产出的系统，凡是增加了务工经商渠道的农户，能量的总投入相对呈下降趋势，但产出则明显增加，以 19 号农户为代表，退耕后，家庭耕地面积减少，外出务工劳力 1 人，系统的能量投入比退耕前有所下降，但能量的产出则明显增加，能量产投比从 2000 年的 1.58 增加到了 2009 年的 2.26。70 号样本农户彻底弃耕后家庭能量投入明显降低，这是由于弃耕后投入到耕地的劳力、农资等极大降低，相应其能量投入就显著降低，而由于务工属于能量低投入高产出的系统，其能量产投比比退耕前明显提高。

表 10-31　种植为主型典型样本农户经济结构能量流动变化（单位：MJ/hm²）

样本	2000 年（种植为主型）			2009 年			
	能量投入	能量产出	产投比	结构类型		能量投入	能量产出	产投比
72	89 541	161 256	1.80	种植为主型		101 256	163 618	1.61
8	91 362	160 152	1.75	养殖为主型		296 035	159 859	0.54
13	91 795	156 764	1.71	综合发展型	种植+养殖	485 550	323 062	0.66
19	90 037	142 053	1.58		种植+务工	89 575	202 440	2.26
6	80 854	142 530	1.76		种植+养殖+务工	255 229	265 438	1.04
44	90 297	159 932	1.77		种植+养殖+林果	235 572	167 256	0.71
45	100 028	152 894	1.53		种植+林果+经商	90 137	229 849	2.55
107	89 871	162 790	1.81		种植+养殖+林果+务工	254 571	323 305	1.27
70	88 312	153 917	1.74	弃耕型		66 009	205 288	3.11

10.4.1.2　养殖为主型农户经营结构能量流动变化

从养殖为主型典型样本农户能量流动变化看（表 10-32），除经营结构发生根本改变的 105 号样本弃耕型农户外，各样本能量投入均在退耕还林还草工程后有了大幅度增加，主要原因是由于各样本农户家庭养殖结构和养殖水平的明显提升。2 号样本农户退耕前后经营结构没有发生明显改变，但能量的投入产出明显增加，且能量产投比也有提高，反映了该户农户在养殖规模扩大的同时，养殖饲喂水平也有提高。2009 年内部结构不同的 5 户综合发展型农户，能量的投入产出组成也各不相同，11 号样本增加了种植比例和务工，但其能量投入则主要由于养殖规模的扩大而增加，由于种植业和务工均属于能量产投比较高的子系统，因而提高了系统总的能量产投比；23 号样本尽管在种植上的投入有所加大，但由于耕地的减少，种植业的能量总投入并没有明显变化，其能量总投入明显增加的原因来自于养殖数量和养殖投入的增加，且其养殖水平和养殖效益有了较大提高。22 号样本能量变化特征和 11 号样本农户具有很大的相似性，其能量产投比也处在同一水平。34 号样本农户家庭经营结构变化较大，种植、林果和务工收入在家庭总收入中占有一定的比例，而且种植业、林果业、务工均属于能量低投入高产出的系统，而能量高投入的养殖业由于规模稳定，所以系统的总能量投入没有明显变化，但能量产出明显增加，且能量的投入产出比大幅度提高。59 号农户能量变化的原因是养殖数量的提高，尽管增加了种植业和林果业的比例，但总能量的投入产出依然取决于养殖业。103 号样本放弃养殖，举家外出务工后，家庭结构中能量投入构成只有种植冬麦和务工投入组成，总能量投入显著降低，但由种植和务工 2 个能量低投入高产出组成的能量结构其产投比高达 3.23。

表 10-32　养殖为主型典型样本农户经济结构能量流动变化　　（单位：MJ/hm²）

样本	2000 年（养殖为主型）			2009 年				
	能量投入	能量产出	产投比	结构类型		能量投入	能量产出	产投比
2	211 865	112 288	0.53	养殖为主型		432 096	293 825	0.68
11	240 282	177 809	0.74	综合发展型	种植 + 养殖 + 务工	350 691	410 308	1.17
23	293 847	199 816	0.68		种植 + 养殖	425 209	420 957	0.99
22	273 946	189 022	0.69		种植 + 养殖 + 经商	410 240	496 390	1.21
34	271 735	203 801	0.75		种植 + 养殖 + 林果 + 务工	240 647	457 229	1.90
59	284 682	190 737	0.67		种植 + 养殖 + 林果	414 866	423 164	1.02
103	287 489	169 619	0.59	弃耕型		65 644	212 030	3.23

10.4.1.3　综合发展型农户经营结构能量流动变化

综合发展型样本农户的能量投入随着系统内部结构的变化有所不同（表 10-33），4 号样本农户退耕前后家庭经营结构变化不大，种植面积下降，但单位面积作物上的能量投入有所增加，所以种植业的能量投入没有明显改变，养殖规模有所增加，且随着对养殖的日益重视，投入逐渐加大，其能量的增加较为明显，而务工人数没有变化，其能量投入无差别，随着能量产投比较低的养殖业在家庭收入中的比例加大，使得系统的能量产投比有所降低。1 号样本农户退耕后放弃了养殖，其能量投入随着养殖的放弃显著降低，但随着种植效益和务工收益的提高，能量总产出基本保持稳定，且只有种植、务工 2 个子系统构成的庭院结构能量产投比显著高于退耕前。112 号样本农户退耕前后减少了耕地种植面积和外出务工劳力，增加了养殖规模，其能量总投入随养殖规模的扩大有所增加，产投比则随着养殖规模的扩大有所下降。37 号样本和 1 号样本相反，退耕后增加了养殖而放弃了种植，所以其能量投入产出均明显提高，而能量产投比明显下降。71 号样本农户退耕后增加了养殖数量，林果产业的投入也逐渐加大，还增加了 1 名务工劳力，总能量投入和产出明显增大，由能量高投入低产出的林果业和务工 2 个子系统拉动了系统能量产投比的提高。51 号样本退耕后增加了林果收入，系统的能量投入随着种植投入的增加和养殖投入的增加有所增加，随着种植、养殖效率的增加，系统的能量产投比有所提高。50 号农户退耕前后均没有发展养殖，系统的能量投入总体较低，退耕后减少了种植面积但增加了林果投入，总能量投入处于稳定水平，但随着果园开始产生效益，系统的能量产出逐渐增加，且能量产投比逐渐提高。66 号农户退耕后放弃种植，彻底弃耕，系统的能量投入明显减少，但由于务工收入的提高，由务工投入决定的系统能量产出和能量产投比大幅度提高。

表 10-33　综合发展型典型样本农户经济结构能量流动变化　（单位：MJ/hm^2）

样本	2000 年（综合发展型）			2009 年				
	能量投入	能量产出	产投比	结构类型		能量投入	能量产出	产投比
4	215 379	204 610	0.95	综合发展型	种植＋养殖＋务工	322 829	293 774	0.91
1	180 083	165 676	0.92		种植＋务工	56 594	147 144	2.60
112	190 157	152 126	0.87		种植＋养殖	316 104	233 917	0.74
37	88 026	220 945	2.51		养殖＋务工	249 545	329 394	1.32
71	180 253	135 190	0.75		种植＋养殖＋林果＋务工	362 184	373 287	1.03
51	249 138	181 871	0.73		种植＋养殖＋林果	293 410	261 135	0.89
50	93 527	229 141	2.45		种植＋务工＋林果	95 942	322 365	3.36
66	33 967	50 951	1.50	弃耕型		14 039	62 193	4.43

10.4.1.4　弃耕型农户农村经营结构能量流动变化

从表 10-34 可见，2 户弃耕型农户系统能量投入均有所减少，这是由于 2000 年退耕前，2 户农户均没有迁往城镇，家中耕地全部种植冬麦，尚有一定的农业投入，所以系统的能量投入产出中均有种植业的成分，退耕后，均举家搬迁，9 号农户仍种植着 5 亩冬麦，农忙时回乡务农，其余时间在城镇务工，其能量投入产出均高于 36 号彻底弃耕的农户。从产投比看，2 户农户系统能量产投比均有所提高，这是由于随社会经济发展，劳动力务工年限增长，劳动力素质和从业水平日渐提高，带来的务工收入也逐渐提高，使得系统的能量产投比有所提高。此外，从弃耕型农户能量流动可以看出，务工和种植业 2 个能量低投入高产出的系统中，务工的能量产投比比种植产投比更高。

表 10-34　弃耕型典型样本农户经济结构能量流动变化　（单位：MJ/hm^2）

样本	2000 年（弃耕型）			2009 年（弃耕型）		
	能量投入	能量产出	产投比	能量投入	能量产出	产投比
9	60 792	176 297	2.9	20 370	65 184	3.2
36	63 018	265 054	4.2	10 012	49 359	4.93

10.4.2　家庭经营结构的价值流动变化

各种类型的农村家庭经营结构带来的经济效益各不相同，而价值流是农村家庭经营结构效益的直接反映。宁夏半干旱黄土丘陵区农村家庭经营结构价值流动由种植业、养殖业和副业（务工和经商为主）三个子系统构成。种植业的价值投入包括劳力、畜力、肥料、种子、农机具、各类农资的投入，价值产出包括作物籽粒、秸秆的产出。养殖业的价值投入包括劳力、畜力、饲料和各类农资投入，产出价值则包括养殖带来的肉、蛋、奶和畜禽粪便产出。务工的价值投入则由其带来的经济收入直接体现，而经商的价值投入和产出则由其投入和实现的经济收入直接计算。农户退耕地实行“谁退耕、谁管护、谁受益”的原则，且退耕还林还草属于一次退耕，长期补助（8 年 + 8 年）的政策，后期投入较少，基本是以抚育管护为主的劳力投入为主，所以退耕补助带来的价值收益较高，产出投入比较大。

10.4.2.1　种植为主型农户经营结构价值流动变化

种植为主型典型样本农户随着退耕还林还草工程的实施，家庭的价值投入、产出、产投比均有提高（表 10-35）。退耕前后均以种植为主型的 72 号样本农户，随着种植结构的调整，种植效益较高的玉米和马铃薯 2 种作物面积稳定，并加大了对单位面积耕地的投入，也有效地提高了各类作物产量，随着粮食、农资、劳动力等价格的上涨，其投入产出均明显提高，从产投比看，也比 2000 年提高了 51.3%，反映了其种植耕作水平的改善。从总体价值产出看，比较 2000 年均为种植为主型的其他农户，其价值产出仍处于较低水平，且退耕补助带来的价值在家庭总体价值产出中占有很高比例，说明随着耕地减少，应当逐渐实行家庭经营结构的转变，单纯依赖种植业，对家庭生活水平的改善速度明显低于其他农户，实际调查过程中发现，该农户家庭收入水平较低，生活贫困。8 号农户退耕后家庭经营结构转变为养殖为主型，其在养殖业的投入大幅度增加，同样获得了不菲的收益，从价值产投比看，该区域养殖业产投比明显高于种植业产投比，所以该农户价值产投比随着家庭经营结构的转型，明显提高。家庭经营结构转变为综合发展型的 6 户农户，价值流动特征变化明显，价值投入产出均有提高，其中增加了养殖经营渠道的农户，价值产投比明显提高，增加了劳务输出的农户其价值投入产出增加明显，林果业随着时间推移，其投入逐渐减少而效益日益增大，属于低投入高产出的经营类型，因此，增加林果业在家庭收入结构中的比例，能够显著提高价值产投比，从总体价值产出看，外出务工人数多、时间长的农户，价值产出大，家庭总收入也明显高于发展其他经营结构的农户。70 号样本农户，家庭经营结构从种植为主型转变为弃耕型，家庭价值投入和产出明显提高，弃耕后的价值产出主要由退耕还林还草补助和务工收入构成，是其家庭收入的直接体现。

表 10-35　种植为主型典型样本农户经济结构价值流动变化　（单位：元）

样本	2000 年（种植为主型）			2009 年			
	价值投入	价值产出	产投比	结构类型		价值投入	价值产出	产投比
72	2 698.5	3 209.9	1.19	种植为主型		7 488.6	13 478.4	1.80
8	6 003.3	6 123.4	1.02	养殖为主型		16 811.8	36 649.8	2.18
13	1 960.5	2 078.1	1.06	综合发展型	种植 + 养殖	10 905	21 810.2	2.00
19	3 863.5	4 133.9	1.07		种植 + 务工	17 537.3	27 888.7	1.59
6	2 667.3	2 759.6	1.03		种植 + 养殖 + 务工	18 813.5	27 279.6	1.45
44	1 730.4	1 925.2	1.11		种植 + 养殖 + 林果	12 759.3	17 735.4	1.39
45	5 606.9	5 856.4	1.04		种植 + 林果 + 经商	20 501.2	32 006	1.56
107	3 909.6	5 082.5	1.03		种植 + 养殖 + 林果 + 务工	21 871.5	31 771.5	1.45
70	2 451.4	2 696.6	1.10	弃耕型		20 648.6	24 139.0	1.17

10.4.2.2 养殖为主型农户经营结构价值流动变化

到 2009 年，随着家庭经营结构的变化，养殖为主型的各样本农户的价值投入产出均有提高（表 10-36）。2 号样本农户，通过进一步增加养殖投入，提高了价值的投入和产出，由于养殖系统的价值产出主要由经济产品的价值和粪便折算的肥料价值构成，而畜禽粪便的产出量变化相对稳定，因此，2 号样本农户价值产投比的提高反映出了该类型农户家庭养殖水平的提高。从养殖为主型转变为综合发展型的 5 户典型样本农户随着家庭经营渠道的改变，价值投入产出比变化各不相同，增加了种植和务工渠道的 11 号样本农户，价值投入产出增幅明显，尽管有退耕还林还草补助这种价值产投比较高的收入拉动，但其总体价值产投比依然下降，这是受种植、务工 2 种价值产投比较低的产业作用的结果，从退耕后家庭经营结构的价值产出看，该户在同类样本中最高，3 名务工劳力带来的价值产出明显提高了系统的总价值产出；23 号样本家庭提高了种植业的投入，种植业收入比例在家庭收入中的比例有所提高，由于退耕还林还草面积较小，相应享受的退耕还林还草补助少，在种植业的带动下，系统的价值投入产出比有所下降；22 号样本农户退耕后家庭经营结构由种植、养殖和经商组成，但种植业收入占比例较小，小于退耕还林还草补助，而养殖业的规模和效益逐步增加，此外，增加了经商劳力，除劳力投入外，从事经商投入的资金较小，但获得明显的收益，上述因素的综合作用，使系统的价值产投比有了明显提高；34 号样本种植、养殖、林果、劳务各业综合发展，各业所占比例较为均衡，劳务输出以短期外出为主，尽管各业的投入产出均有提高，家庭收入也有所提高，但总体生活水平在该地区处于中下水平，应该根据家庭的情况重点增加收入较高的产业作为家庭支柱产业；59 号样本农户增加了种植业的投入，林果的收入也逐渐增加，但养殖业依然在家庭收入中占主导地位，属于不依靠劳务输出而又能提高家庭收入的典型代表。103 号样本农户放弃养殖成为弃耕型农户后，价值流量依然增加，劳动力以出租运输和发展经商的形式加大了价值投入，也取得了明显收益，价值产出由退耕补助、务工经商带来的直接经济收入构成，而由非务工收入的家庭，其家庭经营结构的价值流产出中作物秸秆、畜禽粪便等非经济收入占据着一定比例，从产投比看，该农户的家庭经营结构价值产投比处于较高水平，说明其通过经商带来了较好的经济效益，大面积的退耕还林还草带来的补助也是造成系统价值产投比较高的主要原因。

表 10-36　养殖为主型典型样本农户经济结构价值流动变化　　　（单位：元）

样本	2000 年（养殖为主型）			2009 年			
	价值投入	价值产出	产投比	结构类型		价值投入	价值产出	产投比
2	3 920.4	5 567.0	1.42	养殖为主型		13 786.0	21 505.6	1.56
11	6 869.1	9 479.7	1.38	综合发展型	种植＋养殖＋务工	37 995.8	47 047.2	1.23
23	10 604	14 316.6	1.35		种植＋养殖	27 297.5	33 848.9	1.24
22	9 396.1	12 121	1.29		种植＋养殖＋经商	22 791.6	34 952.2	1.53
34	8 531.7	11 432.5	1.34		种植＋养殖＋林果＋务工	18 593.2	24 121.76	1.30
59	11 238.9	14 835.4	1.32		种植＋养殖＋林果	23 436.7	30 702.1	1.31
103	15 163.3	21 077.0	1.39	弃耕型		20 616.9	35 917.9	1.74

10.4.2.3 综合发展型农户经营结构价值流动变化

从综合发展型农户退耕还林还草前后价值流动变化看（表 10-37）：4 号样本农户一直坚持种植 + 养殖 + 务工的经营方式，退耕还林还草工程实施后，养殖业比例逐渐加大，且随着务工工资水平的增长，大幅度增加了系统的价值产出，产投比的提高则是由较高的退耕补贴收入拉动；1 号样本放弃了养殖，增加了务工人数，系统的价值投入有所增加，比起其他综合发展型农户，价值产出水平较低，但产出价值的构成中直接经济收入所占比例较高，因此，该农户家庭收入水平相对较高，该农户由于放弃了价值产投比相对较高的养殖业，使得系统的价值产投比有所下降；112 号样本农户退耕后放弃了务工而增加了养殖业投入，而养殖业的价值投入则是明显高于务工价值投入的系统，同时，该农户加强了对种植业的投入，单位面积耕地的投入大幅度提高，因此，系统的价值投入比 2000 年提高了近 4 倍，而其获得的价值产出也明显提高，价值产投比则相对稳定；37 号样本农户退耕后基本放弃种植而重点加强了养殖业投入，且随着务工收入的提高其价值投入相应提高，系统的价值产出也明显提高，受退耕补贴和养殖业产出增加的共同影响，系统的价值产投比也提高了5%；71 号样本农户退耕还林还草后加大养殖业、林果业的发展规模，并加大了对系统的总体投入，同时增加了务工劳力，系统的价值投入产出明显增加，在养殖业、林果业和退耕补助等价值产投比较高的子系统影响下，价值产投比明显提高；同 71 号样本农户相比，51 号样本农户无务工人员，其他家庭经营构成一样，但养殖业的规模较大，所以其价值流的变化趋势一致，价值产投比提高的影响因素也与 71 号样本农户一致；50 号样本农户退耕后大力发展林果产业，系统的价值投入主要由种植、林果、务工构成，由于林果业在果树进入稳产期后其价值投入相对减小，所以整个系统的价值投入增加比其他样本农户小，但由于林果产业效益明显，务工带来的价值收入相对较高，该样本农户系统的价值产出并不低，且价值产出中直接经济收入所占比例较大，从家庭收入和生活水平看，该农户在当地群众中属于较为富裕农户，受林果业价值低投入高产出和退耕还林还草补助的作用，系统的价值产投比增加明显；66 号样本农户放弃种植，举家外出务工，务工工资水平反映了系统的价值投入产出水平，价值产出中务工价值即为其务工收入，约为 22 000 元。

表 10-37 综合发展型典型样本农户经济结构价值流动变化（单位：元）

样本	2000 年（综合发展型）			2009 年				
	价值投入	价值产出	产投比	结构类型		价值投入	价值产出	产投比
4	12 740.3	14 608.4	1.15		种植 + 养殖 + 务工	35 572.8	44 519.7	1.25
1	10 151.3	11 064.9	1.09	综	种植 + 务工	26 099.5	27 143.5	1.04
112	8 332.0	9 748.5	1.17	合	种植 + 养殖	31 117.9	36 719.1	1.18
37	7 664.9	8 431.4	1.10	发	养殖 + 务工	27 852.7	32 030.6	1.15
71	10 376.9	11 726.1	1.13	展	种植 + 养殖 + 林果 + 务工	28 359.9	36 300.7	1.28
51	7 397.0	8 728.4	1.18	型	种植 + 养殖 + 林果	25 125.6	35 929.6	1.43
50	9 292.5	9 955.6	1.07		种植 + 务工 + 林果	19 696.8	33 536.8	1.70
66	5 348.2	5 482.9	1.03	弃耕型		22 094	22 937	1.04

10.4.2.4 弃耕型农户农村经营结构价值流动变化

退耕前后均为弃耕型的农户，其价值流动随着退耕还林还草工程的实施，也发生了变化（表10-38）。总体价值投入因务工工资水平的增长而有所增加，而价值产出中退耕补贴则占了一定的比例，价值产出构成中，除退耕还林还草的抚育需要少量投入外，其余价值产出全部为家庭实际收入。2户样本农户价值产投比增加就是由于退耕补助收入拉动提升的，9号样本农户家庭收入中退耕补助所占比例高于36号样本农户，其系统的价值产投比相应高于36号样本农户庭院生态系统的价值产投比。

表 10-38　弃耕型典型样本农户经济结构价值流动变化　　　　　　　（单位：元）

样本	2000 年（弃耕型）			2009 年（弃耕型）		
	价值投入	价值产出	产投比	价值投入	价值产出	产投比
9	6 156.4	6 245.9	1.01	16 612.8	19 248.0	1.16
36	14 576.6	14 671.2	1.01	30 368	33 680	1.11

10.5　庭院高效生态农业模式

根据宁夏半干旱黄土丘陵区的气候条件和农村经济的发展状况，先后集中建设了一批具有明显生态效益、经济效益和社会效益的庭院高效生态农业模式。尤其以宁夏半干旱黄土丘陵区彭阳中庄为代表的丘陵沟壑区和以原州区河川为代表的河谷川道区，在地方政府的政策引导支持和地方群众的积极配合下，经过科技人员多年研究攻关，集中研发出了一批典型的庭院生态农业模式，在实践中取得了明显的效果。

10.5.1　以绿化为主的庭院生态农业模式

宁夏半干旱黄土丘陵区以绿化为主的庭院生态农业模式主要由多年生蔬菜、攀缘性蔬菜、花卉、适宜庭院栽培的果树、以针叶树为主的各类适宜绿化树种组成。多年生蔬菜主要以芦笋和金针菜为主，主要栽植在庭院周围的坡地上和道路两旁及向阳的墙脚下，芦笋春季采收嫩笋，夏季开花结籽，美化环境，金针菜开花期采摘花蕾，其他季节主要起绿篱的作用；攀缘性蔬菜主要以葫芦科和豆科蔬菜为主，如菜葫芦、南瓜、笋瓜、丝瓜、蛇豆等，搭架造形或沿屋檐、墙攀缘，采收嫩瓜、嫩豆；花卉主要以月季、仙人掌、菊花等耐旱、耐瘠薄、易管理的花卉为主；果树主要以梨、杏、苹果、核桃、葡萄为主，房前屋后可根据土地情况栽植云杉、侧柏、桧柏、油松等针叶树。院内空闲地种植蔬菜、花卉、林木，既绿化、美化了住宅环境，抑制杂草的生长，丰富了家庭的物质生活，还可增加家庭经济收入。庭院空间较小时适宜采用这种模式。

10.5.2　以果树为主的果菜（果苗）间作型生态农业模式

此种生态农业模式适用于庭院较宽阔且有果园（幼园）的庭院，主要以果树为主，在果树挂果前或挂果后的前 1~2 年，行间间作蔬菜或进行育苗（果树苗、经济林苗等）。主要是利用庭院或果树幼园的空闲地与空间进行蔬菜、食用菌、苗木生产，提高水、肥、气、热的利用率，实现上、下多层收获。间作的蔬菜大多以食用菌、葱蒜类、叶菜类、瓜类等低矮的蔬菜为主，如大葱、洋葱、甘蓝、球茎甘蓝、西葫芦、西瓜、蘑菇等，间作的食用菌主要有平菇、草菇、双孢蘑菇等，育苗的苗木以梨、杏及水保林为主，且与主栽的果树无共同的病虫害。

10.5.3　以养殖为主的庭院生态农业模式

庭院养殖型生态农业又可分为庭院设施养殖型生态农业和设施养殖型生态农业两种。庭院设施养殖型生态农业结构比较简单（图 10-1）。这种生态农业适宜于庭院较小、家庭经济条件较差、劳动力缺乏的家庭。

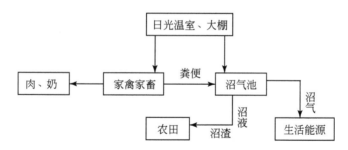

图 10-1　庭院设施养殖型生态农业模式

设施农业是在人们生活水平不断增长的同时发展起来的，是在人为可控环境保护设施下的农业生产。目前已由简易塑料大棚、温室发展到具有人工环境控制设施的自动化、机械化程度极高的现代化大型温室和植物工厂。由于其投入高的特点，设施农业在具有高附加值、高效益、高科技含量的设施园艺领域发展迅速，其栽培主要对象为蔬菜、花卉和果树。近年来，设施养殖业也逐渐发展。

庭院设施养殖型生态农业是将沼气池建在塑料日光温室或大棚内，猪（鸡、牛、羊）舍建在沼气池上，温室保证沼气池冬季的安全越冬问题，使之常年产气；家禽家畜喂养在温室内或大棚内，促进家禽家畜的快速生长发育，缩短育肥时间，节约饲料，提高养殖效益。家禽家畜的粪便进入沼气池发酵产生沼气，沼气可作为照明、做饭等生活能源（图 10-1），改善家庭生活环境。

10.5.4　"四位一体"型高效生态农业模式

"四位一体"高效生态农业模式是以塑料日光温室为主体结构，在温室内将沼气、家禽（畜）舍、厕所、蔬菜生产有机地结合在一起，形成一个良好的农业生态循环系统（图 10-2），其基本原理是利用塑料薄膜的透光性和阻散性能，将日光能转化为热能；同时保护和阻止热量和水分的散失，从而达到提高温室温度和保湿的目的，为蔬菜和家畜（禽）生长发育和沼气的产生提供适宜的气候环境，家畜（禽）、人粪便入沼气池，为沼气的产生提供原料，沼气作为农村生活能源和蔬菜光合作用二氧化碳的补充来源，沼气发酵的沼液、沼渣为蔬菜、农作物、果树等的生长发育提供优质有机肥，蔬菜的光合作用为家畜（禽）提供氧气。日光温室的屋面作为雨水的集流面，收集雨水入窖，作为蔬菜的灌溉水源。通过这一良性循环，增加农民的经济收入，改善农村生态环境，减少环境污染。此种模式适宜于庭院面积较大、家庭成员较多、文化水平较高、接受能力较强的农户。

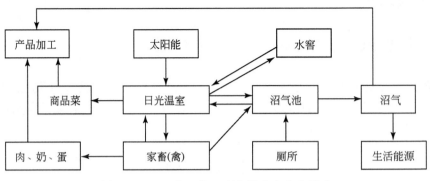

图 10-2 "四位一体"型高效生态农业模式

10.5.5 庭院综合型高效生态农业模式

庭院综合型高效生态农业模式是将种植业—养殖业—沼气工程结合起来的物质循环利用型生态工程（图 10-3）。利用农作物秸秆、经济林修剪的废枝条及水土保持林枝条作为食用菌的生产原料，食用菌的废料为家畜提供饲料，家畜粪便入沼气池，经厌氧发酵产生沼气，供民用炊事、照明、采暖乃至发电。沼液不仅作为优质饲料，用以喂鸡、喂猪等，还可以用来浸种、浸根、浇花，并对作物、果蔬叶面、根部施肥；沼气渣可用作培养食用菌、蚯蚓，解决饲养畜禽蛋白质饲料不足的问题，剩余的废渣还可以返田增加肥力，改良土壤。此系统实际上是一个以养殖为中心，沼气工程为纽带，形成以农带牧，以

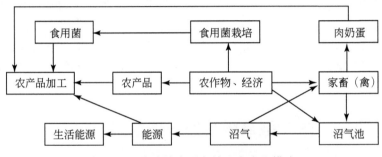

图 10-3 庭院综合型高效生态农业模式

牧促沼，以沼促农、果、菜，农、果、菜、牧结合，配套发展的良性循环体系。在这个系统中，猪、鸡、羊等家禽家畜得到科学的饲养，物质和能量获得充分的利用，环境得到良好的保护，生产成本低，产品质量优，资源利用率高，能收到经济与生态效益同步增长的效果。

10.5.6　物质多层次循环利用型生态农业模式

多循环利用是指应用生态经济学"食物链加环"的原理，按照多层次大循环利用的方式，把人类不能直接利用的占75%的植物秸秆、根茬、落叶、残渣、动物的粪便等有机物重新利用，争取新的产出，增大经济效益的生态农业模式（图10-4）。

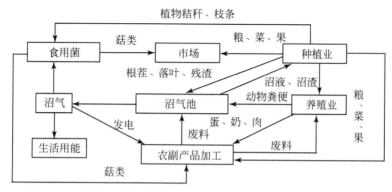

图 10-4　物质多层次循环利用型生态农业模式

10.6　庭院高效生态农业建设的关键技术

10.6.1　庭院生态农业的规划布局

庭院的布局合理与否，不仅影响到庭院土地的合理高效利用，还直接关系着农村庭院生态系统的环境质量、景观结构和经济生产功能的充分发挥，所以，在庭院生态建设过程中，应该科学合理地进行庭院的规划和布局。庭院的合理布局包括房屋建筑的平面布局、附属建筑的平面布局、庭院经济林及绿化美化树种的平面布局等内容。在庭院的布局过程中，应充分遵循生态学的生态位原理、经济学的投资合理原则、建筑学原理、住宅生态学原理、景观生态学与美学原理以及有关的社会学原理和人类生态学原理。由于庭院各类工程的实施涉及范围较广、类型也相当复杂，大多超出本书的学科范畴，在此不一一赘述。在庭院工程的具体工艺实施过程中，需要遵循以下基本原则：立足当前、考虑发展、界限清晰、照护邻里、主次分明、层次有序、趋利避害、协调一致、排水通风、考虑四季、前低后高、有利光照、防火防水、有利生产、先易后难、逐步到位。此外，在不同类型地区农村庭院的合理布局过程中，需要充分考虑到当地的风俗伦理和生活习惯。

10.6.2　庭院集雨工程

庭院集雨工程包括集雨工程技术和蓄水工程技术两方面内容。

集雨工程技术主要通过选择合适的集雨材料，提高下垫面的径流系数，并做好下垫面的防渗措施，半干旱黄土丘陵区主要应用的庭院集雨工程类型有屋檐集水、场院集水、道路集水和集雨布集水 4 种。

蓄水工程技术主要通过修建蓄水设备，将各类集雨工程措施汇集到的雨水收集储存起来以满足人畜饮用。半干旱黄土丘陵区的庭院蓄水工程主要包括水窖和涝池，其中水窖多以农户为单元自行修建，涝池则主要以政府或集体行为进行修建（详见第 4 章）。

10.6.3　庭院养殖设施

随着庭院经营结构中养殖业的比例增加，改善养殖基础设施成为提高养殖水平的重要举措。当前该地区的庭院养殖设施建设与改造主要以牛、羊圈舍为主。农村庭院养殖设施建设要充分考虑庭院的整体规划，选址上要有长远规划，以适应不断扩大的养殖规模需求，充分考虑圈舍、草棚、青贮氨化池等配套设施的布局，一般要选择干燥向阳的地方，以便于采光和保暖，宁夏半干旱黄土丘陵区由于冬春季风向多偏西和偏北，因此牛舍以坐北朝南或朝东南为好，以利于采光和保暖，圈舍类型选择半开放半封闭式棚舍。棚舍的规格应根据家庭养殖规模或计划发展规模进行建设，具体规格见第 9 章图 9-5。

10.6.4　庭院经济林

10.6.4.1　园地的选择

宁夏半干旱黄土丘陵区庭院经果林的建设多利用庭院内和房屋四周的土边、路边及附近的山坡进行建园。这类果园的特点是边际效应明显，土层深厚肥沃，水、热条件优越，培育管理方便。建园前要充分作好园地规划，充分提高光能、地力和空间的利用率。一般，果园的栽植行为南北向为好。同时，综合发展庭院四旁果树时，在庭院的布局和园地的选择上，还应考虑向立体农业方向发展，把单一种植果树的做法与种植其他作物，如设施蔬菜的种植以及舍饲养殖等结合起来，进一步提高庭院的经济效益。

10.6.4.2　栽培及管理技术

栽植果树时，首先应清除杂树，平整土地，规划出院道和果树种植区。庭院果树区应做到早、中、晚品种搭配种植，延长供果期。庭院面积较大的，栽培多种树种时，应分区栽培，避免混栽。根据院内光照条件，合理分布保证区间果树得到充足的光照，互不遮光。庭院面积不大的，可以适当密植，一般果树保持株距 2～3 m，行距 3～4 m。

由于庭院果树栽培的特殊性，在整形修剪上，要求低干矮冠，树形矮小紧凑，减少骨干枝数量及分枝级次，防止树势过旺、徒长、结果晚现象发生。施肥时期、次数、种类、数量应根据果树生长、果实发育情况灵活掌握，以满足各个生长期对各种营养元素的需求。注意不要偏施化肥，秋季要适时施用优质有机肥。如苹果、梨、桃等树种宜在秋季施用基肥，这时施用基肥，可以使枝芽充实，养分的储蓄积累多，根系恢复快，生长良好。病虫害防治禁止使用有机磷等高毒、高残留农药，对确有病虫害的果树，要选用无公害农药，最好是生物农药。此外，在布局庭院果树品种时，桃、梨两类果树共同的病虫害较多，如梨小食心虫既是梨的主要害虫，也是桃的主要害虫，两种果树不要混栽。

10.6.5　庭院"四位一体"模式建设配套技术

10.6.5.1　沼气池的建设技术

1）地点的选择。一般选择土质坚实、土层底部无渗漏、虚土或树根等隐患之处且背风向阳的地方，并临近畜圈、厕所。

2）沼气池类型选择。宁夏半干旱黄土丘陵区适宜选择水压式沼气池。池型以圆柱形为主，池深 2 m 左右，池容 6～12 m³。

3）沼气池的施工技术。包括备料：建一个 8 m³ 的沼气池需要水泥 1 t、沙子 2 m³、碎石（规格 1～3 cm）0.6 m³、砖 600 块、陶瓷管（直径 20～30 cm）1 或 2 根、钢筋（直径 14 mm）1.2 m。如果建 10 m³ 沼气池，其水泥、砖、砂再增加 10%，若建 6 m³ 沼气池，则水泥、砖、砂比 8 m³ 沼气池用量要减少 10%；放线：先划出总体平面，根据圈舍面积画出沼气池中心线，以池中心点为圆心，以池的半径画圆确定池的位置，然后确定进料口、出料口位置，做好标记；池坑开挖：沼气池均采用地下埋式，土方工程采用大开挖的施工工艺，应确定好正负零的高度，池坑深度按设计图确定，即沼气池的池顶与出料口保持在一个水平面上，并高出猪舍地面 10 cm，进料口超出地面 2 cm，池坑要规圆上下垂直。混凝土浇筑：采用组合式建池，就是池底、池墙、水压间下部采用混凝土整体现浇，池拱盖及水压间上部采用砖砌。必须控制水灰比 ≤0.65，沙子中泥土含量 ≤3%，云母含量 ≤0.5%，碎石中最大粒径 ≤3 cm，泥土含量 ≤2%。混凝土浇筑工序必须连续进行，间断时间不得超过 1 h，浇筑时必须振捣密实，防止出现蜂窝麻面现象。施工顺序如下：砌筑出料口通道→池墙及水压间下部的浇筑→池拱盖的施工→池底施工→池体内部密封养护→检查养护。

4）沼气池的日常维护管理。包括以下内容：①投料。投入发酵原料，初次投料应注意选择含有丰富有机质的接种物。首次启动，投入发酵料液总量 10%～30% 的含有优良的、丰富的沼气菌种接种物（如水下污泥、沼气发酵的渣水、沼泽污泥、粪坑底污泥和豆制品作坊下水沟污泥等）；合理掺配和预处理原料，要按照适宜的碳氮比（25∶1～30∶1），合理掺配原料入池。利用农作物秸秆作为原料的，要将农作物秸秆切细堆沤腐烂一定程度后才能入池。充足的原料和适合的料液浓度，发酵原料要充足，初次装料可适当少预留储气箱容积，有利于快速排除气箱内的空气。料液浓度要合适，一般粪便等原料占 50%～60%（体积比），水占 50%～40% 较为适宜。②日常管理。进料后，按要求密封好各活动盖和输气管路系统，关闭沼气设备开关，预防漏气；启动初期所产气体为废气，有毒，不能燃烧，应在室外进行排气。使用灯、灶具前，应认真阅读使用说明，规范操作。日常注意及时清理灯、灶具上的杂物，保持清洁；勤进料、勤出料，8 m³ 沼气池每天应进够 20 kg 的新鲜畜禽粪便；加强日常搅拌，利用半自动提料装置棒搅动料液促进发酵，提高产气率；经常观测压力变化情况，当沼气压力达到 9 kPa 以上时，应及时用气或在室外放气，以免压力过大损坏压力表和池体；经常检查各接口、管路、用具是否密封、损坏、老化、堵塞，若发现问题，及时请物业管理人员检修。③安全使用知识。沼气池及周围禁止重压，禁止堆放易燃易爆物，禁止在导气管口试火，以免发生回火，引起池体爆炸；清池检修或大出料时，必须在沼气技术员的指导下进行，严禁农户自行下池操作。入池前必须在清空池体后，通风 2 d 以上，并进行动物试验，待池内氧气充足后再下池操作，以防因氧气不足而窒息，池内严禁烟火；禁止各种农药及有害杂物入池，以免杀死沼气发酵菌种和微生物，影响产气；室外管路应采取防晒保护措施，以免管路风化、老化，引起漏气；灯、灶具要远离易燃物品，以免引起火灾；发现漏气时，及时关闭气源，打开门窗，禁止生火、吸烟、开关电器；严禁在沼气池 5 m 范围内生火；日常出料时，禁止入池，禁止吸烟、点火；燃烧废弃的纱罩含有毒物质，应深埋处理，严禁手摸误食；建池及进出料时，要有安全防护措施，以防人畜掉入池中；沼气池、沼气灶具及配件等出现故障，应及时告知沼气维修人员，由专业人员维修，确保安全；如果发生人、禽、畜掉入沼气池事故，必须采取安全防护措施施救，禁止在无安全防护措施的情况下贸然下池施救，避免发生连续伤亡事故。

10.6.5.2　猪舍建设

猪舍是模式建设重要组成部分。因此、在施工中既要保证与沼气池、日光温室衔接配套，又要兼顾猪舍冬季保温及夏季降温。猪舍应建成后坡短、前坡长起脊式圈舍，后墙高 1.6 ~ 1.8 m，中柱高 2.4 ~ 2.6 m，正脊高 2.6 ~ 2.8 m，南北跨度与日光温室一致，东西长度以养猪规模而定，但不能 <4 m；猪舍后坡顶向南棚脚方向延伸 1 m，用木椽草泥等搭棚，以避雨和遮光，前坡猪舍顶与南棚脚之间用竹片连成拱形支架，冬季覆盖薄膜，猪舍距南棚脚 0.8 ~ 1 m 处应砌花墙或焊铁栅栏，防止猪破坏薄膜或外逃；后墙中间距地面 1 m 以上处留窗户，便于夏季通风；猪舍与日光温室之间砌砖墙，靠北面留门做通道。内山墙中部留 2 个一高一低通气孔，孔口为 24 cm × 24 cm，高孔距地面 1.5 ~ 1.6 m，低孔距地面 60 ~ 70 cm，做 O_2 及 CO_2 交换孔；猪舍内北墙角建 1 个 1 m² 厕所，厕所蹲坑高于猪舍地面 20 cm，并与沼气池进料口相连接；猪舍地面用水泥沙抹成，并高于自然地面 20 cm。猪舍地面抹成 5% 坡度坡向温水槽，槽南端留溢水通道直通圈舍外，防止雨水灌满沼气池。

10.6.5.3　日光温室建设

日光温室与普通温室相同，温室骨架设计采用固定荷载 10 kg/m²，雪载 25 kg/m²，风载 30 kg/m²。后墙及山墙厚度 50 ~ 62 cm，也可采用 24 cm 和 12 cm 之间留空心建成复合墙体，用土干打垒的墙厚度应 >80 cm。

10.7　庭院高效生态农业模式效益分析

作为宁夏半干旱黄土丘陵区退化生态系统不可分割的一部分，庭院生态系统的改善与发展，关乎农民群众的生存环境与生活质量，开展庭院生态建设，发展庭院生态农业模式，调整农村庭院经营结构，不仅会产生显著经济效益，还具有明显的生态效益和社会效益。

10.7.1　经济效益

庭院生态农业的模式不同，其投资和收益有很大的差别。以绿化为主的庭院生态农业模式，由于院落空间小，蔬菜、花卉、果树只是零星栽植，除满足自己需要外，几乎没有可用来进行交换的商品形成，因此没有经济效益，但是，蔬菜、花卉、果树的栽植改变了庭院的气候条件，美化、绿化了住宅环境，社会、生态效益显著。以农村能源以及种植、养殖、林果等为主的庭院生态农业模式，则在追求经济效益的同时实现了生态效益。

10.7.1.1　果菜间作型庭院生态农业模式经济效益分析

果菜间作型庭院生态农业模式针对幼龄果园树冠小，光能和土地利用率低的现象，采用间作套种的办法，提高土地生产率，并能弥补果树前期收入少的现实。在果园建立初期，在果树行间套种菜，能够取得明显的经济效益。以早酥梨幼园套种辣椒为例（表10-39），早酥梨建园第一年，即可在林带间种植辣椒，果树前期主要投入为种苗和水，随年限增长，投入主要为水肥农药及抚育管护，而辣椒的投入主要为种苗、地膜和有机肥。在建园第一年，种植辣椒就会产生经济效益，年均辣椒收入在 1500 元/亩，在第四年，早酥梨挂果后，此时树冠较大，吸肥水能力渐强，则不宜继续种植蔬菜，此时果树效益凸显，树龄在 6 年后，进入盛果期，平均收入可达 2000 元/亩。

表 10-39　果菜间作型生态农业模式的经济效益　　　（单位：元）

年度		第一年	第二年	第三年	第四年	第五年	第六年	合计
投资	果树	3000	150	150	300	450	450	4500
	蔬菜	100	100	100	100	—	—	400
	合计	3100	250	250	400	450	450	4900
收入	果树	0	0	0	300	1000	2000	3300
	蔬菜	1500	1500	1500	1500	—	—	6000
	合计	1500	1500	1500	1800	1000	2000	9300
纯收入		-1600	1250	1250	1400	550	1550	4400

注：果园面积（亩）

10.7.1.2　果苗间作型庭院生态农业模式经济效益分析

同果菜间作型庭院生态农业模式一样，果苗间作型生态农业模式也是利用果树幼龄期开展蔬菜育苗，提高光能和土地利用率，增加经济收入，加速庭院经济发展。由表10-40可见，在果树行间进行辣椒育苗，前 4 年年均能够实现收入 4500 元/亩，至果园建园第五年，随着果树树冠增大，需压缩育苗面积，此时，果树开始产生经济效益，6 年以后，进入稳产盛果期，年均林果纯收入可达 1550 元/亩以上。

表 10-40　果苗间作型生态农业模式的经济效益　　　　　（单位：元）

年度		第一年	第二年	第三年	第四年	第五年	第六年	合计
投资	果树	3 000	150	150	300	450	450	4 500
	辣椒种子	200	200	200	200	200	—	1 000
	合计	3 200	350	350	500	650	450	5 500
收入	果树	0	0	0	0	1 000	2 000	3 000
	辣椒苗	4 500	4 500	4 500	4 500	3 000	—	21 000
	合计	4 500	4 500	4 500	4 500	4 000	2 000	24 000
纯收入		1 300	4 150	4 150	4 000	3 350	1 550	18 500

注：果园面积（亩）

10.7.1.3　设施养殖型（养猪）庭院生态农业模式经济效益分析

"四位一体"型设施养殖模式主要由小型日光温室、沼气池、圈舍构成。如表 10-41，以设施养猪为主的设施养殖型庭院生态农业模式投入主要由修建日光温室、沼气池、猪舍以及养猪成本构成，而出栏成猪、沼气以及沼渣、猪粪均可获得直接或间接经济收入。小型日光温室和沼气池、猪舍建成运营后的投入主要为养猪成本和管护费用，以存栏 20 头猪计算，发展庭院设施养殖型生态农业模式可实现年均纯收入 6250 元，经济效益显著。

表 10-41　设施养殖型生态农业模式经济效益分析（养猪）　　（单位：元）

年度		第一年	第二年	第三年	第四年	第五年	第六年	合计
投资	日光温室	1 000	150	150	150	150	150	1 750
	沼气池、猪舍	2 500	100	100	100	100	100	3 000
	猪成本	—	12 000	12 000	12 000	12 000	12 000	60 000
	合计	3 500	12 250	12 250	12 250	12 250	12 250	64 750
收入	养殖	—	18 000	18 000	18 000	18 000	18 000	90 000
	沼气、肥	—	500	500	500	500	500	2 500
	合计	0	18 500	18 500	18 500	18 500	18 500	92 500
纯收入		− 3 500	6 250	6 250	6 250	6 250	6 250	27 750

注：猪存栏数为 20 头，沼气池 8 m^3，温室面积 70 m^2

10.7.1.4　设施养殖型（养獭兔）庭院生态农业模式经济效益分析

由表 10-42 可见，以养殖獭兔为主的庭院设施养殖型模式投入主要由日光温室修建、种兔成本、饲料以及养兔设备组成，发展獭兔养殖前期投入较大，需购置专门设备，以养殖 50 只基础种兔计算，年均饲料投入在 4000 元左右。但獭兔繁殖速度较快，本模式典型示范户养殖种兔 50 只，年均出栏可达 250 只，可实现经济收入 12 000 元，投资獭兔养殖，第二年即可收回成本，年均纯收入达到 8000 元左右。

表 10-42　设施养殖型生态农业模式经济效益分析（养獭兔）　（单位：元）

	年度	第一年	第二年	第三年	第四年	第五年	第六年	合计
投资	日光温室	5 000	300	—	—	300		5 600
	种兔成本	6 000	—	—	—	—	—	6 000
	设备	5 000			1 000			6 000
	饲料	4 000	4 000	4 000	4 000	4 000	4 000	24 000
	合计	20 000	4 300	4 000	5 000	4 300	4 000	41 600
收入	养殖	12 000	12 000	12 000	12 000	12 000	12 000	72 000
	肥	300	300	300	300	300	300	1 800
	合计	12 300	12 300	12 300	12 300	12 300	12 300	73 800
纯收入		-8 700	8 000	8 300	7 300	8 000	8 300	32 200

注：种兔 50 只，其中 38 只母兔，12 只公兔；年均出栏 250 只；温室面积 210 m^2

10.7.1.5　"四位一体"型庭院生态农业模式经济效益分析

"四位一体"型庭院生态农业模式是我国北方农村地区应用较广、技术成熟的生态农业模式，具有较好的经济效益。由表 10-43 可见，该模式不同于"四位一体"养殖型模式，主要是扩大了日光温室的面积，实行种植养殖综合发展，设施建成后，主要投入主要为温室运行管护、仔猪购置成本和蔬菜的种植成本，当年建成，次年开始发展种植、养殖，年均可实现种植收入 6500 元，养殖收入 9000 元，沼气、肥 500 元，年均纯收入 9000元以上。

表 10-43　"四位一体"生态农业模式经济效益分析　（单位：元）

	年度	第一年	第二年	第三年	第四年	第五年	第六年	合计
投资	日光温室	7 000	700	700	700	700	700	10 500
	沼气池、猪舍	5 000	—	—	50	—	—	5 050
	猪成本	—	6 000	6 000	6 000	6 000	6 000	30 000
	蔬菜	—	200	200	200	200	200	1 000
	合计	12 000	6 900	6 900	6 950	6 900	6 900	46 550
收入	蔬菜	—	6 500	6 500	6 500	6 500	6 500	32 500
	养殖	—	9 000	9 000	9 000	9 000	9 000	45 000
	沼气、肥	—	500	500	500	500	500	2 500
	合计	0	16 000	16 000	16 000	16 000	16 000	80 000
纯收入		-12 000	9 100	9 100	9 050	9 100	9 100	33 450

注：日光温室面积 333.3 m^2，猪舍 15 m^2，猪存栏数为 10 头，沼气池 8 m^3

10.7.1.6 农（林）–菇–饲–肥生态农业模式经济效益分析

农（林）–菇–饲–肥生态农业模式是一个综合高校型庭院模式，利用作物秸秆和林木枝条作为原料生产菌菇，同时养殖奶牛，实现资源的高效利用。该模式投资较高，但当年即可实现经济收入，菌菇、牛奶均属于高收益产品，此模式建成稳定后，每年可实现收入 33 000 元左右，纯收入达到 20 000 元以上（表10-44）。

表 10-44 农（林）–菇–饲–肥生态农业模式经济效益   （单位：元）

年度	投资					收入					纯收入
	沼气池牛舍	牛（2 头）	香菇（5 000 袋）	饲料	合计	香菇	奶	沼气肥	牛犊	合计	
第一年	7 000	5 700	5 000	6 000	23 700	15 000	17 280	280	1 800	34 360	10 660
第二年	—	—	5 000	6 000	11 000	15 000	17 280	280	400	32 960	21 960
合计	7 000	5 700	10 000	12 000	34 700	30 000	34 560	560	2 200	67 320	32 620

注：沼气池 8 m^3

10.7.2 社会效益和生态效益

1）庭院经济的发展，向社会提供了大量的蔬菜、水果、肉、蛋、奶等农副产品，丰富了人们的物质生活。

2）种植果树的农户都是经过定期或不定期的技术培训，有的不仅管理了自家的果园，还外出当了农民技术员，进行果树管理、修剪技术指导，提供了锻炼和检验技术的机会，又增加了农民的经济收入。

3）半干旱黄土丘陵区作物为一年一熟制，随着劳动生产率和单产的提高，农业生产时间和种植面积大为减少，农民冬闲时间长，现有劳动力相对富裕。日光温室反季节蔬菜、果树和养殖业的发展，可以安排部分剩余劳动力。

4）日光温室蔬菜和葡萄等果业的发展，将农闲变农忙，充分利用闲散劳动力和剩余劳动时间，不仅提高农民的经济收入，还可促进农民学文化、学科学的积极性，摆脱封建迷信和愚昧落后，减少赌博、斗殴等不良行为的发生，利于社会安定。

5）庭院经济的发展改变了传统的农业生产模式，由单一的粮食生产向多种经营转化，极大地提高了农民生产的积极性，并使农民在生产、经营的实践中，增强商品意识、科技意识，并能自觉地学文化、学科学、用科学，提高了文化素质，进而促进农村劳动者由体力劳动型向智力型转化。

6）发展庭院经济，投入少，产出相对较大，风险比较小，对那些因家务脱不出身的农村妇女、年龄偏大不适宜外出务工和大田作业的农民以及身体有残疾、腿脚不灵便的农民，是很好的致富途径，可以实现赚钱顾家两不误，发家致富不离家，使广大农村留守人员找到一个足不出户就能脱贫致富的好门路。

7）庭院生态农业的发展，把院前院后、小面积自留地、废弃山地等闲散资源允分利用起来，把养殖业、种植业和加工业有机地串联起来，使物质多层次循环利用，有效地提高了资源的利用率。

8）改善了村庄、庭院的卫生环境。人厕、家禽家畜、沼气池统一规划，彻底改变农村"脏、乱、差"的卫生面貌，减少了烟尘和有害气体的排放，减轻了大气环境的污染。

9）沼气的使用，减少了薪柴能源的消耗，减少了水土保持林的砍伐、破坏，保护了生态环境。

10）促进了退耕还林还草。庭院高效生态农业的发展，农民可以足不出户搞种植业、养殖业和加工业，既增加了经济收入，生活能源又有了保障，减少了开荒和砍伐林木，保护了退耕还林还草生态环境建设的成果。

第11章　半干旱黄土丘陵区退化生态系统管理与运行

西部大开发以来，国家在西部地区实施了多项重大生态建设工程，使该区域生态环境得到了很大程度的改善，人民生活水平得到极大的提高。但由于该地区持续干旱和经济发展的双重压力，生态系统恢复不尽理想，生态系统的服务功能不太明显。恢复与重建的生态系统有可能存在着退化和被破坏现象。为了实现半干旱黄土丘陵区生态系统的可持续发展，借鉴生态系统管理的方法，根据半干旱黄土丘陵区自身的自然环境特点、系统组成结构、人口资源、生态系统的发展演变规律，结合管理系统方法和工具，探讨半干旱黄土丘陵区生态系统管理方法和运行机制以及生态系统管理对策，为半干旱黄土丘陵区生态环境的健康可持续发展保驾护航。

11.1　生态系统管理的概念

管理（management）是设计并保持一种良好环境，使人在群体里高效率地完成既定目标的过程（哈罗德·孔茨和海因茨韦里克，1998）。

生态系统管理（ecosystem management）目前还没有得到学术界公认的定义，名称也不统一，如生态系统管理、生态系统可持续管理、综合生态系统管理、生态系统综合管理等，因此根据简易性的原则可以统称为生态系统管理。生态系统管理是把复杂的生态学、环境学和资源科学的有关知识融合一体，在充分认识生态系统组成、结构与生态过程的基本关系和作用规律、生态系统的时空动态特征、生态系统结构和功能与多样性的相互关系基础上，利用生态系统中的物种和种群间的共生相克关系、物质的循环再生原理、结构功能与生态学过程的协调原则以及系统工程的动态最优化思想和方法，通过实施对生态系统的管理行动，以维持生态系统的良好动态行为，获得生态系统的产品生产（食物、纤维和能源）与环境服务功能产出（资源更新和生存环境）的最佳组合和长期可持续性（于贵瑞，2001）。中国生态系统研究网络综合研究中心（2009）将生态系统管理定义为：针对经营目标，运用生态学、经济学、社会学和管理学的原理和方法，融合生态、社会和经济目标，调控生态系统结构、功能和动态，以保证生态系统的可持续性、高生产力和生物多样性的方法。美国生态学会生态系统管理特别委员会在1995年的一份评价报告中指出，生态系统管理是具有明确且可持续目标驱动的管理活动，由政策、协议和实践活动保证实施，并在对维持生态系统组成、结构和功能必要的生态相互作用和生态过程最佳认识的基础上从事研究和监测，以不断改进管理的适应性。

生态系统不是一个闭合的系统，而是一个开放的系统，因此生态系统管理不像其他领域的管理只涉及单一目标的管理规划，而是一个多目标、多系统、多角度的综合管理，是一个流域、国家或全球的管理，是一个具有较强理论支持且处于变化状态的管理过程。我们认为生态系统管理就是在一定的区域内，结合生态学和管理学等多学科，优化设计一种动态管理方案，保护系统组成、结构、功能的完整性，发挥系统服务功能，促进人类与自然和谐持续发展。

11.2　生态系统管理框架构建与分析

半干旱黄土丘陵区生态系统管理实质就是针对半干旱黄土丘陵区的区域特征，遵循生态系统整体性、再生性、循环性、多样性等原则，使其达到人口—经济—资源—环境的可持续发展。借鉴有关资料（田慧颖等，2006；刘永等，2007；张慧和杨学民，2008；K. A. 沃科特等，2002），构建半干旱黄土丘陵区生态系统管理框架结构（图11-1）。

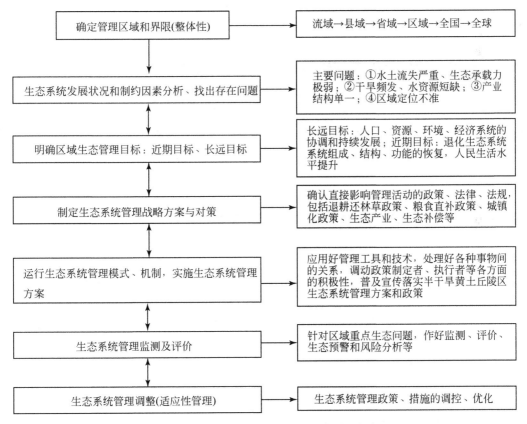

图 11-1　半干旱黄土丘陵区生态系统管理框架图

框架分析：①确定管理区域和界限：保持生态系统的完整性，半干旱黄土丘陵区是黄土高原的一个分区，宁夏半干旱黄土丘陵区主要包括原州区、彭阳、西吉、隆德、泾源、海原6个区域。宁夏半干旱黄土丘陵区是半干旱黄土丘陵区的一部分，与半干旱黄土丘陵区之间相互联系、相互影响。②分析区域状况、找出存在问题：半干旱黄土丘陵区主要生态问题：水土流失严重；人民生活水平低下，教育落后；水资源短缺，降水时空分布不均；土壤瘠薄，土地退化严重；光温资源丰富，光温生产潜力发挥较弱；自然灾害频繁，防灾体系不完善；林草覆盖率低，农村能源短缺；农业生产方式落后；人口增长较快，生态压力大；产业结构单一等。③明确区域近期目标、长远目标。长远目标：人口、资源、环境、经济系统的协调和持续发展；近期目标：恢复退化的生态系统，优化产业结构，发展优势、特色产业。④制定生态系统管理方案：针对区域存在问题，征求各方意见，与政府、公众、科学家共同制定管理政策，确认直接影响管理活动的政策、法律、法规。⑤实施管理方案：科学地利用好管理工具和技术，明确各方责任，使各个阶段各个参与者以较强的责任感和生态意识参与到生态系统管理方案中。⑥生态系统管理监测与评价：搜集、分析和整理半干旱黄土丘陵区人口、经济、生态、环境等各方面的信息，对生态系统组成、结构、功能进行动态评价、风险评价、服务价值评价、安全评价、管理水平和协调发展评价等。⑦适应性管理：通过对区域生态系统的评价，明晰生态系统管理的缺陷及不足，以及需要改善的地方，对生态系统管理的各个水平进行调整，进入新一轮的生态系统管理。

11.3　多元化主体参与的生态系统管理运行模式

在分析区域社会经济发展现状、生态环境特点、科研及自然条件等影响生态系统管理实施过程的影响因素的基础上，依据技术推广原理，选择合适的推广路径，运用良好的推广措施，提出了适合半干旱黄土丘陵区生态系统管理运行模式，即"多元化主体参与的生态系统管理运行模式"。

11.3.1　多元化主体参与的生态系统管理运行模式的特点

多元化主体参与的生态系统管理运行模式（图11-2）的主体按照在生态技术推广中扮演的角色及其职能可分为：专家、政府、企业、投资者、农民，是"五位一体"的推广模式。其中，专家主要是参与生态技术研发与推广的众多来源于科研与教育部门的双师型人才，政府包括生态建设的生产与管理部门，企业指参与生态技术咨询服务及产品销售的部门，农民则是生态建设的主体。农民作为参与生态建设的主体，生态技术的使用者，其自发组织的团队，也成为推广生态技术与模式的主力军。

多元化主体参与的生态系统管理运行模式的推广主体涉及的部门、行业、学科具有多元化的特点。生态建设是一个复杂的系统工程，不仅受生物因素影响，也受到非生物因素的影响。因此，生态治理需要多部门、多行业、多学科的介入。按行业划分，参与生态技术推广部门主要包括涉及生态建设的生产与管理的农业、林业、水利、畜牧业等部门；随着科学技术的高速发展，生态理论与科学技术高度综合，使交叉学科不断涌现，学科之间的相互作用增强，进而产生更加先进的技术研究领域，这就要求多学科共同参与生态技术的推广工作，如土壤学、水力学、农学、林学、草业学等。

多元化主体参与的生态技术推广模式是典型的"产、学、研"结合型的推广体系。

"产、学、研"结合参与生态技术推广就是充分利用科研部门、学校、生态建设组织和管理部门与生态建设主体（农民）等在生态技术研发、人才培训、技术应用等方面的各自优势。通过研究、示范、推广相结合，生态建设与科研和教育相结合，把生态技术研发、人才培训、技术推广与直接获取实际经验、实践能力为主的生产实践有机结合，才能从根本上解决技术研发、技术推广、生产实践相脱节的问题。

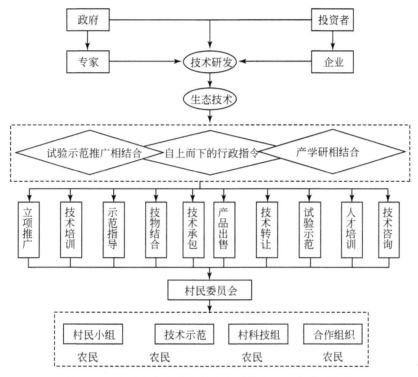

图 11-2　多元化主体参与的生态系统管理运行模式结构

多元化主体参与的生态系统管理运行模式、运行方式多样。在技术推广过程中，采用的推广方式包括项目带动、试验、示范推广方式、举办科技培训班或其他形式宣传推广方式、生态技术服务部咨询与产品经营相结合的推广方式、民间技术推广方式、现代媒体传播生态技术的方式等。在推广过程中，有机地将政府主导型的自上而下的推广方式、多部门间相互联合的推广方式，以及生态建设主体（农民）自下而上的参与式推广方式进行了系统融合。其中政府主导型的自上而下的推广方式，主要通过政府部门"行政指令"式地组织各级生态技术推广部门参与生态技术推广；多部门间合作的推广方式主要指不同部门根据自身优势与职能，以重大生态建设为合作平台，在项目带动下，多个部门通过合作方式，实现优势互补、资源共享，加速生态技术的推广步伐；生态建设主体（农民）自下而上的参与式推广方式体现在，生态建设主体（农民）被赋权之后，以主体身份自下而上地参与到生态技术应用推广的过程。因此，多元化主体共同参与、上下联动的生态系统管理运行模式实现了传统的"自上而下"行政命令推广方式与现代生态建设主体（农民）"自下而上"参与式推广方式的对接，密切了不同行业之间的联系。

11.3.2　运行机制

"机制"（mechanism）一词最早来自于希腊文，意思是指机器、机械的构造及运行原理，机器运转过程中各零部件之间的相互关系及运转方式。生态技术推广运行机制是指在既定的经济条件、体制和各种制度下，生态技术推广机构为保障生态技术与模式能够正常从技术拥有方向技术应用方扩散所需要的各种功能的组合，以及使功能得到发挥的规则、程序和联动循环，按照一定的规律和方式运行的全过程总称。它是由生态技术推广系统的多种不同结构、不同功能的运行主体及其不尽相同的目标和动力要素的有机结合。生态技术与模式推广运行机制主要包括以生态建设技术需求为中心的内在动力机制、以激励与竞争为手段的外在动力机制以及保障机制。

11.3.2.1　以技术需求为中心的内在动力机制

人类在利用科学技术进步力量谋求经济发展的过程中，造成的生态破坏、资源枯竭、能源耗竭等问题，已经越来越广泛地影响到事关人类生存与发展的各个行业，人类开始越来越清醒地认识到生态环境的重要性。生态技术作为破解资源与环境危机、实现人类可持续发展的技术，逐步广泛地渗透到农业、林业等领域，极大改变了传统的农业、林业、畜牧等行业的生产方式、经营管理和技术服务方式。生态、资源环境、社会经济的和谐发展必将对生态技术与模式提出越来越强烈的需求，这种强烈的需求则成为驱动整个生态技术与模式推广的主要力量源泉。生态技术研发与推广人员必须紧密结合生态建设对生态技术需求特点，分析预测生态技术需求的发展变化规律，有针对性地开展生态技术研发与推广服务。同时，生态技术研发与推广人员应注重培养改善生态环境主体的广大农民对生态技术与模式的需求动态，培养农民对生态技术的应用意识。这对于促进科技成果转化、改善生态环境具有重大而深远的意义。

11.3.2.2　以激励为手段的外在动力机制

我国生态环境脆弱、压力大，法律法规不完善，生态建设及技术推广资金投入少、投入渠道单一，参与生态技术应用与推广的主体广泛性不够。因此，作为生态建设的组织者——政府，应根据参与生态技术研发与推广各个主体的特点，采用激励机制，运用激励手段，激励各级政府部门、行业主管部门，以及科教人员、投资者和志愿组织、社会团体等充分发挥主观能动性，积极主动地参与到生态技术的研发与推广工作中，促进广大群众在生产、生活及生态建设中，更快、更好应用生态技术。因此，多元化主体共同参与、上下联动的生态技术推广的激励措施，就是根据生态建设者在生态技术推广中追求的目标不同，建立相应的激励机制，争取让其各取所需，最大限度地激发各参与者的积极主动性，更好地发挥各自功能和作用。

1）针对中国现阶段考核政府绩效的指标体系的单一性，主要以 GDP 为评价指标，缺少生态建设方面的指标等问题，通过调整政绩的评价指标体系，建立以生态建设为导向的综合评价体系，将绿色 GDP 纳入政绩考核中，这更能够促进政府关注经济、社会、生态环境的协调发展，激发其对生态技术研发与推广的重视程度及参与生态技术研发与推广的积极性和主动性。作为激励主体的政府应针对生态恢复具有复杂性、长期性、公益性、投资回报率低的特点，使用有效的激励手段，如财政补贴、税收、信贷、利率等，鼓励各类投资者介入该领域，以实现生态技术与模式的研发与推广达到一定的经济密集度。

2）生态技术研发与推广管理部门应针对从事研发与推广人员自主意识强、研究目标转变性大、工作成果不确定性等特点，综合运用各种激励手段，以充分调动生态技术研发与推广人员的主观能动性与工作积极性，实现多出生态类研发成果及其快速转化为现实生产力的目标。生态技术研发与推广管理部门可以通过设置适当的技术研发与推广目标，使研发与推广人员有努力的方向与行动的指南。研发目标的设置要体现一定的超前性和层次性，形成合理的递进结构，让研发人员有一种无形的压力和动力。合理的薪酬结构是对生态技术研发与推广人员劳动贡献最直接、最有效的激励手段。由于生态技术研发与推广人员的智力投入较高，他们所得薪酬一定要较大幅度地高于其他人员。生态技术研发与推广人员是依靠知识、技术及其创新成果来实现和提高自身价值的，非常重视知识的应用与转化，对是否有机会获得知识的更新提高都非常重视。有关调查资料显示，研发人员最看重的六个因素依次是：工作兴趣、工作成就感、专业技能的培训、个人潜能的发挥、个人能力得到施展的程度、学习新的知识。因此，生态技术研发与推广管理部门有必要将提供的学习和培训机会作为一种激励方式。同时，工作本身就是一种激励。工作兴趣和工作成就感是绝大多数研发与推广人员最看重的激励因素。作为生态技术研发与推广管理部门，首先要根据研发与推广人员的技能和明确特长分工，把他们放到研发与推广团队中最合适的位置；其次要不断为研发人员提供具有挑战性的工作任务和奋斗目标，这样一方面可以引领他们不懈地向着技术高端进发，另一方面能够更好地锤炼研发人员的技术能力；最后，各生态技术研发与推广组织可以采用荣誉激励、参与激励、职位晋升等方式，对表现优秀的技术研发与推广人员进行必要的激励，以此来增加他们的工作成就感和荣誉感。

3）针对企业在生态建设中扮演角色的双重性特点，即企业不但是当前生态环境破坏者，也是生态建设的主力军。政府可以制定相关标准，并依据企业在生态建立中的作用，按照"谁污染，谁负责、谁治理、谁受益"的奖罚机制，通过环境税收政策，提高破坏生态带来危害企业的生产成本，采用直接利用税收减免、投资税收抵免等税收支出政策。在经济利益诱导下，促使企业积极主动地选择有利于环保的生产方式和生产工艺，加强生态治理技术的科学研究和技术创新，减少对资源和生态环境破坏，促进产业结构升级，从而有助于经济增长和环境治理的良性循环，促进企业重视和加强生态保护并充分利用有限资源。在企业内部，可以通过物质激励方式、参与激励、情感激励等方式，激发员工参与生态技术研发与应用的热情。

4）农民是整个生态建设的主体，也是生态技术转变为现实生产力的关键。如何充分调动广大农民的积极性，使其真正成为生态建设的主体地位，发挥其主体作用是当前生态技术推广应用的最终目标。为此，可以用多种手段特别是经济手段发动农民，创造公众参与生态建设的条件，将各种利益与生态建设紧密结合，依照"谁承包，谁治理，谁所有，谁管理，谁受益"政策，土地使用权长期化、稳定化，稳定土地产权制度，将农户治理管护收益内部化，建立和强化生态治理中的市场激励机制，经济手段刺激生态技术推广部门间的合作，充分调动广大群众保护和建设生态的积极性，使农民利益在生态重建与发展中得以体现，促使广大农民积极主动接受应用生态治理新技术。另外农民如果不能从生态建设中获得利益，那么农民就不愿参与到生态建设与保护中来。因此，为激发农民的积极性，推动生态技术的快速推广，政府通过生态补偿机制，给生态林的营造者合适的补偿，激发农民参与生态治理的积极性。

11.3.2.3 以竞争为手段的动力机制

我国生态技术研发与推广机构绝大部分属于政府领导，由政府投资，生态技术的研发与推广以无偿服务为主，政府通常采用行政调控手段，划分生态技术研发与推广资金，使各个参与生态技术研发与推广主体间竞争较小，生态技术研发与推广动力不足。这将成为每个机构是否继续得到政府资助、得到社会信赖的重要因素。因此，引入竞争机制，使各个参与生态技术研发与推广机构并存互补，相互竞争，优胜劣汰，促进生态技术研发水平的提高，加速生态成果的转化。

11.3.2.4 以政策为支撑的保障机制

生态技术研发与推广效果具有不确定性，不但受气候、土壤等影响，还受生态技术的科技水平、技术研发与推广经费、政策以及生态技术应用者文化素质等影响。生态技术与模式推广需要切实可行的政策保障、推广经费的融资保障、风险承担保障、生态补偿保障，这成为避免生态技术技术研发与推广不确定性的关键。

1）制定较为完善、切实可行的政策保障体系。通过加强环境政策制定和执行力度，将生态要素嵌入经济活动中，激励生态技术使用者进行生态化创新。以宣传、教育和政策引导为手段，营造有利于生态化创新的社会氛围，提高公众的环境保护素养，培养和激励公众的社会责任感和生态环境责任感。

2）建立良好的融资保障机制。制约社会经济发展的生态问题是在特殊的恶劣的自然条件下，主要受长期以来由于贫困而导致农民不合理的土地利用方式而造成的。生态退化加剧了农民贫困，导致越贫困，越垦殖，生态越恶化现象的恶性循环。生态治理工程的复杂性、长期性等的特点，决定了生态技术的推广需要长期的资金支持，而且需要将生态建设与农民脱贫相结合。生态技术融资渠道主要包括国家财政融资、国际援助和贷款融资、商业性融资和民间投资等。为了保证生态技术融资渠道的畅通，使生态技术推广能有足够稳定的资金支持，应该将以政府投入的单一型投融资机制向多元型转变，如由政府和企业共同承担风险，生态治理专项贷款方式融资、生态工程技术支撑费筹备资金的融投资方式等，使生态技术推广的融资行为从"等、靠、要"的被动型向积极主动型发展，最终建立起生态治理投融资和资金管理的长效机制。

3）建立合理的生态技术推广管理风险承担机制。生态建设需要新技术，解决效益低，引进生态技术风险大等问题。目前，我国农户科技水平相对较低，农业新技术在经济增长中的份额约占40%，农业科技成果的推广应用率约为30%，真正成效显著并形成规模化、产业化的技术不到5%。而生态技术的应用推广效果不仅受环境因素影响，而且还受非环境因素影响，在生态建设中推广的风险更大。因此建立合理的生态技术推广管理风险显得格外重要。

　　生态技术研发与推广参与主体众多，故生态技术研发与推广风险承担者也应是各个参与主体，如农户、政府、企业投资者、专家、农业技术咨询服务人员等。他们是生态技术研发与推广的受益共同体，要发挥各方面的积极性，需要利益共享、风险共担、责权利分配合理的机制与模式，应制定相应的规避风险或者分散风险的管理机制，共同促进生态技术的推广。由于生态技术推广具有公益性的特点，政府应该成为生态技术研发与推广风险的主要承担者，可以按照生态技术推广运行合作框架，采用政府＋农户为载体的生态技术推广的风险共担模式、政府＋企业为载体的生态技术推广风险共担模式、技术推广投资者＋企业为载体的生态技术推广的风险共担模式，规避风险或者分散风险，如生态技术研发与推广风险。

　　4）建立适度的生态补偿机制。生态补偿机制是以保护生态环境、促进人与自然和谐发展为目的，根据生态系统服务价值、生态保护成本、发展机会成本，综合运用行政和市场手段，调整生态环境保护和建设相关各方之间利益关系的环境经济政策。生态补偿是按照破坏者、使用者、受益者付费，保护者得到补偿的原则，根据利益相关者在特定生态保护/破坏事件中的责任和地位加以确定，并按照生态补偿核算标准（生态保护者的投入和机会成本的损失；生态受益者的获利；生态破坏的恢复成本；生态系统服务的价值）对生态系统本身保护（恢复）或破坏的成本进行补偿；通过经济手段将经济效益的外部性内部化；对个人或区域保护生态系统和环境的投入或放弃发展机会的损失进行经济补偿；对具有重大生态价值的区域或对象进行保护性投入。

　　以上保障政策的有机结合相互关联、相互制约，构成了一个完整的生态技术研发与推广运行机制。多元化主体共同参与、上下联动的生态技术推广主体只有在切实可行的政策保障、充足推广经费保障和风险承担保障前提下，才能更加积极发挥自己在生态技术研发与推广中的功能和作用，按照"目标趋同、利益共享、分工协作、各司其职"的原则，制订各自的工作领域和目标，进一步明确选择恰当合适的方式积极参与生态技术研发与推广。

11.3.3　推广措施

11.3.3.1　加强科技投入

　　根据"科学技术是第一生产力"的理论，要实现宁夏半干旱黄土丘陵区的可持续发展，依靠和运用科技是必然的选择。对于研究区可持续发展的生态系统管理运行模式而言，其实施的成败和效果的大小，有赖于各级政府在该区发展中对生产力理论的遵循和执行力度。因此，加强科技投入的力度，对以生态系统管理运行模式为核心的综合技术的推广，增强对半干旱黄土丘陵区发展的技术支撑力，将无疑具有重大的现实意义和长远的发展价值。加强半干旱黄土丘陵区科技扶持力度，树立地方政府对"科学技术是第一生力"的观念意识。首先在人员配置上，一方面要继续坚持选派科技副职的干部使用制度，切实发挥科技人员的作用，建立科技服务于经济生产一线的沟通与运行机制，尤其是在黄土高原半干旱黄土丘陵区，这种机制可以促使先进的科学技术与生产实际需要的直接对接，实现潜在生产力向现实生产力的转化。其次，在科技费用的投入上，要保持不断追加的态势。最后，在增加投入的同时，要明确投资的使用方向，尤其是要坚决树立以科技投资为主体的格局。而项目的选取与执行也离不开生态模式中的成套技术或者单项技术，要使已有的成功经验和有效做法得以最大限度的推广，而这正是全面建立黄土高原半干旱黄土丘陵区可持续发展局面的关键一环。

11.3.3.2 提高农民素质

农民是农业生产的主体，也是农业科学技术运用的主体。没有农民的参与，则实现可持续发展便成为一句空话，尤其是在农民的"生产者与经营者"身份合二为一的家庭联产承包责任制的模式运行下，更不可忽视农民的主体性和参与性。因此，增强农民群众对利用科学技术来摆脱贫困面貌的认同和感应，推进可持续发展局面的形成，从而对营造基于微观主体上社会经济发展的良好环境，激发其内在主动性，并使之以真正的技术受体和技术的最终运用者的身份，参与到新技术的吸纳过程，对任何农业技术的推广均具有重要意义。从这一角度来看，提高农民素质，尤其是技术素质，增强他们的技术接受与运用能力，对实现生态模式的推广和扩散，将会产生重要作用。

要着力培养建设社会主义新农村的带头人、农民技术员、骨干农民、农民企业家和能工巧匠队伍，使他们成为带领农民共同致富的骨干力量，要实现农业和农村现代化，建设社会主义新农村，就必须要有千千万万"有文化、懂技术、会经营"同时具有健康体质的新型农民。大力发展职业教育及农村劳动力技能培训，提高农民就业本领和适应市场经济社会的能力，强化农民参与市场、规模效益、规范化理念、社会化协作、一体化经营理念，提高经营管理能力。充分利用报纸、广播、电视、文艺演出、科技宣传等各种形式和载体，加快先进文化在农村的传播速度，扩大先进文化在农村的覆盖范围，使广大农民群众分享到先进文化的成果。

实施"三下乡"服务。运用各种媒体围绕"三农"问题、西部大开发、科教支农、环境保护等社会热点，开展"科技下乡"等形式，来扩大农民的知识视野，增强农民的知识积累。开展科技"三下乡"等方式，如文化扶贫、电视扶贫、法制扶贫等，一方面积极向农民施加一定的知识影响，以强化积累；另一方面增强农民对新知识的主动需求，进而大大增强农民对可持续发展技术的吸纳能力和运用能力，为黄土高原半干旱黄土丘陵区的可持续发展奠定良好的基础。

11.3.3.3 紧抓宣传、扩大影响

在生态技术推广过程中，宣传工作必不可少，通过大量宣传，扩大影响。宣传工作包括对上宣传和对下宣传。对上宣传是向各级政府部门和主管领导积极宣传技术与取得的效果和推广的必要性，使得生态技术成为改善生态环境、促进社会—资源—环境协调发展的助推器，从而引起上级部门的重视，从而发挥政府行为的积极作用；对下宣传则是对农民群众、队、村乃至乡进行宣传，取得他们的认识和支持，让农民群众认识到生态技术的应用会获得实实在在、看得见、摸得着、有效益、能增收的实体，从而带动农民群众的积极性。

在宁夏半干旱黄土丘陵区，人类不合理的生产活动是加剧生态系统退化的主要原因。由于人们的法制观念较弱，法律意识淡薄，经常出现违法行为，如滥垦滥伐、乱挖乱采等不法行为屡禁不止，在执法过程中存在有法不依和执法不严现象。为了促使该地区环境恢复，必须加强相关法律的宣传力度的贯彻执行力，充分发挥法律在规范人们行为上的作用，切实避免因执法不严而造成对区域可持续发展的不利影响。

11.3.3.4　积极协调、形成合力

生态恢复涉及的行业与部门多，所以在推广过程中不可避免地要涉及各学科的技术人员，这就要求做到协调各类技术人员，形成合力。所以各级政府和相关部门密切配合、通力协作、优势互补，主动积极地向相关部门汇报，得到理解和支持，壮大生态技术推广的队伍，形成共同推广生态技术与模式的合力。

11.3.3.5　营造良好的推广环境

在市场经济条件下，技术推广过程的社会化程度越来越高，开放程度越来越大，封闭性越来越弱，与外部的关系也越来越密切。因此，加强生态技术的社会化服务体系，对生态模式的推广和可持续发展局面的形成以及农村经济实力的提升意义重大。从目前情况来看，在宁夏半干旱黄土丘陵区要建立有利于可持续发展模式技术推广的良好的社会化服务体系，就必须在原有体系网络的基础上，建立能够适应新情况和新形势的新体系。这种体系在该区的主要特征是将原有的以县、乡农业技术推广服务的各种站网为主体，流通领域的商业、供销等部门参与的推广体系，改变为专家、政府、企业、投资者、农民共同参与，上下相通，左右合作，多形式、多层次的生态技术社会化服务体系。加大技术的推广力度，并由此而不断培育和壮大宁夏半干旱黄土丘陵区的发展能力，使之走上可持续发展的道路。

11.4　生态系统管理监测和评价

生态系统管理监测和评价是对生态系统管理过程各项生态、环境、人口、经济等指标的调查、推测和评估。生态系统常用评价方法，主要包括灰色关联度法、层次分析法、主成分分析法、多目标决策灰色关联度投影法、生态足迹方法、能值分析法、投入产出法、神经网络法、集对分析等综合评价方法。本节应用主成分分析的方法计算研究区域各子系统的综合发展指数，采用协调度计算的方法计算系统中两两系统间的协调度，通过区域生活质量、经济发展、生态环境子系统协调度的分析对半干旱黄土丘陵区生态系统管理和执行措施进行初步的综合分析评价。

11.4.1　指标体系的确定

生态系统管理是一项复杂的系统工程，指标体系的确定尤为重要，合理正确的指标体系可以全面、真实的反应系统内部特征、发展状态、相互作用以及管理措施执行成效等。

根据系统人口、环境、资源、经济的特点，按照科学性与实用性相结合、动态与静态相结合、普遍性与区域性相结合等指标体系选择的原则，初步构建复合研究区域的半干旱黄土丘陵区生态系统管理评价指标体系，包括生活质量指标、生态环境指标、经济发展指标，见表11-1。

表11-1　半干旱黄土丘陵区生态系统管理评价指标体系

目标层	综合层	准测层	单位
半干旱黄土丘陵区生态系统管理评价指标体系	生活质量指标	卫生人员数	人
		移动电话用户	部
		卫生机构床位数	张
		抚恤和社会福利救济支出	万元
		教育支出	万元
		社会保障补助支出	万元
		医疗卫生支出	万元
		社会消费品零售总额	万元
		贫困人口	万人
		科技支出	万元
		境内公路里程	km
	经济发展指标	农民人均纯收入	元/人
		财政收入	万元
		第一产业生产总值	万元
		第二产业生产总值	万元
		第三产业生产总值	万元
	生态环境指标	林地面积	hm²
		农用化肥施用量	t
		有效灌溉面积	hm²
		人口自然增长率	‰
		人口密度	人/km²
		秋粮作物面积/粮食播种面积	%

11.4.2　指标数据的标准化

评价指标通常分为成本性、效益性、适度性指标，通过指标的标准化处理，可以减小指标间量纲间的差异，更好地比较分析。本节对越小越好的指标进行倒数转化，然后通过式（11-1）对指标进行正规化处理，结果见表11-2。

$$x_i^* = \frac{x_i - \bar{x}}{s^2} \qquad (11-1)$$

式中，x_i^* 为正规化后的数据，x_i 为原始数据，$\bar{x}$ 为平均值，s^2 为标准差。

表 11-2　指标正规化数据

指标	2000 年	2001 年	2002 年	2003 年	2004 年	2005 年	2006 年
卫生人员数	− 1.446	− 1.130	0.017	− 0.339	1.638	0.768	0.492
移动电话用户	− 1.175	− 1.042	− 0.614	− 0.153	0.231	0.997	1.756
卫生机构床位数	− 1.920	− 0.915	0.038	0.355	0.779	1.255	0.408
抚恤和社会福利救济支出	− 0.635	− 0.517	− 0.476	− 0.656	− 0.631	0.742	2.173
教育支出	− 1.501	− 0.939	− 0.095	− 0.332	0.280	0.894	1.694
社会保障补助支出	− 0.878	− 0.721	− 0.826	− 0.721	0.674	1.943	0.529
医疗卫生支出	− 0.933	− 0.405	− 0.486	− 0.452	− 0.228	0.170	2.333
社会消费品零售总额	− 1.212	− 0.983	− 0.894	1.710	0.287	0.261	0.830
贫困人口	− 1.086	− 0.958	− 0.745	− 0.303	0.357	0.927	1.808
科技支出	− 0.580	− 0.453	− 0.326	− 0.377	− 0.403	− 0.301	2.441
境内公路里程	− 1.105	− 1.532	− 0.242	− 0.116	0.645	0.874	1.476
农民人均纯收入	− 1.432	− 0.896	− 0.474	− 0.211	0.337	1.034	1.641
财政收入	− 1.471	− 0.773	− 0.425	− 0.030	0.268	0.498	1.933
第一产业生产总值	− 1.420	− 1.026	− 0.466	− 0.148	0.550	0.908	1.602
第二产业生产总值	− 1.714	− 0.836	− 0.437	0.225	1.178	0.303	1.282
第三产业生产总值	− 1.001	− 0.824	− 0.684	− 0.434	− 0.061	1.235	1.770
秋粮作物面积/粮食播种面积	1.028	− 0.007	− 1.068	− 1.240	− 0.809	0.592	1.503
林地面积	− 1.468	− 1.147	− 0.471	− 0.024	0.801	1.143	1.165
农用化肥施用量	0.132	− 0.795	− 1.417	− 0.645	1.857	0.661	0.207
有效灌溉面积	− 1.071	− 1.056	− 1.056	− 0.109	1.097	1.097	1.097
人口自然增长率	− 0.226	− 0.495	− 1.127	− 1.365	1.117	0.798	1.298
人口密度	1.520	0.574	0.574	0.574	− 1.262	− 1.262	− 0.719

注：原始数据来源于《彭阳年鉴》以及固原、彭阳经济要情手册

11.4.3　综合发展指数计算

采用主成分分析的方法计算生活质量综合指数、经济发展综合指数、生态环境综合指数、生活—经济—生态环境综合指数。计算步骤：①分别对生活质量、经济发展、生态环境标准化数据进行主成分分析，根据累计贡献率达到85%以上的原则，提取主成分（表11-3、表11-4、表11-5），并计算特征向量（表11-6）；②构造各个子系统综合评价函数：以主成分的方差贡献率作为权数，以特征向量作为变量；③根据特征向量和指标标准化数据计算主成分得分，带入子系统综合评价函数，计算各个子系统综合发展指数；④通过层

次分析法指标权重计算过程计算半干旱黄土丘陵区生态系统管理评价指标体系中生活质量、经济发展、生态环境子系统的权重分别为 0.25、0.25、0.5，结合各自的综合发展指数，计算半干旱黄土丘陵区生态系统管理综合发展指数。结果见表 11-7。

表 11-3　生活质量综合指数主成分分析

主成分	特征值	贡献率（%）	累计贡献率（%）
1	8.080	73.455	73.455
2	1.703	15.480	88.935

表 11-4　经济发展综合指数主成分分析

主成分	特征值	贡献率（%）	累计贡献率（%）
1	4.683	93.655	93.655

表 11-5　生态环境综合指数主成分分析

主成分	特征值	贡献率（%）	累计贡献率（%）
1	4.254	70.898	70.898
2	1.138	18.963	89.861

表 11-6　主成分特征向量分析

指标	主成分1	主成分2	指标	主成分1	指标	主成分1	主成分2
卫生人员数	0.26	0.42	农民人均纯收入	0.46	秋粮作物面积/粮食播种面积	0.17	0.85
移动电话用户	0.35	-0.03	财政收入	0.45	林地面积	0.43	-0.28
卫生机构床位数	0.28	0.43	第一产业生产总值	0.46	农用化肥施用量	0.40	0.07
抚恤和社会福利救济支出	0.30	-0.37	第二产业生产总值	0.42	有效灌溉面积	0.47	-0.15
教育支出	0.35	0.00	第三产业生产总值	0.44	人口自然增长率	0.45	0.32
社会保障补助支出	0.27	0.28			人口密度	-0.45	0.27
医疗卫生支出	0.30	-0.37					
社会消费品零售总额	0.23	0.18					
贫困人口	0.35	-0.05					
科技支出	0.26	-0.49					
境内公路里程	0.34	0.10					

表 11-7　生活质量、经济发展、生态环境综合发展指数

指数	2000年	2001年	2002年	2003年	2004年	2005年	2006年
生活质量综合指数	-2.913	-2.258	-0.985	-0.282	1.055	2.118	3.265
经济发展综合指数	-2.935	-1.823	-1.038	-0.258	0.933	1.675	3.445
生态环境综合指数	-0.860	-1.190	-1.744	-1.252	1.621	1.626	1.798
生活—经济—生态综合指数	-1.892	-1.615	-1.377	-0.761	1.308	1.761	2.577

由表11-7得出：生活质量综合指数、经济发展综合指数和生活—经济—生态环境综合指数都呈现显著提高趋势，生态环境综合指数呈现先降低后上升的趋势，其中，经济发展速度最快，极差为6.38，生态环境提升速度最慢，极差3.542。系统以及各个子系统综合指数的显著的提升，充分体现出近年来退耕还林还草等项目的大力实施显著促进了区域生态环境和经济状况的改善。

11.4.4　协调度的计算

针对生活质量综合指数、经济发展综合指数、生态环境综合指数发展水平值，分别构建两个拟合方程，然后将各自的综合发展指数带入方程，计算各个系统各自的协调值（表11-8）。

表 11-8　系统拟合方程和协调值

综合指数	生活质量	经济发展	经济发展	生态环境	生活质量	生态环境
拟合方程	$Y=1.032x$	$Y=0.956x$	$Y=1.13x$	$Y=0.602x$	$Y=1.197x$	$Y=0.592x$
R^2	0.986	0.986	0.681	0.681	0.708	0.708
2000 年	−3.029	−2.785	−0.972	−1.767	−1.029	−1.725
2001 年	−1.881	−2.159	−1.345	−1.097	−1.424	−1.337
2002 年	−1.071	−0.942	−1.970	−0.625	−2.087	−0.583
2003 年	−0.266	−0.270	−1.415	−0.155	−1.499	−0.167
2004 年	0.963	1.008	1.832	0.562	1.941	0.625
2005 年	1.728	2.025	1.838	1.008	1.947	1.254
2006 年	3.556	3.122	2.032	2.074	2.152	1.933

协调系数的计算，按照式（11-2）计算。

$$C\ (i/j)\ = \exp\left[-\frac{(x_i - x_{i'})}{s^2}\right] \tag{11-2}$$

式中，$C\ (i/j)$ 表示 i 系统对 j 系统的协调系数，x_i 表示 i 系统的综合发展指数，s^2 表示 x_i 方差，$x_{i'}$ 表示协调值。

协调度分为静态协调度和动态协调度，按照式（11-3）和式（11-4）计算，见表11-9。
静态协调度：

$$C_s\ (i,\ j)\ = \frac{\min\ [c\ (i/j),\ c\ (j/i)]}{\max\ [c\ (i/j),\ c\ (j/i)]} \tag{11-3}$$

动态协调度：

$$C_d\ (i,\ j)\ (t)\ = \frac{1}{t}\sum_{i=1}^{i=t} C_s\ (i,\ j) \tag{11-4}$$

表 11-9　两两系统协调度

两两比较		2000 年	2001 年	2002 年	2003 年	2004 年	2005 年	2006 年
静态协调度	生活质量－经济发展	0.998	0.995	0.999	1.000	0.999	0.996	0.993
	经济发展－生态环境	0.568	0.949	0.697	0.799	0.728	0.845	0.635
	生活质量－生态环境	0.630	0.863	0.710	0.815	0.757	0.945	0.762
动态协调度	生活质量－经济发展	0.998	0.996	0.997	0.998	0.998	0.998	0.997
	经济发展－生态环境	0.568	0.759	0.738	0.753	0.748	0.764	0.746
	生活质量－生态环境	0.630	0.747	0.734	0.755	0.755	0.787	0.783

将系统协调度划分为 4 个级别，即 C_s (i, j) ≤0.5，极不协调；0.5< C_s (i, j) ≤0.8，不协调；0.8< C_s (i, j) ≤0.95，基本协调，C_s (i, j) >0.95，协调。生活质量—经济发展系统协调状况一直处于协调状况，也即生活质量与经济发展处于同步发展状态，经济发展状况好了，生活质量也随之转好。经济发展—生态环境和生活质量—生态环境系统协调状况处于变化状态（不协调—基本协调—不协调—基本协调—不协调），由此可以得出系统经济发展和生态环境发展速度相差太大，经济发展综合指数发展速度显著高于生态环境，并且生态环境综合发展指数变化趋势波动性，也即生态环境建设速度落后于经济发展，生态环境系统中秋粮作物所占比例、人口自然增长率、人口密度等指标波浪式变化特征也影响生态系统综合发展指数。因此经济发展—生态环境和生活质量—生态环境系统协调状况不稳定。因此，在经济发展过程中要更加重视影响区域生态环境建设的关键因子的调控。

生活质量—经济发展协调度、经济发展—生态环境协调度和生活质量—生态环境协调度的分析中，结合区域资源、环境、自然状况进行严密分析，确定各子系统的指标体系，对系统间协调度的计算分析非常重要，好的指标体系是分析区域生态系统协调可持续发展的关键，进一步的分析中需要重视。

生态系统管理评价还应重视生态系统承载力分析、生态系统管理风险评价、生态安全评价、生态预警、生态系统管理政策执行状况、生态系统服务功能、补偿机制等方面的分析研究，为更好地分析评价生态系统状态、发展趋势，为生态系统适应性管理提供依据，为生态系统管理模型的改善提供理论、管理依据。

11.5　生态系统管理的思考与对策

11.5.1　生态系统管理思考

11.5.1.1　生态系统管理的主旨——人类社会的可持续发展

人类社会是一个全球的生态系统，生态系统管理的最直接目的就是人类社会的可持续发展。要实现人类社会的可持续发展，关键要发挥人类在自然界中的决定性作用，促使人类合理利用自然界一切生物、非生物资源。在可持续理论基础下利用自然界，适应自然界、改造自然界，使经济—生态—社会健康发展。在任何时候都不能以生态环境的损失来获取经济效益。半干旱黄土丘陵区存在人口较多、水资源缺乏、水土流失严重、产业结构简单落后等严重社会、经济、生态问题；同时也具有地方特色，如光热资源丰富、特色农业资源等；在生态系统管理的过程中，按照和谐发展理念，按照人类社会发展、演变进程以及生态环境规律，因地制宜处理好人类和自然界间的关系；开发、集成、创新各种防灾减灾措施；避免和减少不利因素对区域生产生活发展的不良影响；同时重视生态产业、循环经济的发展；培育壮大特色产业、发展创建技术销售等服务机构、组织；创造良好的社会发展环境；促进区域的可持续发展。

11.5.1.2　生态系统管理的基础——充分认识生态系统

生态系统是一个复杂巨系统、生态系统内各个因素相互影响、相互制约，各个组分间的关系有时候并不能很确切地区别分析，并且生态系统时间尺度和空间尺度很难把握，所以要实现生态系统的管理必须充分认识生态系统，掌握生态系统的组成、结构、功能，以及各个组分关系。半干旱黄土丘陵区沟壑纵横，不同的地形地貌需要分区对待，需要处理好塬面、梁顶、坡面、农田、沟沿、沟底的保护利用问题，需要解决人民的生存、生产、生活问题。再加上自然灾害频繁发生，生态系统管理的困难程度可想而知，所以政策的制定者、实施者、环境的受益者等都要认识、了解生态学知识，只有认识、了解生态系统与生物间以及生物与环境间的相互关系、生态系统组成、结构和功能等生态学知识，才能分析、找出区域生态系统的主要矛盾，协调解决各方面的问题，才能真正保护好、管理好生态系统。

11.5.1.3　生态系统管理的途径——生态学与管理学结合的生态系统管理方法

现代生态学分支众多，包括分子生态学、个体生态学、种群生态学、群落生态学、景观生态学、动物生态学、植物生态学、化学生态学、海洋生态学、陆地生态学、经济生态学、资源生态学，等等。分支之多，并且生态系统是随时间空间发展变化的系统，具有整体性、复杂性、多样性、模糊性等特点，各个组分间相互影响、相互作用、不可分割，体现了生态系统的宏大、深奥，也突出了生态系统管理的难度和重要性。传统单一的管理方法，远远不能适应生态系统健康发展的需要，生态系统管理要突破传统管理方法，将现代生态学的各种先进的理念、方法结合应用。同时生态系统具有时间、空间上的连续性，生态系统管理也就需要制定长远的管理目标、规划，避免规划方案的频繁变动，所以，与生态学结合的先进科学技术和适合的管理方法的应用是生态系统健康发展的重要保障。半干旱黄土丘陵区生态系统管理要紧紧将区域特殊的生态环境、社会发展状况与先进的管理方法、理念相结合，形成适合半干旱黄土丘陵区的生态系统管理的方法，保证生态系统健康发展。

11.5.2　生态系统管理对策

11.5.2.1　重视生态功能分区

生态功能分区对生态系统管理极为重要，合理的生态功能分区对生态系统管理的实现起到事半功倍的效果。半干旱黄土丘陵区大部分地区过度开垦放牧，在不适宜造林的地方盲目造林，造成水土流失、草场退化、造林不见林等严重生态环境问题。因此，按照生态功能区划原理方法，将半干旱黄土丘陵区分为不同的生态功能区（峁顶生态区、坡面生态区、农田生态区、侵蚀沟生态区、庭院循环经济生态区、现代城市生态区等），在不同的生态功能区，针对其生态服务功能，在保证生态系统完整性的基础上，对生态功能区进行进一步细化，针对生态功能区的特点、作用、环境变迁、发展趋势，采取有针对性的生态系统管理措施，做到统一管理、统一规划，避免盲目、无针对性的实施管理政策。

11.5.2.2　树立生态系统管理理念

生态系统的保护与修复是一项长期而复杂的系统工程，政府管理部门的决策水平以及公众对生态建设的认知度对实施生态系统管理尤为重要。半干旱黄土丘陵区人口众多、教育落后、人民生活水平较差，难免存在不合理生态利用建设等较严重的生态破坏问题，因此必须加强对行政管理人员、公众进行生态系统管理理念的宣传教育，使其深刻地认识到生态系统破坏将严重影响到当代以及子孙后代的生存环境，使其积极地参与到生态系统建设与管理当中；同时生态系统建设需要大量的资金和技术支持，要平衡社会经济发展与生态环境建设，争取社会方方面面的资金支持，在公众中确定区域生态发展优先的环境保护观念和功在当代、利在千秋的理念，使生态系统管理变成一项长期的系统工程，切不可以人的主观意识而阶段性改变。

11.5.2.3　创建节水型社会

水是半干旱黄土丘陵区发展的关键限制因子，水资源的短缺严重制约半干旱黄土丘陵区的工农业发展，如何充分合理的用好有限的雨水资源对区域的健康、持续发展具有举足轻重的作用，在创建节水型社会的过程中要跳出单纯的工程节水的思路，充分考虑区域生态环境需水量，利用好土壤水库，集成、创新、研究出各种节水措施、进行区域水资源优化配置，处理好生态、生产、生活用水，实现水资源的可持续发展。半干旱黄土丘陵区在水资源上应注意以下几点：①研究、完善抗旱减灾防御体系，发展适应性农业；②研究、引进、创新各种节水技术、节水材料，节水措施发展旱作节水保护性农业；③培育、引进、挖掘区域特色优良抗旱植物，发展特色生态产业；④利用好现有的水库，做到水资源的生态需水、生产需水和生活需水的合理配置和高效利用。

11.5.2.4　加强生态系统管理的各项法律、法规、政策的制定

立法体系的不完善是生态系统破坏的主要原因之一，半干旱黄土丘陵区环境保护、生态建设缺乏法律、法规、政策的支撑。法律、法规、政策是各项工作顺利进行的保障和参考依据，生态系统管理需要一套完整并能延续的政策、法律、法规体系来确保生态环境建设顺利进行，法律、法规、政策能够促使形成区域特色产业、优势产业，能够协调区域人口资源环境承载力，能够保证好的规划报告的顺利进行。现阶段半干旱黄土丘陵区应加强区域发展战略定位、天然林草地保护、退耕还林还草的合理开发利用、区域人口、生态产业发展、生态补偿等方面的政策、法规、法律的研究制定。

11.5.2.5　建立半干旱黄土丘陵区生态补偿机制

在半干旱黄土丘陵区进行生态建设，通过植树造林、退耕还林还草等工程建设，在恢复生态环境的同时，不损害当地人民的经济效益。同时由于所处的特殊的生态地理环境所具有的特殊生态、经济、发展作用。因此，为了增加区域人民的经济收入，体现区域生态服务价值，一方面应加大区域生态产业、特色产业的研究、示范、推广、服务等工作，另一方面要将区域放到更大的区域进行生态系统统筹规划，明确各个区域的责任、义务与权力、利益，加以统筹考虑，建立区域内、区域间的经济补偿机制，同时加强区域持续发展政策的研究与应用。

第12章　半干旱黄土丘陵区退化生态系统恢复试验示范区建设综合效益评价

　　试验、示范是各项新技术、新成果、新方法的推广价值的评估，是技术推广应用于实际的前提条件，是进一步全面系统验证技术、成果、方法的适应性和可靠性的有力措施。退化生态系统恢复试验示范区的建设就是为同类型和相似区域的人口、资源、环境、经济持续健康发展树立公众从听觉、视觉、触觉等感官能够直接或间接感应的退化生态系统恢复样板，引导政府、公众采用新技术、新成果、新方法，进而扩大新技术、新成果、新方法的应用范围。半干旱黄土丘陵区退化生态系统恢复中庄试验示范区和河川试验示范区的建设者在具有显著区域代表性的地理环境中，针对区域水土流失严重、人民生活水平差、粮食和水资源短缺、水土资源利用不合理、自然灾害频繁、经济发展落后等区域主要生态问题，在对退化生态系统自然环境、水土资源的有效利用、适宜生物群落重建、产业结构调整、生态产业开发等瓶颈问题系统研究的基础上，投入大量人力、物力、财力，采用了多项技术的引进、集成、创新和多种推广方法、示范应用引导多项生态恢复模式、技术和区域特色产业的开发等一系列有力措施的实施，示范区生态环境发生了明显的变化，区域生态效益、经济效益、社会效益得到显著提升，系统压力、状态、响应得到明显改善。从区域基础设施建设、生态环境建设、农业产业结构调整、特色产业发展、科技培训等方面对示范区进行建设效果分析和综合评价，为半干旱黄土丘陵区退化生态系统恢复措施的有效实施提供依据，为进一步扩大试验示范区生态恢复效果提供理论与实践依据。

12.1　中庄试验示范区建设效果评价

12.1.1　自然与社会状况

　　彭阳县中庄村位于彭阳县城东北方21 km处，东经106°41′～106°45′，北纬35°51′～35°55′，属于典型的温带大陆性气候，地貌类型属黄土高原腹部梁峁丘陵地，该地区年平均降水量433.6 mm左右，分明显的旱季和雨季，其中50%～75%集中在6～9月。3～5月的降水量，只有全年降水量的10%～20%。降水季节分布不均匀，与热量条件不协调，大大限制了降水的有效性，且变率大，对农业生产十分不利。年平均气温7.4℃，≥10℃的积温为2200～2750℃，地面平均气温8～9℃，7月最高，平均为22～23℃；1月最低，平均为-8℃左右。一般11月中下旬土壤结冻，至翌年3月初开始解冻。最大冻土深度一般超过100 cm。日照时数为2200～2700 h，日照百分率为50%～65%，一年之中，6月日照时数最多，9 月日照时数最少。近 10 年的干燥度为 1.40~3.04（可能蒸散量/降水量），无霜期 140~160 d。主要气象灾害有干旱、霜冻、冰雹等。干旱是示范区发生次数多、影响面广、危害最严重的农业气象灾害。

土壤以普通黑垆土为典型土壤。植被以草原植被为主，生长有长茅草、茭蒿、铁杆蒿、白羊草、赖草、星毛委陵菜、狗尾草、狼毒、鹅冠草、达乌里胡枝子、裂叶委陵菜、二裂委陵菜、飞缓、阿尔泰狗娃花、蛇莓、中华隐子草、糙叶黄芪、百里香、蒲公英、车前、灰旋花、山苦卖、苦苣菜、猪毛菜、草木樨状黄芪、野决明、牻牛儿苗等。此外还有中生、旱中生的落叶阔叶灌丛，落叶阔叶林，草甸，人工植被以山桃、山杏、沙棘、人工柠条等为主，农田种植以粮食作物为主，主要有冬麦，其次为玉米、豌豆、糜子、莜麦、荞麦、马铃薯等，油料作物主要以胡麻为主，饲料作物主要以紫花苜蓿为主，农业结构单一，资源利用率较低。

2001 年示范区辖 7 个村民小组，1678 人，全村总面积 1944.7 hm²，耕地面积 939.7 hm²，其中坡耕地占 65% 以上。人均现有耕地 0.56 hm²，区域水土流失严重，植被覆盖度较低，粮食产量低而不稳，农业防灾抗灾能力极弱。

12.1.2　基础设施建设成效

示范区面积从"十五"期间的 1148 hm² 扩大到 1944.7 hm²，即从中庄村的部分地区扩展到整个中庄村；"十一五"期间示范区在全县率先实现梯田化，新修梯田 45.6 hm²，水平梯田面积达到了 532.3 hm²，比 2001 年增加了 121.2%，人均 0.29 hm²，累计减少水土流失量 10646 t/a［计算依据：梯田土壤侵蚀模数 500 t/（km²·a），坡耕地（15°）土壤侵蚀模数 2500 t/（km²·a）］；农户通电率达 100%；在 30 户养殖示范户的带动下，示范区达到户均有标准养殖棚 1 座，成为全县重点养殖示范村；新修集水场 80 座，相当于增加人畜饮用水资源 3468 m³/a（计算依据：每个集水场 100 m²，区域平均降水量 433.6 mm），总数达到 193 座；集水窖从示范区建设初期的 373 个达到现在的 695 个；新建屋檐集水示范户 20 户，屋檐集水示范户达到 50 户；新建"三位一体"循环经济示范户 75 户，农村能源工程总户数达到 165 户；新修乡村道路 4 km；投资集雨布 42 个；庭院改造绿化 100 户以上；新建立庭院生态经济林示范户 100 户；建立养殖核心示范户 40 户，配备 10 m³ "三贮一化"双联池 27 座；筹建了农民科技培训中心和黄牛冷配点、村级卫生室；新建农村小型电视塔 1 座；农民文体活动场所 3000 m²；农村基础设施得到较大的改善。

12.1.3　生态建设成效

项目实施 5 年来，示范区林草植被覆盖率由"十五"期间的 51.9% 提高到 52.4%，提高了 0.5%；土壤侵蚀模数由"十五"末期的 2245 t/（km²·a）降到 2009 年 1780 t/（km²·a）。"十一五"期间示范区生态重点主要由"十五"期间生态建设等工程措施转变为生态恢复与管理等技术措施。在"十五"的基础上，累计完成荒山造林 53.3 hm²，减少水土流失 240 t/a，［计算依据：坡面由强烈侵蚀模数 7000 t/（km²·a）转变为中度侵蚀模数 2500 t/（km² · a）]；完成侵蚀沟综合治理 33.3 hm²，侵蚀沟重力侵蚀得到有效控制；完成 50 hm² 退耕地甘肃鼢鼠的物理防治；完成雨季外埂人工柠条点播 363 hm²，累计完成各类林地补植、抚育面积 436.7 hm²，示范区有林面积达到 471.8 hm²。

参考谢高地等人的生态系统服务价值计算方法计算系统生态服务价值，生态系统服务价值包括气体调节、气候调节、水源涵养、土壤形成与保护、废物处理、生物多样性维持、食物生产、原材料生产、休闲娱乐共 9 类。新增荒山造林面积增加气候调节价值 11 858 元/a，增加气体调节价值 25 034 元/a，增加水源涵养价值 21 081 元/a。示范区林地生态系统气体调节、气候调节、水源涵养等生态服务价值由示范区建设初期 2001 年209 760元/a 增加到 2005 年 3 418 826 元/a、2009 年 4 086 999 元/a。示范区草地生态系统气体调节、气候调节、水源涵养等生态服务价值由示范区建设初期 2001 年 1 695 898 元/a 增加到 2005年的 2 887 602 元/a、2009 年的 3 161 853 元/a。增幅较小主要原因是将区域所有的草地面积按照天然草地面积计算，没有考虑人工牧草面积的增加和植被覆盖率和生物量的提高等。示范区水源涵养价值从 2001 年的 488 832 元/a 增加到 2005 年的 781 113 元/a 和 2009年的 839 162 元/a，2009 年比 2005 年和 2001 年提高了 7.4% 和 71.7%。

示范区农田生态系统气体调节、气候调节、水源涵养等生态服务价值由示范区建设初期2001 年 3 117 729 元/a 增加到 2005 年 3 837 178 元/a 和 2009 年 3 928 750 元/a。耕地生态服务价值变化不大，主要是由于退耕还林还草致使耕地面积的减少，并且没有考虑坡地梯田化、水肥一体化等措施增产效果。示范区生态系统林地、草地和农田总的生态服务价值由示范区建设初期 2001 年 5 023 450 元/a 增加到 2005 年 10 143 606 元/a 和 2009 年 11 177 601 元/a。2009 年示范区生态服务价值比 2005 年增加了 10.2%，比 2001 年增加了 122.5%。

示范区经过近 10 年的生态建设和生态恢复项目的实施，生态环境得到明显改善，生态服务价值得到显著提升。

12.1.4 产业结构调整成效

每年进行优良作物品种试验示范推广 150 hm² 左右，使区域种植业由示范区建设初期（2001 年）的夏粮作物占 70% 左右调整为现在的秋粮作物占 70% 左右，其中小麦由 466.7 hm²减少到 200 hm² 左右，马铃薯由 23.3 hm² 增加到 66.7 hm² 左右，地膜玉米由 33.3 hm² 增加到120 hm² 左右，其他经济作物由 40 hm² 增加到 133.3 hm²。种植业产业结构本着农户自愿、产业引导的方针逐年优化，农户种植玉米、马铃薯、牧草等优势作物的意愿得到提升。

农林牧业收入中，特色农业提供人均纯收入从 2005 年的 215 元到目前的 356 元，占农林牧业收入的 27.6%。牧草种植面积达到 266.8 hm²，户均 0.69 hm²，2009 年牛存栏数600 头，羊存栏数 1200 只。牧业收入从 2005 年 298 元到 2009 年的 523 元，占农林牧业收入的 40.6%。林业收入由 2005 年 425 元到目前的 409 元，占农林牧业收入的 31.8%，林业收入主要受退耕还林草政策的影响。

劳务在现阶段区域农民收入中的地位逐年得到增强，外出务工人数从 2005 年 456 人到目前的 586 人，人均劳务收入 800 元，占人均收入的 27.3%。

示范区人均纯收入从 2001 年的 530 元提高到 2005 年的 1530 元和 2009 年的 2932 元，

比 2001 年分别增加 188. 68% 和 453. 21% 。

示范区产业结构的调整，极大提高了半干旱黄土丘陵区退化生态系统的抗灾减灾能力，显著提高了农民的收入水平，促进了农民生活水平的提升，保护了生态建设成就。

12. 1. 5　科技培训与示范引导

"科学技术是第一生产力"，利用农民科技培训中心等基础措施，采用举办培训班、召开现场会、逐户逐人指导、重点示范户、科技服务小分队、田间培训、宣传栏、观看 DVD、现场咨询、外出参观学习等措施对农民进行种植业、养殖业、林果业、"三位一体"、"四位一体"、党的政策、方针、法律等有关社会发展方方面面的科技培训，累积培训 2900 人次；建立科技文化阅览室 1 处，科技、文化图书千余册，VCD 科技光盘 850 套；修建科技宣传栏 2 处，定期更换科技、法律、政策等方面的内容；成立了科技服务小分队；同时累计发展种植业、养殖业等科技示范户 160 余户。

示范推广免耕、少耕、留膜留茬越冬、秸秆覆盖等耕作措施 60 hm²，亩均减少投入 20% 左右。推广早春覆膜、全覆膜双垄沟、秋覆膜等耕作技术，增加土壤水分 10% 左右。冬小麦膜侧种植技术在干旱年份增产幅度达到 78. 8% 。推广玉米早春覆膜、秋覆膜、双垄沟全覆膜栽培技术，增产幅度 10% ~ 30% 。

通过持续的教育、示范引导，加之区域生态环境状况的逐步改善，通讯信息技术普及，农民科学文化素质、道德修养得到了很大提升，生态环境意识得到显著提高。精神状态由过去的等、靠、要变为现在自觉、自强、自立，极大地促进了区域经济发展、生态改善和社会文明。

12. 1. 6　试验示范区建设效果综合评价

综合评价是结合影响评价对象多种影响因素，采用定性、定量或定性与定量相结合的方法对评价对象作出全面系统评价的多目标决策方法。综合评价的基本步骤一般为：确定评价单元，即确定评价目的；选择评价方法；优选组建评价指标体系；根据评价方法的要求对评价指标进行无量纲处理；确定评价指标的权重；最后按照评价方法的要求，将单项指标的评价值综合成总评价值。

选用基于压力（pressure）—状态（state）—响应（response）模型（PSR）的综合评价方法，对半干旱黄土丘陵区退化生态系统中庄试验示范区进行综合评价，通过区域生态系统变化的原因、效益、响应的综合分析，能够更加直接体现示范区人口、环境、资源、经济发展状况，揭示示范区建设成就。

12. 1. 6. 1　评价指标体系的设计

压力 – 状态 – 响应模型（PSR）最初是由 Tony Friend 和 David Rapport 提出，用于分析环境压力、状态与响应之间的关系。在 PSR 框架内，环境问题可以表述为 3 个不同但又相互联系的指标类型：压力指标反映自然环境和人类活动、过程和方式给环境造成的负荷，是环境的直接压力因子；状态指标表征环境质量、自然资源与生态系统的状况；响应指标表征人类面临环境问题所采取的对策与措施。P－S－R 概念模型从人类与环境系统的相互作用与影响出发，对环境指标进行组织分类，具有较强的系统性，在可持续评价、生态安全等领域得到广泛的应用，本节应用压力－状态－响应模型的思想构建基于 P－S－R 模式的评价指标体系，评价体系见表 12-1。

表 12-1　半干旱黄土丘陵区中庄流域生态建设综合评价指标体系及数据标准化

目标层	准测层	指标层	2001 年	2005 年	2009 年
半干旱黄土丘陵区中庄流域生态建设综合评价指标体系	压力	人口数量	0.95	0.99	0.96
		人均有粮	0.37	0.83	0.89
		贫困人口	0.00	0.98	1.00
		梯田面积	0.00	0.84	1.00
		农用化肥施用量	0.04	0.00	1.00
		集雨场	0.00	0.46	1.00
		水窖	0.00	0.97	1.00
		秋粮作物面积/粮食播种面积	0.00	1.00	1.00
		降水量	0.95	0.92	0.74
	状态	农民人均纯收入	0.00	0.64	1.00
		人工草地面积	0.00	0.77	1.00
		人口密度	0.95	0.99	0.96
		林地面积	0.00	0.89	1.00
		植被覆盖率	0.00	0.99	1.00
		农用机械	0.00	0.45	1.00
		人均基本农田	1.00	0.17	0.00
		土壤肥力指数	0.00	0.04	1.00
		生物多样性	0.00	0.84	1.00
		牧业收入	0.00	0.44	1.00
		务工收入	0.00	0.74	1.00
	响应	外出务工人口	0.00	0.63	1.00
		退耕还林还草和优势作物农业种植补助	0.00	0.80	1.00
		示范户	0.00	0.83	1.00
		新技术普及率	0.00	0.80	1.00
		计划生育率	1.00	0.00	1.00
		封山育林面积	0.00	1.00	1.00
		林业抚育面积	0.00	0.79	1.00
		乡道	0.00	0.75	1.00

12.1.6.2　评价指标来源与标准化处理

数据主要来源于研究调查、示范区统计以及彭阳统计年鉴。秋粮作物面积/粮食播种面积的计算用（玉米播种面积＋马铃薯播种面积）／（冬小麦播种面积＋玉米播种面积＋

马铃薯播种面积）获得；人工草地面积主要指苜蓿种植面积；土壤有机质和生物多样性分别选用主要生态恢复措施不同阶段土壤有机质和土壤微生物功能多样性指数；示范户主要选用课题 3 阶段重点建设培养的养殖业农户户数；新技术普及率主要为各阶段农户接受并掌握新技术的农户数量；林业抚育面积主要是项目区各阶段对幼林、成林嫁接、管护面积。本节采用 2001 年、2005 年、2009 年数据，所以缺失的数据根据彭阳县平均水平计算获取。

由于指标数据具有自身的量纲和分布区间，不能进行计算比较，必须对数据进行标准化处理，指数中有越大越好的指标（效益型），也有越小越好的指标（成本型），又有适度性指标，因此采用 3 种指标标准化方式对数据进行处理。

效益型：

$$X'_i = \frac{X_i - \min(X_i)}{\max(X_i) - \min(X_i)} \times 100 \tag{12-1}$$

成本型：

$$X'_i = \frac{\max(X_i) - X_i}{\max(X_i) - \min(X_i)} \times 100 \tag{12-2}$$

适度性：

$$X'_i = 1 - ABS(\overline{X}_i - X_i) / \overline{X}_i \tag{12-3}$$

X_i 和 X'_i 分别表示指标 i 的原始值和标准值，$\max(X_i)$、$\min(X_i)$ 分别为指标 X_i 的最大值和最小值。标准化数据见表 12-1。

12.1.6.3　评价指标权重的确定

层次分析法是定性与定量相结合的系统化、层次化的多目标决策方法，在系统评价方面得到较大的发展和应用，本节应用层次分析法确定评价指标的权重，计算结果见表 12-2。

表 12-2　半干旱黄土丘陵区中庄流域生态建设综合评价指标权重和一致性检验

目标层	准则层	权重	一致性检验	指标层	权重	一致性检验
半干旱黄土丘陵区中庄流域生态建设综合评价	压力	0.54	$\lambda_{max}=3.0092$ RI=0.5800 CI=0.0046 CR=0.0079 < 0.1	人口数量	0.18	$\lambda_{max}=9.4831$ CI=0.0604 RI=1.45 CR=0.0416 < 0.1
				人均有粮	0.23	
				贫困人口	0.25	
				梯田面积	0.05	
				农用化肥施用量	0.05	
				集雨场	0.02	
				水窖	0.02	
				秋粮作物面积/粮食播种面积	0.11	
				降水量	0.09	

目标层	准则层	权重	一致性检验	指标层	权重	一致性检验
半干旱黄土丘陵区中庄流域生态建设综合评价	状态	0.30	$\lambda_{max}=3.0092$ RI=0.5800 CI=0.0046 CR=0.0079 <0.1	农民人均纯收入	0.25	$\lambda_{max}=12.0342$ CI=0.1034 RI=1.51 CR=0.068 5<0.1
				人口密度	0.21	
				植被覆盖率	0.14	
				林地面积	0.10	
				人均基本农田	0.09	
				土壤肥力指数	0.06	
				生物多样性	0.05	
				务工收入	0.04	
				牧业收入	0.03	
				苜蓿面积	0.02	
				农用机械	0.01	
	响应	0.16		封山育林面积	0.31	$\lambda_{max}=8.7444$ CI=0.1063 RI=1.41 CR=0.0754 <0.1
				新技术普及率	0.26	
				计划生育率	0.14	
				示范户	0.12	
				外出务工人口	0.08	
				退耕还林还草和优势作物农业种植补助	0.05	
				林业抚育面积	0.03	
				乡道	0.02	

12.1.6.4 评价效果

压力、状态、响应各单项指标的综合评价指数（S_x）计算方法见式（12-4）。

$$S_x = X_i \times W_i \ (X_i: 压力、状态、响应，i=1，2，\cdots，n) \tag{12-4}$$

示范区效果综合评价指数（U）计算方法见式（12-5）。

$$U = \sum_{i=1}^{n} S_i \times W_i (i:压力、状态、响应) \tag{12-5}$$

式中，S代表压力、状态、响应的综合评价指数，X_i为指标i的指数，W_i为指标i的权重。半干旱黄土丘陵区中庄流域示范区建设效果评价结果见表12-3。为了较好地反应示范区生态建设效果，将评价指数（0~1）划分为5级，即间隔为0.2，依次为差、较差、一般、良好、优秀。

表12-3 半干旱黄土丘陵区中庄流域生态建设效果综合评价值

项目	2001年	2005年	2009年
系统压力	0.34	0.88	0.94
恢复效果	较差	优秀	优秀

续表

项目	2001 年	2005 年	2009 年
系统状态	0.29	0.72	0.90
恢复效果	较差	良好	优秀
系统响应	0.14	0.74	1.00
恢复效果	较差	良好	优秀
系统综合评价	0.29	0.81	0.94
恢复效果	较差	优秀	优秀

(1) 中庄流域退化生态系统恢复效果评价压力分析

在系统压力指标中，对系统压力影响最重要的指标为贫困人口、人均有粮、人口数量、秋粮所占比例和降水量。其中区域贫困人口近年来得到极大下降，示范区贫困人口由建设初期的 1683 人，降到目前 170 人。人均有粮由示范区建设初期的 197.4 kg 到目前的589 kg。示范区人口数量由建设初期的 1678 人到现在的 1838 人。降水量受自然因素的影响波动较大。示范区人口数量和降水量对于半干旱黄土丘陵区生态承载力和生态建设来说仍然存在较大的系统压力。系统压力指数由建设初期的较差转变为现阶段的优秀，也即产业结构调整、旱作节水等技术的应用，显著提升了系统抗灾减灾能力。

(2) 中庄流域退化生态系统恢复效果评价状态分析

在系统状态指标中，对系统状态影响最重要的指标为农民人均收入、人口密度、植被覆盖度、林地面积和人均基本农田。其中人均收入发生了显著变化，从生态恢复初期 2005年的 1520 元到 2009 年的 2932 元，从而说明示范区经济效益显著。植被覆盖率和林地面积显著提升，其中林地面积从示范区初期的 67 hm^2 到现阶段的 757 hm^2，提高了 10 倍，土壤肥力和生物多样性指数也有了显著提升，说明示范区生态和社会效益发生较大变化。在示范区取得显著经济效益、生态效益、社会效益的同时，示范区人口密度处于上升状态，达到现阶段的 111 人／km^2，人均耕地面积由示范区生态恢复初期 2005 年的 6.1 亩降到现阶段 2009 年的 5.6 亩，区域最小人均耕地面积为 5.6 亩 [最小耕地面积 = 人均食物需求量 420 kg／（粮食单产 150 kg 乘以食物播种面积所占比例 50%）]，这 2 项指标对系统具有不利影响，应加强调控，控制区域人口数量、提高粮食单产水平。总之，系统状态综合指数从 2001 年较差到 2005 年的良好到 2009 年的优秀，系统状态发生了重大变化，向着有利于区域退化生态系统恢复的方向发展。

(3) 中庄流域退化生态系统恢复效果评价响应分析

在响应状态指标中，对系统响应影响最重要的指标为封山育林面积，新技术普及率、计划生育率、示范户和务工人口。其中封山育林面积从示范区建设初期的 0 hm^2 到现阶段的 436.7 hm^2，新技术推广普及率由示范区建设初期的 15% 到现阶段的 90% 以上，以及示范户建设水平和外出务工人员数都有了较大幅度的提升，这一系列响应措施的实施减轻了系统压力，促进了系统状态的好转。系统响应指数从 2001 年较差到 2005 年的良好到 2009年的优秀。系统对生态环境的影响程度显著增强。

(4) 中庄流域退化生态系统恢复效果评价综合分析

通过 9 年的生态建设和生态恢复项目的实施，示范区综合评价指数从 2001 年的 0.29 到 2005 年的 0.81 到 2009 年的 0.94，从较差变为现阶段的优秀。示范区系统压力得到很大的缓解，系统状态得到明显改善，系统响应措施得到显著提升，示范区综合发展能力得到极大增强，示范区经济效益、生态效益、社会效益得到显著提高。中庄试验示范区可以作为半干旱黄土丘陵区退化生态系统恢复的示范样板。示范区在取得显著成绩的同时，有关示范区人口承载力、耕地面积等生态警戒值的研究，仍然需要加强分析。

12.2   河川试验示范区建设效果评价

12.2.1   示范区自然概况

研究区设立在原州区河川乡河川村，总土地面积 7.61 km²，有耕地 130 hm²，辖 3 个自然村，目前总人口 532 人。海拔 1504～1900 m，年平均气温 6.9 ℃，多年平均降水量 420 mm，降水在时空分布上不均匀，大部分集中在 7、8、9 三个月，占全年降水量的 62% 以上。地貌属典型黄土高原丘陵沟壑区，植被稀疏，1980 年前，土壤侵蚀模数 5000～8000 t/（km²·a），气候干旱，地势高亢，以旱灾为主的各种自然灾害频繁发生，生态环境脆弱，农业生产条件差，人均有粮 210 kg，人均纯收入只有 47 元，经济发展十分缓慢。

12.2.2   示范区生态和经济建设

针对河川示范区代表的宁夏半干旱黄土丘陵区存在的"干旱、低产、贫困和荒漠化加剧"难点、热点问题，通过改善生态环境和调整农林牧结构，以降水高效利用为中心，以优化农林牧结构和改善生态环境为基础，主攻雨水集蓄利用，协调水肥关系，提高水肥利用率，建造大田节水模式和集水型果、菜集约化的高效农业技术体系；建造大面积灌木与草地植被，形成农牧结合的协调发展模式。

经过 20 多年的潜心研究和探索，总结出"三化两提高"生态建设与可持续发展模式（宜林荒山绿化、坡度梯田化、平川地高效集约化、农民科学文化素质和致富技能不断提高、生态经济效益不断提高）和"三大技术体系"（以结构调整和水肥高效利用为中心的旱作农业增产技术体系、以适宜干旱温凉山区种植名优经果林菜的高效庭园经济技术体系、以退耕还林还草舍饲养殖为基础的农牧结合技术体系），走出了一条资源保护和科学利用相结合、生态环境全面改善与社会经济持续发展的路子，为黄土高原综合治理和宁夏半干旱黄土丘陵区科技兴农提供了技术支撑。今日河川已实现"三化两提高"的目标，目前试区水土保持治理度已达 86%，林草覆盖率达 76.3%，年土壤侵蚀模数小于 1000 t/（km²·a），达到土不下山，水不出沟，化害为利，控制水土流失，高效利用水土资源的要求，从根本上改善了生态环境和农业生产条件，大大增强了抗灾能力，农业生产连年增产增收。在连年大旱情况下，群众积极主动调整农业生产结构，抓紧庭园经济和劳务输出，经济收入继续增长，人均收入突破 3000 元大关。

12.2.3　示范区建设效果综合评价

以监测信息为基本依据，以项目实施前的状况为纵向对比基准期，运用定性方法（德尔菲法）和定量方法（AHP 法）相结合，提出多层次模糊综合评价法对河川退化生态系统恢复试验示范区生态建设效果进行评价。多层次模糊综合评价是按照层次结构和多级评价模型，由低层到高层逐层确定权重分配来进行该层的综合评价，将其所得结果作为高层次的模糊矩阵，进行高层次的综合评价。这样既反映了各评价因素间客观存在的层次关系，又克服了评价因素过多难以分配权重的弊病。

12.2.3.1　评价指标体系的建立及各指标值计算方法

由于半干旱黄土丘陵区退化生态系统恢复试验示范区建设综合效益评价具有自身的特点，目前尚未有成熟的评价指标体系和方法。结合相关研究领域的方法和指标体系，考虑指标体系的科学性、适应性和可操作性以及系统性、客观性和可比性，提出以下评价指标体系和计算方法。

(1) 综合效益评价指标体系（12 项）

1）生态限制因子（三项）。土壤有机质含量，土壤有机质是土壤的良好胶结剂，其含量的高低可以反映土壤质量的优劣，体现生态系统中植被恢复作用的程度。降水量，降水量体现了一个区域接受大气降水的多少，其能够影响植被种类、分布状况及农业种植制度等，可以反映地面接纳和利用大气降水的潜力。径流系数 = 径流量/降水量，径流系数体现了一次降水过程中产生径流的程度与大小，反映了降水过程中的地面冲刷及受侵蚀的能力。土壤有机质和降水量少，径流系数较大是宁南山区生态建设与恢复的主要限制因素，三者之间有其内在的联系。

2）生态指示因子（四项）。植被覆盖度 = 植被覆盖面积/土地面积；该指标反映了在生态系统恢复过程中植被的生长状况和生态环境的改善状况。侵蚀模数 = 单位面积单位时间的土壤侵蚀量；该指标与植被覆盖度对生态系统恢复的作用是此消彼长、互相制约，其值越小，说明土壤流失的数量越小，越有利生态系统的改善。

粮食单产 = 粮食总产量/总耕地面积；粮食总产量与耕地面积有一定的相关关系，但并非耕地面积越大粮食产量越高，要因地制宜制定种植模式和种植制度，调整林、草、田的种植比例，以提高土壤质量兼顾粮食高产的种植模式，实现单位面积的粮食产量，促进生态建设与农业生产协调持续发展。人均耕地面积 = 总耕地面积/总人口；人口增加必然导致人均耕地面积的减少，而人均耕地面积的多寡不能反映人们生活水平的优劣，但可以从侧面体现人们对土地的依赖程度及用于恢复生态环境的耕地的比例大小，可以作为生态系统恢复的生态指示因子。

3）社会经济因子（五项）。农村产业结构（农业人口率）= 农业人口人数/总人口；该指标体现参与农业生产的人口比例，反映剩余劳动力从事其他产业的潜力大小，从侧面反映人民社会经济状况。文盲率 = 文盲人数/总人口；文盲率可以较好反映项目区人口的受教育程度，随着社会经济的发展，文盲率下降，因此从另一个角度说明了社会经济状况。恩格尔系数＝农村居民人均食品支出金额/农村居民人均生活消费支出金额；恩格尔系数揭示了居民收入和食品支出之间的相关关系，用食品支出占消费总支出的比例来说明经济发展、收入增加对生活消费的影响程度。这样能够较好反映人民的生活水平与生活质量。人均收入＝居民总纯收入/总人口；人均收入的高低反映了居民生活水平与生活质量的优劣。人均粮食＝粮食总消耗量/总人口；人均粮食反映了在人口数量变化的过程中，人均拥有或消耗的粮食水平。

（2）调查与监测

采用基础资料收集、实地调查及实地试验监测相结合的方法。基础资料包括示范区历年治理情况统计表，有关示范区的统计资料（以 2006 年以前为主），与示范区所在的政府部门的统计、农业、林业、水土保持站等单位合作，详细了解当地的实际情况，查阅水土保持治理、农村经济发展、雨水利用情况方面的资料，并对项目的实施及形成的经济、生态、社会、雨水利用及综合效益进行实时监测。

治理效益评价调查采用系统抽样与随机抽样相结合，一般调查和重点调查相结合的方法，根据人口、农田、收入等指标，并结合当地人员提供的信息，确定一定数量的典型农户进行调查。这些农户一般为该村农户数量的30%，然后划分为 3 个层次（富裕、中等、贫困），在每个层次上随机抽取几户进行重点调查。以这几户的调查平均值并结合村、镇的统计数字作为研究使用数据。调查每个典型农户的资料包括：①家庭人口、劳力、耕地面积、基本农田面积、果园面积等。②农作物产量及灌水情况。③牛、羊、驴、猪、鸡等的数量及饲料的来源。④人均纯收入、劳动生产率。⑤产品价格、农作系统总投入（包括种子、耕种、肥料、农药、灌溉、地膜、管护、收割、费税等所有成本）、总收入（粮食、果品等农产品及劳务收入）。⑥农产品商品产值。

12.2.3.2 多层次模糊综合评价计算

（1）效益评价指标层次结构

将效益评价指标体系的 3 大类 12 项评价指标，按目标层、准则层、指标层 3 个层次（由上至下）建立效益评价层次结构模型（图 12-1）。

（2）效益评价方法

多层次模糊综合评价，是按照层次结构和多级评价模型，由低层到高层逐层确定权重分配来进行该层的综合评价，将其所得结果作为高层次的模糊矩阵，进行高层次的综合评价。它是由下而上进行模糊合成运算，其一般模糊关系方程是：$B = A \cdot R$，式中 B 为评价结果即判决子集；A 为模糊集中的权重分配；$\cdot$ 为模糊算子；R 为各评价因素的单因素评价矩阵。M 层中生态限制因子、生态指示指标、社会经济指标的评价矩阵 R_i（$i = 1, 2, 3\cdots$）由各评价指标的实际值按隶属函数标准化计算而得。M 层的评价结果 B_i 将作为 U 层评价中相应的 R_i 值，以此类推最终得到 O 层（综合效益）的评价值。考虑到影响因素众多，且为整体因素起作用，故采用加权平均模型 $M(\cdot, \oplus)$ 予以计算。

（3）效益评价过程

1）评价指标权重的确定。层次分析法可以对非定量事物做定量分析，对人们的主观

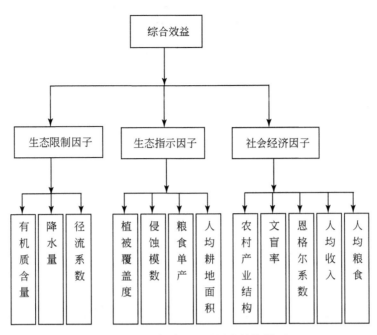

图 12-1   综合效益评价层次结构模型

判断做出客观描述。因此,采用层次分析法来解决权重问题。根据建立的层次分析结构模型,构造判断矩阵并确定标度,经过层次单排序、总排序及一致性检验最后得到权重值。具体计算如下:采用专家打分法,评分标准见表 12-4 得到各个子系统及其内部指标两两比对的判断矩阵 $M = (m_{ij})(i = j = 1, 2, \cdots, n)$。采用和积法计算判断矩阵 M 的特征向量,即评价指标 v_{ij} 的权重向量 $W = (w_1, w_2, \cdots, w_n)$ 并对结果进行一致性检验。通过专家对子系统及其内部各指标两两比较得到准则层 B_1 的判断矩阵 K,以及次准则层 B_2 中的 3 组判断矩阵 W_1、W_2 和 W_3,如下所示

$$K = \begin{bmatrix} 1 & 2 & 1/3 \\ 1/2 & 1 & 1/3 \\ 3 & 3 & 1 \end{bmatrix} \qquad W_1 = \begin{bmatrix} 1 & 4 & 5 \\ 1/4 & 1 & 2 \\ 1/5 & 1/2 & 1 \end{bmatrix}$$

$$W_2 = \begin{bmatrix} 1 & 7 & 2 & 3 \\ 1/7 & 1 & 1/3 & 1/3 \\ 1/2 & 3 & 1 & 4 \\ 1/3 & 3 & 1/4 & 1 \end{bmatrix} \qquad W_3 = \begin{bmatrix} 1 & 1/2 & 1/5 & 1/4 & 3 \\ 2 & 1 & 1/3 & 1/2 & 1/2 \\ 5 & 3 & 1 & 5 & 6 \\ 4 & 2 & 1/5 & 1 & 4 \\ 1/3 & 2 & 1/6 & 1/4 & 1 \end{bmatrix}$$

计算每组判断矩阵的权重和一致性检验系数(CR),得到的每组权重的 CR 值均小于0.1,说明结果可靠。计算得出各层次指标权重,表 12-5 中 A 为综合效益评价权重,A_i 为 M 层中对应于生态限制因子、生态指示因子、社会经济因子的各评价指标的权重向量。

表 12-4　层次分析法重要性等级表

标度	含义
1	表示因素 U_i 与 U_j 的比较，具有同等重要性
3	表示因素 U_i 与 U_j 的比较，U_i 比 U_j 稍微重要
5	表示因素 U_i 与 U_j 的比较，U_i 比 U_j 明显重要
7	表示因素 U_i 与 U_j 的比较，U_i 比 U_j 强烈重要
9	表示因素 U_i 与 U_j 的比较，U_i 比 U_j 极端重要
2，4，6，8	2，4，6，8 分别表示相邻判断 1–3、3–5、5–7、7–9 的中值
倒数	表示因素 U_i 与 U_j 比较得判断 U_{ij}，则 U_j 与 U_i 比较得判断 $U_{ji}=1/U_{ij}$

表 12-5　权重向量表

A	A_i
$A=(0.2519,0.1593,0.5889)$	$A_1=(0.6806,0.2014,0.1179)$
	$A_2=(0.4810,0.0692,0.3066,0.1432)$
	$A_3=(0.0976,0.1122,0.4825,0.2167,0.0909)$

2）效益指标分级量化标准。采用德尔菲法，根据各项指标含义，结合项目区实际情况，提出各级效益评价指标的分级标准（采用百分制）。建立模糊数学隶属度函数对指标进行标准化，根据对指标性质的分析，采用升半梯形、降半梯形 2 种类型对指标进行标准化。

表达式如下：

升半梯形函数

$$U(x)=\begin{cases}0 & 0\leqslant x\leqslant a_1 \\ \dfrac{x-a_1}{a_2-a_1} & a_1<x<a_2 \\ 1 & x\geqslant a_2\end{cases} \tag{12-6}$$

降半梯形函数

$$U(x)=\begin{cases}1 & 0\leqslant x\leqslant a_1 \\ \dfrac{a_2-x}{a_2-a_1} & a_1<x<a_2 \\ 0 & x\geqslant a_2\end{cases} \tag{12-7}$$

式中，x 为指标实际值；a_1，a_2 为指标的上、下限，可依据评价标准，即基准值和理想值确定。

3）效益指标标准值的确定。评价指标的标准值是指基准值和理想值。基准值是评价指标对于特定时间上一定范围总体水平的参照值，理想值是在某一时段内预计将要达到的值或理论上的最优值。研究对象河川乡的基准值的参照时间为 2006 年，理想值的时间界限为 2020 年（表 12-6）。确定基准值的参照依据有 2006 年项目实施之前，河川乡的自然条件和社会经济情况、典型调查资料、专家咨询和专项研究资料、某些指标的计算与推导。理想值的确定依据是：客观标准，指系统本身在理想条件下所能达到的最高或最低值，如土壤有机质含量、降水量、农村产业结构。社会规范标准指根据国家和现已明确制定规划目标，以 2020 年全乡预计的平均先进水平表示，如人均收入、粮食单产、植被覆盖率、径流系数、侵蚀模数。人为标准指根据人们的实践经验人为确定的标准，如人均耕地面积、人均粮食、文盲率、恩格尔系数。

表 12-6　效益评价指标标准值

评价指标	基准值	理想值	评价指标	基准值	理想值
1. 土壤有机质含量（g/kg）	10	25	7. 人均耕地面积（hm²/人）	0.6	0.2
2. 降水量（mm）	200	550	8. 农村产业结构（%）	65	30
3. 径流系数	0.31	0.05	9. 文盲率（%）	60	10
4. 植被覆盖率（%）	10	80	10. 恩格尔系数（%）	65	30
5. 侵蚀模数 [t/（a·km²）]	8000	500	11. 人均收入（元/人年）	1200	7000
6. 粮食单产（kg/hm²）	1500	3000	12. 人均粮食（kg/人）	200	600

利用上述两类函数 [（式 12-6）和（式 12-7）]，依据评价标准值对评价指标实际值标准化，结果如表 12-7，其中，第 1，2，4，6，11，12 指标为升半梯形标准化类型，第 3，5，7，8，9，10 指标为降半梯形标准。

表 12-7　效益评价指标标准化值

评价指标		2006 年		2009 年	
		实际值	标准值	实际值	标准值
生态限制因子	1. 土壤有机质含量（g/kg）	12	0.13	15	0.33
	2. 降水量（mm）	310	0.31	368	0.48
	3. 径流系数	0.12	0.73	0.06	0.96
生态指示因子	4. 植被覆盖率（%）	62	0.74	70	0.86
	5. 侵蚀模数 [t/（a·km²）]	1200	0.91	850	0.95
	6. 粮食单产（kg/hm²）	1800	0.20	2125	0.42
	7. 人均耕地面积（hm²/人）	0.5	0.25	0.3	0.75
社会经济因子	8. 农村产业结构（农业人口率）（%）	58.3	0.19	40.3	0.71
	9. 文盲率（%）	45	0.30	30	0.60
	10. 恩格尔系数（%）	52	0.37	40	0.71
	11. 人均收入（元/人年）	2410.5	0.21	4156.6	0.51
	12. 人均粮食（kg/人）	300	0.25	480	0.70

4）效益评价值计算。运用模糊评价方程 $B = A \cdot R$，由表 12-4 和表 12-6 的数据可以计算效益评价值。A_i 为 M 层中对应于生态限制因子、生态指示指标、社会经济指标的评价指标的权重向量；R_i 为 M 层生态限制因子、生态指示指标、社会经济指标的单因素评价矩阵，由表 12-7 中相应的指标标准化值组成。

对生态限制因子的评价为 $B_1 = A_1 \cdot R_1 = (0.2402, 0.4369)$

对生态指示因子的评价为 $B_2 = A_2 \cdot R_2 = (0.5172, 0.7134)$

对社会经济因子的评价为 $B_3 = A_3 \cdot R_3 = (0.3154, 0.5817)$

将 M 层的生态限制因子、生态指示因子、社会经济因子的评价值 B_i（i = 1，2，3）作为高层次 U 层的模糊评价矩阵值，则 U 层综合效益的评价，即目标层评价值为 $B = A \cdot R = (0.3616, 0.5980)$。前式中：$A_1 = (0.6806, 0.2014, 0.1179)$；$A_2 = (0.4810, 0.0692, 0.3066, 0.1432)$；$A_3 = (0.0976, 0.1122, 0.4825, 0.2167, 0.0909)$；$A = (0.2519, 0.1593, 0.5889)$ 通过计算得出各效益评价值，为了使评价结果直观明了，将评价值换算为百分制，公式为 $b_i' = \text{int}(100b_i + 0.50)$，结果见表 12-8。

表 12-8　效益评价值

年份	生态限制因子 评价值/百分制	生态指示因子 评价值/百分制	社会经济因子 评价值/百分制	综合效益 评价值/百分制
2006	0.2402/24	0.5172/52	0.2995/30	0.3193/32
2009	0.4369/44	0.7134/71	0.6549/61	0.6094/61
增幅（%）	45.0	27.5	54.3	47.6

5）评价结果等级划分。将生态限制因子、生态指示因子、社会经济因子和综合效益评价结果按得分划分 4 个等级（表 12-9）。

表 12-9　效益评价等级划分

等级	I_1	I_2	I_3	I_4
得分区间	80~100	70~79	60~69	≤59
评语	优	良	中	差

6）评价结果。依据各类效益得分值和评价等级的划分得出各类效益的评价结果（表 12-10）。从效益评价结果来看，各效益都有很大的提高，从表 12-8 中可以看出，效益增长幅度最大的是社会经济因子，增长幅度为 54.3%，其次为生态限制因子，其增长幅度为 45.0%，生态指示因子增长幅度也达 27.5%，示范区综合效益增长幅度较快，达 47.6%。但从评价结果来看，社会经济因子从 2006 年的差（I_4）提高到 2009 年的中等（I_3）水平，生态指示因子从 2006 年的差（I_4）提高到 2009 年的良好水平（I_2），综合效益从 2006 年的差（I_4）提高到 2009 年的中等水平（I_3）。生态限制因子在 2006 年和 2009 年虽然表现的水平均为差，这是由于为该地区的生态限制因子基础水平较低所致，但经过 3 年的治理其增长速度较快。从当前治理情况来看，2009 年社会经济因子中等水平，生态指示因子为良好水平，且最终的综合效益为中等水平。应进一步完善和加强生态限制因子中主要因素，且三者兼顾、共同提高，实现三者的协调发展。与 2006 年相比，2009 年的综合效益增长迅速，随着生态系统的进一步恢复和可持续开发与利用，综合效益将会进一步提高，将促进半干旱黄土丘陵区退化生态系统的全面、快速和有效恢复，最终实现半干旱黄土丘陵区退化生态系统恢复综合效益的稳步提高，促进该地区生态、环境与经济的可

持续发展。

表 12-10　效益评价结果

年份	生态限制因子		生态指示因子		社会经济因子		综合效益	
	评价等级	评语	评价等级	评语	评价等级	评语	评价等级	评语
2006	I_4	差	I_4	差	I_4	差	I_4	差
2009	I_4	差	I_2	良	I_3	中	I_3	中

参 考 文 献

白楚荣，张富义，曾茂林.1996.黄土高原地区沟壑坝系建设//孟庆枚.黄土高原水土保持.郑州：黄河水利出版社.

白霞，陈渠昌，张士杰等.2008.论黄土沟壑区小尺度水资源优化配置的重要性.中国水利水电科学研究院学报，6（2）：149-155.

包维楷，陈庆恒，刘照光.1995.岷江上游山地生态系统的退化及其恢复与重建对策.长江流域资源与环境，4（3）：277-282.

包玉山，周瑞.2001.内蒙古草原牧区人地矛盾的加剧及缓解对策.内蒙古大学学报（人文社会科学版），33（2）：93-98.

毕建琦，杜峰，梁宗锁等.2006.黄土高原丘陵区不同立地条件下人工柠条根系研究.林业科学研究，19（2）：225-230.

勃海锋，刘国彬，王国梁.2007.黄土丘陵区退耕地植被恢复过程中土壤入渗特征的变化.水土保持通报，27（3）：1-5，31.

卜崇德，陈广宏，薛塞光.2007.宁夏水土保持实践与探索.银川：宁夏人民出版社.

布仁仓，胡远满，常禹等.2005.景观指数之间的相关分析.生态学报，25（10）：2764-2775.

蔡晓明.2000.生态系统生态学.北京：科学出版社.

蔡运龙.2001.中国农村转型与耕地保护机制.地理科学，21（1）：1-6.

曹宇，欧阳华，肖笃宁等.2005.额济纳天然绿洲景观变化及其生态环境效应.地理研究，24（1）：130-139.

柴亚凡，王恩姮，陈祥伟等.2008.植被恢复模式对黑土贮水性能及水分入渗特征的影响.水土保持学报，22（1）：60-64，73.

常茂德，赵光耀，田杏芳等.1997.黄河中游多沙粗沙区小流域综合治理模式及其评价.郑州：黄河水利出版社.

常向，阳赵明.2004.我国农业技术扩散体系现状与创新——基于产业链角度的重构.生产力研究，2：44-46.

陈芳清，张丽萍，谢宗强.2004.三峡地区废弃地植被生态恢复与重建的生态学研究.长江流域资源与环境，13（3）：286-291.

陈阜.2002.农业生态学.北京：中国农业大学出版社.

陈海滨，孙长忠.2003.黄上高原沟壑区林地土壤水分特征的研究.西北林学院学报，18（4）：13-16.

陈洪松，邵明安，王克林.2005.黄土区深层土壤干燥化与土壤水分循环特征.生态学报，25（10）：2491-2498.

陈建文，贺安乾，杨碧轩等.1999.陕北、渭北及关中气候生产潜力的估算与分布特征分析.干旱地区农业研究，17（1）：112-117.

陈建耀，刘昌明，吴凯.1999.利用大型蒸渗仪模拟土壤—植物—大气连续体水分蒸散.应用生态学报，10（1）：45-48.

陈利顶，傅伯杰.1996.黄河三角洲地区人类活动对景观结构的影响分析.生态学报，16（4）：337-344.

陈灵芝.1993.中国的生物多样性：现状及其保护对策.北京：科学出版社.

陈渠昌，雷廷武，赵淑银等.2006.坡地水平截流沟的设计方法与工程应用.中国水土保持科学，4（3）：70-73.

陈文波，肖笃宁，李秀珍.2002.景观空间分析的特征和主要内容.生态学报，22（7）：262-272.

陈永宗.1988.黄土高原现代侵蚀与治理.北京：科学出版社.

陈玉琳, 贾书刚 . 1989. 公主岭市余庆号小流域土地类型研究 . 吉林农业大学学报, 11 (4): 25 - 30.

陈云明, 梁一民, 程积民 . 2002. 黄土高原林草植被建设的地带性特征 . 植物生态学报, 26 (3): 339 - 345.

程积民, 万惠娥, 王静等 . 2005. 半干旱区人工柠条生长与土壤水分消耗过程研究 . 林业科学, 41 (2): 37 - 41.

崔胜辉, 石龙宇, 林剑艺 . 2009. 城镇发展的可持续性评价方法及其应用 . 环境科学学报, 29 (8): 1757 - 1764.

戴旭 . 1980. 呼伦贝尔草原土地类型的初步研究 . 地理学报, 35 (1): 33 - 34.

邓天宏, 付祥军, 申双和等 . 2005. 0 - 50cm 与 0 - 100cm 土层土壤湿度的转换关系研究 . 干旱地区农业研究, 23 (4): 64 - 68.

樊杰, 许豫东, 邵阳 . 2004. 土地利用变化研究的人文地理视角与新命题 . 地理科学进展, 22 (1): 1 - 10.

樊文江, 梁飚, 霍桂林 . 2002. 北方农牧过渡带农户农业生产系统模式评价与优化研究 . 中国农业生态学报, 10 (3): 108 - 111.

樊自立, 徐曼, 马英杰等 . 2005. 历史时期西北干旱区生态环境演变规律和驱动力 . 干旱区地理, 28 (6): 723 - 728.

傅伯杰, 陈利顶, 马克明 . 1999. 黄土高原羊圈沟流域土地利用变化对生态环境的影响 . 地理学报, 54 (3): 241 - 246.

傅伯杰, 郭旭东, 陈利顶等 . 2001. 土地利用变化与土壤养分的变化——以河北省遵化县为例 . 生态学报, 21 (6): 926 - 931.

傅伯杰, 杨志坚, 王仰麟等 . 2001. 黄土丘陵坡地土壤水分空间分布数学模型 . 中国科学 (D 辑), 31 (3): 185 - 191.

傅国斌, 刘昌明 . 2001. 遥感技术在水文学的应用研究进展 . 水科学进展, 12 (4): 547 - 559.

高德明, 陈丽娟, 胡芬等 . 1997. 晋东豫西旱农试验区农业生态系统能流特征 . 生态学报, 17 (5): 529 - 536.

高启杰 . 1997. 现代农业推广 . 北京: 中国农业科学技术出版社 .

高燕云 . 1996. 开发与研究评价 . 西安: 陕西科学技术出版社 .

高志新 . 2002. 发展庭院经济, 促进农村经济发展 . 中国农业资源与区划, 23 (4): 14 - 16.

龚子同, 史学正 . 1990. 我国土地退化及其防治对策 // 中国科学技术协会学会工作部 . 中国土地退化防治研究 . 北京: 中国科学技术出版社 .

谷兴荣, 姚启明 . 2009. 农村新技术推广的风险共担模式探讨 . 科技与经济, 4 (2): 41 - 54.

郭武, 党惠娟 . 2009. 从理念到立法: 综合生态系统管理与综合立法模式 . 中国人口·资源与环境, 19 (3): 41 - 45.

郭旭东, 谢俊奇 . 2008. 中国土地生态学的基本问题、研究进展与发展建议 . 中国土地科学, 22 (1): 4 - 9.

郭旭东, 邱扬, 刘世梁等 . 2007. 土地生态学综述 // 中国土地学会, 中国土地勘测规划院 . 土地科学学科发展蓝皮书 (2006 年) . 北京: 中国大地出版社 .

郭忠升, 邵明安 . 2003. 半干旱区人工林草地土壤旱化与土壤水分植被承载力 . 生态学报, 23 (8): 1640 - 1647.

哈罗德·孔茨, 海因茨韦里克 . 1998. 管理学 . 北京: 经济科学出版社 .

韩仕峰, 李玉山 . 1990. 黄土高原土壤水分资源特征 . 水土保持通报, 10 (1): 36 - 43.

郝冠军, 郝瑞军, 沈烈英等 . 2008. 上海世博会规划区典型绿地土壤肥力特性研究 . 上海农业学报, 24 (4): 14 - 19.

郝仕龙, 李志萍 . 2007. 半干旱黄土丘陵区生态建设与经济发展模式探讨——以固原上黄试区为例 . 中国水土保持科学，5（5）：11-15.

何春阳，周海丽，于章涛等.2002. 区域土地利用/覆盖变化信息处理分析. 资源科学，24（2）：64-70.

何德文，李金香，汪洪生.1999. 饮用水消毒技术的研究进展. 干旱环境监测，13（1）：16-18.

何书金，王秀红，邓祥征等.2006. 中国西部典型地区土地利用变化对比分析. 地理研究，25（1）：79-86.

何永祺.1990. 土地科学的对象、性质、体系及其发展. 中国土地科学，4（2）：1-4.

贺北方.1989. 多级模糊层次综合评价的数学模型及应用. 系统工程理论与实践，6：1-6.

贺康宁，田阳，史长青等.2003. 黄土半干旱区集水造林条件下林木生长适宜的土壤水分环境. 林业科学，39（1）：10-16.

洪绂曾.2001a. 草业与西部大开发. 北京：中国农业出版社.

洪绂曾.2001b. 积极稳步发展中国的苜蓿产业. 动物科学与动物医学，18（4）：1-5.

侯婷，翟印礼，肖雪.2007. 发展庭院生态农业与社会主义新农村建设. 经济研究导刊，3：157,158.

胡耀高.2003. 知识密集型苜蓿产业建设理论与技术研究. 北京：中国农业科学技术出版社.

胡耀高.1996. 中国苜蓿产业发展战略分析. 草业科学，13（4）：44-50.

扈映.2006. 我国基层农技推广体制研究：一个历史与理论的考察. 杭州：浙江大学.

黄道友，唐昆，盛良学等.2003. 不同生态经济类型区生态农业模式与技术研究. 长江流域资源与环境，12（4）：358-362.

黄富祥，高琼，赵世勇.2000. 生态学视角下的草地载畜量概念. 草业学报，9（3）：48-57.

黄明斌，杨新民，李玉山.2003. 黄土高原生物利用型土壤干层的水文生态效应研究. 中国生态农业学报，11（3）：113-116.

黄荣金.1990. 黄淮海平原土地类型及其利用. 地理研究，9（2）：11-19.

黄奕龙，陈利顶，傅伯杰等.2005. 黄土丘陵小流域植被生态用水评价. 水土保持学报，19（2）：152-155,194.

黄占斌，程积民，赵世伟等.2004. 半干旱地区集雨利用模式及其评价. 农业工程学报，20（2）：301-304.

黄志霖，傅伯杰，陈利顶.2002. 恢复生态学与黄土高原生态系统的恢复与重建问题. 水土保持学报，16（3）：122-125.

惠苍，李自珍，杜国祯.2002. 高寒草地牧业生态经济复合系统价值流的定量分析. 兰州大学学报（自然科学版），38（4）：101-104.

贾卫国.2004. 对我国退耕还林还草政策可持续性的影响因素分析. 北京林业大学学报（社会科学版），3（4）：53-56.

贾永莹.1990. 亚太地区的雨养农业. 干旱地区农业研究，8（2）：72-81.

贾志宽，王立祥，韩清芳等.1994. 宁南山区农业发展的困境与出路. 干旱地区农业研究，12（1）：26-33.

姜润潇，巴雅尔塔，顾祥.1991. 草地系统与农田系统的能流特征及分析. 草业科学，8（6）：16-18.

蒋定生，黄国俊，刘梅.1992. 林网田——长城沿线地区的基本农田建设模式//《西北水土保持研究所集刊》编辑委员会. 中国科学院水利部西北水土保持研究所集刊第16卷. 西安：陕西科学技术出版社.

蒋定生，江忠善，侯喜禄等.1992. 黄土高原丘陵区水土流失规律与水土保持措施优化配置研究. 水土保持学报，6（3）：14-17.

解宪丽，孙波，周慧珍等.2004. 中国土壤有机碳密度和储量的估算与空间分布分析. 土壤学报，41（1）：35-43.

苣垆.1989. 实用模糊数学. 上海：科学技术文献出版社.

康玲玲，王云璋.2003. 水土保持措施对土壤化学特性的影响. 水土保持通报，23（1）：46-48.

康绍忠，刘晓明，高新科等.1992. 土壤—植物—大气连续体水分传输的计算机模拟. 水利学报，3：1-12

孔凡忠，刘继敏，张翠英等.2008. 鲁西南地区土壤墒情变化规律分析. 中国农业气象，29（2）：162-165.

孔令英.2008. 生态产业——绿洲经济新增长点. 当代经济，2：72-73.

寇英.2007. 雨养造林的几种集水保水技术模式. 甘肃水利水电技术，43（2）：139-140.

赖彦斌，徐霞，王静爱等.2002. NSTEC 不同自然带土地利用/覆盖格局分析. 地球科学进展，17（2）：215-220.

冷传明.2006. 生态修复原理与农业生态建设. 农业考古，3：268-271.

李保国.1994. 分形理论在土壤科学中的应用及其展望. 土壤科学进展，22（1）：1-10.

李代琼，姜峻.1996. 安塞黄土丘陵区人工草地水分有效利用研究. 水土保持研究，3（2）：66-74.

李凤民，徐进章，孙国钧.2003. 半干旱黄土高原退化生态系统的修复与生态农业发展. 生态学报，23（9）：1901-1909.

李洪建，王孟本，柴宝峰.1998. 晋西北人工林土壤水分特点与降雨关系研究. 土壤侵蚀与水土保持学报，4（4）：60-65.

李洪文，高焕文.1996. 保护性耕地土壤水分模型. 中国农业大学学报，1（2）：25-30.

李季圣.2004. 庭院经济理论与实践的新进展. 北京农业职业学院学报，18（1）：34-36.

李聚才，杨奇，笪省.2007. 宁夏六盘山区肉牛微生态养殖模式构建. 黑龙江畜牧兽医，12：108-109.

李立秋.2009. 关于农技推广运行机制创新的思考. 农业科技管理，28（1）：7-9.

李鹏，李占斌，澹台湛.2005. 黄土高原退耕草地植被根系动态分布特征. 应用生态学报，16（5）：849-853.

李锐，杨文治，李壁成.2003. 黄土高原研究与展望. 北京：科学出版社.

李瑞，张克斌，杨晓晖等.2006. 青藏高原高寒绿洲景观格局特征分析. 干旱区资源与环境，20（6）：43-47.

李铁军，李晓华.2003. 森林植被防止地表侵蚀机制研究. 水土保持科技情报，4：23-25.

李小昱，雷廷武，王为.2000. 农田土壤特性的空间变异性及分形特征. 干旱地区农业研究，18（4）：61-65.

李新平，黄进勇，马琨等.2001. 生态农业模式研究及模式建设建议. 中国生态农业学报，9（3）：83-85.

李秀彬.2002. 土地覆盖变化的水文水资源效应研究——社会需求与科学问题//中国地理学会自然地理专业委员会编. 土地覆盖变化及其环境效应. 北京：星球地图出版社.

李秀彬.2002. 土地利用变化的解释. 地理科学进展，21（3）：195-203.

李毅，门旗，罗英.2000. 土壤水分空间变异性对灌溉决策的影响研究. 干旱地区农业研究，18（2）：80-85.

李毅，邵明安.2008. 间歇降雨和多场次降雨条件下黄土坡面土壤水分入渗特性. 应用生态学报，19（7）：1511-1516.

李玉山.1983. 土壤水库的功能和作用. 水土保持通报，5：27-30.

李玉山.2002. 苜蓿生产力动态及其水分生态环境效应. 土壤学报，39（3）：403-411.

李毓堂.2007. 关于中国草产业可持续发展总体战略的几个问题. 草业科学，24（2）：65-67.

李志熙，杜社妮，彭珂珊等.2004. 浅析农村庭院经济. 水土保持研究，11（3）：272-274.

李智广，李锐.1998. 小流域治理综合效益评价方法刍议. 水土保持通报，18（5）：19-23.

李智广.2009. 中国水土流失现状与动态变化. 中国水利，7：8-11.

李中魁.1998. 黄土高原小流域治理效益评价与系统评估研究——以宁夏西吉县黄家二岔为例. 生态学报，18（3）：241-247.

李子忠, 龚元石 . 2000. 农田土壤水分和电导率空间变异性及确定其采样数的方法 . 中国农大学学报, 5 (5): 59 – 66.

梁一民, 侯喜禄, 李代琼 . 1995. 黄土丘陵区林草植被快速建造的理论与技术 . 土壤侵蚀与水土保持学报, (3): 1 – 5.

林德音, 肖天放, 汪仁显 . 1996. 贵州人工草地放牧家畜畜种 (群) 结构优化研究——线性规划在畜牧业生产上的应用 . 家畜生态, 17 (3): 11 – 17.

刘昌明 . 1988. 水量转换 . 北京: 科学出版社 .

刘长月, 赵莉, 张良等 . 2010. 苜蓿叶象甲的防治药剂筛选及毒力测定 . 新疆农业大学学报, 33 (1): 31 – 35.

刘殿红, 黄占斌, 蔡连捷等 . 2008. 保水剂用法和用量对马铃薯产量和效益的影响 . 西北农业学报, 17 (1): 266 – 270.

刘国彬 . 1998. 黄土高原草地土壤抗冲性及其机理研究 . 土壤侵蚀与水土保持学报, 4 (1): 93 – 96.

刘海清 . 2008. 兰州市生态经济系统能值分析及其可持续性评价 . 干旱区资源与环境, 22 (5): 15 – 19.

刘慧 . 1995. 我国土地退化类型与特点及防治对策 . 自然资源, 4: 26 – 32.

刘慧 . 2002. 试论宁南山区发展杏树产业的潜力及效益 . 宁夏农林科技, 3: 34 – 36.

刘纪远, 布和敖斯尔 . 2000. 中国土地利用变化现代过程时空特征的研究——基于卫星遥感数据 . 第四纪研究, 20 (3): 229 – 239.

刘纪远, 张增祥, 庄大方等 . 2003. 20 世纪 90 年代中国土地利用变化时空特征及其成因分析 . 地理研究, 22 (1): 1 – 12.

刘金平, 张新全, 刘瑾等 . 2005. 苜蓿产业化生产中蚜虫危害及防治方法研究 . 草业科学, 22 (10): 74 – 77.

刘黎明, 林培 . 1983. 黄土高原持续土地利用研究 . 资源科学, 20 (1): 54 – 61.

刘盛和, 何书金 . 2002. 土地利用动态变化的空间分析测算模型 . 自然资源学报, 17 (5): 533 – 540.

刘晚苟, 山仑 . 2003. 不同土壤水分条件下容重对玉米生长的影响 . 应用生态学报, 14 (11): 1906 – 1910.

刘万铨 . 2000. 关于黄土高原水土流失治理方略的探讨 . 中国水土保持, 1: 20 – 22.

刘霞, 张光灿, 李雪蕾等 . 2004. 小流域生态修复过程中不同森林植被土壤入渗与贮水特征 . 水土保持学报, 18 (6): 1 – 5.

刘小勇, 吴普特 . 2000. 雨水资源集蓄利用研究综述 . 自然资源学报 . 15 (2): 189 – 192.

刘永, 郭怀成, 黄凯 . 2007. 湖泊—流域生态系统管理的内容与方法 . 生态学报, 27 (12): 5352 – 5358.

刘战平 . 2007. 农业科技园区技术推广机制与模式研究 . 北京: 中国农业科学院 .

刘宗超, 黄顺基, 于法稳 . 2001. 中国西部发展生态产业的理论探索 . 科技导报, 4: 56 – 59.

卢金发, 黄秀华 . 2003. 土地覆被对黄河中游流域泥沙产生的影响 . 地理研究, 22 (5): 571 – 578.

卢宗凡 . 1997. 中国黄土高原生态农业 . 西安: 陕西科学技术出版社 .

卢宗凡, 张兴昌, 苏敏等 . 1995. 黄土高原人工草地的土壤水分动态及水土保持效益研究 . 干旱区资源与环境, 9 (1): 40 – 49.

陆红生, 韩桐魁 . 2002. 关于土地科学学科建设若干问题的探讨 . 中国土地科学, 16 (4): 10 – 13.

罗杰斯 R D, 舒姆 S A. 1992. 稀疏植被覆盖对侵蚀和产沙的影响 . 中国水土保持, (4): 18 – 20.

罗曼诺娃 E H. 1981. 基本气候要素的小气候变化 . 北京: 科学出版社 .

罗明, 龙花楼 . 2005. 土地退化研究综述 . 生态环境, 14 (2): 287 – 293.

马世骏 . 1990. 现代生态学透视 . 北京: 科学出版社 .

马祥华, 白文娟, 焦菊英等 . 2004. 黄土丘陵沟壑区退耕地植被恢复中的土壤水分变化研究 . 水土保持通报, 24 (5): 19 - 23.

马晓刚. 2008. 基于秋季降雨量的春播关键期土壤墒情预测. 中国农业气象, 29 (1): 56 - 58.

马柱国, 魏和林, 符淙斌. 2000. 中国东部区域土壤湿度的变化及其与气候变化的关系. 气象学报, 58 (3): 278 - 287.

孟庆岩, 王兆骞, 姜曙千. 1999. 我国热带地区胶—茶—鸡农林复合系统能流分析. 应用生态学报, 10 (2): 172 - 174.

倪晋仁, 李英奎. 基于土地利用结构变化的水土流失动态评估. 2001. 地理学报, 56 (5): 611 - 621.

倪绍祥. 1999. 土地类型与土地评价概论. 北京: 高等教育出版社.

潘竟虎, 刘菊玲. 2005. 黄河源区土地利用和景观格局变化及其生态环境效应. 干旱区资源与环境, 19 (4): 69 - 74.

彭少麟, 李跃林, 任海. 2002. 全球变化条件下的土壤呼吸效应. 地球科学进展, 17 (5): 705 - 712.

彭少麟, 赵平, 申卫军. 2002. 了解和恢复生态系统——第 87 届美国生态学学会年会暨第 14 届国际恢复生态学大会. 热带亚热带植物学报, 10 (3): 293, 294.

彭少麟, 周婷. 2009. 通过生态恢复改变全球变化——第 19 届国际恢复生态学大会综述. 生态学报, 29 (1): 5161, 5162.

朴世龙, 方精云, 贺金生等. 2004. 中国草地植被生物量及其空间分布格局. 植物生态学报, 28 (4): 491 - 498.

齐鑫山. 1995. 山东省生态农业综合评价标准值的确定及其应用. 生态农业研究, 3 (3): 34 - 39.

乔光建. 2009. 北方干旱地区土壤墒情预测模型. 南水北调与水利科技, 7 (1): 39 - 42.

邱凌. 2001. 陕西省庭院生态经济开发战略的研究. 国土与自然资源研究, 4: 40 - 42.

邱扬, 傅伯杰, 王军等. 2000. 黄土丘陵小流域水分时空分异与环境关系的数量分析. 生态学报, 20 (5): 741 - 747.

任春燕, 王继军. 2009. 黄土丘陵区农业生态经济效益评价指标体系的构建. 水土保持通报, 29 (1): 155 - 159

任福民, 史久恩. 1995. 我国干旱半干旱区降雨的特征分析. 应用气象学报, 4 (6): 501 - 504.

任海, 刘庆, 李凌浩. 2008. 恢复生态学导论 (第二版). 北京: 科学出版社.

任继周. 2002. 藏粮于草施行草地农业系统——西部农业结构改革的一种设想. 草业学报, 11 (1): 1 - 3.

山仑, 张岁岐, 李文娆. 2008. 论苜蓿的生产力与抗旱性. 中国农业科技导报, 10 (1): 12 - 17.

山仑, 邓西平, 苏佩等. 2000. 挖掘作物抗旱节水潜力——作物对多变低水环境的适应与调节. 中国农业科技导报, 2 (2): 66 - 70.

上官周平. 2000. 对黄土高原生态环境整治的思考. 林业科学, 36 (6): 3, 4.

上官周平, 邵明安, 李玉山等. 2004. 黄土高原森林植被对土壤水分循环过程的影响. 中华水土保持学报, 35 (2): 177 - 185.

尚松浩. 2004. 土壤水分模拟与墒情预报模型研究进展. 沈阳农业大学学报, 35 (5 - 6): 455 - 458.

邵晓梅, 严昌荣, 徐振剑. 2004. 土壤水分监测与模拟研究进展. 地理科学进展, 23 (3): 58 - 64.

申慧娟, 严昌荣, 戴亚平. 2003. 农田土壤水分预测模型的研究进展及应用. 生态科学, 22 (4): 366 - 370.

申双和, 周英. 1992. 农田土壤水分预测模型应用研究. 南京气象学院学报, 15 (4): 540 - 548.

申元村. 1991. 宜林地立地类型划分的探讨——以宁夏、甘肃为例. 自然资源, 3: 14 - 19.

沈国舫. 2001. 生态环境建设与水资源的保护和利用. 中国水土保持, 22 (1): 3, 4.

沈茂英, 陈光凤. 2000. 退耕还林以后的问题. 农村经济, 1: 15.

沈玉芳，高明霞，吴永红．2003．黄土高原不同植被类型与降雨因子对土壤侵蚀的影响研究．水土保持研究，10（2）：13－16．

沈中原．2006．坡面植被格局对水土流失影响的实验研究．西安：西安理工大学．

师江澜，杨正礼．2002．黄土高原植被恢复中的主要问题与对策探讨．西北林学院学报，17（3）：16－18．

史培军，宋常青，景贵飞．2002．加强我国土地利用/土地覆被变化及其对生态环境安全影响的研究．地球科学进展，17（2）：161－168．

史培军，江源，王静爱等．2004．土地利用/覆被变化与生态安全响应机制．北京：科学出版社．

史清华，黄祖辉．2001．农户家庭经济结构变迁及其根源研究．管理世界，4：112－119．

苏彩虹，郭创业．2001．黄土旱塬农田全程全覆盖的"土壤水库"作用．水土保持学报，15（4）：87－91．

孙策，杨改河，冯永忠等．2007．关于退耕还林后续产业经济效应的调查分析——以安塞县沿河湾镇为例．西北林学院学报，22（3）：167－170．

孙长忠，黄宝龙．1998．黄土高原人工植被与其水分环境相互作用关系研究．北京林业大学学报，20（3）：7－14．

孙鸿烈．1980．青藏高原的土地类型及其农业利用评价原则．自然资源，2：10－24．

孙启忠，玉柱，赵淑芬．2008．紫花苜蓿栽培利用关键技术．北京：中国农业出版社．

孙启忠．2000．我国西北地区苜蓿种子产业化发展优势与对策．草业科学，17（2）：65－69．

孙维侠，史学正，于东升等．2004．我国东北地区土壤有机碳密度和储量的估算研究．土壤学报，41（2）：298－300．

孙晓霞，王孝安，郭华等．黄土高原马栏林区植物群落的多元分析与环境解释．西北植物学报，2006，26（1）：150－156．

唐克丽，熊贵枢，梁季阳等．1993．黄河流域的侵蚀与径流泥沙变化．北京：中国科学技术出版社．

唐克丽．2004．中国水土保持．北京：科学出版社．

陶思明．1994．农村庭院经济的优势、时空特点及发展策略．生态农业研究，2（2）：1－5．

田慧颖，陈利顶，吕一河．2006．生态系统管理的多目标体系和方法．生态学杂志，25（9）：1147－1152．

铁燕，文传浩，王殿颖．2010．复合生态系统管理理论与实践述评——兼论流域生态系统管理．西部论坛，20（1）：54－60．

王斌瑞，王百田．1996．黄土高原径流林业．北京：中国林业出版社．

王飞，李锐，温仲明．2002．退耕工程生态环境效益发挥的影响因素调查研究．水土保持通报，22（3）：1－4．

王洪英，杨文文，张学培．2005．晋西黄土区坡面林地土壤持水性能研究．干旱地区农业研究，23（6）：147－150．

王华田，张光灿，刘霞．2001．论黄土丘陵区造林树种选择的原则．世界林业研究，14（5）：74－78．

王健，吴发启，孟秦倩．2006．黄土高原丘陵沟壑区坡面果园的土壤水分特征分析．西北林学院学报，21（5）：65－68，108．

王俊，刘文兆，胡门珺．2008．黄土丘陵区土壤水分时空变异．应用生态学报，19（6）：1241－1247．

王礼先．1991．小流域综合治理效益评价方法与指标．北京林业大学学报，13（3）：50，51．

王孟本，李洪建．1995．晋西北黄土区人工林土壤水分动态的定量研究．生态学报，15（2）：178－184．

王平，卢珊，杨桃等．2002．地理图形信息分析方法及其在土地利用研究中的应用．东北师大学报（自然科学版），34（1）：93－99．

王秋兵，贾树海，丁玉荣．2004．土地退化评价方法的探讨——以辽西北农牧交错带彰武县北部为例．土壤通报，35（4）：396－400．

王秋生.1991.植被控制土壤侵蚀的模型及其应用.水土保持学报,5(4):68-72.

王如松,蒋菊生.2001.从生态农业到生态产业——论中国农业的生态转型.中国农业科技导报,5:7-12.

王深法,王援高,陆景冈等.1997.浙江灰岩分布区土地类型研究.浙江农业大学学报,23(1):95-99.

王思远.2004.基于遥感与GIS技术的黄河流域生态环境演变信息图谱研究.北京:清华大学河流海洋研究所.

王万茂.2001.中国土地科学学科建设的历史回顾与展望.中国土地科学,15(5):22-27.

王伟,张有林.2006.鲜杏贮藏技术.安徽农业科学,34(10):2246.

王喜君.2009.甘肃中部干旱地区集雨水窖类型及效益分析.甘肃水利水电技术,45(8):41,42.

王小平,李弘毅.2006.黄土高原生态恢复与重建研究.中国水土保持,6:23-25.

王晓慧,孙保平.1998.北京市大兴永定河沙地综合治理效益评价.水土保持通报,18(6):34-38.

王志强,海春兴,付金生.2002.黄土高原土壤退化机制与防治措施.内蒙古师范大学学报,自然科学(汉文版),31(2):158-162.

巍强,张秋良,代海燕等.2008.大青山不同林地类型土壤特性及其水源涵养功能.水土保持学报,22(2):111-115.

魏振方.2005.发展庭院经济引发的思考.中国农业资源与区划,26(2):23-25.

沃科特KA,戈尔登JC,瓦尔格JP等.2002.生态系统——平衡与管理的科学.欧阳华,王政权,王群力等译.北京:科学出版社.

邬建国.2002.景观生态学——格局,过程,尺度与等级.北京:高等教育出版社.

吴次芳,徐保根.2003.土地生态学.北京:中国大地出版社.

吴丹丹,蔡运龙.2009.中国生态恢复效果评价研究综述.地理科学进展,28(4):622-628.

吴发启.2002.水土保持规划.西安:西安地图出版社.

吴普特,冯浩.2009.中国雨水利用.郑州:黄河水利出版社.

吴普特,黄占斌,高建恩等.2002.人工汇集雨水利用技术研究.郑州:黄河水利出版社.

吴钦孝,杨文治.1998.黄土高原植被建设与持续发展.北京:科学出版社.

吴钦孝,赵鸿雁,韩冰.2003.黄土丘陵区草灌植被的减沙效益及其特征.草业学报,11(1):23-26.

吴锡麟,叶功富,陈德旺等.2002.森林生态系统管理概述.福建林业科技,29(3):84-87.

夏自强,李琼芳.2001.土壤水资源及其评价方法研究.水科学进展,2(4):535-540.

肖笃宁.1991.景观生态学理论、方法及应用.北京:中国林业出版社.

肖笃宁,李秀珍,高峻等.2003.景观生态学.北京:科学出版社.

谢宝平,牛德奎.2000.华南严重侵蚀地植被恢复对土壤条件影响的研究.江西农业大学学报,22(1):135-139.

谢高地,鲁春霞,冷允法等.2003.青藏高原生态资产的价值评估.自然资源学报,18(2):189-196.

谢俊奇.2004.未来20年土地科学与技术的发展战略问题.中国土地科学,18(4):3-9.

徐悔,隋吉东,刘振忠.1999.土壤水分含量的理论分析及预测模型.生物数学学报,14(1):95-99.

徐宗学.2009.水文模型.北京:科学出版社.

许红艳,何丙辉,李章成等.2004.我国黄土地区水窖的研究.水土保持学报,18(2):58-62.

杨述河,闫海利,郭丽英.2004.北方农牧交错带土地利用变化及其生态环境效应——以陕北榆林市为例.地理科学进展,23(6):49-55.

杨万勤.2001.土壤生态退化与生物修复的生态适应性研究.重庆:西南农业大学.

杨文姬,王秀茹.2004.国内立地质量评价研究浅析.水土保持研究,11(3):289-291.

杨文治,邵明安.2000.黄土高原土壤水分研究.北京:科学出版社.

杨文治.2001.黄土高原土壤水资源与植物造林.自然资源学报,16(5):433-438.

杨晓晖，张克斌，侯瑞萍等．2005．半干旱沙地封育草场的植被变化及其与土壤因子间的关系．生态学报，25（12）：3212－3219．

杨新民．2001．黄土高原灌木林地水分环境特性研究．干旱区研究，18（1）：8－13．

杨修，李文华．1998．农业生态系统种养结合优化结构模式的研究．自然资源学报，13（4）：344－351．

杨子生．2000．试论土地生态学．中国土地科学，14（2）：38－43．

么枕生．1959．黄土高原小气候．北京：科学出版社．

叶剑平．2005．土地科学导论．北京：中国人民大学出版社．

殷有，王萌，刘明国等．2007．森林立地分类与评价研究．安徽农业科学，35（19）：5765－5767．

由海霞，梁银丽．2005．陕北设施农业的效益分析．西北农林科技大学学报（社会科学版），5（4）：5－9．

游珍，李占斌，蒋庆丰．2005．坡面植被分布对降雨侵蚀的影响研究．泥沙研究，12（6）：40－43

游珍，李占斌．2005．黄土高原小流域景观格局对土壤侵蚀的影响．中国科学院研究生院学报，4（22）：447－451．

于贵瑞．2001．略论生态系统管理的科学问题与发展问题．资源科学，23（6）：1－4．

于贵瑞，谢高地，于振良等．2002．我国区域尺度生态系统管理中的几个重要生态学命题．应用生态学报，13（7）：885－891．

余新晓，陈丽华．1996．黄土地区防护林生态系统水量平衡研究．生态学报，16（3）：238－245．

余新晓，陈丽华，张晓明等．2008．黄土高原坡面集水工程的抗旱造林技术研究．水土保持研究，15（1）：23－27．

余新晓，张晓明，牛丽丽等．2009．黄土高原流域土地利用/覆被动态演变及驱动力分析．农业工程学报，25（7）：219－225．

张超，王会肖．2003．土壤水分研究进展及简要评述．干旱地区农业研究，23（4）：117－125．

张海，张立新，柏延芳等．2007．黄土峁状丘陵区坡地治理模式对土壤水分环境及植被恢复效应．农业工程学报，23（11）：108－113．

张慧，杨学民．2008．森林生态系统管理的主体与基本步骤．江苏教育学院学报（自然科学版），25（3）：40－42．

张晋爱，张兴昌，邱丽萍等．2007．黄土丘陵区不同年限人工柠条林地土壤质量变化．农业环境科学学报，26（增刊）：136－140．

张俊华，常庆瑞，贾科利等．2003．黄土高原植被恢复对土壤肥力质量的影响研究．水土保持学报，17（4）：38－41．

张庆费，由文辉．1999．浙江天童植物群落演替对土壤化学性质的影响．应用生态学报，10（1）：19－22．

张树珊，田国恒，邵立新等．2002．塞罕坝林区的降雨与造林生产的关系．河北林果研究，17（1）：16－20．

张桃林，王兴祥．2000．土壤退化研究的进展与趋向．自然资源学报，15（3）：280－284．

张万儒，盛炜彤，蒋有绪．1992．中国森林立地分类系统．林业科学研究，5（3）：251－262．

张万儒．1997．中国森林立地．北京：科学出版社．

张晓萍，温仲明，马晓微．1999．参与性农村调查与评估（PRA）概念与调查方法．水土保持科技情报，4：53－56．

张新时．2010．关于生态重建和生态恢复的思辨及其科学涵义与发展途径．植物生态学报，34（1）：112－118．

张绪良，叶思源，印萍等．2009．黄河三角洲自然湿地植被的特征及演化．生态环境学报，18（1）：

292 – 298.

张永利, 魏文俊, 冷泠 . 2007. 宁夏六盘山不同森林类型林地的贮水量 . 中国水土保持科学, 5 (5): 32 – 36.

张玉发, 王庆锁, 苏加楷 . 2001. 试论中国苜蓿产业化 . 中国草地, 21 (1): 64 – 69.

张志全 . 1998. 农户庭院生态农业是当代中国农业的生长点 . 沈阳教育学院学报, 1: 75 – 78.

张宗祜 . 1999. 中国北方晚更新世以来地质环境演化与未来生存环境变化趋势预测 . 北京: 地质出版社 .

章家恩, 徐琪 . 1999. 恢复生态学研究的一些基本问题探讨 . 应用生态学报, 10 (1): 109 – 113.

赵诚信, 常茂德, 李建牢等 . 1996. 黄土高原地区自然环境与土地人口承载力研究 . 土壤侵蚀与水土保持学报, 2 (2): 66 – 74.

赵力仪, 马国力, 祁永新等 . 2000. 水土保持社会效益的监测与评价 . 人民黄河, 22 (6): 23 – 25.

赵其国 . 1995. 我国红壤的退化问题 . 土壤, 27 (6): 281 – 286.

赵清峰, 关丽鹏 . 2004. 落叶松人工林立地类型的划分 . 防护林科技, 6: 55 – 78.

赵世洞, 汪业勖 . 1997. 生态系统管理的基本问题 . 生态学杂志, 16 (4): 35 – 38.

赵晓英, 孙成权 . 1998. 恢复生态学及其发展 . 地球科学进展, 13 (5): 474 – 480.

赵雪雁, 徐中民 . 2009. 生态系统服务付费的研究框架与应用进展 . 中国人口·资源与环境, 19 (4): 112 – 118.

赵艳云, 胡相明, 程积民等 . 2008. 自然封育对云雾山草地群落的影响 . 水土保持通报, 28 (5): 95 – 98.

赵羿, 李月辉 . 2001. 实用景观生态学 . 北京: 科学出版社 .

赵勇钢, 赵世伟, 曹丽花等 . 2008. 半干旱典型草原区退耕地土壤结构特征及其对入渗的影响 . 农业工程学报, 24 (6): 14 – 20.

甄霖, 刘雪林, 魏云洁 . 2008. 生态系统服务消费模式、计量及其管理框架构建 . 资源科学, 30 (1): 100 – 106.

支玲, 杨明, 田志威等 . 2009. 西部退耕还林工程可持续发展能力评价方法 . 世界林业研究, 22 (3): 20 – 24.

中国科学院黄土高原综合科学考察队 . 1991. 黄土高原综合分区 . 北京: 科学出版社 .

中国生态系统研究网络综合研究中心 . 2009. 基于观测与实验的生态系统优化管理 . 生态系统研究与管理简报, (2): 1 – 12.

周德翼, 杨海娟 . 2001. 论黄土高原治理的激励机制 . 生态经济, 12: 23 – 26.

周广胜, 王玉辉 . 2002. 陆地生态系统类型转变与碳循环 . 植物生态学报, 26 (2): 250 – 254.

周广胜, 张新时 . 1996. 中国气候——植被关系初探 . 植物生态学报, 20 (2): 113 – 119.

周萍, 刘国彬, 侯喜禄 . 2008. 黄土丘陵区侵蚀环境不同坡面及坡位土壤理化特征研究 . 水土保持学报, 22 (1): 7 – 12.

周晓红, 赵景波 . 2005. 黄土高原气候变化与植被恢复 . 干旱区研究, 22 (1): 116 – 119.

周娅莎, 朱满德, 刘超 . 2007. 生态建设中激励问题研究 . 环境科学与管理, 11 (32): 37 – 41.

周忠 . 2005. 西部干旱区生态农业可持续发展战略研究 . 宁夏大学学报 (人文社会科学版), 27 (1): 123 – 125.

朱首军, 丁艳芳, 薛泰谦 . 2000. 土壤—植物—大气 (SPAC) 系统和农林复合系统水分运动研究综述 . 水土保持研究, 7 (1): 49 – 53.

朱显谟 . 1960. 黄土高原植被因素对于水土流失的影响 . 土壤学报, 8 (2): 110 – 120.

朱显谟 . 2000. 抢救 "土壤水库" 实为黄土高原生态环境综合治理与可持续发展的关键 . 水土保持学报, 14 (1): 1 – 6.

朱显谟 . 2000. 试论黄土高原的生态环境与 "土壤水库" ——重塑黄土地的理论论据 . 第四纪研究,

20 (6)：514 – 520.

朱显谟. 2006. 重建土壤水库是黄土高原治本之道. 中国科学院院刊，21 (4)：320 – 324.

朱显谟，刘万铨，周佩华等. 1985. 黄土高原综合治理分区// 《西北水土保持研究所集刊》编辑委员会. 中国科学院水利部西北水土保持研究所集刊（第 1 集）. 西安：陕西科学技术出版社.

庄季屏. 1989. 四十年来的中国土壤水分研究. 土壤学报，26 (3)：241 – 248.

邹厚远，陈国良. 1998. 固原自然条件概况. 水土保持研究，5 (1)：2 – 6.

邹厚远，张信. 1997. 云雾山草原自然保护区的管理途径探讨. 草业科学，14 (1)：3，4.

邹年根，罗伟祥. 1997. 黄土高原造林学. 北京：中国林业出版社.

K. A. 沃科特等. 2002. 生态系统平衡与管理的科学. 欧阳华，王政权，王群力等译. 北京：科学出版社.

Loomis R S，Connor D J. 2002. 作物生态学——农业系统的生产力及管理. 李雁鸣，梁卫理，崔彦宏等译. 北京：中国农业出版社.

Barry D A. 1995. Infiltration under ponded conditions：an explicit predictive infiltration. Soil Science，160 (1)：8 – 17.

Ben – Hur M，Keren R. 1997. Polymer effects on water infiltration and soil aggregation. Soil Science Society of america Journal，61 (2)：565 – 570.

Boix F C. 1997. The role of texture and structure in the water retention capacity of burnt Mediterranean soils with varying rainfall. Catena，31 (3)：219 – 236.

Brown S，Lugo A E. 1982. Storage and Production of organic matter in tropical forests and their role in the global carbon cycle. Biotropica，14 (3)：161 – 187.

Carter M R. 1990. Relative measures of soil bulk density to characterize compaction in tillage studies on fine sandy loams . Canadian Journal of Soil Science，70：425 – 433.

Chen L D，Messing I，Zhang S R，et al. 2003. Land use evaluation and scenario analysis towards sustainable planning on the Loess Plateau in China—case study in a small catchments. Catena，54 (1 – 2)：303 – 316.

Fares A，Alva A K，Nkedi – Kizza P，et al. 2000. Estimation of soil hydraulic properties of a sandy soil using capacitance probes and Guelph permeameter. Soil Science，165 (10)：768 – 777.

Franzluebbers A J. 2002. Water infiltration and soil structure related to organic matter and its stratification with depth . Soil and Tillage Research，66 (2)：197 – 205.

Fu B J，Chen L D，Ma K M，et al. 2000. The relationship between land use and soil conditions in the hilly area of the Loess Plateau in northern Shaanxi，China. Catena，39 (1)：69 – 78.

Gómez – Plaza A，Martínez-Mena M，Albaladejo J，et al. 2001. Factors regulating spatial distribution of soil water content in small semiarid catchment. Journal of Hydrology，253 (1 – 4)：211 – 226.

Grayson R B，Western A W. 1998. Towards areal estimation of soil water content from point measurements：Time and space stability of mean response. Journal of Hydrology，207 (1 – 2)：68 – 82.

Helalia A M. 1993. The relation between soil infiltration and effective porosity in different soils. Agricultural Water Management，24 (1)：39 – 47.

Hodnett M G，da Silva L P，da Rocha H R，et al. 1995. Seasonal soil water storage changes beneath central Amazonian rainforest and pasture. Journal of Hydrology，170 (1 – 4)：233 – 254.

Kern J S. 1995. Evaluation of soil water retention models based on basic soil physical properties . Soil Science Society of America Journal，59 (4)：1134 – 1141.

Kiepe P. 1995. No runoff，no soil loss：Soil and water conservation in hedgerow barrier system. Netherland：Agricultural University of Wageningen.

Ludwig J A，Tongway D J，Marsden S G. 1999. Strips，strands on stipples：modeling the influence of three landscape banding patterns on resource capture and productivity in a semi – arid woodlands. Catena, 37（1 – 2）: 257 – 273.

Meyer W B, Turner B L. 1996. Land – use/land – cover change: challenges for geographers. GeoJournal. 39（3）: 237 – 240.

Milly P C D. 1994. Climate, Soil water storage, and the average annual water balance. Water Resources Research, 30（7）: 2143 – 2156.

Nyberg L. 1996. Spatial variability of soil water content in the covered catchment at Gårdsjön, Sweden. Hydrological Processes, 10（1）: 89 – 103.

Quan B, Chen J F, Qiu H L, et al. 2006. Spatial – temporal pattern and driving forces of land use changes in Xiamen. Pedosphere, 16（4）: 477 – 488.

Rapport D J, Costanza R, McMichael A J. 1998. Assessing ecosystem health. Trends in ecology & evolution, 13（10）: 397 – 402.

Rawls W J, Pachepsky Y A, Ritchie J C, et al. 2003. Effect of soil organic carbon on soil water retention. Geoderma, 116（1 – 2）: 61 – 76.

Riitters K H, O' Neill R V, Hunsaker C T, et al. 1995. A factor analysis of landscape pattern and structure metrics. Landscape Ecol, 10（1）: 23 – 39.

Shen R P, Kheoruenromne I. 2003. Monitoring land use dynamics in Chanthaburi Province of Thailand using digital remotely sensed images. Pedosphere, 13（2）: 157 – 164.

Shi X Z, Liang Y, Yu D S, et al. 2004. Functional rehabilitation of the "soil reservoir" in degraded soils to control floods in the Yangtze river watershed. Pedosphere, 14（1）: 1 – 8.

Society for Ecological Restoration International Science & Policy Working Group. 2004. The SER International Primer on Ecological Restoration. http: //www. ser. org/content/ecological_ restoration_ primer. asp. ［2010. 9. 21］.

Sombroek W G, Nachtergaele F O, Hebel A. 1993. Amount, dynamics and sequestrating of carbon in tropical and subtropical soils. Ambio, 22（7）: 417 – 426.

Turner B L, David S, Steven S, et al. 1997. Land use and land cover change. Earth Science Frontiers, 4: 26 – 33.

Wang J, Fu B J, Qiu Y. 2001. Geostatistical analysis of soil moisture variability on Danangou catchment of the Loess Plateau, China. Environment Geology, 41: 113 – 120.

Zhou Y S. 2002. Development of integrated prognostic models of land use/land cover change: case studies in Brazil and China. USA: Michigan State University.